普通高等教育"十二五"规划教材

有 机 化 学

第二版

董宪武　马朝红　主编

化学工业出版社

·北京·

本书以"厚基础、强能力、高素质、广适应"为本书修订的指导思想,坚持教材为学生学习服务为宗旨,针对高等农林类院校相关专业的特点,在教材内容选择和体系编排上,既考虑了有机化学学科的系统性、规律性和科学性,又兼顾相关专业对有机化学的不同需求,注重基础知识、基本理论的介绍,阐明了各类有机化合物结构和性质的相互关系,充分反映了有机化学的最新进展。语言简练准确,叙述由浅入深,循序渐进,层次分明,逻辑性强,适应性强,突出对学生能力的培养,有利于学生学习和思考。

全书共 13 章,主要内容包括:有机化学的基本理论,烃及其衍生物的分类、命名、结构、性质及应用,天然有机化合物,有机化学知识拓展。

本教材为高等农林院校相关专业有机化学教学用书,也可作为其他高等院校与化学相关专业的教学用书。

图书在版编目(CIP)数据

有机化学/董宪武,马朝红主编 . —2 版 . —北京:化学工业出版社,2015.1 (2020.1重印)

普通高等教育"十二五"规划教材

ISBN 978-7-122-22254-1

Ⅰ.①有…　Ⅱ.①董…②马…　Ⅲ.①有机化学-高等学校-教材　Ⅳ.①O62

中国版本图书馆 CIP 数据核字(2014)第 258649 号

责任编辑:旷英姿　　　　　　　　　　　　装帧设计:王晓宇
责任校对:王素芹

出版发行:化学工业出版社(北京市东城区青年湖南街 13 号　邮政编码 100011)
印　　装:三河市延风印装有限公司
787mm×1092mm　1/16　印张 20½　字数 515 千字　2020 年 1 月北京第 2 版第 5 次印刷

购书咨询:010-64518888　　　　　　售后服务:010-64518899
网　　址:http://www.cip.com.cn

凡购买本书,如有缺损质量问题,本社销售中心负责调换。

定　　价:39.00 元

编审人员

主　编　董宪武　马朝红

副主编　刘　强　姜　辉

编　委　（按姓氏笔画为序）

马朝红　丰　利　王凤云　王秀彦　王铁成

刘　强　范秀明　姜　辉　董宪武

主　审　常桂英

序

化学是一门古老而年轻的学科，是研究和创造物质的科学，它同工农业生产、国防现代化建设及人类社会等都密切相关。在改善人类生活方面，它也是最有成效的学科之一。可以说，化学是一门中心性的、实用性的和创造性的学科。

化学学科的发展经历了若干个世纪。从 17 世纪中叶波义耳确定化学为一门学科，到 19 世纪中叶原子-分子学说的建立，四大化学的分支——无机化学、有机化学、分析化学、物理化学相继形成，近代化学的框架基本定型。随着生产、生活的迫切需要，近年来化学学科得以飞速发展。

近年来，我国高等教育的结构发生了巨大的变革。一些大学通过合并使专业更加齐全，成为真正意义上的综合性大学；许多单科性学院也发展成了多科性的大学。同时，高等教育应该是宽口径的专业基础教育的新型高等教育理念也已经逐步深入人心。在这种形势下，一些基础课若仍按理、工、农、医分门别类采用不同教材进行教学，既不利于高等教育结构的改革，也不利于学生综合能力的培养。因此，编写一些适用于不同专业的通用公共基础课教材，是 21 世纪教育改革的一个十分重要而又具有深远意义的课题，也是一项十分艰巨的任务。

吉林农业科技学院化学系多年来坚持化学教材建设的研究与实践，对化学课程进行了整体设计和优化，突破四大分支学科的壁垒，编写出版了"高等学校'十一五'规划系列教材"——《无机及分析化学》、《无机及分析化学实验》、《有机化学》、《有机化学实验》。

该化学基础课程体系充分考虑了学科发展的趋势和学生学习课时数等方面的情况，突出适度、适用的原则，使省出的学时可以让学生学习更多的包括化学以外的新知识，希望培养出适应我国科学技术和经济快速发展所需要的高素质复合型人才。

苏显学

2009 年 8 月

前言

《有机化学》自 2010 年出版以来，受到使用高校的欢迎。在近五年的教学实践过程中，各学校积累了许多有益的经验，也提出了一些宝贵的建议。此次修订再版，对教材内容做了适当的调整和补充。

本教材仍遵循第一版的编写原则，即在有限的教学时数内，既要考虑有机化学学科的系统性、规律性，又要兼顾相关专业对有机化学的不同需求。在保留原教材的总体框架的基础上，重新编写了第一至第三章，对第五至第十三章节的内容做了修改和重新编排，并对各章的课后习题进行了重写或修改。使本教材在内容上与有机化学的新发展、新成果接轨，更能反映当今有机化学发展方向，在文字和编排上，逻辑性更强，更简明扼要，更有利于学生学习和思考。

全书共 13 章，包含四部分内容。第一部分为基本原理，第二部分为烃及其衍生物的分类、命名、结构、性质及应用，第三部分为天然有机化合物，第四部分为有机化学知识拓展。

本书修改稿完成后，由董宪武、马朝红通读并统稿，常桂英主审。参加具体修订工作的人员如下：马朝红（绪论、第三至第五章）；刘强（第一、第二章）；董宪武（第六至八章及各章的知识拓展）；姜辉（第九、第十章）；丰利（第十一章）；王凤云、王铁成（第十二章）；王秀彦、范秀明（第十三章）。

为方便教学，本书配套有电子课件。

本书在修订过程中得到了吉林农业科技学院领导和吉林农业科技学院众多同仁的大力支持与帮助，在此表示衷心的感谢。

本书编写过程中参阅了一些兄弟院校的教材并吸取了部分内容，对此我们表示深深的谢意！

限于编者水平，书中不妥之处在所难免，恳请批评指正！

编者
2014 年 10 月

第一版前言

《有机化学》是应用型本科院校基础课——化学课程系列教材之一，有机化学课程内容十分丰富，在有限的教学时数内，既要考虑本学科的系统性、规律性，又要兼顾相关专业对有机化学的不同要求。因此，我们根据多年的教学经验，结合教学改革研究成果，同时吸取了近年来国内外教材的优点，在化学工业出版社的指导下，组织编写了这本教材。本书相对于以往的有机化学教材，在内容选择和编排体系上都有较大改革，主要体现在如下几个方面：

1. 注重基础知识、基本理论，把培养学生的能力放在编写教材的首位；

2. 以价键理论和电子效应为主线，以结构决定性质为中心，从结构入手，在介绍各类化合物的性质之前，分析分子中原子和原子团间的相互影响、可能发生的反应类型，从而使学生触类旁通，提高学生的科学思维能力及分析问题、解决问题的能力；

3. 在教学体系的编排上，把反应历程穿插结合于各有关章节加以介绍，这样既可分散难点，又可加深学生对反应的理解，有利于学生学习；

4. 在教学内容的选择上，既考虑了本学科的系统性、规律性和科学性，又兼顾了各专业对有机化学的不同要求，语言简练，叙述由浅入深、循序渐进、层次分明、逻辑性强，适用性广；

5. 在每章末增设了知识拓展部分，适当介绍学科前沿，增加教材的可读性、趣味性。

全书共 13 章，包含三部分内容。第一部分为基本原理，第二部分为烃及其衍生物的分类、命名、结构、性质及应用，第三部分为天然有机化合物。

参加本书编写的人员有：刘强（第一、二、三章）；马朝红（绪论，第四、五、六章）；董宪武（第七章、各章的知识拓展）；李玉杰（第八、九、十章）；丰利（第十一章）；王凤云、王铁成（第十二章）；王秀彦、范秀明（第十三章）。

本书初稿完成后，由董宪武和马朝红通读、统稿。经主编、副主编、主审组成的审稿会审查，主编根据审稿会代表提出的宝贵意见和建议进行了认真的修改，并由常桂英教授主审后定稿。本书的编写得到吉林农业科技学院领导和化学系同志们的大力支持与帮助，在此表示衷心的感谢。

本书在编写过程中参阅了一些兄弟院校的教材并吸取了部分内容，化学工业出版社对本书作了细致全面的加工和编辑，对此我们表示深切的谢意！

限于编者水平，书中难免有不妥之处，恳请批评指正！

编 者

2009 年 9 月

CONTENTS
目录

绪 论

第一节　有机化学和有机化合物

一、有机化学的发展

有机化学（organic chemistry）是化学学科的一个重要分支，它诞生于 19 世纪初期，迄今虽不足 200 年，但已成为与人类的生活和工农业生产有着密切关系的一门学科。有机化学的研究对象是有机化合物（organic compound）。有机化合物大量存在于自然界中，如粮、油、棉、麻、毛、丝、木材、糖、蛋白质、农药、塑料、染料、香料、医药、石油等的主要成分大多数都是有机化合物。

早在 2000 多年前，人们就开始了对有机化合物的加工和利用。例如，我国古代就有关于酿酒、制醋、制糖及造纸术等的记载。但是，当时人们并不认识这些过程的实质，仅仅停留在工艺阶段。人们对有机化合物的认识是随着生产实践的发展和科学技术的进步而不断深化的。

17 世纪中叶，人们把自然界的物质依其来源分为动物物质、植物物质和矿物质三大类。到了 18 世纪末，人们开始了对有机化合物的提取。1769～1785 年，瑞典化学家舍勒（C. W. Scheele）提取得到许多有机酸，如从葡萄汁中提取得酒石酸、从柠檬汁中提取得柠檬酸、从尿液中提取得尿酸、从酸牛奶中提取得乳酸。1773 年首次从尿内提取得纯的尿素。1805 年由鸦片提取得到第一个生物碱——吗啡。由于当时宗教思想的束缚和科学水平的限制，人们对生命现象的本质没有认识，因而认为只能从动植物体内提取有机化合物，还不能用人工的方法合成有机化合物。随着对有机化合物认识的不断深入，人们就试图用人工的方法合成有机化合物。这时，生物学界流行的"生命力学说"闯入了化学界，"生命力学说"认为，有机化合物是生命过程的产物，只能存在于活的细胞中，有机化合物在生物体内的形成必须在"生命力"的作用下才能完成。1781 年，法国化学家拉瓦锡（A. L. Lavoisier）首先将来源于动植物体内的化合物定义为"有机化合物"。相应地，把来自矿物质且不具有生命现象的物质称为无机物。1806 年，瑞典化学大师贝采利乌斯（J. J. Berzelius）首先使用了"有机化学"这个名称，并认为"在动植物体内的生命力影响下才能形成有机化合物，在实验室内是无法合成有机化合物的。"这种思想曾一度牢固地统治着有机化学界，阻碍了有机化学的发展。

1828 年，德国 28 岁的化学家维勒（F. Wöhler）在研究氰酸盐的过程中，意外地发现了用无机物氯化铵和氰酸银一起加热，可以制得有机物尿素。

$$NH_4Cl + AgOCN \longrightarrow AgCl\downarrow + NH_4OCN$$

$$NH_4OCN \xrightarrow{\triangle} H_2N-\overset{\displaystyle O}{\overset{\displaystyle \|}{C}}-NH_2$$

这是世界上第一次在实验室的玻璃器皿中从无机物制得有机物。这一事实无疑是对"生命力学说"的有力冲击。维勒的发现开辟了人工合成有机物的新纪元。到了 19 世纪中叶，许多化学家陆续合成了不少有机物。例如，1845 年德国化学家柯尔伯（A. W. H. Kolber）合成了醋酸，1854 年法国化学家贝特洛（P. E. M. Berthelot）合成了油脂，1861 年俄国化学家布特列洛夫（A. M. Butlerov）合成了糖。此后，许多天然有机物被合成出来，许多自然界不存在的有机物也被制造出来。这样，"生命力学说"被彻底否定了，从而开创了合成有机化合物的新时代。1850～1900 年，人们以煤焦油为原料，合成了染料、药物和炸药为主的大量有机化合物。有机合成的迅速发展，使人们清楚地知道，在有机物和无机物之间并没有一个明显的界限，但它们在组成和性质上确实存在着某些不同之处。从组成上讲，元素周期表中大部分元素都能互相结合形成无机物；而在有机物中，绝大多数都含有碳、氢两种元素，有些还含有氧、硫、氮、磷、卤素等其他元素。因此，1945 年，德国化学家格美林（L. Gmelin）提出有机化合物就是碳的化合物，而有机化学是研究碳化合物的化学。19 世纪 60 年代，恩格斯的好友德国化学家肖莱玛（K. Schorlemmer）建议把有机化合物定义为"碳氢化合物及其衍生物"，研究碳氢化合物及其衍生物的化学叫有机化学。

随着大量实验材料的积累，人们对有机化合物的认识愈来愈深入，化学家深切地感到，要合成一个预期的化合物，必须知道该化合物的分子结构。于是，1858 年德国化学家凯库勒（F. A. Kekulé）和英国化学家库珀（A. S. Couper）先后提出了价键学说，认为分子中碳原子都是四价的，且碳与碳之间可以互相结合成碳链，构成了经典结构理论的核心。1861 年布特列洛夫（A. M. Butlerov）提出了化学结构的概念，认为分子中的原子是按一定的排列顺序和一定方式连接着，指出原子间存在相互影响。1865 年凯库勒又提出了苯的环状结构学说。1874 年荷兰化学家范特霍夫（J. H. van't Hoff）和法国化学家勒贝乐（J. A. Le Bel）几乎同时分别独立提出饱和碳原子的四面体构型学说，从而开创了有机化合物的立体化学研究。1916 年美国化学家路易斯（G. N. Lewis）用电子对的方法说明化学键的生成；1926 年以后，德国化学家海特勒（W. Heitler）和伦敦（F. London）等人，又用量子力学原理和方法处理分子结构问题，取得了极大的成功，阐明了化学键的微观本质，建立了量子化学。1931 年德国物理化学家休克尔（E. Hückel）用量子化学方法研究不饱和化合物和芳香化合物的结构。1933 年英国化学家英戈尔德（C. K. Ingold）用化学动力学方法研究饱和碳原子上的取代反应机理。20 世纪 60 年代，各种光谱的应用对分子结构的测定提供了有力的手段；热力学和动力学以及同位素的应用，帮助化学家了解化学反应的详细步骤（历程）。这些工作对有机化学的发展都起了重要作用。

我国在有机化学研究中也取得了许多重要成就，例如，1965 年，我国成功地用人工方法合成了世界上第一个具有生物活性的蛋白质——牛胰岛素，为蛋白质化学做出了巨大贡献。1981 年，我国又成功地用人工方法合成了相对分子质量约 26000、具有与天然分子相同结构和完整生物活性的酵母丙氨酸转移核糖核酸。2000 年，我国科学家在国际人类基因组计划工程中，成功地破译了人类 3 号染色体部分遗传密码，标志着我国在蛋白质和核酸的研究方面已进入世界先进行列。

如今，有机化学已由传统的实验性学科发展成实验与理论并重的学科，并且与数学、物理学和生物学等学科相互交叉渗透，孕育并形成了新的分支学科，如计算化学、金属有机化学和生物有机化学等。1997～2006 年的 10 年间诺贝尔化学奖的授予对象也反映出有机化学发展的强大生命力：1997 年 ATP 合成酶、离子泵；1998 年量化计算的新方法；1999 年飞秒化学；2000 年有机导电离子；2001 年催化不对称合成方法；2002 年生物大分子研究；2003 年发现细胞膜水通道，以及对离子通道结构和机理研究；2004 年泛素调节的蛋白质降解；2005年烯烃复分解反应的研究；2006年真核转录的分子基础研究。以有机化学为基础的石油化工、合成材料、医药、农药、涂料等工业部门已成为国民经济的支柱产业。有机化学在解决人类与自然和谐发展中所遇到的重大问题，如能源问题、环境问题等方面正发挥着越来越重要的作用。新学科的发展、新支柱产业的建立又促进了有机化学的发展。

二、有机化学和有机化合物

由于历史的习惯，"有机化学"和"有机化合物"的叫法得以沿用，但早已失去原来的意义。现在通常把含有碳、氢两种元素的化合物称为烃。烃中的氢被其他原子或基团取代的产物称为烃的衍生物。因此，有机化合物就是烃及烃的衍生物，有机化学也就是研究烃及烃的衍生物的化学。

与无机化合物相比，有机化合物一般具有如下特性。

1. 数量庞大，结构复杂，同分异构现象普遍存在

构成有机化合物的主要元素种类不多，但是有机化合物的数量非常庞大。据估计，目前世界上有机化合物的数量已超过1000万种，而且这个数量还在与日俱增，几乎每一天都至少有一种新的化合物被合成或被发现，而由100多种元素构成的无机化合物仅有十几万种。

有机化合物存在的数量与其结构的复杂性有密切的关系。构成有机化合物主体的碳原子不但数目可以很多，而且碳与碳之间可以以单键、双键、三键相连，双键、三键的位置也有不同，还可以相互连接成不同形式的链或环。这样就导致在各类有机化合物中还普遍存在同分异构现象。所谓同分异构现象，是指分子式相同，但结构不同，从而性质各异的现象。例如，乙醇和甲醚，分子式均为 C_2H_6O，但它们的结构不同，因而物理性质和化学性质也不相同。乙醇和甲醚互为同分异构体。

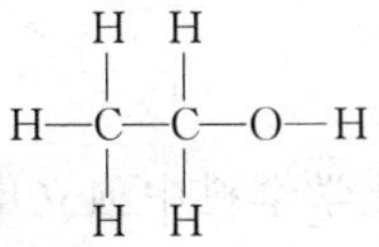

乙醇（沸点78.5℃） 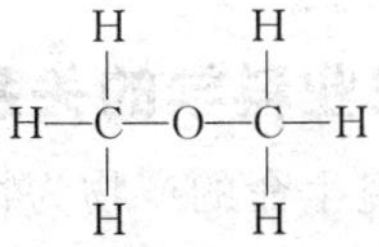　　　　　甲醚（沸点−25℃）

由于在有机化学中普遍存在同分异构现象，故在有机化学中不能只用分子式来表示某一有机化合物，必须使用构造式或构型式。

2. 易燃烧

除少数例外，一般的有机化合物都能燃烧，主要生成二氧化碳和水等，同时放出大量的热。大多数无机化合物，如酸、碱、盐、氧化物等都不能燃烧。因而有时采用灼烧试验可以区别有机化合物和无机化合物。

3. 熔点、沸点低，热稳定性差

在常温下，绝大多数无机化合物都是高熔点、高沸点的固体，且受热不易分解，如氯化钠的熔点为801℃，沸点为1413℃。而有机化合物通常为气体、液体或低熔点的固体，且受热易分解。

大多数有机化合物的熔点一般在400℃以下，而且它们的熔点和沸点随着相对分子质量的增加而逐渐增加。这是因为有机化合物通常以分子状态存在，分子间的吸引力主要是微弱的范德华（Van der Waals）力，要把分子分开需要的能量较小，所以有机化合物的熔点和沸点较低。而无机化合物如酸、碱、盐等都是离子型化合物，正、负离子之间静电吸引力很强，离子排列比较整齐，要破坏这种引力需要较高的能量，因此无机化合物的熔点和沸点较高。

一般来说，纯净的有机化合物都有固定的熔点和沸点。因此，熔点和沸点是有机化合物的重要物理常数，人们常利用熔点和沸点的测定来鉴定有机化合物。

4. 难溶于水，易溶于有机溶剂

水是一种强极性物质，所以极性较强的无机化合物大多易溶于水，不易溶于有机溶剂。而有机化合物一般都是极性较小或非极性的化合物，所以大多数有机化合物在水中的溶解度都很小，而易溶于非极性或极性较弱的有机溶剂中。这就是"相似相溶"规律。正因为如此，有机反应常在有机溶剂中进行。

5. 反应速率慢，副反应多，产物复杂

无机反应是离子型反应，一般反应速率都很快。如 H^+ 与 OH^- 的反应、Ag^+ 与 Cl^- 生成 $AgCl$ 沉淀的反应等都是在瞬间完成的，且产物单纯。

有机反应大部分是分子间的反应，反应过程中包括共价键旧键的断裂和新键的形成，所以反应速率比较慢，一般需要几小时，甚至几十小时才能完成。为了加速有机反应的进行，常采用加热、加压、光照、搅拌或加催化剂等措施。有机化合物的结构复杂，大多数分子是由多个原子结合而成的，所以在有机反应中，反应中心往往不局限于分子的某一固定部位，常常可以在不同部位同时发生反应，得到多种产物。反应生成的初级产物还可继续发生反应，得到进一步的产物。常把某一反应中产率高的产物称为主（要）产物，产率低的产物称为副产物。因此在有机反应中，除了生成主产物以外，还常常有副产物生成。

为了提高主产物的产率，控制好反应条件是十分必要的。由于得到的产物是混合物，故需要经分离、提纯，以获得较纯净的物质。

由于有机反应产物复杂，因此在书写有机反应方程式时常采用箭头，而不用等号，一般只写出主要反应及其产物，有的还需要在箭头上标明反应的必要条件。反应方程式一般不严格要求配平，只是在需要计算理论产率时，有机反应才要求配平。

三、有机化学与农业科学的关系

自从有机化学以其研究生命的产物为特征从化学学科中独立出来以后，有机化学与农业科学始终保持着密切的关系。

长期以来，人们一直向自然界索取原料，并不断改进加工手段，使生活水平随之得到提高。自然界不但为人们提供了生活资源，而且给有机化学提出了许多研究的新课题和新领域。农业科学的发展促进了有机化学的发展，同样，有机化学对农业科学的发展和飞跃也是至关重要的。农业科学实质上是探讨生命现象及其规律的科学，是生命科学的一个重要组成部分。生物的生命现象就涉及生物体内物质的合成、分解及转化过程。只有了解这些变化过程及其规律，才能掌握它、改造它，使它向着人们需要的方向发展。现代生命科学正在向分子水平上发展，也就是说，要从分子水平上认识生命过程并研究生命现象，化学的理论、观点和方法在整个生命科学中起着不可缺少的作用。当今，诸多有机化学工作者都在生物学方面进行工作；同样，生物学工作者也需要具备较深厚的有机化学知识。毋庸置疑，不具备有机化学知识的人是根本不可能去研究现代生命科学的。

另外，大量天然的及合成的有机化合物正被越来越广泛地应用于农业生产。各种农药，包括杀虫剂、杀菌剂、除莠剂、除草剂、昆虫引诱剂、昆虫不孕剂、灭鼠剂等，可以用于保护农作物的生长；有机肥料、植物生长调节剂、土壤改良剂、催熟剂等，可以用于促进农作物的增产和增收；各种前列腺素、激素、饲料添加剂、兽药，可以用于家畜和禽类的饲养、治病与防疫；防腐保鲜剂、色素、香精及各种食品添加剂，可以用于农、畜产品的储藏与加工；农用塑料薄膜、柴油、润滑剂等，也都是农业生产中不可缺少的重要物质。它们的使用虽然提高了农产品的质量和产量，促进了农业的发展，但同时滥用化学品也破坏了生态平衡。此外，棉、毛、丝、麻、合成纤维、合成橡胶、油脂、淀粉、蛋白质、医药等又与人们的日常生活息息相关。因此，了解这些有机化合物的组成、结构、理化性质及生理功能，正确、有效地使用和应用它们，对维护生态平衡、改善环境等都是十分必要的。

由此可见，有机化学与农业科学有着密切的关系。有机化学既是学习农业科学的基础，又是进行农业科学研究的工具。因此，只有掌握有机化学的基本理论、基本知识和基本操作技能，才能更好地学习农业科学技术和从事农业科学的研究，在新的世纪为农业科学的发展做出更大的贡献。

四、研究有机化合物的方法

研究一种新的有机化合物，一般要经过下列方法。

1. 分离提纯

天然有机化合物和合成的有机化合物往往混有某些杂质，要想达到一定的纯度，首先要进行分离提纯。分离提纯的方法很多，常用的有重结晶法、升华法、蒸馏法、萃取法、色谱分离法、电泳法和离子交换法等。可根据研究对象而选择合适的方法，但必须保证研究对象不在操作过程中发生任何变化或破坏。高效液相色谱法是一种分离效果好、分离速度快的现代技术方法。

2. 纯度的检验

纯净的有机化合物都有固定的物理常数，如熔点、沸点、相对密度、折射率、比旋光度及特有的光谱等。测定有机化合物的物理常数就可以检验其纯度。纯净的有机化合物的熔程、沸程都很短，一般在 $0.5 \sim 1.0 \, ℃$ 范围内；不纯的有机化合物的熔程、沸程都较宽，且熔点、沸点下降。

3. 实验式和分子式的确定

提纯后的有机化合物通常应用燃烧法进行元素定性分析，确定其元素组成。然后再进行元素定量分析，求出各元素的质量比，通过计算就能得出它的实验式（实验式是表示化合物分子中各元素原子的相对数目的最简式）。最后，进一步用质谱仪测定有机化合物的相对分子质量，即可确定其分子式。

4. 结构式的确定

由于在有机化合物中普遍存在着同分异构现象，具有同一分子式的有机化合物不止一种，所以对于一种化合物，只确定它的分子式还远远不够，还必须确定有机化合物的结构式。根据化合物的化学性质及应用现代物理分析方法，如 X 射线分析、电子衍射法、红外吸收光谱（IR）、紫外吸收光谱（UV）、核磁共振光谱（NMR）和质谱（MS）等，能够准确地确定有机化合物的结构。

第二节　有机化合物的结构

物质的性质不仅由分子的组成决定，而且也由分子的结构决定。分子结构是指原子在分子中的连接方式、连接顺序和空间排列。有机化合物分子中的碳、氢等原子是通过共价键相结合的，所以研究有机化合物的结构就必须从共价键开始。

一、共价键理论

共价键是通过原子间共用电子对而形成的。两个原子共用一对电子是单键；共用两对电子或三对电子是双键或三键。目前解释共价键本质的理论有价键理论（valence bond theory，简称 VB 法）、分子轨道理论（molecule orbital theory，简称 MO 法）和杂化轨道理论（theory of hybrid obital）等。

1. 价键理论

价键理论认为，共价键的形成可以看作是原子轨道的重叠或电子配对的结果。但是，只有两个原子各有一个未成对的电子，并且自旋方向相反时，它们才能配对成键。原子轨道重叠后，在两个原子核间的电子云密度较大，因而降低了两核之间的正电排斥，增加了两核对负电荷的吸引，使整个体系的能量降低，形成稳定的共价键。成键的电子定域在两个成键原子之间。

例如，两个氢原子的 1s 轨道互相重叠生成氢分子（见图 0-1）。

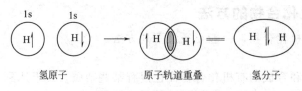

图 0-1　氢分子的生成

如果一个原子的未成对电子已经配对，就不能再与其他原子的未成对电子配对，这就是共价键的饱和性。例如，在形成 HCl 分子时，氢原子的一个未成对电子与氯原子的一个未成对电子已经配对成键，就不可能再与其他原子的电子配对了。

在原子轨道重叠时，重叠的程度越大，所形成的共价键越牢固。因此，在形成稳定的共价键时，原子轨道只能沿键轴的方向进行重叠才能达到最大程度的重叠，这就是共价键的方向性。例如，氢原子的 1s 轨道与氯原子的 $2p_x$ 轨道重叠形成 HCl 时，有下面三种可能的重叠情况（见图 0-2），但只有在（a）所示的 x 轴方向轨道才有最大的重叠。

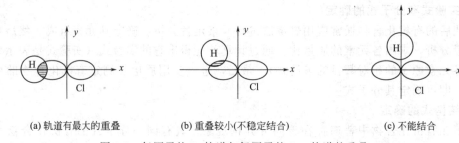

(a) 轨道有最大的重叠　　(b) 重叠较小(不稳定结合)　　(c) 不能结合

图 0-2　氢原子的 1s 轨道与氯原子的 $2p_x$ 轨道的重叠

2. 分子轨道理论

分子轨道理论是在 1932 年由美国化学家马利肯提出的，它是从分子整体出发来研究分子中每一个电子的运动状态。分子轨道理论认为，分子中的成键电子不是定域在两个成键原子之间，而是围绕整个分子运动的。通过薛定谔方程的解，可以求出描述分子中的电子运动状态的波函数 ψ，ψ 称为分子轨道。

利用薛定谔方程求解分子轨道 ψ 很困难，一般采用近似解法。其中最常用的是原子轨道线性组合法，即将分子轨道看成是原子轨道函数的相加或相减。一个分子的分子轨道数目等于组成该分子的原子轨道数目的总和。

两个原子轨道可以线性组成两个分子轨道：

$$\psi_1 = C_1\psi_A + C_2\psi_B \qquad (0\text{-}1)$$

$$\psi_2 = C_1\psi_A - C_2\psi_B \qquad (0\text{-}2)$$

ψ_1 和 ψ_2 为两个分子轨道的波函数，ψ_A 和 ψ_B 分别为原子 A 和 B 的原子轨道的波函数，C_1 和 C_2 为两个原子轨道的特定系数。在式(1)中，ψ_A 和 ψ_B 的符号相同，即两个波函数的位相相同。它们叠加的结果使两个波函数值增大，电子几率密度增大（见图 0-3），两个原子轨道重叠达到了最大程度，从而形成稳定的共价键。这样的分子轨道（ψ_1）的能量低于原来的原子轨道，叫做成键轨道。在式(2)中，ψ_A 和 ψ_B 的符号相反，即两个波函数的位相不同。它们叠加的结果使两个波函数值减小（或抵消），电子几率密度减小（或出现节点）（见图 0-4），两核之间产生斥力，原子轨道重叠很少或不能重叠，因而不能形成共价键。这样的分子轨道（ψ_2）的能量高于原来的原子轨道，叫做反键轨道。

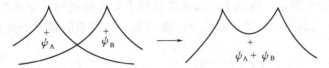

图 0-3　两个位相相同的波函数相互叠加结果示意图

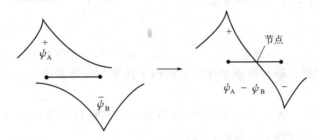

图 0-4　两个位相不同的波函数相互叠加结果示意图

与价键理论相似，每一个分子轨道最多只能容纳两个自旋方向相反的电子，从最低能级的分子轨道开始，逐个地填充电子。例如，两个氢原子形成氢分子时（见图 0-5），一对自旋相反的电子进入能量低的成键轨道（ψ_1）中，电子云主要集中于两个原子核间，体系能量最低，从而使氢分子处于稳定的状态。反键轨道的电子云主要分布于原子核的外侧，不利于原子的结合而有利于原子核的分离。所以，当电子进入反键轨道时，反键轨道的能量高于原子轨道，体系不稳定，氢分子自动解离为两个氢原子。

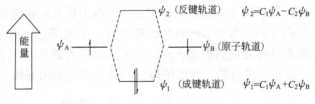

图 0-5　氢分子轨道能级图

分子轨道是由原子轨道线性组合而成的，但并不是任何原子轨道都可以构成分子轨道。原子轨道组成分子轨道必须具备以下三个条件。

（1）轨道对称性匹配　组成分子轨道的原子轨道的位相必须相同才能匹配组成分子轨道。

（2）能量相近　成键的原子轨道的能量相近，能量差越小，才能最有效地组成分子轨道，形成的共价键才越稳定。

（3）原子轨道最大重叠　原子轨道的重叠程度越大，形成的共价键越稳定。

3. 杂化轨道理论

碳原子在基态时，核外电子排布为 $1s^2 2s^2 2p_x^1 2p_y^1$，只有两个未成对电子。根据价键理论和分子轨道理论，碳原子应是二价的。但大量事实都证实，在有机化合物中碳原子都是四价的，而且在饱和化合物中，碳原子的四价都是等同的。为了解决这类矛盾，1931 年鲍林（L. Pauling）提出了原子轨道杂化理论。

杂化就是成键原子的几种能量相近的原子轨道相互影响和混合后重新组成复杂的原子轨道的过程。在杂化中所形成的等同的新轨道叫杂化轨道。杂化轨道的数目等于参加杂化的原子轨道的数目。

根据原子轨道杂化理论，碳原子在成键的过程中首先要吸收一定的能量，使 2s 轨道的一个电子跃迁到 2p 空轨道中，形成碳原子的激发态。激发态的碳原子具有四个单电子，因此碳原子是四价的。

在进行杂化过程时，根据组成杂化轨道的原子轨道的种类和数目的不同，可以把杂化轨道分成不同的类型。

（1）sp³ 杂化　由一个 2s 轨道和三个 2p 轨道杂化形成四个等同的新轨道，叫做 sp³ 杂化轨道，这种杂化方式叫做 sp³ 杂化。例如：

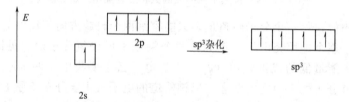

sp³ 杂化轨道的形状及能量既不同于 2s 轨道，又不同于 2p 轨道，它含有 1/4 的 s 成分和 3/4 的 p 成分。sp³ 杂化轨道是有方向性的，即在对称轴的一个方向上集中，四个 sp³ 杂化轨道的空间取向是以碳原子核为中心伸向正四面体的四个顶点，轨道对称轴之间的夹角均为 $109°28'$ 或 $109.5°$（见图 0-6）。每个 sp³ 杂化轨道中有一个电子。sp³ 杂化轨道的这种空间分布使它们相互间的距离尽可能达到最远，所以电子间的斥力最小，体系最稳定。甲烷分子中的碳原子就是经 sp³ 杂化后成键的，所以甲烷分子具有空间正四面体结构。

(a) 一个sp³杂化轨道在空间的分布　　　(b) 四个sp³杂化轨道在空间的分布

图 0-6　sp³ 杂化轨道示意图

（2）sp² 杂化　由一个 2s 轨道和两个 2p 轨道重新组合形成三个等同的杂化轨道，称为 sp² 杂化。例如：

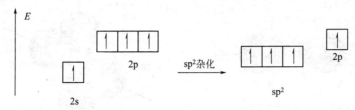

每个 sp² 杂化轨道含有 1/3 的 s 成分和 2/3 的 p 成分，这三个 sp² 杂化轨道的对称轴在同一平面上，并以碳原子核为中心，分别伸向正三角形的三个顶点，对称轴的夹角为 120°。每个 sp² 杂化轨道中有一个电子。碳原子剩下的一个未参与杂化的 2p 轨道中也有一个电子，仍保持原来的形状，它的对称轴垂直于三个 sp² 杂化轨道对称轴所在的平面，分布在平面上下两侧（见图 0-7）。乙烯分子中的碳原子就是经 sp² 杂化成键的，所以乙烯分子为平面形分子。

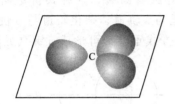
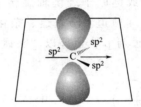

(a) 三个sp²杂化轨道 在空间的分布　　　(b) p轨道垂直于三个sp²杂化轨道所在的平面

图 0-7　碳原子的 sp² 杂化轨道示意图

（3）sp 杂化　由一个 2s 轨道和一个 2p 轨道重新组合形成两个等同的杂化轨道，称为 sp 杂化。例如：

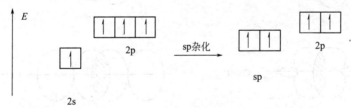

每个 sp 杂化轨道含有 1/2 的 s 成分和 1/2 的 p 成分，它们分布在以碳原子为中心的同一直线的两个相反方向上，轨道夹角为 180°。每个 sp 杂化轨道中有一个电子。碳原子还余下两个未参与杂化的 2p 轨道，每个 p 轨道中都有一个电子，且仍保持原来的形状，其对称轴不仅互相垂直，而且都垂直于 sp 杂化轨道对称轴所在的直线，它们均匀地分布于 sp 杂化轨道所在直线的上下和前后（见图 0-8）。乙炔分子中的碳原子就是经 sp 杂化后成键的，所以乙炔分子为直线形分子。

碳原子的 sp³、sp²、sp 杂化轨道的形状相似，但由于其中 s 轨道的成分不同，能量及电负性均有差别，与其他原子形成 σ 键的稳定程度也有差别。s 成分越多的轨道，原子核对轨道中的电子束缚得越牢。

4. σ 键和 π 键

由于 p 轨道和杂化轨道都是有方向性的，所以在形成共价键时，原子轨道可以按不同方向重叠，按照成键原子轨道的方向不同，共价键又可分为 σ 键和 π 键。

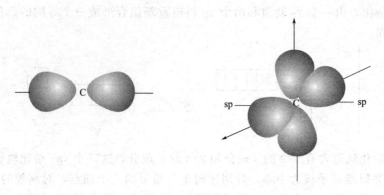

(a) 两个sp杂化轨道 在空间的分布　　　　　(b) 两个p轨道相互垂直

图 0-8　碳原子的 sp 杂化轨道示意图

（1）σ键　如果原子轨道沿键轴方向按"头碰头"的方式发生重叠，即键轴是成键原子轨道的对称轴，成键原子绕键轴旋转不会导致键断裂，这种共价键叫做σ键。例如，s轨道与s轨道、s轨道与p轨道、杂化轨道与s轨道、杂化轨道与p轨道、杂化轨道与杂化轨道、p轨道与p轨道等以"头碰头"方式重叠都可形成σ键（见图0-9）。

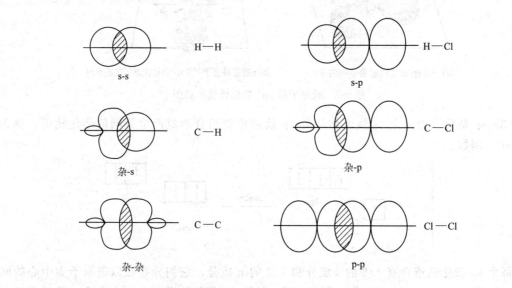

图 0-9　各种 σ 键示意图

由于形成σ键的原子轨道是沿对称轴的方向相互重叠的，重叠程度大，在化学反应中比较稳定，不易断裂。σ键的电子云较集中，离核较近，在外界条件影响下不易被极化。σ键存在于一切共价键中，但两个原子之间只能形成一个σ键。

（2）π键　如果两个p轨道的对称轴互相平行，那么这两个p轨道就可以从侧面"肩并肩"地重叠成键，这种共价键叫做π键（见图0-10）。

π键不能单独存在，必须与σ键共存。p轨道从侧面重叠，在π键形成以后，就限制了σ键的自由旋转。与σ键相比，π键电子云重叠程度较小，稳定性差，在化学反应中，π键易断裂。由于π键的电子云分散在两核连线的上下两方，呈平面对称，离原子核较远，受核的约束较小，所以π键的电子云具有较大的流动性，易受外界的影响而发生极化，具有较强的化学活性。

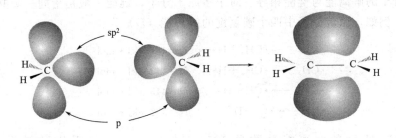

图 0-10　π键形成示意图

二、共价键的属性

为了研究有机分子的性质，还必须研究共价键的属性，即键长、键角、键能、键的极性。这些物理量总称为共价键的"键参数"。

1. 键长

两个成键原子的核间平均距离称为键长（键距）。键长的单位为 nm（10^{-9}m）。不同原子形成的共价键的键长是不同的，且同一类型共价键的键长在不同的化合物中也不完全相同，这是由于构成共价键的原子在分子中不是孤立的，而是相互影响的。例如，C—C 键长在丙烷中为 0.154nm，而在环己烷中为 0.153nm。

一般来说，形成的共价键越短，表示键越强，越牢固。一些常见共价键的键长见表 0-1。

表 0-1　常见共价键的键长与键能

共价键	键长/nm	键能/(kJ·mol^{-1})	共价键	键长/nm	键能/(kJ·mol^{-1})
C—H	0.109	415.3	C＝C	0.134	610.0
C—C	0.154	345.6	C≡C	0.120	835.1
C—N	0.147	304.6	C＝N	0.130	615.0
C—O	0.144	357.7	C≡N	0.115	889.5
C—S	0.181	272.0	C＝O	0.123	736.0(醛)
C—F	0.142	485.3			748.0(酮)
C—Cl	0.177	339.0	N—H	0.104	390.8
C—Br	0.194	284.5	O—H	0.096	462.8
C—I	0.214	217.6	S—H	0.135	347.3

2. 键角

原子在与两个或两个以上原子成键时，键与键之间的夹角称为键角。例如，甲烷分子中 ∠HCH 为 109°28′。而在其他烷烃分子中，由于碳原子连接的情况不尽相同，相互影响的结果，其键角也稍有差异。例如，丙烷分子中的 ∠C—C—C 就不是 109°28′，而是 112°。

3. 键能

共价键断裂或形成时，所吸收或放出的能量，称为该键的键能，单位通常用 kJ·mol^{-1} 表示。由于分子所处的状态不同，吸收或放出的能量也不同。一般规定在 101325Pa 和 298.15K 条件下，1mol 气态双原子分子解离成气态原子时所需的能量，叫键的解离能。共价键断裂时必须吸收能量，ΔH 为正值；原子结合成分子时要放出能量，ΔH 为负值。例如：

$$Cl:Cl \longrightarrow Cl \cdot + Cl \cdot \qquad \Delta H = +242 kJ \cdot mol^{-1}$$

$$Cl \cdot + Cl \cdot \longrightarrow Cl_2 \qquad \Delta H = -242 kJ \cdot mol^{-1}$$

双原子分子的解离能与键能相等。对于多原子分子，键能一般是指同一类共价键的解离能的平均值。例如，甲烷分子中四个碳氢键的解离能（D）为：

$$CH_4 \longrightarrow \cdot CH_3 + H \cdot \qquad D = 434.7 kJ \cdot mol^{-1}$$
$$\cdot CH_3 \longrightarrow \cdot \ddot{C}H_2 + H \cdot \qquad D = 443.1 kJ \cdot mol^{-1}$$
$$\cdot \ddot{C}H_2 \longrightarrow \cdot \dddot{C}H + H \cdot \qquad D = 443.1 kJ \cdot mol^{-1}$$
$$\cdot \dddot{C}H \longrightarrow \cdot \dddot{C} \cdot + H \cdot \qquad D = 338.6 kJ \cdot mol^{-1}$$

甲烷的 C—H 键的解离能总数是 1659.5kJ $\cdot$ mol^{-1}，故平均键能为 1659.5/4 = 414.9（kJ $\cdot$ mol^{-1}）。

键能表示共价键的牢固程度。键能越大，说明两个原子结合得越牢固。一些常见共价键的键能见表 0-1。

4. 键的极性、分子的极性和键的极化

（1）键的极性　键的极性是由成键的两个原子之间的电负性差异引起的。常见元素的电负性见表 0-2。

表 0-2　常见元素的电负性

H						
2.20						
Li	Be	B	C	N	O	F
0.98	1.57	2.04	2.55	3.04	3.44	3.98
Na	Mg	Al	Si	P	S	Cl
0.93	1.31	1.61	1.90	2.19	2.58	3.16
						Br
						2.96
						I
						2.66

当两个相同的原子形成共价键时，由于两个原子的电负性相同，对键合电子的吸引力一样，电子云均匀地分布在两个原子核之间，键的正、负电荷中心恰好重合，这种键是没有极性的，叫做非极性共价键。例如，氢分子中的 H—H 键，乙烷分子中的 C—C 键。当两个不相同的原子形成共价键时，由于电负性的差异，电子云偏向电负性较大的原子一方，使正、负电荷中心不能重合，电负性较大的原子带有微弱的负电荷（用 δ^- 表示），电负性较小的原子带有微弱的正电荷（用 δ^+ 表示），即此键有一个正极和一个负极，这种键叫做极性共价键。例如，一氯甲烷中的 C—Cl 键，电子云偏向氯原子，使之带有微弱的负电荷，电负性较小的碳原子带有微弱的正电荷。

$$H_3C^{\delta+} \rightarrow Cl^{\delta-}$$

键的极性大小可用偶极矩（键矩）μ 来表示。偶极矩的大小等于极性共价键上正电中心（或负电中心）的电荷量（q）与正、负电荷中心之间的距离（d）的乘积。可表示为：

$$\mu = qd$$

偶极矩的法定单位为库仑·米（C·m），电荷量的单位为库仑（C），距离的单位为米（m）。偶极矩是矢量，有方向性，一般用"$\longmapsto$"表示，箭头从正电荷指向负电荷。

表 0-3 列出了一些常见共价键的偶极矩。

表 0-3 一些常见共价键的偶极矩

键	偶极矩/(C·m)	键	偶极矩/(C·m)
C—H	1.33	C—Cl	4.78
N—H	4.37	C—Br	4.60
O—H	5.04	C—I	3.97
S—H	2.27	C—N	0.73
Cl—H	3.60	C≡N	11.67
Br—H	2.60	C—O	2.47
I—H	1.27	C=O	7.67
C—F	4.70	C—S	3.00

(2) 分子的极性 在一个分子中，如果它的正电中心和负电中心不相重合，则它具有极性，这样的分子称作极性分子；反之，称作非极性分子。对于双原子分子，共价键的极性就是分子的极性。例如，H_2 为非极性分子；HCl 为极性分子。但对于多原子分子来说，分子的极性取决于分子的组成和结构。多原子分子的偶极矩是各键的偶极矩的向量和。例如，甲烷和四氯化碳是对称分子，各键偶极矩的向量和等于零，故为非极性分子；三氯甲烷分子中，各个键的偶极矩的向量和不等于零，为极性分子。

$$\mu=0 \qquad \mu=0 \qquad \mu=3.63\times10^{-30}C \cdot m$$

甲烷　　　　四氯化碳　　　三氯甲烷

键的极性和分子的极性对物质的熔点、沸点和溶解度都有很大的影响，键的极性也能决定发生在这个键上的反应类型，甚至还能影响到附近键的反应活性。

(3) 键的极化 极性键或非极性键的成键电子云分布状态可以因外加电场（包括进攻试剂产生的电场）的影响而发生改变，其结果导致极性键的极性增强，而非极性键的正、负电荷中心分开，不再重合，从而产生极性。这种由于外加电场的影响而引起的键的极性，称作键的极化或可极化性。键的极化是暂时的，当外电场存在时表现出来，而外电场消失则键的极性会恢复到原来的状态。键的极化用键的极化度度量，它表示成键电子被成键原子核电荷约束的相对强度。极化度越大的共价键，越容易受外界电场影响而发生极化。极化度除了与成键原子的体积、电负性和键的种类有关外，还与外电场的强度有关。成键原子的体积越大，电负性越小，对成键电子的约束越小，键的极化度就越大。例如，碳卤键的极化度为 C—I＞C—Br＞C—Cl＞C—F。π 键比 σ 键易极化。外电场越强，键的极化度越大。

键的极化对键的化学活性常常起决定性作用。

绝大多数有机化合物分子中都存在共价键，共价键的键能和键长反映了键的强度，即分子的热稳定性；键角反映了分子的空间形象；偶极矩和键的极化反映了分子的化学反应活性，影响它们的物理性质。

三、共价键的断裂方式和有机反应类型

有机分子之间发生反应，其本质就是这些分子中某些共价键的断裂和新共价键的形成。

1. 共价键的断裂方式

共价键有两种断裂方式：均裂（homolysis）和异裂（heterolysis）。

在共价键断裂时，成键的一对电子平均分给两个原子或原子团，这种断裂方式称为均裂。例如：

$$A : B \longrightarrow A \cdot + B \cdot$$
$$Br : Br \longrightarrow Br \cdot + Br \cdot$$
$$H_3C : H + Cl \cdot \longrightarrow \cdot CH_3 + HCl$$

均裂生成的带单电子的原子或原子团称为自由基或游离基（free radical），它是电中性的。自由基通常用 R· 表示，如 ·CH₃ 叫甲基自由基。

在共价键断裂时，成键的一对电子保留在一个原子上，这种断裂方式称为异裂。例如：

$$A : B \longrightarrow A^+ + B^-$$
$$(CH_3)_3C : Cl \longrightarrow (CH_3)_3C^+ + Cl^-$$
$$OH^- + H : CH_2CHO \longrightarrow H_2O + {}^-CH_2CHO$$

共价键异裂产生的是离子。常用 R^+ 表示碳正离子（carbocation），用 R^- 表示碳负离子（carbanion）。例如，$^+CH_3$ 叫甲基碳正离子，$^-CH_3$ 叫甲基碳负离子。

在有机反应中，共价键断裂所产生的自由基、正离子、负离子活性都很高，不能稳定存在，往往在生成的一瞬间就参加化学反应，很难将它们分离出来。这些寿命很短的自由基或离子称为活性中间体（active intermediate）。只有当带正电荷、负电荷或单电子的碳原子连接着能够稳定这些电荷或单电子的某种基团时，才能存在较长时间。用特殊的化学或物理手段，可以证明活性中间体的存在，这对于了解有机反应历程（也称有机反应机理）是很重要的。

有机反应历程是从反应物到生成物所经历的过程。有机反应一般不是从反应物直接到生成物的，中间可能经历若干步骤，每一步都有可能生成一些不稳定的活性中间体。如能探测到这些中间体，就可以推断反应机理，以便在本质上认识和把握有机反应，能够确定最佳反应条件和反应路线，控制反应按所需方向进行。另外，还可帮助人们了解有机反应的内在联系，以便归纳、总结、记忆大量有机反应。

2. 有机反应类型

根据共价键的断裂方式，有机反应分为两大类：自由基型反应和离子型反应。

共价键均裂生成自由基而引发的反应称为自由基型反应，也称均裂反应。自由基型反应一般要在光照、辐射或高温加热下进行，如果反应体系中有容易产生自由基的引发剂（如过氧化物），低键能的共价键易引发自由基型反应。

共价键异裂生成离子而引发的反应称为离子型反应，也称异裂反应。离子型反应一般需要酸、碱催化或在极性物质存在下进行。

显然，非极性共价键易进行自由基型反应，而极性共价键易进行离子型反应。

离子型反应及自由基型反应又可分为取代反应和加成反应等。离子型反应根据反应实际类型的不同，又可分为亲电反应和亲核反应。亲电反应又可再分为亲电加成反应和亲电取代反应；亲核反应也可再分为亲核加成反应和亲核取代反应。

四、分子间的作用力

原子间通过共价键结合成有机分子，千千万万的有机分子聚集在一起构成有机物质。这些分子之所以能聚集在一起是由于彼此之间存在着一定的作用力，这种作用力称为分子间力。分子间的作用力较弱，比键能小一两个数量级，但它是决定有机化合物的物理性质（如沸点、熔点、溶解度等）的重要因素。对生物体来说，分子间力与细胞功能有着密切的联系。

分子间力主要分为两种：范德华力和氢键。

1. 范德华力（Van der Waals forces）

（1）取向力　极性分子与极性分子之间，偶极定向排列产生的作用力称为取向力。如果一个偶极分子的负端取向合适，就可以吸引另一个偶极分子的正端，使分子定向排列。例如，CH_3Cl 分子中氯原子电负性大，带有部分负电荷，而碳原子电负性小，带有部分正电荷，分别以 δ^-、δ^+ 表示，这样，分子间便会以正负相吸定向排列，所以这种力也叫定向力。

$$\overset{\delta^+}{CH_3}-\overset{\delta^-}{Cl}\cdots\cdots\overset{\delta^+}{CH_3}-\overset{\delta^-}{Cl}\cdots\cdots\overset{\delta^+}{CH_3}-\overset{\delta^-}{Cl}$$

（2）诱导力　当极性分子与非极性分子靠近时，极性分子的偶极使非极性分子变形产生诱导偶极。诱导偶极与极性分子间的固有偶极相吸引产生的作用力称为诱导力。

（3）色散力　非极性分子虽然没有极性，但在分子中电荷的分配并不总是均匀的，在运动中由于电子云和原子核之间的相对位移，可以产生瞬间偶极。在非极性分子间，由于这种瞬间偶极所产生的相互作用力称为色散力。这种力是德国化学家伦敦首先应用量子力学算出的，因此称为伦敦力。色散力不仅存在于非极性分子中，也存在于极性分子中。

除极少数强极性分子（如 H_2O、HF）外，大多数分子间作用力都是以色散力为主，上述三种力的相对大小顺序为：

$$色散力 \gg 取向力 > 诱导力$$

范德华力的作用范围很小，只有在分子间某些靠得很近的部分才起作用，其作用力大小与分子的可极化性及分子的接触面积有关。

2. 氢键（hydrogen bond）

当氢原子与电负性很大、原子半径很小的氟、氧、氮原子相连时，由于这些原子的吸电子能力很强，使氢原子几乎成为裸露的质子而带正电荷，因而氢原子可以与另一分子的氟、氧、氮原子的未共用电子对以静电引力相结合。这种分子间的作用力称为氢键。氢键以虚线表示，如：

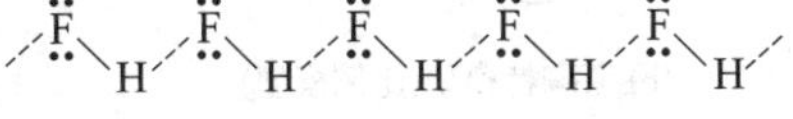

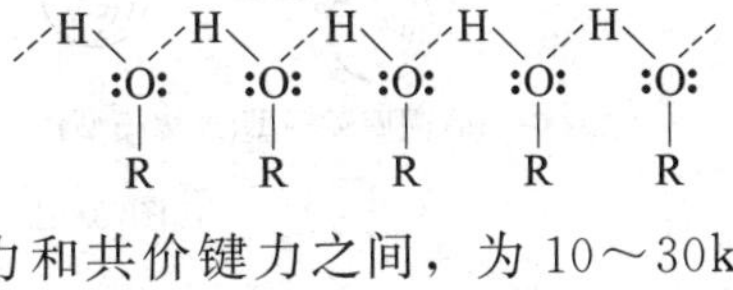

氢键有方向性和饱和性，其强度介于范德华力和共价键力之间，为 $10 \sim 30 kJ \cdot mol^{-1}$。与氢相连的原子的电负性越大，形成的氢键越强。氢键存在于许多分子中，分子间以氢键结合在一起成为缔合体。氢键不仅对物质的物理性质有很大的影响，而且对多糖、蛋白质、核酸等许多生物高分子化合物的分子形状、生理功能等都有极为重要的作用。

五、分子结构的表示方法

由于有机化合物是共价键化合物，组成有机化合物的碳原子是四价的。碳原子可以以单键、双键或三键互相连接成碳链或碳环，也可以与其他元素的原子连接成杂环，单键可以绕键轴自由旋转。根据以上原则，有机化合物分子结构式的常见表示方法如下。

1. 价键式

在价键式中，每一元素符号代表该元素的一个原子，原子之间的每一价键都用一短线表示。例如：

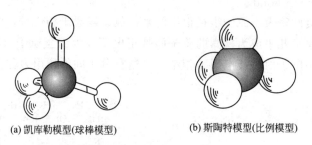

| 乙烯 | 乙炔 | 苯 | 乙醇 |

该书写方法的优点是分子中各原子之间的结合关系看起来很清楚，缺点是书写很繁琐。

2. 结构简式

在价键式的基础上，将单键省去（环状化合物中环上的单键不能省去），有相同原子时，要把它们合在一起，其数目用阿拉伯数字表示，并把数字写在该原子的元素符号的右下角。例如：

$$H_2C=CH_2 \qquad HC\equiv CH \qquad \bigcirc \qquad CH_3CH_2OH$$

| 乙烯 | 乙炔 | 苯 | 乙醇 |

3. 立体结构式

研究一个有机分子不仅仅局限在结构式上，还要进一步了解分子的空间几何形象。为了表示有机分子的立体形象，很早就有多种立体模型出现。其中最常见的是凯库勒模型（球棒模型）和斯陶特（Stuart）模型（比例模型）。凯库勒模型是用不同颜色的小球代表不同的原子，以短棒表示原子之间的共价键。这种模型可以清楚地表示出分子中各个原子的连接顺序和共价键的方向和键角，只是不能准确地表示原子的大小和键长。斯陶特模型则是按照原子半径和键长的比例制成的。它能够比较正确地反映出分子中各原子的连接情况，因此，立体感更真实，但它表示的价键分布却不如凯库勒模型明显。下面分别用这两种模型表示甲烷分子的立体结构（见图 0-11）。

(a) 凯库勒模型(球棒模型)   (b) 斯陶特模型(比例模型)

图 0-11　甲烷分子的模型

由于上述模型的图画起来非常麻烦，所以，要在纸平面上表示出有机分子的立体形象，通常采用透视式（锯架式）、纽曼（M. S. Newmann）投影式、楔形式及费歇尔（Fischer）投影式。

透视式　　　纽曼投影式　　　楔形式　　　楔形式

透视式比较直观，所有的原子和键都能看见，但较难画好。

纽曼投影式则是在 C—C 键的延长线上观察，圆心表示距观察者较近的一个碳原子，圆圈表示距观察者较远的另一个碳原子，每个碳原子上所连接的原子或基团再分别表示出来。

楔形式的写法是，碳原子所连接的四个原子或基团，用实线表示在纸的平面上，实楔线表示伸出纸平面前面，虚楔线表示在纸平面的后面。由于人面对模型的位置和角度不同，因此可以画出不同的楔形式。

费歇尔投影式的书写规则将在第四章第二节中介绍。

第三节　有机化学中的酸碱理论

在有机化学中，有很多化合物是酸或碱，有许多反应是酸碱反应，而且有不少的反应是在酸催化或碱催化下进行的。所以理解有机化学中的酸碱理论，对理解有机化合物的性质与结构的关系、分析反应机理、选择反应条件有重要意义。酸碱的定义有多种，在有机化学中广泛应用的是质子酸碱理论和电子酸碱理论。

一、质子酸碱理论

1923 年丹麦化学家布朗斯特（J. N. Brönsted）提出了质子酸碱理论，相应的酸碱称为质子酸碱或布朗斯特酸碱，简称 B 酸碱。凡是能给出质子的分子或离子都是酸，如 HCl、NH_4^+、H_2O、CH_3COOH、HSO_4^-；凡是能与质子结合的分子或离子都是碱，如 Cl^-、NH_3、OH^-、SO_4^{2-}、CH_3COO^-。酸碱反应都是质子由酸转移到碱的过程。酸失去质子，剩余的基团就是它的共轭碱；碱得到质子生成的物质就是它的共轭酸。酸碱反应的质子转移表示如下：

	酸	碱		共轭酸	共轭碱
通式	HA	$+\ B$	$\rightleftharpoons$	HB^+	$+\ A^-$
	H_2O	$+\ CH_3COO^-$	$\rightleftharpoons$	CH_3COOH	$+\ OH^-$
	CH_3COOH	$+\ H_2O$	$\rightleftharpoons$	H_3O^+	$+\ CH_3COO^-$
	HCl	$+\ NH_3$	$\rightleftharpoons$	NH_4^+	$+\ Cl^-$

质子酸碱理论是以给出质子或接受质子确定酸或碱，所以酸碱的概念是相对的，同一种物质在不同的反应中，表现出不同的性质，在一个反应中是酸，而在另一个反应中可以是碱。例如，H_2O 对 CH_3COO^- 来说是酸，而 H_2O 对 CH_3COOH 来说则是碱。

酸及其共轭碱与碱及其共轭酸统称共轭酸碱对，简称共轭酸碱。一个酸碱反应是由两对互为共轭的酸碱组成的。在共轭酸碱中，给出质子能力强的酸为强酸，其共轭碱为弱碱；接受质子能力强的碱为强碱，其共轭酸为弱酸，反之亦然。利用互为共轭酸碱的强弱关系，可以判断酸或碱的相对强弱。

酸碱的强度可用解离平衡常数 K_a 或 K_b 表示。例如，CH_3COOH 在水溶液中的解离平衡常数为：

$$CH_3COOH + H_2O \rightleftharpoons CH_3COO^- + H_3O^+$$

$$K_a = \frac{[CH_3COO^-][H_3O^+]}{[CH_3COOH]}$$

K_a 值大，表示酸度大或酸性强。为了表示方便，常将 K_a 转化成 pK_a。

$$pK_a = -\lg K_a$$

同样，碱的强度则用 K_b 或 pK_b 表示。在水溶液中，共轭酸的 pK_a 与共轭碱的 pK_b 之和为 14。即

$$pK_a + pK_b = 14$$

一些有机化学中常遇到的共轭酸碱对的强度见表 0-4。

表 0-4　常见的共轭酸碱强度序列

酸	共轭碱	pK_a	酸	共轭碱	pK_a
H_2SO_4	HSO_4^-	-9	NH_3	NH_2^-	34
HI	I^-	-10	C_6H_5SH	$C_6H_5S^-$	7.8
HBr	Br^-	-9	HCOOH	$HCOO^-$	3.77
HCl	Cl^-	-7	CH_3COOH	CH_3COO^-	4.74
HF	F^-	3.18	ArCOOH	$ArCOO^-$	4.20
HNO_3	NO_3^-	-1.3	$ArNH_3^+$	$ArNH_2$	4.60
H_3PO_4	$H_2PO_4^-$	2.12	ArOH	ArO^-	10.0
HCN	CN^-	9.2	CH_3CH_2OH	$CH_3CH_2O^-$	16
HNO_2	NO_2^-	3.23	CH_3OH	CH_3O^-	15.5
H_2CO_3	HCO_3^-	6.35	$HC\equiv CH$	$HC\equiv C^-$	26
HCO_3^-	CO_3^{2-}	10.2	$H_2C\equiv CH_2$	$H_2C=CH^-$	36
H_2O	OH^-	15.7	CH_4	CH_3^-	39
NH_4^+	NH_3	9.24			

酸碱反应是可逆反应，总是较强的酸把质子传递给较强的碱，生成较弱的共轭酸和较弱的共轭碱。例如：

$$RONa \ + \ H_2O \ \Longrightarrow \ ROH \ + \ NaOH$$
（较强碱）　　（较强酸）　　（较弱酸）　　（较弱碱）

二、电子酸碱理论

1923 年，美国化学家路易斯（G. N. Lewis）提出了电子酸碱理论，这种酸碱称为路易斯酸碱，简称 L 酸碱。路易斯理论着眼于电子对，认为酸是能接受外来电子对的电子接受体，如 BF_3、$AlCl_3$、H^+、Ag^+、RCH_2^+；碱是能给出电子对的电子给予体，如 NH_3、H_2O、RNH_2、ROR、$CH_2=CHR$ 和某些芳香族化合物。因此，酸和碱的反应可用下式表示：

	路易斯酸		路易斯碱		酸碱配合物
通式	A	$+$	:B	$\longrightarrow$	A:B
	$AlCl_3$	$+$	$:Cl^-$	$\longrightarrow$	$[Cl:AlCl_3]^-$
	CH_3^+	$+$	$:Cl^-$	$\longrightarrow$	$Cl:CH_3$
	H^+	$+$	$C_2H_5O^-$	$\longrightarrow$	$C_2H_5O:H$

上式中，A 是路易斯酸，它一定是缺电子体，至少有一个原子具有空轨道，具有接受电子对的能力，在有机反应中常称为亲电试剂；B 是路易斯碱，它至少含有一对未共用电子对，具有给予电子对的能力，在有机反应中常称为亲核试剂。酸和碱反应生成的 AB 叫做酸碱配合物。

常见的路易斯酸有下列几种类型：金属离子如 Li^+、Ag^+、Cu^{2+} 等；可以接受电子对的分子如 BF_3、$AlCl_3$、$SnCl_2$、$ZnCl_2$、$FeCl_3$ 等；正离子如 R^+、RCO^+、Br^+、NO_2^+、H^+ 及含有羰基、氰基等极性基团的有机化合物。

常见的路易斯碱有下列几种类型：具有未共用电子对的化合物如 $H_2\ddot{O}:$、$\ddot{N}H_3$、$R\ddot{N}H_2$、$R\ddot{S}H$、$R\ddot{O}H$、$R\ddot{O}R'$ 等；负离子如 X^-、OH^-、RO^-、SH^-、R^- 及烯或芳香化合物。

路易斯碱与布朗斯特碱两者是一致的，但路易斯酸要比布朗斯特酸概念广泛得多。例如，从路易斯酸碱理论出发，所有的金属离子都是路易斯酸，而与金属离子结合的负离子或中性分子则都是路易斯碱。因此，无机物的酸、碱、盐都是酸碱加合物。对于有机物来说，也可以看成是酸碱加合物。例如，甲烷 CH_4 可以看成酸 H^+ 和碱 CH_3^- 的加合物；乙醇 CH_3CH_2OH 可以看成酸 H^+ 和碱 $CH_3CH_2O^-$ 的加合物。大部分无机反应和有机反应，都可以设想为一种路易斯酸碱反应。

有机化学反应中，常用 H^+、BF_3、$ZnCl_2$、$FeBr_3$ 等路易斯酸作催化剂。

第四节　有机化合物的分类

有机化合物的分类，一种是按碳链分类，另一种是按官能团分类。

一、按碳链分类

1. 开链化合物

在开链化合物中，碳原子互相结合形成链状。因为这类化合物最初是从脂肪中得到的，所以又称脂肪族化合物。例如：

$$CH_3CH_2CH_3 \quad CH_3CH{=}CH_2 \quad CH_2{=}CH{-}CH{=}CH_2 \quad CH_3CH_2OH \quad CH_3CH_2OCH_2CH_3$$
丙烷　　　　丙烯　　　　　1,3-丁二烯　　　　　　乙醇　　　　　　　乙醚

2. 碳环化合物

碳环化合物分子中的碳原子相互结合成环状结构。它们又可分为以下两类。

（1）脂环化合物　它们的化学性质与脂肪族化合物相似，因此称为脂环族化合物。例如：

甲基环丙烷　　　环丁烷　　　环戊烷　　　环己烯　　　1,3-环戊二烯

（2）芳香族化合物　这类化合物大多数都含有芳环，它们具有与开链化合物和脂环化合物不同的化学特性。例如：

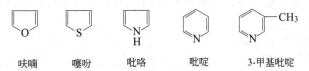
苯　　　　　甲苯　　　　1,2-二甲苯　　　　　萘　　　　　　2-甲基萘

3. 杂环化合物

在这类化合物分子中含有碳原子和其他元素的原子（如氧、硫、氮）共同组成的环。例如：

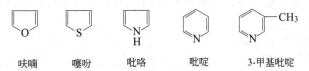
呋喃　　　噻吩　　　吡咯　　　吡啶　　　3-甲基吡啶

二、按官能团分类

官能团是分子中比较活泼而又易发生化学反应的原子或基团，它常常决定化合物的主要化学性质。含有相同官能团的化合物在化学性质上基本是相同的。因此，只要研究该类化合物中的一个或几个化合物的性质，即可了解该类其他化合物的性质。常见有机化合物的官能团及其代表化合物见表 0-5。

表 0-5 常见有机化合物的官能团及其代表化合物

化合物类别	官能团结构	官能团名称	实　例
烯烃	$>C=C<$	双键	$CH_2=CH_2$（乙烯）
炔烃	$-C\equiv C-$	三键	$HC\equiv CH$（乙炔）
卤代烃	$-X$	卤基	CH_3CH_2-X（卤乙烷）
醇	$-OH$	羟基	CH_3CH_2OH（乙醇）
酚	$-OH$	羟基	⬡$-OH$（苯酚）
醚	$-C-O-C-$	醚键	$C_2H_5-O-C_2H_5$（乙醚）
醛	$\underset{\|}{\overset{O}{\underset{}{}}}-CH$	醛基	$CH_3-\overset{O}{\underset{\|}{C}}H$（乙醛）
酮	$>C=O-$	酮基	CH_3COCH_3（丙酮）
羧酸	$-COOH$	羧基	CH_3COOH（乙酸）
羧酸酯	$-COOR$	酯基	CH_3COOCH_3（乙酸甲酯）
胺	$-NH_2$	氨基	$CH_3CH_2-NH_2$（乙胺）
硝基化合物	$-NO_2$	硝基	⬡$-NO_2$（硝基苯）
偶氮化合物	$-N=N-$	偶氮基	⬡$-N=N-$⬡（偶氮苯）
酰胺化合物	$\overset{O}{\underset{\|}{-C}}-NH_2$	酰氨基	$CH_3-\overset{O}{\underset{\|}{C}}-NH_2$（乙酰胺）
腈	$-CN$	氰基	CH_3CN（乙腈）
硫醇	$-SH$	巯基	CH_3CH_2-SH（乙硫醇）
硫酚	$-SH$	巯基	⬡$-SH$（苯硫酚）
磺酸	$-SO_3H$	磺酸基	⬡$-SO_3H$（苯磺酸）

　　按碳链或官能团分类，各有其优缺点。本书是将这两种分类方式结合起来使用，先按碳链分类讨论各类烃的化合物，再按碳链与官能团分类结合起来讨论烃的衍生物。

 # 习　题

1. 写出符合下列条件且分子式为 C_3H_6O 的化合物的结构式：

　　（1）含有醛基　　（2）含有酮基　　（3）含有环和羟基　　（4）醚　　（5）环醚

　　（6）含有双键和羟基（双键和羟基不在同一碳上）

2. 指出下列化合物中带 "＊" 号碳原子的杂化轨道类型：

$$CH_3\overset{*}{C}H_2CH_3 \qquad HC\equiv \overset{*}{C}-CH_3 \qquad H_2\overset{*}{C}=CH_2 \qquad$$

3. 下列化合物哪些是极性分子？哪些是非极性分子？

(1) CH_4　　　(2) CH_2Cl_2　　　(3) $CHCl_3$　　　(4) CCl_4　　　(5) H_2

(6) CH_3CH_3　(7) CH_3CHO　(8) HBr　　　(9) H_2O　　　(10) CH_3CH_2OH

(11) CH_3OCH_3 (12) CH_3COCH_3

4. 根据碳链和官能团不同，指出下列化合物的类别：

(1) CH_3CH_2Cl　　(2) CH_3OCH_3　　　(3) CH_3CH_2OH　　(4) CH_3CHO

(5) $CH_3CH{=\!\!=}CH_2$ (6) $CH_3CH_2NH_2$　　(7) CH_3CH_2SH　　(8) $CH_3COOCH_2CH_3$

(9) CH_3CH_2COOH

(10) ⟨◯⟩—CHO　　(11) ⟨◯⟩—OH　　(12) ⟨◯⟩—NH_2

5. σ键和 π键是怎样形成的？它们各有哪些特点？

6. 指出下列分子或离子哪些是路易斯酸？哪些是路易斯碱？

(1) Br^+　　(2) ROH　　　(3) CN^-　　　(4) H_2O　　　(5) OH^-　　　(6) CH_3^+

(7) CH_3O^- (8) CH_3NH_2　(9) H^+　　　(10) Ag^+　　(11) $SnCl_2$　　(12) Cu^{2+}

7. 比较下列各化合物的酸性强弱（借助表 0-4）：

(1) H_2O　　(2) CH_3CH_2OH　(3) CH_3COCH_3　(4) CH_4　　(5) C_6H_5OH

(6) H_2CO_3　(7) CH_3COOH　(8) NH_3　　　(9) C_2H_2　　(10) HCl

8. 某化合物 3.26mg，燃烧分析得 4.74mg CO_2 和 1.92mg H_2O。其相对分子质量为 60，求该化合物的实验式和分子式。

9. 某化合物含碳 49.3%、氢 9.6%、氮 19.2%，测得相对分子质量为 146，计算此化合物的分子式。

 知识拓展

天然杀虫剂——大自然并非总是绿色的

　　现代社会中，有人认为所有化学合成的物质都是可疑的、不好的，而所有天然的化学物质都是无害的，于是人们开始追求天然的物质而排斥人工合成的物质。科学家指出，这是一个错误的观念。虽然许多化学合成品的确具有毒性，但天然的化学物质和人工合成的化学物质并没有任何不同。

　　大自然有着自己高生产能力的实验室，生产出了数千万种的化合物，它们中的许多是高毒性的，如存在于植物中的许多生物碱。现实生活中就有许多由于摄入植物物质而发生中毒的案例，如吃了青土豆、喝了草药茶、吃了毒蘑菇等。亚伯拉罕·林肯的母亲就是因为喝了在生长有毒植物蛇根的牧场放牧的奶牛的奶而死亡的。

　　研究发现，因为植物没有自卫器官，这些对人、动物和昆虫等有毒的化合物，是植物在遇到觅食者和入侵者无法逃走时启动的防御体系。现在人们已经知道数万种这样的化合物，它们要么已经存在于现有的植物中，要么对外界的伤害会产生原始的"免疫应答"。如在西红柿植物中，一种叫做系统毒的含 18 个氨基酸的小肽是对外来进攻的警告信号，这种分子快速地在植物中移动，启动产生化学毒素的串联反应，这一作用或者完全挡开进攻者，或者使进攻者的动作变慢，以便其他觅食者有足够的时间把进攻者吃掉。另外，处于危难中的植物已经学会了使用化学物质作为报警信息素，它们通过由空气或水携带的分子信号使尚未受到伤害的同伴激活它们的化学武器系统。

　　普通食物中的一些有毒的或潜在的有毒杀虫剂举例如下：

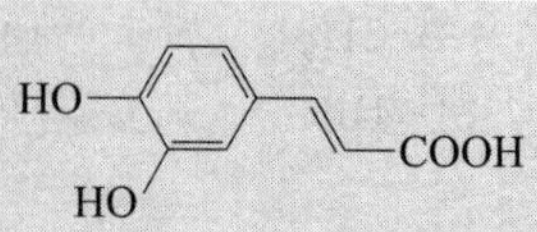

咖啡酸（可致癌，存在于苹果、胡萝卜、芹菜、葡萄、生菜、土豆等中）

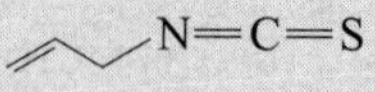

烯丙基异硫氰酸酯（可致癌，存在于卷心菜、花菜、辣根等中）

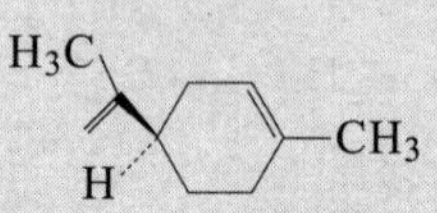

苧烯（可致癌，存在于橙汁、黑胡椒等中）

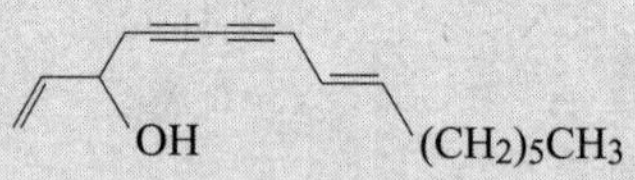

胡萝卜毒素（神经毒，存在于胡萝卜中）

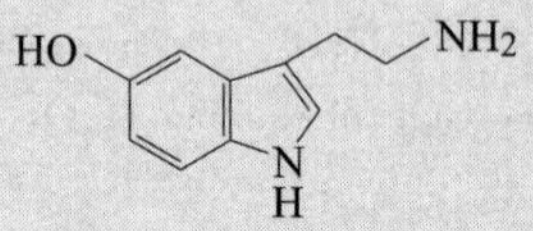

5-羟色胺（神经传递素，存在于香蕉中）

在美国，每人每天以蔬菜的形式消费 1.5g 天然杀虫剂，超过他们摄入残留的合成杀虫剂的 10000 倍。这些植物毒素中有少数已经确证有致癌性。然而，为什么人类没有被这些毒素消灭呢？原因之一是我们所接触的任何一种天然杀虫剂的含量都是非常低的；另一个原因是人类也像植物一样已经进化到面对这种"化学炮弹"的攻击能够保卫自己。作为人类防御第一线，口腔、食管、胃、肠、皮肤和肺的表面层每几天就排空一次"炮灰"。此外，人类有多重解毒机理，使得摄入的毒物变成无毒的；许多物质在造成伤害之前已经被排泄；人类的 DNA 有许多方法修复损伤；最后，我们闻出和尝出令人厌恶的物质（如"苦味"的生物碱、腐败的食物、馊掉的牛奶、臭蛋气味的硫化氢）的能力提供了预警信号。归根到底，每一个人都必须对我们要塞进肚子的东西进行鉴定，还要记住下面的一句老生常谈：任何东西都不要过量，要保持膳食的多样性。

饱和烃

Chapter 01

第一章

只含有碳和氢两种元素的有机化合物称为碳氢化合物，简称烃。分子中的碳原子都是以单键相连，碳原子的其余价键完全被氢原子所饱和的烃类，称为饱和烃。

分子中没有环的饱和烃称为烷烃，分子中含有环状结构的饱和烃称为环烷烃。

第一节 烷　烃

一、烷烃的同系列和同分异构现象

最简单的烷烃是甲烷，分子式为 CH_4，随着碳原子数的增长，依次是乙烷（C_2H_6）、丙烷（C_3H_8）、丁烷（C_4H_{10}）、戊烷（C_5H_{12}）……可以用一个通式 C_nH_{2n+2} 来表示烷烃，其中 n 为碳原子的数目。从理论上讲，n 可以很大，目前已经合成出来的烷烃，n 已大于100。任意两个烷烃在组成上相差一个或多个"CH_2"基团。

像烷烃这样，凡是具有同一通式，结构和化学性质相似，物理性质则随着碳原子数的增加而有规律地变化的化合物系列称为同系列。同系列中的化合物互称为同系物，同系组成上相差的"CH_2"称为系差。同系列是有机化学中的普遍现象，由于同系列中各个同系物具有相似的结构和性质，所以，在每一同系列里只要研究几个代表物就可以推知其他同系物的性质，可以在具体性质中找出普遍性规律，为学习研究有机物提供了方便。当然，在研究同系列共性的同时，也要注意化合物的个性，要求根据分子结构上的差异性来理解性质上的异同，这是学习有机化学的基本方法之一。

在烷烃的同系列中，甲烷、乙烷、丙烷只能写出一种结构式，丁烷有两种同分异构体。

$$CH_3CH_2CH_2CH_3 \qquad\qquad CH_3\overset{\displaystyle CH_3}{\underset{|}{C}}HCH_3$$

正丁烷（沸点−0.5℃）　　　　　异丁烷（沸点−10.2℃）

很明显，这两种丁烷结构上的差异是由于分子中碳原子的连接方式不同而产生的。把分子式相同而构造式不同所产生的同分异构现象叫做构造异构。烷烃的构造异构是由于碳链的构造不同而产生的，所以又称为碳链异构。

戊烷有三种同分异构体。

$$CH_3CH_2CH_2CH_2CH_3 \qquad CH_3\overset{\displaystyle CH_3}{\underset{|}{C}}HCH_2CH_3 \qquad CH_3\overset{\displaystyle CH_3}{\underset{\displaystyle |}{\underset{CH_3}{\overset{|}{C}}}}CH_3$$

正戊烷（沸点36.1℃）　　　　异戊烷（沸点28℃）　　　新戊烷（沸点9.5℃）

随着分子中碳原子数的增加，碳原子间就有更多的连接方式，异构体的数目明显增加，如己烷有 5 个同分异构体，庚烷有 9 个，辛烷有 18 个……有人用数学方法推算，烷烃

$C_{25}H_{52}$ 的异构体数目可能达到 3679 万个，数目惊人（见表 1-1）。

表 1-1　烷烃异构体的数目

碳原子数	分子式	异构体数目	碳原子数	分子式	异构体数目
1	CH_4	1	7	C_7H_{16}	9
2	C_2H_6	1	8	C_8H_{18}	18
3	C_3H_8	1	9	C_9H_{20}	35
4	C_4H_{10}	2	10	$C_{10}H_{22}$	75
5	C_5H_{12}	3	15	$C_{15}H_{32}$	4347
6	C_6H_{14}	5	20	$C_{20}H_{42}$	366319

从分析戊烷的同分异构体的构造式可以看出，有的碳原子只与一个碳原子相连，有的则分别与两个、三个或四个碳原子相连。把只与一个碳原子相连的碳原子叫做一级碳原子，或伯碳原子，用 $1°C$ 表示；直接与两个碳原子相连的，叫做二级碳原子，或仲碳原子，用 $2°C$ 表示；直接与三个碳原子相连的，叫做三级碳原子，或叔碳原子，用 $3°C$ 表示；直接与四个碳原子相连的，叫做四级碳原子，或季碳原子，用 $4°C$ 表示。如：

$$\overset{1°}{CH_3}-\overset{2°}{CH_2}-\overset{2°}{CH_2}-\overset{2°}{CH_2}-\overset{1°}{CH_3}$$

$$\overset{1°}{CH_3}-\underset{\underset{3°}{}}{\overset{\overset{1°}{CH_3}}{CH}}-\overset{2°}{CH_2}-\overset{1°}{CH_3}$$

$$\overset{1°}{CH_3}-\underset{\underset{1°}{CH_3}}{\overset{\overset{1°}{CH_3}}{\overset{|}{\underset{|}{C}}}}\overset{4°}{}-\overset{1°}{CH_3}$$

氢原子按其与一级、二级或三级碳原子相连而分别称为一级氢或伯氢（用 $1°H$ 表示）、二级氢或仲氢（用 $2°H$ 表示）及三级氢或叔氢（用 $3°H$ 表示）。不同类型的氢原子发生化学反应的活性是不同的。

二、烷烃的命名

有机化合物种类繁多，数目庞大，结构复杂，为了识别它们，需要有合理统一的命名法来命名。有机化合物命名法的基本要求是：当看到化合物的结构式就能叫出它的名称或者看到化合物的名称即可写出它的结构式。学习每一类化合物的命名法是有机化学的一项重要内容。烷烃的命名法是有机化合物命名法的基础，所以应当熟练地掌握。

烷烃常用的命名法有普通命名法和系统命名法。

1. 普通命名法

普通命名法一般只适用于简单、含碳原子较少的烷烃，其基本原则是：根据分子中碳原子的数目称"某烷"。碳原子数由一到十分别用甲、乙、丙、丁、戊、己、庚、辛、壬、癸表示；碳原子数在十一个以上时，则用汉字的数字表示。例如：

$$CH_3CH_2CH_2CH_2CH_3 \qquad CH_3(CH_2)_{10}CH_3$$
$$\text{戊烷} \qquad\qquad\qquad \text{十二烷}$$

为了区别异构体，直链烷烃称"正"某烷；在链端第二个碳原子上连有一个甲基且无其他支链的烷烃，称"异"某烷；在链端第二个碳原子上连有两个甲基且无其他支链的烷烃，称"新"某烷。例如：戊烷的三种异构体，分别称为正戊烷、异戊烷和新戊烷。

烷烃分子从形式上去掉一个氢原子后剩下的原子团称为烷基。烷基的名称由相应的烷烃来命名。常见的烷基如下：

$$CH_3- \qquad CH_3CH_2- \qquad CH_3CH_2CH_2- \qquad \underset{}{\overset{\overset{CH_3}{|}}{CH_3CH}}-$$
$$\text{甲基} \qquad\quad \text{乙基} \qquad\qquad \text{丙基} \qquad\qquad\quad \text{异丙基}$$

$$CH_3CH_2CH_2CH_2—$$

$$\overset{\displaystyle CH_3}{\underset{}{|}}$$
$$CH_3CHCH_2—$$

$$\overset{\displaystyle CH_3}{\underset{}{|}}$$
$$CH_3CH_2CH—$$

$$\overset{\displaystyle CH_3}{\underset{\displaystyle CH_3}{CH_3C—}}$$

    丁基   异丁基   仲丁基   叔丁基

烷基的通式为 C_nH_{2n+1}，通常用 R—表示。

2. 系统命名法

1892 年在日内瓦召开的国际化学会议上制定了系统的有机化合物命名方法，叫做日内瓦命名法。后来由国际纯粹和应用化学联合会（International Union of Pure and Applied Chemistry，简称 IUPAC）作了几次修订，简称为 IUPAC 命名法。我国现在使用的有机化学命名法是参考 IUPAC 命名原则，结合汉字的特点于 1960 年制定，并于 1980 年由中国化学会加以增补和修订的《有机化学命名原则》。

直链烷烃的系统命名法与普通命名法基本相同，只是把"正"字取消。例如：

$$CH_3CH_2CH_2CH_2CH_2CH_2CH_2CH_3$$
辛烷（普通命名法名称为正辛烷）

对于结构复杂的烷烃，则按以下原则命名。

（1）选择一个最长的碳链作为主链，按这个链所含的碳原子数目称为"某烷"。将主链以外的其他烷基看作是主链上的取代基。例如：

$$CH_3 \text{ —取代基}$$
$$\overline{CH_3—CH—CH_2—CH_2—CH_2—CH_3} \text{ —主链}$$

上式中虚线内的碳链最长，作为主链，含六个碳原子故称为己烷，甲基作为取代基。

（2）从靠近支链的一端开始，将主链碳原子依次用阿拉伯数字编号，以确定支链的位置。将支链的位置和名称写在主链名称的前面，阿拉伯数字和汉字之间用"-"隔开。例如：

$$\overset{\displaystyle CH_3}{\underset{}{|}}$$
$$\underset{1}{CH_3}—\underset{2}{CH}—\underset{3}{CH_2}—\underset{4}{CH_2}—\underset{5}{CH_2}—\underset{6}{CH_3}$$
2-甲基己烷

如果取代基的数目较多，应采用最低系列对主链碳原子进行编号。所谓"最低系列"指的是碳链以不同方向编号，得到两种或两种以上的不同编号的系列，顺次比较各系列的不同位次，最先遇到位次最小者，定为"最低系列"。例如：

$$\overset{CH_3}{\underset{2}{C}}\quad \overset{CH_3 \ CH_3}{\underset{6}{C}}$$

取代基的位置从左到右编号得 2、2、6、6、7，从右到左编号得 2′、3′、3′、7′、7′。第一个数字都是"2"，故比较第二个数字"2"与"3"。因 2＜3，故编号从左到右为最低系列。若第二个数字仍相同，再比较第三个数字，依次类推，直至遇到位次最小者。

（3）如果分子中含有几个相同的取代基，则把它们合并起来，取代基数目用二、三、四等汉字来表示，其位次必须逐个注明，位次数字之间用"，"隔开。如果含有不同的取代基，其列出先后顺序按中国化学会《有机物命名原则》的规定，按"顺序规则"将顺序较小的取代基列在前，顺序较大的列在后。例如：

$$CH_3-\overset{\displaystyle CH_3}{\underset{\displaystyle CH_3}{\overset{|}{\underset{|}{C}}}}-CH_2-\overset{\displaystyle CH_3}{\underset{|}{CH}}-CH_2-CH_3$$

2,2,4-三甲基己烷

$$CH_3-\overset{\displaystyle CH_2CH_3}{\underset{|}{CH}}-CH_2-\overset{\displaystyle CH_3}{\underset{|}{CH}}-CH_3$$

2-甲基-4-乙基己烷

"顺序规则"的内容如下。

① 将各取代基中与主链相连的原子按原子序数大小排列，原子序数小的顺序小，同位素中质量数小的顺序小。有机化合物中常见的元素顺序排列如下：$H<D<C<N<O<F<P<S<Cl<Br<I$。故—$H<$—$CH_3<$—$NH_2<$—$OH<$—SO_3H。

② 如果多原子基团的第一个原子相同，则用外推法比较与它相连的其他原子，比较时仍按原子序数高低，先比较各自原子序数最大的原子，若仍然相同再顺序比较居中、较小的。例如：—$CH_3<$—CH_2CH_3，—$OH<$—OCH_3，—$CH_2Cl>$—CHF_2。

③ 含有双键或三键的基团，可认为是连有两个或三个相同的原子。例如基团

$$-CH=CH_2 \qquad -\overset{\displaystyle O}{\overset{\|}{C}}-H \qquad -\overset{\displaystyle O}{\overset{\|}{C}}-OH \qquad -C\equiv CH$$

可分别看作

$$-\overset{\displaystyle H\ \ H}{\underset{\displaystyle (C)(C)}{\overset{|\ \ \ |}{\underset{|\ \ \ |}{C-C}}}}-H \qquad -\overset{\displaystyle O}{\underset{\displaystyle (O)}{\overset{|}{\underset{|}{C}}}}-H \qquad -\overset{\displaystyle O}{\underset{\displaystyle (O)}{\overset{|}{\underset{|}{C}}}}-OH \qquad -\overset{\displaystyle (C)(C)}{\underset{\displaystyle (C)(C)}{\overset{|\ \ \ |}{\underset{|\ \ \ |}{C-C}}}}-H$$

所以

$$-CH_2OH \ < \ -\overset{\displaystyle O}{\overset{\|}{C}}-H \ < \ -\overset{\displaystyle O}{\overset{\|}{C}}-CH_3$$
$$-CH_2-CH_3 \ < \ -CH=CH_2$$

（4）如果按照取代基所在位置得到的两种编号相同，则以顺序规则中顺序小的取代基位次小为原则对主链编号。例如：

$$CH_3-CH_2-\overset{\displaystyle CH_3}{\underset{|}{CH}}-CH_2-\overset{\displaystyle CH_2CH_3}{\underset{|}{CH}}-CH_2-CH_2$$

3-甲基-5-乙基庚烷

（5）如果支链上还有取代基，则从主链相连的碳原子开始，将支链碳原子依次编号，支链上取代基的位置就由这个编号确定，把这个取代基的位号与名称放在支链名称前作为支链的完整名称（用括号括在一起）。例如：

$$CH_3-\overset{\displaystyle CH_3}{\underset{|}{CH}}-CH_2-CH_2-\overset{\displaystyle \overset{|}{CH_2}}{\underset{\displaystyle \overset{|}{\underset{\displaystyle CH_3}{CH-CH_3}}}{\underset{|}{CH}}}-CH_2-CH_2-CH_2-CH_3$$

2-甲基-5-(2-甲基丙基)壬烷

（6）当具有相同长度的碳链可以作为主链时，应选定具有取代基数目最多的碳链。

$$\begin{array}{c} \boxed{CH_3-CH_2-CH_2-\underset{|}{CH}-CH_2-CH_3} \\[4pt] \overset{|}{\underset{\displaystyle CH_3}{CH}} \\[4pt] CH_3 \end{array}$$

$$\begin{array}{c} \overset{2}{\boxed{CH_3-CH_2-CH_2}-CH-CH_2-CH_3} \\ \begin{array}{c} | \\ \boxed{CH-CH_3} \\ | \\ \boxed{CH_3} \end{array} \end{array}$$

主链正确的选择是 2 而不是 1。

三、烷烃的结构

前面所写的化合物的结构式，只能说明分子中原子之间的连接顺序。例如，甲烷的结构式写成 CH_4，这只能说明分子中有 4 个氢原子与碳原子相连，而没有表示出氢原子与碳原子在空间的相对位置，即不能说明甲烷分子的立体形状。近代物理方法测定出甲烷分子为正四面体结构，sp^3 杂化的碳原子位于正四面体的中心，4 个氢原子位于正四面体的 4 个顶点。4 个碳氢键的键长都为 0.109nm，键能为 $414.9kJ \cdot mol^{-1}$，所有 H—C—H 的键角都是 $109°28'$。甲烷分子的正四面体结构如图 1-1 所示。有机化合物的三维立体结构，也可用透视式表示，如图 1-2 所示。

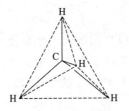

图 1-1 甲烷分子的正四面体结构

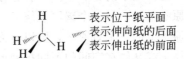

图 1-2 甲烷结构的透视图

从碳原子的杂化轨道理论也可以理解甲烷分子的正四面体结构。在形成甲烷分子时，4 个氢原子的轨道沿着碳原子的 4 个杂化轨道的对称轴方向接近，实现最大程度的重叠，形成 4 个等同的 C—H σ 键，如图 1-3 所示。

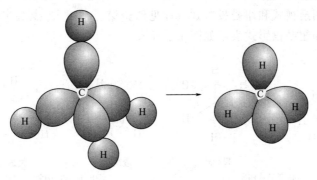

图 1-3 甲烷分子的形成示意图

乙烷分子中的碳原子也是以 sp^3 杂化的。两个碳原子各以一个 sp^3 杂化轨道重叠形成 C—C σ 键，碳碳单键的键长是 0.154nm，键能为 $345.6kJ \cdot mol^{-1}$。两个碳原子又各以三个 sp^3 杂化轨道分别与氢原子的 1s 轨道重叠形成 6 个等同的 C—H σ 键，如图 1-4 所示。

从图 1-4 可以看出，C—H 或 C—C 键中成键原子的电子云是沿着它们的轴向重叠的，只有这样才能达到最大程度的重叠。成键原子绕键轴作相对旋转时，并不影响电子云的重叠程度，不会破坏 σ 键，所以单键可以自由旋转。

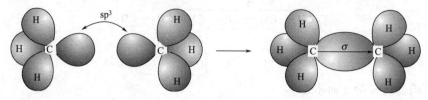

图 1-4　乙烷分子的形成示意图

由于碳的价键分布呈四面体形，而且碳碳单键可以自由旋转，所以含有三个碳原子以上的烷烃分子中的碳链不是像构造式那样表示的直线形，而是以锯齿形或其他可能的形式存在。例如：

丙烷　　　　　　丁烷　　　　　　　　　　　　　　戊烷

四、乙烷和丁烷的构象

1. 乙烷的构象

乙烷是最简单的含有 C—C 单键的化合物。由于单键可以自由旋转，如果使乙烷分子中一个碳原子不动，另一个碳原子绕 C—C 键轴旋转，则一个碳原子上的三个氢原子相对于另一个碳原子上的三个氢原子，可以有无数的空间排列形式。这种由于绕单键旋转而产生的分子中的原子或基团在空间的不同排列形式，叫做构象。

乙烷分子可以有无数种构象，但从能量的观点看只有两种极限式构象：交叉式构象和重叠式构象。交叉式构象如图 1-5(a) 所示，两个碳原子上的氢原子距离最远，相互间斥力最小，因而内能最低，稳定性也最大，这种构象称为优势构象。重叠式构象如图 1-5(b) 所示，两个碳原子上的氢原子两两相对，相互间斥力最大，内能最高，也最不稳定。其他无数种构象的内能介于二者之间。

表示构象可以用透视式和纽曼投影式（详见绪论第二节）。乙烷分子的交叉式和重叠式构象分别用透视式和纽曼投影式表示如图 1-5 所示。

透视式　　　　　投影式　　　　　　透视式　　　　　投影式

(a) 交叉式构象　　　　　　　　　　(b) 重叠式构象

图 1-5　乙烷分子的交叉式和重叠式构象

交叉式与重叠式的构象虽然内能不同，但差别较小，约为 $12.5 kJ \cdot mol^{-1}$。在接近绝对零度的低温时，分子主要以交叉式存在。而在室温时，分子间的碰撞能产生 $83.7 kJ \cdot mol^{-1}$ 的能量，促使两种构象之间以极快的速度转变。因此，在室温时可以把乙烷看作交叉式与重叠式以及介于二者之间的无数种构象的混合物，每种构象存在的时间都很短暂，不过受能量制约而趋向处于能量极小值或其附近的构象。由于各种构象能迅速转化，因而不能分离出乙烷的某一构象。

由于不同的构象内能不同，构象之间的转化需要克服一定能垒才能完成。由此可见，所谓单键的自由旋转并不是完全自由的。乙烷分子中碳碳单键相对旋转时，分子内能的变化如图 1-6 所示。

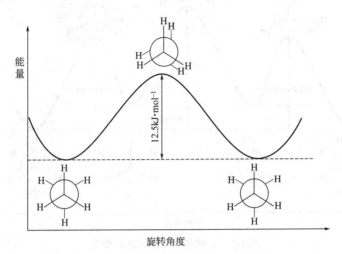

图 1-6　乙烷各种构象的内能变化

2. 丁烷的构象

丁烷可以看作是乙烷分子中的两个碳原子各有一个氢原子被一个甲基取代后的产物，当绕 C2—C3 σ 键旋转时，每旋转 60° 可以得到一种有代表性的构象，如图 1-7 所示。

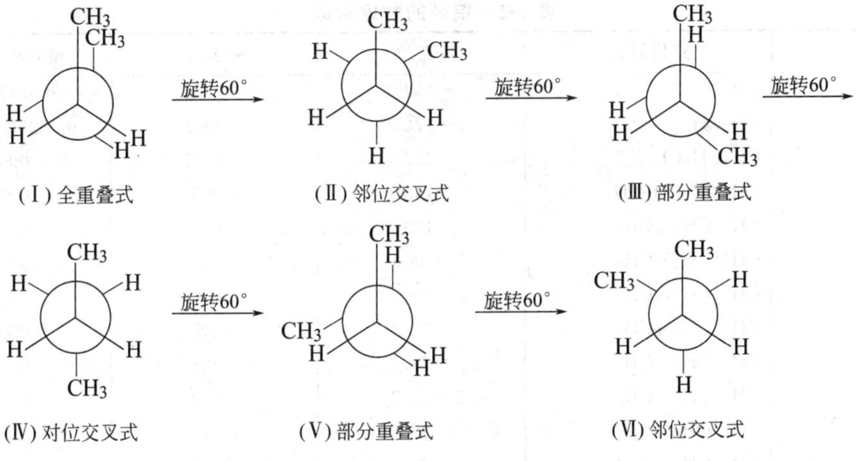

（Ⅰ）全重叠式　　旋转60°　　（Ⅱ）邻位交叉式　　旋转60°　　（Ⅲ）部分重叠式　　旋转60°

（Ⅳ）对位交叉式　　旋转60°　　（Ⅴ）部分重叠式　　旋转60°　　（Ⅵ）邻位交叉式

图 1-7　丁烷的四种构象式

在上述六种构象中，Ⅱ与Ⅵ相同，Ⅲ与Ⅴ相同，所以实际上有代表性的构象为Ⅰ、Ⅱ、Ⅲ、Ⅳ四种，分别叫做全重叠式、邻位交叉式、部分重叠式、对位交叉式。丁烷几种构象的内能由高至低顺序为：全重叠式＞部分重叠式＞邻位交叉式＞对位交叉式。对位交叉式是优势构象式，两个较大基团甲基相距最远，相互排斥作用最小，最稳定。全重叠式中两个较大基团甲基相距最近，相互排斥作用最强，是最不稳定的构象。图 1-8 说明了丁烷分子中C2—C3 旋转 360° 的能量变化。

五、烷烃的物理性质

有机化合物的物理性质主要包括状态、相对密度、沸点、熔点、溶解度和折射率等。这

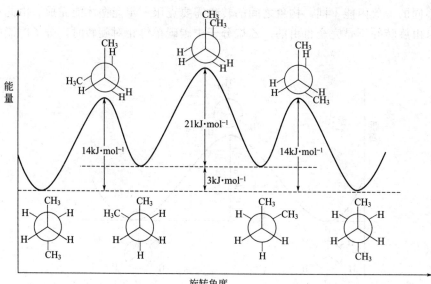

能量

14kJ·mol⁻¹

21kJ·mol⁻¹

14kJ·mol⁻¹

3kJ·mol⁻¹

旋转角度

图 1-8　丁烷各种构象的内能变化

些物理常数是用物理方法测定出来的，可从化学和物理数据手册中查出来。一种化合物的物理常数对于阐明其结构是有一定价值的。

从表 1-2 中列出的部分烷烃的物理常数中，可以清楚地看出烷烃的物理性质随着碳原子数的增加而显示出一定的递变规律。

表 1-2　烷烃的物理常数

名　　　称	结构简式	熔点/℃	沸点/℃	相对密度(d_4^{20})
甲烷	CH_4	−182.6	−161.7	0.5547(0℃)
乙烷	CH_3CH_3	−172.0	−88.6	0.5727(−1.8℃)
丙烷	$CH_3CH_2CH_3$	−187.1	−42.2	0.5005
丁烷	$CH_3CH_2CH_2CH_3$	−138.4	−0.5	0.5788
戊烷	$CH_3(CH_2)_3CH_3$	−129.7	36.1	0.6262
己烷	$CH_3(CH_2)_4CH_3$	−95.0	69.0	0.6603
庚烷	$CH_3(CH_2)_5CH_3$	−90.6	98.4	0.6837
辛烷	$CH_3(CH_2)_6CH_3$	−56.8	125.7	0.7025
壬烷	$CH_3(CH_2)_7CH_3$	−53.7	150.8	0.7176
癸烷	$CH_3(CH_2)_8CH_3$	−29.7	174.1	0.7300
十一烷	$CH_3(CH_2)_9CH_3$	−25.6	195.9	0.7401
十二烷	$CH_3(CH_2)_{10}CH_3$	−9.6	216.3	0.7487
十三烷	$CH_3(CH_2)_{11}CH_3$	−5.5	235.4	0.7564
十四烷	$CH_3(CH_2)_{12}CH_3$	5.9	253.7	0.7628
十五烷	$CH_3(CH_2)_{13}CH_3$	10.0	270.6	0.7685
十六烷	$CH_3(CH_2)_{14}CH_3$	18.2	287.0	0.7733
十七烷	$CH_3(CH_2)_{15}CH_3$	22.0	301.8	0.7780
十八烷	$CH_3(CH_2)_{16}CH_3$	28.2	316.1	0.7768
十九烷	$CH_3(CH_2)_{17}CH_3$	32.1	329.7	0.7774
二十烷	$CH_3(CH_2)_{18}CH_3$	36.8	343.0	0.7886

1. 状态

在室温和一个大气压下，含 1～4 个碳原子的直链烷烃是气体，含 5～16 个碳原子的直链烷烃是液体，含 17 个以上碳原子的直链烷烃是固体。

2. 沸点

直链烷烃的沸点随相对分子质量的增加而升高，但不是一个简单的直线关系，每增加一个碳原子所引起的沸点升高值是逐渐减小的。同时，碳链的分支对沸点有显著影响。在同数碳原子的烷烃异构体中，直链异构体的沸点最高，支链越多，沸点越低。

烷烃分子中只有 C—C 键和 C—H 键，由于碳和氢的电负性相近，C—H 键的极性很小，而且碳的四价在空间对称分布，所以烷烃是非极性分子。在非极性分子中，分子之间的吸引力主要是由范德华力产生的。烷烃分子中碳原子数越多，相对分子质量越大，范德华力也越大。所以，烷烃的沸点随碳原子数的增加而升高。但范德华力只有在近距离才能有效地作用，随距离的增加范德华力很快地减弱。在支链烷烃中，由于支链的阻碍，分子间不能像直链烷烃那样靠得很近，因此它们之间的范德华力较直链烷烃弱，沸点也较之为低。

3. 熔点

烷烃的熔点在同系列中前几个不那么规律，而 4 个碳原子以上的烷烃的熔点随碳原子数的增加而升高。不过，其中偶数碳的升高值大一些，以致含奇数个碳原子和含偶数个碳原子的烷烃构成一条熔点曲线，含偶数碳的烷烃熔点曲线在上，含奇数碳的烷烃熔点曲线在下。随着相对分子质量的增加，两条曲线逐渐趋于一致，如图 1-9 所示。

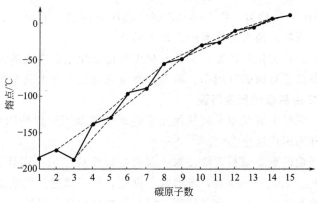

图 1-9　烷烃的熔点曲线

烷烃的熔点也是由范德华力决定的。相对分子质量越大，分子排列越紧密，范德华力作用越强。含偶数碳原子的烷烃分子对称性好，因此它们在晶格中排列得越紧密，分子间的范德华力作用也越强，故熔点要高一些。

4. 溶解度

烷烃是非极性分子，根据"相似相溶"经验规律，烷烃不溶于水，而易溶于有机溶剂（如四氯化碳、乙醚等）。

5. 相对密度

烷烃相对密度的大小也与分子间的作用力有关，相对分子质量愈大，作用力也愈大，因此相对密度随碳原子数的增加而逐渐增大，但都小于 1。

六、烷烃的化学性质

烷烃分子中，无论是碳碳键还是碳氢键，键能都很大，所以烷烃的化学性质很不活泼。在常温下，烷烃与强酸、强碱、强氧化剂、强还原剂等都不易发生反应，所以烷烃在有机反应中常用来作溶剂。但烷烃的稳定性也是相对的，在一定条件下，如适当温度、压力或催化剂的存在下，烷烃也可以和一些试剂发生反应。

1. 氧化反应

烷烃在空气中完全燃烧时，生成二氧化碳和水，并放出大量的热。例如：

$$C_nH_{2n+2}+\frac{3n+1}{2}O_2 \longrightarrow nCO_2+(n+1)H_2O+热能$$

$$CH_4+2O_2 \longrightarrow CO_2+2H_2O+890kJ \cdot mol^{-1}$$

烷烃在室温下，一般不与氧气等氧化剂反应，但如果控制反应条件，如在金属氧化物或金属盐催化下进行氧化，则可得到部分氧化产物，如醇、醛、酸等。高级烷烃氧化得高级脂肪酸。高级脂肪酸可代替动物油脂制造肥皂，可以节省大量的食用油脂。

2. 热裂反应

烷烃在高温及隔绝氧气的条件下发生键断裂的反应称为热裂反应。例如，丙烷在一定条件下热裂，可以发生如下反应：

$$CH_3-CH-CH_2 \xrightarrow{460℃} CH_3CH=CH_2+H_2$$
$$\qquad\qquad | \qquad | $$
$$\qquad\qquad H \qquad H$$

$$CH_3+CH_2-CH_2 \xrightarrow{460℃} CH_2=CH_2+CH_4$$
$$\qquad\qquad\qquad\quad |$$
$$\qquad\qquad\qquad\quad H$$

烷烃在 800～1100℃的热裂产物主要是乙烯，其次是丙烯、丁烯、丁二烯和氢气等。乙烯是十分重要的化工原料，是石油热裂的重要产品之一。

近年来热裂已为催化裂化所代替，工业上利用催化裂化把高沸点的重油转变为低沸点的汽油等产品，从而提高了石油的利用率。所以，裂化在炼油工业上是个很重要的反应。

3. 卤代反应和自由基取代反应历程

（1）卤代反应　烷烃中的氢原子被其他元素的原子或基团所代替的反应称为取代反应，被卤素取代的反应称为卤代反应。

烷烃是生产卤代烷的重要原料，氟、氯、溴与烷烃反应生成一卤代烷烃和多卤代烷烃，其反应活性顺序为 $F_2>Cl_2>Br_2>I_2$，碘通常不反应。氟在常温、黑暗条件下就能与烷烃发生取代反应，反应非常剧烈，并且难以控制，甚至爆炸生成碳和氟化氢。

$$C_nH_{2n+2}+(n+1)F_2 \longrightarrow nC+(2n+2)HF$$

因此烷烃的卤代反应主要讨论氯代和溴代，氯和溴在光照或加热条件下可以与烷烃发生取代反应。例如，甲烷与氯气在光照或加热条件下，生成氯甲烷及氯化氢。

$$CH_4+Cl_2 \xrightarrow[\text{或加热}]{\text{光}} CH_3Cl+HCl$$

甲烷的氯代反应较难停留在一取代阶段。一氯甲烷可继续氯代生成二氯甲烷、三氯甲烷、四氯化碳。因此所得产物是氯代烷的混合物。

$$CH_3Cl+Cl_2 \longrightarrow CH_2Cl_2+HCl$$
$$CH_2Cl_2+Cl_2 \longrightarrow CHCl_3+HCl$$
$$CHCl_3+Cl_2 \longrightarrow CCl_4+HCl$$

但是，如果控制反应条件和原料的用量比，可以使其中某一种氯代烷为主要产物。如反应温度控制在 400～450℃，甲烷与氯气之比为 10:1 时，主要产物为一氯甲烷；若控制甲烷与氯气之比为 0.263:1 时，则主要产物为四氯化碳。

碳链较长的烷烃氯代时，反应可以在不同的碳原子上进行，取代不同的氢原子，情况较为复杂。乙烷只能生成一种一氯取代产物，而丙烷、丁烷和异丁烷都能生成两种一氯取代产物。例如：

$$CH_3CH_2CH_3 + Cl_2 \xrightarrow{\text{光}} CH_3CH_2CH_2Cl + CH_3\underset{\underset{Cl}{|}}{C}HCH_3$$

1-氯丙烷(43%)   2-氯丙烷(57%)

丙烷分子中伯氢有 6 个，仲氢有 2 个，但在室温时，两种产物的产率之比却为 43:57，于是可以得出仲氢和伯氢发生氯代反应的活性比为：

$$\frac{\text{仲氢}}{\text{伯氢}} = \frac{57/2}{43/6} \approx \frac{4}{1}$$

异丁烷常温下氯代时，产物情况如下：

$$CH_3\overset{\overset{CH_3}{|}}{C}HCH_3 + Cl_2 \xrightarrow{\text{光}} CH_3\overset{\overset{CH_3}{|}}{C}HCH_2Cl + CH_3\overset{\overset{CH_3}{|}}{\underset{\underset{Cl}{|}}{C}}CH_3$$

2-甲基-1-氯丙烷(64%)   2-甲基-2-氯丙烷(36%)

同理可得，叔氢和伯氢发生氯代反应的活性比为：

$$\frac{\text{叔氢}}{\text{伯氢}} = \frac{36/1}{64/9} \approx \frac{5}{1}$$

实验结果表明，叔氢、仲氢、伯氢在室温时发生氯代反应的相对活性比为 5:4:1。但是当温度升高时，比例将逐渐升高到 1:1:1。根据上述活性关系，可以预测烷烃在室温时氯代产物中异构体的比例关系。例如：

$$CH_3CH_2CH_2CH_3 + Cl_2 \xrightarrow{\text{光}} CH_3CH_2CH_2CH_2Cl + CH_3\underset{\underset{Cl}{|}}{C}HCH_2CH_3$$

1-氯丁烷   2-氯丁烷

两种产物的产率比关系为：

$$\frac{\text{1-氯丁烷}}{\text{2-氯丁烷}} = \frac{\text{伯氢的总数}}{\text{仲氢的总数}} \times \frac{\text{伯氢的相对活性}}{\text{仲氢的相对活性}} = \frac{6}{4} \times \frac{1}{4} = \frac{3}{8}$$

所以

$$\text{产率(1-氯丁烷)} = \frac{3}{3+8} \times 100\% = 27\%$$

$$\text{产率(2-氯丁烷)} = \frac{3}{3+8} \times 100\% = 73\%$$

在溴代反应中，也遵循叔氢＞仲氢＞伯氢的活性顺序，但差别较大，它们的相对活性比为 1600:82:1。如异丁烷溴代时，反应方程式为：

$$CH_3\overset{\overset{CH_3}{|}}{C}HCH_3 + Br_2 \xrightarrow{\text{光}} CH_3\overset{\overset{CH_3}{|}}{C}HCH_2Br + CH_3\overset{\overset{CH_3}{|}}{\underset{\underset{Br}{|}}{C}}CH_3$$

痕量   ＞99%

产物中，只能得到痕量的伯氢溴代产物。

（2）自由基取代反应历程　　反应历程是指化学反应所经历的途径或过程，又称为反应机理。它是有机化学理论的重要组成部分。反应历程是在综合大量实验事实的基础上提出的一种理论假设，实验事实越丰富，可靠程度就越大。

氯气与甲烷反应有如下实验事实：

① 甲烷和氯气的混合物在室温下及黑暗处长期放置并不发生化学反应。

② 将氯气用光照射后，在黑暗处放置一段时间再与甲烷混合，反应不能进行；若将氯气用光照射后，迅速在黑暗处与甲烷混合，反应立即发生，且放出大量的热。

③ 若将甲烷用光照射后，在黑暗处迅速与氯气混合，也不发生化学反应。

从上述实验事实可以看出，甲烷氯代反应的进行与光对氯气的影响有关。首先，在光照射下氯气分子吸收能量，使其共价键发生均裂，产生两个活泼氯原子（氯自由基）。

$$Cl:Cl \xrightarrow{\text{光}} 2Cl\cdot \quad \text{链引发阶段}$$

氯自由基非常活泼，它能够夺取甲烷分子中的一个氢原子，生成甲基自由基和氯化氢。

$$CH_4 + Cl \cdot \longrightarrow \cdot CH_3 + HCl$$

甲基自由基与氯自由基一样活泼，它与氯气分子作用，生成一氯甲烷，同时产生另一个新的氯自由基。

$$\cdot CH_3 + Cl_2 \longrightarrow CH_3Cl + Cl\cdot$$

新产生的氯自由基不但可以夺取甲烷分子中的氢，也可以夺取氯甲烷分子中的氢，生成氯甲基自由基。这样周而复始，反复不断地反应，理论上可以把无数甲烷分子中的氢全部夺去，这种现象称为连锁反应。

$$\left. \begin{array}{l} CH_3Cl + Cl \cdot \longrightarrow \cdot CH_2Cl + HCl \\ \cdot CH_2Cl + Cl_2 \longrightarrow CH_2Cl_2 + Cl\cdot \\ Cl \cdot + CH_2Cl_2 \longrightarrow \cdot CHCl_2 + HCl \\ \cdot CHCl_2 + Cl_2 \longrightarrow CHCl_3 + Cl\cdot \\ Cl \cdot + CHCl_3 \longrightarrow \cdot CCl_3 + HCl \\ \cdot CCl_3 + Cl_2 \longrightarrow CCl_4 + Cl\cdot \end{array} \right\} \text{链传递阶段}$$

事实上，连锁反应不可能永久传递下去，直到自由基互相结合或与惰性质点结合而失去活性时，这个反应就终止了。例如：

$$\left. \begin{array}{l} Cl \cdot + Cl \cdot \longrightarrow Cl_2 \\ \cdot CH_3 + \cdot CH_3 \longrightarrow CH_3CH_3 \\ \cdot CH_3 + Cl \cdot \longrightarrow CH_3Cl \end{array} \right\} \text{链终止阶段}$$

自由基反应可以用链引发、链传递和链终止三个阶段来表示。

① 在链引发阶段，吸收能量并产生活泼质点，即自由基。一般来说，这个阶段是由光照、加热或过氧化物引起的。

② 在链传递阶段，每一步都消耗一个活泼的自由基，同时又生成一个新的自由基。为下一步反应产生一个新的活泼质点。

③ 在链终止阶段，活泼质点被消耗，连锁反应终止。

前面已经提到，烷烃的卤代反应在室温时，不同氢原子的反应活性顺序是：叔氢＞仲氢＞伯氢。这一结论可以用键的解离能数据来说明。同一类型的键（如C—H）发生均裂时，键的解离能越小，则反应越容易发生，自由基越容易生成，生成的自由基也越稳定。

$$CH_3-H \longrightarrow \cdot CH_3 + H\cdot \qquad \Delta H = 435.1 \text{kJ} \cdot \text{mol}^{-1}$$
$$\text{甲基自由基}$$

$$CH_3CH_2-H \longrightarrow CH_3CH_2\cdot + H\cdot \qquad \Delta H = 410 \text{kJ} \cdot \text{mol}^{-1}$$
$$\text{乙基自由基(1°)}$$

$$CH_3CH_2CH_2-H \longrightarrow CH_3CH_2\overset{\cdot}{C}H_2 + H\cdot \qquad \Delta H = 410 \text{kJ} \cdot \text{mol}^{-1}$$
$$\text{丙基自由基(1°)}$$

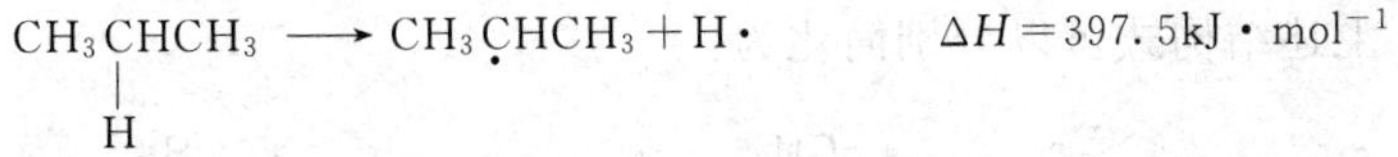

$$CH_3CHCH_3 \longrightarrow CH_3\overset{\cdot}{C}HCH_3 + H\cdot \qquad \Delta H = 397.5 kJ\cdot mol^{-1}$$
$$\underset{H}{|}$$

异丙基自由基(2°)

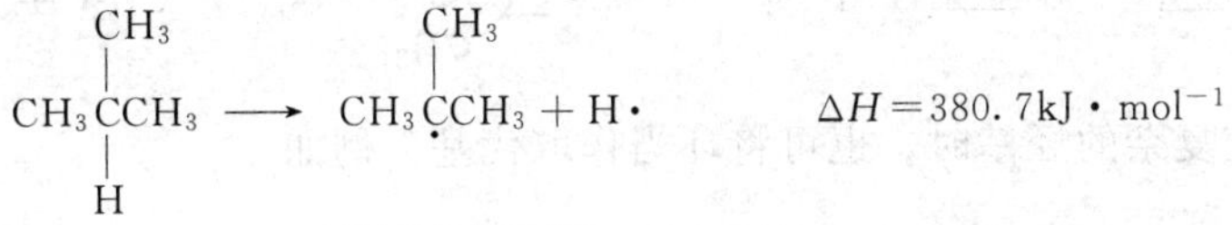

$$CH_3\underset{\underset{H}{|}}{\overset{\overset{CH_3}{|}}{C}}CH_3 \longrightarrow CH_3\overset{\overset{CH_3}{|}}{\underset{\cdot}{C}}CH_3 + H\cdot \qquad \Delta H = 380.7 kJ\cdot mol^{-1}$$

叔丁基自由基(3°)

比较这些反应的 ΔH 数值，可以得出，烷基自由基的稳定性顺序是：

$$3°>2°>1°>\cdot CH_3 \qquad 即 \qquad 三级>二级>一级>\cdot CH_3$$

即愈稳定的自由基愈容易产生。烷烃的卤代反应是自由基取代反应，决定反应速率的关键步骤是产生烷基自由基这一步。这样，就回答了为什么烷烃分子中各种不同类型的氢的反应活性会有以上现象。

七、烷烃的来源和用途

烷烃广泛存在于自然界中，甲烷是早期地球表面大气层的主要组分之一，至今大气层中仍有极少量的甲烷存在；天然气和沼气的主要成分也是甲烷。石油的成分比较复杂，但主要是各种烷烃的混合物，还有一些环烷烃及芳香烃等。

某些动植物体中也有少量烷烃存在，如在烟草叶上的蜡中含有二十七烷和三十一烷，白菜叶上的蜡含有二十九烷，苹果皮上的蜡含二十七烷和二十九烷。此外，某些昆虫的信息素就是烷烃。所谓"昆虫信息素"，是同种昆虫之间借以传递信息而分泌的化学物质。如有一种蚁，它们通过分泌一种有气味的物质来传递警戒信息，经分析，这种物质含有正十一烷和正十三烷；如雌虎蛾引诱雄虎蛾的信息素是 2-甲基十七烷，这样，人们就可合成这种昆虫信息素并利用它将雄虎蛾引至捕集器中将它们杀死。

第二节 环 烷 烃

分子中具有碳环结构的烷烃称为环烷烃。

一、环烷烃的分类和命名

环烷烃可按分子中碳环的数目分为单环烷烃和多环烷烃两大类。

1. 单环烷烃

只有一个碳环的烷烃属于单环烷烃。将链烃变为环烃，在结构上可以看作增加了一个 C—C 单键，同时减少了两个氢原子。因此，单环烷烃的通式为 C_nH_{2n}。自然界普遍存在的是五元环和六元环。

单环烷烃的命名与烷烃相似，一般以环上碳作为主链，根据环上碳原子个数命名为"环某烷"，环烷烃若有取代基时，它所在位置的编号仍遵循最低系列原则。只有一个取代基时名称中取代基位次的"1"可省略，有两个或两个以上取代基时，编号由顺序规则中序号最小的取代基所在的碳原子开始。例如：

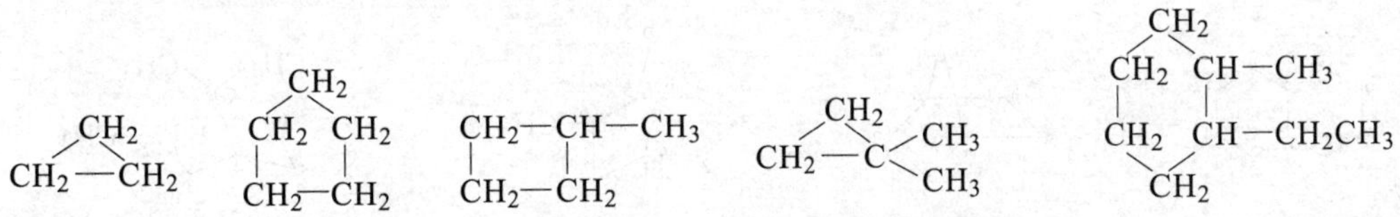

环丙烷　　　环戊烷　　　甲基环丁烷　　　1,1-二甲基环丙烷　　　1-甲基-2-乙基环己烷

为书写方便，上述结构式可以分别简化为：

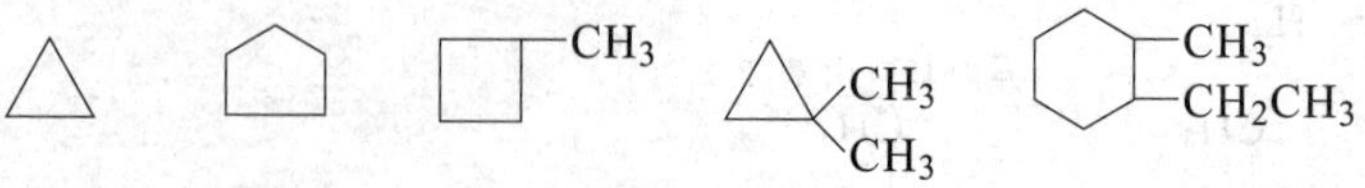

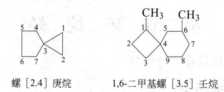

当环上连有较复杂的烃基时，也可将环当作取代基。例如：

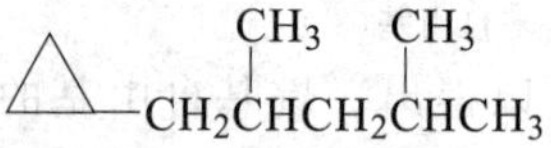

$$CH_3 \quad CH_3$$
$$\triangle - CH_2CHCH_2CHCH_3$$

2,4-二甲基-1-环丙基戊烷

2. 多环烷烃

含有两个或两个以上碳环的烷烃称为多环烷烃。例如：

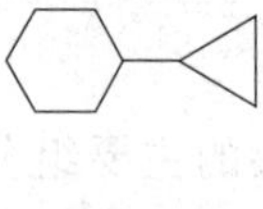

环丙基环己烷 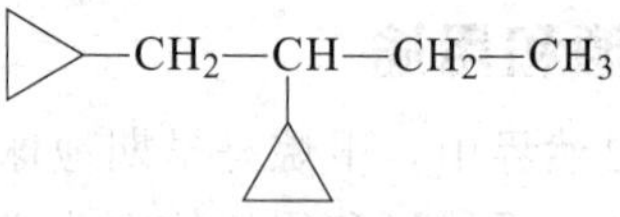   1,2-二环丙基丁烷

本节重点介绍两种特殊形式的多环烷烃：螺环烃和桥环烃。

（1）螺环烃　环烃分子中两个碳环共用一个碳原子的化合物称为螺环烃，共用碳原子称为螺原子。命名时根据成环的碳原子总数称为"螺某烷"，在"螺"字后面的方括号中，用阿拉伯数字分别标出两个碳环除了螺原子以外的碳原子数目，将小的数字写在前面，大的数字写在后面，数字间用下角圆点隔开。编号从小环中与螺原子相邻的一个碳原子开始，经过螺原子编至大环。有取代基时要使其编号较小。例如：

螺 [2.4] 庚烷   1,6-二甲基螺 [3.5] 壬烷

（2）桥环烃　环烃分子中两个或两个以上碳环共用两个或两个以上碳原子的化合物称为桥环烃，两个环连接处的碳原子称为"桥头碳原子"，从一个桥头到另一个桥头的碳链称为"桥"。桥环烃命名时，以"二环"、"三环"等为词头（将桥环烃变为链状化合物时，要断裂碳链，如需断裂两次的桥环烃称为"二环"，断三次称为"三环"等），然后将桥头碳之间的碳原子数（不包括桥头碳）按从多到少的顺序列在方括号内，数字之间在右下角用圆点隔开，最后根据环上碳原子总数（包括桥头碳）称为某烷。若环上有取代基，则需对环上碳进行编号。编号是从一个桥头碳原子开始沿最长的桥到另一个桥头碳原子，再沿次长桥回到第一个桥头碳原子，最短的桥上的碳原子最后编号。有取代基时，应使取代基编号较小，遵循最低序列原则。例如：

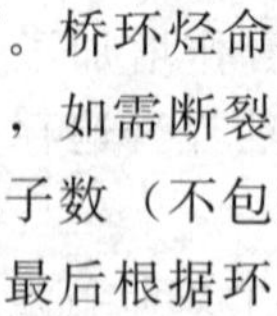

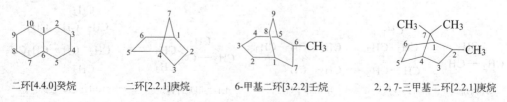

二环[4.4.0]癸烷 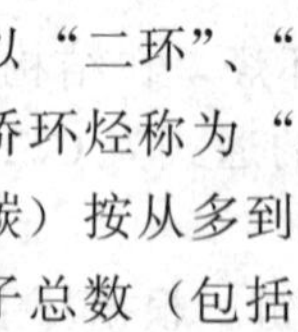   二环[2.2.1]庚烷 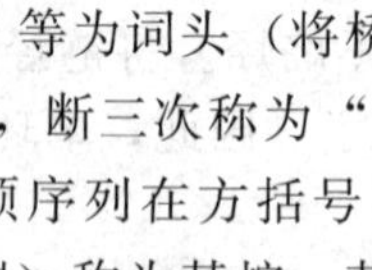   6-甲基二环[3.2.2]壬烷 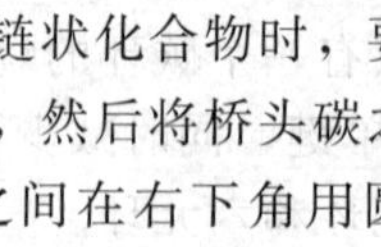   2, 2, 7-三甲基二环[2.2.1]庚烷

近年来对桥环化合物及具有笼形结构的脂环化合物进行了很多研究，合成了许多新型结构的多环化合物。为简便起见，这些合成的化合物规定了简称。例如：

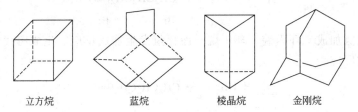

立方烷 蓝烷 棱晶烷 金刚烷

二、环烷烃的物理性质

环烷烃的熔点、沸点、相对密度都比同碳数的烷烃高。环烷烃不溶于水，易溶于有机溶剂，比水轻。一些单环烷烃的物理常数见表 1-3。

表 1-3　单环烷烃的物理常数

名　　称	结构式	熔点/℃	沸点/℃	相对密度(d_4^{20})
环丙烷	$(CH_2)_3$	-127.6	-32.7	0.7200(-70℃)
环丁烷	$(CH_2)_4$	-80.0	12.0	0.7204
环戊烷	$(CH_2)_5$	-93.9	49.2	0.7457
环己烷	$(CH_2)_6$	6.5	80.7	0.7786
环庚烷	$(CH_2)_7$	-12.0	118.5	0.8098
环辛烷	$(CH_2)_8$	14.3	148.5	0.8349

三、环烷烃的化学性质

大环烷烃的化学性质与烷烃类似，可发生取代反应，而小环烷烃，如三元和四元环烷烃由于分子中存在张力，所以表现在化学性质上比较活泼，可以发生加成（开环）反应生成链状化合物。

1. 加成反应

环烷烃中环丙烷和环丁烷能与氢气、卤素、卤化氢等试剂发生加成反应，而环戊烷和环己烷等却不易或不能发生类似的反应。

（1）催化加氢　小环烷烃的性质与烯烃类似，在催化剂存在下能发生加氢反应，生成烷烃。在催化剂如镍的存在下，环丙烷在 80℃ 即开始加氢，在 120℃ 时反应很容易；环丁烷在 120℃ 即开始加氢，200℃ 时反应很容易；而环戊烷、环己烷等较大的环烷烃，则需在 300℃ 以上才开始加氢。

$$\triangle + H_2 \xrightarrow[80℃]{Ni} CH_3CH_2CH_3$$

$$\square + H_2 \xrightarrow[120℃]{Ni} CH_3CH_2CH_2CH_3$$

$$\pentagon + H_2 \xrightarrow[300℃]{Ni} CH_3CH_2CH_2CH_2CH_3$$

（2）与卤素加成　环丙烷在室温下与溴发生加成反应，生成 1,3-二溴丙烷。

$$\triangle + Br_2 \longrightarrow \underset{Br}{C}H_2CH_2\underset{Br}{C}H_2$$

常温下，环丁烷与溴不发生反应，但在加热条件下发生加成反应，生成1,4-二溴丁烷。

$$\square + Br_2 \xrightarrow{\triangle} \underset{Br}{CH_2CH_2CH_2CH_2}\underset{Br}{}$$

（3）与卤化氢加成　环丙烷、环丁烷与卤化氢发生加成反应，生成卤代烷。环戊烷、环己烷不易发生此反应。

$$\triangle + HBr \longrightarrow CH_3CH_2CH_2Br$$

$$\square + HBr \xrightarrow{\triangle} CH_3CH_2CH_2CH_2Br$$

2. 取代反应

环戊烷、环己烷等在光照或加热的条件下易发生取代反应。

$$\pentagon + Br_2 \xrightarrow{光照} \pentagon\!-Br + HBr$$

$$\hexagon + Br_2 \xrightarrow{光照} \hexagon\!-Br + HBr$$

四、环烷烃的分子结构

环的稳定性与环的大小有关，三碳环最不稳定，四碳环比三碳环稍微稳定一点，五碳环较稳定，六碳及六碳以上的环比较稳定。如何解释这一事实呢？1885年拜尔提出了张力学说，部分要点如下：当碳与四个原子相连时，任何两个键之间的夹角都为四面体角（109°28′），但环丙烷是三角形，夹角应是60°，环丁烷是正方形，夹角应为90°。任何原子都要使键角与成键轨道的角一致，即以109°28′的角度重叠成键才能形成最稳定的结构，即在环丙烷和环丁烷中，每个碳上的两个键则必须压缩到60°或90°以适应环的几何形状。这些与正常的四面体键角的偏差，引起了分子的张力，这种张力称为角张力，这样的环叫做张力环。张力环为了减小张力，就有开环而生成更稳定的化合物的倾向。

根据量子力学计算，环丙烷分子中C—C—C键角为105.5°，H—C—H键角为114°，这就是角张力作用的结果。角张力的存在是环丙烷不稳定的重要原因。形成105.5°键角时，其轨道重叠不及正常的109°28′大，实际上呈弯曲状，所以常把这种键称为弯曲键或香蕉键，如图1-10所示。

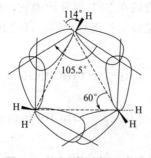

图1-10　环丙烷成键示意图

环丁烷与环丙烷类似，分子中的原子轨道也不是直线重叠，分子内也存在角张力，但比环丙烷小些。所以，其稳定性比环丙烷大一些。

环戊烷、环己烷分子中的碳原子不在一个平面上，碳碳键的夹角接近或保持109°28′，分子角张力很小或无角张力，都比较稳定。

五、环己烷的构象

1. 船式构象和椅式构象

在环己烷分子中，碳原子是以 sp^3 杂化的，六个碳原子不在同一个平面上，碳碳键之间的夹角可以保持 $109°28'$，因此环很稳定。环己烷有两种极限构象，分别称作船式构象和椅式构象。

船式构象　　　　椅式构象

在船式构象中，C2、C3、C5、C6 在同一个平面上，C1、C4 在平面的同侧，整个分子像一条小船，C1、C4 为船头，所以叫船式构象。在椅式构象中，C1、C3、C5 在一个平面上，C2、C4、C6 在另一个平面上，这两个平面相互平行，整个分子像一把椅子，所以叫椅式构象。

比较环己烷的船式构象和椅式构象：在椅式构象中，相邻的两个碳原子上的氢原子都处于邻位交叉式，排斥力小；而船式构象中两个船头碳原子 C1 和 C4 上的氢原子相距很近，只间隔 $0.183nm$，比它们的范德华半径之和 $0.25nm$ 小得多，因此相互之间斥力较大；另外，船式构象中，C2—C3 和 C5—C6 上的 C—H 是全重叠式，也属于能量较高的构象形式，因而具有扭转张力。所以船式构象不如椅式构象稳定，环己烷及其衍生物在一般情况下都以椅式构象存在，椅式构象为环己烷的优势构象（见图 1-11）。

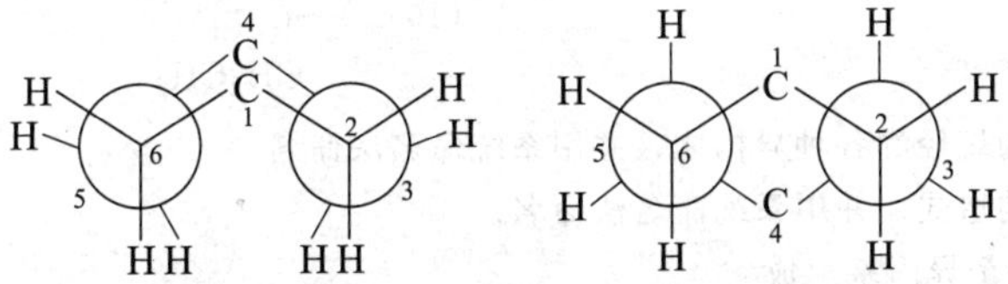

(a) 船式构象　　　　(b) 椅式构象

图 1-11　环己烷船式构象和椅式构象的纽曼投影式

环己烷的船式构象和椅式构象之间能相互转换，通常情况下，环己烷就处于这两种构象的转换平衡中。

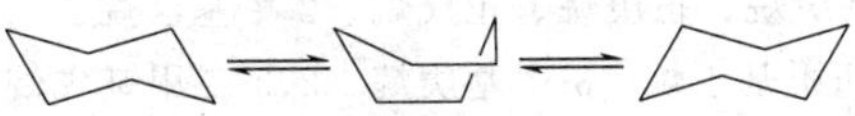

2. 平伏键和直立键

环己烷椅式构象中的 12 个 C—H 键可分为两类：与分子对称轴平行的六个 C—H 键称为直立键或 a 键，其中三个朝上，三个朝下；另外六个键与对称轴成 $109.5°$的角度，称为平伏键或 e 键。如图 1-12 所示。

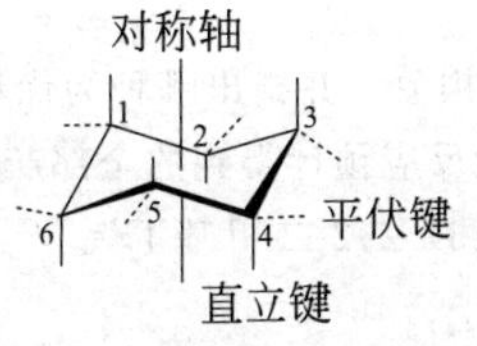

图 1-12　环己烷椅式构象中的直立键和平伏键

从很多实验事实可以总结出如下规律：

① 环己烷一元取代衍生物中，取代基在 e 键的构象最稳定；

② 环己烷多元取代物最稳定的构象是 e 键取代基最多的构象；

③ 环上有不同取代基时，大的取代基在 e 键的构象最稳定。

 习 题

1. 用系统命名法命名下列化合物：

$$(1)\ CH_3CHCH_2CHCH_2CH_3 \quad \overset{CH_3\ \ \ CH_3}{}$$

$$(2)\ CH_3CH_2CHCH_2CH_3 \quad \overset{CH_2CH_3}{}$$

$$(3)\ CH_3CCH_2CH_2CHCH_3 \quad \overset{CH_3\ \ \ \ \ CH_3}{\underset{CH_3}{}}$$

$$(4)\ CH_3CHCH_2CHCHCH_3 \quad \overset{\ \ \ \ \ \ CH_2CH_3}{\underset{CH_3\ \ \ \ \ \ CH_3}{}}$$

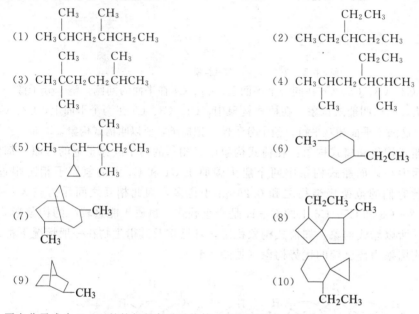

(5) $CH_3-CH-CCH_2CH_3$

(6) (7) (8) (9) (10)

2. 写出分子式为 C_7H_{16} 的烷烃的各种异构体，并用系统命名法命名。

3. 写出下列烷烃的可能构造式，并用系统命名法命名。

    (1) 由一个乙基和一个异丙基组成

    (2) 由一个异丙基和一个叔丁基组成

    (3) 含有四个甲基且相对分子质量为 86 的烷烃

    (4) 相对分子质量为 100，且同时含有伯、叔、季碳原子的烷烃

4. 将下列各组化合物按沸点从高到低排列：

    (1) 3,3-二甲基戊烷、2-甲基庚烷、正庚烷、正戊烷、2-甲基己烷

    (2) 辛烷、己烷、2,2,3,3-四甲基丁烷、3-甲基庚烷、2,3-二甲基戊烷、2-甲基己烷

5. 将下列自由基按稳定性由大到小排列：

    (1) $CH_3-\overset{\bullet}{C}H_2$ (2) $CH_3-\overset{CH_3}{\underset{CH_3}{\overset{\bullet}{C}}}$ (3) $CH_3-\overset{\bullet}{C}H-CH_3$ (4) $\overset{\bullet}{C}H_3$

6. 画出 1,2-二氯乙烷的各种极限构象。

7. 画出丁烷以 C1—C2 为轴旋转时的极限构象，并指出哪种为优势构象。

8. 写出在室温时将下列化合物进行一氯代反应预计得到的全部产物的构造式。

    (1) 戊烷   (2) 2-甲基丁烷   (3) 2,2-二甲基丁烷

9. 完成下列反应式：

    (1) △ $+ Cl_2 \longrightarrow$?

    (2) ⬠ $+ Cl_2 \xrightarrow{光照}$?

    (3) △ $+ HCl \longrightarrow$?

    (4) □ $+ HCl \xrightarrow{\triangle}$?

八硝基立方烷——能成为爆炸物的立方烷衍生物

　　化学家们努力合成结构奇异的分子，多面体烷及其独特的结构引起了有机化学家极大的兴趣，经过不懈的努力，多面体烷化学取得了令人瞩目的成就，特别是 20 世纪 60～70 年代，由于在基础化学性质及合成方法上取得了一系列突破性进展，一些多面体烷相继被合成出来。1964 年首次合成了分子式为 C_8H_8 的烃，其形状像一个立方体，取名为立方烷。目前立方烷及其衍生物的合成已经达到千克级，可能作为爆炸物质和高能燃料。对立方烷官能团化的关键步骤就是对立方烷四羧酸进行自由基氯羰基化，形成一个"四面体形状"的四取代体系，再经过一系列的官能团转化，它能合成四硝基立方烷。剩余的氢原子具有不同寻常的酸性，这是由于立方烷骨架和硝基取代基共同影响的。这些具有酸性的氢原子可被进一步取代，2000 年化学家们合成出了八硝基立方烷，预测它将是一种比 2,4,6-三硝基甲苯（TNT）等物质更强的爆炸物。

　　立方烷的环张力是造成八硝基立方烷的温度脆弱性的原因，这种高密度物质受热、机械碰撞或引爆能非常迅速地分解，产生大量的热和气体物质，形成冲击波。八硝基立方烷爆炸反应后体积膨胀了 1150 倍，同时释放出很高的能量，产生巨大的爆炸威力。

$$C_8(NO_2)_8 \longrightarrow 8CO_2\uparrow + 4N_2\uparrow$$

立方烷四羧酸　$\xrightarrow[\text{-HCl,-CO}_2]{(COCl)_2,\ h\nu}$　四面体立方烷衍生物

四硝基立方烷　　　　　　八硝基立方烷

不饱和烃

Chapter 02

第二章

不饱和烃是指分子中含有碳碳双键或碳碳三键的烃。分子中含有碳碳双键的烃称为烯烃，根据分子中所含双键数目的不同又可分为单烯烃、二烯烃和多烯烃；分子中含有碳碳三键的烃称为炔烃。碳碳双键和碳碳三键分别是烯烃和炔烃的官能团。

第一节　单　烯　烃

单烯烃是指分子中含有一个碳碳双键的不饱和烃，它比同碳数的烷烃少两个氢原子，通式为 C_nH_{2n}。

一、烯烃的结构

乙烯是最简单的烯烃，分子式为 C_2H_4，构造式为 $CH_2{=\!=}CH_2$。

乙烯分子中含有一个双键。可以通过乙烯来了解烯烃双键的结构。现代物理方法证明，乙烯分子的所有原子在同一平面上，每个碳原子只和三个原子相连，其键长和键角为：

$$\overset{117°}{\underset{0.133nm}{\overset{H}{\underset{H}{>}}C{=\!=}C\overset{H}{\underset{H}{<}}}}\ \ \overset{121.7°}{}\ \ 0.108nm$$

杂化轨道理论认为，乙烯的碳原子成键时，碳原子发生 sp^2 杂化，即有一个 s 轨道和两个 p 轨道进行杂化，组成三个等同的 sp^2 杂化轨道，三条杂化轨道的对称轴在同一平面内，彼此成 120° 角。在乙烯分子中，两个碳原子除各以一个 sp^2 杂化轨道形成一条 C—C σ 键外，又各以两个杂化轨道和氢原子的 s 轨道重叠，形成四条 C—H σ 键，共形成五条 σ 键且都在同一平面内，如图 2-1 所示。

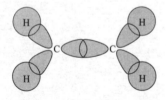

图 2-1　乙烯分子中的 σ 键

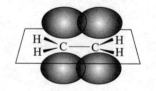

图 2-2　乙烯分子中的 σ 键和 π 键

经过上述方式成键后，每个碳原子还剩余一个未参与杂化的 p 轨道。这两个 p 轨道的对称轴垂直于五个 σ 键所在的平面，且平行侧面重叠（"肩并肩"重叠），形成了一条新键，称为 π 键，如图 2-2 所示。

其他烯烃的双键，也都是由一个 σ 键和一个 π 键组成的。

由于 π 键的形成，以双键相连的两个碳原子之间不能再以 C—C σ 键为轴"自由旋转"，否则 π 键将被破坏。两个碳原子之间增加了一个 π 键，所以两个碳原子核比只以一个 σ 键相连的更为靠近，其键长为 0.133nm，比乙烷分子中的 C—C σ 键的键长要短。碳碳双键的键能为 610kJ·mol^{-1}，小于碳碳单键键能（345.6kJ·mol^{-1}）的两倍，即 π 键的键能为 610−345.6＝264.4（kJ·mol^{-1}），所以 π 键容易断裂。

由于烯烃双键中的 π 键是由碳原子的 p 轨道"肩并肩"重叠而成的，原子轨道的重叠程度不如 σ 键，且 π 电子云分布在成键原子的上下两方，原子核对 π 电子的束缚较弱，易受外界影响发生极化变形，所以 π 键的强度比 σ 键低得多，容易断裂发生加成、氧化、聚合等反应。受碳碳双键的影响，与双键碳相邻的碳原子（α-C）上的氢（α-H）亦表现出一定的活泼性。

烯烃的主要化学反应归纳如下：

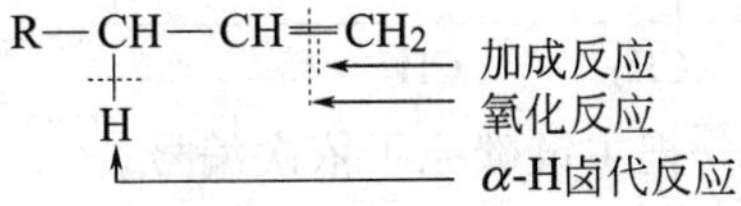

$$R—CH—CH=CH_2 \begin{array}{l} \leftarrow 加成反应 \\ \leftarrow 氧化反应 \\ \leftarrow \alpha\text{-H 卤代反应} \end{array}$$

二、烯烃的同分异构和命名

1. 烯烃的同分异构现象

由于烯烃含有双键，使烯烃同分异构现象比烷烃复杂得多。乙烯和丙烯都没有同分异构体，从丁烯开始出现同分异构现象。

与烷烃相似，含有 4 个或 4 个以上碳原子的烯烃都存在碳链异构，例如：

$$CH_2=CHCH_2CH_3 \qquad\qquad \underset{\text{2-甲基丙烯（异丁烯）}}{CH_2=C(CH_3)—CH_3}$$

1-丁烯   2-甲基丙烯（异丁烯）

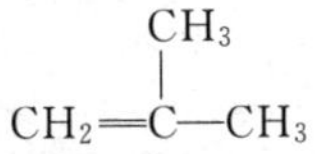

与烷烃不同的是，烯烃分子中存在双键，在碳架结构不变的情况下，双键在碳链中的位置不同，也可产生异构体，如下式中的 1-丁烯和 2-丁烯，这种异构现象称为官能团位置异构。

$$CH_2=CHCH_2CH_3 \qquad\qquad CH_3CH=CHCH_3$$

1-丁烯   2-丁烯

而 2-丁烯又存在两种顺反异构体。

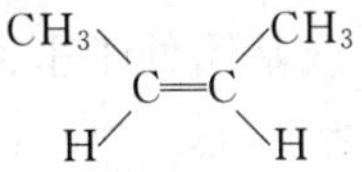

顺-2-丁烯（沸点 3.7℃） 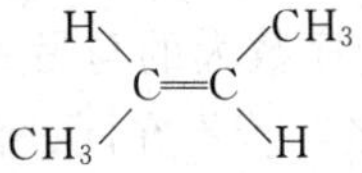   反-2-丁烯（沸点 0.88℃）

这种同分异构现象的产生是由于组成双键的两个碳原子不能相对自由旋转，使这两个碳原子上所连接的原子或基团在空间的排列不同，以致形成的几何构型不同，这一现象称为顺反异构现象。2-丁烯的两个顺反异构体中，两个相同的原子或基团位于平面同侧的称为顺式结构，在异侧的称为反式结构。

一般反式异构体比顺式异构体稳定。例如，反-2-丁烯比顺-2-丁烯稳定：

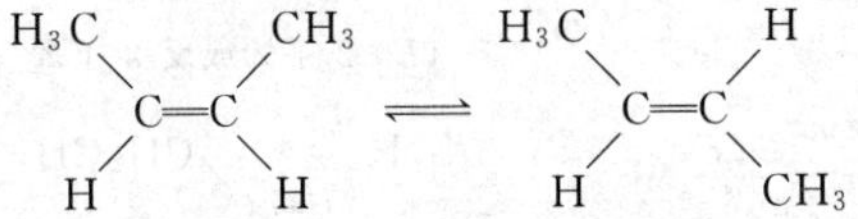

$$\Delta H^{\ominus}=-4.2\text{kJ}\cdot\text{mol}^{-1}$$

因为在顺-2-丁烯中，两个相邻甲基核间距离为 0.3nm，有比较大的排斥力；而在反-2-丁烯中则不存在这种排斥力。烯烃异构体的相对稳定性，在某些合成方法中是很重要的。

并不是所有含双键的烯烃都有顺反异构现象，当双键的任何一个碳原子所连的原子或基团相同时，就没有顺反异构现象。例如前面所见的 1-丁烯和异丁烯，就不存在顺反异构体。

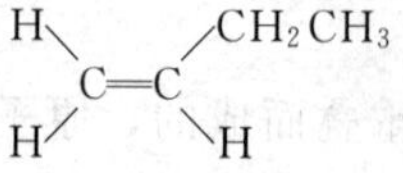

1-丁烯

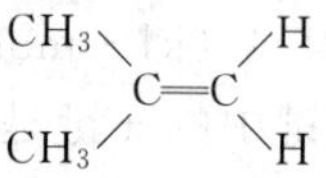

异丁烯

2. 烯烃的命名

烯烃的系统命名法　步骤基本上与烷烃相似，其要点如下。

① 选择一条含双键的最长碳链作为主链，以主链碳原子数目命名为"某烯"。

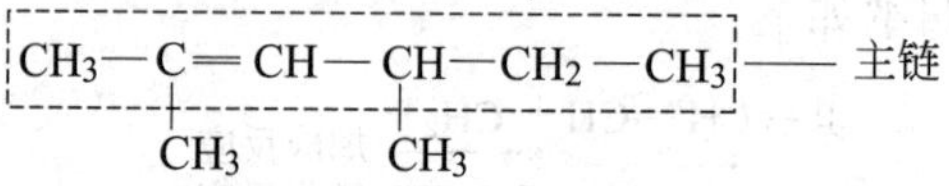

$$CH_3—C=CH—CH—CH_2—CH_3 —— 主链$$

② 从最靠近双键的一端起，把主链碳原子依次编号。

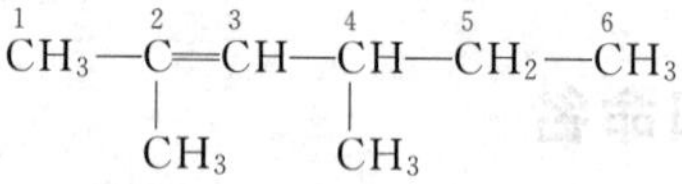

$$\overset{1}{CH_3}—\overset{2}{C}=\overset{3}{CH}—\overset{4}{CH}—\overset{5}{CH_2}—\overset{6}{CH_3}$$

③ 标记双键位置，写出双键碳原子中位次较小的编号，放在烯烃名称前。

④ 其他命名原则与烷烃相同。例如：

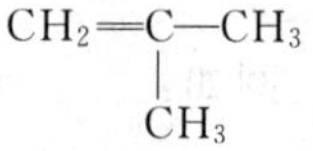

2-甲基丙烯 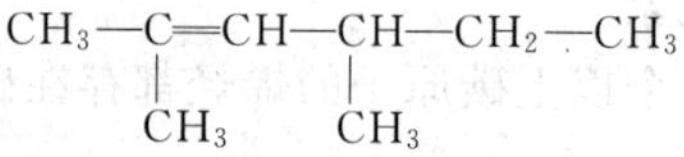　　　　2,4-二甲基-2-己烯 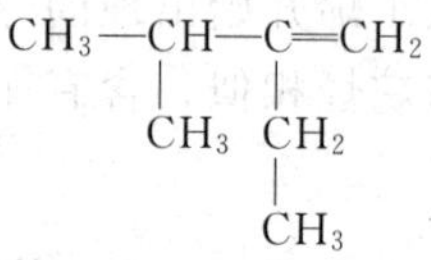　　　　3-甲基-2-乙基-1-丁烯

烯烃从形式上去掉一个氢原子后剩下的一价基团称为烯基，烯基的编号自去掉氢的碳原子开始。例如：

$$CH_2=CH—$$
乙烯基
$$CH_3CH=CH—$$
1-丙烯基（丙烯基）
$$CH_2=CHCH_2—$$
2-丙烯基（烯丙基）

对于顺反异构体，如果双键两个碳原子上连接的原子或基团均不相同时，按上述顺反命名就有困难。IUPAC 命名法中，用 Z 或 E 来区别不同构型，称为 Z/E 命名法。原则是：按照"顺序规则"，将每个双键碳原子连接的原子或基团比较顺序。当一个碳原子所连的两个原子或基团中序数大的与另一个碳原子所连的序数大的原子或基团处于平面同一侧时称为"Z"型；反之，若不在同一侧，则称为"E"构型。

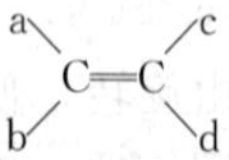

（Z）构型 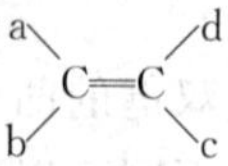　　　　　（E）构型　　　　　$(a>b, c>d)$

例如：

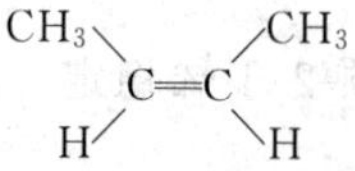

（Z）-2-丁烯或顺-2-丁烯 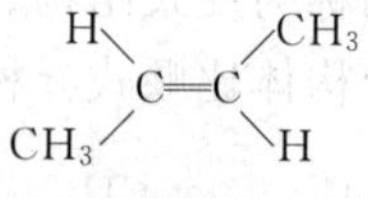　　　　　（E）-2-丁烯或反-2-丁烯

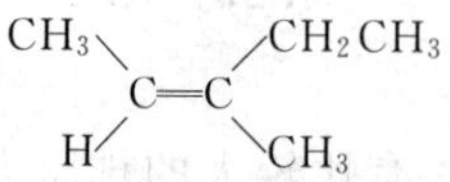

（Z）-3-甲基-2-戊烯或反-3-甲基-2-戊烯 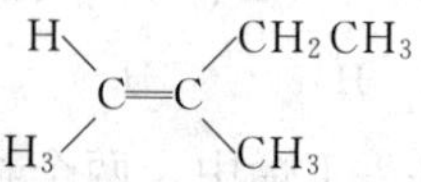　　　　　（E）-3-甲基-2-戊烯或顺-3-甲基-2-戊烯

由上述例子可以看出，顺、反与 Z、E 命名之间并没有必然的对应关系。

三、烯烃的物理性质

烯烃的物理性质与烷烃相似，也是随着碳原子数的增加而呈规律性变化。在常温下，含 2～4 个碳原子的烯烃为气体，含 5～18 个碳原子的为液体，含 19 个碳原子及以上的为固体。它们的沸点、熔点和相对密度都随相对分子质量的增加而上升，但相对密度都小于 1，都是无色物质，不溶于水，易溶于有机溶剂。含相同碳原子数的直链烯烃的沸点比有支链的高。顺式异构体的沸点比反式异构体的高，熔点比反式异构体的低。一些烯烃的物理常数见表 2-1。

表 2-1　一些烯烃的物理常数

名称	熔点/℃	沸点/℃	相对密度（d_4^{20}）	折射率（n_D^{20}）
乙烯	−169.2	−103.7	0.3840（−10℃）	1.363（n_D^{100}）
丙烯	−185.2	−47.4	0.5193	1.3567（n_D^{-70}）
1-丁烯	−185.4	−6.3	0.5951	1.3962
顺-2-丁烯	−138.9	3.7	0.6213	1.3931（n_D^{-25}）
反-2-丁烯	−105.6	0.88	0.6042	1.3848（n_D^{-25}）
异丁烯	−140.4	−6.9	0.5902	1.3926（n_D^{-25}）
1-戊烯	−165.2	30.0	0.6405	1.3715
1-己烯	−139.8	63.4	0.6731	1.3837
1-庚烯	−119.0	93.6	0.6970	1.3998

四、烯烃的化学性质

烯烃的化学性质与烷烃不同，它很活泼，主要原因是分子中存在碳碳双键，π 键的强度比 σ 键低得多，容易断裂发生加成、氧化、聚合等反应。烯烃的主要化学反应如下。

1. 催化加氢

常温、常压下，烯烃很难同氢气发生反应，但是在催化剂（如镍、钯、铂等）存在下，烯烃与氢气发生加成反应，生成相应的烷烃。

$$R-CH=CH_2 + H_2 \xrightarrow{\text{催化剂}} R-CH_2-CH_3$$

烯烃的催化加氢反应是定量进行的，因此可以通过测量氢气体积的办法，来确定烯烃中双键的数目。

一般认为烯烃的加氢反应是在催化剂表面进行的。当烯烃和氢气在分散得很细的金属催化剂表面时，氢分子的共价键断裂，形成活泼的氢原子；同时，烯烃中的 π 键也被削弱，从而大大降低了氢化反应所需要的活化能，提高了反应速率。由于催化剂表面对烷烃的吸附能力小于烯烃，所以当烷烃一旦生成，就立即从催化剂表面解吸出来。

氢化反应是放热反应，1mol 不饱和化合物氢化时放出的热量称为氢化热。每个双键的氢化热大约为 125kJ·mol^{-1}，可以通过测定不同烯烃的氢化热，比较烯烃的相对稳定性。氢化热越小的烯烃越稳定。例如，顺-2-丁烯和反-2-丁烯氢化的产物都是丁烷，反式比顺式少放出 4.2kJ·mol^{-1} 的热量，说明反式的内能比顺式的少 4.2kJ·mol^{-1}，也就是说，反-2-丁烯更稳定。

烯烃的催化加氢具有重要意义，如油脂氢化制硬化油、人造奶油等；为除去粗汽油中的少量烯烃杂质，可进行催化氢化反应，将少量烯烃还原为烷烃，从而提高油品的质量等。

2. 亲电加成反应

由于烯烃双键的形状及其电子云分布的特点，烯烃容易给出电子，因而易受到亲电试剂的进攻。凡是缺电子的物质都是亲电试剂，如正离子等。这种由亲电试剂的进攻而引起的加成反应称为亲电加成反应。易与烯烃发生亲电加成反应的试剂有卤素（Br_2、Cl_2）、卤化氢、水等。

（1）与卤素加成　烯烃很容易与卤素发生加成反应，生成邻二卤化物。例如，将烯烃气体通入溴的四氯化碳溶液后，溴的红棕色消失。在实验室中，可利用这个反应来检验双键的存在。

$$CH_3-CH=CH_2 + Br_2 \longrightarrow CH_3-\underset{\underset{Br}{|}}{CH}-\underset{\underset{Br}{|}}{CH_2}$$

1,2-二溴丙烷

相同的烯烃和不同的卤素进行加成时，反应的活性顺序为：氟＞氯＞溴＞碘。氟与烯烃的反应太剧烈，往往使碳链断裂；碘与烯烃难发生加成反应，因为这个反应是一个平衡反应，邻二碘烷烃容易分解为原来的烯烃。所以一般所谓烯烃与卤素的加成，实际上是指加溴或者加氯。

下面以乙烯和溴的加成反应为例，来说明烯烃和卤素加成的反应历程。

把干燥的乙烯通入溴的无水四氯化碳溶液中（置于玻璃容器中）时，不易发生反应，若置于涂有石蜡的玻璃容器中时，则更难反应。但当加入一点水时，很快发生反应，溴水的颜色褪去。这说明溴与乙烯的加成反应受极性物质如水、玻璃（弱碱性）等的影响。实际上就是乙烯的双键受极性物质的影响，使 π 电子云发生极化而向其中的一个碳原子上集中，双键的一个碳原子带微量正电荷（δ^+），而另一个碳原子带微量负电荷（δ^-）。

$$\overset{\delta^+}{CH_2}=\overset{\delta^-}{CH_2}$$

同样，Br_2 在接近双键时，在 π 电子的影响下也会发生极化。

$$\overset{\delta^+}{Br}-\overset{\delta^-}{Br}$$

极化了的乙烯和溴又是怎样进行反应的呢？事实说明，两个溴原子不是同时加到双键碳原子上，而是分两步进行的。

第一步，被极化的溴分子中带微量正电荷的溴原子（Br^{δ^+}）首先向乙烯中的 π 键进攻，形成环状溴鎓离子中间体。由于 π 键的断裂和溴分子中 σ 键的断裂都需要一定的能量，因此反应速率较慢，是决定加成反应速率的一步。

$$\overset{\delta^+}{CH_2}=\overset{\delta^-}{CH_2} + \overset{\delta^+}{Br}-\overset{\delta^-}{Br} \longrightarrow \underset{\underset{离子}{溴鎓}}{CH_2-CH_2} + Br^-$$

第二步，溴负离子进攻溴鎓离子，这一步反应是离子之间的反应，反应速率较快。

$$CH_2-CH_2 + Br^- \longrightarrow \underset{\underset{Br}{|}}{CH_2}-\overset{\overset{Br}{|}}{CH_2}$$

实验证明，乙烯和溴在氯化钠的水溶液中进行加成反应时，除生成 1,2-二溴乙烷外，还生成 1-氯-2-溴乙烷和少量 2-溴乙醇。

$$CH_2=CH_2 + Br_2 \xrightarrow[\text{H}_2\text{O}]{\text{NaCl}} BrCH_2CH_2Br + BrCH_2CH_2Cl + BrCH_2CH_2OH$$

这一实验现象就可以用亲电加成反应历程来解释。

$$\overset{\delta^+}{C}H_2=\overset{\delta^-}{C}H_2 + \overset{\delta^+}{Br}-\overset{\delta^-}{Br} \longrightarrow \overset{\overset{\oplus}{Br}}{CH_2-CH_2} + Br^- \qquad (2\text{-}1)$$

$$\underset{CH_2-CH_2}{\overset{\overset{\oplus}{Br}}{|}}
\begin{cases}
\xrightarrow{Br^-} \underset{\underset{Br}{|}}{\overset{\overset{Br}{|}}{CH_2-CH_2}} \\[12pt]
\xrightarrow{Cl^-} \underset{\underset{Cl}{|}}{\overset{\overset{Br}{|}}{CH_2-CH_2}} \\[12pt]
\xrightarrow{H_2O} \underset{\underset{\overset{+}{O}H_2}{|}}{\overset{\overset{Br}{|}}{CH_2-CH_2}} \xrightarrow{-H^+} \underset{\underset{OH}{|}}{\overset{\overset{Br}{|}}{CH_2-CH_2}}
\end{cases} \qquad (2\text{-}2)$$

这就是化学理论与实验的关系，即理论的提出和完善必须以客观实验为依据；反过来，理论又应该能够解释和预测实验的结果。

（2）与卤化氢加成　卤化氢气体或发烟氢卤酸溶液能与烯烃进行加成反应，生成相应的卤代烷。

$$CH_2=CH_2 + HX \longrightarrow CH_3CH_2X$$

卤化氢的反应活性顺序为 HI＞HBr＞HCl，浓氢碘酸和氢溴酸能直接与烯烃发生加成反应，浓盐酸需要用催化剂（如 $AlCl_3$）才能发生反应。

烯烃与卤化氢的加成反应机理和烯烃与卤素的加成机理相似，也是分两步进行的。不同的是首先由亲电试剂 H^+ 进攻烯烃的 π 键，生成碳正离子中间体，然后 X^- 进攻碳正离子生成卤代烷。

$$>C=C< + H^+ \longrightarrow \underset{\underset{H}{|}}{>C}-\overset{+}{C}<$$

$$\underset{\underset{H}{|}}{>C}-\overset{+}{C}< + X^- \longrightarrow \underset{\underset{H}{|}}{>C}-\underset{\underset{X}{|}}{C}<$$

乙烯是对称分子，不论氢离子或卤离子加到哪一个碳原子上，都得到同样的一卤代乙烷。但是丙烯与卤化氢加成时，情况就不一样了，由于丙烯是不对称分子，它和氢卤酸反应时，就可能得到两种不同的产物。

$$CH_3-CH=CH_2 + HX
\begin{cases}
\longrightarrow \underset{\underset{X}{|}}{CH_3-CH_2-CH_2} \quad \text{1-卤代丙烷} \\[12pt]
\longrightarrow \underset{\underset{X}{|}}{CH_3-CH-CH_3} \quad \text{2-卤代丙烷}
\end{cases}$$

实验证明，上述反应的主要产物是 2-卤代丙烷。其他不对称烯烃与氢卤酸反应时，也有相似的结果。大量实验事实表明，不对称烯烃与酸发生加成反应时，氢原子总是加到含氢较多的双键碳原子上，这个规则称为马尔科夫尼科夫（Markovnikov's）规则，简称马氏规则。例如：

$$CH_3CH_2CH=CH_2 + HBr \xrightarrow{\text{醋酸}} \underset{\underset{Br}{|}}{CH_3CH_2CHCH_3}$$

$$\begin{array}{c} \overset{\displaystyle 80\%}{} \\ \underset{CH_3}{\overset{CH_3}{|}} \\ CH_3C=CH_2 \ + \ HCl \longrightarrow CH_3\overset{CH_3}{\underset{Cl}{\overset{|}{C}}}CH_3 \\ \underset{100\%}{} \end{array}$$

应用马氏规则可以预测不对称烯烃与酸加成时的主要产物。例如：

$$\text{（环己烯-CH}_3\text{）} + HBr \longrightarrow \text{（环己烷-Br, CH}_3\text{）} \quad \text{(主要产物)}$$

马氏规则可以用诱导效应和碳正离子的稳定性来解释。

当两个原子形成共价键时，由于原子的电负性不同，使成键的电子云偏向于电负性较大的一方，形成极性共价键。这种极性共价键产生的电场会引起邻近价键电荷的偏移。例如：

$$R\overset{\delta\delta\delta^+}{—}CH_2\overset{\delta\delta^+}{—}CH_2\overset{\delta^+}{—}CH_2\overset{\delta^-}{—}Cl$$

由于氯的电负性比碳大，因此 C—Cl 键的共用电子对向氯原子偏移，使氯原子带部分负电荷（δ^-），碳原子带部分正电荷（δ^+）。由于 C—Cl 极性键形成的电场的存在，使第二个碳原子也带有部分正电荷（$\delta\delta^+$），第三个碳原子带有更小的正电荷（$\delta\delta\delta^+$）。所谓诱导效应是指在有机化合物中，由于电负性不同的取代基的影响，使整个分子中成键电子云按取代基的电负性决定的方向偏移的效应。这种影响的特征是沿着碳链传递，并随着碳链的增长而迅速减弱或消失。经过三个原子以后，影响就极弱了，超过五个原子，影响就消失了。

一般用 I 来表示诱导效应，规定饱和 C—H 键的诱导效应为零。比氢原子电负性大的原子或基团具有吸电子诱导效应，用 $-I$ 表示；比氢原子电负性小的原子或基团具有供电子诱导效应，用 $+I$ 表示。具有 $-I$ 效应的原子或基团的相对强度如下：

① 对于同族元素来说：—F＞—Cl＞—Br＞—I

② 对于同周期元素来说：—F＞—OR＞—NR$_2$

③ 对于不同杂化态的碳原子来说，s 成分越多，吸电子能力越强。

$$—C\equiv CR \ > \ —CR=CR_2 \ > —CR_2—CR_3$$

具有 $+I$ 效应的原子团主要是烷烃，其相对强度如下：

$$(CH_3)_3C—>(CH_3)_2CH—>CH_3CH_2—>CH_3—$$

上面所讲的是在静态分子中所表现出来的诱导效应，称为静态诱导效应，它是分子在静止状态的固有性质，没有外界电场影响时也存在。但在化学反应中，分子的反应中心如果受到极性试剂的进攻，则键的电子云分布将受试剂电场的影响而发生变化。这种改变与外界电场强度及键的极化能力有关。分子在试剂电场的影响下所发生的诱导极化，是一种暂时现象，只有在进行化学反应的瞬间才能表现出来，这种诱导效应称为动态诱导效应。

根据诱导效应就不难理解马氏规则，例如当丙烯与 HBr 加成时，丙烯分子中的甲基是一个供电子基团，向双键提供电子，这部分电荷会对 π 键中的电子产生排斥作用，结果使双键上的 π 电子云发生偏移。这样，含氢原子较少的双键碳原子带部分正电荷（δ^+），含氢原子较多的双键碳原子则带部分负电荷（δ^-）。加成时，进攻试剂 HBr 分子中带正电荷的 H$^+$ 首先加到带负电荷的（即含氢原子较多的）双键碳原子上，然后，Br$^-$ 才加到另一个双键碳原子上，产物符合马氏规则。

$$CH_3 \xrightarrow{\delta^+} CH \xlongequal{\quad} \overset{\delta^-}{CH_2} + H^+ \longrightarrow [CH_3 - \overset{+}{CH} - CH_3] \xrightarrow{Br^-} \underset{Br}{CH_3CHCH_3}$$

马氏规则也可以由反应过程中生成的活性中间体——碳正离子的稳定性来解释。例如，丙烯和 HBr 加成，第一步反应生成的碳正离子中间体可能有两种形式：

$$CH_3 - CH = CH_2 + H^+ \longrightarrow \begin{cases} CH_3 - \overset{+}{CH} - CH_3 & (\text{I}) \\ CH_3 - CH_2 - \overset{+}{CH_2} & (\text{II}) \end{cases}$$

究竟生成哪一种碳正离子，这取决于碳正离子的相对稳定性。碳正离子外层只有 6 个电子，属缺电子体系。根据物理学上的规律，一个带电体系的稳定性取决于所带电荷的分散程度，电荷愈分散，体系愈稳定。碳正离子（I）上由于连有两个供电子的烃基，而碳正离子（II）上只连了一个烃基，所以碳正离子（I）正电荷的分散程度比碳正离子（II）大，从而稳定性也是（I）大于（II）。因此当氢离子进攻丙烯双键时，主要生成更稳定的碳正离子（I），下一步溴加到 2 位碳原子上，产物符合马氏规则。

同理可以比较出各种碳正离子的稳定性顺序为：

$$\underset{CH_3}{\overset{CH_3}{CH_3 - \overset{|}{\overset{+}{C}} - }} > \underset{H}{\overset{CH_3}{CH_3 - \overset{|}{\overset{+}{C}} - }} > \underset{H}{\overset{H}{CH_3 - \overset{|}{\overset{+}{C}} - }} > \underset{H}{\overset{H}{H - \overset{|}{\overset{+}{C}} - }}$$

即碳正离子的稳定性关系为：

$$叔碳正离子(3°) > 仲碳正离子(2°) > 伯碳正离子(1°) > 甲基碳正离子$$

当有过氧化物（如 H_2O_2、$R-O-O-R$ 等）存在时，氢溴酸与丙烯或其他不对称烯烃发生加成反应时，反应取向是反马氏规则，即氢加在含氢原子较少的碳原子上。例如：

$$CH_3 - CH = CH_2 + HBr \xrightarrow{\text{过氧化物}} CH_3CH_2CH_2Br$$

只有 HBr 与烯烃在过氧化物存在或光照下才能生成反马氏规则的产物，HI 和 HCl 则不能。因为这样的条件下发生的是自由基加成反应，需要断裂 H—X 键生成自由基 X·，H—Cl 的解离能比 H—Br 的大，产生自由基 Cl·比 Br·困难得多；而 H—I 键虽然解离能小，较易产生 I·，但是 I· 的活泼性差，很难与烯烃迅速加成，却容易自身结合成碘分子。所以不对称烯烃与 HI 和 HCl 的反应始终服从马氏规则。

（3）水合反应　在中等浓度的强酸（如 H_3PO_4、H_2SO_4、HNO_3 等）中，烯烃加水生成醇，这种反应称为水合反应。在酸催化下，烯烃先生成碳正离子，然后与水结合，再失去质子生成醇，这种制备醇的方法称为烯烃的直接水合法。

例如，乙烯、水在磷酸催化下，于 300℃、7MPa 下反应可以生成乙醇。

$$CH_2 = CH_2 \xrightarrow{H_3PO_4} CH_3 - \overset{+}{CH_2} \xrightarrow{H_2O} CH_3CH_2\overset{+}{OH_2} \xrightarrow{-H^+} CH_3CH_2OH$$

不对称烯烃与水加成的取向也符合马氏规则。例如：

$$CH_3 - CH = CH_2 + H_2O \xrightarrow[200℃, \ 2MPa]{H_3PO_4/硅藻土} \underset{OH}{CH_3CHCH_3}$$

若将烯烃通入冷的浓 H_2SO_4 中，则可加成生成硫酸氢酯，硫酸氢酯在有水存在时加热，水解得醇，此法是烯烃制备醇的间接水合法。例如：

$$CH_2 = CH_2 + H_2SO_4 \xrightarrow{0\sim15℃} CH_3 - CH_2OSO_2OH \xrightarrow[90℃]{H_2O} CH_3CH_2OH + H_2SO_4$$

硫酸氢乙酯

不对称烯烃与硫酸加成同样符合马氏规则。例如：

$$CH_3-CH=CH_2 + H_2SO_4 \longrightarrow CH_3\underset{\underset{OSO_2OH}{|}}{C}HCH_3 \xrightarrow[\triangle]{H_2O} CH_3\underset{\underset{OH}{|}}{C}HCH_3 + H_2SO_4$$

硫酸氢异丙酯 　　　　　　异丙醇

3. 硼氢化反应

烯烃与硼氢化物进行的加成反应称为硼氢化反应。

最简单的硼氧化物为甲硼烷（BH_3），硼原子周围只有 6 个外层电子，不稳定。因此两个甲硼烷可以相互结合生成乙硼烷。

$$2BH_3 \rightleftharpoons B_2H_6[或(BH_3)_2]$$

乙硼烷为无色气体，有毒，在空气中能自燃，通常在乙醚、四氢呋喃（THF）中保存及使用；与烯烃反应时，迅速解离为甲硼烷-醚的配合物，不需要进行分离即可直接与烯烃发生加成反应。反应分三步进行，但每步都非常迅速，对于结构简单的烯烃只能得到最终产物三烷基硼烷。

$$RCH=CH_2 \xrightarrow[THF]{\frac{1}{2}B_2H_6} RCH_2CH_2BH_2 \xrightarrow{RCH=CH_2} (RCH_2CH_2)_2BH \xrightarrow{RCH=CH_2} (RCH_2CH_2)_3B$$

在硼氢化反应中，氢原子加到了烯烃中含氢较少的碳原子上，而硼加到了含氢较多的碳原子上，与马氏规则的取向相反。例如：

$$CH_3-\underset{\underset{CH_3}{|}}{C}=CH_2 + \frac{1}{2}B_2H_6 \xrightarrow{THF}
\begin{cases}
CH_3-CH-CH_2-BH_2 \quad 99\% \\
\qquad\quad |\\
\qquad\quad CH_3 \\
\\
\qquad\quad CH_3 \\
\qquad\quad | \\
CH_3-C-CH_3 \qquad\quad 1\% \\
\qquad\quad | \\
\qquad\quad BH_2
\end{cases}$$

三烷基硼烷的一个重要用途是在碱性溶液中与过氧化氢反应生成醇，这一步与硼氢化一步合在一起，总称为烯烃的硼氢化-氧化反应，可以由烯烃制备醇，它与烯烃水合反应不同，得到的是反马氏规则产物。例如：

$$CH_3\underset{\underset{CH_3}{|}}{C}=CHCH_3 \xrightarrow[\text{②}H_2O_2,OH^-]{\text{①}B_2H_6} CH_3\underset{\underset{CH_3}{|}}{C}H-\underset{\underset{OH}{|}}{C}HCH_3 \qquad 98\%$$

$$CH_3(CH_2)_7CH=CH_2 \xrightarrow[\text{②}H_2O_2,OH^-]{\text{①}B_2H_6} CH_3(CH_2)_7CH_2CH_2OH \qquad 93\%$$

4. 氧化反应

烯烃容易被氧化，氧化产物与烯烃的结构、氧化剂和氧化条件有关。

（1）$KMnO_4$ 氧化　在中性或碱性条件下用 $KMnO_4$ 氧化烯烃生成邻二醇。反应过程中，高锰酸钾溶液的紫色褪去，并且生成棕褐色的二氧化锰沉淀，所以这个反应可以用来鉴定烯烃。

$$3R-CH=CH_2 + 2KMnO_4 + 4H_2O \xrightarrow[\text{或中性}]{\text{碱性}} 3R-\underset{\underset{OH}{|}}{C}H-\underset{\underset{OH}{|}}{C}H_2 + 2MnO_2 + 2KOH$$

如果是在酸性条件下氧化，反应进行得更快，得到的是碳碳双键断裂的氧化产物。例如：

$$RCH=CH_2 \xrightarrow[H_2SO_4]{KMnO_4} RCOOH + CO_2\uparrow$$

$$\underset{R}{\overset{R'}{>}}C = CHR'' \xrightarrow[H_2SO_4]{KMnO_4} \underset{R}{\overset{R'}{>}}C = O + R''COOH$$

即酸性条件下，烯烃被 $KMnO_4$ 氧化后：

$$CH_2 = \longrightarrow CO_2 \qquad RCH = \longrightarrow RCOOH \qquad \underset{R}{\overset{R'}{>}}C = \longrightarrow \underset{R}{\overset{R'}{>}}C = O$$

由于不同结构的烯烃，氧化产物不同，因此通过分析氧化得到的产物，可以推测原来烯烃的结构。

(2) 臭氧化反应　将含有 6%～8% 臭氧的氧气通入液态烯烃或烯烃的四氯化碳溶液中，能迅速生成糊状臭氧化合物，这个反应称为臭氧化反应。臭氧化合物不稳定易爆炸，因此反应过程中不必把它从溶液中分离出来，可以直接在溶液中水解生成醛（酮）和过氧化氢。为防止产物被过氧化氢氧化，通常加入还原剂（如 H_2/Pt、锌粉）。例如：

$$CH_3CH = CHCH_3 \xrightarrow{O_3} CH_3CH \underset{O-O}{\overset{O}{\diagdown \diagup}} CHCH_3 \xrightarrow{Zn/H_2O} 2CH_3\overset{O}{\overset{\|}{C}}-H$$

$$CH_3 - \underset{\overset{|}{CH_3}}{C} = CH_2 \xrightarrow[\text{②} Zn/H_2O]{\text{①} O_3} CH_3 - \overset{O}{\overset{\|}{C}} - CH_3 + H - \overset{O}{\overset{\|}{C}} - H$$

根据烯烃结构的不同，其臭氧化反应后还原水解的产物有如下情况：$CH_2 =$ 基变为 CH_2O（甲醛），$RCH =$ 基变为 $RCHO$（醛），$R_2C =$ 基变为 R_2CO（酮）。

用 $KMnO_4$ 等氧化剂氧化烯烃的方法，氧化剂的消耗量较大，且会污染环境。所以工业生产上，主要采用催化氧化法制备一系列含氧化合物。

(3) 催化氧化　将乙烯与空气或氧气混合，在银催化下，乙烯被氧化生成环氧乙烷，这是工业上生产环氧乙烷的主要方法。

$$2CH_2 = CH_2 + O_2 \xrightarrow[200\sim300\text{℃}]{Ag} 2CH_2 \underset{O}{\overset{}{\diagdown \diagup}} CH_2$$

环氧乙烷是重要的有机合成中间体，用它可以制造乙二醇、合成洗涤剂、乳化剂、抗冻剂、塑料等。

乙烯和丙烯在氯化钯和氯化铜催化下能被氧气氧化，生成乙醛和丙酮，它们都是重要的化工原料。

$$CH_2 = CH_2 + \frac{1}{2}O_2 \xrightarrow[100\sim125\text{℃}]{PdCl_2-CuCl_2} CH_3\overset{O}{\overset{\|}{C}}-H$$

$$CH_3 - CH = CH_2 + \frac{1}{2}O_2 \xrightarrow[120\text{℃}]{PdCl_2-CuCl_2} CH_3 - \overset{O}{\overset{\|}{C}} - CH_3$$

5. 烯烃 α-H 的卤代反应

烯烃与卤素在室温下可发生双键的亲电加成反应，但在高温（500～600℃）时，则在双键的 α 位发生自由基取代反应。例如：

$$CH_3 - CH = CH_2 + Cl_2 \xrightarrow{500\sim600\text{℃}} ClCH_2 - CH = CH_2 + HCl$$

这是工业上合成 3-氯丙烯的方法。

与烷烃的卤代自由基取代反应历程相似，烯烃的 α-H 卤代反应也是受光、高温、过氧化物等条件引发。

如果用 N-溴代丁二酰亚胺（简称 NBS）为溴化剂，在光或引发剂（如过氧化苯甲酰）作用下，则 α-溴代可以在较低温度下进行。

$$CH_3-CH=CH_2 + \begin{array}{c} CH_2-C \overset{\displaystyle O}{\diagup} \\ | \qquad\qquad NBr \\ CH_2-C \underset{\displaystyle O}{\diagdown} \end{array} \xrightarrow[CCl_4]{\text{光}} BrCH_2-CH=CH_2 + \begin{array}{c} CH_2-C \overset{\displaystyle O}{\diagup} \\ | \qquad\qquad NH \\ CH_2-C \underset{\displaystyle O}{\diagdown} \end{array}$$

6. 聚合反应

烯烃在一定条件下 π 键断裂，分子间一个接一个地互相结合，成为相对分子质量巨大的高分子化合物，这样的反应称为聚合反应。例如，在三乙基铝-四氯化钛催化剂的作用下，乙烯、丙烯可以聚合为聚乙烯、聚丙烯。

$$nCH_2=CH_2 \xrightarrow{TiCl_4\text{-}Al(C_2H_5)_3} \text{—}CH_2-CH_2\text{—}_n$$
聚乙烯

$$nCH_3CH=CH_2 \xrightarrow{TiCl_4\text{-}Al(C_2H_5)_3} \begin{array}{c} CH_3 \\ | \\ \text{—}CH-CH_2\text{—}_n \end{array}$$
聚丙烯

很多高分子聚合物均有广泛的用途，如聚乙烯是一种电绝缘性能好、用途广泛的塑料；聚氯乙烯用作管材、板材等；聚 1-丁烯用作工程塑料；聚四氟乙烯称为"塑料王"，广泛用于电绝缘材料、耐腐蚀材料和耐高温材料等。

五、重要的化合物——乙烯

乙烯是一种稍带甜味的无色气体，许多植物都可以产生乙烯。乙烯是植物的内源激素之一，它能抑制细胞的生长，促进果实成熟和促进叶片、花瓣、果实等器官脱落。所以乙烯可用作水果的催熟剂，当需要的时候，可以用乙烯人工加速果实成熟。另一方面，在运输和储存期间，则希望果实减缓成熟，可以使用一些能够吸收或氧化乙烯的药剂来延长储存期，保持果实的鲜度。

自然界还存在许多结构较为复杂的烯烃，如天然橡胶、植物中的某些色素等。

第二节 炔 烃

炔烃是含有碳碳三键的不饱和烃，炔烃比同碳数的单烯烃少两个氢原子，通式为 C_nH_{2n-2}。

一、炔烃的结构和命名

1. 炔烃的结构

乙炔是最简单的炔烃，分子式为 C_2H_2，构造式为 $CH\equiv CH$，分子中包含一个三键。

杂化轨道理论认为，乙炔分子中的碳原子以 sp 杂化方式参与成键，两个 sp 杂化轨道向碳原子核的左右两边伸展，它们的对称轴在一条直线上，互成 $180°$。乙炔的两个碳原子各以一个 sp 杂化轨道相互重叠，形成一个 C—C σ 键，每个碳原子又各以一个 sp 杂化轨道分别与一个氢原子的 1s 轨道重叠形成两个 C—H σ 键。此外，每个碳原子还有两个互相垂直的未杂化的 p 轨道，它们与另一个碳原子的两个 p 轨道两两互相侧面"肩并肩"重叠形成两个互相垂直的 π 键。两个 π 键电子云围绕两个碳原子核形成一个圆柱状电子云，如图 2-3 所示。

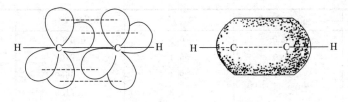

图 2-3 乙炔分子中 π 键的形成及电子云分布

现代物理方法证明,乙炔分子中所有原子都在一条直线上,碳碳三键的键长为 0.12nm,比碳碳双键的键长短,这说明乙炔分子中两个碳原子较之乙烯更为靠近,同时原子核对于电子的吸引力也增加了。碳碳三键的键能为 $836.8kJ \cdot mol^{-1}$。

其他炔烃中的三键,也都是由一个 σ 键和两个 π 键组成的。

炔烃的化学性质和烯烃相似,也有加成、氧化和聚合等反应,这些反应都发生在三键上。同时炔烃又有它自己独特的性质。炔烃的主要化学反应归纳如下:

$$R-C≡C-H \begin{array}{l} \text{氢的弱酸性} \\ \text{加成反应} \\ \text{氧化反应} \end{array}$$

2. 炔烃的命名

由于三键是直线形结构,每个三键碳原子上只可能连有一个取代基,因此炔烃不存在顺反异构现象,炔烃异构体的数目比含同碳数的烯烃少。

炔烃的系统命名法原则和步骤与烯烃相似,只是将"烯"字改为"炔"字。例如:

$$CH_3-C≡CH \qquad CH_3-C≡C-CH_3 \qquad CH_3-\underset{\underset{CH_3}{|}}{CH}-C≡CH \qquad CH_3-\underset{\underset{CH_3}{|}}{\overset{\overset{CH_3}{|}}{C}}-C≡C-\underset{\overset{CH_3}{|}}{CH}-CH_3$$

丙炔 　　　　　　 2-丁炔 　　　　　　　 3-甲基-1-丁炔 　　　　　　 2,2,5-三甲基-3-己炔

分子中同时含有双键和三键的化合物,称为烯炔。命名时,选择包含双键和三键的最长碳链为主链,编号时遵循最低系列原则,书写时先烯后炔。例如:

$$CH_3-C≡C-CH=CH_2 \qquad\qquad CH≡C-CH_2-CH=CH-CH_3$$

1-戊烯-3-炔 　　　　　　　　　　　　　　 4-己烯-1-炔

双键和三键处在相同的位次时,应使双键的编号最小。例如:

$$CH≡C-CH_2-CH=CH_2$$

1-戊烯-4-炔(不叫 4-戊烯-1-炔)

二、炔烃的物理性质

炔烃的物理性质与烷烃、烯烃类似,也是随着碳原子数的增加而呈规律性变化。炔烃的沸点比对应的烯烃高 10~20℃,相对密度比对应的烯烃稍大,在水中的溶解度也比相应的烷烃和烯烃大些。一些炔烃的物理常数见表 2-2。

表 2-2 一些炔烃的物理常数

名　称	熔点/℃	沸点/℃	相对密度(d_4^{20})	折射率/(n_D^{20})
乙炔	−80.8	−84.0	0.6208(−82℃)	$1.0005(n_D^0)$
丙炔	−101.5	−23.2	0.7062(−50℃)	$1.3863(n_D^{-40})$
1-丁炔	−125.7	8.1	0.6784(0℃)	1.3962
2-丁炔	−32.3	27.0	0.6910	1.3921

名　称	熔点/℃	沸点/℃	相对密度(d_4^{20})	折射率/(n_D^{20})
1-戊炔	−90.0	40.2	0.6901	1.3852
2-戊炔	−101.0	56.1	0.7107	1.4039
3-甲基-1-丁炔	−89.7	29.4	0.6660	1.3723
1-己炔	−131.9	71.3	0.7155	1.3989
1-庚炔	−81.0	99.7	0.7328	1.4087

三、炔烃的化学性质

炔烃的化学性质和烯烃相似，有加成、氧化和聚合等反应。同时炔烃也有它自己独特的性质。

1. 加成反应

（1）催化加氢　在催化剂如镍、铂、钯存在的条件下，炔烃和氢气反应先还原为烯烃，但反应难以停止在烯烃阶段，会继续加氢生成烷烃。

$$R-C\equiv C-R \xrightarrow[\text{催化剂}]{H_2} R-CH=CH-R \xrightarrow[\text{催化剂}]{H_2} R-CH_2-CH_2-R$$

若选用适当的试剂（如活性较弱的催化剂）和适当控制反应条件，可以使反应停留在烯烃阶段。这种使炔烃氢化停留在烯烃阶段的反应称为部分氢化。如在 Pd-CaCO$_3$ 催化剂中加入抑制剂醋酸铅和喹啉使催化剂 Pd 部分毒化从而降低了催化能力，这就是林德拉（Lindlar）催化剂。使用这种催化剂，不仅可以实现部分氢化，还可以控制产物的构型，获得顺式烯烃。

$$C_6H_5-C\equiv C-C_6H_5 \xrightarrow{\text{Lindlar 催化剂}} \begin{array}{c} C_6H_5 \\ H \end{array}C=C\begin{array}{c} C_6H_5 \\ H \end{array}$$
$$87\%$$

如果在液氨中用钠或锂还原炔烃，则主要得到的是反式烯烃。

$$C_3H_7-C\equiv C-C_3H_7 + 2Na + 2NH_3\text{（液）} \longrightarrow \begin{array}{c} C_3H_7 \\ H \end{array}C=C\begin{array}{c} H \\ C_3H_7 \end{array} + 2NaNH_2$$
$$97\%$$

（2）亲电加成　炔烃与烯烃一样，可以与卤素和卤化氢发生亲电加成反应。炔烃亲电加成的特点如下。

第一步加成为反式加成：

$$CH_3-C\equiv C-CH_3 + Br_2 \longrightarrow CH_3-\overset{\oplus}{C}=C-CH_3 \quad Br^- \dashrightarrow \begin{array}{c} Br \\ CH_3 \end{array}C=C\begin{array}{c} CH_3 \\ Br \end{array}$$

$$C_2H_5-C\equiv C-C_2H_5 + HCl \longrightarrow \begin{array}{c} C_2H_5 \\ Cl \end{array}C=C\begin{array}{c} H \\ C_2H_5 \end{array} + \begin{array}{c} C_2H_5 \\ Cl \end{array}C=C\begin{array}{c} C_2H_5 \\ H \end{array}$$
$$99\% \qquad\qquad 1\%$$

若卤素或卤化氢过量，则双键可以继续加成。

$$CH_3-C\equiv CH \xrightarrow{Br_2/CCl_4} CH_3-\underset{Br}{\overset{Br}{C}}=CH \xrightarrow{Br_2/CCl_4} CH_3-\underset{\underset{Br}{|}}{\overset{\overset{Br}{|}}{C}}-\underset{\underset{Br}{|}}{\overset{\overset{Br}{|}}{CH}}$$

不对称炔烃加氢卤酸时，产物符合马氏规则。

$$R-C\equiv CH \xrightarrow{HX} R-\overset{X}{\underset{}{C}}=CH_2 \xrightarrow{HX} R-\overset{X}{\underset{X}{C}}-CH_3$$

虽然炔烃比烯烃多一个 π 键，但炔烃的亲电加成活性比烯烃弱。例如乙炔氯化需要光照或在 $FeCl_3$ 催化下才能进行；而乙炔和氯化氢在通常情况下也难进行加成反应，需要使用催化剂才能进行。

$$CH\equiv CH + HCl \xrightarrow[120\sim180℃]{HgCl_2/C} CH_2=CHCl$$

又如烯炔加卤素时，首先加在双键上。例如：

$$CH\equiv C-CH_2-CH=CH_2 + Br_2 \longrightarrow CH\equiv C-CH_2-\underset{Br}{\overset{}{C}}H-\underset{Br}{\overset{}{C}}H_2$$

炔烃的亲电加成不如烯烃活泼，是由于不饱和碳原子的杂化状态不同造成的。三键中的碳原子为 sp 杂化，与 sp^2 和 sp^3 杂化相比，它含有较多的 s 成分。s 成分越多，键长就越短，则成键电子更靠近原子核，原子核对成键电子的约束力越大，所以三键的 π 电子比双键的 π 电子难以极化。换言之，sp 杂化的碳原子电负性较强，不容易给出电子与亲电试剂结合，因而三键的亲电加成反应比双键的反应难进行。

2. 水化反应

炔烃在酸性溶液中水化，先生成一个很不稳定的烯醇（羟基直接与碳碳双键连接）。

$$-C\equiv C- + H_2O \longrightarrow -\overset{H}{\underset{}{C}}=\overset{OH}{\underset{}{C}}-$$

具有这种烯醇式结构的化合物，会很快转变为稳定的酮式结构。

$$-\overset{H}{\underset{}{C}}=\overset{OH}{\underset{}{C}}- \rightleftharpoons -CH_2-\overset{O}{\underset{}{C}}-$$

烯醇式结构和相应的酮式结构互为同分异构体，称为互变异构体。由于两者互变很快，酮式结构较稳定，在平衡状态下，绝大多数以酮式化合物形式存在。例如，将乙炔和水蒸气混合，通入含有硫酸汞的稀硫酸水溶液中，在约 100℃ 下水化为乙醛，这是工业制乙醛的一种方法。

$$CH\equiv CH + H_2O \xrightarrow[100℃]{H_2SO_4,Hg^{2+}} [CH_2=CH-OH] \rightleftharpoons CH_3CHO$$

炔烃的水化反应符合马氏规则，因此除乙炔得到乙醛外，其他炔烃与水加成均得到酮。

$$CH_3C\equiv CH + H_2O \xrightarrow[H_2SO_4]{Hg^{2+}} \left[CH_3-\overset{OH}{\underset{}{C}}=CH_2\right] \rightleftharpoons CH_3-\overset{O}{\underset{}{C}}-CH_3$$

3. 氧化反应

炔烃可被高锰酸钾等氧化剂氧化，三键断裂生成羧酸或二氧化碳等产物。

$$RC\equiv CH \xrightarrow[H^+]{KMnO_4} R-\overset{O}{\underset{}{C}}-OH + CO_2\uparrow$$

$$RC\equiv CR' \xrightarrow[H^+]{KMnO_4} R-\overset{O}{\underset{}{C}}-OH + R'-\overset{O}{\underset{}{C}}-OH$$

反应后高锰酸钾溶液的颜色褪去，因此，这个反应可用来检验分子中是否存在三键。根据所得氧化产物的结构，还可推知原炔烃的结构。炔烃的氧化反应活性也不如烯烃，速率较慢，因此烯炔发生氧化反应时，先被氧化的是碳碳双键。

4. 金属炔化物的生成反应

由于 sp 杂化碳原子的电负性较强，因此三键碳原子上的氢原子具有微弱的酸性，可以被某些金属取代生成金属炔化物。例如，将乙炔通入银氨溶液或亚铜氨溶液中，则分别析出白色的炔化银沉淀和棕红色的炔化亚铜沉淀。

$$CH \equiv CH + 2[Ag(NH_3)_2]NO_3 \longrightarrow AgC \equiv CAg \downarrow + 2NH_4NO_3 + 2NH_3 \uparrow$$

$$CH \equiv CH + 2[Cu(NH_3)_2]Cl \longrightarrow CuC \equiv CCu \downarrow + 2NH_4Cl + 2NH_3 \uparrow$$

不仅乙炔，凡是有 $RC \equiv CH$ 结构的炔烃（端位炔烃）都可进行此反应，且上述反应非常灵敏，现象明显，可被用来鉴别乙炔和端位炔烃。烷烃、烯烃和 $R—C \equiv C—R'$ 类型的炔烃均无此反应。

干燥的炔化银和炔化亚铜不稳定，受热或撞击易发生爆炸。

$$AgC \equiv CAg \longrightarrow 2Ag + 2C + 364kJ \cdot mol^{-1}$$

所以，实验完毕后应立即加入浓盐酸使其分解。

$$AgC \equiv CAg + 2HCl \longrightarrow CH \equiv CH + 2AgCl \downarrow$$

$$CuC \equiv CCu + 2HCl \longrightarrow CH \equiv CH + Cu_2Cl_2 \downarrow$$

四、重要的化合物——乙炔

乙炔是最重要的炔烃，它不仅是基本的有机合成原料，而且广泛用作高温氧炔焰的燃料。工业上可用煤、石油或天然气作为原料生产乙炔。

纯的乙炔是有麻醉作用并带有乙醚气味的无色气体。在水中具有一定的溶解度，易溶于丙酮。乙炔与空气混合，当它的含量达到 3%～70% 时，会剧烈爆炸。为避免爆炸危险，一般可用浸有丙酮的多孔物质（如石棉、活性炭）吸收乙炔后一起储存在钢瓶中，这样可便于运输和使用。乙炔和氧气混合燃烧，可产生 3000℃ 的高温，用以焊接或切割钢铁及其他金属。

乙炔在催化剂作用下，也可以发生聚合反应。与烯烃不同，它一般不聚合成高聚物，例如，在氯化亚铜和氯化铵的作用下，可以发生二聚或三聚反应。这种聚合反应可以看作是乙炔的自身加成反应。

$$2CH \equiv CH \xrightarrow[NH_4Cl]{Cu_2Cl_2} CH_2 = CH—C \equiv CH$$

$$3CH \equiv CH \xrightarrow[NH_4Cl]{Cu_2Cl_2} CH_2 = CH—C \equiv C—CH = CH_2$$

乙炔还可以和氢氰酸发生亲核加成反应。

$$CH \equiv CH + HCN \xrightarrow[70℃]{Cu_2Cl_2-HCl} CH_2 = CH—CN$$

丙烯腈

聚丙烯腈可用于合成腈纶、塑料和丁腈橡胶等。

第三节 二 烯 烃

分子中含有两个或两个以上双键的烃称为多烯烃。其中含有两个双键的称为二烯烃，通式为 C_nH_{2n-2}，与碳原子数相同的炔烃是同分异构体。

一、二烯烃的分类和命名

二烯烃的性质和分子中两个双键的相对位置有密切的关系，根据两个双键的相对位置不同，可将二烯烃分为以下三种类型。

① 两个双键连在同一个碳原子上，即具有—C＝C＝C—结构的二烯烃，称为累积二烯烃。例如：

$$CH_2\!=\!C\!=\!CH_2 \qquad 丙二烯$$

② 两个双键被两个或两个以上的单键隔开，即具有—C＝CH(CH₂)ₙCH＝C—（n≥1）结构的二烯烃，称为孤立二烯烃或隔离二烯烃。例如：

$$CH_2\!=\!CH\!-\!CH_2\!-\!CH\!=\!CH_2 \qquad 1,4\text{-}戊二烯$$

③ 两个双键被一个单键隔开，即具有—C＝CH—CH＝C—结构的二烯烃，称为共轭二烯烃。例如：

$$CH_2\!=\!CH\!-\!CH\!=\!CH_2 \qquad 1,3\text{-}丁二烯$$

孤立二烯烃的性质和单烯烃相似，可以认为两个双键分别发生烯烃的反应；累积二烯烃的数量少且实际应用也不多；共轭二烯烃分子由于两个双键的相互影响，具有一些独特的性质，在理论研究和生产上都具有重要意义。

多烯烃的系统命名法与单烯烃相似。命名时，取含双键最多的最长碳链为主链，称为"某几烯"。

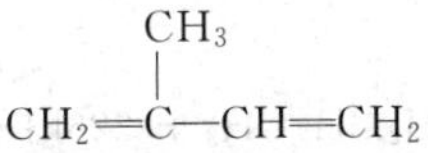

2-甲基-1,3-丁二烯(异戊二烯)　　　　　　　1,3,5-己三烯

与单烯烃一样，多烯烃的双键两端连接的原子或基团各不相同时，也存在顺反异构现象。命名时也可使用顺反法或 Z/E 法。例如：

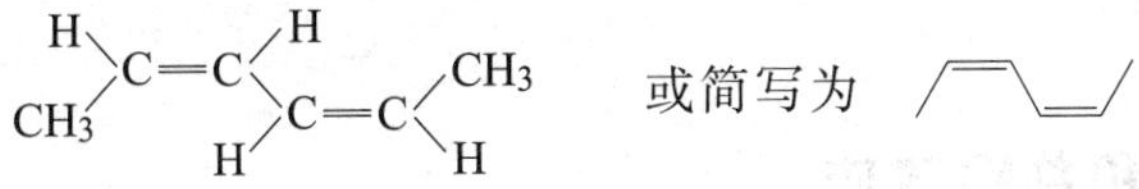

顺,顺-2,4-己二烯或 $(2Z,4Z)$-2,4-己二烯

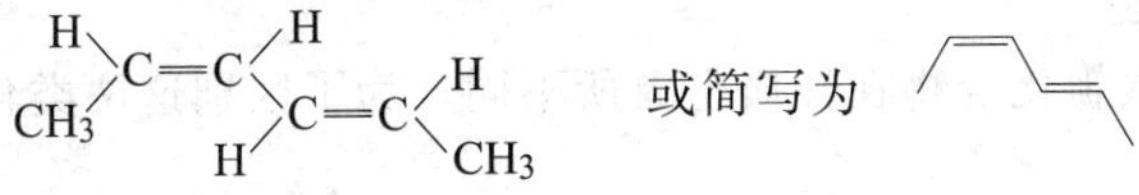

顺,反-2,4-己二烯或 $(2Z,4E)$-2,4-己二烯

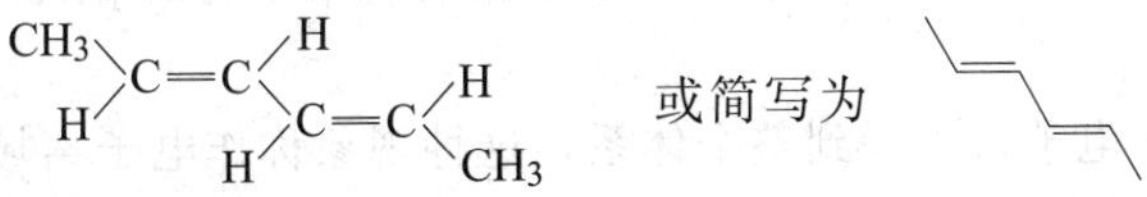

反,反-2,4-己二烯或 $(2E,4E)$-2,4-己二烯

二、共轭二烯烃的结构

共轭二烯烃在结构和性质上都表现出一系列的特性，下面以 1,3-丁二烯为例来讨论共轭二烯烃的结构特征。

在 1,3-丁二烯分子中，四个碳原子都是 sp^2 杂化的，相邻碳原子之间以 sp^2 杂化轨道相互重叠形成三个 C—C σ键，其余的 sp^2 杂化轨道分别与氢原子的 1s 轨道重叠形成六个 C—H σ键。这些 σ键都处在同一平面上，即 1,3-丁二烯的四个碳原子和六个氢原子都在同一个平面上。

此外，每个碳原子还有一个未参与杂化的 p 轨道，这四个 p 轨道垂直于碳原子和氢原子所在的平面且彼此间相互平行。这样，不仅 C1 与 C2、C3 与 C4 的 p 轨道发生了侧面重叠，而且 C2 与 C3 的 p 轨道也发生了一定程度的重叠（但比 C1—C2 或 C3—C4 之间的重叠要弱一些），形成了包含四个碳原子的四个电子的大 π 键。这样形成的大 π 键叫做离域键（见图 2-4）。

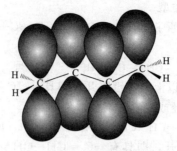

图 2-4 1,3-丁二烯分子中 p 轨道重叠示意图

由于 π 电子的离域，使得共轭分子中单、双键的键长趋于平均化。例如，1,3-丁二烯分子中 C1—C2、C3—C4 的键长均为 0.1337nm，与乙烯的双键键长（0.133nm）相近；而 C2—C3 的键长为 0.147nm，比乙烷分子中的 C—C 键长（0.154nm）短，显示了 C2—C3 键具有某些"双键"的性质。

同样由于电子离域的结果，使共轭体系的能量显著降低，稳定性明显增加。这可以从氢化热的数据中看出。例如，1,3-戊二烯（共轭体系）和 1,4-戊二烯（非共轭体系）分别加氢时，它们的氢化热是不同的。

$$CH_2{=}CH{-}CH{=}CH{-}CH_2 \ + 2H_2 \longrightarrow CH_3CH_2CH_2CH_2CH_3 + 226kJ \cdot mol^{-1}$$

$$CH_2{=}CH{-}CH_2{-}CH{=}CH_2 \ + 2H_2 \longrightarrow CH_3CH_2CH_2CH_2CH_3 + 254kJ \cdot mol^{-1}$$

两个反应的产物相同，1,3-戊二烯的氢化热比 1,4-戊二烯的低，说明 1,3-戊二烯的能量比 1,4-戊二烯的低。这种能量差值是由于共轭体系内电子离域引起的，故称为离域能或共轭能。

三、共轭体系和共轭效应

1. 共轭体系的类型

共轭化合物与非共轭化合物在性质上有所不同，为了区别这两类化合物，定义了共轭的概念。

在不饱和化合物中，如果有三个或三个以上具有互相平行的 p 轨道形成大 π 键，这种体系称为共轭体系。

在共轭体系中，π 电子云扩展到整个体系，这种现象称作电子离域或键离域。电子的离域使体系能量降低，键长趋于平均化，分子趋于稳定等，这种现象称作共轭效应。

共轭体系可以分为以下几种类型。

（1）π-π 共轭　双键、单键相间的共轭体系，称为 π-π 共轭体系。形成 π-π 共轭体系的双键可以有多个，组成 π-π 共轭体系的原子也不限于碳原子。例如：

$$CH_2{=}CH{-}CH{=}CH_2 \qquad\qquad CH_2{=}CH{-}CH{=}O$$

1,3-丁二烯　　　　　　　　　　　丙烯醛

$$CH_2{-}CH{-}C{\equiv}N$$

丙烯腈　　　　　　　　　　　　　苯

在苯环中，6 个 C—C 键键长完全相等，是一个特别稳定的共轭体系。

（2）p-π 共轭　当与双键碳原子相连的原子上有 p 轨道时，这个 p 轨道可与 π 键的 p 轨道重叠形成 p-π 共轭体系。例如：

$$CH_2 = CH - \ddot{C}l \qquad CH_3 - \ddot{O} - CH = CH_2 \qquad$$

氯乙烯   甲基乙烯基醚   苯酚

另外，碳正离子、碳自由基和碳负离子中的碳也是采用 sp² 方式杂化，碳正离子中 p 轨道为空轨道，碳自由基中 p 轨道里有一个电子，碳负离子中 p 轨道里有两个电子，所以当双键碳与碳正离子或碳自由基或碳负离子相连时，也能形成 p-π 共轭体系。例如：

$$CH_2 = CH - CH_2^+ \qquad CH_2 = CH - \dot{C}H_2 \qquad CH_2 = CH - CH_2^-$$

烯丙基碳正离子   烯丙基自由基   烯丙基碳负离子

由于形成了共轭体系，上述三种结构比相应的非共轭体系结构（$CH_3 - CH_2 - CH_2^+$、$CH_3 - CH_2 - \dot{C}H_2$ 和 $CH_3 - CH_2 - CH_2^-$）稳定得多。

p-π 共轭体系见图 2-5。

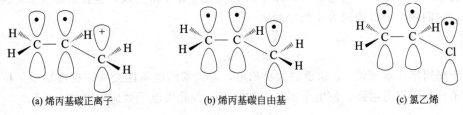

(a) 烯丙基碳正离子   (b) 烯丙基碳自由基   (c) 氯乙烯

图 2-5   p-π 共轭体系

（3）超共轭

① σ-π 超共轭   丙烯（$CH_3 - CH = CH_2$）是一种比较简单的 σ-π 共轭体系，当甲基上 C—Hσ 键的电子云与 π 键 p 轨道发生部分重叠后，可以形成电子的微弱离域。这种共轭作用比 π-π 共轭或 p-π 共轭弱得多，因此称为超共轭体系。

烯烃分子中双键碳原子上烷基数目增多，则超共轭作用增加，可使体系稳定。因此，烯烃稳定性次序为：

$$R_2C = CR_2 > R_2C = CHR > RCH = CHR > RCH = CH_2 > CH_2 = CH_2$$

② σ-p 超共轭   与 σ-π 超共轭相似，C—Hσ 键也可以与 p 轨道形成共轭体系，称为 σ-p 超共轭。例如：

$$CH_3CH_2^+ \qquad\qquad CH_3CH_2 \cdot$$

乙基碳正离子   乙基自由基

在前面提到的自由基稳定性顺序 $3° > 2° > 1° > CH_3 \cdot$ 也可用 σ-p 超共轭理论解释，即自由基碳上连接烷基越多（即级别越高），碳上 p 轨道与 C—Hσ 键共轭得越多，稳定性越大。碳正离子的稳定性关系也与此类似。

超共轭体系见图 2-6。

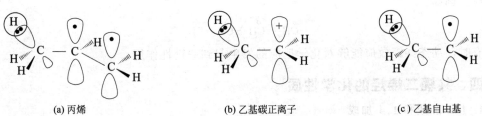

(a) 丙烯   (b) 乙基碳正离子   (c) 乙基自由基

图 2-6   超共轭体系

2. 共轭效应的传递和相对强度

共轭体系中，由于原子的电负性不同会导致电子的离域具有一定的方向性，并且离域程度与共轭体系类型和共轭原子有关，共轭效应有吸电子的共轭效应和供电子的共轭效应。共轭效应会在共轭链上传递，使链上原子出现电子云密度高低交替的现象，并且不因共轭链的增长而减弱。

（1）p-π 共轭效应　对于 p-π 共轭来说，电子朝电子云密度小的方向运动。例如，氯乙烯型 p-π 共轭体系中，因为卤素 p 轨道中有两个电子，而双键每个 p 轨道中只有一个电子，由于电子云密度不同，导致 p 电子朝着双键方向移动，呈供电子效应。

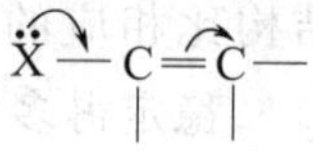

$$\ddot{X}-C=C-$$

供电子的 p-π 共轭的强度次序对于同族元素来说，随着原子序数的增加原子半径增大，因而外层 p 轨道也变大，使它们与碳原子的 π 轨道重叠变得困难，也就是形成 p-π 共轭的能力变弱。它们供电子效应的大小顺序为：

$$-\ddot{F}>-\ddot{Cl}>-\ddot{Br}>-\ddot{I}$$
$$-\ddot{O}R>-\ddot{S}R$$

对于同周期元素来说，p 轨道的大小相近，但元素的电负性变大，也就是原子核对其未共用电子对的吸引力增强，使电子不易参加共轭，因此供电子效应顺序为：

$$-\ddot{N}R_2>-\ddot{O}R>-\ddot{F}$$

另外，由碳正离子或碳负离子形成的 p-π 共轭体系，也有明显的电子运动。例如：

$$CH_2=CH-\overset{+}{C}H_2 \qquad \overset{-}{C}H_2=CH-\overset{-}{C}H_2$$

（2）π-π 共轭效应　对 π-π 共轭体系来说，电子云转移的方向与 p-π 共轭体系情况不同。电负性较强的元素吸电子，使共轭体系的电子云向该元素偏离。例如：

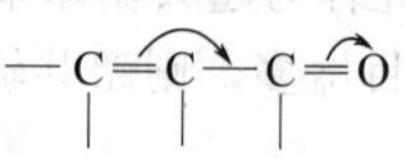

$$-C=C-C=O$$

π-π 共轭的强度次序对同周期元素来说，电负性越大，吸电子能力越强。吸电子能力强弱顺序为：

$$=O>=NR>=CR_2$$

对于同族元素来说，除了电负性关系之外，原子半径越大，则共轭程度越差，吸电子能力越弱。吸电子能力强弱顺序为：

$$=O>=S$$

（3）超共轭效应　超共轭效应一般是供电子的，其供电子能力的大小顺序为：

$$-CH_3>-CH_2R>-CHR_2>-CR_3$$

上面讨论的共轭效应的传递和强度都是基于其固定结构基础上的，又称为静态共轭效应。如果将共轭体系置于电场或靠近极性分子，也会引起电子的离域，这种作用称为动态共轭效应。例如：

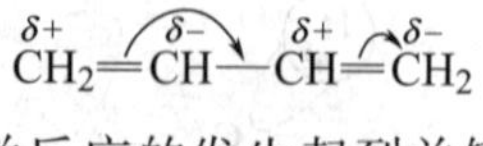

$$\overset{\delta+}{CH_2}=\overset{\delta-}{CH}-\overset{\delta+}{CH}=\overset{\delta-}{CH_2}$$

有时，动态共轭效应能够对化学反应的发生起到关键性作用。

四、共轭二烯烃的化学性质

1. 1,2-加成和 1,4-加成

在化学反应中，共轭二烯烃表现出和孤立二烯烃不同的一些特点。例如：1,4-戊二烯与

溴加成，当加成一个双键时，会生成 4,5-二溴-1-戊烯。

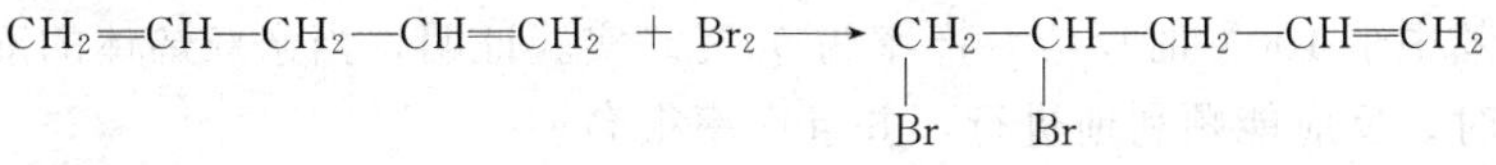

$$CH_2=CH-CH_2-CH=CH_2 + Br_2 \longrightarrow CH_2-CH-CH_2-CH=CH_2$$

（第二个碳上标 Br，第三个碳上标 Br）

4,5-二溴-1-戊烯

但在同样条件下，用 1,3-丁二烯和溴反应，当加成一个双键时，不仅得到 3,4-二溴-1-丁烯，同时也得到 1,4-二溴-2-丁烯。这两种反应分别称为 1,2-加成和 1,4-加成。

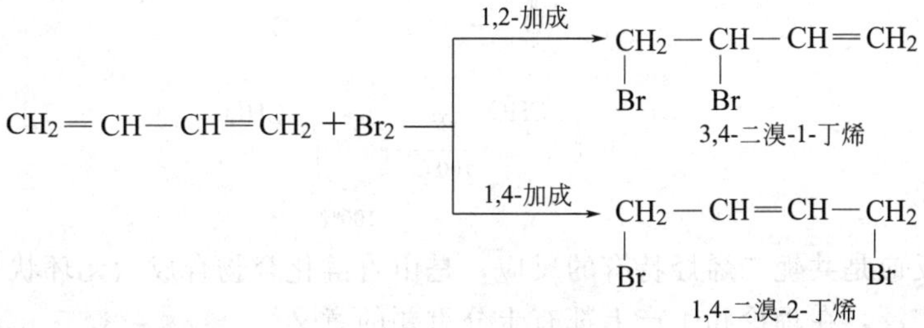

$$CH_2=CH-CH=CH_2 + Br_2 \longrightarrow$$

1,2-加成 → $CH_2-CH-CH=CH_2$（Br，Br）
3,4-二溴-1-丁烯

1,4-加成 → $CH_2-CH=CH-CH_2$（Br，Br）
1,4-二溴-2-丁烯

共轭二烯烃的亲电加成反应也是分两步进行的。例如 1,3-丁二烯与溴化氢的加成，第一步是亲电试剂 H^+ 进攻双键碳原子，反应可能发生在 C1 或 C2 上，生成两种碳正离子（Ⅰ）或（Ⅱ）。

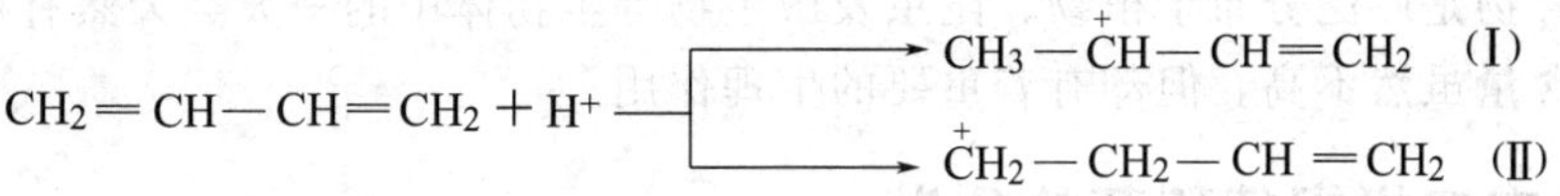

$$CH_2=CH-CH=CH_2 + H^+ \longrightarrow$$

$CH_3-\overset{+}{C}H-CH=CH_2$ （Ⅰ）

$\overset{+}{C}H_2-CH_2-CH=CH_2$ （Ⅱ）

在碳正离子（Ⅰ）中，带正电荷的碳原子为 sp^2 杂化，它的空 p 轨道可以和相邻 π 键的 p 轨道发生重叠，形成 p-π 共轭。共轭后，双键电子向电子云密度低的碳正离子方向移动，使正电荷得到分散，体系能量降低。

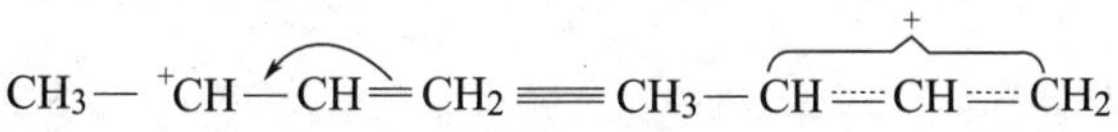

$$CH_3-\overset{+}{C}H-CH=CH_2 \Longleftrightarrow CH_3-CH=\!\!=\!\!CH=\!\!=\!\!CH_2 \ (\overset{+}{})$$

而在碳正离子（Ⅱ）中，则不能形成类似的稳定体系，所以能量较高。因此，碳正离子（Ⅰ）比碳正离子（Ⅱ）稳定，加成反应的第一步主要是通过形成碳正离子（Ⅰ）进行的。

由于共轭体系内电子云密度交替现象的存在，在碳正离子（Ⅰ）中的 π 电子云不是平均分布在这三个碳原子上，而是正电荷主要集中在 C2 和 C4 上。所以反应的第二步，Br^- 既可以与 C2 结合，也可以与 C4 结合，分别得到 1,2-加成产物和 1,4-加成产物。

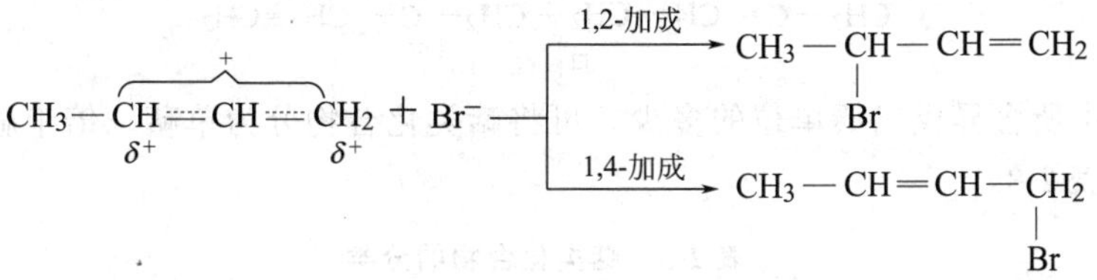

$$CH_3-\underset{\delta^+}{CH}=\!\!=\!\!CH=\!\!=\!\!\underset{\delta^+}{CH_2} + Br^- \longrightarrow$$

1,2-加成 → $CH_3-CH-CH=CH_2$（Br）

1,4-加成 → $CH_3-CH=CH-CH_2$（Br）

2. 狄尔斯-阿尔德反应

共轭二烯烃能够与含有双键或三键的化合物发生 1,4-加成反应，生成六元环状化合物，这类反应称为狄尔斯-阿尔德反应。一般称共轭二烯烃为双烯体，与双烯体进行合成反应的不饱和化合物称为亲双烯体，所以这类反应又称双烯合成。例如：

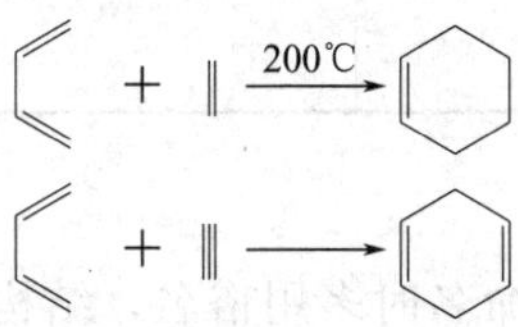

1,3-丁二烯与乙烯在 200℃及高压下生成环己烯，但产率不到 20%。而 1,3-丁二烯与顺丁烯二酸酐在苯中于 100℃时反应，产率为 90%。实验证明，当亲双烯体的双键碳原子上连有吸电子基团时，反应能顺利地进行，并且产率很高。

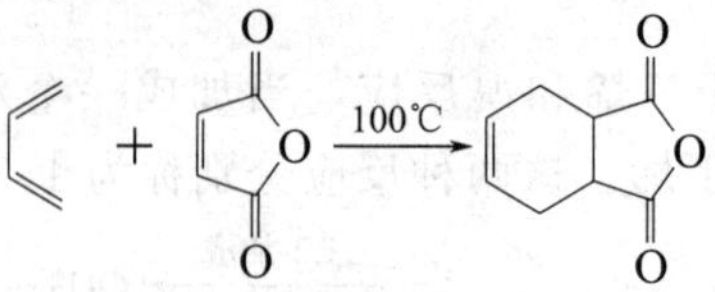

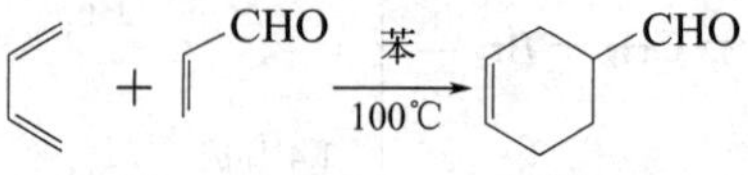

双烯合成反应是共轭二烯烃特有的反应，是由直链化合物合成六元环状化合物的一个方法，应用范围广泛，在理论和生产上都有十分重要的意义。

第四节　萜类化合物

萜类化合物是广泛分布于植物、昆虫及微生物等生物体中的一大类天然有机化合物，在生物体内其含量虽然不高，但却有着重要的生理作用。

一、异戊二烯规律和萜的分类

对大量萜类分子式及其结构的测定表明，其共同点是分子中的碳原子数都是 5 的整数倍，而且是由异戊二烯的碳骨架相连构成的。即萜类化合物可划分成若干个异戊二烯单位，这就是异戊二烯规律。

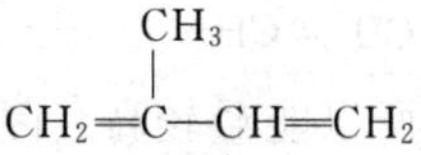

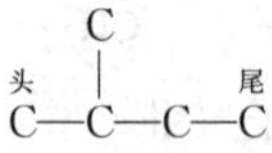

大多数萜类分子是由异戊二烯骨骼头尾相连而成的，少数也有头头相连或尾尾相连的。例如，存在于月桂油中的月桂烯，可以看作是由两个异戊二烯单位构成的。

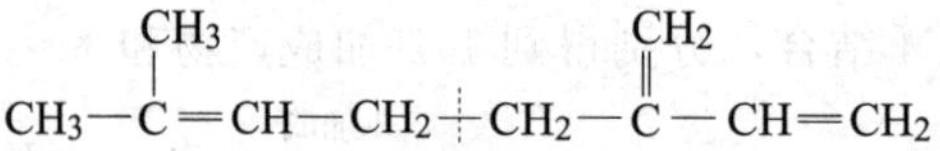

根据分子中所含异戊二烯单位的多少，可将萜类化合物分为单萜、倍半萜、二萜、三萜及四萜等，见表 2-3。

表 2-3　萜类化合物的分类

分　类	碳原子数	异戊二烯单位数	代表化合物
单萜	10	2	柠檬烯、樟脑
倍半萜	15	3	昆虫保幼激素
二萜	20	4	维生素 A
三萜	30	6	角鲨烯
四萜	40	8	胡萝卜素

二、重要的萜类化合物

大多数萜类化合物结构复杂，命名时多用俗名，结构通常写简式。

1. 单萜

(1) 链状单萜　链状单萜是由两个异戊二烯单位构成的开链化合物，如香叶醇和橙花醇。香叶醇存在于多种香精油中，具有显著的玫瑰香气，在香茅油中含量达 60％以上，在玫瑰油中约含 50％。橙花醇是香叶醇的顺反异构体，香气比较温和，在香料制造中更有价值。

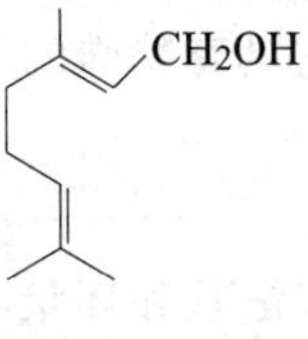

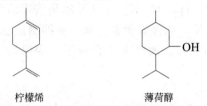

香叶醇 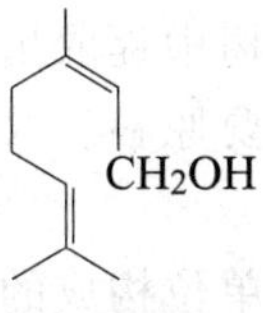　　　　　　　　　橙花醇

这两个醇氧化后，分别生成香叶醛和橙花醛，它们的混合物叫柠檬醛，存在于柠檬油、橘子油中，在工业上，是制造香料和合成维生素 A 的重要原料。

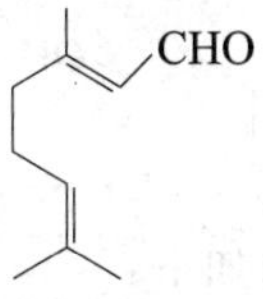

香叶醛 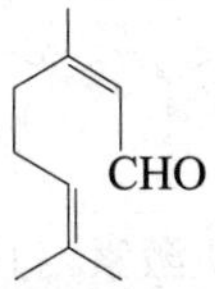　　　　　　　　　橙花醛

(2) 单环单萜　单环单萜是由两个异戊二烯单位构成的具有一个六元环的化合物。柠檬烯和薄荷醇是自然界存在的最重要的单环单萜。

柠檬烯　　　　　　　　　薄荷醇

柠檬烯广泛存在于松节油、柠檬油、橘皮油等多种香精油中。在工业上，用于配制香料及用作溶剂等。

薄荷醇俗称薄荷脑，是由薄荷的茎和叶所得的薄荷油的主要成分。它在薄荷油中的含量最高可达 90％。薄荷醇有芳香清凉气味，又杀菌功效，大量用于化妆品、香烟、牙膏、口香糖等中作为香料。在医药上，薄荷醇用作兴奋剂及防治皮肤病和鼻炎等的药物。

(3) 二环单萜　二环单萜是由两个异戊二烯单位连接构成的一个六元环并桥合而成三元环、四元环或五元环的桥环结构，在自然界中存在较多的是蒎和莰两类化合物。

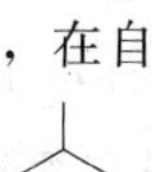

蒎 　　　　　　　　　　　莰

在蒎族中最重要的是蒎烯，它有 α 和 β 两种异构体，都存在于松节油中。α-蒎烯是松节油的主要成分，也是自然界存在较多的一种萜类化合物。

α-蒎烯　　　　　　　　　β-蒎烯

在莰族中最重要的是 2-莰醇（冰片）和 2-莰酮（樟脑）。

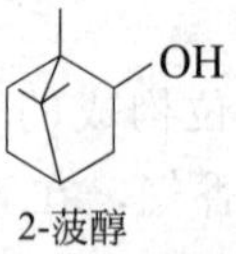

2-菠醇 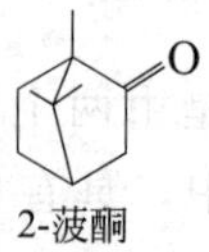　　　　2-菠酮

冰片存在于多种植物油中，有清凉气味，具有发汗、镇痛等作用。用于医药、化妆品和配制香精等。冰片氧化可得樟脑。

樟脑是我国特产，是从樟树中提取出来的。它具有特殊的芳香味和清凉感，并有强心作用，是医药和化妆品工业的重要原料。

2. 倍半萜

倍半萜是由三个异戊二烯单位构成的，它也有链状和环状的，如金合欢醇和昆虫保幼激素等都属于倍半萜。

金合欢醇原是从玫瑰花油中分离出来的芳香精油，在 1961 年从黄粉蝶的粪便里也分离得到了它，并发现它具有昆虫保幼激素的活性。

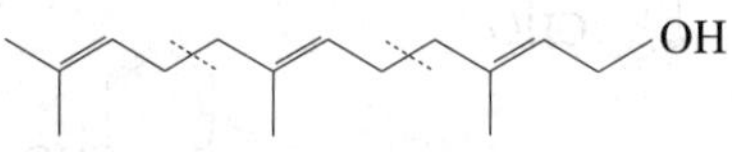

金合欢醇

从天蚕中分离出来昆虫保幼激素（JH）的结构如下：

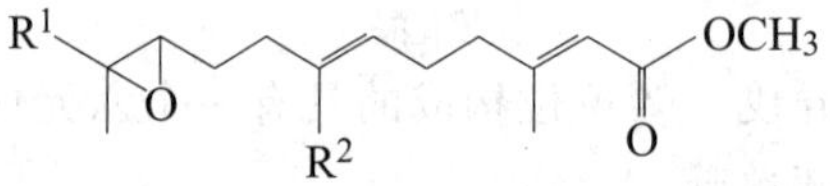

JH₁: R¹=R²=CH₂CH₃
JH₂: R¹=CH₂CH₃，R²=CH₃
JH₃: R¹=R²=CH₃

JH_3 的碳骨架就是倍半萜，JH_1 和 JH_2 可以看作是倍半萜的衍生物。昆虫保幼激素具有保持昆虫幼虫特征的生理活性，如保幼激素过量，就抑制昆虫的变态和性成熟，即使幼虫不能成蛹，蛹不能成蛾，蛾不产卵。现已人工合成了不少保幼激素类似物，活性比天然的高，用以杀死害虫的幼虫。

3. 二萜

二萜是由四个异戊二烯单位构成的萜类化合物，如维生素 A、叶绿醇等。

维生素 A 存在于动物的肝、奶油、蛋黄和鱼肝油中。它可以分为两种：维生素 A_1 和维生素 A_2。结构式如下：

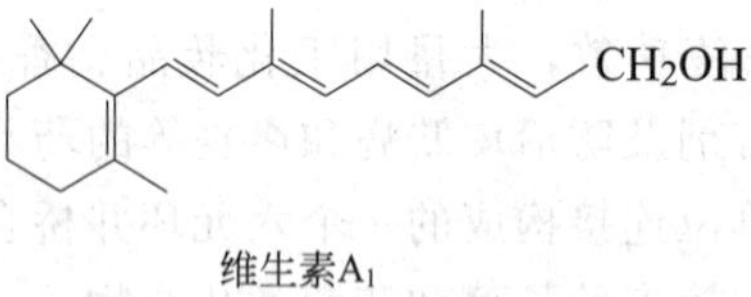

维生素A₁　　　　　　　　　　　　维生素A₂

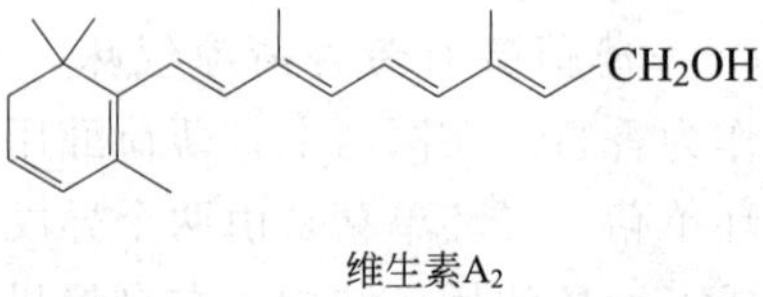

通常把维生素 A_1 称为维生素 A，维生素 A_2 的活性仅为维生素 A_1 的 40%。

维生素 A_1 可被氧化剂或酶氧化成视黄醛，视黄醛在视觉过程中起重要作用。当体内缺乏维生素 A_1 时，会导致眼膜和眼角膜硬化症和夜盲症。

叶绿醇（植醇）是叶绿素分子的组成部分，是工业上合成维生素 E 和维生素 K_1 的原料。结构式如下：

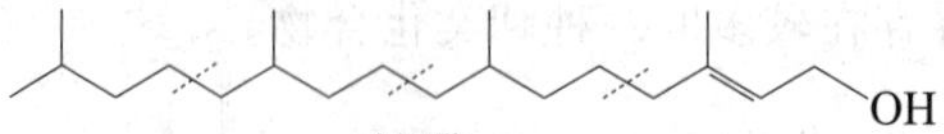

叶绿醇

4. 三萜

三萜是由六个异戊二烯单位构成的萜类化合物，如角鲨烯是一种链状三萜，存在于鲨鱼肝油中，现已能人工合成与天然角鲨烯完全相同的物质。角鲨烯为具有香味的油状

物，是胆甾醇生物合成的中间体，在工业上用于合成药物、表面活性剂、有机色素等。其结构式为：

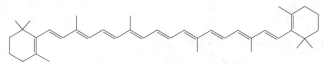

角鲨烯

5．四萜

四萜由八个异戊二烯单位构成。胡萝卜素属于四萜类化合物，广泛存在于植物的叶、茎和果实中，最早是从胡萝卜中分离得到的。胡萝卜素有 α、β、γ 三种异构体，其中最主要的是 β-胡萝卜素，它在动物体内转化成维生素 A，所以它能治疗夜盲症。

β-胡萝卜素的结构式为：

β-胡萝卜素

 习　题

1．写出分子式为 C_5H_{10} 的所有同分异构体的构造式以及可能出现的顺反异构体的构型式，并用系统命名法命名。

2．命名下列化合物：

(1)
$$\begin{array}{c}CH_3\\ |\\ H\quad\quad CH_2CHCH_3\\ \diagdown\quad\diagup\\ C=C\\ \diagup\quad\diagdown\\ CH_3\quad CH_2CH_3\end{array}$$

(2)
$$\begin{array}{c}CH_3\quad\quad CH_3\\ \diagdown\quad\diagup\\ C=C\\ \diagup\quad\diagdown\\ H\quad\quad C(CH_3)_3\end{array}$$

(3) 环己基—CH_3

(4) CH_3—环己烯—CH_3

(5) $(CH_3)_2CHC\equiv CH$

(6) $CH_3CH_2C\equiv CAg$

(7)
$$\begin{array}{c}CH_3\\ |\\ CH_2CH-C-C\equiv CH\end{array}$$

(8) $CH_2=C=CH-CH_3$

(9)

(10)
$$\begin{array}{c}H\quad\quad CH_3\\ \diagdown\quad\diagup\\ C=C\\ \diagup\quad\diagdown\\ H\quad\quad\quad H\\ \quad\quad\quad\diagdown\\ \quad\quad\quad C=C\\ \quad\quad\diagup\quad\diagdown\\ H\quad\quad\quad CH_3\end{array}$$

3．写出下列化合物的结构式：

(1) 3,4-二甲基-1-戊烯
(2) 2-甲基-3-乙基-2-己烯
(3) (Z)-2-戊烯
(4) 顺-3,4-二甲基-2-戊烯
(5) 3-甲基-3-戊烯-1-炔
(6) 顺-3-正丙基-4-己烯-1-炔

4．写出异丁烯与下列试剂的反应产物：

(1) H_2/Ni　(2) Br_2　(3) HBr　(4) HBr，过氧化物　(5) H_2SO_4　(6) H_2O，H^+
(7) Br_2/H_2O　(8) 冷、稀的 $KMnO_4$/OH^-　(9) 热的酸性 $KMnO_4$　(10) O_3，然后 Zn-H_2O
(11) B_2H_6（THF）

5．下列化合物与 HBr 发生亲电加成反应生成的主要活性中间体是什么？并排出各活性中间体的稳定性次序：

(1) $CH_2{=}CH_2$ (2) $CH_2{=}CHCH_3$ (3) $CH_2{=}C(CH_3)_2$ (4) $CH_2{=}CH{-}CH{=}CH_2$

6. 完成下列反应式：

(1) $\underset{\underset{\displaystyle CH_3}{|}}{CH_3C}{=}CHCH_3 + H_2O \xrightarrow{H^+} ?$

(2) $CH_2{=}CHCH_3 + Br_2 \longrightarrow ?$

(3) $CH_2{=}CHCH_2CH_3 + HCl \longrightarrow ?$

(4) $CH_3 \xrightarrow{H_2SO_4} ? \xrightarrow{H_2O} ?$

(5) $CH_2 + HBr \xrightarrow{过氧化物} ?$

(6) $(CH_3)_2C{=}CHCH_3 \xrightarrow{稀、冷\ KMnO_4/OH^-} ?$

(7) $CH_3 \xrightarrow{O_3} ? \xrightarrow{Zn/H_2O} ?$

(8) $CH_3CH{=}CH_2 \xrightarrow{NBS} ?$

(9) $CH_3C{\equiv}CCH_3 + H_2 \xrightarrow{Lindlar\ 催化剂} ?$

(10) $CH_3CH_2C{\equiv}CH + H_2O \xrightarrow[H_2SO_4]{HgSO_4} ?$

(11) $+ CH_2{=}CH{-}CN \longrightarrow ?$

(12) $CH_3CH{=}CH{-}\underset{\underset{\displaystyle CH_3}{|}}{C}{=}CH_2 \xrightarrow{O_3} ? \xrightarrow{Zn-H_2O} ?$

(13) $CH_2{=}CH{-}\underset{\underset{\displaystyle CH_3}{|}}{C}{=}CH_2 + CH_2{=}CH{-}CHO \longrightarrow ?$

(14) $CH_3 + HBr \longrightarrow ?$

(15) $CH_3 \xrightarrow[②H_2O_2,\ OH^-]{①B_2H_6} ?$

7. 用化学方法鉴别下列化合物：
   (1) 丙烷、丙烯、丙炔、环丙烷
   (2) 环戊烯、环己烷、甲基环丙烷
   (3) 1,3-丁二烯、1-己炔、2,3-二甲基丁烷

8. 由丙烯合成下列化合物：
   (1) 2-溴丙烷　　(2) 1-溴丙烷　　(3) 2-丙醇　　(4) 3-氯丙烯　　(5) 1-氯-3-溴丙烷　　(6) 1-丙醇

9. 有四种化合物 A、B、C、D，分子式均为 C_5H_8，它们都能使溴的四氯化碳溶液褪色。A 能与硝酸银的氨溶液作用生成沉淀，B、C、D 则不能。当用热的酸性 $KMnO_4$ 溶液氧化时，A 得到 CO_2 和 $CH_3CH_2CH_2COOH$；B 得到乙酸和丙酸；C 得到戊二酸；D 得到丙二酸和 CO_2。写出 A、B、C、D 的结构式。

10. 某化合物 A，分子式为 C_5H_{10}，能吸收 1 分子 H_2，与酸性 $KMnO_4$ 作用生成 1 分子含 4 个碳原子数的酸，但经臭氧化还原水解后得到两个不同的醛，试推测 A 可能的结构式。该烯烃有无顺反异构？

11. 某化合物 A，分子式为 C_7H_{14}，经酸性高锰酸钾氧化后生成两个化合物 B 和 C。A 经臭氧化和还原水解后生成与 B、C 相同的化合物，试写出 A 的构造式。

12. 分子式为 $C_{10}H_{18}$ 的单萜 A，催化氢化后得到分子式为 $C_{10}H_{22}$ 的化合物 B；用酸性高锰酸钾氧化 A 得到 $CH_3COCH_2CH_2COOH$、CH_3COOH 和 CH_3COCH_3，推测 A 的构造式。

导电有机聚合物——未来的材料

你能想象在电力线路和电器中使用的铜线都被导电有机聚合物取代吗？20 世纪 70 年代末，Heeger、Mac Diarmid 和 Shirawa 为实现这一目标迈出了巨大的一步，因此他们三人共同获得了 2000 年诺贝尔化学奖。他们合成了能像金属一样导电的乙炔聚合物。这一发现引起了人们对有机聚合物（塑料）观点的根本改变。事实上，普通的塑料只用于绝缘材料以保护人们免于触电。

为什么聚乙炔有如此特殊的性能呢？为了使材料导电，必须要有自由移动的电子，并持续形成电流，而聚乙炔不像大多数的有机化合物那样电子被固定在一个区域内。在一个生长的共轭聚烯烃链中，sp^2 杂化的碳原子具有的离域效应，是通过一个正电荷、一个单电子或一个负电荷沿着 π 网络"延伸开"，就像一根分子导线。聚乙炔就具有这样的聚合物结构，但是电子仍然太固定，不易自由运动以满足导电的要求。为了达到这个目的，可在网络中移去电子或加入电子来"活化"，这个过程称为掺杂。电子空穴（正电荷）或电子对（负电荷）在整个聚烯结构中离域。在具有原创性、突破性的实验中，从过渡金属催化乙炔的聚合反应制备的聚乙炔用碘掺杂，引起的导电性惊人地增加了 1000 万倍，再进一步改进后导电性提高到原来的 10^{11} 倍，基本上成为有机的铜。

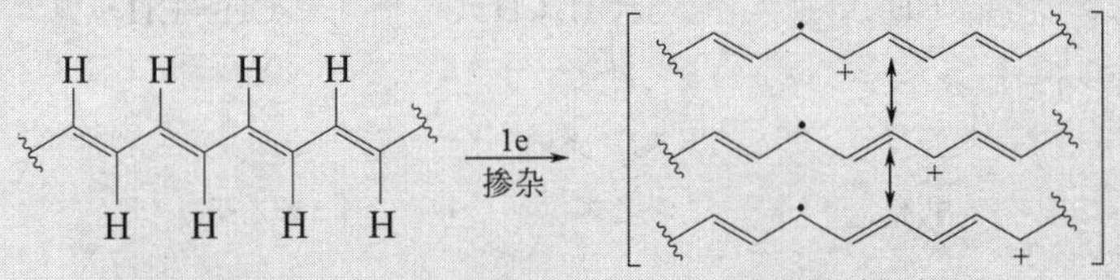

反式聚乙炔   导电聚乙炔

聚乙炔对空气和潮湿很敏感，所以很难得到实际应用。但是，利用扩展的 π 体系提高有机物的导电性能的思想已推广到一系列已被证明有应用价值的材料中。这些材料大都含有特别稳定的环状 6π 电子的单元，如苯、吡咯和噻吩。有机导体的应用举例如下：

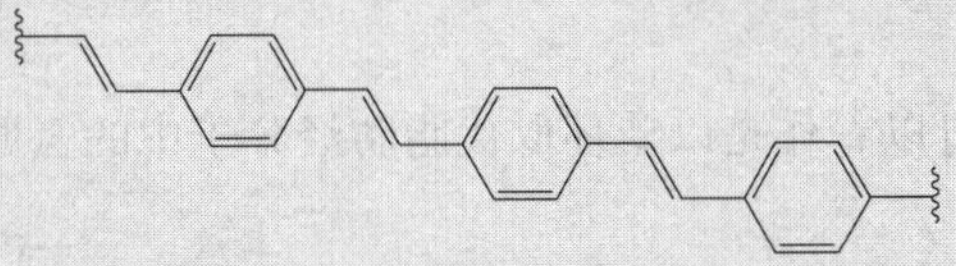

聚苯亚乙烯(电发光显示,如手机上的显示)

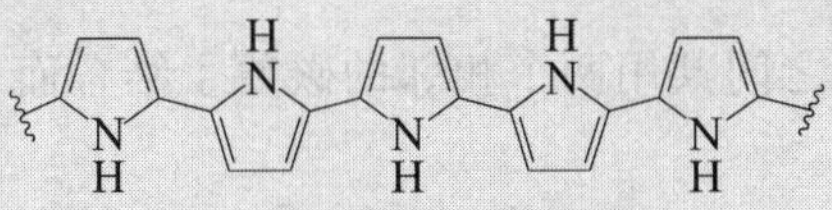

聚吡咯(屏幕涂层、光敏器件)

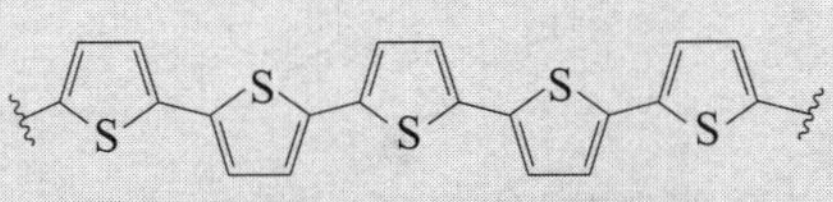

聚噻吩(场效应管,如用在超市的检出口)

导电聚合物在被电场激发时还可以"发光"，这个现象称为电致发光，广泛应用于发光二极管。这些有机材料可当作是有机"灯泡"。发光二极管已被用于交通灯光光源和广告牌，很快就会用于平面电视屏幕。原则上，有机聚合物很容易被加工成任何形状，可以预期将出现发光的家具部件、墙纸、衣服等，化学家会让未来的世界一片光明。

第三章

芳香烃

Chapter 03

芳香族烃类化合物称为芳香烃或芳烃。在有机化学发展初期，主要把化合物分为脂肪族和芳香族两类。前者指开链化合物，后者指从香脂、精油等天然产物中取得的具有芳香气味的物质，这类物质都具有较高的碳氢比，稳定性也较高。深入地研究表明：它们基本上都是含有稳定的苯环或苯环稠合环的不饱和烃。从结构上看，芳香族化合物一般都具有平面或接近平面的环状结构，键长趋于平均化，并有较高的 C/H 比值。从性质上看，芳香族化合物的芳环一般都难以氧化、加成，而易于发生亲电取代反应。上述特点，就是芳香性的主要内涵。

根据分子中所含苯环数目的不同，芳香烃分为单环芳烃和多环芳烃。

1. 单环芳烃

单环芳烃是指分子中含有一个基环的烃。例如：

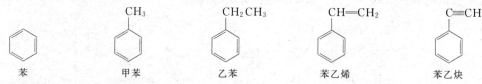

2. 多环芳烃

多环芳烃指分子中含有两个或两个以上苯环的芳烃，根据苯环的连接方式，又可分为三类。

(1) 联苯　指苯环各以环上的一个碳原子直接相连的芳烃。例如：

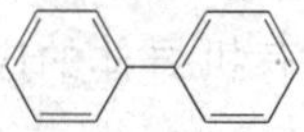

二联苯 　　　　　　　　　　　　　　1,4-联三苯

(2) 多苯代脂肪烃　可以看作是以苯环取代脂肪烃分子中的氢原子而形成的芳烃。例如：

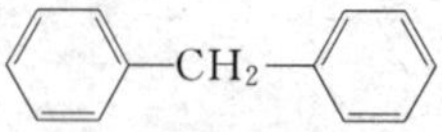

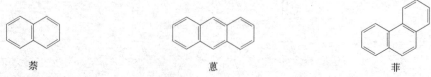

二苯甲烷 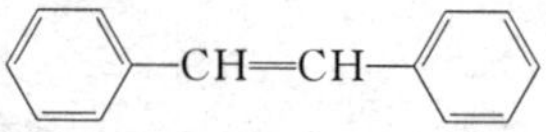　　　　　　　　　　　　　1,2-二苯乙烯

(3) 稠环芳烃　指苯环之间共用两个相邻的碳原子结合而成的芳烃。例如：

萘　　　　　　　　　　蒽　　　　　　　　　　菲

本章将重点讨论单环芳烃和稠环芳烃。

第一节　单环芳烃

一、苯的结构

苯的分子式为 C_6H_6，碳氢数目比为 1∶1，具有高度不饱和性。但是，在一般条件下，苯却不能与卤素、卤化氢等进行加成反应，也不能被高锰酸钾等氧化剂氧化，而是容易发生取代反应。

苯是芳烃中最典型的代表物，所以研究芳烃，必须首先了解苯的结构。

1865 年，凯库勒从苯的分子式 C_6H_6 出发，根据苯的一元取代产物只有一种，提出了苯的环状结构式。

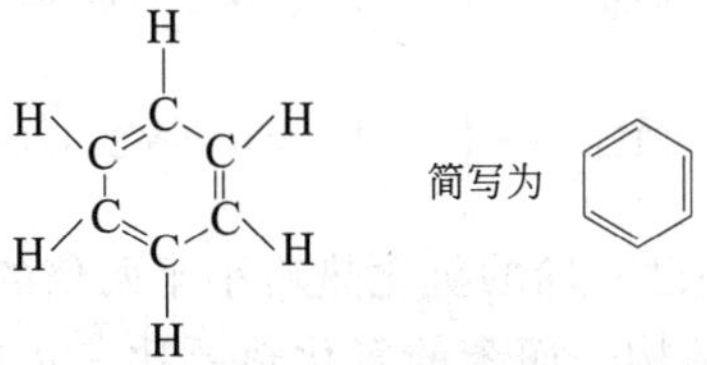

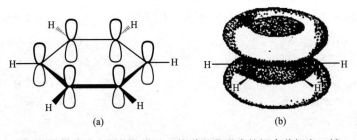

此式称为苯的凯库勒式，它可以说明苯分子的组成及原子相互连接次序，并表明碳原子是四价的、六个氢原子的位置等与实验事实相符。但是凯库勒式并不能解释苯在一般条件下不能发生类似烯烃的加成、氧化反应，也不能解释苯的邻位二元取代产物只有一种的实验事实。按凯库勒式推测苯的邻位二元取代产物，应有以下两种：

但事实却只有一种。

显然，凯库勒式并不能完全表达出苯的真实结构。

根据现代物理方法证明，苯分子中的六个碳原子和六个氢原子都在同一平面上，C—C键长均相等（0.1396nm），六个碳原子组成一个正六边形，所有的键角均为 120°（见图3-1）。

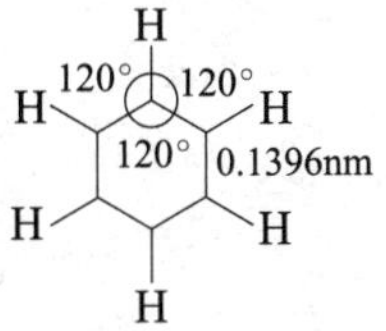

图 3-1　苯分子的结构

根据轨道杂化理论，苯分子中六个碳原子都是以 sp^2 杂化轨道互相沿对称轴的方向重叠形成六个 C—C σ键，组成一个正六边形，每个碳原子又各以一个 sp^2 杂化轨道分别与氢原子的 1s 轨道沿对称轴方向重叠形成六个 C—H σ键。由于是 sp^2 杂化，所以键角均为 120°。另外，每个碳原子上还有一个未参与杂化的 p 轨道，这六个 p 轨道的对称轴互相平行，且垂直于苯环所在的平面［见图 3-2(a)］。p 轨道之间彼此重叠形成一个闭合共轭大 π 键，大 π键的电子云对称分布在苯环平面的上下两方［见图 3-2(b)］。

(a)　　　　　　　　　　(b)

图 3-2　苯分子中的 p 轨道及 p 轨道重叠形成的闭合共轭大 π 键

苯具有特殊的稳定性，这一点可以用实验所得的氢化热数据来说明。环己烯、1,3-环己二烯和苯加氢后都生成环己烷，因此利用氢化热可以比较它们的相对稳定性。

$$\text{环己烯} + H_2 \longrightarrow \text{环己烷} \qquad \Delta H = -120 kJ \cdot mol^{-1}$$

$$\text{1,3-环己二烯} + 2H_2 \longrightarrow \text{环己烷} \qquad \Delta H = -232 kJ \cdot mol^{-1}$$

$$\text{苯} + 3H_2 \longrightarrow \text{环己烷} \qquad \Delta H = -208 kJ \cdot mol^{-1}$$

从氢化热可以看到，1,3-环己二烯的氢化热略小于两倍的环己烯，这是因为 1,3-环己二烯分子中也有 π-π 共轭体系的结构。而苯的氢化热要比三倍的环己烯低 152kJ·mol^{-1}，比 1,3-环己二烯的也低。氢化热小，说明其分子内能低，152kJ·mol^{-1} 的能量差正是由于苯环中存在共轭体系，π 电子的高度离域而造成苯特别稳定的结果。

二、单环芳烃的异构现象和命名

苯是最简单的单环芳烃。单环芳烃还包括一烃基苯、二烃基苯和三烃基苯等。

1. 一烃基苯

简单的烃基苯的命名是以苯环作母体，烃基作取代基，称为某烃基苯（"基"字常省略）。如果烃基较复杂或有不饱和键时，也可把链烃当作母体，苯环作取代基（苯基）。例如：

甲苯　　　　乙苯　　　　丙苯　　　　乙烯苯（苯乙烯）　　　乙炔苯（苯乙炔）

1,2-二苯乙烯　　　　　　2,3-二甲基-1-苯基-1-戊烯

2. 二烃基苯

二烃基苯有三种异构体，这是由于取代基在苯环上的相对位置不同而产生的。命名时，两个烃基的相对位置既可用数字表示，也可用"邻"、"间"、"对"表示。用数字表示时，若烃基不同，按顺序规则，顺序小的位置编号为"1"。例如：

1,2-甲苯（邻二甲苯）　　　1,3-二甲苯（间二甲苯）　　　1,4-二甲苯（对二甲苯）

1-甲苯-2-乙基苯　　　　　　1-乙苯-3-异丙基苯

3. 三烃基苯

三个烃基相同的三烃基苯有三种同分异构体，命名时，三个烷基的相对位置除可用数字

表示外，还可用"连"、"均"、"偏"来表示。例如：

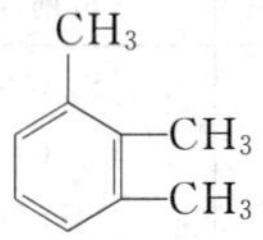

1,2,3-三甲苯（连三甲苯） 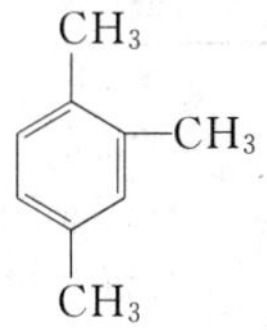   1,2,4-三甲苯（偏三甲苯） 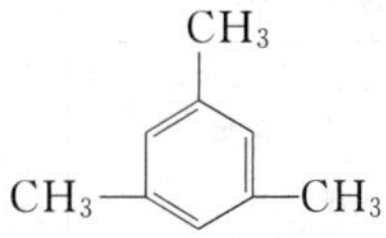   1,3,5-三甲苯（均三甲苯）

4. 芳烃衍生物

从本章起将遇到一些芳烃衍生物，所以首先学习一下它们的命名法。

① 某些取代基如硝基（—NO_2）、亚硝基（—NO）、卤基（—X）等通常只作取代基。因此，具有这些取代基的芳烃衍生物应把芳烃看作母体，叫做某基（代）芳烃。例如：

硝基苯   溴苯   间硝基甲苯

② 当取代基为氨基（—NH_2）、羟基（—OH）、醛基（—CHO）、羧基（—COOH）、磺酸基（—SO_3H）等时，则把它们各看作一类化合物，分别叫做苯胺、苯酚、苯甲醛、苯甲酸、苯磺酸等。

苯胺   苯酚   苯甲醛   苯甲酸   苯磺酸

③ 当苯环上有多种取代基时，按照下面的顺序：

—R、—OR、—NH_2、—OH、—COR、—CHO、—CN、—SO_3H、—COOH 等排在前面的作取代基，排在后面的与苯环一起作为母体。例如：

对氯苯胺   邻羟基苯甲酸   间硝基苯磺酸

芳烃分子中去掉一个氢原子后剩余的基团叫做芳基。例如：

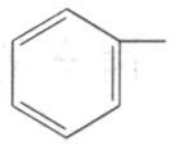

苯基 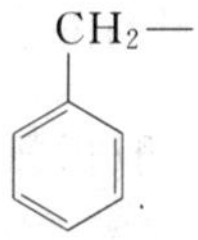   苄基（苯甲基） 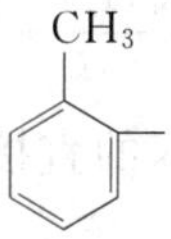   邻甲苯基 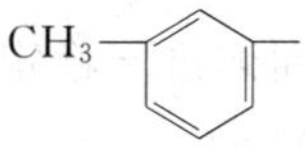   间甲苯基 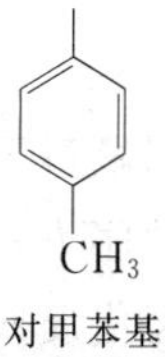   对甲苯基

三、单环芳烃的物理性质

单环芳烃大多为无色液体，具有特殊气味，相对密度均小于1，不溶于水，是良好的有机溶剂。单环芳烃具有一定的毒性，长期吸入其蒸气，能损坏造血器官及神经系统，使用时应注意防毒。一些常见的单环芳烃的物理常数列于表3-1中。

表 3-1　常见单环芳烃的物理常数

名　　称	熔点/℃	沸点/℃	相对密度(d_4^{20})	折射率(n_D^{20})
苯	5.5	80.1	0.8786	1.5011
甲苯	−95.0	110.6	0.8669	1.4961
乙苯	−95.0	136.2	0.8670	1.4959
正丙苯	−99.5	159.2	0.8620	1.4920
异丙苯	−96.0	152.4	0.8618	1.4915
邻二甲苯	−25.2	144.4	0.8802	1.5055
间二甲苯	−47.9	139.1	0.8642	1.4972
对二甲苯	13.3	138.4	0.8611	1.4958
连三甲苯	−25.4	176.1	0.8944	1.5139
均三甲苯	−44.7	164.7	0.8652	1.4994
偏三甲苯	−43.8	169.4	0.8758	1.5048
苯乙烯	−30.6	145.2	0.9060	1.5468
苯乙炔	−44.8	142.4	0.9281	1.5485

四、单环芳烃的化学性质

苯环非常稳定，在一般条件下大 π 键难于断裂进行加成和氧化反应，但由于苯环上大 π 键电子云分布在苯环平面的两侧，流动性大，易被亲电试剂进攻发生亲电取代反应。

苯环虽难于被氧化，但苯环上的烃基侧链由于受苯环上大 π 键的影响，α-H 变得很活泼，易发生氧化反应。同时，α-H 也易发生卤代反应。

苯环上的闭合共轭大 π 键虽然很稳定，但仍然具有一定的不饱和性。因此，在一定的条件下，也可发生某些加成反应。

1. 亲电取代反应

苯环的亲电取代反应是指带正电荷的亲电试剂进攻苯环 π 键发生取代环上氢原子的反应。反应机理可用下述通式表示：

苯环上的氢原子可以被多种基团取代，其中以卤代、硝化、磺化和傅-克反应较为重要。

（1）卤代反应　苯与氯、溴在铁或卤化铁等催化剂存在下，苯环上的氢原子被氯、溴取代，生成氯苯或溴苯。例如：

因氟过于活泼，而碘过于稳定，因此苯的直接卤代反应一般指氯代和溴代，卤素的反应活性顺序为：$Cl_2 > Br_2$。

卤代反应的历程介绍如下。

① 首先是在溴化铁作用下（$FeBr_3$ 为路易斯酸 Fe^{3+} 能够利用其空轨道结合 Br 的孤对电子），溴与苯环形成 π 配合物。

π 配合物

② 溴化铁结合溴负离子，并使 Br—Br 键发生异裂。这时，苯环上有两个 π 电子与溴正离子生成 C—Br 键，使被进攻的那个碳原子脱离了共轭体系，剩下的四个 π 电子分布在五个碳原子上，带有一个正电荷，形成 σ 配合物。

$$\begin{array}{c}\text{（苯）} \quad \overset{\delta^+}{\text{Br}}{-}\overset{\delta^-}{\text{Br}}{\cdots}\text{FeBr}_3 \longrightarrow \text{（σ配合物）} + \text{FeBr}_4^-\end{array}$$

σ配合物

③ 在四溴化铁配离子的作用下，碳正离子迅速脱去一个质子，恢复了苯环的稳定结构，生成溴苯。

$$\text{（σ配合物）} + \text{FeBr}_4^- \longrightarrow \text{（溴苯）} + \text{HBr} + \text{FeBr}_3$$

因为氯苯和溴苯都是有机合成的重要原料，常用这个反应来制备氯苯和溴苯。但还会得到少量的二卤代苯，例如：

$$\text{（溴苯）} + \text{Br}_2 \xrightarrow{\text{Fe 或 FeBr}_3} \text{（邻二溴苯）} + \text{（对二溴苯）}$$

甲苯在铁或氯化铁等催化剂存在下氯代，主要生成邻氯甲苯和对氯甲苯。

$$\text{（甲苯）} + \text{Cl}_2 \xrightarrow{\text{Fe 或 FeCl}_3} \text{（邻氯甲苯）} + \text{（对氯甲苯）}$$

（2）硝化反应　苯与浓硝酸和浓硫酸的混合物于 $55\sim60℃$ 反应，苯环上的氢原子被硝基取代，生成硝基苯。向有机化合物分子中引入硝基的反应称为硝化反应。

$$\text{（苯）} + \text{HNO}_3 \xrightarrow[55\sim60℃]{\text{H}_2\text{SO}_4} \text{（硝基苯）} + \text{H}_2\text{O}$$

硝基苯为浅黄色油状液体，有苦杏仁味，其蒸气有毒。

在硝化反应中，浓硫酸不仅是脱水剂，而且它与硝酸作用产生硝基正离子（NO_2^+）。硝基正离子是一个亲电试剂，进攻苯环发生亲电取代反应。硝化反应历程如下：

$$\text{HONO}_2 + 2\text{H}_2\text{SO}_4 \rightleftharpoons \text{NO}_2^+ + 2\text{HSO}_4^- + \text{H}_3\text{O}^+$$

$$\text{（苯）} + \text{NO}_2^+ \longrightarrow \text{（σ配合物）}$$

$$\text{（σ配合物）} + \text{HSO}_4^- \longrightarrow \text{（硝基苯）} + \text{H}_2\text{SO}_4$$

硝基苯在过量的混酸存在下继续硝化生成间二硝基苯，但第二次硝化反应速率要比第一次慢得多，需要比较高的温度。

$$\text{（硝基苯）} \xrightarrow[95℃]{\text{发烟 HNO}_3\text{，浓 H}_2\text{SO}_4} \text{（间二硝基苯）}$$

烷基苯比苯容易硝化，如甲苯在低于 50℃ 就可以硝化，主要生成邻硝基甲苯和对硝基甲苯。硝基甲苯进一步硝化可以得到 2,4,6-三硝基甲苯，即炸药 TNT。

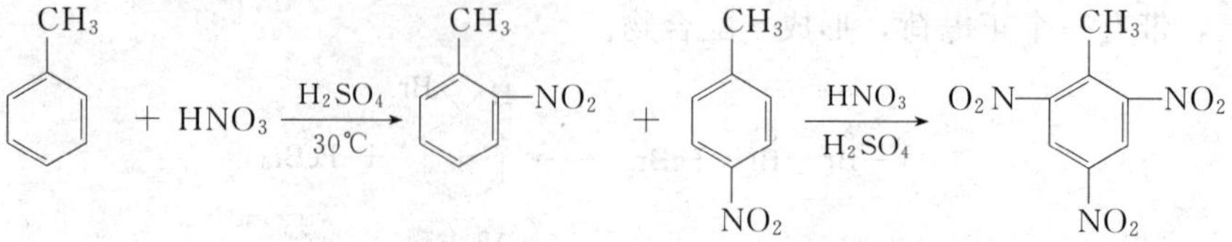

（3）磺化反应　苯与 98% 的浓硫酸共热，或与发烟硫酸在室温下作用，苯环上的氢原子被磺酸基（—SO₃H）取代生成苯磺酸。有机化合物分子中引入磺酸基的反应称为磺化反应。磺化反应与卤代反应、硝化反应不同，它是一个可逆反应，反应中生成的水会使反应速率变慢，因此常用发烟硫酸进行磺化。苯磺酸通过热的水蒸气，可以水解脱去磺酸基。

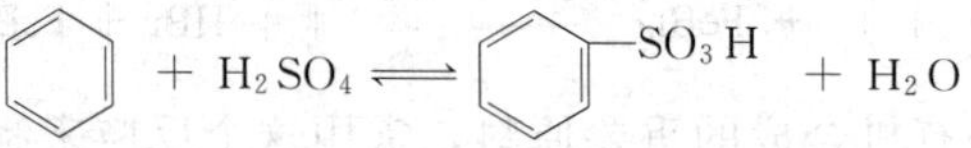

磺化反应历程一般认为是由三氧化硫中带部分正电荷的硫原子进攻苯环而发生的亲电取代反应。反应历程如下：

$$H_2SO_4 + H_2SO_4 \rightleftharpoons H_3O^+ + HSO_4^- + SO_3$$

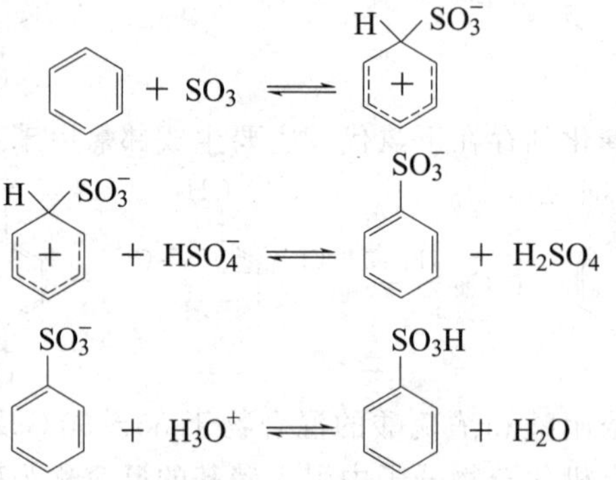

（4）傅-克反应　傅瑞德尔-克拉夫茨反应简称傅-克反应。在无水氯化铝催化下，苯环上的氢原子被烷基取代的反应叫做傅-克烷基化反应；苯环上的氢原子被酰基取代的反应叫做傅-克酰基化反应。

① 傅-克烷基化反应　常用的烷基化试剂为卤代烷，常用的催化剂是无水氯化铝，此外有时还用氯化铁、三氟化硼等。

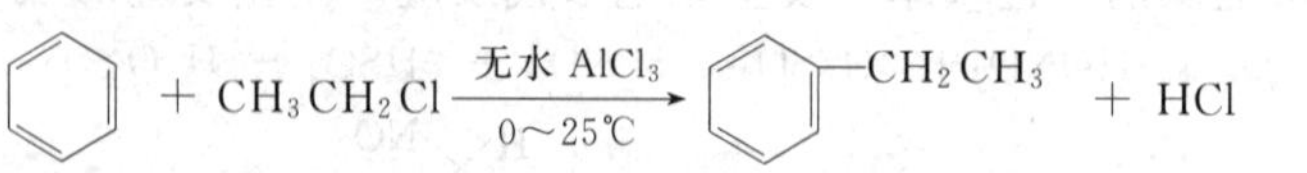

傅-克烷基化反应的历程是：无水氯化铝等路易斯酸与卤代烷作用生成烷基正离子，烷基正离子作为亲电试剂进攻苯环发生亲电取代反应。

$$RCl + AlCl_3 \longrightarrow R^+ + AlCl_4^-$$

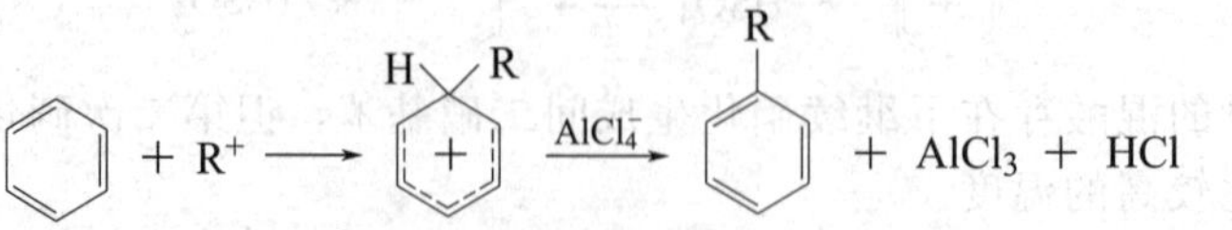

工业上常用烯烃作为烷基化试剂制备烷基苯。例如：

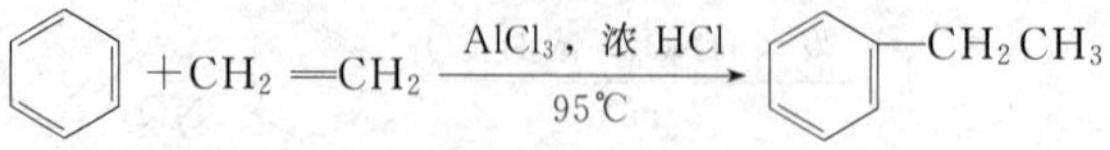

$$\text{C}_6\text{H}_5 + \text{CH}_3\text{CH}=\text{CH}_2 \xrightarrow{\text{H}_2\text{SO}_4} \text{C}_6\text{H}_5\text{-CH(CH}_3\text{)CH}_3$$

当使用含三个或三个以上碳原子的直链卤代烷作烷基化试剂时，会发生异构化（重排）现象。

$$\text{C}_6\text{H}_5 + \text{CH}_3\text{CH}_2\text{CH}_2\text{Cl} \xrightarrow[0℃]{\text{无水 AlCl}_3} \text{C}_6\text{H}_5\text{-CH(CH}_3\text{)}_2 + \text{C}_6\text{H}_5\text{-CH}_2\text{CH}_2\text{CH}_3$$
$$70\% \qquad\qquad 30\%$$

这是由于生成的一级烷基正碳离子易重排成更稳定的二级烷基正碳离子。

$$\text{CH}_3\text{CH}_2\text{CH}_2\text{Cl} + \text{AlCl}_3 \longrightarrow \text{CH}_3\text{CH}_2\text{CH}_2^+ + \text{AlCl}_4^-$$

$$\text{CH}_3\text{CH}_2\text{CH}_2^+ \xrightarrow{\text{重排}} \text{CH}_3\overset{+}{\text{C}}\text{HCH}_3$$

·碳正离子重排的基本规律是：当碳正离子相邻的位置有级别更高的碳时，该碳原子上的氢或烃基可以带着一对电子转移到碳正离子位置，而在高级别碳位置上形成一个更稳定的碳正离子。例如：

$$\text{CH}_3\text{-}\underset{\underset{\text{CH}_3}{|}}{\overset{\overset{\text{CH}_3}{|}}{\underset{4°}{\text{C}}}}\text{-}\overset{+}{\underset{1°}{\text{CH}_2}} \xrightarrow{\text{重排}} \text{CH}_3\text{-}\underset{\underset{\text{CH}_3}{|}}{\overset{+}{\text{C}}}\text{-CH}_2\text{CH}_3$$

因此有如下反应事实：

$$\text{C}_6\text{H}_5 + \text{CH}_3\text{-}\underset{\underset{\text{CH}_3}{|}}{\overset{\overset{\text{CH}_3}{|}}{\text{C}}}\text{-CH}_2\text{Br} \xrightarrow{\text{AlBr}_3} \text{C}_6\text{H}_5\text{-}\underset{\underset{\text{CH}_3}{|}}{\overset{\overset{\text{CH}_3}{|}}{\text{C}}}\text{-CH}_2\text{CH}_3 \quad (100\%)$$

烷基化反应是可逆的，尤其是稳定性较强的碳正离子更易从苯环上脱落下来。例如：

$$\text{C}_6\text{H}_5\text{-}\underset{\underset{\text{CH}_3}{|}}{\overset{\overset{\text{CH}_3}{|}}{\text{C}}}\text{-CH}_3 + \text{H}^+ \underset{}{\overset{\text{AlCl}_3}{\rightleftharpoons}} \text{C}_6\text{H}_6 + \text{CH}_3\text{-}\underset{\underset{\text{CH}_3}{|}}{\overset{+}{\text{C}}}\text{-CH}_3$$

工业上利用烷基化反应的可逆性将甲苯转化为用途更广泛的苯和二甲苯。例如：

$$2\,\text{C}_6\text{H}_5\text{CH}_3 \xrightarrow{\text{AlCl}_3} \text{C}_6\text{H}_6 + \text{C}_6\text{H}_4(\text{CH}_3)_2 \quad (\text{邻位、间位和对位})$$

傅-克烷基化反应通常难以停留在一元取代阶段。要想得到一元烷基苯，必须使用过量的芳烃。傅-克烷基化反应是制备芳烃特别是苯同系物的主要方法。

当苯环上连有强吸电子基如硝基、羰基等时，苯环上的电子云密度大大降低，不发生烷基化反应，因此可以用硝基苯作烷基化反应的溶剂。

② 傅-克酰基化反应　在路易斯酸催化下，酰氯或酸酐等与芳烃能发生与烷基化相似的亲电取代反应。

$$\text{C}_6\text{H}_6 + \text{CH}_3\text{-}\overset{\overset{\text{O}}{\|}}{\text{C}}\text{-Cl} \xrightarrow{\text{无水 AlCl}_3} \text{C}_6\text{H}_5\text{-}\overset{\overset{\text{O}}{\|}}{\text{C}}\text{-CH}_3 + \text{HCl}$$

苯乙酮

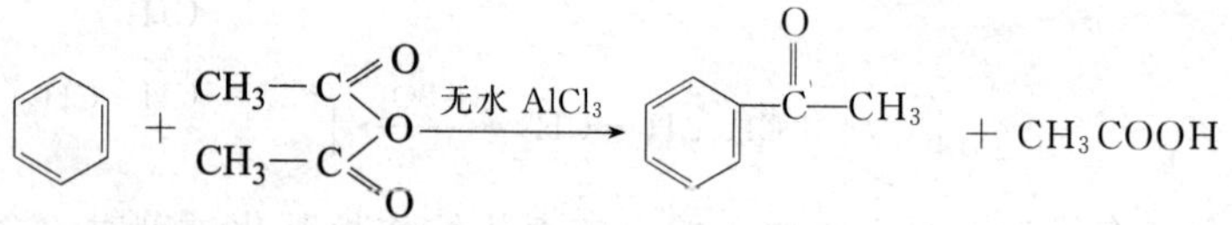

酰基化反应不发生异构化，也不会发生多元取代。

2. 苯同系物侧链的卤代反应

在紫外光照射或高温条件下，苯环侧链上的氢原子易被卤原子（氯或溴）取代。卤代反应主要发生在 α-C 上。

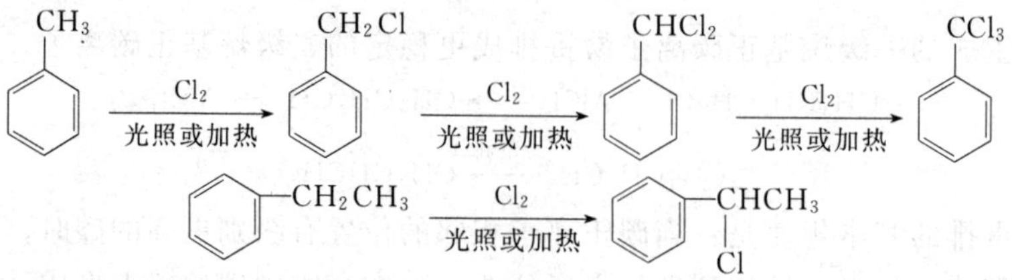

苯环侧链的卤代反应与烷烃的卤代反应一样，属于自由基取代反应。

3. 氧化反应

苯环不易被氧化，但是，烃基苯在高锰酸钾或重铬酸钾条件下，其侧链能被氧化。氧化反应总是发生在 α 位的碳氢键上，如果 α-C 上没有氢，则不能被氧化。氧化时，不论侧链长短，都被氧化成羧基。

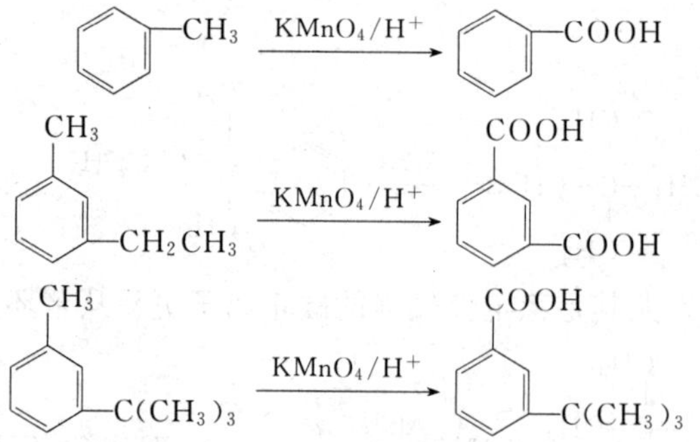

在剧烈的条件下，苯环可被氧化生成顺丁烯二酸酐。

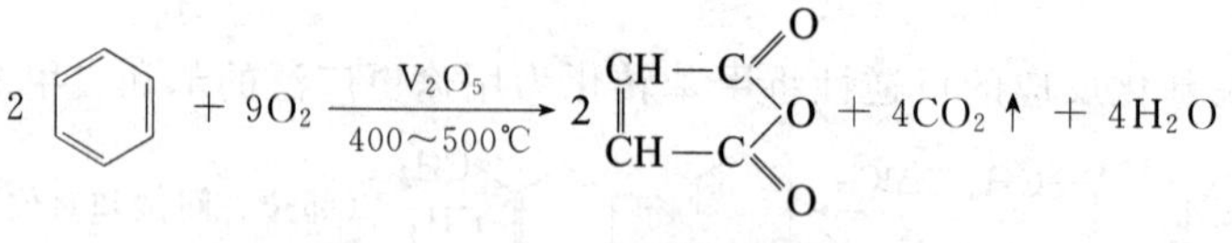

顺丁烯二酸酐

4. 加成反应

苯环虽然比较稳定，但在特定条件下，也可发生某些加成反应，如加氢、加卤素等，表现出一定的不饱和性。但苯环的加成反应不会停留在部分加成阶段，如苯加氢不会生成环己二烯或环己烯，这与脂肪族不饱和烃能够分步加成不同。

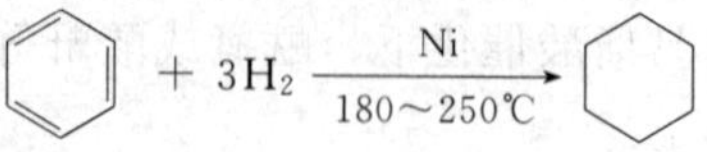

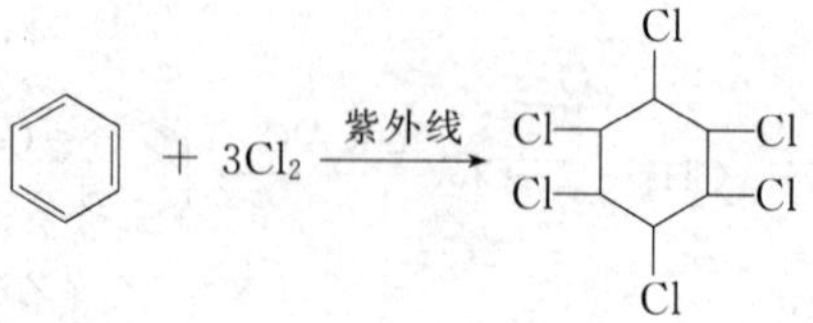

苯环上加氢、加卤素属于自由基类型的加成反应。

五、苯环的亲电取代定位规律

1. 定位规律

在讨论苯和甲苯的反应时，已经知道，在苯环上引入一个取代基时，产物只有一种；将甲苯氯化，反应比苯容易，氯主要进入邻对位；将甲苯硝化，比苯容易，硝基主要进入邻、对位；将硝基苯硝化，比苯难进行，硝基主要进入间位；将氯苯氯化，比苯难进行，氯进入到邻、对位。

人们从大量的实验事实归纳出苯环的取代定位规律如下。

① 苯环上新导入的取代基的位置主要与原有取代基的性质有关，把原有的取代基称为定位基。

② 根据定位基的定位位置和反应的难易程度，将定位基主要分为三类（见表3-2）。

表 3-2 定位基的分类

定位基类别	反应速率比	产物位置	定位基举例
第一类定位基	$\dfrac{k(C_6H_5X)}{k(C_6H_6)}>1$	邻、对位	X=—R、—C$_6$H$_5$、—OH、—OR、—NH$_2$、—NHR 等
第二类定位基	$\dfrac{k(C_6H_5X)}{k(C_6H_6)}<1$	间位	X=—NO$_2$、—CN、—SO$_3$H、—CHO、—COOH、—CF$_3$ 等
第三类定位基	$\dfrac{k(C_6H_5X)}{k(C_6H_6)}<1$	邻、对位	X=—Cl、—Br、—I 等

第一类定位基，使苯环亲电取代反应易于进行，并使新导入的基团进入到原有取代基的邻、对位。

第二类定位基，使苯环亲电取代反应难于进行，并使新导入的基团进入到原有取代基的间位。

第三类定位基，使苯环亲电取代反应难于进行，并使新导入的基团进入到原有取代基的邻、对位。

2. 定位规律的解释

在苯分子中，苯环闭合大 π 键电子云是均匀分布的，即六个碳原子上的电子云密度等同。当苯环上有一个取代基后，取代基可以通过诱导效应或共轭效应使苯环上的电子云密度升高或降低，同时使苯环上每一个碳原子周围的电子云密度发生变化。因此，进行亲电取代反应的难易程度以及取代基进入苯环的主要位置，会随原有取代基的不同而不同。

下面以几个典型的定位基为例作简要解释。

（1）邻、对位定位基　一般来说，它们是供电子基团（卤素除外），可以通过共轭效应或诱导效应向苯环提供电子，使苯环上电子云密度增加，尤其在邻、对位上增加较多。因此，取代基主要进入邻、对位。

① 甲基　甲苯中的甲基碳原子为 sp^3 杂化，苯环中碳原子为 sp^2 杂化，sp^3 杂化的碳原子的电负性弱于 sp^2 杂化的碳原子，因此甲基可通过供电子的诱导效应向苯环提供电子。此外，甲基的三个 C—H 键的 σ 电子与苯环形成了 σ-π 共轭体系，σ-π 共轭效应也使 C—H σ 键电子云向苯环转移而使苯环活化。因此，甲苯比苯更易发生亲电取代反应。由于电子共轭传

递的结果，使甲基的邻、对位上增加得较多，电子云密度较大。所以，甲苯的亲电取代反应主要发生在甲基的邻位和对位。

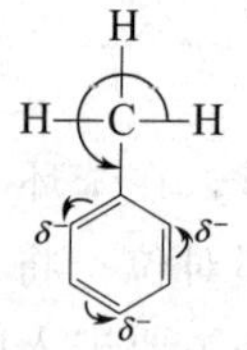

② X＝—OH、—OR、—NH₂、—NHR 等　这些定位基都是氧原子或氮原子与苯环直接相连。从诱导效应来看，氧和氮的电负性强于碳，本应是吸电子的，使苯环的电子云密度降低。但是，这些基团的氧原子或氮原子具有未共用电子对，它与苯环能够形成 p-π 共轭。共轭的结果，使氧原子或氮原子上的电子云向苯环移动。这样，就形成了诱导效应和共轭效应的矛盾。在反应时，共轭效应占了主导，总的结果，使电子云不是离开苯环，而是向苯环移动，使亲电取代反应比苯容易进行。至于活化的位置，与甲基的作用规律是一样的，因此，反应产物主要是邻、对位异构体。

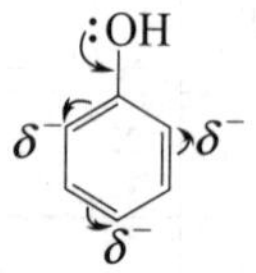

③ 卤素　卤素的电负性大于碳，吸电子的诱导结果，使苯环电子云密度降低，虽然卤素的未共用电子对能与苯环形成 p-π 共轭，但卤素的原子半径大而共轭程度较差，因此，总的结果是诱导效应大于共轭效应，使亲电取代反应较难进行。但当亲电试剂进攻苯环时，共轭效应发挥了作用，共轭效应又使卤素的邻位和对位电子云密度高于间位，因此邻、对位产物为主要产物。

卤素是邻、对位定位基中比较特殊的一类。

（2）间位定位基　一般来说，间位定位基大都是含有电负性比碳原子大的原子形成的不饱和键的强吸电子基团。它们通过吸电子诱导效应和吸电子共轭效应使苯环的电子云密度降低，尤其是邻、对位降低得更多，所以亲电取代反应主要发生在电子云密度相对较高（降低得相对少些）的间位，而且取代比苯困难。

例如，硝基是一个间位定位基，它与苯环相连时，因氮原子和氧原子的电负性比碳大，所以对苯环具有吸电子诱导效应；同时硝基中的氮氧双键与苯环的大 π 键形成 π-π 共轭体系，使苯环上的电子云向着电负性大的氮原子和氧原子方向流动。两种电子效应的作用方向一致，均使苯环上电子云密度降低，尤其是硝基的邻、对位降低得更多。因此，硝基使苯环钝化，亲电取代反应比苯困难，而且主要得到间位产物。

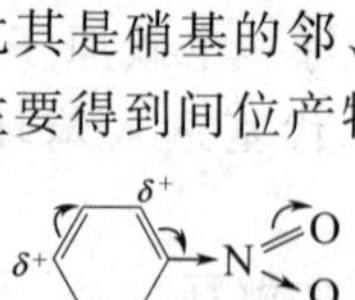

3. 定位规律的应用

（1）预测反应的主要产物　根据定位基的性质，就可以预测出取代基进入的主要位置，从而得知生成的主要产物是什么。例如（新取代基进入箭头所示的位置）：

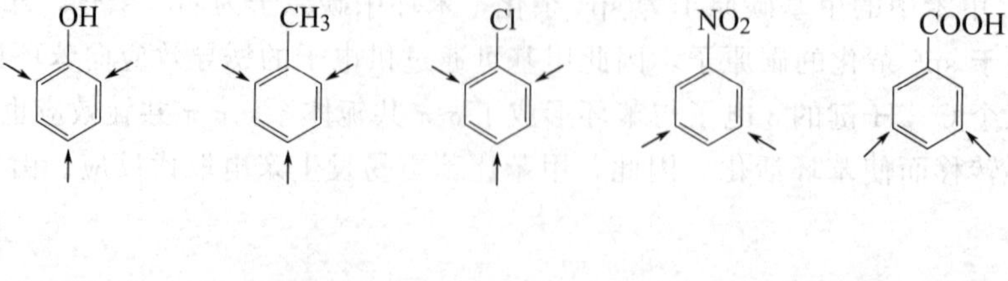

二元或多元取代苯的定位问题比一元取代苯复杂，总的来说，最终反映出来的定位作用实际上是苯环上已有取代基的综合作用。若已有取代基的定位作用一致，则位置判断相对容易。例如：

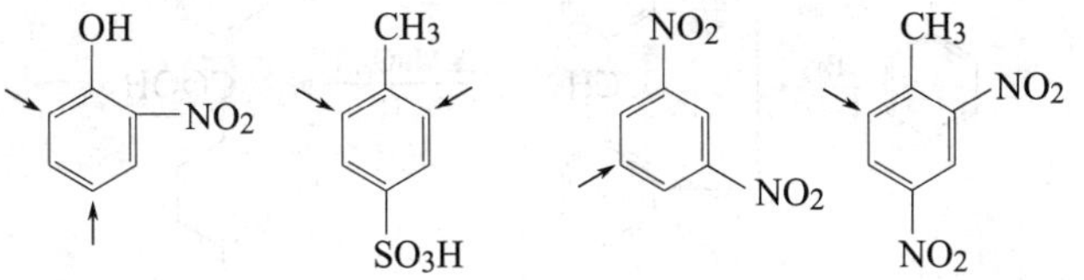

OH／NO_2　CH_3／SO_3H　NO_2／NO_2　CH_3／NO_2／NO_2

当两个取代基处于间位位置时，它们的共同邻位由于受到空间位阻的影响，不易引入新基团。例如：

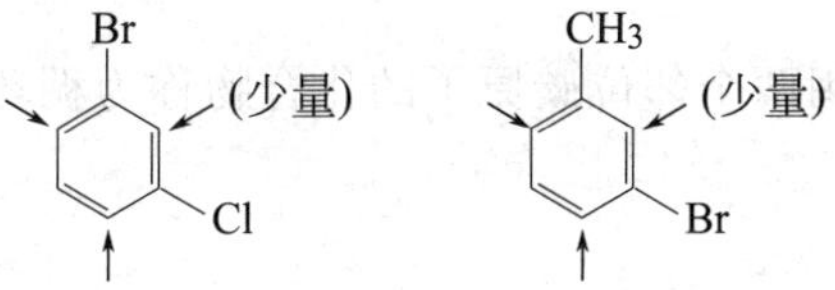

Br／Cl（少量）　CH_3／Br（少量）

当已有取代基的定位作用不一致时，可以参照下列经验规律。

① 常见基团对苯环的活化贡献如下：

—NH_2　—NHR　—OH　—OR　　—C_6H_5　—R　　—F　—Cl　—Br　—I　　—CHO　—$COOH$　—SO_3H　—CN　—NO_2

　　强活化　　　　　　弱活化　　　　弱钝化　　　　　　强钝化

② 多数情况下，活化能力强（或钝化能力弱）的基团的影响大于活化能力弱（或钝化能力强）的基团的影响。例如：

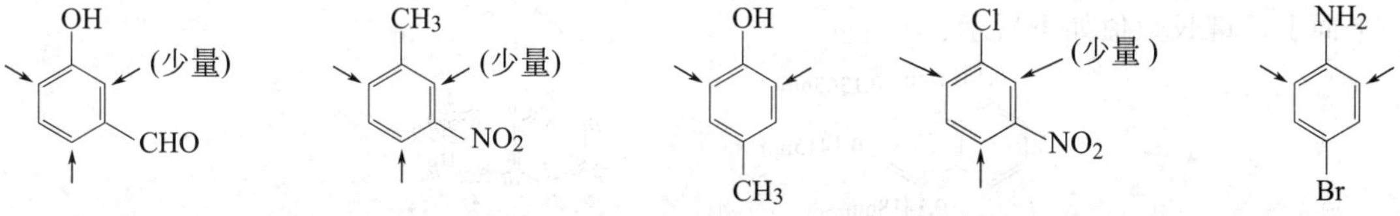

OH／CHO（少量）　CH_3／NO_2（少量）　OH／CH_3　Cl／NO_2（少量）　NH_2／Br

③ 两个基团的定位能力没有太大差别时，得到的是混合物。

（2）选择合理的合成路线　例如，硝基氯苯有三种异构体：邻硝基氯苯、间硝基氯苯和对硝基氯苯。它们都是有机合成的重要原料，如果从苯出发，要合成间硝基氯苯，那么根据定位规律必须采取先硝化后氯代的合成顺序；若要合成邻位或对位硝基氯苯，则要先氯代后硝化，否则不能达到预期的效果。合成路线如下：

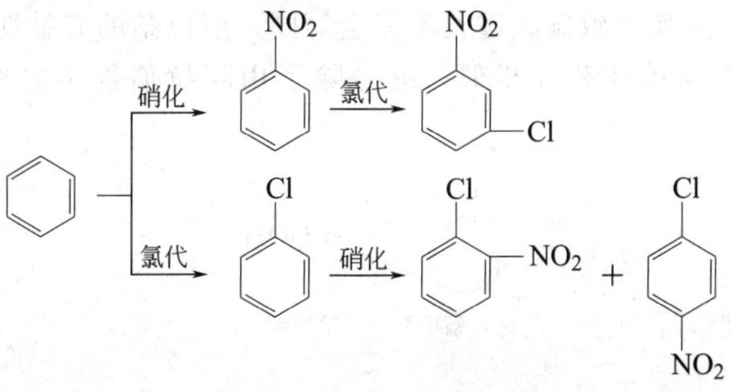

$\underset{硝化}{\longrightarrow}$ 硝基苯 $\underset{氯代}{\longrightarrow}$ 间硝基氯苯

苯 $\underset{氯代}{\longrightarrow}$ 氯苯 $\underset{硝化}{\longrightarrow}$ 邻硝基氯苯 ＋ 对硝基氯苯

又如，以甲苯为原料合成间溴苯甲酸，合理的合成路线应是先氧化后溴代。

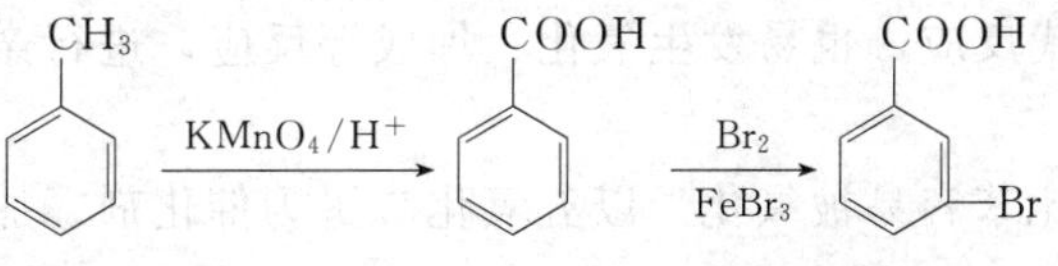

CH_3—苯 $\xrightarrow{KMnO_4/H^+}$ $COOH$—苯 $\xrightarrow[FeBr_3]{Br_2}$ $COOH$／Br

例如，合成邻位或对位溴代苯甲酸，则应先溴代后氧化：

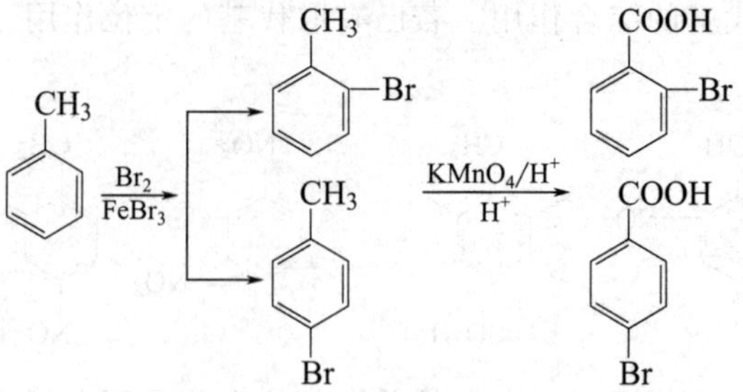

第二节　稠环芳烃

两个或两个以上苯环共用两个邻位碳原子的化合物称为稠环芳烃，下面介绍几个重要的稠环芳烃。

一、萘

萘是白色闪光状晶体，熔点为80℃，沸点为218℃，有特殊气味，能挥发并易升华，不溶于水，易溶于乙醇、乙醚和苯等有机溶剂。萘的来源主要是煤焦油和石油。萘在工业上主要用于合成染料、农药等。萘还具有驱虫防蛀的作用，过去曾用于制作"卫生球"。近年来研究发现，萘可能有致癌作用，现使用樟脑取代萘制作卫生球。

1. 萘的结构和萘的衍生物的命名

萘的分子式为$C_{10}H_8$，是由两个苯环共用两个相邻的碳原子结合而成，两个苯环处于同一平面上。键长数值如下所示：

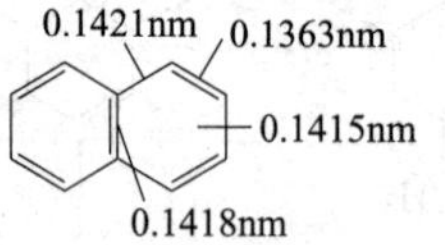

萘分子中的键长 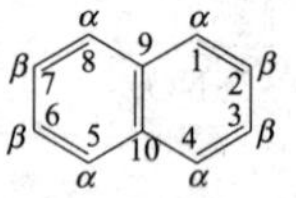　　　　　　　萘分子中碳原子的位次

萘分子中每个碳原子均以sp^2杂化轨道与相邻的碳原子形成C—Cσ键，每个碳原子的未参与杂化的p轨道互相平行，侧面重叠形成一个闭合共轭大π键，因此，萘同苯一样具有芳香性。但萘分子中两个共用碳原子（C9、C10）上的p轨道除了彼此重叠外，还分别与相邻的另外两个碳原子（C1、C8及C4、C5）上的p轨道重叠，因此，闭合大π键电子云在萘环上不是均匀分布的，从而导致碳碳键长不完全等同，所以萘的芳香性比苯差。

萘的衍生物的命名与单环芳烃相似。编号除了用阿拉伯数字之外，也可以用α和β。例如：

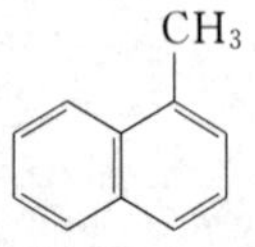

1-甲基萘（α-甲基萘） 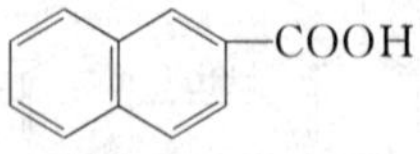　　　　2-萘甲酸（β-萘甲酸） 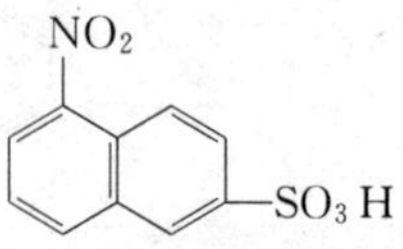　　　　5-硝基-2-萘磺酸

2. 萘的化学性质

由于萘环上闭合大π键电子云密度分布不是完全平均化的，因此它的芳香性比苯差。萘像苯一样能发生亲电取代反应，也易发生氧化、加成等反应，进行亲电取代反应时，α位易于β位。

（1）氧化反应　萘比苯容易被氧化。以五氧化二钒为催化剂，加热条件下萘的蒸气可被空气氧化成邻苯二甲酸酐。

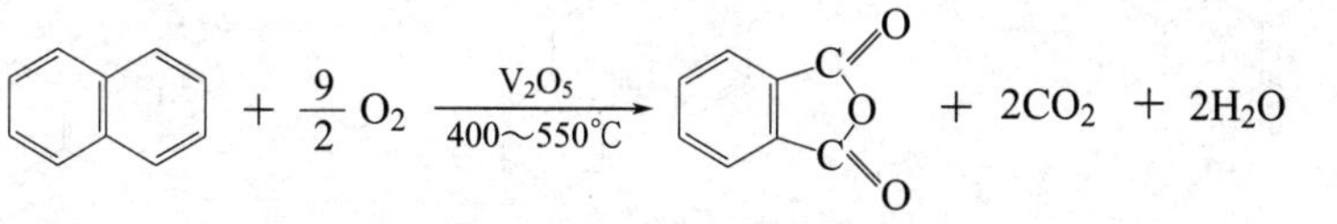

$$\text{(naphthalene)} + \frac{9}{2}O_2 \xrightarrow[400\sim550℃]{V_2O_5} \text{(phthalic anhydride)} + 2CO_2 + 2H_2O$$

邻苯二甲酸酐

邻苯二甲酸酐是重要的有机化工原料，目前萘大量用于生产邻苯二甲酸酐。

（2）加成反应　萘比苯容易发生加成反应，在不同条件下可以发生部分加氢或全部加氢。

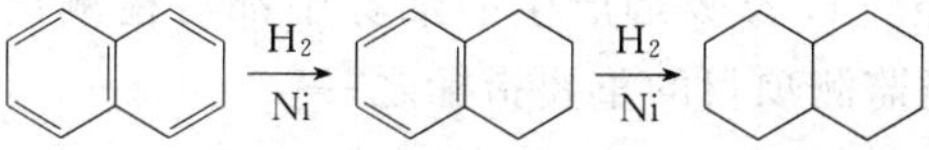

$$\text{(naphthalene)} \xrightarrow{H_2 / Ni} \text{四氢化萘} \xrightarrow{H_2 / Ni} \text{十氢化萘}$$

四氢化萘　　　　十氢化萘

（3）硝化反应　萘与硝酸在常温下就可以反应，产物几乎全都是 α-硝基萘。

$$\text{(naphthalene)} + HNO_3 \xrightarrow{25\sim50℃} \text{(1-nitronaphthalene)} + H_2O$$

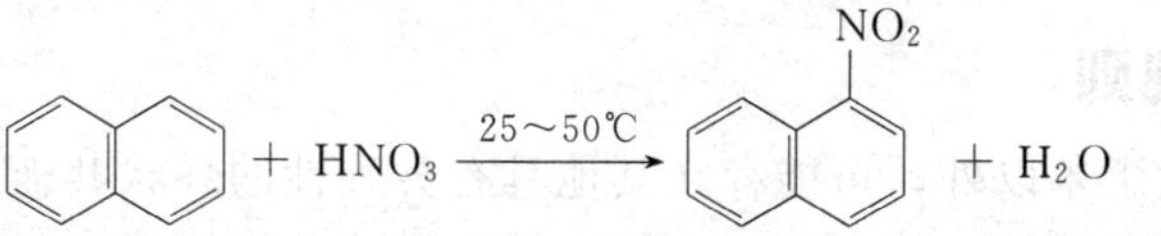

（4）磺化反应　磺化反应所得到的产物与反应温度有关。低温时主要为 β-萘磺酸，较高温度时则主要是 β-萘磺酸，α-萘磺酸在硫酸中加热到 165℃ 时，大多数都转化为 β-萘磺酸。

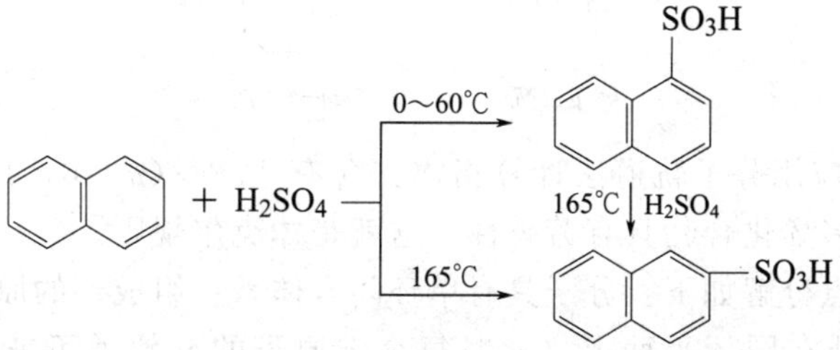

$$\text{(naphthalene)} + H_2SO_4 \begin{cases} \xrightarrow{0\sim60℃} \text{1-SO}_3\text{H} \\ \\ \xrightarrow{165℃} \text{2-SO}_3\text{H} \end{cases}$$

$165℃ \downarrow H_2SO_4$

二、其他稠环芳烃

蒽和菲的分子式都是 $C_{14}H_{10}$，二者互为同分异构体。它们都是由三个苯环结合而成的，并且三个苯环都处在同一平面上。不同的是，蒽的三个苯环的中心在一条直线上，而菲的三个苯环的中心不在一条直线上。

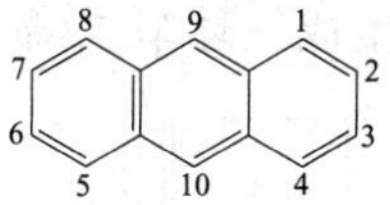

蒽 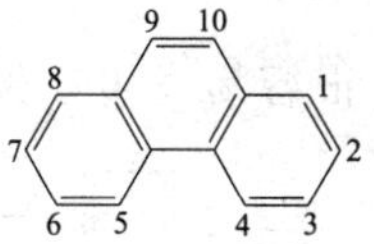　　　　　　　菲

蒽为无色片状结晶，熔点为 216℃，沸点为 340℃。蒽在煤焦油中的含量约为 0.25%。
菲是带光泽的无色晶体，熔点为 101℃，沸点为 340℃，也主要存在于煤焦油中。
除萘、蒽、菲外，煤焦油中还含有一些其他稠环芳烃。例如：

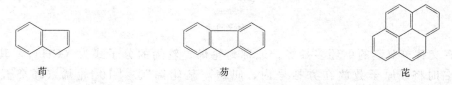

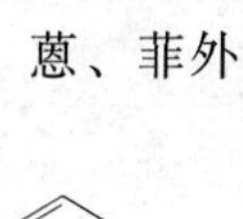

茚　　　　　　　　　　　芴 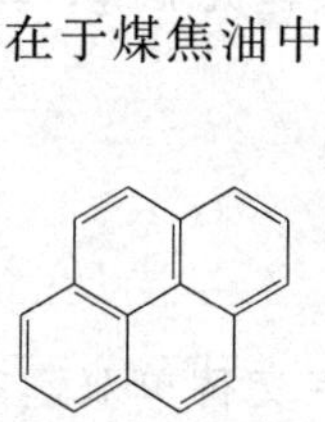　　　　　　　　　　　芘

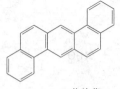

1,2,5,6-二苯并蒽

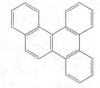

1,2,3,4-二苯并菲

3,4-苯并芘

　　煤、烟草、木材等不完全燃烧也会产生较多的稠环芳烃。其中某些稠环芳烃具有致癌作用，如苯并芘类稠环芳烃，特别是 3,4-苯并芘有强烈的致癌作用。3,4-苯并芘为浅黄色晶体，1933 年从煤焦油中分离得来。煤的干馏及煤和石油等燃烧时，都可产生 3,4-苯并芘。在煤烟和汽车尾气污染的空气以及吸烟产生的烟雾中都可检测出 3,4-苯并芘。测定空气中 3,4-苯并芘的含量，是环境监测项目的重要指标之一。

第三节　休克尔规则与非苯芳烃

一、休克尔规则

　　凯库勒认为，除了苯以外，可能存在其他具有芳香性的环状共轭多烯烃。但后来的大量实验事实表明，像环丁二烯、环辛四烯这样的具有闭环共轭体系的化合物却不具有类似苯的芳香性。

环丁二烯　　　　　环辛四烯

　　1931 年，休克尔应用分子轨道法计算指出：含有 $4n+2(n=0，1，2，3，\cdots)$ 个电子的单环封闭平面共轭多烯化合物具有芳香性，这就是休克尔规则。

　　休克尔规则的要点分解如下：分子具有单环闭合体系；组成环的原子均有未参与杂化的 p 轨道；成环原子都处在同一平面上（此时每个碳原子的 p 轨道可彼此重叠形成闭合大 π 键）；π 电子数符合 $4n+2(n=0，1，2，3，\cdots)$ 规则。多年来，休克尔规则在解释大量实验事实和预言新的芳香体系方面是非常成功的。

　　苯分子是一平面型结构，π 电子数为 6，符合休克尔规则，所以具有芳香性。

　　环丁二烯和环辛四烯分别具有 4 个和 8 个 π 电子，均不符合休克尔规则，因此，它们都无芳香性。

　　环丁二烯非常不稳定，很容易发生二聚反应生成三环辛二烯。

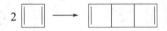

　　环辛四烯并不是平面型的，只是高度不饱和的环状多烯烃，因此不能形成芳香体系特有的闭合共轭大 π 键，具有烯烃的性质。

环辛四烯

　　具有交替单双键的单环多烯烃，通称为轮烯。轮烯的分子式为 $(CH)_x$，其中 $x \geqslant$ 10。命名时将碳原子数放在方括号内，叫做"某轮烯"。[10]轮烯（环癸五烯）和

[14]轮烯（环十四碳七烯），它们的π电子数目虽符合休克尔规则，前者 n 为 $4 \times 2 + 2 = 10$，后者 n 为 $4 \times 3 + 2 = 14$，本应具有芳香性，但由于环内氢原子相距较近，具有强烈的排斥作用，使环上碳原子不能处于同一平面内，故不能形成闭合大π键，所以两者均无芳香性。

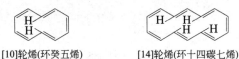

[10]轮烯(环癸五烯)　　　　[14]轮烯(环十四碳七烯)

二、非苯芳烃

一些虽不含苯环结构，但符合休克尔规则，显示一定芳香性的环状烃，称为非苯芳烃。

环丙烯正离子为平面结构，碳原子均为 sp^2 杂化，π电子数为2，符合休克尔规则（$n = 0$），具有芳香性。它的一个空的 p 轨道和两个含单电子的 p 轨道彼此重叠形成一个闭合大π键，两个π电子均匀地分布在三个碳原子上，因此，环丙烯正离子是稳定的。

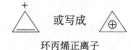

环丙烯正离子

环戊二烯负离子是最早认识的一个芳香负离子。环戊二烯负离子很稳定，能与许多亲电试剂发生取代反应。

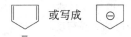

环戊二烯负离子

在苯中用钾处理环戊二烯，可以制得环戊二烯负离子的钾盐。

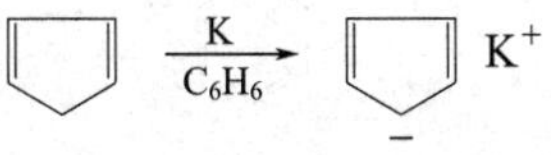

$$\square \xrightarrow[C_6H_6]{K} \square\ K^+$$

[18]轮烯的所有碳原子均在同一平面上，有一个闭合大π键，π电子数为18，符合 $4n + 2$ 规则（$n = 4$），具有芳香性。它的每一条碳碳键长几乎相等，表明大π键电子云是高度离域的。[18]轮烯很稳定，加热到230℃仍不分解，是一个典型的大环非苯芳烃。

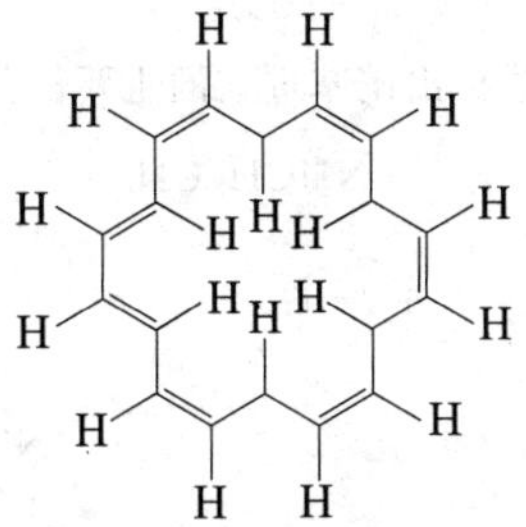

休克尔规则不仅适用于单环多烯，而且适用于稠环共轭体系和杂环化合物（杂环化合物内容见第十章）。

例如，应用休克尔规则，可以判断出以下物质均具有芳香性。

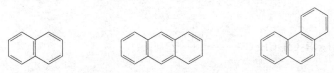

习 题

1. 写出单环芳烃 C_9H_{12} 的同分异构体的构造式并命名之。

2. 命名下列化合物：

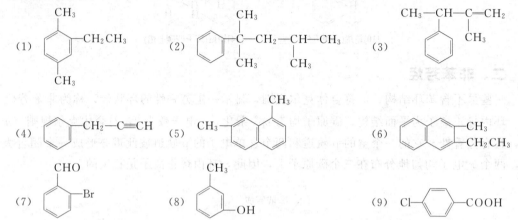

3. 写出下列化合物的构造式：

（1）2-甲基-3-苯基-1-丁烯　　　（2）三苯甲烷　　　　　（3）2,3-二硝基-4-氯苯甲酸

（4）对氯苯磺酸　　　　　　　　（5）环己基苯　　　　　（6）对溴苯胺

（7）邻硝基苯甲酸　　　　　　　（8）2-甲基-6-氯萘　　　（9）3-甲基-8-硝基-2-萘磺酸

4. 比较下列各组化合物进行亲电取代反应时的难易程度：

（1）苯　甲苯　硝基苯

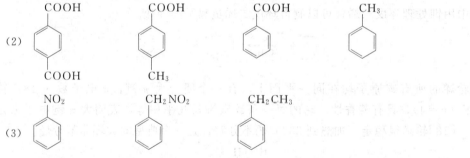

5. 将下列化合物进行硝化反应，试用箭头标出硝基进入的主要位置：

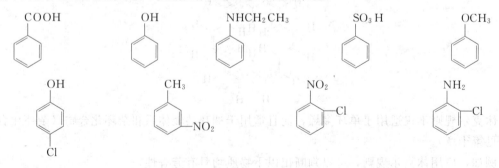

6. 完成下列反应式：

（1）　　　+ $CH_3CH_2CH_2CH_2Cl$ $\xrightarrow{\text{无水 } AlCl_3}$?

(2) 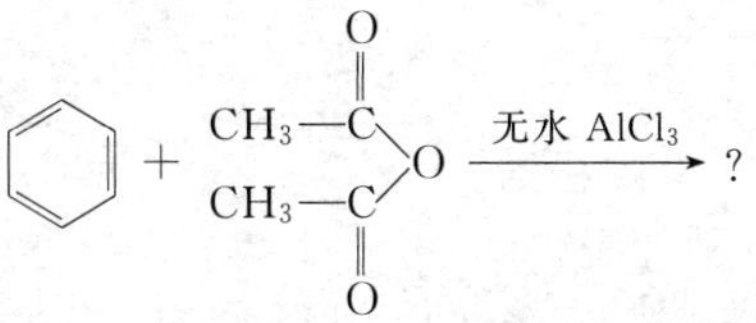 苯 + $CH_3-CO-O-CO-CH_3$ (乙酸酐) $\xrightarrow{\text{无水 } AlCl_3}$?

(3) 1,3,5-取代苯（$C(CH_3)_3$、CH_3、CH_2CH_3）$\xrightarrow[\triangle]{KMnO_4/H^+}$?

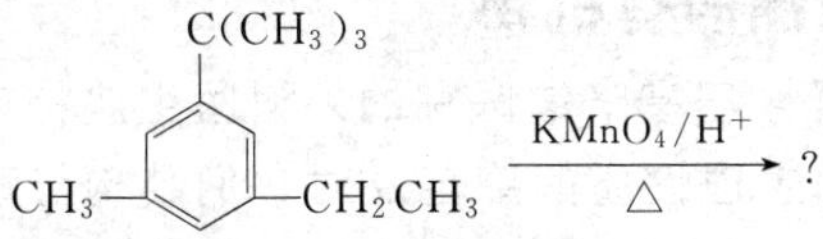

(4) 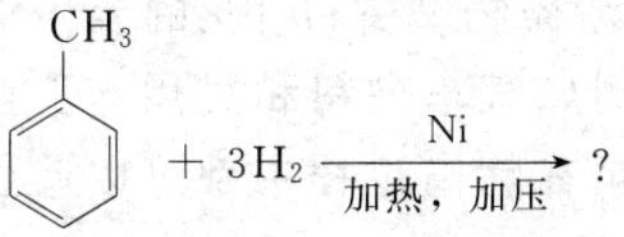 甲苯 + $3H_2$ $\xrightarrow[\text{加热，加压}]{Ni}$?

(5) $C_6H_5-CH_2-CH=CH_2$ $\xrightarrow[CCl_4]{Br_2}$? $\xrightarrow[Fe]{Br_2}$?

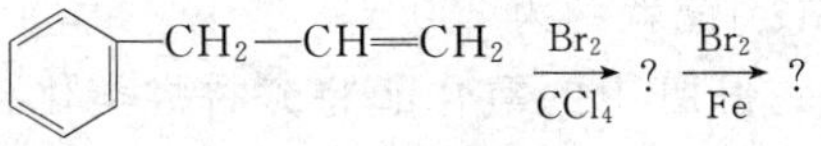

(6) 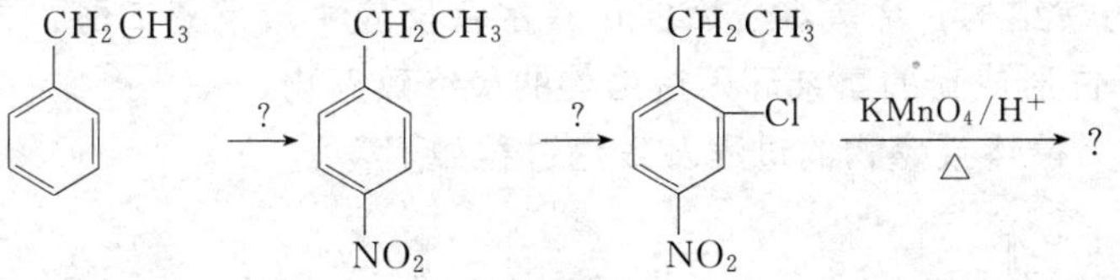 乙苯 $\xrightarrow{?}$ 对硝基乙苯（CH_2CH_3、NO_2）$\xrightarrow{?}$ （CH_2CH_3、Cl、NO_2）$\xrightarrow[\triangle]{KMnO_4/H^+}$?

(7) 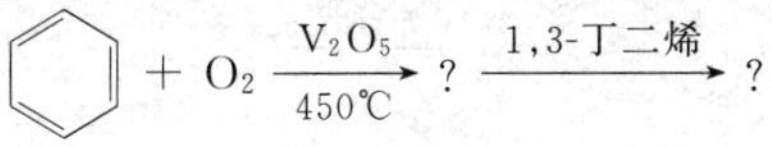 苯 + O_2 $\xrightarrow[450℃]{V_2O_5}$? $\xrightarrow{1,3\text{-丁二烯}}$?

(8) 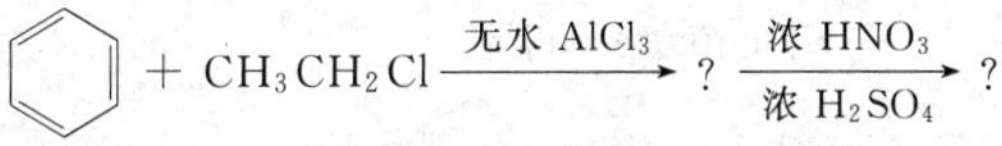 苯 + CH_3CH_2Cl $\xrightarrow{\text{无水 } AlCl_3}$? $\xrightarrow[\text{浓 } H_2SO_4]{\text{浓 } HNO_3}$?

7. 用指定的原料合成下列化合物（无机试剂可任选）：

（1）以苯为主要原料合成（间位 Br、NO_2 取代苯）

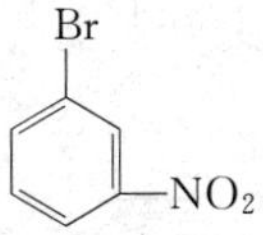

（2）以苯为主要原料合成（CH_2CH_3、Cl、NO_2 取代苯）

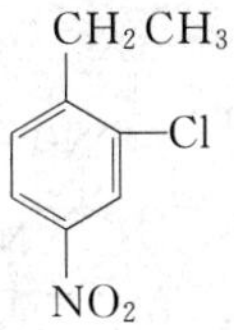

（3）以甲苯为主要原料合成 $CH_3-C_6H_4-CH_2-C_6H_4-NO_2$

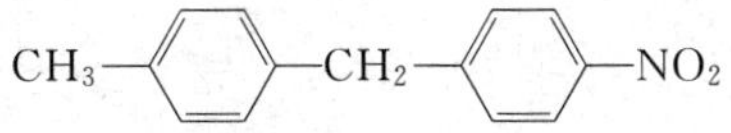

（4）以甲苯为主要原料合成

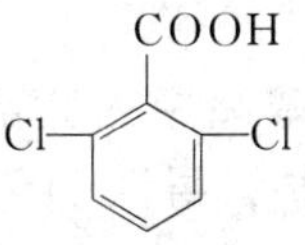

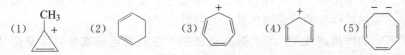

8. 根据休克尔规则判断下列各化合物是否具有芳香性：

（1）甲基环丙烯正离子 （2）环己二烯 （3）环庚三烯正离子 （4）环戊二烯正离子 （5）环辛四烯双负离子

9. 某芳烃的分子式为 C_9H_{12}，用 $KMnO_4$ 的硫酸溶液氧化后得一种二元酸，将芳烃进行硝化所得的一元硝基化合物主要有两种，写出芳烃的可能构造式，并写出各步反应式。

10. 三种芳烃分子式均为 C_9H_{12}，氧化时 A 得到一元酸，B 得到二元酸，C 得到三元酸；进行硝化反应时，A 主要得到两种一硝基化合物，B 只得到两种一硝基化合物，而 C 只得到一种一硝基化合物。试推测

A、B、C 的结构式。

知识拓展

多环芳烃——可致癌的有机物

许多多环芳烃类物质是致癌的，1775 年伦圣·巴塞洛缪医院的外科医生波特首次观察到这些物质会致癌。他对多环苯型芳烃物质的生理性质的鉴定及对它们结构与性质的关系进行了大量研究工作，特别是对环境中分布广泛的污染物苯并[a]芘的分子进行了深入研究。苯并[a]芘是有机物在燃烧过程中产生的，例如汽车燃料和民用、工业发电用燃油、煤、废物、森林大火、纸烟和雪茄的燃烧，甚至在烤肉过程中都可以产生该致癌物，仅美国一个国家每年排放到大气中的苯并[a]芘就约为 3000t。

苯并[a]芘的致癌机理是什么呢？研究发现，肝脏中的氧化酶将芳香烃类化合物在 C7 和 C8 位转化成氧杂环丙烷结构，环氧水合酶催化其水合反应生成反式二醇，再经过进一步氧化，在 C9 和 C10 位形成新的氧杂环丙烷结构的最终致癌物。

酶催化苯并[a]芘转化为最终致癌物的过程及致癌过程如下：

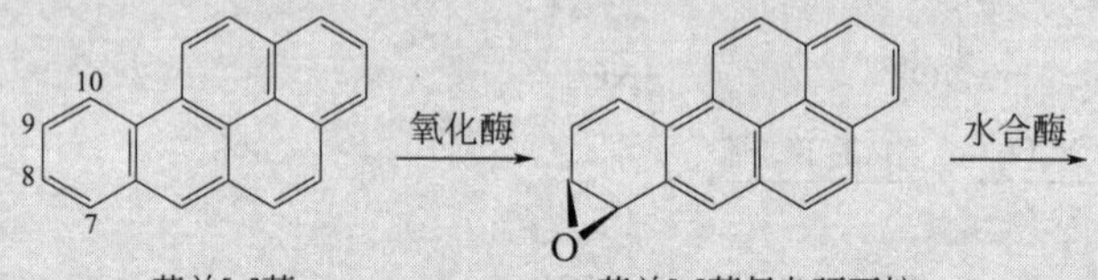

苯并[a]芘 —氧化酶→ 苯并[a]芘氧杂环丙烷 —水合酶→

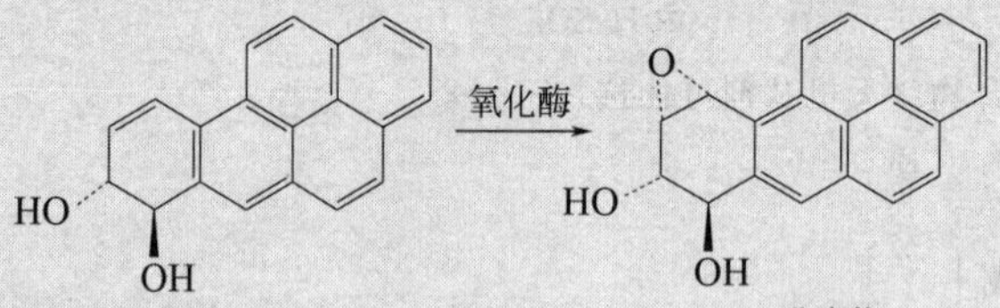

7,8-二氢苯并[a]芘-反式-7,8-二醇 —氧化酶→ 致癌物

—DNA-碱基(鸟嘌呤)→

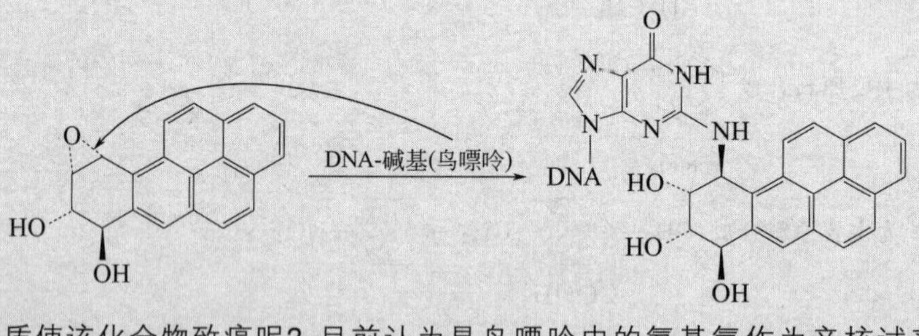

什么物质使该化合物致癌呢？目前认为是鸟嘌呤中的氨基氮作为亲核试剂进攻氧杂环丙烷，反应后的鸟嘌呤破坏 DNA 的双螺旋结构，导致 DNA 在基因复制中发生错配。这个变化可以导致遗传编码的改变，即突变，然后产生一系列快速且无区分地大量增殖的细胞，即癌的特征。并不是所有的突变都会致癌，事实上，其中大部分只是导致被侵袭细胞的坏死。但是，接触致癌物质就会增加致癌的可能性。

人们研究发现致癌物的作用就像 DNA 的烷基化试剂，这就意味着其他的烷基化试剂同样也是致癌的（如染料工业中广泛使用的 1-萘胺和 2-萘胺等），科学家正在寻找这些致癌物的替代品。人类应尽可能远离这些可能的致癌物质。

旋光异构

Chapter 04

第四章

有机化学中的同分异构现象可分为两大类：构造异构（或结构异构）和立体异构。构造异构是指分子中原子或官能团的连接顺序或方式不同而产生的异构现象，包括碳链异构、官能团位置异构、官能团异构和互变异构。立体异构是指分子中原子或官能团的连接顺序或方式相同，但空间的排列方式不同而产生的异构现象，包括构象异构、顺反异构和旋光异构。顺反异构和旋光异构又叫做构型异构，它与构象异构的区别是：构型异构体的相互转化需要断裂价键，室温下能够分离构型异构体；而构象异构体的相互转化是通过碳碳单键的旋转来完成的，又叫旋转异构，不必断裂价键，室温下不能分离构象异构体。

旋光异构又叫光学异构或对映异构，是指两种立体异构体互为镜像，具有相同的理化性质，但对平面偏振光具有不同的旋光性能。这些旋光性不同的立体异构体叫做旋光异构体。

第一节　物质的旋光性

一、偏振光

光是一种电磁波，其振动的方向与它前进的方向垂直。普通光由不同波长的光组成，这些不同波长的光在无数个垂直其传播路线的平面内振动〔见图 4-1(a)〕，它表示一束从纸下面向上前进的普通光的横截面，双箭头表示在不同方向上振动的光。

当普通光通过一个由方解石制成的尼科尔（Nicol）棱镜时，只有振动方向和棱镜晶轴平行的光才能通过棱镜，所以通过棱镜后所得到的光就只在一个平面上振动。这种只在某一平面上振动的光叫做平面偏振光，简称偏振光〔见图 4-1(b)〕。

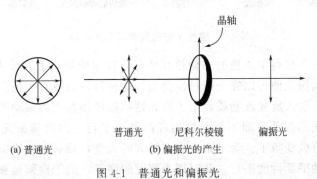

图 4-1　普通光和偏振光

二、旋光性与分子结构的关系

如果将偏振光通过某些物质（如水、乙醇、乙酸）时，其振动平面不发生改变；而当通过另一些物质（如乳酸、甘油醛、葡萄糖）时，其振动平面会发生旋转（见图 4-2）。物质的这种能使偏振光的振动平面发生旋转的性质叫做旋光性，具有旋光性的物质叫做旋光性物质或光学活性物质。

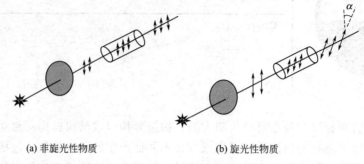

(a) 非旋光性物质　　　　　　　　(b) 旋光性物质

图 4-2　物质的旋光性

1. 旋光度和比旋光度

旋光性物质使偏振光振动平面旋转的角度叫做旋光度，通常用"α"表示。能使偏振光振动平面向右（或顺时针方向）旋转的物质叫右旋体，用"＋"或"d"表示；使偏振光振动平面向左（或逆时针方向）旋转的物质叫左旋体，用"－"或"l"表示。例如，人体运动时肌肉产生的乳酸是右旋体，称为右旋乳酸、（＋）-乳酸或 d-乳酸，由乳糖发酵得到的乳酸称为左旋乳酸、（－）-乳酸或 l-乳酸。

物质的旋光度是用旋光仪测定的，旋光仪的构造及其工作原理如图 4-3 所示。图中起偏镜和检偏镜均为尼科尔棱镜，起偏镜是固定不动的，其作用是将光源发出的光变为偏振光，检偏镜和刻度盘固定在一起，可以旋转，用来测量偏振光振动平面旋转的角度。

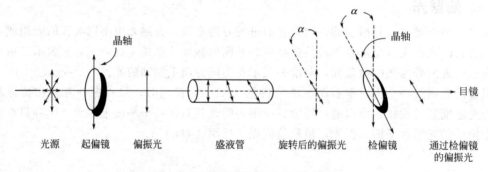

图 4-3　旋光仪的构造及其工作原理

在测定时，当两个尼科尔棱镜的晶轴相互平行，且盛液管空着或装有非旋光性物质时，通过起偏镜产生的偏振光便可以完全通过检偏镜，此时目镜的视野光亮度最大，刻度盘仍处在零点。若盛液管中装入旋光性物质，由于旋光性物质使偏振光的振动平面向左或向右旋转了某一角度，偏振光的振动平面不再与检偏镜的晶轴平行，因而偏振光不能完全通过检偏镜，此时目镜的视野就变暗了。为了重新看到最大的光亮，只有旋转检偏镜，使其晶轴与旋转后的偏振光的振动平面再度平行，此时即为测定的终点。由于检偏镜和刻度盘是固定在一起的，因此偏振光振动平面旋转的角度就等于刻度盘旋转的角度，其数值可以从刻度盘上读出。

旋光性物质旋光度的大小除取决于物质本身的结构外，还与测定时的条件如溶液的浓度、盛液管的长度、测定时的温度、溶剂的性质以及所用光源的波长等因素有关。所以，在比较不同物质的旋光性时，必须限定在相同的条件下，当修正了各种因素的影响后，旋光度才是每个旋光性化合物的特性。一般规定：在一定温度下，使用一定波长的光照射，溶液的浓度为 $1g \cdot mL^{-1}$，盛液管的长度为 $1dm$ 时，测得的旋光度称为比旋光度，用 $[\alpha]_\lambda^t$ 表示。它与旋光度之间有如下关系：

$$[\alpha]_\lambda^t = \frac{\alpha}{cL}$$

式中，t 为测定时的温度（一般为 $20℃$）；λ 为所用光源的波长（常用钠光，波长为 $589.3nm$，标记为 D）；α 为测得的旋光度，$(°)$；c 为被测溶液的浓度，$g \cdot mL^{-1}$；L 为盛液管的长度，dm。若被测物质是纯液体，可用该液体的密度替换上式中的浓度来计算其比旋光度。

在表示比旋光度时，不仅要注明所用光源的波长及测定时的温度，还要注明所用溶剂的名称和溶液的浓度。例如，在 $20℃$ 时，用钠光灯作光源，测定右旋酒石酸在乙醇中，浓度为 5% 时，其比旋光度为 $+3.79°$，应记作：

$$[\alpha]_D^{20} = +3.79°（乙醇,5\%）$$

比旋光度是旋光性物质特有的物理常数。测定旋光性物质的比旋光度，是常用的定性和定量分析的手段之一。通过测定某一未知物的比旋光度，可初步推测该未知物为何种物质（但不能确定，因为比旋光度相同的物质可能有若干种）。通过测定某一已知物的比旋光度，还可计算该已知物的纯度（旋光纯度）。对于已知比旋光度的纯物质，测得其溶液的旋光度后，可利用公式 $[\alpha]_\lambda^t = \frac{\alpha}{cL}$ 求出溶液的浓度。在制糖工业中就常利用测定糖溶液的旋光度来计算溶液中蔗糖的含量，此种测定方法称为旋光法。旋光法还常用于食品分析中，如商品葡萄糖的测定以及谷类食品中淀粉的测定等。

2. 手性和分子的对称性

为什么有的物质有旋光性，而有的物质却没有旋光性呢？物质的性质是与其结构紧密相关的，具有怎样结构的分子才有旋光性呢？

实验证明，如果某种分子与其镜像不能完全重合，这种分子就具有旋光性。分子的这种实物与其镜像不能完全重叠的特殊性质叫做分子的手征性，简称手性，就像人的左右手互为实物和镜像的关系，但二者不能完全重合一样，如图 4-4 所示。

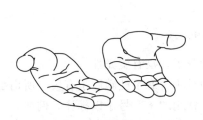

图 4-4　左右手互为实物和镜像的关系，但二者不能完全重合

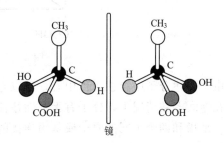

图 4-5　乳酸分子的手性

具有手性的分子叫做手征性分子，简称手性分子。手性分子与其镜像不能重合的原因是它们有不同的构型，即分子中的原子或原子团具有不同的空间排列方式。两种不同的构型之间互为实物和镜像的关系，如乳酸分子的手性（见图 4-5）。

要判断一个分子是否具有手性，最简单的方法是看它能否与其镜像完全重合。但这种方法不太方便，在分析比较许多手性分子和非手性分子的结构之后，发现分子的手性与分子的对称性有关，所以常根据分子的对称性来判断其是否具有手性。

在有机化学中，一般采用对称面和对称中心这两个对称因素来考察分子的对称性。如果分子中存在对称面或对称中心，这样的分子就没有手性，也不具有旋光性；如果分子中既无对称面，又无对称中心，这样的分子就是手性分子，具有旋光性。

所谓分子的对称面，就是能将分子分成互为实物和镜像关系两部分的一个平面。例如，在1,1-二溴乙烷分子中，通过H—C1—C2三个原子所构成的平面能将分子分成互为实物和镜像关系的两部分，因此该平面就是它的对称面［见图4-6(a)］。又如，(E)-1-氯-2-溴乙烯分子是一个平面结构的分子，分子所在的这个平面也能将分子分成互为实物和镜像关系的两"片"，所以该平面也是它的对称面［见图4-6(b)］。

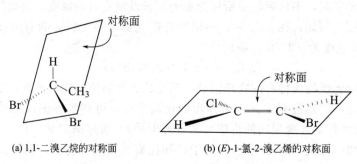

(a) 1,1-二溴乙烷的对称面　　　　　　　(b) (E)-1-氯-2-溴乙烯的对称面

图 4-6　分子的对称面

由于1,1-二溴乙烷和(E)-1-氯-2-溴乙烯的分子中都存在对称面，所以它们都是非手性分子，都没有旋光性。

所谓分子的对称中心，就是假设分子中存在一个点，通过该点作任一条直线，若在该点等距离的两端有相同的原子或基团，则该点就是分子的对称中心（见图4-7）。

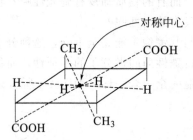

图 4-7　分子的对称中心

由于上述分子中存在对称中心，所以它是非手性分子，没有旋光性。

在绝大多数情况下，分子有无手性往往与分子中是否含有手性碳原子有关。所谓手性碳原子，是指和四个不同的原子或基团连接的碳原子，常用"＊"号予以标注。例如：

$$\underset{\underset{\text{2-氯丁烷}}{\underset{|}{Cl}}}{CH_3—\overset{*}{CH}—CH_2—CH_3} \qquad \underset{\underset{\text{甘油醛}}{\underset{|}{OH}\ \underset{|}{OH}}}{CH_2—\overset{*}{CH}—CHO} \qquad \underset{\underset{\text{酒石酸}}{\underset{|}{OH}\ \underset{|}{OH}}}{HOOC—\overset{*}{CH}—\overset{*}{CH}—COOH}$$

一般来说，含有一个手性碳原子的分子往往是手性的，不含手性碳原子的分子往往是非手性的。但应当注意的是，手性碳原子是引起分子具有手性的普遍因素，但不是唯一的因素。含有手性碳原子的分子不一定都具有手性，而不含手性碳原子的分子不一定不具有手性。

第二节　含手性碳原子化合物的旋光异构

一、含一个手性碳原子化合物的旋光异构

（一）对映体和外消旋体

2-氯丁烷分子中含一个手性碳原子，手性碳原子上的四个基团在空间有两种不同的排列方式，即有两种不同的构型（见图 4-8）。

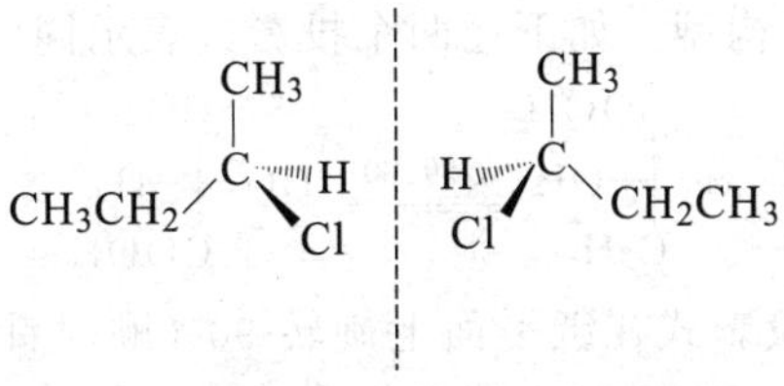

图 4-8　2-氯丁烷的一对对映体的透视式

这两种构型互为实物和镜像的关系，它们不能完全重合，代表两个不同的异构体。这种互为实物和镜像关系的异构体叫做对映异构体，简称对映。由于对映体的构造相同，因此其物理性质、化学性质一般都相同。它们的区别在于光学活性不同，其比旋光度大小相等，方向相反。一对对映体中，一个是左旋体，另一个是右旋体。但不能从构型上确定哪一个是左旋体或右旋体，只能用旋光仪测得。

如果把两个对映体等量混合后，则左旋体和右旋体的旋光能力相互抵消，不显示旋光性。这种由等量对映体组成的混合物叫做外消旋体，用"（±）"或"dl"表示，如外消旋2-氯丁烷可记作（±）-2-氯丁烷或 dl-2-氯丁烷。

综上所述，含一个手性碳原子化合物的分子是手性分子，具有旋光性。它有两个旋光异构体，一个为左旋体，另一个为右旋体，它们的等量混合物可组成一个外消旋体。

（二）构型的表示方法

旋光异构体在结构上的区别仅在于分子中的原子或基团在空间的排列方式不同，所以一般的平面结构式无法表示原子或基团在空间的相对位置，为了清楚地表达各基团在空间的排布方式，常采用透视式（见图 4-8）。透视式比较直观，但书写起来很麻烦，尤其是书写结构复杂的化合物就更加困难。因此也常采用另外一种比较简便的图形——费歇尔（E. Fischer)投影式来表示。

1. 费歇尔投影式的投影规则

① 画一个十字，以其交叉点表示手性碳原子，四个价键与四个不同的原子或基团相连。

② 将碳链竖起来，把氧化态较高的碳原子或命名时编号最小的碳原子放在最上端。

③ 与手性碳原子相连的两个横键指向纸平面的前方，两个竖键指向纸平面的后方。

④ 表示某一化合物的费歇尔投影式只能在纸平面上平移，也能在纸平面上旋转180°或其整数倍，但不能在纸平面上旋转90°或其奇数倍，也不能离开纸平面翻转，否则得到的费歇尔投影式就代表其对映体的构型。

按此投影规则，乳酸的一对对映体的费歇尔投影式如图 4-9 所示。

费歇尔投影式是用平面式来表示分子的立体结构，看费歇尔投影式时必须注意"横前竖后"的关系。

2. 判断两个费歇尔投影式是否表示同一构型的方法

① 若将其中一个费歇尔投影式在纸平面上旋转180°后，得到的投影式和另一投影式相

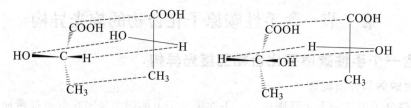

图 4-9 乳酸的一对对映体的费歇尔投影式

同，则这两个投影式表示同一构型。如下述两个投影式表示同一构型：

$$
\underset{C_2H_5}{\overset{COOH}{H{-}{\vert}{-}OH}} \quad\xrightarrow{\text{旋转}180°}\quad \underset{COOH}{\overset{C_2H_5}{HO{-}{\vert}{-}H}}
$$

② 若将其中一个费歇尔投影式在纸平面上旋转 90°（顺时针或逆时针旋转均可）后，得到的投影式和另一投影式相同，则这两个投影式表示两种不同构型，二者是一对对映体。如下述两个投影式表示一对对映体：

$$
\underset{CH_3}{\overset{COOH}{H{-}{\vert}{-}OH}} \quad\overset{\text{顺时针旋转}90°}{\underset{\text{逆时针旋转}90°}{\rightleftharpoons}}\quad \underset{OH}{\overset{H}{H_3C{-}{\vert}{-}COOH}}
$$

③ 若将其中一个费歇尔投影式的手性碳原子上的任意两个原子或基团交换偶数次后，得到的投影式和另一投影式相同，则这两个投影式表示同一构型。如下述化合物 Ⅰ 和 Ⅲ 表示同一构型：

$$
\underset{C_2H_5}{\overset{CH_3}{H{-}{\vert}{-}OH}}\;\xrightarrow[\text{第一次交换}]{-H \text{和}-CH_3 \text{交换}}\; \underset{C_2H_5}{\overset{H}{H_3C{-}{\vert}{-}OH}}\;\xrightarrow[\text{第二次交换}]{-OH \text{和}-C_2H_5 \text{交换}}\; \underset{OH}{\overset{H}{H_3C{-}{\vert}{-}C_2H_5}}
$$

Ⅰ　　　　　　　　　　　　Ⅱ　　　　　　　　　　　　Ⅲ

④ 若将其中一个费歇尔投影式的手性碳原子上的任意两个原子或基团交换奇数次后，得到的投影式和另一投影式相同，则这两个投影式表示两种不同构型，二者是一对对映体。如下述化合物 Ⅰ 和 Ⅳ 表示一对对映体：

$$
\underset{C_2H_5}{\overset{CH_3}{H{-}{\vert}{-}OH}}\;\xrightarrow[\text{第一次交换}]{-H \text{和}-CH_3 \text{交换}}\; \underset{C_2H_5}{\overset{H}{H_3C{-}{\vert}{-}OH}}\;\xrightarrow[\text{第二次交换}]{-H \text{和}-C_2H_5 \text{交换}}\; \underset{H}{\overset{C_2H_5}{H_3C{-}{\vert}{-}OH}}
$$

Ⅰ　　　　　　　　　　　　Ⅱ　　　　　　　　　　　　Ⅲ

$$
\xrightarrow[\text{第三次交换}]{-OH \text{和}-CH_3 \text{交换}}\; \underset{H}{\overset{C_2H_5}{HO{-}{\vert}{-}CH_3}}
$$

Ⅳ

纽曼投影式也可以转换为费歇尔投影式，转换过程按下列顺序进行：首先将纽曼投影式转化为交叉透视式，进而转化为重叠式，再由重叠式转化为费歇尔投影式。

(2S,3S)　　　　　　　　　　　　　　　　　　　　　　(2S,3S)
纽曼式　　　　　　　交叉式　　　　　　　重叠式　　　　　费歇尔投影式

（三）构型的标记方法

含一个手性碳原子的化合物存在两种构型，一种是左旋体，另一种是右旋体，为了区别这些不同的构型，可以采用 D、L 和 R、S 两种方法进行标记。

1. D、L 标记法

在早期还没有直接测定异构体真实构型的方法时，为避免混淆和研究的需要，便以甘油醛的费歇尔投影式为标准作了人为规定：在费歇尔投影式中，手性碳原子上的羟基在碳链右侧的表示右旋甘油醛，称为 D-构型（D 即 Dexter，拉丁文，右），则它的对映体就是左旋的，定为 L-构型（L 即 Laevus，拉丁文，左）。

$$
\begin{array}{cc}
\text{CHO} & \text{CHO} \\
\text{H}\!-\!\!\!\!-\!\!\!-\!\!\text{OH} & \text{HO}\!-\!\!\!\!-\!\!\!-\!\!\text{H} \\
\text{CH}_2\text{OH} & \text{CH}_2\text{OH}
\end{array}
$$

D-（＋）-甘油醛 　　　　 L-（－）-甘油醛

于是，在规定了甘油醛的构型后，其他旋光性物质的构型就可通过一定的化学转变与甘油醛联系起来。凡可由 D-甘油醛转变而成的或是可转变成为 D-甘油醛的化合物，其构型必定是 D-构型的，用同样的方法，与 L-甘油醛相联系的化合物为 L-构型。必须注意的是，在转变的过程中不能涉及手性碳原子上键的断裂，否则就必须知道转变反应的历程。例如：

$$
\begin{array}{ccc}
\text{CHO} & \text{COOH} & \text{COOH} \\
\text{H}\!-\!\!-\!\!\text{OH} \xrightarrow{[O]} & \text{H}\!-\!\!-\!\!\text{OH} \xrightarrow{[H]} & \text{H}\!-\!\!-\!\!\text{OH} \\
\text{CH}_2\text{OH} & \text{CH}_2\text{OH} & \text{CH}_3
\end{array}
$$

D-（＋）-甘油醛 　　　 D-（－）-甘油酸 　　　 D-（－）-乳酸

$$
\begin{array}{ccc}
\text{CHO} & \text{COOH} & \text{COOH} \\
\text{HO}\!-\!\!-\!\!\text{H} \xrightarrow{[O]} & \text{HO}\!-\!\!-\!\!\text{H} \xrightarrow{[H]} & \text{HO}\!-\!\!-\!\!\text{H} \\
\text{CH}_2\text{OH} & \text{CH}_2\text{OH} & \text{CH}_3
\end{array}
$$

L-（－）-甘油醛 　　　 L-（＋）-甘油酸 　　　 L-（＋）-乳酸

其他与甘油醛结构类似的化合物可同甘油醛对照，在费歇尔投影式中，手性碳原子上的两个横键原子或基团中较大的一个在碳链左侧的为 L-构型，在右侧的为 D-构型。例如：

$$
\begin{array}{cccc}
\text{COOH} & \text{COOH} & \text{CHO} & \text{CHO} \\
\text{H}\!-\!\!-\!\!\text{NH}_2 & \text{H}_2\text{N}\!-\!\!-\!\!\text{H} & \text{H}\!-\!\!-\!\!\text{Cl} & \text{Cl}\!-\!\!-\!\!\text{H} \\
\text{CH}_3 & \text{CH}_3 & \text{CH}_3 & \text{CH}_3
\end{array}
$$

D-2-氨基丙酸 　 L-2-氨基丙酸 　 D-2-氯丙醛 　 L-2-氯丙醛

由于这种构型是相对于人为规定的甘油醛的构型为标准而确定的，所以叫做相对构型。1951 年毕育特（J. M. Bijvoetetal）等人用 X 射线衍射法测定了右旋酒石酸铷钾的真实构型（也称绝对构型），发现其真实构型与其相对构型完全相符。这意味着人为假定的甘油醛的相对构型就是其绝对构型，同时也表明以甘油醛为标准确定的其他旋光性物质的相对构型也就是其绝对构型。

D、L 标记法用于标记含一个手性碳原子化合物的构型比较方便。对于含多个手性碳原子的化合物，由于选择的手性碳原子不同，得到的结果可能不同，容易引起混乱，而且有的旋光物质还无法以甘油醛为标准确定构型，所以 D、L 标记法有很大的局限性。鉴于此，IUPAC 于 1970 年建议采用 R、S 标记法。但在标记氨基酸和糖类化合物的构型时，仍普遍采用 D、L 标记法。

2. R、S 标记法

R、S 标记法是根据手性碳原子上的四个原子或基团在空间的真实排列来标记的，因此用这种方法标记的构型是真实构型，叫做绝对构型。R、S 标记法的规则如下：

① 将直接与手性碳原子相连的四个原子或基团按"顺序规则"排列，较优的原子或基团排在前面。

② 观察构型时，将排在最后的原子或基团放在离眼睛最远的位置，其余三个原子或基团放在离眼睛最近的平面上。

③ 剩下的三个基团按从大到小的顺序排列，如为顺时针方向，确定为 R-构型（R 即 Rectus，拉丁文，右），若为逆时针方向，确定为 S-构型（S 即 Sinister，拉丁文，左）。

例如，2-氯丁烷分子中手性碳原子上四个基团从大到小顺序为—Cl＞—C_2H_5＞—CH_3＞—H。将排在最后的—H 放在离眼睛最远的位置，剩余的—Cl、—C_2H_5、—CH_3 放在离眼睛最近的平面上，按从大到小的顺序观察—Cl → —C_2H_5 → —CH_3 的排列方向，顺时针排列的叫做（R）-2-氯丁烷，逆时针排列的叫做（S）-2-氯丁烷，如图 4-10 所示。

—Cl → —C_2H_5 → —CH_3 为顺时针排列　　　　—Cl → —C_2H_5 → —CH_3 为逆时针排列

（R）-2-氯丁烷　　　　　　　　　　　　　　（S）-2-氯丁烷

图 4-10　2-氯丁烷的 R、S 标记方法

对于用费歇尔投影式表示的光学活性物质，也可用 R、S 标记法确定构型，关键是要注意"横前竖后"的关系，即与手性碳原子相连的两个横键指向纸平面的前方，两个竖键指向纸平面的后方。观察时，将排在最后的原子或基团放在离眼睛最远的位置。例如：

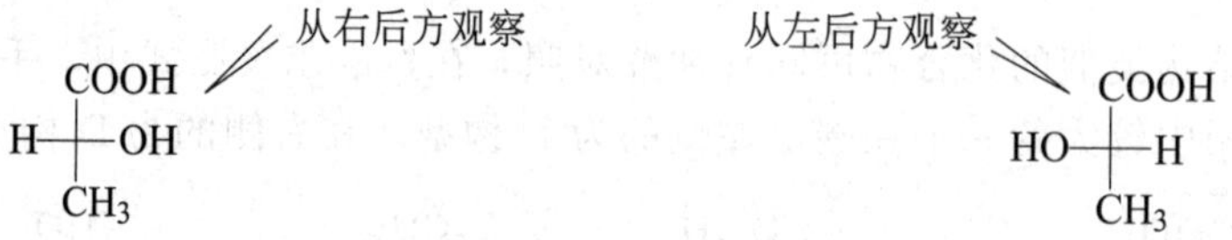

—OH → —COOH → —CH_3 为顺时针排列　　　　—OH → —COOH → —CH_3 为逆时针排列

（R）-乳酸　　　　　　　　　　　　　　　　（S）-乳酸

用 R、S 标记法确定含两个或两个以上手性碳原子的化合物的构型时，方法与确定含一个手性碳原子的化合物的构型一样，但必须把每一个手性碳原子的构型都标出来。例如：

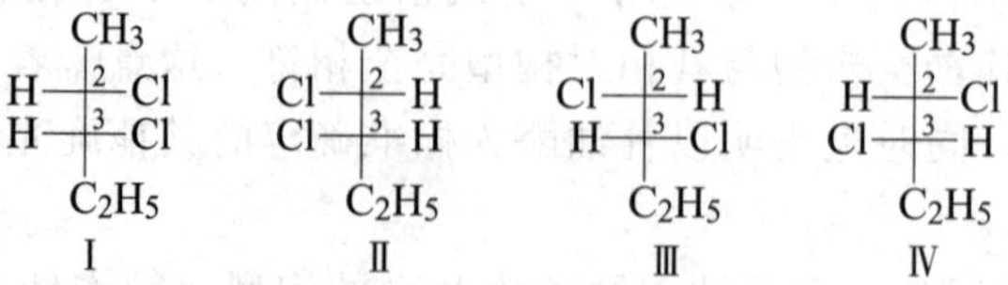

化合物 I 中 C2 上的四个基团的先后次序为—Cl＞—$CHClC_2H_5$＞—CH_3＞—H，将—H 放在离眼睛最远的位置，观察—Cl → —$CHClC_2H_5$ → —CH_3 的走向，因为是逆时针排列，所以是 S-构型，因为标记的是 C2，所以用 $2S$ 表示。而 C3 上的四个基团的先后次序为—Cl＞—$CHClCH_3$＞—C_2H_5＞—H，将—H 放在离眼睛最远的位置，观察—Cl → —$CHClCH_3$ → —C_2H_5 的走向，因为是顺时针排列，所以是 R-构型，因为标记的是 C3，所以用 $3R$ 表示。即化合物 I 的构型是（$2S,3R$）。当两个手性碳原子在碳链中占有相等的位

置时，可以不用在 R 和 S 前标明数字。同样方法，Ⅱ的构型是（$2R,3S$）；Ⅲ的构型是（$2R,3R$）；Ⅳ的构型是（$2S,3S$）。

由于这样判断费歇尔投影式的构型相对有难度，通常采用"横变竖不变"的方法：

① 当顺序规则中最小基团处于投影式的竖键上，其余三个基团按从大到小的顺序排列，若为顺时针者为 R-构型，逆时针者为 S-构型。

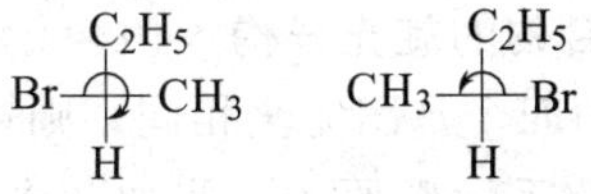

C₂H₅   C₂H₅
Br—|—CH₃ CH₃—|—Br
H   H

(R)-2-溴丁烷 (S)-2-溴丁烷

② 当顺序规则中最小基团处于投影式的横键上，其余三个基团按从大到小的顺序排列，若为顺时针者为 S-构型，逆时针者为 R-构型。

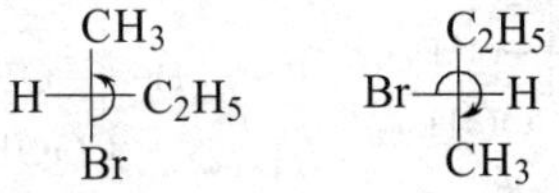

CH₃   C₂H₅
H—|—C₂H₅ Br—|—H
Br   CH₃

(R)-2-溴丁烷 (S)-2-溴丁烷

必须指出的是，D、L 和 R、S 是两种不同的构型标记方法，它们之间也没有必然的联系。R、S 标记法是由分子的几何形状按顺序规则确定的，它只与分子的手性碳原子上的原子和基团有关，而 D、L 标记法则是由分子与参比物相联系而确定的。D-构型或 L-构型的化合物若用 R、S 标记法来标记，可能是 R-构型的，也可能是 S-构型的。但无论用哪一种方法标记，都与旋光方向的确定无关。

另外，R、S 标记法有不易出错的优点，但它不能反映出立体异构体之间的构型联系，尤其是在研究糖类化合物和氨基酸的构型时，仍采用 D、L 标记法。

二、含两个手性碳原子化合物的旋光异构

1. 含两个不同手性碳原子化合物的旋光异构

对于某一化合物分子来说，如果两个手性碳原子上连接的四个基团不同或不完全相同，则这两个手性碳原子是不同的手性碳原子。含一个手性碳原子的化合物有两个旋光异构体，那么含两个不同手性碳原子的化合物就应该有四个旋光异构体。例如，2,3,4-三羟基丁醛有下列四种构型：

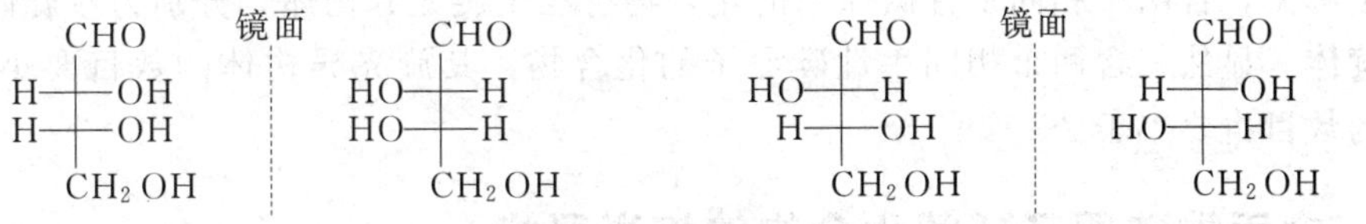

CHO 镜面 CHO   CHO 镜面 CHO
H—|—OH HO—|—H HO—|—H H—|—OH
H—|—OH HO—|—H HO—|—H HO—|—H
CH₂OH CH₂OH CH₂OH CH₂OH

Ⅰ   Ⅱ   Ⅲ   Ⅳ

D-(－)-赤藓糖 L-(＋)-赤藓糖 D-(－)-苏阿糖 L-(＋)-苏阿糖

($2R,3R$)-2,3,4- ($2S,3S$)-2,3,4- ($2S,3R$)-2,3,4- ($2R,3S$)-2,3,4-

三羟基丁醛 三羟基丁醛 三羟基丁醛 三羟基丁醛

这四种异构体中，Ⅰ和Ⅱ是一对对映体，Ⅲ和Ⅳ也是一对对映体，两对对映体可组成两个外消旋体。Ⅰ或Ⅱ与Ⅲ或Ⅳ不是实物和镜像的关系。这种不为实物和镜像关系的异构体叫做非对映体。

因为Ⅰ和Ⅱ是一对对映体，Ⅰ的构型是（$2R,3R$）分子中的两个手性碳原子互为镜像，即手性碳原子的构型是相反的，所以化合物Ⅱ的构型是（$2S,3S$）。而Ⅰ和Ⅲ或Ⅳ是非对映体，分子中的两个手性碳原子的构型一个相同，另一个相反，所以化合物Ⅲ和Ⅳ的构型分别

为（2S,3R）和（2R,3S）。

随着分子中手性碳原子数目的增加，旋光异构体的数目也会增多。其规律是：含一个手性碳原子的化合物有 $2^1=2$ 个旋光异构体，可组成 $2^{1-1}=1$ 个外消旋体；含两个不同手性碳原子的化合物有 $2^2=4$ 个旋光异构体，可组成 $2^{2-1}=2$ 个外消旋体；含 n 个不同手性碳原子的化合物的旋光异构体有 2^n 个，可组成的外消旋体的数目为 2^{n-1} 个（n 为手性碳原子数目）。

2. 含两个相同手性碳原子化合物的旋光异构

如果两个手性碳原子上连接的四个基团完全相同，则这两个手性碳原子是相同手性碳。

酒石酸分子中含有两个相同的手性碳原子，假如和含两个不同手性碳原子的化合物一样，则酒石酸分子也应该有四个旋光异构体：

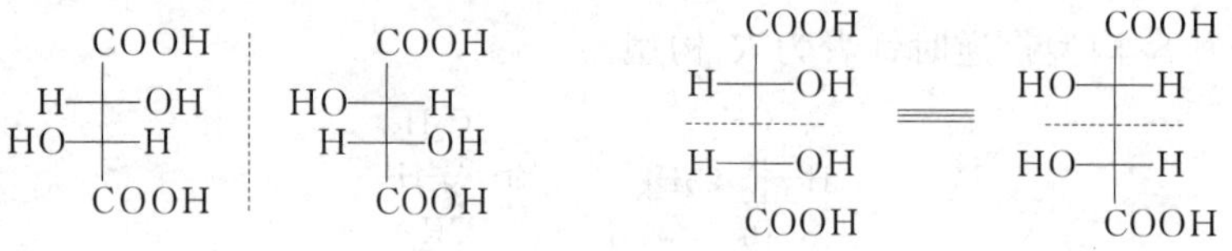

I	II	III	IV
(2R,3R)	(2S,3S)	(2R,3S)	(2S,3R)
(2R,3R)-(＋)-酒石酸	(2S,3S)-(－)-酒石酸	(R,S)-i-酒石酸	
L-(＋)-酒石酸	D-(－)-酒石酸	meso-酒石酸	

I 和 II 是一对对映体，可组成一个外消旋体。III 和 IV 也互为实物和镜像的关系，似乎也是一对对映体，但将 IV 沿纸面旋转 180°即可与 III 完全重叠，它们实际上是同一构型的分子。事实上，在化合物 III 或 IV 的分子中存在一个对称面（虚线所代表的平面），可以将分子分成互为实物和镜像关系的两部分，这两部分的旋光能力相同，但旋光方向相反，旋光性在分子内被完全抵消，因此不具有旋光性。这种分子中虽然含有手性碳原子，但由于分子中存在对称因素，从而不显示旋光性的化合物叫做内消旋体，常用 i-或 meso-标记。内消旋体是一个单纯的非手性分子，是不可分的。由此可见，手性碳原子是分子产生手性的因素之一，但是含有手性碳原子的分子不一定都是手性分子。

因为内消旋体的分子中存在对称面，两个手性碳原子互为实物与镜像的关系，即手性碳原子的构型是相反的，所以含两个相同手性碳原子的化合物的构型必然是（R,S）或（S,R）。

由上可见，含两个相同手性碳原子的化合物有三个旋光异构体，分别为左旋体、右旋体和内消旋体。显然，含两个相同手性碳原子的化合物，其旋光异构体的数目要小于 2^n，外消旋体的数目也要小于 2^{n-1}。

三、含手性碳原子环状化合物的旋光异构

含手性碳原子的环状化合物的旋光异构比开链化合物复杂，往往具有顺反异构的同时还具有旋光异构。例如，1,4-二氯环己烷具有顺反异构，但由于两种异构体分子中都存在对称面，因而无手性，也无旋光异构。

顺式　　　反式

在 1-甲基-2-氯环丙烷分子的两个顺反异构体中都无对称性因素，因此它们都是手性分子，都有相应的对映体。

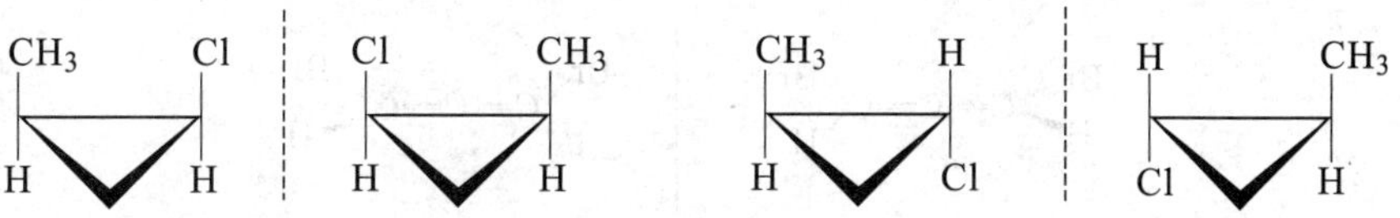

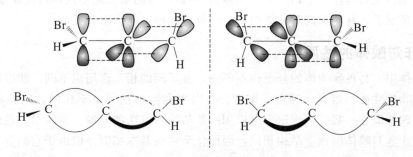

I	II	III	IV

顺式的一对对映体   反式的一对对映体

由于 1-甲基-2-氯环丙烷分子中含有两个不同的手性碳原子，所以存在两对对映异构体，分别组成外消旋体。Ⅰ或Ⅱ和Ⅲ或Ⅳ为非对映体。

又如在 1,2-二氯环丙烷的顺式异构体分子中有一个对称面，因此它不是手性分子，无旋光性，而反式异构体分子中没有对称因素，因此既具有顺反异构又具有旋光异构。

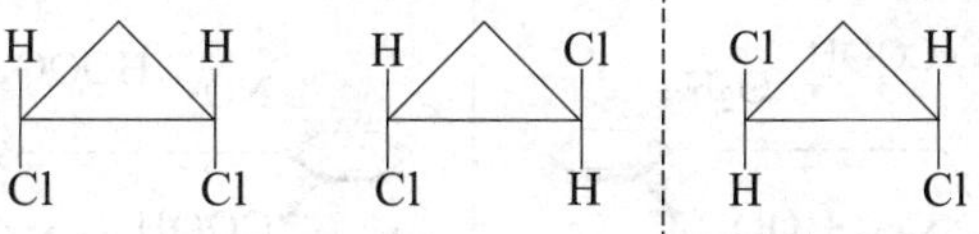

顺式   反式

Ⅰ   Ⅱ   Ⅲ

由于 1,2-二氯环丙烷分子中含有两个手性碳原子，且两个手性碳原子所连的基团都相同，因此有三种旋光异构体。Ⅰ为内消旋体，无旋光性；Ⅱ和Ⅲ互为对映体，Ⅰ和Ⅱ或Ⅲ是非对映体又是顺反异构体。

第三节　不含手性碳原子化合物的旋光异构

物质的旋光性是由于分子的手性引起的，分子的手性往往又是由于分子中含有手性碳原子造成的。但含有手性碳原子的分子不一定都具有手性，而具有手性的分子也不一定都含有手性碳原子。判断一个化合物是否具有手性，关键是看其分子是否存在对称因素。在一些有机物分子中，并不含有手性碳原子，但由于整个分子无对称因素，因此也是手性分子，具有旋光异构现象。

一、丙二烯型化合物的旋光异构

在丙二烯型分子中，中间的双键碳原子是 sp 杂化的，两端的双键碳原子是 sp^2 杂化的。中间的双键碳原子分别以两个相互垂直的 p 轨道，与两端的双键碳原子的 p 轨道重叠形成两个相互垂直的 π 键。两端的双键碳原子上各连接的两个原子或基团，分别处在相互垂直的平面上。如果两端的双键碳原子上各连有不同的原子或基团时，那么整个分子中既无对称面又无对称中心，虽然分子中没有手性碳，但分子具有手性和旋光性。例如，1,3-二溴丙二烯分子就有一对对映体存在。

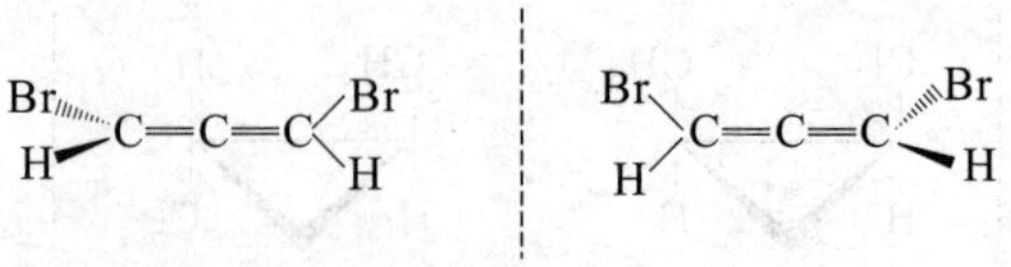

二、联苯型化合物的旋光异构

在联苯分子中，两个苯环可以围绕中间的单键自由旋转。当两个苯环的邻位上都连有体积较大的基团时，空间效应将阻碍两个苯环绕碳碳单键自由旋转，使得两个苯环不能在同一平面上。若每一苯环上各连有不同的基团时，则整个分子中既无对称面又无对称中心，分子具有手性和旋光性。例如，2,2'-二羧基-6,6'-二硝基联苯分子就有一对对映体。

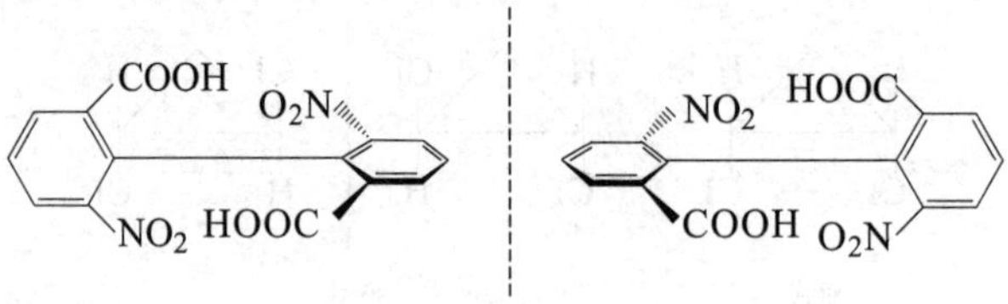

三、螺环化合物

具有下列结构的螺环化合物，虽不具有手性碳原子，但由于分子不具有对称面和对称中心，也有对映体存在。

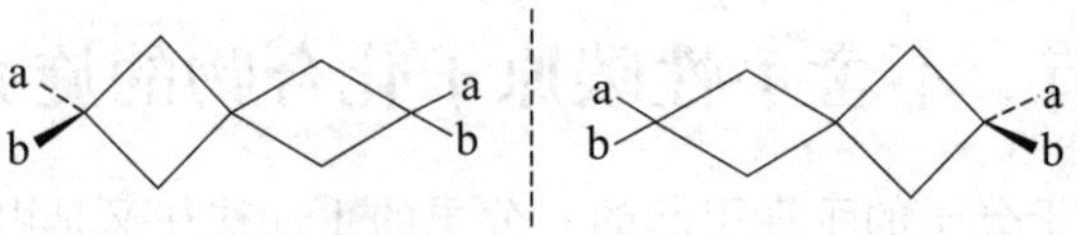

此外，还有许多具有特定结构的化合物，当它们的分子中没有对称面和对称中心等对称因素时，便具有手性，有对映体存在。

第四节 旋光异构体的性质和生理功能

一、对映体的性质

一对对映体中，两个异构体的分子完全相似，各种键长完全相同，分子间的相互作用也完全相同，所以除旋光方向相反外，其他物理性质如比旋光度、熔点、沸点、密度、折射率和溶解度（在非手性溶剂中）等都完全相同。在化学性质方面，对映体与非手性试剂反应时，因为每种异构体的势能完全相同，且反应的过渡态互为镜像，所以反应的活化能完全相同，反应速率也完全相同。与手性试剂反应时，虽然每种异构体的势能仍然完全相同，但反应的过渡态不再互为镜像（它们是非对映体），所以反应的活化能不同，反应速率也不相同，在某些特殊情况下，甚至有的对映体中的一个异构体根本不会发生反应。

二、非对映体的性质

非对映体中，每种异构体的分子构型不同，分子间的相互作用也不同，所以除比旋光度不同外，其物理性质如熔点、沸点、密度、折射率和溶解度等也不相同。因为物理性质不同，当非对映体混在一起时，理论上可以用一般的物理方法如分馏、重结晶、色谱法等将它们分开。由于非对映体的化学结构相同，因而化学性质基本相似。但由于它们分子中相应原子或基团之间的距离并不完全相等，每种异构体的能量不同，且反应的过渡态不互为镜像，所以反应的活化能都不同，它们与同一试剂反应时，其反应速率也不相同。

三、外消旋体和内消旋体的性质

外消旋体不仅无旋光性，而且其物理性质也与单纯的左旋体或右旋体不同。它不同于任意两种物质的混合物，它有固定的物理常数，如熔点（熔点范围很窄）、沸点、密度、折射率和溶解度等。外消旋体可以拆分成左旋体和右旋体，但因为一对对映体的大多数物理性质相同，所以不能用一般的物理方法，如分馏、重结晶（在非手性溶剂中）、色谱法（使用非手性吸附剂）等将它们分开，通常采用化学法和生物法。外消旋体的化学性质和相应的左旋体或右旋体基本相同。在生理作用方面，外消旋体仍各发挥其所含左旋体或右旋体的相应效能。例如：药用的合霉素就是左旋氯霉素（有效体）与其对映体的等量混合物，它没有旋光性，是外消旋体，它的抗菌能力仅为左旋氯霉素的一半。

内消旋体和外消旋体虽然都无旋光性，但二者本质上完全不同，前者为化合物，后者为混合物，前者是一个分子，后者可以拆分。

酒石酸各种旋光异构体的一些物理常数列于表 4-1 中。

表 4-1 酒石酸各种旋光异构体的物理常数

酒石酸	比旋光度$[\alpha]_D^{20}$	熔点/℃	相对密度(d_4^{20})	溶解度/$[g \cdot (100g 水)^{-1}]$
左旋体	−11.98	170	1.760	139.0
右旋体	+11.98	170	1.760	139.0
外消旋体	0	206	1.680	20.6
内消旋体	0	140	1.667	120.0

四、旋光异构体的生理功能

由于构成生物体的有机物大都是手性的，尤其是生物大分子中，常有多个手性中心，所以对映体间极为重要的区别是，它们的生理活性不同。而且由于生化反应的催化剂——酶本身就是手性的，它要求手性物质必须符合一定的立体构型才能参与生化反应，所以生物体往往只能选用某一构型的旋光异构体。

例如：人体所需要的氨基酸都是 L-型的，所需的糖都是 D-型的，D-型氨基酸和 L-型糖在人体内都不参与生理代谢；微生物在生长过程中只能利用 L-丙氨酸，青霉素在（±）-酒石酸的培养液中生长时，也仅用掉了（+）-酒石酸；在兔子皮下注射（±）-苹果酸盐溶液后，仅（−）-苹果酸盐被利用，（+）-苹果酸盐则从尿液中排出；（−）-维生素 C 可治疗坏血病，而（+）-维生素 C 就不起作用；麻黄碱有两个旋光异构体，有药效的仅是（−）-麻黄碱。

氯霉素分子中具有 1,3-丙二醇结构，分子结构中有两个手性碳原子，所以，氯霉素的四个旋光异构体中，只有 D-(−)-苏阿糖型氯霉素有抗菌作用，为临床使用的氯霉素。

(1R,2R)-(−)
D-(−)-苏阿糖型

(1S,2S)-(+)
L-(+)-苏阿糖型

(1S,2S)-(+)
D-(+)-赤藓糖型

(1R,2S)-(−)
L-(−)-赤藓糖型

第五节　烯烃亲电加成反应的立体化学

烯烃的碳碳双键是平面结构，当与亲电试剂加成时，试剂是如何加上去的呢？我们知道，2-丁烯加溴生成 2,3-二溴丁烷。由于 2,3-二溴丁烷有两个相同的手性碳原子，所以有三种构型异构的产物，即一对对映体和一个内消旋体。实验表明，2-丁烯加溴时得到产物的构型取决于 2-丁烯的构型。顺-2-丁烯加溴只能得到外消旋体而没有内消旋体生成；而反-2-丁烯加溴只得到内消旋体。这种现象可以从对分子立体结构的研究中加以解释。

例如，顺-2-丁烯与 Br_2 进行加成反应时，如果是顺式加成，两个溴离子从分子平面的同侧加到两个双键碳原子上，应该得到内消旋的 2,3-二溴丁烷。

(2S,3R)

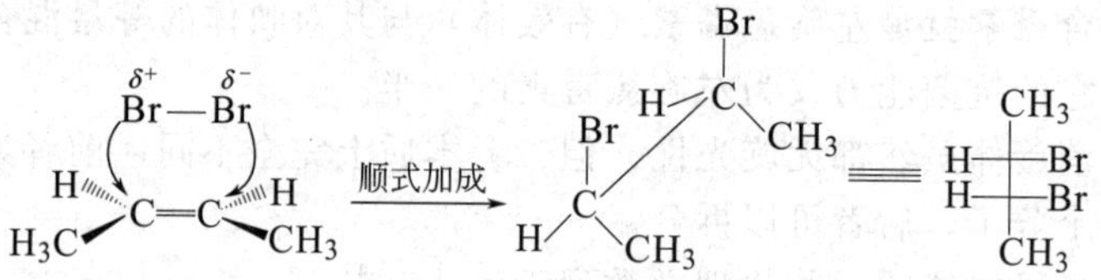

但实验事实证明，加成得到的产物为一对对映体，即外消旋的 2,3-二溴丁烷。这表明反应不是顺式加成，而是反式加成的，两个溴离子分别从分子平面的两侧加到两个双键碳原子上。

(2R,3R)

(2S,3S)

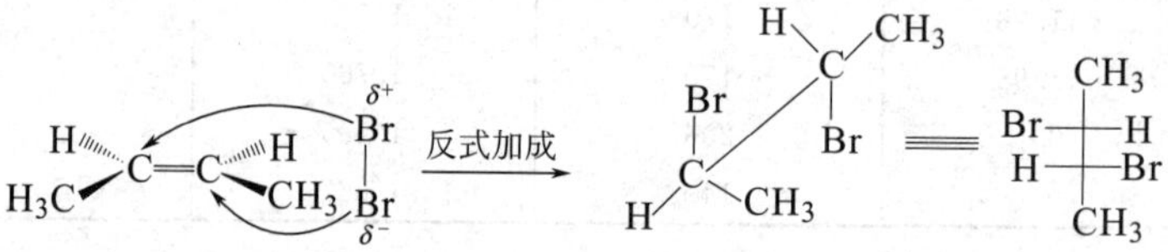

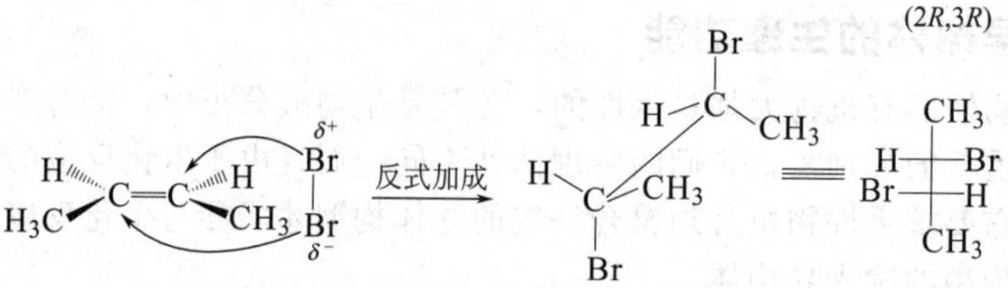

如果加成的第一步是 Br^+ 先加到双键碳原子上，形成一个具有平面结构的碳正离子中间体Ⅰ，该碳正离子可以围绕 C—C 单键旋转 180°转变为碳正离子Ⅱ，即碳正离子Ⅰ和Ⅱ会同时存在。第二步 Br^- 再从远离溴原子的一面加到碳正离子Ⅰ上生成（2S,3S)-2,3-二溴丁烷，或加到碳正离子Ⅱ上生成（2S,3R)-2,3-二溴丁烷。

(2S,3S)　　(2S,3R)

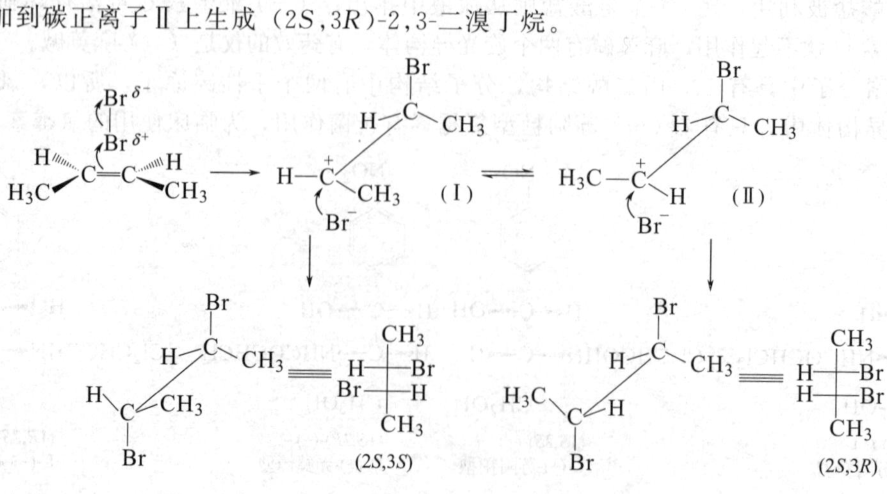

这显然与生成一对对映体的事实不相符，也就是说，加成的过程中不可能存在一个碳正离子中间体。

比较合理的解释为：$Br^{\delta+}$ 首先可以从双键的上方或下方进攻顺-2-丁烯的 π 键生成一个溴鎓离子（即环状溴正离子）中间体（Br^+ 的 p 轨道与顺-2-丁烯的 π 轨道重叠形成三元环状结构，正电荷分布在三个成环的原子上）。

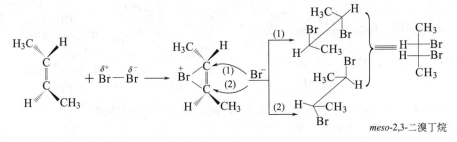

由于溴鎓离子环中的 C—C 单键不能任意旋转，不能转变为其他溴鎓离子，为了减小斥力，Br^- 只能从溴原子的反面进攻溴鎓离子中间体的任何一个碳原子，而且对两个成环碳原子的进攻机会是均等的，因此得到一对对映体产物。

从反应产物的结构以及动态立体化学分析得知，烯烃的亲电加成反应是通过溴鎓离子中间体，而不是碳正离子中间体完成的，且加成的方式为反式加成。

 习 题

1. 判断下列说法是否正确？为什么？
    （1）具有实物与镜像关系的一对化合物叫对映体。
    （2）手性分子都有旋光性。
    （3）含手性碳原子的分子都有旋光性。
    （4）一个手性化合物的左旋体与右旋体混合组成一个外消旋体。
    （5）含两个手性碳原子的化合物有四个立体异构体。
    （6）没有对称因素是分子具有手性的根本原因。
    （7）含有一个手性碳原子的化合物都具有旋光性。
    （8）有旋光性物质的分子中必有手性碳原子存在。

2. 下列各化合物有无旋光性？为什么？

(1) $CH_3CH=CHCH_3$ (2) $CH_3CHCH_2CH_3$ (3) (4)
$\qquad\qquad\qquad\qquad\qquad\qquad\quad$ |
$\qquad\qquad\qquad\qquad\qquad\qquad\quad OH$

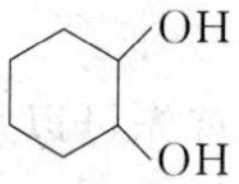

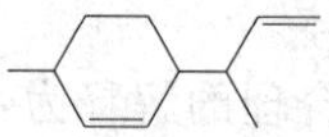

(5) 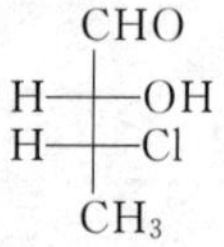 (6) 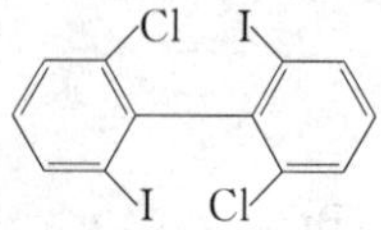 (7) 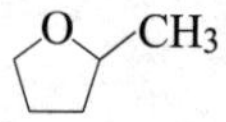 (8)

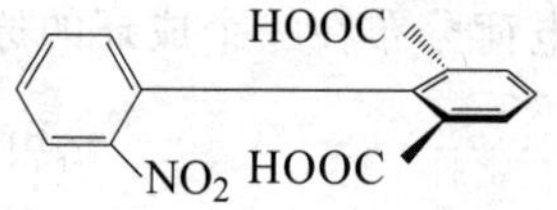

3. 写出下列各化合物的费歇尔投影式：

(1) (R)-2-氯丁烷 (2) (R)-2-氯-1-丙醇

(3) (R)-2-氨基-3-羟基丙酸 (4) (2R,3R)-2,3,4-三羟基丁酸

(5) (2S,3S)-2,3-二溴丁二酸 (6) (3R)-2-甲基-3-苯基丁烷

4. 写出下列各化合物的费歇尔投影式及所有可能的立体异构体，指出哪些是对映体？哪些是非对映体？哪个是内消旋体？

(1) (S)-2-甲基-3-戊醇 (2) (R)-3-苯基-3-氯丙烯

(3) (2S,3R)-2,3-二氯戊烷 (4) (2R,3R)-2,3-二氯丁烷

5. 指出下列各组化合物是对映体、非对映体，还是相同分子？

(1) (2)

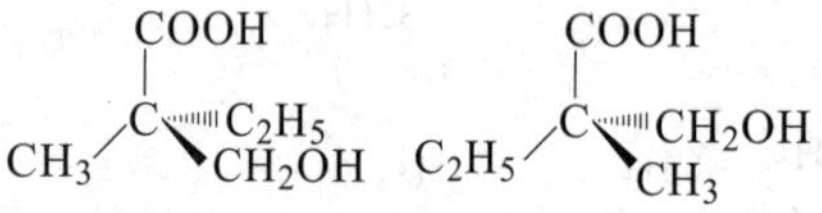

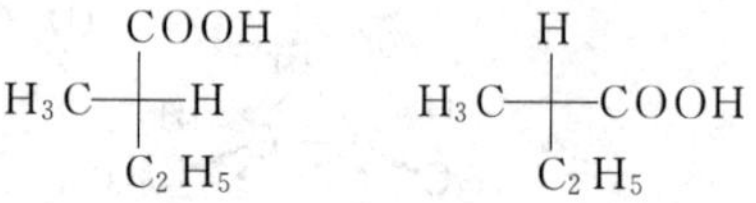

(3) 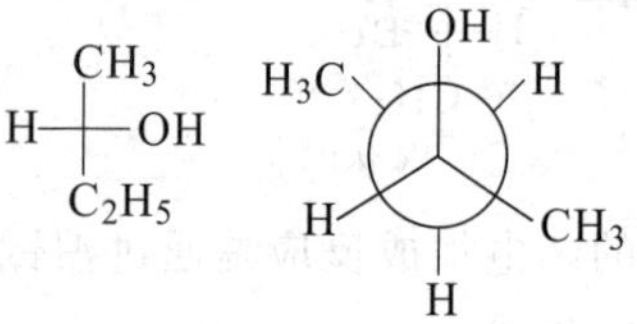 (4)

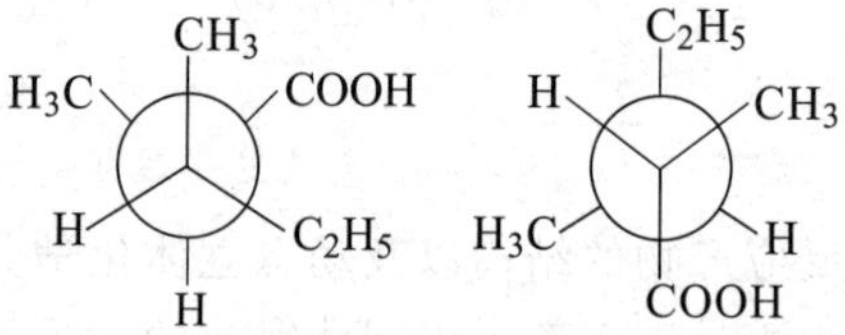

(5) 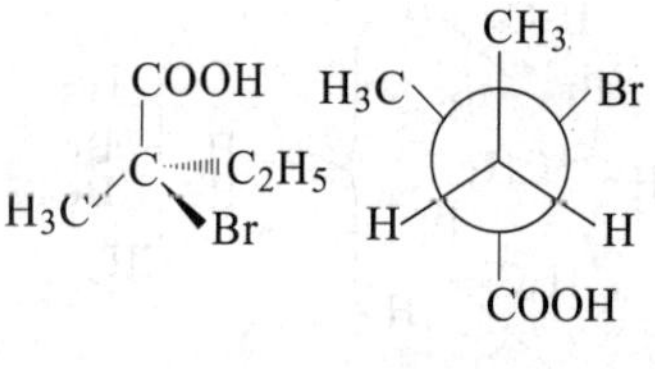 (6)

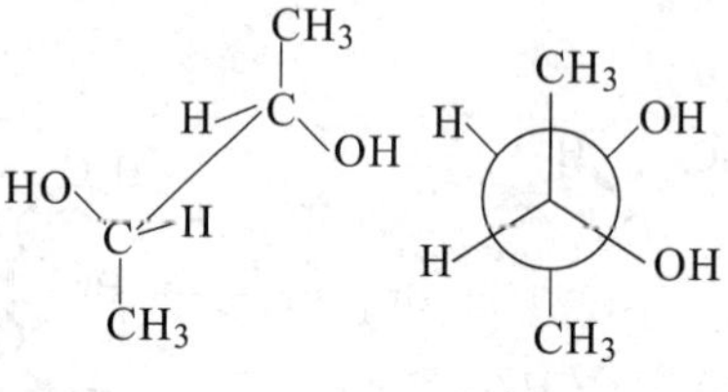

6. 下列化合物各有多少个旋光异构体？指出有几对对映体，可组成几个外消旋体？

(1) $CH_3—CHCl—CH_2—CHBr—CH_2—CH_3$

(2) $CH_3—CHCl—CHBr—CHCl—CH_2—CH_3$

7. 将 5.654g 蔗糖溶解在 20mL 水中，在 20℃ 时用 10cm 长的盛液管测得其旋光度为 +18.8°。

(1) 计算蔗糖的比旋光度。

(2) 用 5cm 长的盛液管测定同样的溶液，预计其旋光度会是多少？

(3) 把 10mL 此溶液稀释到 20mL，再用 10cm 长的盛液管测定，预计其旋光度又会是多少？

8. 用丙烷进行氯代反应，生成四种二氯丙烷 A、B、C 和 D，其中 D 具有旋光性。当进一步氯代生成三氯丙烷时，A 得到一种产物，B 得到两种产物，C 和 D 各得到三种产物。写出 A、B、C 和 D 的结构式。

9. 某化合物 A 的分子式为 C_6H_{10}，加氢后可生成甲基环戊烷。A 经臭氧氧化分解后仅生成一种产物 B，B 有旋光性。试推导出 A、B 的结构式。

10. 化合物 A 的分子式为 C_6H_{12}，能使溴水褪色，且无旋光性。A 在酸性条件下加 1mol H_2O 可得到有旋光性的醇 B，B 的分子式为 $C_6H_{14}O$；若 A 在碱性条件下被 $KMnO_4$ 氧化（顺式加成机理），得到一个内消旋的二元醇 C，其分子式为 $C_6H_{14}O_2$。试推导出 A、B、C 的结构式。

旋光异构现象的发现

1848 年，法国巴黎师范大学化学家路易·巴斯德（Louis Pasteur，1822—1895）对酒石酸钠铵[$(NH_4)NaC_4H_4O_6 \cdot 4H_2O$]晶体的研究，为旋光异构现象即对映异构现象奠定了理论基础。巴斯德研究了 19 种酒石酸盐的结构，并以极其精湛的实验技术，将左旋和右旋的酒石酸钠铵的晶体分开。有人说，将酒石酸钠铵结晶且用镊子将其分离出左、右旋晶体的成功率只有十万分之一。但巴斯德却只用四次就完成了同一实验，可见他的实验技能之高超，至今仍然是实验科学的典范。

巴斯德分离出的酒石酸钠铵的两种晶体，其组成相同，互呈实物与镜像的关系，巴斯德把这两种晶体分别溶于水，测定它们的旋光性，发现一种是右旋的，另一种是左旋的。巴斯德注意到左旋与右旋的晶体外形是不对称的，由此他联想到分子内部的结构，提出酒石酸钠铵分子结构一定是不对称的。他认为在左旋和右旋的分子中，原子在空间的排列方式是不对称的，它们彼此互为镜像，不能重合，见图 4-11。

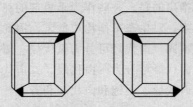

图 4-11 酒石酸钠铵的左旋和右旋晶体

巴斯德的研究指出了有机物存在着旋光异构体，但并没有找出旋光现象的根源。1874 年，荷兰化学家范霍夫和法国化学家勒·贝尔将物质的旋光性与有机物的分子结构联系起来，认为物质具有旋光性的根源在于分子中有不对称碳原子，即手性碳原子。由巴斯德开创的关于有机物旋光性的研究，后来发展成为有机立体化学，对于深入分析有机反应和生物化学反应的机理提供了重要的依据，成为有机化学的一个重要组成部分。

第五章

卤代烃

Chapter 05

卤代烃是指烃分子中的氢原子被卤原子取代后的化合物。卤代烃一般可用 R—X 表示，X 代表卤原子（F、Cl、Br、I），是卤代烃的官能团。由于氟代烃的性质比较特殊，本章介绍的卤代烃是指氯代烃、溴代烃和碘代烃。

自然界中天然存在的卤代烃极少，绝大多数是人工合成的。这些卤代烃被广泛用作医药、农药、农膜、防腐剂、麻醉剂、灭火剂、溶剂等。由于碳卤键（C—X）是极性键，因此，卤代烃的性质比较活泼，在有机合成上是一类重要的中间体，能发生多种化学反应生成各种重要的有机化合物。需要指出的是，一些作为杀虫剂的卤代烃在自然条件下难以降解或转化，往往对自然环境造成污染，对生态平衡构成危害，因此必须限制使用。

根据分子中卤原子的种类不同，卤代烃可分为氟代烃、氯代烃、溴代烃和碘代烃；根据分子中卤原子的数目的多少，卤代烃可分为一卤代烃、二卤代烃和多卤代烃；根据分子中烃基的不同，卤代烃可分为饱和卤代烃、不饱和卤代烃和芳香族卤代烃。

第一节 卤代烷烃

一、卤代烷烃的分类和命名

根据与卤原子相连的碳原子的类型不同，卤代烷可分为伯卤代烷（一级卤代烷）、仲卤代烷（二级卤代烷）和叔卤代烷（三级卤代烷）。例如：

$$R{-}CH_2{-}X \qquad \begin{matrix} R \\ | \\ CH{-}X \\ | \\ R' \end{matrix} \qquad \begin{matrix} R \\ | \\ R'{-}C{-}X \\ | \\ R'' \end{matrix}$$

伯卤代烷（一级卤代烷）　　仲卤代烷（二级卤代烷）　　叔卤代烷（三级卤代烷）

结构比较简单的卤代烷可用普通命名法命名，即根据卤原子连接的烷基，称为"某基卤"，或在烃基名称之前加上卤素的名称，称为"卤（代）某烷"。例如：

$$CH_3Cl \qquad\qquad CH_3CH_2I \qquad\qquad (CH_3)_3CBr \qquad\qquad \text{⬡}{-}Cl$$

甲基氯　　　　　　乙基碘　　　　　　叔丁基溴　　　　　　环己基氯

（氯甲烷）　　　　（碘乙烷）　　　　（溴代叔丁烷）　　　（氯代环己烷）

复杂的卤代烷可用系统命名法命名，其原则和烷烃的命名相似，即选择连有卤原子的最长碳链作为主链，根据主链碳原子数称为"某烷"，从距支链（烃基或卤原子）最近的一端给主链碳原子依次编号，把支链的位次和名称写在母体名称前，并按顺序规则将较优基团排列在后。例如：

$$\begin{matrix} CH_3 \quad Cl \\ |\qquad| \\ CH_3CHCH_2CHCH_3 \end{matrix} \qquad \begin{matrix} CH_2Br \\ | \\ CH_3CH_2CHCH_2CH_3 \end{matrix} \qquad \begin{matrix} Cl \ \ Br \\ |\ \ | \\ CH_3CH_2CHCHCH_3 \end{matrix}$$

2-甲基-4-氯戊烷　　　　　　2-乙基-1-溴丁烷　　　　　　3-氯-2-溴戊烷

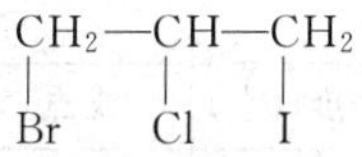

CH₂—CH—CH₂ 中 Br Cl I	CH₃—⬡—Cl	Br—⬡—Cl
2-氯-1-溴-3-碘丙烷	1-甲基-4-氯环己烷	1-氯-3-溴环己烷

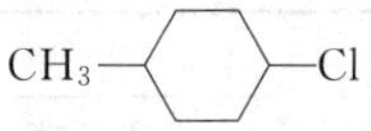

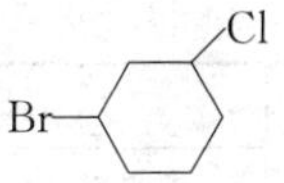

某些多卤代烷常用俗名或商品名。例如：

$$CHCl_3 \qquad CHI_3 \qquad CCl_2F_2 \qquad$$

氯仿	碘仿	氟里昂-12	六六六（林丹）

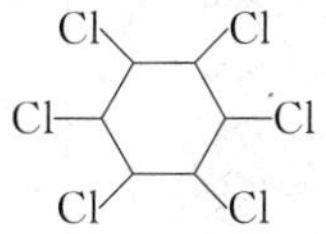

二、卤代烷烃的结构

由于卤代烷烃分子中卤原子的电负性大于碳原子，故 C—X 键是极性共价键，卤原子带部分负电荷，与卤原子直接相连的 α-C 带部分正电荷，因此在极性试剂作用下，C—X 键易发生异裂。当进攻试剂（带未共用电子对或负电荷的试剂）进攻 α-C 时，卤原子带着一对电子离去，进攻试剂提供一对电子与带部分正电荷的 α-C 结合形成新的共价键，从而发生取代反应。另外，由于受卤原子吸电子诱导效应的影响，卤代烷 β 位上 C—H 键的极性增大，即 β-H 的酸性增强，在强碱性试剂作用下，易脱去 β-H 和卤原子，发生消除反应。

综上所述，卤代烃的化学性质可归纳如下：

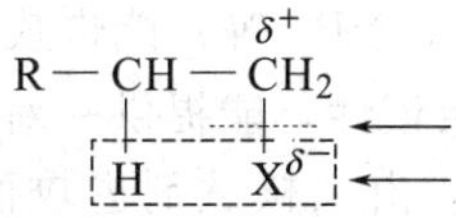

三、卤代烷烃的物理性质

常温常压下，除氯甲烷、氯乙烷和溴甲烷等是气体外，其他卤代烷（氟代烃除外）是液体，C_{15} 以上的卤代烷为固体。纯净的卤代烷都是无色的，但碘代烷因易受光、热的作用而分解产生游离的碘，故久置后呈棕红色。许多卤代烃都有毒性，特别是含偶数碳原子的氟代烃剧毒。

一卤代烷的沸点随碳原子数的增加而升高，并且比相应母体烃的沸点高。其原因除了相对分子质量增加的因素外，主要是因为 C—X 键的极性增加了分子间的范德华引力所致。烷基相同而卤原子不同时，其沸点随卤素的原子序数增加而升高，沸点顺序为 RI＞RBr＞RCl＞RF。在卤代烷的同分异构体中，直链异构体的沸点最高，支链越多，沸点越低，即伯卤代烷＞仲卤代烷＞叔卤代烷。

一氯代烷（除氯甲烷外）的相对密度小于 1，一溴代烷、一碘代烷及多卤代烷的相对密度均大于 1。相同烃基的卤代烷随卤原子量的增加其相对密度加大。在同系列中，相对密度随碳原子数的增加而降低，这是由于卤原子在分子中所占的比例逐渐减小的缘故。

卤代烃与水不能形成氢键，而且卤原子和烃基都属于疏水基，所以卤代烃难溶于水，易溶于乙醇、乙醚等有机溶剂。某些卤代烷如 $CHCl_3$、CCl_4 等本身就是良好的溶剂。

卤代烷分子中卤原子数目增多，则可燃性降低。例如，甲烷可作为燃料，氯甲烷有可燃性，二氯甲烷则不燃，而四氯化碳可用作灭火剂，氯化石蜡等可用作阻燃剂。

卤代烷在铜丝上燃烧时能产生绿色火焰，这可以作为鉴定有机化合物中是否含有卤素的定性分析方法（氟代烃例外）。一些卤代烷烃的物理常数见表 5-1。

表 5-1　一些卤代烷烃的物理常数

卤代烷	氯代烷		溴代烷		碘代烷	
	沸点/℃	相对密度(d_4^{20})	沸点/℃	相对密度(d_4^{20})	沸点/℃	相对密度(d_4^{20})
CH_3X	−24.2	0.916	3.6	1.676	42.4	2.279
CH_3CH_2X	12.3	0.898	38.4	1.440	72.4	1.936
$CH_3CH_2CH_2X$	46.6	0.891	71.0	1.335	102.5	1.749
$(CH_3)_2CHX$	36.0	0.859	59.4	1.310	89.5	1.705
$CH_3CH_2CH_2CH_2X$	78.4	0.884	101.6	1.276	130.5	1.617
$CH_3CH_2CHXCH_3$	68.3	0.871	91.2	1.258	120.0	1.595
$(CH_3)_2CHCH_2X$	68.8	0.875	91.4	1.261	121.0	1.605
$(CH_3)_3CX$	50.7	0.840	73.1	1.222	100(分解)	1.545
$CH_3(CH_2)_3CH_2X$	108.0	0.833	130.0	1.223	157.0	1.517
CH_2X_2	40.2	1.323	99.0	2.492	182(分解)	3.325
CHX_3	62.0	1.483	151.0	2.890	升华	4.008
CX_4	76.8	1.594	189.5	3.273	升华	4.230
XCH_2CH_2X	84.0	1.235	131.0	2.179	200.0	3.325

四、卤代烷烃的化学性质

(一) 亲核取代反应

负离子（HO^-、RO^-、CN^-、　$RC\equiv C^-$、$HC\equiv C^-$、NO_3^- 等）或具有未共用电子对的分子（H_2O、NH_3、NH_2R、NHR_2、NR_3 等）能进攻卤原子的α-C 发生取代反应。这些试剂的电子云密度较大，具有较强的亲核性，能提供一对电子与α-C 形成新的共价键，所以又称为亲核试剂（nucleophilic agent）。由亲核试剂进攻而引起的取代反应叫做亲核取代反应（nucleophilic substitution reaction），简称 S_N 反应。卤代烷的亲核取代反应可用下列通式表示：

$$Nu\!:^- + R\!-\!\overset{\delta^+}{CH_2}\!-\!\overset{\delta^-}{X} \longrightarrow R\!-\!CH_2\!-\!Nu + X\!:^-$$

亲核试剂　　　　　　　　　　　　　　　离去基团

1. 被羟基取代

卤代烷与氢氧化钠或氢氧化钾的水溶液共热，卤原子被羟基取代生成醇，称为水解反应。

$$R\!-\!X + NaOH \xrightarrow[\triangle]{H_2O} R\!-\!OH + NaX$$

通常不用该法制备醇，因为卤代烷一般由醇制备。当一复杂分子难引入羟基时，可通过先引入卤原子，然后再水解的方法来实现。

2. 被烷氧基取代

卤代烷与醇钠的醇溶液作用，卤原子被烷氧基取代生成醚。

$$R\!-\!X + NaOR' \xrightarrow{ROH} R\!-\!OR' + NaX$$

此反应是制备混合醚的重要方法，称为威廉森（Williamson）合成法。采用这种方法制备混合醚时，一般选用伯卤代烷为原料，因为在碱性条件下，仲、叔卤代烷容易发生消除反应而生成烯烃。如制备乙基叔丁基醚，不能使用叔丁基卤。

$$\underset{\underset{CH_3}{|}}{\overset{\overset{CH_3}{|}}{H_3C\!-\!C\!-\!ONa}} + C_2H_5Cl \longrightarrow C_2H_5\!-\!O\!-\!C(CH_3)_3 + NaCl$$

$$\underset{\underset{CH_3}{|}}{\overset{\overset{CH_3}{|}}{H_3C-C-Cl}} + C_2H_5ONa \longrightarrow \underset{CH_3}{\overset{\overset{CH_3}{|}}{CH_2=C-CH_3}} + C_2H_5OH + NaCl$$

3. 被氨基取代

卤代烷与氨（胺）作用，卤原子被氨基取代生成胺。生成的胺是有机碱，它可与反应中生成的 HX 作用生成盐。

$$RX + NH_3 \longrightarrow RNH_2 \xrightarrow{HX} \overset{+}{R}NH_3X^-$$

当用碱处理该溶液时可释放出游离胺。

$$\overset{+}{R}NH_3X^- + NaOH \longrightarrow RNH_2 + H_2O + NaX$$

由于胺具有亲核性，如果卤代烷过量，产物是各种取代的胺以及季铵盐。这是胺类的一种重要制法。

$$RNH_2 \xrightarrow{RX} R_2NH \xrightarrow{RX} R_3N \xrightarrow{RX} R_4N^+X^-$$

$$ClCH_2CH_2Cl + 4NH_3 \xrightarrow[115\sim120℃，5h]{封闭容器} H_2NCH_2CH_2NH_2 + 2NH_4Cl$$

4. 被氰基取代

卤代烷与氰化钠或氰化钾的醇溶液共热，卤原子被氰基取代生成腈。

$$R-X + NaCN \xrightarrow[\triangle]{ROH} R-CN + NaX$$

腈在酸性介质下可水解生成羧酸：

$$R-CN \xrightarrow[\triangle]{H_2O/H^+} RCOOH$$

腈被还原可生成胺：

$$R-CN + 2H_2 \xrightarrow{Ni} R-CH_2-NH_2$$

由于产物比反应物多一个—CH$_2$—，因此该反应是有机合成中增长碳链的方法。

5. 与炔钠反应

伯卤代烷与炔钠反应生成炔烃，此反应可用于制备炔烃。

$$RX + R'C\equiv CNa \longrightarrow R'C\equiv CR + NaX$$

6. 与硝酸银反应

卤代烷与硝酸银的醇溶液作用，卤原子被硝酸根取代生成硝酸酯，同时产生卤化银沉淀。此反应可用于卤代烷的定性鉴定。

$$R-X + AgNO_3 \xrightarrow{ROH} R-ONO_2 + AgX\downarrow$$

卤代烷的反应活性次序为：

$$RI > RBr > RCl$$

$$叔卤代烷 > 仲卤代烷 > 伯卤代烷$$

由于结构不同的卤代烷分子中卤原子的活泼性不同，因而可根据生成 AgX 的速率不同，来推测卤代烷的类型。在室温下，叔卤代烷与硝酸银的醇溶液作用立即生成 AgX 沉淀，仲卤代烷则较慢生成 AgX 沉淀，伯卤代烷与硝酸银需在加热条件下才能有 AgX 沉淀生成。

（二）消除反应

卤代烷在 KOH 或 NaOH 等强碱的醇溶液中加热，分子中脱去一分子卤化氢生成烯烃。这种由分子内脱去一个简单分子（如 H$_2$O、HX、NH$_3$ 等）而生成不饱和键的反应叫做消除反应（elimination reaction），用符号 E 表示。

$$R-\overset{\beta}{CH}-\overset{\alpha}{CH_2} + NaOH \xrightarrow[\triangle]{C_2H_5OH} R-CH=CH_2 + NaX + H_2O$$
$$\boxed{\underline{H}\quad\underline{X}}$$

仲卤代烷和叔卤代烷发生消除反应时，将按不同方式脱去卤化氢，生成不同产物。例如：

$$\underset{\underset{Br}{|}}{CH_3CHCH_2CH_3} \xrightarrow[\triangle]{KOH-C_2H_5OH} \underset{81\%}{CH_3CH=CHCH_3} + \underset{19\%}{CH_2=CHCH_2CH_3}$$

$$\underset{\underset{Br}{|}}{\overset{\overset{CH_3}{|}}{CH_3CH_2-C-CH_3}} \xrightarrow[\triangle]{KOH-C_2H_5OH} \underset{71\%}{\overset{\overset{CH_3}{|}}{CH_3CH=C-CH_3}} + \underset{29\%}{\overset{\overset{CH_3}{|}}{CH_3CH_2-C=CH_2}}$$

反应的主要产物是脱去含氢原子较少的 β-C 原子上的氢，生成双键碳原子上连有最多烃基的烯烃，即札依采夫烯烃。这是俄国化学家札依采夫（A.M.Saytzeff）根据大量实验事实总结出来的规律，称为札依采夫规则。按照札依采夫规则进行消除反应所生成的烯烃，也常称为札依采夫烯烃。

若消除产物有可能生成共轭烯烃，则消除方向总是有利于向生成共轭烯烃的方向进行。这是因为共轭烯烃有更强的稳定性。例如：

$$\underset{\underset{Br}{|}}{CH_2=CHCH_2CHCH(CH_3)_2} \longrightarrow CH_2=CHCH=CHCH(CH_3)_2 + HBr$$

（三）与金属反应

1. 与金属钠的反应

卤代烷与金属钠共热，烃基发生偶联生成烷烃和卤化钠，这个反应称为武尔慈（Würtz）反应。

$$2RX + 2Na \xrightarrow[\triangle]{无水乙醚} R-R + 2NaX$$

利用这个反应可以从较低级的卤代烷制备较高级的烷烃。但这种方法常用同一种卤代烷烃为原料，且为溴代伯烷或碘代伯烷。若用两种不同的卤代烷，则生成性质相似的交叉产物，分离困难。

2. 与金属镁的反应

卤代烷能与 Li、Na、K、Cu、Mg、Zn、Cd、Hg、Al 和 Pb 等金属作用，生成一类分子中含碳—金属（C—M，M 代表金属）键的化合物。这种金属原子直接与碳原子相连的化合物称为有机金属化合物或金属有机化合物，可用 R—M 表示。

有机金属化合物性质活泼，能与多种化合物发生反应，许多有机金属化合物可用作有机合成试剂，在有机合成中具有重要用途，并可用作有机反应的催化剂。

卤代烷在无水乙醚中与金属镁作用，生成有机金属镁化合物。

$$RX + Mg \xrightarrow{无水乙醚} RMgX$$

这种有机金属镁化合物称为格林纳（Grignard）试剂，简称格氏试剂。格氏试剂中，金属原子直接与碳原子成键（Mg—C）。

格氏试剂中的 C—Mg 键极性很强，化学性质非常活泼，能与含有活泼氢的化合物、羰基化合物、环氧化合物及其他不同类型的有机金属化合物作用生成相应的烷烃、醇、醛、酮和羧酸等。例如：

$$RMgX + HA \longrightarrow RH + AMgX$$

$$(A = -OH、-OR、-NH_2、-NHR、-C\equiv CR \text{ 等})$$

格氏试剂与 CO_2 作用，经水解后可制得多一个碳原子的羧酸。

$$RMgX + CO_2 \xrightarrow{\text{无水乙醚}} RCOOMgX \xrightarrow[H^+]{H_2O} RCOOH$$

格氏试剂还能与空气中的氧作用生成烷氧基卤化镁，进一步与水作用生成醇。

$$R-Mg-X + O_2 \longrightarrow R-O-Mg-X \xrightarrow{H_2O} R-OH + Mg(OH)X$$

由于格氏试剂能与水、醇、酸、氨、胺、氧、二氧化碳及末端炔烃等物质发生反应，因此在制备和保存格氏试剂时，必须严格防止这些物质存在而使格氏试剂受到破坏。在使用格氏试剂时，一般用无水乙醚作溶剂，且要求反应体系与空气隔绝。

五、亲核取代反应历程

通过化学动力学和立体化学的研究发现，卤代烷的亲核取代反应可按两种反应历程进行，即单分子亲核取代（S_N1）反应历程和双分子亲核取代（S_N2）反应历程。

（一）单分子亲核取代反应历程

叔丁基溴在氢氧化钠水溶液中的水解反应是按 S_N1 历程进行的，反应速率仅与叔丁基溴的浓度成正比，与亲核试剂 OH^- 的浓度无关，在动力学上属于一级反应。

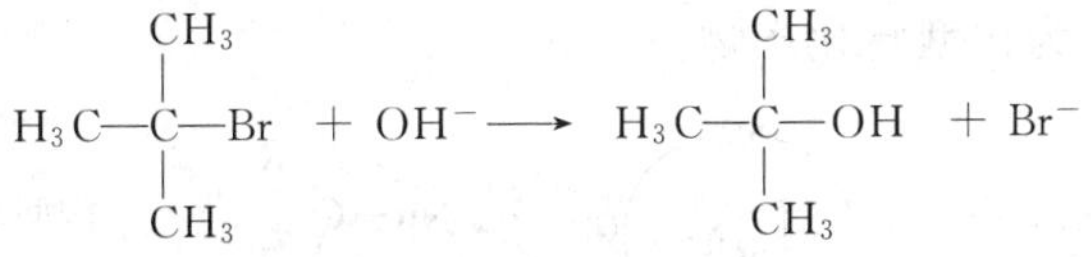

$$v = k[(CH_3)_3CBr]$$

S_N1 反应分两步完成，第一步是 C—Br 键异裂生成碳正离子和溴负离子，这是一步慢反应。在解离过程中，C—Br 键逐渐伸长，C—Br 键之间的电子云也逐渐偏移向溴原子，使碳原子上的正电荷与溴原子上的负电荷逐渐增加。经过过渡态 I 并继续解离，直至生成活性中间体叔丁基正离子和溴负离子。

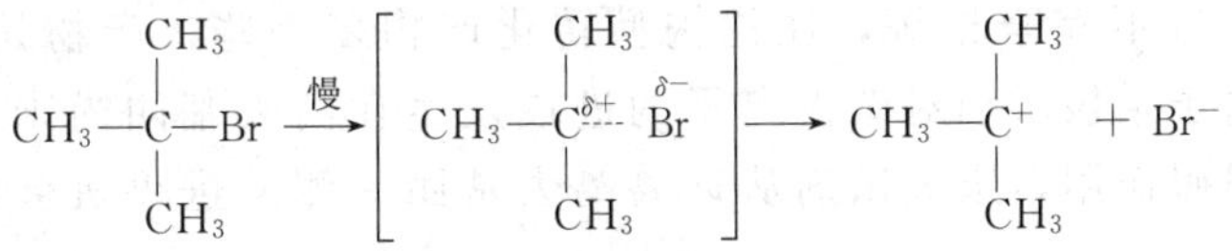

第二步是碳正离子和 OH^- 结合生成醇。由于叔丁基正离子的能量较高而具有较大的活性，它与 OH^- 的结合只需较少的能量，而且反应较快。叔丁基正离子与 OH^- 的结合也是逐渐进行的，且经过渡态 II 最后生成叔丁醇。

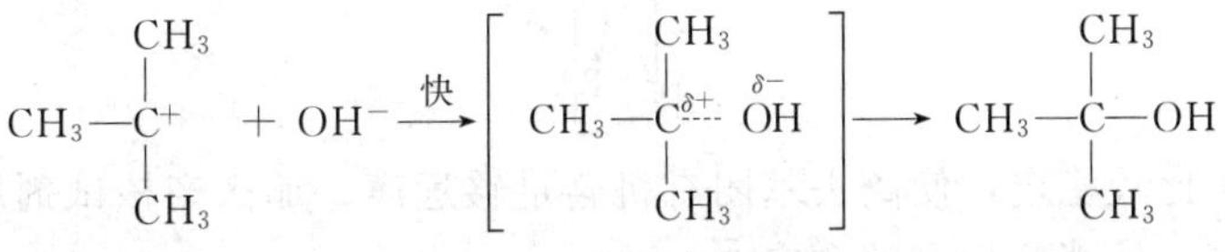

由图 5-1 可以看出，第一步反应所需的活化能 ΔE_1 较高，反应较慢，决定着整个反应的速率。第二步中，活化能 ΔE_2 较低，反应较快。因为整个反应速率由第一步决定，所以反应速率仅与叔丁基溴的浓度成正比，而与亲核试剂 OH^- 的浓度无关，因此称为 S_N1 反应。S_N1 反应历程中的能量变化如图 5-1 所示。

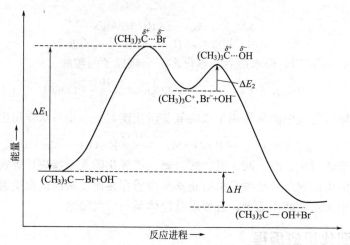

图 5-1　S_N1 反应历程中的能量变化

S_N1 历程中，卤代烷发生解离的同时，中心碳原子由 sp^3 杂化状态变为 sp^2 杂化状态，所以碳正离子是平面结构。当碳正离子形成后，亲核试剂从平面的两侧向碳正离子进攻的机会是均等的。如果中心碳原子是手性碳原子，并且反应物卤代烷为旋光异构体的某一构型，那么产物将为外消旋体，即有一半产物的构型和反应物的相同，为构型保持产物，另一半产物的构型发生了翻转，为构型转化产物。

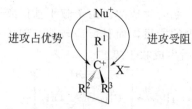

　　有些 S_N1 反应，构型转化产物和构型保持产物相等，生成外消旋体，无旋光性；但在多数情况下，二者不完全相等，往往构型转化产物多一些，产物只是部分外消旋化，有旋光性。这是由于亲核试剂对碳正离子的进攻发生在离去基团尚未完全远离时，此时由于离去基团的阻碍作用，亲核试剂从远离离去基团一侧的进攻机会增多，所以构型转化产物占多数。

　　如果碳正离子比较稳定，使离去基团有机会足够远离，那么亲核试剂从碳正离子的两侧进攻的机会愈均等，外消旋化也就愈完全。

　　外消旋化是 S_N1 反应的重要特征，但不是 S_N1 反应的标志，因为其他一些反应也会发生外消旋化。

（二）双分子亲核取代反应历程

溴甲烷在氢氧化钠水溶液中的水解反应是按 S_N2 历程进行的，反应速率既与溴甲烷的浓度成正比，也与亲核试剂 OH^- 的浓度成正比，在动力学上属于二级反应。

$$CH_3-Br + OH^- \longrightarrow CH_3-OH + Br^-$$

$$v=k[CH_3Br][OH^-]$$

S_N2 反应是通过形成过渡态一步完成的。

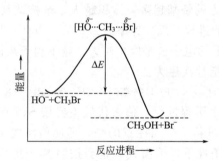

在反应中，亲核试剂 OH^- 因受电负性大的溴原子的排斥作用，只能从溴原子背后且沿 C—Br 键键轴的方向进攻 α-C。在逐渐接近的过程中，OH^- 与 α-C 之间部分成键，C—Br 键逐渐伸长并部分断裂，此时甲基上的三个氢原子也向溴原子一方逐渐偏转，偏转到三个氢原子与碳原子在一个平面上，此时 H—C—H 键角为 $120°$，α-C 由 sp^3 杂化状态转变为 sp^2 杂化状态，进攻试剂和离去基团分别处在该平面的两侧，且它们的连线垂直于该平面，形成 "过渡态"。当 OH^- 进一步接近 α-C 并最终形成 O—C 键时，三个氢原子也向溴原子一方偏转，C—Br 键进一步拉长并彻底断裂，Br^- 离去，α-C 又转变为 sp^3 杂化状态。整个过程是连续的，旧键的断裂和新键的形成是同时进行和同时完成的，所以水解反应速率与卤代烷和亲核试剂的浓度都有关系，在决定速率的步骤中，共价键的变化发生在两种分子中，因此称为 S_N2 反应。整个过程就好像一把雨伞被大风吹得向外翻转一样，这种构型的翻转叫做瓦尔登（Walden）转化。S_N2 反应历程中的能量变化如图 5-2 所示。

图 5-2　S_N2 反应历程中的能量变化

若按 S_N2 历程在化合物的手性碳原子上发生亲核取代反应时，手性碳原子的构型会发生转化，即产物手性碳原子的构型与反应物的相反。例如 (S)-2-溴丁烷用 NaOH 溶液处理时，反应按 S_N2 历程进行，生成 (R)-2-丁醇，其手性碳原子的构型就发生了转化。

$$HO^- + H-\overset{\displaystyle CH_3}{\underset{\displaystyle C_2H_5}{|}}-Br \longrightarrow HO-\overset{\displaystyle CH_3}{\underset{\displaystyle C_2H_5}{|}}-H + Br^-$$

（S）-2-溴丁烷　　　　　　　（R）-2-丁醇

瓦尔登转化是 S_N2 反应的重要特征和标志，如果已知某化合物发生了 S_N2 反应，其产物的构型就可以根据反应物的构型预测出来。

值得注意的是，瓦尔登转化是指分子的构型像风吹雨伞一样进行了翻转，而不是指反应前后构型一定由 R 变为 S 或由 S 变为 R，产物的构型需要重新确定，产物的旋光性是否改变还得由实验证实。例如，(S)-2-氯-2-碘丁烷和 CH_3ONa 按 S_N2 反应时，虽发生了瓦尔登转化，但产物仍为 S-构型。

$$CH_3O^- + \ \underset{\underset{Cl}{|}}{\overset{\overset{H_3C}{\diagdown}}{C}} {-}I \longrightarrow CH_3O{-}\underset{\underset{Cl}{|}}{\overset{\overset{CH_3}{|}}{C}}{-}C_2H_5 + I^-$$

S-构型   S-构型

当然，若某一亲核取代反应前后构型发生了转化，即由 S 变为 R 或由 R 变为 S，就可推测该反应是按 S_N2 历程进行的。

（三）影响亲核取代反应的因素

1. 卤代烷烷基结构的影响

卤代烷中烷基的结构对反应按何种历程进行有很大影响。

S_N1 反应中，由于反应的定速步骤是生成碳正离子一步，所以碳正离子中间体越稳定，生成碳正离子的活化能就越低，反应越容易进行，反应速率越快。碳正离子的稳定性次序为：

$$\underset{叔碳正离子}{\overset{\overset{R}{|}}{R'{-}\underset{+}{C}{-}R''}} > \underset{仲碳正离子}{\overset{\overset{R}{|}}{R'{-}\underset{+}{C}{-}H}} > \underset{伯碳正离子}{R{-}\overset{+}{C}H_2}$$

因此，伯、仲、叔卤代烷按 S_N1 历程反应的活性次序为：

$$R_3C{-}X > R_2CH{-}X > RCH_2{-}X > CH_3{-}X$$

S_N2 反应中，亲核试剂从卤原子的背面进攻 α-C 原子，α-C 原子周围的空间阻碍将影响亲核试剂的进攻。所以 α-C 上的烷基越多，体积越大，亲核试剂进攻 α-C 所受的空间阻碍越大，就越不利于亲核试剂的进攻，反应速率越慢。另一方面，烷基具有斥电子性，α-C 原子上的烷基越多，该碳原子上的电子云密度也越大，越不利于亲核试剂的进攻。所以不同类型卤代烷按 S_N2 历程反应的活性次序为：

$$CH_3{-}X > RCH_2{-}X > R_2CH{-}X > R_3C{-}X$$

一般叔卤代烷主要按 S_N1 历程进行，伯卤代烷主要按 S_N2 历程进行，而仲卤代烷既可按 S_N1 历程又可按 S_N2 历程进行。应当注意的是，即使伯卤代烷和叔卤代烷，其反应历程也并非绝对不变的，在特定条件下，伯卤代烷也会按照 S_N1 历程反应。例如，伯卤代烷在 Ag^+ 存在下，由于 Ag^+ 能促使 C—X 键的解离，形成碳正离子，因此反应按 S_N1 历程进行。

$$RX + Ag^+ \rightleftharpoons \overset{\delta+}{R}{\cdots}X{\cdots}\overset{\delta+}{Ag} \rightleftharpoons R^+ + AgX\downarrow$$

伯卤代烷与硝酸银的乙醇溶液在室温时反应很慢，加热后才有 AgX 沉淀生成，而叔卤代烷与硝酸银的乙醇溶液在室温下很快反应产生沉淀。

2. 卤原子对亲核取代反应速率的影响

卤原子对亲核取代反应速率也有影响。因为无论反应按 S_N1 历程还是 S_N2 历程进行，都必须断裂 C—X 键。从 C—X 键的键能和卤原子的极化度看，卤原子半径大小次序为 $I > Br > Cl$，原子半径越大，可极化性越大，反应活性越大，因此，C—I 键最容易断裂，C—Br 键其次，C—Cl 键较难断裂。当卤代烷分子中的烷基相同而卤原子不同时，其反应活性次序为：

$$R{-}I > R{-}Br > R{-}Cl$$

其中，I^- 是较好的离去基团。一般离去能力较好的离去基团倾向于按 S_N1 反应进行，而离去能力较差的离去基团倾向于按 S_N2 反应进行。

3. 亲核试剂的影响

在 S_N1 反应中，反应速率只决定于 RX 的解离，只与 RX 的浓度有关，而与亲核试剂无关。但 S_N2 反应中由于亲核试剂参与了过渡态的形成，其亲核能力和浓度将会影响反应速率，有时甚至会改变反应的历程。亲核试剂的亲核能力越强和浓度越大，S_N2 反应的速率越快，反应按 S_N2 历程进行的趋势也越大。

试剂的亲核性大小主要与其碱性及可极化性有关。一般亲核试剂的亲核性和碱性是一致的。例如：

$$C_2H_5O^- > HO^- > C_6H_5O^- > CH_3COO^-$$
$$R_3C^- > R_2N^- > RO^- > F^-$$

但因为碱性是指试剂对质子结合的能力，亲核性是指试剂对碳原子结合的能力，所以有时它们的强弱次序并不完全一致。同一族的原子作为亲核中心时，原子半径大的原子，它的外层电子离原子核较远，易受外界电场影响变形，因而可极化度大，更易进攻带正电荷的碳原子，因而亲核性也较强，这与碱性强弱次序相反。例如，亲核性顺序为：

$$I^- > Br^- > Cl^- > F^-$$
$$HS^- > HO^-$$

亲核试剂的体积大小对它的亲核性也有影响，体积大者，在反应中的空间位阻增大，在反应中往往进攻质子而不进攻中心碳原子，亲核性下降。例如，亲核性顺序为：

$$NH_2CH_2CH_3 > NH(CH_2CH_3)_2 > N(CH_2CH_3)_3$$
$$CH_3CH_2O^- > (CH_3)_2CHO^- > (CH_3)_3CO^-$$

4. 溶剂的影响

溶剂的极性大小对亲核取代反应也有很大影响。在极性大的溶剂中，离子由于溶剂化而被稳定。极性大的溶剂具有较大的介电能力，也可使中性分子解离为离子。对于 S_N1 反应，介电常数大的极性溶剂对碳正离子具有稳定作用，有利于中间体碳正离子的生成。对于 S_N2 反应，极性大的溶剂会使亲核试剂溶剂化，不利于过渡态的形成。例如，溴乙烷在极性较强的甲酸溶剂中水解，反应按 S_N1 历程进行；而叔丁基溴在极性较小的丙酮溶剂中，与较强的亲核试剂（I^-）反应，按 S_N2 历程进行。

六、消除反应历程

卤原子是和 β-C 原子上的氢原子形成 HX 脱去的，这种形式的消除反应称 β-消除反应。消除反应也有单分子消除（E1）和双分子消除（E2）两种反应历程。

（一）单分子消除反应历程

与 S_N1 反应一样，E1 反应也是分两步进行的，反应的第一步都是卤代烷解离生成碳正离子，第二步是碳正离子脱去 β-H 原子生成消除产物。

$$(CH_3)_3CBr \xrightarrow{\text{慢}} (CH_3)_3C^+ + Br^-$$

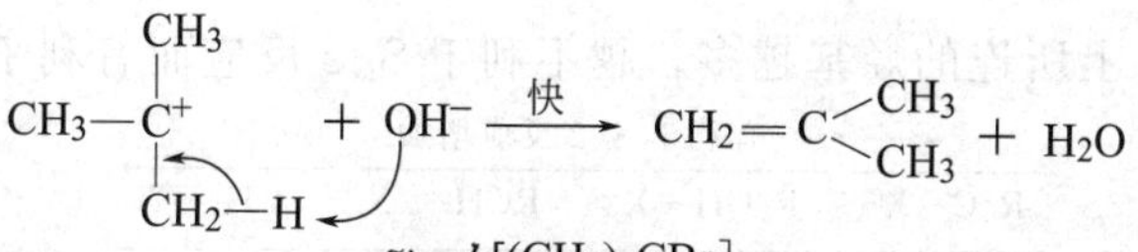

$$v = k[(CH_3)_3CBr]$$

反应的第一步是慢反应，是决定反应速率的一步。因此，整个反应的速率仅与叔丁基溴的浓度有关，与试剂 OH^- 的浓度无关，故称为单分子消除反应历程，用 E1 表示。

与 S_N1 反应历程不同，E1 历程的第二步中 OH^- 不是进攻碳正离子生成醇，而是夺取碳正离子的 β-H 生成烯烃。显然，E1 和 S_N1 这两种反应历程是相互竞争、相互伴随发生的。例如，在 25℃时，叔丁基溴与乙醇作用是 S_N1 反应，但也有一部分烯烃生成。

$$(CH_3)_3CBr + C_2H_5OH \xrightarrow{25℃} (CH_3)_3C\!-\!OC_2H_5 + (CH_3)_2C\!=\!CH_2$$
$$\qquad\qquad\qquad\qquad\qquad\qquad 81\% \qquad\qquad\quad 19\%$$

这说明碳正离子中间体还可以脱去 β-H 生成烯烃。

由于 E1 反应与 S_N1 反应的第一步反应是完全相同的，都是整个反应的定速步骤，所以伯、仲、叔卤代烷发生 E1 反应的活性顺序与 S_N1 反应相同，即

$$R_3C\!-\!X > R_2CH\!-\!X > RCH_2\!-\!X$$

(二) 双分子消除反应历程

E2 和 S_N2 也很相似，旧键的断裂和新键的形成同时进行，整个反应经过一个过渡态。例如：

$$v = k[CH_3CH_2CH_2Br][OH^-]$$

整个反应速率既与卤代烷的浓度成正比，也与碱的浓度成正比，故称为双分子消除反应历程，用 E2 表示。

与 S_N2 反应历程不同，E2 历程中 OH^- 不是进攻 α-C 原子生成醇，而是夺取 β-H 原子，使其以质子形式离去，同时卤原子带着一对电子离去而生成烯烃。显然，E2 与 S_N2 这两种反应历程也是相互竞争、相互伴随发生的。例如：

$$\qquad\qquad\qquad\qquad\qquad\qquad\qquad 60\% \qquad\qquad\qquad\qquad 40\%$$

当 α-C 上的烷基数目增加（意味着空间位阻加大）和 β-H 原子增多时，不利于亲核试剂进攻 α-C，而有利于碱进攻 β-H，因而有利于 E2 反应。所以伯、仲、叔卤代烷发生 E2 反应的活性顺序与和 E1 相同，即

$$R_3C\!-\!X > R_2CH\!-\!X > RCH_2\!-\!X$$

(三) 取代反应和消除反应的竞争

由于亲核试剂（如 OH^-、RO^-、CN^- 等）本身也是碱，所以卤代烷发生亲核取代反应的同时也可能发生消除反应，而且每种反应都可能按单分子历程和双分子历程进行。因此卤代烷与亲核试剂作用时可能有四种反应历程，即 S_N1、S_N2、E1、E2。究竟哪种历程占优势，要受多种因素的影响。

1. 卤代烷结构的影响

卤代烷分子中 α-C 上所连的烃基越多，越不利于 S_N2 反应而有利于消除反应。

叔卤代烷与大多碱性试剂作用易发生消除反应，这就是实际上不能由 CN^- 和 RCO_2^- 与叔卤代烷反应制取腈和酯的原因；如果亲核试剂有很强的碱性时，也不能采用仲卤代烷与之

反应来制取产物，这也是只用伯卤代烷与炔钠反应制取高级炔烃的原因。

但对单分子反应，第一步都是 RX 解离成碳正离子，α-C 由四面体结构变为平面结构，空间张力减小。若发生 S_N1 反应，键角又从 120° 变回 109°28′，空间张力增加；若发生 E1 反应，烯烃也是平面结构，空间张力比四面体张力小。因此，取代基的空间体积越大，越有利于 E1 反应。

2. 亲核试剂的影响

若亲核试剂的体积大，则不易于接近位于中间的 α-C，而容易与其周围的 β-H 接近，有利于 E2 反应；试剂的亲核性强（如 CN^-）有利于 S_N2 反应；试剂的碱性强而亲核性弱（如叔丁醇钾），浓度大，与质子的结合能力强，有利于 E2 反应。

3. 溶剂极性的影响

溶剂的极性强有利于取代反应，不利于消除反应。所以从卤代烃制备醇常用碱的水溶液，制备烯常用碱的醇溶液。使用非质子性极性溶剂，往往有利于 S_N2 反应，如丙酮、二甲亚砜等。

4. 温度的影响

提高温度对 S_N 反应和 E 反应都有利，但消除反应需拉大 C—H 键，形成过渡态所需的活化能较高，所以升高温度有利于消除反应。

从这里也可看出，有机化学反应是比较复杂的，受许多因素的影响。在进行某种类型的反应时，往往还伴随有其他反应发生。在得到一种主要产物的同时，还有副产物生成。为了使主要反应顺利进行，以得到高产率的主要产物，应当仔细地分析反应的特点及各种因素对反应的影响，严格控制反应条件。

七、重要的化合物

1. 三氯甲烷

三氯甲烷俗名氯仿，是无色具有甜味的液体，沸点为 61.2℃，不能燃烧，也不溶于水，是常用的有机溶剂，能溶解油脂、蜡、有机玻璃和橡胶等。纯净的氯仿可用作牲畜外科手术的麻醉剂，但由于它的毒性，现已放弃使用。

在光照下氯仿能被空气缓慢氧化生成光气。

$$2CHCl_3 + O_2 \xrightarrow{\text{日光}} 2Cl\overset{\overset{\displaystyle O}{\|}}{C}Cl + 2HCl$$
光气

光气是窒息性剧毒物质，对呼吸器官有强烈的刺激作用，并导致肺气肿甚至死亡。所以氯仿要保存在棕色瓶中。使用前可用硝酸银溶液检验是否有光气生成，如有可加入 1% 的乙醇破坏光气。

$$Cl\overset{\overset{\displaystyle O}{\|}}{C}Cl + 2C_2H_5OH \longrightarrow CH_3CH_2O\overset{\overset{\displaystyle O}{\|}}{C}OCH_2CH_3 + 2HCl$$
碳酸二乙酯（无毒）

2. 四氯化碳

四氯化碳在常温下为无色液体，有毒，具有致癌作用，沸点为 76.8℃，不溶于水，能溶解脂肪、树脂、橡胶等多种有机物，是实验室和工业上常用的有机溶剂和萃取剂。四氯化碳易挥发，其蒸气比空气重，且不燃烧，是常用的灭火剂。在灭火时，四氯化碳和水蒸气作用可产生光气，所以要注意通风。四氯化碳在农业上可用作熏蒸杀虫剂和牲畜的驱钩虫剂。

$$CCl_4 + H_2O \xrightarrow{>500℃} Cl{-}\overset{\overset{\displaystyle O}{\|}}{C}{-}Cl + 2HCl$$

3. 含氟化合物

氟里昂（Freon）是 CCl_2F_2、CCl_3F、$CHClF_2$、$CHCl_2F$、$CClF_3$ 等化合物的总称。二氟二氯甲烷（CCl_2F_2）的商品名为"氟里昂-12"或 F_{12}，是无色、无臭的气体，沸点为 $-29.8℃$，易被压缩成液体，解除压力后迅速汽化并吸收大量热，因此被大量用作电冰箱、空调机的制冷剂。氟里昂无毒、无腐蚀性、不燃烧、化学性质稳定，因而还用作杀虫剂、喷发胶、空气清新剂的喷雾剂。

氟里昂用作制冷剂已有近百年的历史。1985 年发现它们能破坏大气臭氧层，增强太阳对地球的紫外线辐射，从而对生物造成极大的危害。1987 年在加拿大蒙特利尔召开的国际会议上，与会者呼吁各国控制生产和使用氟里昂。

三氟氯溴乙烷（$CF_3CHClBr$）是目前广泛用来代替乙醚的吸入性麻醉剂，无毒，麻醉效果较好。

4. 林丹

林丹是有机氯杀虫剂，分子式为 $C_6H_6Cl_6$，构造式为：

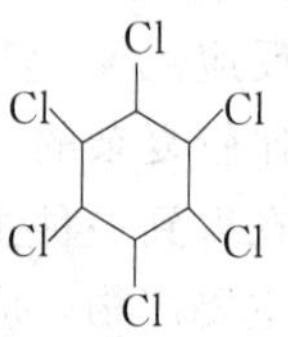

1,2,3,4,5,6-六氯环己烷（六六六）

六六六有多种异构体，根据被发现的顺序以 α、β、γ、…来标记。杀虫能力最强的是 γ-异构体，商品名叫林丹（Lindane）。一般使用的六六六含林丹 12%～14%。

纯净的林丹为白色晶体，熔点为 111.8～112.8℃，不溶于水，易溶于乙醇、丙酮、苯、甲苯、氯代烃等有机溶剂，对光、热、空气以及酸都稳定，但在碱性条件下易脱去氯化氢发生消除反应。林丹是中等毒性的杀虫剂，具有胃毒、触杀、熏蒸等杀虫活性，对昆虫体内的胆碱酶有抑制作用，还可与昆虫的神经膜作用使其动作失调，产生痉挛、麻痹以致死亡。在触杀浓度下对作物无药害。

虽然林丹毒性不大，但在自然条件下难以降解，具有较高的残毒，并可通过生物链富集而对人、畜的健康造成危害，给生态环境和生态平衡带来一系列问题，现已禁止使用。

第二节　卤代烯烃和卤代芳烃

一、卤代烯烃和卤代芳烃的分类和命名

1. 分类

根据卤原子与双键或芳环的相对位置不同，卤代烯烃和卤代芳烃可分为三种类型。

（1）乙烯基型和芳基型卤代烃　卤原子和不饱和碳原子直接相连。例如：

（2）烯丙基型和苄基型卤代烃　卤原子和不饱和碳原子之间相隔一个饱和碳原子。例如：

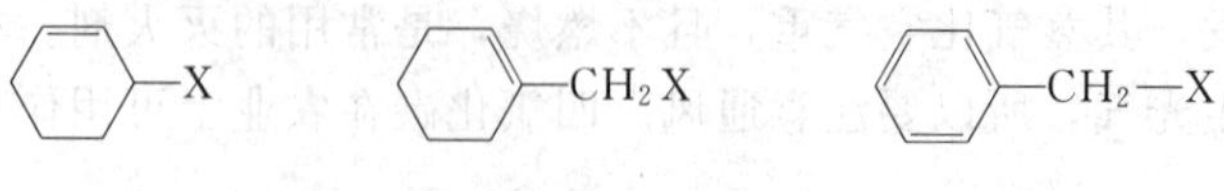

（3）隔离型卤代烯烃和卤代芳烃　卤原子和不饱和碳原子之间相隔两个或两个以上饱和碳原子。例如：

$$CH_2=CH(CH_2)_n-X \qquad \qquad \qquad \qquad n \geq 2$$

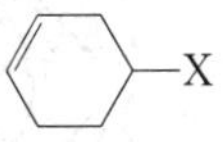

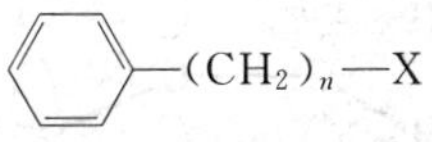

2. 命名

卤代烯烃的命名方法是：选择含有卤原子和双键的最长碳链作主链，以相应的烯烃为母体，编号时使双键位次最小，卤原子作为取代基命名。顺反异构用 Z/E 或顺/反标明其构型。例如：

$$CH_2=CH-Cl$$

$$CH_2=CCH_2Cl \\ \qquad | \\ \qquad CH_3$$

$$CH_2CH_2CH=C-CH_3 \\ | \qquad\qquad | \\ Cl \qquad\qquad CH_3$$

氯乙烯 　　　　2-甲基-3-氯-1-丙烯 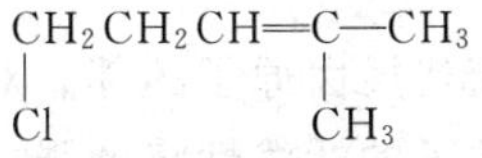　　　　2-甲基-5-氯-2-戊烯

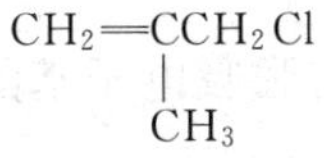

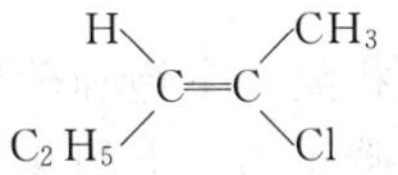

$$\begin{array}{c} H \qquad CH_3 \\ \diagdown\ \ /\ \ \\ C=C \\ /\ \ \diagdown\ \ \\ C_2H_5 \qquad Cl \end{array}$$

(Z)-2-氯-2-戊烯 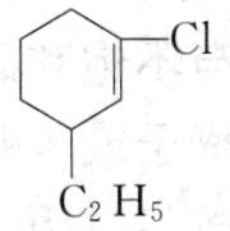　　　　3-乙基-1-氯环己烯 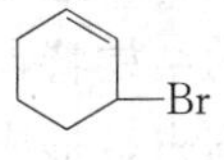　　　　3-溴环己烯

卤代芳烃的命名有两种方法。一是卤原子连在芳环上时，把芳环当作母体，卤原子作为取代基；二是卤原子连在侧链上时，把侧链当作母体，卤原子和芳环均作为取代基。例如：

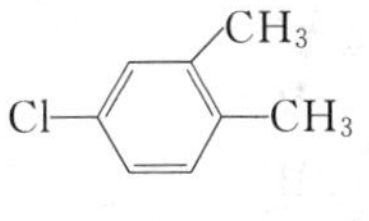

4-氯-1,2-甲苯 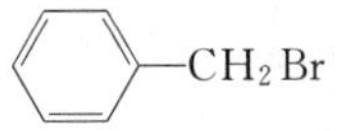　　　　　溴化苄（苄基溴） 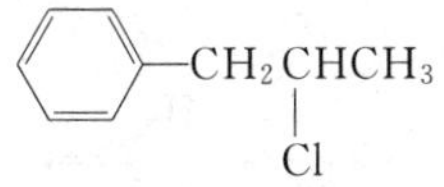　　　　1-苯基-2-氯丙烷

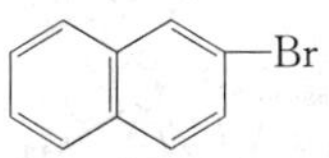

2-溴萘（β-氯萘） 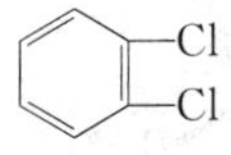　　　　1,2-二氯苯 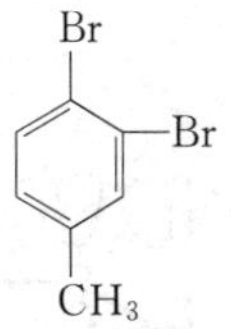　　　　3,4-二溴甲苯

二、卤代烯烃和卤代芳烃的结构

三种类型的卤代烯烃和卤代芳烃分子中都具有两个官能团，除具有烯烃或芳烃的通性外，由于卤原子对双键或芳环的影响及影响程度不同，又表现出各自的反应活性。

1. 乙烯基型和芳基型卤代烃的结构

这类卤代烃的结构特点是卤原子直接与不饱和碳原子相连，卤原子上的 p 电子对与双键或苯环上的 π 电子云相互作用形成 p-π 共轭体系。例如氯乙烯和氯苯分子中存在图 5-3 所示的 p-π 共轭体系。

共轭效应与卤原子的 $-I$ 方向相反，使卤原子的电子云向碳原子方向偏转，C—X 键的键长缩短，键能增大，C—X 键难以断裂，卤原子的反应活性显著降低。因此乙烯基型和芳基型卤代烃中卤原子的活性比相应的卤代烷弱，在与卤代烷相似的条件下，它们不与 NaOH、C_2H_5ONa、NaCN 等亲核试剂发生取代反应，甚至与硝酸银的醇溶液共热也不生成卤化银沉淀。

在乙烯基型卤代烃分子中，由于卤原子的诱导效应较强，C=C 双键上的电子云密度有所下降，所以在进行亲电加成反应时速率较乙烯慢。

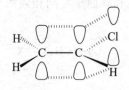
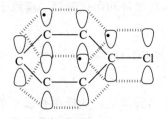

(a) 氯乙烯的p-π共轭体系   (b) 氯苯的p-π共轭体系

图 5-3　乙烯基型和芳基型卤代烃的 p-π 共轭体系

当苯基型卤代烃卤原子的邻、对位上有强吸电子基团时，使苯环上和 C—X 键的电子云密度降低，卤原子的活泼性将增强。

2. 烯丙基型和苄基型卤代烃的结构

这类卤代烃的结构特点是卤原子与不饱和碳原子之间相隔一个饱和碳原子，当 C—X 键异裂后，卤原子离去，形成烯丙基正离子或苄基正离子。碳正离子上的空 p 轨道可以与相邻的 π 轨道形成 p-π 共轭体系。无论是按 S_N1 历程还是按 S_N2 历程进行取代反应，由于共轭效应使 S_N1 的碳正离子中间体或 S_N2 的过渡态势能降低而稳定，使反应易于进行。烯丙基型卤代烃的碳正离子和 S_N2 反应过渡态如图 5-4 所示。

(a) 烯丙基碳正离子的p-π共轭体系   (b) 烯丙基卤代烃的S_N2反应过渡态

图 5-4　烯丙基型卤代烃的碳正离子和 S_N2 反应过渡态

所以烯丙基型和苄基型卤代烃的卤原子的反应活性比相应的卤代烷要高，室温下即可与硝酸银的醇溶液发生反应，生成卤化银沉淀。

3. 隔离型卤代烯烃和卤代芳烃的结构

隔离型卤代烯烃和卤代芳烃分子中的卤原子与不饱和键相隔较远，彼此相互影响很小，化学性质与相应的烯烃或卤代烷相似。加热条件下可与硝酸银的醇溶液作用产生卤化银沉淀。

将三类卤代烯烃和卤代芳烃的亲核取代反应活性次序归纳如下：

烯丙基型卤代烃＞隔离型卤代烃＞乙烯基型卤代烃

苄基型卤代烃＞隔离型卤代芳烃＞芳基型卤代烃

三、卤代烯烃和卤代芳烃的化学性质

1. 乙烯基型卤代烯烃的加成反应

氯乙烯发生亲电加成反应，产物的选择性符合马氏规则。

$$CH_2=CH-Cl + HCl \longrightarrow CH_3-\underset{\underset{Cl}{|}}{C}H-Cl$$

这是因为，反应按照不同途径生成中间体 I 和 II，中间体 I 由于卤原子的吸电子诱导效应使得碳正离子的稳定性降低，而中间体 II 则由于 p-π 共轭效应使得碳正离子 II 稳定，所以反应主要按途径②（即马氏规则方向）生成产物。

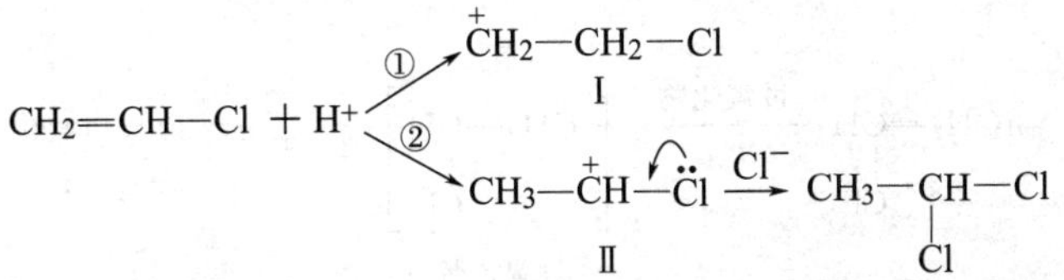

$$CH_2=CH-Cl + H^+ \xrightarrow[\text{②}]{\text{①}} \begin{array}{l} \overset{+}{C}H_2-CH_2-Cl \\ \qquad\qquad I \\ CH_3-\overset{+}{C}H-\overset{..}{\underset{..}{C}l} \xrightarrow{Cl^-} CH_3-\underset{\underset{Cl}{|}}{C}H-Cl \\ \qquad\qquad II \end{array}$$

2. 卤代芳烃芳环上的亲核取代反应

卤代芳烃的特征是它对 HO^-、RO^-、NH_2^- 和 CN^- 等亲核试剂的活性很低（而它们对卤代烷来讲是典型的亲核试剂），例如氯苯在碱性溶液中水解需要在 400℃高温和 2.5MPa 压力下才能进行。而当卤苯分子中卤原子的邻、对位上有硝基等吸电子基团时，卤原子的活泼性增加。吸电子基的吸电子能力越强、数目越多，卤原子的活性越强。例如：

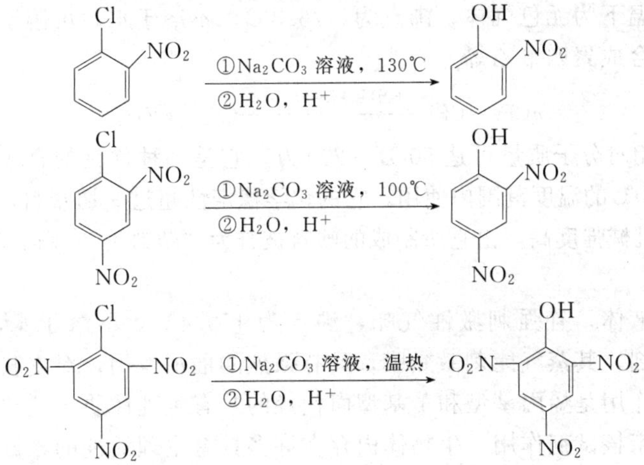

反应的第一步是亲核试剂进攻芳环上与卤原子相连的碳原子，形成一个环状碳负离子中间体，碳负离子是一个高活性的反应中间体，不稳定，很快失去卤原子而得到取代产物。

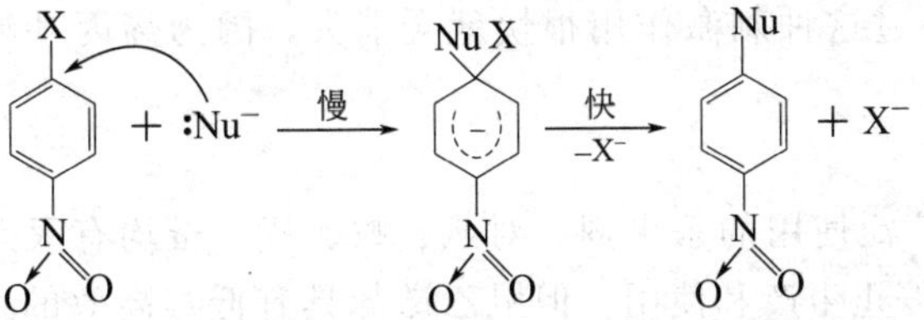

第一步反应慢，是决定总反应速率的关键步骤。碳负离子越稳定，反应就越容易进行。卤原子邻、对位上的硝基对碳负离子有很好的稳定作用，故可促进反应的进行。其他的吸电子基如 $-\overset{+}{N}(CH_3)_2$、$-CN$、$-CHO$、$-COR$、$-COOH$、$-SO_3H$ 等都有同样的作用。

四、重要的化合物

1. 氯乙烯

氯乙烯在常温下是无色气体，稍有麻醉性，沸点为 −13.9℃，不溶于水，易溶于乙醇、乙醚、丙酮等有机溶剂。由石油裂化产生的乙烯经过与氯气加成后再脱氯化氢便可制得氯乙烯。

$$CH_2{=}CH_2 \xrightarrow{\quad Cl_2 \quad} \underset{\underset{Cl}{|}}{CH_2}{-}\underset{\underset{Cl}{|}}{CH_2} \xrightarrow{\quad NaOH \quad} CH_2{=}CH{-}Cl$$

氯乙烯的主要用途是制备聚氯乙烯。

$$nCH_2{=}\underset{\underset{Cl}{|}}{CH} \xrightarrow{\quad 过氧化物 \quad} {\left[CH_2{-}\underset{\underset{Cl}{|}}{CH} \right]}_n \qquad n=800\sim1400$$

聚氯乙烯

聚氯乙烯是目前我国产量最大的一种塑料。它具有极好的耐化学腐蚀性，不燃烧，电绝缘性好，在工农业生产和日常生活中具有广泛的用途，可用于制造塑料、涂料、合成纤维等。在聚氯乙烯中加入不同增塑剂，可制成软聚氯乙烯及硬聚氯乙烯。软聚氯乙烯塑料可用于制作塑料薄膜、人造革、电线套管等；硬聚氯乙烯塑料可用于制作板材、管道、阀门、塑料棒等。但聚氯乙烯制品的耐热性、耐光性较差，且不耐有机溶剂。

2. 四氟乙烯

四氟乙烯在常温下为无色气体，沸点为 $-76.3\,℃$，不溶于水，可溶于有机溶剂。在过硫酸铵引发下，可聚合成聚四氟乙烯。

$$nCF_2{=}CF_2 \xrightarrow{\quad (NH_4)_2S_2O_8 \quad} {\left[CF_2{-}CF_2 \right]}_n$$

聚四氟乙烯的相对分子质量可达 50 万～200 万。它是一种优良的合成树脂，能耐寒和耐热，可在 $-100\sim300\,℃$ 的温度范围内使用，它的化学稳定性超过一切塑料，与强酸、强碱、强氧化剂都不反应，机械强度高，由它所制成的塑料被誉为"塑料王"，商品名为"特氟隆"。

3. 氯化苄

氯化苄为无色液体，有强刺激性气味，沸点为 $179.4\,℃$，不溶于水，可溶于乙醇、乙醚、氯仿等有机溶剂。其蒸气能刺激黏膜，具有强烈的催泪作用，对皮肤和呼吸道也有一定的刺激性。其催泪作用是烯丙基型和苄基型卤代烃的共有生理性质，这类卤代烃的卤原子相当活泼，很容易与亲核试剂作用。生物体内存在许多具有生理活性的含氮、硫的化合物，氮和硫都带有作为亲核试剂所必需的未共用电子，它们作为亲核试剂和卤代烃作用而失去其本身的生理功能，卤代烃的这种破坏作用使黏膜感受到刺激性，流泪正是为了排除有刺激性的卤代物的一种反应，不过这种刺激作用很快就会消失，因为烯丙基型和苄基型卤代烃易被水解。

4. 甲乙涕

DDT 是我国曾经广泛使用的杀虫剂，对虱、蚊、蝇、蚤均有灭杀作用，但它的残毒严重，我国已于 1983 年停止生产和使用。但甲乙涕却具有低毒高效的杀虫能力，而且在环境中迅速分解无残留，有些国家已生产试用。DDT 和甲乙涕的结构式如下：

2,2-双(对氯苯基)-1,1,1-三氯乙烷
(商品名：DDT、滴滴涕)

2-对甲苯基-2-对乙氧苯基-1,1,1-三氯乙烷
(商品名：甲乙涕)

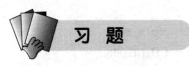

1. 写出分子式为 $C_5H_{11}Cl$ 的所有同分异构体，命名并指出其中的伯、仲、叔卤代烷。

2. 写出乙苯的各种一氯取代物的结构式，用系统命名法命名，并说明它们在化学活性上相当于哪一类卤代芳烃。

3. 命名下列化合物：

(1) $CH_3CH(CH_2CH_3)\overset{\overset{\displaystyle Br}{|}}{CH}CH_3$　　　(2) $CH_3CH_2\overset{\overset{\displaystyle }{}}{CH}CH_2CH_3$ 下方 CH_2Cl

(3) 六元环结构，环上 Cl、CH_3、Br 取代

(4) $CH_2=C\overset{\overset{\displaystyle CH_3}{|}}{}CHBrCH_2CH_3$

(5)
$$\overset{CH_3}{\underset{Cl}{}}C=C\overset{CH_2CH_3}{\underset{CH_3}{}}$$

(6) 环己基—$CH=CH\overset{\overset{\displaystyle Br}{|}}{C}H=CH_2$

(7) Br—苯环—CH_2Cl

(8) 苯环—$\overset{\overset{\displaystyle CH_3}{|}}{\underset{\underset{\displaystyle CH_3}{|}}{C}}H\,C=CHBr$

4. 完成下列反应式：

(1) $CH_3CH=CH_2 + HBr \xrightarrow{过氧化物} ? \xrightarrow{(CH_3)_2CHONa} ?$

(2) Cl—苯环—$CH_2Cl \xrightarrow[C_2H_5OH]{NaCN} ? \xrightarrow[H^+]{H_2O} ?$

(3) $CH_3CH_2CH=CH_2 + HBr \longrightarrow ? \xrightarrow{NaCN} ? \xrightarrow[H^+]{H_2O} ?$

(4) 甲苯 $\xrightarrow{?}$ 对氯甲苯 $\xrightarrow{?}$ 对氯苄氯 $\xrightarrow{?}$ 对氯苄醇

(5) 环戊烯 $+ Br_2 \longrightarrow ? \xrightarrow[H_2O]{NaOH} ?$

(6) $CH_3CH_2I + CH_3CH_2C≡CNa \longrightarrow ?$

(7) $CH_3\overset{\overset{\displaystyle Br}{|}}{C}HCH_2CH_3 + KOH \xrightarrow{ROH} ? \xrightarrow{Br_2} ? \xrightarrow[ROH]{KOH} ? \xrightarrow{CH_2=CH—CN} ?$

(8) 环己烷（CH_3、Br 取代）$\xrightarrow[\triangle]{KOH/C_2H_5OH} ? \xrightarrow[H^+]{KMnO_4} ?$

(9) 苯环—$CH_2Br + Mg \xrightarrow{无水乙醚} ? \xrightarrow[②\ H_2O]{①\ CO_2} ?$

(10) Cl,Cl—苯环—$NO_2 + CH_3ONa \xrightarrow{CH_3OH} ?$

5. 用化学方程式表示 1-溴丁烷与下列试剂反应的主要产物：

    （1）$NaOH/H_2O$ （2）$NaOH/$醇   （3）$NaCN/$醇

    （4）$AgNO_3/$醇   （5）$CH_3CH_2NH_2$ （6）CH_3CH_2OK

    （7）丙炔钠   （8）$Mg/$无水乙醚   （9）苯/无水 $AlCl_3$

6. 判断下列各组化合物发生指定反应的活性次序：

    （1）1-溴丁烷、1-氯丁烷、1-碘丁烷进行 S_N1 反应

    （2）2-甲基-2-溴丁烷、2-甲基-3-溴丁烷、2-甲基-1-溴丁烷进行 S_N1 反应

    （3）O_2N—⟨⟩—Cl 、 Cl—⟨⟩—CH_2Cl 、 ⟨⟩—CH_2Cl 进行 S_N1 反应

    （4）1-氯环己烷、1-溴环己烷、1-碘环己烷进行 S_N2 反应

    （5）1-溴丁烷、2-甲基-2-溴丙烷、2-溴丁烷进行 S_N2 反应

    （6）1-溴丙烷、1-氯丙烷、1-碘丙烷在同等条件下发生脱卤化氢的反应

    （7）2-甲基-1-溴丁烷、2-甲基-2-溴丁烷、2-甲基-3-溴丁烷在同等条件下发生脱卤化氢的反应

7. 用化学方法鉴别下列各组化合物：

    （1）3-溴丙烯、2-溴丙烯、2-溴-2-甲基丙烷

    （2）CH_3—⟨⟩—Br 、 CH_3—⟨⟩—Br 、 CH_3—⟨⟩—Br

    （3）氯化苄、对氯甲苯、1-苯基-2-氯乙烷

    （4）氯苯、环己基氯、3-氯环己烯

8. 完成下列转化：

    （1）CH_3—CH_2—CH_2—Cl ⟶ CH_3—$\overset{\overset{NH_2}{|}}{CH}$—$CH_3$

    （2）⟨⟩—Cl ⟶ ⟨溴代环己烷三溴取代⟩

    （3）$CH_3CH{=}CH_2$ ⟶ $CH_3CH_2CH_2$—O—$CH(CH_3)_2$

    （4）$CH_3CH{=}CH_2$ ⟶ CH_3—$\overset{\overset{}{|}}{\underset{\underset{OH}{|}}{CH}}$—$\overset{\overset{}{|}}{\underset{\underset{Cl}{|}}{CH}}$—$\overset{\overset{}{|}}{\underset{\underset{Cl}{|}}{CH_2}}$

    （5）$CH_2{=}CH_2$ ⟶ $HOOCCH_2CH_2COOH$

    （6）⟨⟩ ⟶ ⟨⟩—CH_2COOH

    （7）$CH_3CH_2CH_2CH_2Br$ ⟶ $CH_3CH{=}CHCH_3$

9. 某烃 A 的分子式为 C_5H_{10}，不与高锰酸钾作用，在紫外光照射下与溴作用只得到一种一溴取代物 $B(C_5H_9Br)$。将化合物 B 与 KOH 的醇溶液作用得到 $C(C_5H_8)$，化合物 C 经臭氧化并在 Zn 粉存在下水解得到戊二醛（$OHCCH_2CH_2CH_2CHO$）。写出化合物 A 的结构式及各步反应方程式。

10. 三个芳香族化合物 A、B、C 的分子式均为 $C_6H_4NO_2Br$，当 A、B 与 KOH 共热时，形成羟基化合物 $C_6H_4NO_2OH$，C 在相同的条件下不发生反应，试推测化合物 A、B、C 的结构式。

11. 某化合物 A 与溴作用生成含有三个卤原子的化合物 B。A 能使碱性高锰酸钾水溶液褪色，并生成含有一个溴原子的邻位二元醇。A 很容易与氢氧化钾水溶液作用生成化合物 C 和 D，C 和 D 氢化后分别生成互为异构体的饱和一元醇 E 和 F，E 分子内脱水后可生成两种异构化合物，而 F 分子内脱水后只生成一种化合物，这些脱水产物都能被还原成正丁烷。试推测化合物 A、B、

C、D、E 和 F 的结构式。

知识拓展

卤代有机化合物——环境污染物之一

今天，有 15000 多种卤代有机物被生产并用于商业用途。氯代有机物最大的工业利用是合成聚氯乙烯类塑料。氯代有机物的其他重要用途还包括溶剂、工业润滑油、绝缘漆、除锈剂及杀虫剂等。

这些物质遗弃后持续残存于环境中，并对人和其他生物的健康产生各种有害的影响，如氯丹和林丹杀虫剂。

氯丹   林丹   十氯代联苯

它们被认为是内分泌的破坏者，会引起动物遗传异常。这些物质在世界上很多国家被限制或明令禁止使用，但它们在环境中不易降解的物质仍大量存在。多氯代联苯从 20 世纪 20 年代已被广泛用于输电设备中的绝缘液体，并于 80 年代开始限制使用，但它仍然是河流的一个重要污染物。

人们针对氯代有机物的使用和处置问题想出了很多解决的方法。例如，超临界 CO_2 可以从咖啡豆中提取咖啡因，可以取代二氯甲烷；控制得当的焚化可以以对环境最小的影响来破坏卤代烃废弃物；有些厌氧微生物可以将氯代有机物中的氯除掉，将这些分子转变成更容易被传统好氧细菌生物降解的物质，人类能否将这种生物补救法发展为大规模的使用技术，还需要科学家继续探索。

溴甲烷——毒性很大但非常有用的有机物

溴甲烷（CH_3Br）是一个有许多用途的有机物。溴甲烷的制备简单，用作大型储藏室（如仓库和货棚）的昆虫熏蒸剂，它还能有效地扑灭土壤和庄稼（包括大豆和马铃薯）的虫灾。无疑，它的价值部分归功于其很高的毒性，这又很大程度归因于它的 S_N2 反应活性。生命化学在很大程度上依赖于含有亲核基团的各类分子，如胺（—NH_2）和硫醇（—SH）。这些取代基的生物化学的作用是多种多样的，而且对生物有机体的生存十分关键。活性很高的亲电试剂如溴甲烷不分青红皂白地将这些亲核原子烷基化——通过 S_N2 反应机理将甲基接在它们上面，破坏生物体的蛋白质或核酸结构，带来生物化学方面的大灾难。有些过程可以生成副产物 HBr，更扩大了这种物质对生命系统引起的危害。

溴甲烷的毒性不仅限于昆虫，已知人体暴露于溴甲烷中也会引起很多健康问题，如直接接触会烧坏皮肤；长期暴露会引起肾、肝脏和中枢神经系统的损坏；吸入高浓度的溴甲烷会带来肺组织的毁坏，引起肺水肿，甚至死亡。工作环境中溴甲烷浓度的限制为：周围空气中溴甲烷蒸气的浓度不超过百万分之二十。正如许多被发现的对人类用途广泛并大规模使用的物质一样，溴甲烷的毒性引起的困境要求对它的使用进行控制。在安全和效用问题上的决断并不总是很容易的，必须非常小心地估量它对人类、环境和经济上的副作用。

溴甲烷造成生物破坏的反应机理如下：

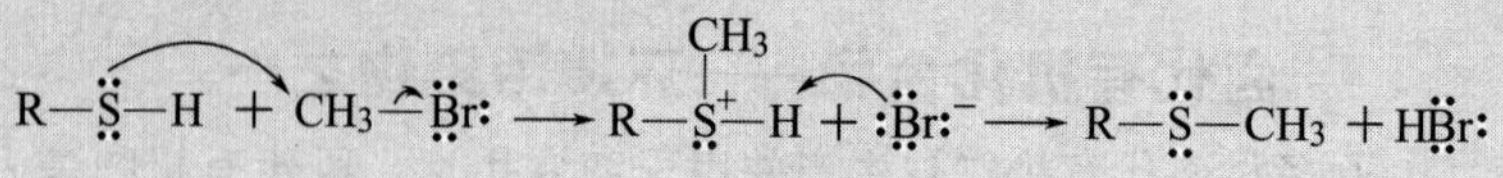

$$R—\overset{..}{\underset{..}{S}}—H + CH_3 \overset{\frown}{—} \overset{..}{\underset{..}{Br}}: \longrightarrow R—\overset{CH_3}{\underset{}{\overset{+}{\underset{..}{S}}}}—H + :\overset{..}{\underset{..}{Br}}:^- \longrightarrow R—\overset{..}{\underset{..}{S}}—CH_3 + H\overset{..}{\underset{..}{Br}}:$$

醇、酚、醚

Chapter 06

醇、酚、醚是烃的含氧衍生物。醇和酚的分子中均含有羟基（—OH）官能团，它们是官能团影响有机物结构和功能的一个很好的例子。羟基直接与脂肪烃基相连的是醇类化合物（R—OH）；羟基直接与芳基相连的是酚类化合物（Ar—OH）。氧原子直接与两个烃基相连的化合物是醚（R—O—R′、R—O—Ar、Ar—O—Ar′），醚通常由醇或酚制得，是醇或酚的官能团异构体。

第一节　醇

醇是脂肪烃分子中饱和碳原子上的氢原子被羟基（—OH）取代的衍生物，只含一个羟基的醇也可看作是水分子中的氢原子被脂肪烃基取代的产物。

一、醇的分类和命名

1. 醇的分类

根据醇分子中与羟基所连烃基的结构不同，分为脂肪醇、脂环醇、芳香醇（羟基连在芳烃侧链上的醇）等。例如：

$$CH_3CH_2OH \qquad \bigcirc\!\!-OH \qquad \bigcirc\!\!-CH_2CH_2OH$$

脂肪醇　　　　脂环醇 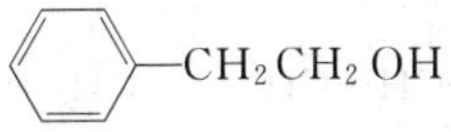　　　　　　芳香醇

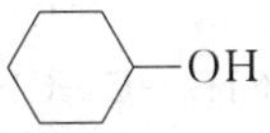

根据醇分子中羟基所连烃基的饱和程度不同，分为饱和醇和不饱和醇。例如：

$$CH_3CH_2CH_2OH \qquad CH_2CH{=\!=}CHOH \qquad \bigcirc\!\!-OH$$

饱和醇　　　　不饱和醇　　　　不饱和醇

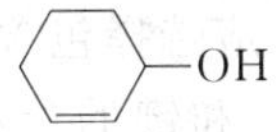

根据醇分子中羟基的数目不同，分为一元醇、二元醇和多元醇。饱和一元醇的通式为 $C_nH_{2n+2}O$。在二元醇中，两个羟基连在相邻碳原子上的称为邻二醇，两个羟基连在同一碳原子上的称为偕二醇（不稳定）。例如：

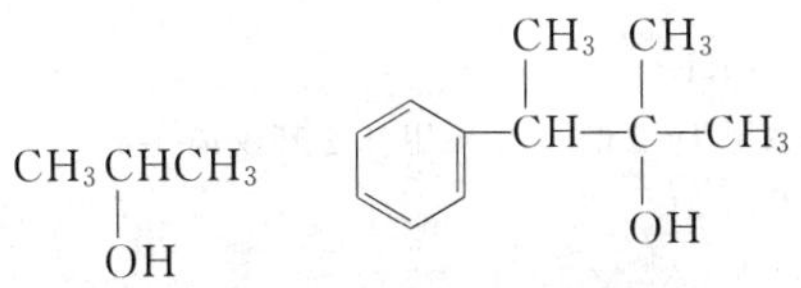

一元醇 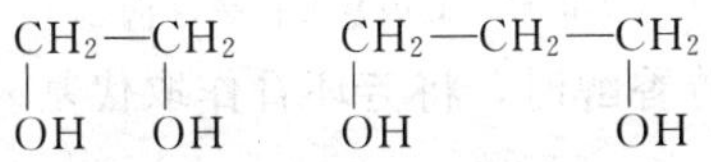　　　　　　　　　　　　　　　　二元醇

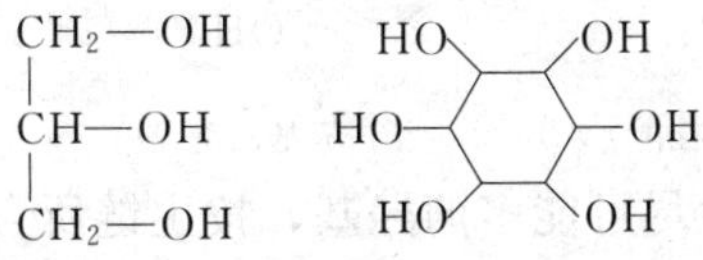

多元醇

根据醇分子中直接与羟基相连的碳原子的类型不同，分为伯醇（一级醇）、仲醇（二级醇）和叔醇（三级醇）。例如：

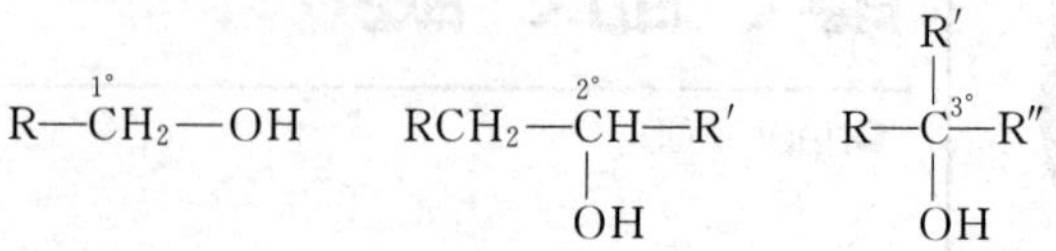

$$R—\overset{1°}{C}H_2—OH \qquad RCH_2—\overset{2°}{\underset{OH}{C}}H—R' \qquad R—\overset{R'}{\underset{OH}{\overset{|}{\underset{|}{C^{3°}}}}}—R''$$

伯醇（一级醇）   仲醇（二级醇）   叔醇（三级醇）

2. 醇的命名

醇主要有两种命名方法：普通命名法和系统命名法。

结构简单的醇可用普通命名法命名，即在"醇"字前加上烃基的名称，"基"字一般可以省去。例如：

$$CH_3CH_2CH_2OH \qquad CH_3\underset{OH}{\overset{|}{C}}HCH_3 \qquad CH_3CH_2CH_2CH_2OH$$

正丙醇   异丙醇   正丁醇

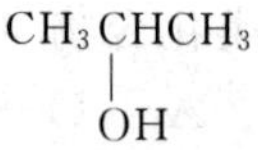

$$CH_3\underset{CH_3}{\overset{|}{C}}HCH_2OH \qquad CH_3CH_2\underset{OH}{\overset{|}{C}}HCH_3 \qquad (CH_3)_3COH$$

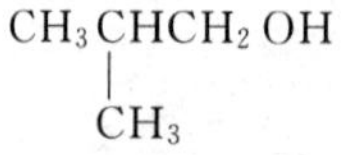

异丁醇 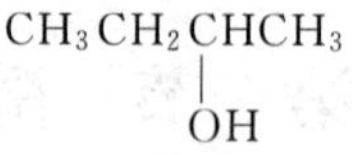   仲丁醇   叔丁醇

$$CH_2{=}CH—CH_2OH$$

烯丙醇   环己醇 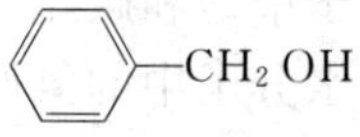   苄醇

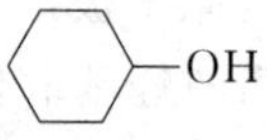

结构复杂的醇则采用系统命名法命名。命名时，首先选择含有羟基的最长碳链为主链，从距羟基最近的一端给主链编号，称为"某醇"，取代基的位次、数目、名称以及羟基的位次分别注于母体名称前。例如：

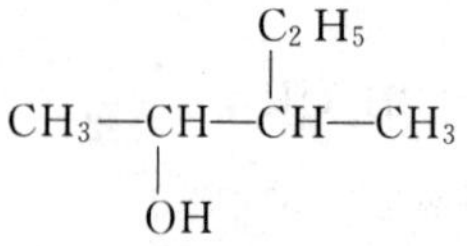

3-甲基-2-戊醇 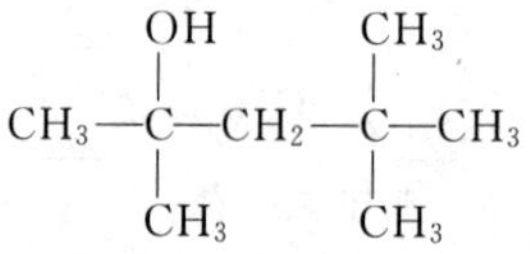   2,4,4-三甲基-2-戊醇 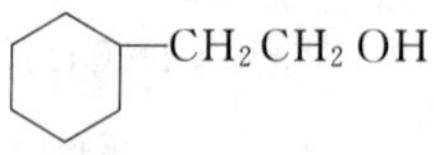   2-环己基乙醇

命名不饱和醇时，应选择包含羟基和不饱和键的最长碳链作主链，从距羟基最近的一端给主链编号，并使不饱和键的位次尽可能小，表示主链碳原子数的汉字应写在"烯"或"炔"的前面，羟基的位次注于"醇"字前。例如：

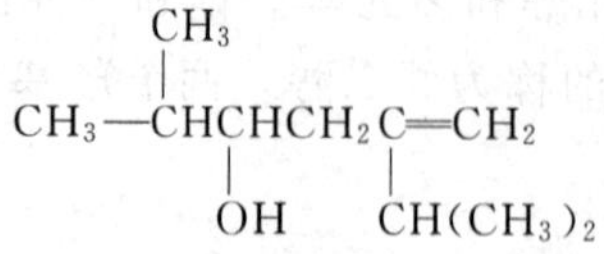

2-甲基-5-异丙基-5-己烯-3-醇 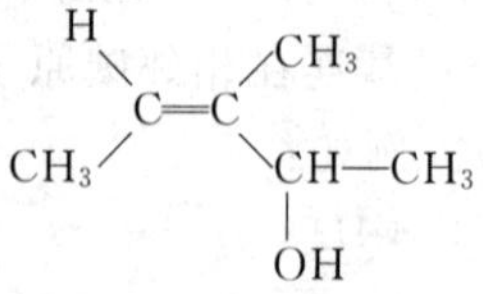   (Z)-3-甲基-3-戊烯-2-醇 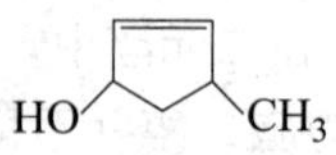   4-甲基-2-环戊烯-1-醇

命名芳香醇时，将芳环看作取代基。例如：

3-苯基-2-丙烯醇（肉桂醇） 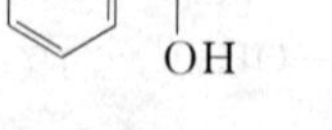   1-苯基乙醇 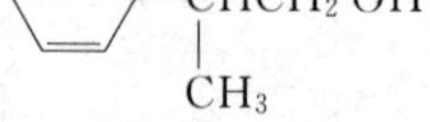   2-苯基-1-丙醇

命名多元醇时，主链应包含尽可能多的羟基，按主链所含碳原子和羟基的数目称为"某二醇"、"某三醇"等。例如：

CH₃
|
CH₃—C—CH₂—CH—CH₃
| |
OH   OH
2-甲基-2,4-戊二醇

C₆H₅—CH—CH—CH₂—CH₃
        | |
        CH₃ OH OH
4-苯基-2,3-戊二醇

CH₂—CH—CH₂
| | |
OH   OH   OH
1,2,3-丙三醇

顺-1,2-环戊二醇

二、醇的结构

羟基是醇类化合物的官能团。除羟基与双键碳原子直接相连的不饱和醇中的羟基氧原子为不等性 sp^2 杂化外，其他醇羟基中氧原子的杂化状态与水分子中氧原子的杂化状态完全相同，均为不等性 sp^3 杂化，其中两个 sp^3 杂化轨道被两对未共用电子对占据，余下的两个 sp^3 杂化轨道分别与碳原子和氢原子形成 O—C 和 O—H 两个 σ 键（见图 6-1）。由于氧原子上含有未共用电子对，所以醇是一个路易斯碱。在质子酸或路易斯酸存在下，醇可以接受质子生成质子化的醇（𬭩离子）。

R—Ö—H

图 6-1   醇分子中氧的价键及未共用电子对分布示意图

在 O—H 键中，氧原子的电负性比氢原子大得多，成键电子强烈地偏向氧原子一方，所以氧氢键为强极性键，氢原子具有一定的酸性，它可以被活泼金属取代，生成醇的金属化物，也可以被酰基取代生成羧酸（或无机酸）酯等。

同样，具有强极性的 O—C 键断裂也能发生亲核取代反应。例如，醇羟基可被 HX 或 PX₃ 等分子中的卤原子取代，生成卤代烃。

由于羟基吸电子诱导效应的影响，增强了 α-H 原子和 β-H 原子的活性，易于发生 α-H 的氧化反应和 β-H 的消除反应。

综上所述，可归纳出醇的主要化学性质如下：

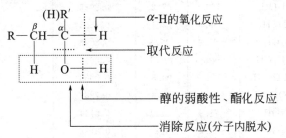

在反应中，发生反应的部位取决于所用的试剂和反应条件，反应活性则取决于烃基的结构。

由于具有未共用电子对的氧原子和羟基上带部分正电荷的氢原子可以互相吸引形成氢键，所以液态醇的分子之间能发生缔合：

醇分子和水分子之间也能生成氢键：

$$\cdots H-\overset{H}{\underset{}{O}}-H-\overset{R}{\underset{}{O}}-H-\overset{H}{\underset{}{O}}-H-\overset{R}{\underset{}{O}}-H-\overset{H}{\underset{}{O}}\cdots$$

氢键对醇的沸点和溶解度都产生很大的影响。

三、醇的物理性质

在室温下，12 个碳原子以下的饱和一元醇是无色液体，具有特殊的气味和辛辣的味道，12 个碳原子以上的醇是白色无味的蜡状固体。许多香精油中含有特殊香气的醇，如叶醇有较强的清香气味，苯乙醇有玫瑰香味。

叶醇[(Z)-3-己烯-1-醇]   2-苯基乙醇

醇分子间可以形成氢键，所以醇的沸点不但高于相对分子质量相近的烃，也高于相对分子质量相近的卤代烃。随着相对分子质量的增加，醇的沸点有规律地升高，每增加一个 CH_2，沸点升高 $18\sim20℃$。碳原子数相同的醇，支链越多沸点越低。由于二元醇和多元醇分子中有较多的羟基可以形成氢键，所以它们的沸点更高。

羟基能与水形成氢键，是亲水基团，而烃基是不溶于水的疏水基团，所以在分子中引入羟基能增加化合物的水溶性。$C_1\sim C_3$ 的一元醇，由于羟基在分子中所占的比例较大，可与水任意混溶；$C_4\sim C_9$ 的一元醇，由于疏水基团所占比例越来越大，故水溶性越来越小，而在有机溶剂中的溶解度增大；C_{10} 以上的一元醇则难溶于水。一些常见醇的物理常数见表 6-1。

表 6-1　一些常见醇的物理常数

名　称	结构式	熔点/℃	沸点/℃	相对密度(d_4^{20})	溶解度/[g·(100g 水)$^{-1}$]	折射率(n_D^{20})
甲醇	CH_3OH	-97.8	64.7	0.7924	∞	1.3288
乙醇	CH_3CH_2OH	-114.5	78.5	0.7893	∞	1.3611
正丙醇	$CH_3CH_2CH_2OH$	-126.5	97.2	0.8035	∞	1.3850
异丙醇	$CH_3CH(OH)CH_3$	-89.5	82.4	0.7855	∞	1.3776
正丁醇	$CH_3(CH_2)_3OH$	-89.8	117.8	0.8098	7.9	1.3993
异丁醇	$(CH_3)_2CHCH_2OH$	-108	108.1	0.8018	8.5	1.3968
仲丁醇(dl)	$CH_3CH(OH)CH_2CH_3$	-114.7	99.5	0.8063	12.5	1.3978
叔丁醇	$(CH_3)_3COH$	25.6	82.6	0.7887	∞	1.3878
正戊醇	$CH_3(CH_2)_4OH$	-78.9	138.1	0.8144	2.7	1.4101
正己醇	$CH_3(CH_2)_5OH$	-51.6	158	0.8136	0.59	1.4162
环己醇	⬡—OH	25.1	161.5	0.9624	3.6	1.4641
烯丙醇	$CH_2{=}CHCH_2OH$	-129	97.1	0.8540	∞	1.4135
苄醇	⬡—CH_2OH	-15.3	205.3	1.0419	约 4	1.5396
乙二醇	$HOCH_2CH_2OH$	-15.6	198	1.113	∞	1.4318
丙三醇	$HOCH_2CH(OH)CH_2OH$	18.2	290(分解)	1.2613	∞	1.4746

一些低级醇如甲醇、乙醇等，能和某些无机盐（$MgCl_2$、$CaCl_2$、$CuSO_4$ 等）形成结晶状的化合物，称为结晶醇，如 $MgCl_2\cdot 6CH_3OH$、$CaCl_2\cdot 4CH_3OH$、$CaCl_2\cdot 4C_2H_5OH$ 等。

结晶醇溶于水而不溶于有机溶剂，所以不能用无水 $CaCl_2$ 来除去甲醇、乙醇等中的水分。常利用这一性质分离提纯醇和除去某些有机化合物中混杂的少量低级醇。

四、醇的化学性质

（一）酸碱性

1. 醇与活泼金属的反应

与水相似，醇羟基上的氢原子与活泼金属如 Na、K、Mg、Al 等反应放出氢气，表现出一定的酸性，但比水要缓和得多。

$$H_2O + Na \longrightarrow NaOH + \frac{1}{2}H_2 \uparrow （反应激烈）$$

$$CH_3CH_2OH + Na \longrightarrow \underset{乙醇钠}{C_2H_5ONa} + \frac{1}{2}H_2 \uparrow （反应缓和）$$

通过该反应可以在实验室制备绝对乙醇（99.95%乙醇）。

$$2CH_3CH_2OH + Mg \longrightarrow \underset{乙醇镁}{(CH_3CH_2O)_2Mg} + H_2 \uparrow$$

$$3(CH_3)_2CHOH + Al \longrightarrow \underset{异丙醇铝}{[(CH_3)_2CHO]_3Al} + \frac{3}{2}H_2 \uparrow$$

异丙醇铝是一个很好的选择性还原剂，在有机合成中有重要应用。

这主要是由于醇分子中的烃基具有供电子诱导效应（$+I$），使醇中氧原子上的电子云密度比水中的高，使键断裂较水困难，并且体积大的烃基阻碍了 RO— 的溶剂化效应，所以醇的酸性比水弱。醇与金属钠的反应不像水与钠反应那么剧烈，比较缓慢，放出的热量也不足以使产生的氢气燃烧。因此，可以利用这个反应来处理某些反应过程中残余的金属钠。

对于不同烃基的醇来说，由于其烃基的结构不同，供电子能力也不相同，则酸性不同，所以与金属反应的活性也就不同。叔醇羟基上的氧原子受到三个烷基供电子基团的影响，其电子云密度较高，O—H 键的结合较牢，酸性较弱，难以被取代；而甲醇上的氧原子受到烷基供电子基团的影响较小，其电子云密度较低，O—H 键上的氢原子受到的束缚力较小，酸性较强，容易被取代。

醇与活泼金属反应的活性次序为：

$$CH_3{-}OH > RCH_2{-}OH > R_2CH{-}OH > R_3C{-}OH$$

醇钠的碱性次序为：

$$R_3C{-}ONa > R_2CH{-}ONa > RCH_2{-}ONa > CH_3{-}ONa$$

由于醇的酸性比水弱，其共轭碱烷氧基（RO^-）的碱性就比 OH^- 强，所以醇盐遇水会分解为醇和金属氢氧化物。

$$RONa + H_2O \longrightarrow ROH + NaOH$$

在有机反应中，RO^- 既可作为碱性催化剂，也可作为亲核试剂进行亲核加成反应或亲核取代反应。醇钠和醇钾常被用作向有机物分子中引入 RO— 的试剂，而叔丁醇钾碱性强，其亲核性弱，常用于卤代烃脱 HX 的反应。

2. 醇的碱性

醇可以作为质子的接受体，通过氧原子上的未共用电子与酸中的质子结合形成𨦹离子（$R\overset{+}{O}H_2$），或称氧𨦹离子或质子化的醇，表现出醇的碱性。

$$R\ddot{O}H + HCl \Longrightarrow [R\ddot{O}H_2]^+Cl^-$$
$$\text{锌盐}$$

醇的碱性极弱，只能接受强酸中的质子生成锌盐，由于醇可以与强酸成盐，所以醇能溶于浓的强酸中。

（二）与氢卤酸的反应

醇与氢卤酸反应，分子中的碳氧键断裂，羟基被卤基取代生成卤代烃和水。

$$R{-}OH + HX \longrightarrow R{-}X + H_2O$$

这是卤代烃水解的逆反应。醇与氢卤酸的反应速率与氢卤酸的种类和醇的结构有关。不同的氢卤酸与相同的醇反应，其活性次序为：$HI > HBr > HCl$。

不同的醇与相同的氢卤酸反应，其活性次序为：苄基型醇、烯丙型醇＞叔醇＞仲醇＞伯醇。

氯化氢与醇的反应比较困难，一般要在无水氯化锌催化下才能实现，而且不同的醇反应速率相差很大。

$$\underset{\underset{R''}{|}}{\overset{\overset{R'}{|}}{R{-}C{-}OH}} + HCl\text{(浓)} \xrightarrow[20℃]{\text{无水 } ZnCl_2} \underset{\underset{R''}{|}}{\overset{\overset{R'}{|}}{R{-}C{-}Cl}} + H_2O \qquad \text{立即出现浑浊}$$

$$\underset{\underset{R'}{|}}{R{-}CHOH} + HCl\text{(浓)} \xrightarrow[20℃]{\text{无水 } ZnCl_2} \underset{\underset{R'}{|}}{R{-}CH{-}Cl} + H_2O \qquad \text{数分钟后出现浑浊}$$

$$RCH_2OH + HCl\text{(浓)} \xrightarrow[\triangle]{\text{无水 } ZnCl_2} RCH_2Cl + H_2O \qquad \text{室温下不浑浊}$$

实验室常用卢卡斯（H.J.Lucas）试剂（浓盐酸与无水氯化锌配成的溶液）来鉴别六个碳原子以下的一元醇的结构。

由于六个碳原子以下的一元醇可溶于卢卡斯试剂，生成的卤代烃不溶于水而出现浑浊或分层现象，根据出现浑浊或分层现象的快慢便可鉴别出该醇的结构。苄醇、烯丙型醇和叔醇立即出现浑浊，仲醇要数分钟后才出现浑浊，而伯醇需加热才出现浑浊。六个碳原子以上的一元醇由于不溶于卢卡斯试剂，故不能用此法进行鉴别。

醇同氢卤酸的作用是酸催化下的亲核取代反应。虽然氢卤酸本身就是强酸，可起催化作用，但有时也加入一些硫酸以加速反应。酸的作用是，由于 H^+ 很容易与醇中的氧原子结合成质子化的醇，从而使 C—O 键减弱。

苄基型醇、烯丙型醇、叔醇和仲醇一般按 S_N1 历程进行反应。例如：

$$\underset{\underset{R''}{|}}{\overset{\overset{R}{|}}{R'{-}C{-}\ddot{O}H}} + HX \overset{\text{快}}{\Longrightarrow} \underset{\underset{R''}{|}}{\overset{\overset{R}{|}}{R'{-}C{-}\overset{+}{\ddot{O}}H_2}} + X^-$$
$$\text{质子化的醇}$$

$$\underset{\underset{R'}{|}}{\overset{\overset{R}{|}}{R'{-}C{-}\overset{+}{\ddot{O}}H_2}} \overset{\text{慢}}{\Longrightarrow} \underset{\underset{R''}{|}}{\overset{\overset{R}{|}}{R'{-}\overset{+}{C}}} + H_2O$$

$$\underset{\underset{R''}{|}}{\overset{\overset{R}{|}}{R'{-}\overset{+}{C}}} + X^- \overset{\text{快}}{\longrightarrow} \underset{\underset{R''}{|}}{\overset{\overset{R}{|}}{R'{-}C{-}X}}$$

在反应中，醇首先接受一个氢离子形成质子化的醇，接着它解离为一个碳正离子及一个水分子，然后碳正离子和卤离子结合生成卤代烃。

某些特定结构的醇与 HX 按 S_N1 历程进行反应，烷基会发生重排，从而得到与原来醇中烷基不同的卤代烃。例如：

$$CH_3-\overset{\overset{\displaystyle CH_3}{|}}{\underset{\underset{\displaystyle OH}{|}}{C}}-CH-CH_3 \xrightarrow{HCl} CH_3-\overset{\overset{\displaystyle CH_3}{|}}{\underset{\underset{\displaystyle Cl}{|}}{C}}-\overset{}{\underset{\underset{\displaystyle CH_3}{|}}{CH}}-CH_3$$

这是由于所形成的质子化的醇解离后产生的是二级碳正离子（Ⅰ），二级碳正离子不如三级碳正离子稳定，所以它易于重排为更稳定的三级碳正离子（Ⅱ），从而得到上述产物。

$$CH_3-\overset{\overset{\displaystyle CH_3}{|}}{\underset{\underset{\displaystyle OH}{|}}{C}}-CH-CH_3 + H^+ \Longleftrightarrow CH_3-\overset{\overset{\displaystyle CH_3}{|}}{C}-\overset{}{\underset{\underset{\displaystyle {}^+OH_2}{|}}{CH}}-CH_3 \xrightarrow{-H_2O} CH_3-\overset{\overset{\displaystyle CH_3}{|}}{\underset{\underset{\displaystyle CH_3}{|}}{C}}-\overset{+}{C}H-CH_3$$

Ⅰ

$$CH_3-\overset{+}{\underset{\underset{\displaystyle CH_3}{|}}{C}}-\overset{\overset{\displaystyle CH_3}{|}}{CH}-CH_3 \xrightarrow{\text{甲基迁移重排}} CH_3-\overset{+}{C}-\overset{\overset{\displaystyle CH_3}{|}}{\underset{\underset{\displaystyle CH_3}{|}}{C}}-CH_3$$

Ⅰ Ⅱ

$$CH_3-\overset{+}{\underset{}{C}}-\overset{\overset{\displaystyle CH_3}{|}}{\underset{\underset{\displaystyle CH_3}{|}}{C}}-CH_3 \xrightarrow{Cl^-} CH_3-\overset{\overset{\displaystyle CH_3}{|}}{\underset{\underset{\displaystyle Cl}{|}}{C}}-\overset{\overset{\displaystyle CH_3}{|}}{\underset{\underset{\displaystyle CH_3}{|}}{C}}-CH_3$$

Ⅱ

伯醇一般按 S_N2 历程进行反应：

$$RCH_2-OH + HX \overset{\text{快}}{\Longleftrightarrow} RCH_2-\overset{+}{O}H_2 + X^-$$

$$X^- + \underset{\underset{\displaystyle R}{|}}{CH_2}-\overset{+}{O}H_2 \xrightarrow{\text{慢}} \left[\overset{\delta-}{X}\cdots\underset{\underset{\displaystyle R}{|}}{CH_2}\cdots\overset{\delta+}{O}H_2\right] \xrightarrow{\text{快}} X-CH_2-R + H_2O$$

过渡态

伯醇首先接受一个氢离子形成质子化的醇，然后 X^- 进攻碳原子形成中间过渡态，从而脱水生成卤代烃。按照 S_N2 历程进行的反应，不会有重排产物生成。

（三）与无机酰卤的反应

醇与三卤化磷、五卤化磷或亚硫酰氯（氯化亚砜）反应生成相应的卤代烃。与三卤化磷的反应常用于制备溴代烃或碘代烃；与五氯化磷或亚硫酰氯的反应常用于制备氯代烃。这些反应具有反应速率快、条件温和、不易发生重排、产率较高的特点，与亚硫酰氯的反应还具有易于分离纯化的优点。

$$3ROH + PX_3 \longrightarrow 3RX + H_3PO_3 \qquad (PX_3 = PCl_3 \text{、} PBr_3 \text{、} PI_3)$$

$$ROH + PCl_5 \longrightarrow RCl + POCl_3 + HCl\uparrow$$

$$ROH + SOCl_2 \longrightarrow RCl + SO_2\uparrow + HCl\uparrow$$

（四）脱水反应

醇在酸性催化剂作用下，加热容易脱水，分子间脱水生成醚，分子内脱水则生成烯烃。

1. 分子间脱水

醇在较低的温度下加热，一分子醇的羟基可与另一分子醇羟基上的氢共同脱水生成醚。

$$ROH + R'OH \overset{H^+}{\underset{\triangle}{\longrightarrow}} R-O-R + R-O-R' + R'-O-R'$$

用分子间的脱水反应制备醚时，只能使用单一的醇制备对称醚。例如：

$$2CH_3CH_2OH \xrightarrow[140℃]{浓 H_2SO_4} CH_3CH_2-O-CH_2CH_3 + H_2O$$

若利用两种不同的醇进行反应，一般情况下，得到三种醚的混合物，因而很少具有制备价值。

在酸性条件下醇的分子间脱水属于 S_N2 反应，主要发生在伯醇之间，仲醇和叔醇不利于按此反应历程进行。

2. 分子内脱水

醇在较高的温度下加热，发生分子内的脱水反应，产物是烯烃。

醇的分子内脱水属于消除反应，与卤代烃脱卤化氢的反应相同，产物遵循札依采夫规则，即脱去的氢原子主要是含氢较少的 β-C 上的氢原子，生成较稳定的烯烃。例如：

$$CH_3CH_2OH \xrightarrow[或 Al_2O_3,360℃]{浓 H_2SO_4,160\sim180℃} CH_2{=}CH_2 + H_2O$$

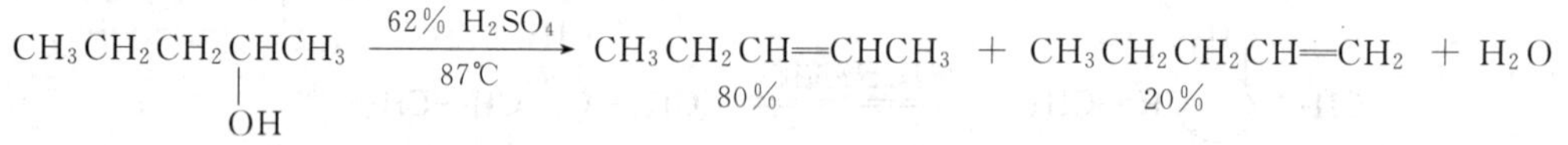

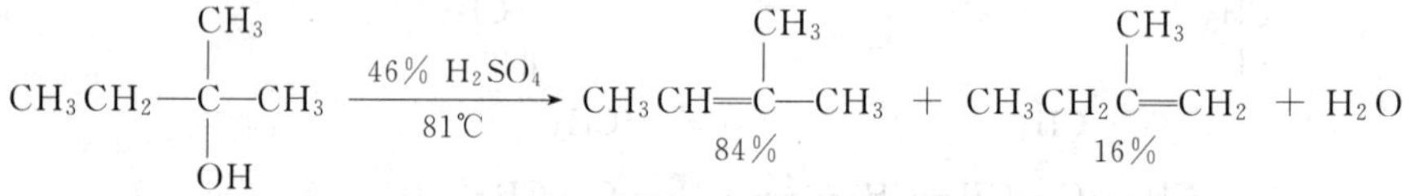

$$CH_3CH_2CH_2CHCH_3 \text{（OH）} \xrightarrow[87℃]{62\% H_2SO_4} CH_3CH_2CH{=}CHCH_3 \text{（80\%）} + CH_3CH_2CH_2CH{=}CH_2 \text{（20\%）} + H_2O$$

$$CH_3CH_2-\underset{OH}{\underset{|}{\overset{CH_3}{\overset{|}{C}}}}-CH_3 \xrightarrow[81℃]{46\% H_2SO_4} CH_3CH{=}\overset{CH_3}{\overset{|}{C}}-CH_3 \text{（84\%）} + CH_3CH_2\overset{CH_3}{\overset{|}{C}}{=}CH_2 \text{（16\%）} + H_2O$$

对于某些醇，分子内脱水主要生成稳定的共轭烯烃。例如：

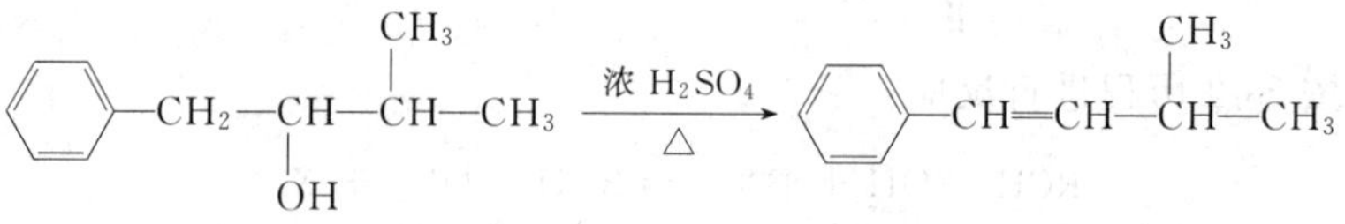

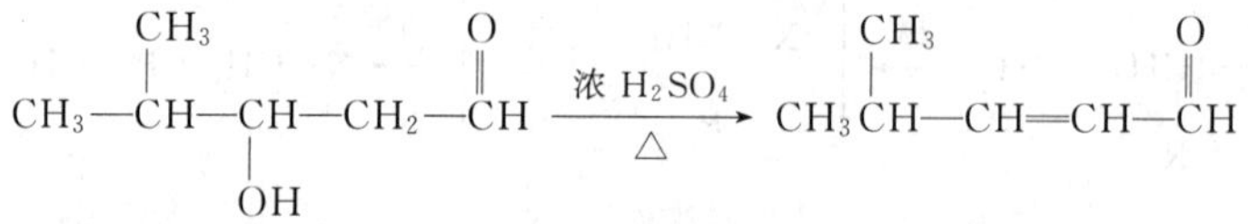

醇的消除反应一般按 E1 历程进行。质子化的醇解离出碳正离子，然后由 β-C 上消除氢原子而得烯烃。

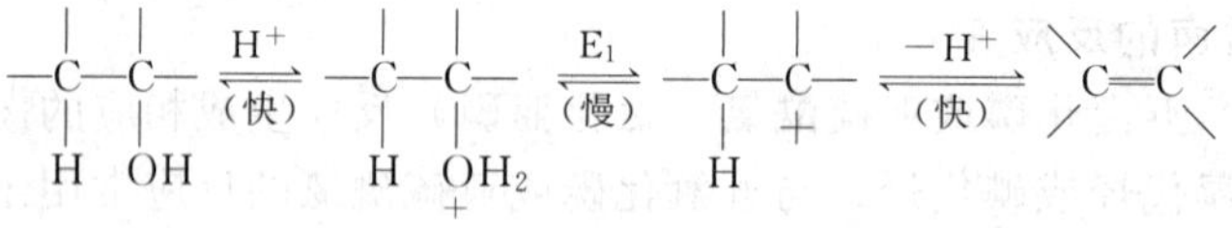

伯、仲、叔醇脱水的难易程度是由形成的碳正离子的稳定性所决定的，所以不同结构醇的反应活性大小顺序为：叔醇＞仲醇＞伯醇。

由于中间体是碳正离子，所以某些醇会发生重排，主要得到重排的烯烃。例如：

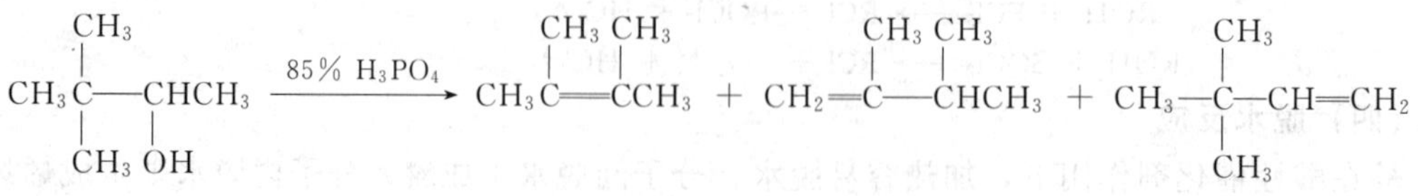

上式中的 Ⅰ 和 Ⅱ 是分子发生重排后的产物。重排的原因是，由质子化的醇解离生成的二级碳正离子易于重排为更稳定的三级碳正离子。

$$\begin{array}{ccc} & CH_3 & \\ & | & \\ CH_3\!-\!\overset{+}{C}\!-\!CH\!-\!CH_3 \\ & | \\ & CH_3 \end{array} \xrightarrow{\text{甲基迁移}} \begin{array}{ccc} & CH_3 & \\ & | & \\ CH_3\!-\!\overset{+}{C}\!-\!CH\!-\!CH_3 \\ & | \\ & CH_3 \end{array}$$

二级碳正离子　　　　　　　　　三级碳正离子

生成的三级碳正离子可以从 C2 或者 C4 上消去 H^+ 分别得到 Ⅰ 和 Ⅱ。而未重排的二级碳正离子只能从 C1 上消去 H^+ 得到Ⅲ。

为避免醇脱水生成烯烃时发生重排，通常先将醇制成卤代烃，再消除 HX 来制备烯烃。

（五）酯化反应

醇与羧酸或无机含氧酸生成酯的反应，称为酯化反应。

1. 与羧酸的酯化反应

醇和羧酸在酸性条件下，分子间脱去水生成酯。

$$RCOOH + R'OH \overset{H^+}{\rightleftharpoons} RCOOR' + H_2O$$

此反应是可逆的，为提高酯的产率，可以减少某一产物的浓度，或增加某一种反应物的浓度，以促使平衡向生成酯的方向移动。

2. 与无机含氧酸的酯化反应

醇与无机含氧酸（如硫酸、硝酸、磷酸等）反应生成的产物统称为无机酸酯。例如：

$$CH_3OH + HO\!-\!SO_2OH \overset{0℃}{\rightleftharpoons} CH_3OSO_2OH$$

硫酸氢甲酯（酸性硫酸甲酯）

$$2CH_3OSO_2OH \xrightarrow{\text{减压蒸馏}} CH_3OSO_2OCH_3 + H_2SO_4$$

硫酸二甲酯（中性硫酸甲酯）

硫酸二甲酯是无色液体，有剧毒，对呼吸器官和皮肤有强烈的刺激性，使用时应注意安全。在有机合成中，硫酸二甲酯是常用的甲基化试剂。高级醇的硫酸酯钠盐可用作表面活性剂，如十二烷基硫酸钠是一种合成洗涤剂的主要成分。

醇与硝酸反应生成硝酸酯。有些硝酸酯，如亚硝酸异戊酯可作心脑血管扩张剂，用于速效救心丸。多元醇的硝酸酯受热分解可引起爆炸，常用作烈性炸药。例如：

$$\begin{array}{c} CH_2OH \\ | \\ CHOH \\ | \\ CH_2OH \end{array} + 3HONO_2 \rightleftharpoons \begin{array}{c} CH_2ONO_2 \\ | \\ CHONO_2 \\ | \\ CH_2ONO_2 \end{array} + 3H_2O$$

三硝基甘油酯(硝化甘油)

$$4C_3H_5(ONO_2)_3 \xrightarrow{\text{爆炸}} 6N_2 + 12CO_2 + 10H_2O + O_2 + 热量$$

磷酸的酸性较硫酸、硝酸弱，一般不易直接与醇酯化。

（六）氧化反应

在醇分子中，由于受到羟基吸电子诱导效应的影响，α-H 的活性增大，容易被氧化，氧化的产物取决于被氧化醇的结构和所用试剂的性质。

1. 氧化反应

在酸性条件下，伯醇或仲醇可被高锰酸钾或重铬酸钾氧化，先生成不稳定的胞二醇，然后脱去一分子水形成醛或酮。生成的醛很容易被进一步氧化成羧酸。叔醇因无α-H，一般不易被氧化。

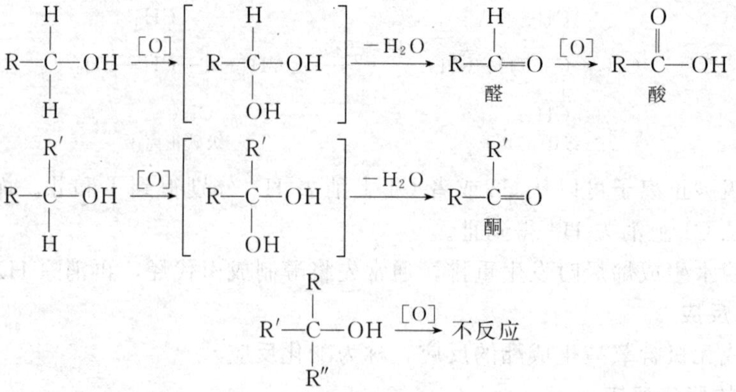

醛的沸点比同级的醇低得多，如果在反应时将生成的醛立即蒸馏出来，脱离反应体系，则不被继续氧化，可以得到较高产率的醛。但这种方法一般只适用于沸点低于100℃的醛。

叔醇在与上面相似的条件下不被氧化，但在强烈的氧化条件下，可发生碳碳键的断裂，生成小分子的氧化产物。例如：

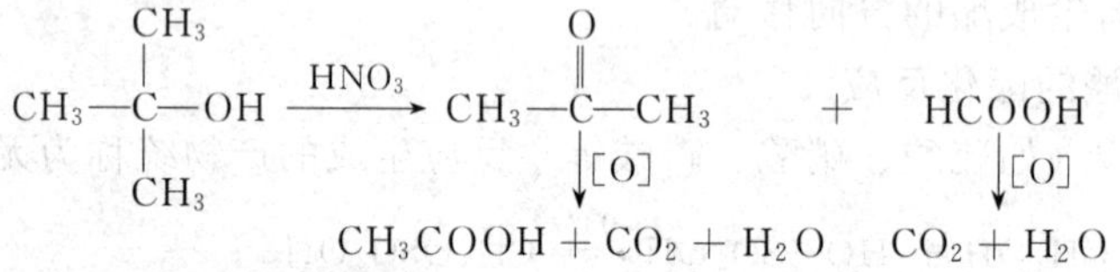

如果使用 MnO_2 或 CrO_3/吡啶（Py）等弱氧化剂，则能将伯醇或仲醇氧化为相应的醛或酮。

$$CH_2\!=\!CHCH_2OH \xrightarrow{MnO_2} CH_2\!=\!CHCHO$$

$$CH_3CH_2CH_2CH_2OH \xrightarrow[CH_2Cl_2]{CrO_3\text{-}Py} CH_3CH_2CH_2CHO$$

2. 脱氢反应

伯醇或仲醇的蒸气在高温下通过活性铜（或银、镍等）催化剂，羟基上的氢原子和α-C上的氢原子可同时脱除，伯醇生成醛，仲醇则生成酮。此反应多用于有机化工生产中合成醛或酮。

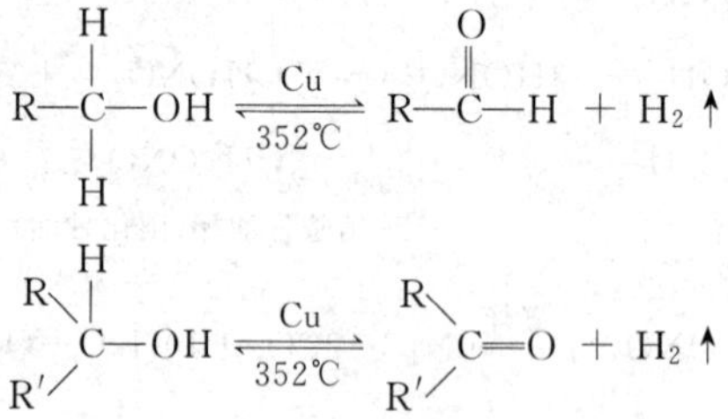

叔醇因无α-H，不能发生脱氢反应，只能发生分子内脱水反应，生成烯烃。

五、重要的化合物

1. 甲醇

甲醇最初由木材干馏得到，故俗称木醇或木精。甲醇在常温下是无色透明、有刺激性气味的液体，沸点为64.7℃，能和水及大多数有机溶剂互溶，本身是常用的有机溶剂。

甲醇有毒，服入10mL可导致双目失明，服入30mL可致死。工业上可以在高温、高压下由水煤气通过一些过渡金属催化剂制得。

$$CO + 2H_2 \xrightarrow[\text{CuO,ZnO,Cr}_2O_3]{20\text{MPa,300}^\circ\text{C}} CH_3OH$$

甲醇是有机合成的重要原料，大量的甲醇用来生产甲醛，制酚醛树脂；甲醇也是合成甲烷、甲胺、有机玻璃、合成纤维等产品的原料。1∶1 的甲醇水溶液（凝固点为 -45°C）用作抗冻剂。甲醇加入汽油或单独使用，可作为汽车或飞机的无公害燃料。

2. 乙醇

乙醇是食用酒的主要成分，故俗称酒精。它是一种无色、易燃、有酒香气味的液体，沸点为 78.5°C，能与水及多种有机溶剂互溶，是最常用的溶剂。

工业酒精由乙烯水合制得，食用酒精以含淀粉的农产品为原料经过发酵制取。

$$\text{谷类} \longrightarrow \text{淀粉} \xrightarrow[\text{H}_2\text{O}]{\text{淀粉酶}} \text{麦芽糖} \xrightarrow[\text{H}_2\text{O}]{\text{麦芽糖酶}} \text{葡萄糖} \xrightarrow{\text{酒化酶}} CH_3CH_2OH + CO_2$$

工业酒精是含 95.57％乙醇与 4.43％水的二元恒沸混合物，沸点为 78.15°C，用直接蒸馏不能将水完全除掉。实验室里制备无水乙醇通常是在乙醇中加入生石灰，充分回流后蒸馏可得到 99.5％的乙醇，再用金属镁或分子筛进一步处理，可得 99.95％的高纯度乙醇，称为绝对乙醇。

乙醇主要用作化工合成的原料、燃料、防腐剂和消毒剂（70％～75％乙醇溶液）。

3. 乙二醇

乙二醇是最简单也是最重要的二元醇，俗称甘醇。它是无色黏稠液体，有甜味，熔点为 -11.5°C，沸点为 198°C，能与水、乙醇、丙酮等互溶而不溶于乙醚。

工业上由乙烯合成乙二醇。乙烯在银催化下被氧化生成环氧乙烷，环氧乙烷再水解为乙二醇。

$$CH_2{=}CH_2 + O_2 \xrightarrow[220\sim280^\circ\text{C}]{\text{Ag}} \underset{O}{CH_2{-}CH_2} \xrightarrow{\text{H}_2\text{O,H}^+} \underset{OH\ \ OH}{CH_2{-}CH_2}$$

乙二醇是常用的高沸点溶剂，60％（体积分数）的乙二醇水溶液的冰点约为 -40°C，常用作汽车散热器的防冻剂和飞机发动机冷却剂的主要成分。乙二醇也是合成树脂、合成纤维的重要原料。

4. 丙三醇

丙三醇俗名甘油，是酯、脂肪和植物油的组成成分。丙三醇是无色、无臭、有甜味的黏稠液体，沸点为 290°C（分解），熔点为 20°C。丙三醇能与水混溶，不溶于醚及氯仿等有机溶剂，有较强的吸湿性，能吸收空气中的水分。

在碱性条件下丙三醇与氢氧化铜反应生成绛蓝色的甘油铜溶液，可用此反应鉴别丙三醇或多元醇。

$$\begin{array}{l} CH_2{-}OH \\ CH{-}OH \\ CH_2{-}OH \end{array} + Cu(OH)_2 \xrightarrow{OH^-} \begin{array}{l} CH_2{-}O \\ CH{-}O \\ CH_2\,OH \end{array}\!\!\!Cu + 2H_2O$$

甘油铜（绛蓝色）

丙三醇氧化可生成甘油醛或二羟基丙酮。

$$\begin{array}{l} CH_2{-}CH{-}CH_2 \\ OH\ \ OH\ \ OH \end{array} \xrightarrow{[O]} \begin{cases} \underset{OH\ \ OH}{CH_2{-}CH{-}CHO} \quad \text{甘油醛} \\ \underset{OH\ \ O\ \ OH}{CH_2{-}C{-}CH_2} \quad \text{二羟基丙酮} \end{cases}$$

甘油醛和二羟基丙酮是两种最简单的糖，它们是生物代谢过程中的重要产物。

丙三醇广泛用于食品、化妆品、皮革、烟草、纺织等领域。与硝酸反应生成三硝酸甘油酯（硝化甘油），主要用作炸药，同时硝化甘油具有扩张冠状动脉的作用，在医药上用来治疗心绞痛和心肌梗死。

5. 肌醇和植酸

肌醇又名环己六醇，主要存在于未成熟的豌豆及动物肌肉、心脏、肝、脑等器官中，是某些动物、微生物生长所必需的物质。它是白色结晶体，有甜味，熔点为225℃，能溶于水而不溶于有机溶剂。可用于治疗肝病及胆固醇过高而引起的疾病。

肌醇的六磷酸酯叫做植酸或植物精，它常以钙镁盐的形式广泛存在于植物体内，在种子、谷物、种皮及胚芽中含量较高，米的胚芽中含量高达 5%～8%。当种子发芽时，它在酶的作用下水解，向幼芽提供生长所需要的磷酸。

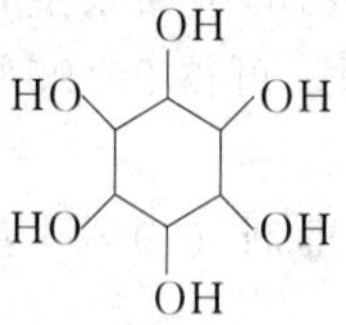

肌醇 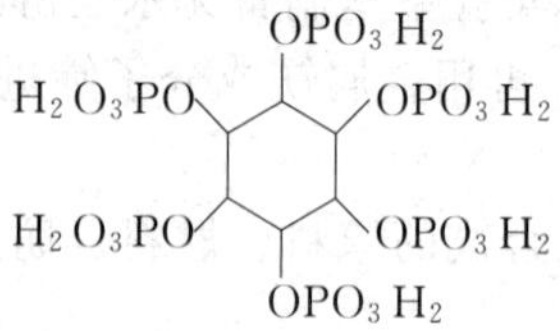　　　　　　　　　　　植酸

6. 苯甲醇

苯甲醇又叫苄醇，是无色液体，具有素馨香味。它微溶于水，可溶于乙醇、乙醚等有机溶剂。它和空气长时间接触能被氧化成苯甲醛。苯甲醇可用作香料的溶剂和定香剂；由于它有微弱的麻醉作用，也常用作局部麻醉剂，如青霉素稀释液就含有 2% 的苯甲醇水溶液。

7. 三十烷醇

三十烷醇又名1-三十醇，缩写符号为 TA，由某些植物蜡（如米糠蜡）和动物蜡（如蜂蜡）制得。纯三十烷醇是白色鳞片状晶体，熔点为86.5℃，不溶于水，难溶于冷乙醇和丙酮，易溶于氯仿和四氯化碳等有机溶剂。

三十烷醇是一种植物生长刺激素，施用后能促进植物叶绿素增加，从而提高光合作用强度，能提高作物的代谢水平，促进作物的发芽、生根、茎叶生长及开花结果，改善作物品质，对多种作物都有增产效果。在生产上应用剂量低，对人畜无毒害，是一种适用性较广的新型植物生长调节剂。

第二节　酚

在芳香烃的芳环上一个或几个氢原子被羟基取代后的衍生物叫酚。

一、酚的分类和命名

根据羟基所连芳环的不同，酚类可分为苯酚、萘酚、蒽酚等。根据酚分子中羟基数目的不同，酚类又可分为一元酚、二元酚和多元酚等。

酚的命名是根据羟基所连芳环的名称叫做"某酚"，芳环上的—NH_2、—OR、—R、—X、—NO_2 等作为取代基，若芳环上连有—$COOH$、—SO_3H、—$COOR$、—COX、—$CONH_2$、—CN、—CHO、—COR 等基团时，则酚羟基作为取代基。例如：

苯酚(石炭酸)　　　1-萘酚或 α-萘酚　　　3-乙基苯酚　　　5-甲氧基-2-氯苯酚

2,4,6-三硝基苯酚　　　3-甲基-4-羟基苯磺酸　　　3-羟基苯甲醛　　　2-甲基-5-羟基苯甲酸

间苯二酚　　　2-溴-1,4-苯二酚　　　1,2,3-苯三酚　　　5-羟基-1-萘磺酸

二、酚的结构

　　酚和醇虽然具有相同的官能团（—OH），但酚羟基直接与苯环相连，因此它们的分子结构不相同。酚羟基中的氧原子采取不等性 sp^2 杂化，形成了三个 sp^2 杂化轨道。其中一个杂化轨道被一对未共用电子占据，其余两个杂化轨道分别同一个氢原子和苯环上的一个碳原子结合生成 O—H 和 O—C 两个 σ 键。氧原子未参与杂化的 p 轨道含有一对未共用的 p 电子，垂直于三个 sp^2 杂化轨道所在的平面，且与芳环的 π 轨道形成 p-π 共轭体系（见图6-2），共轭的结果使氧原子上未共用电子对所带的部分电荷分散到整个共轭体系中，导致氧原子的电子云密度降低。氧原子上的电子云密度降低的结果，就增加了氧原子对 O—H 键中电子对的吸引，使 O—H 键的电子云更加偏向氧原子，而极性增加。与醇相比，酚的解离较为容易，酸性明显增强。苯酚解离后生成了苯氧负离子，由于氧原子上所带的电荷分散到共轭体系中，使其能量降低，稳定性增大。同时，苯酚的 p-π 共轭体系也增加了 O—C 键的强度，使 O—C 键的极性减弱而不易断裂，不能像醇羟基那样发生亲核取代反应或消除反应。另外，由于酚羟基的给电子效应，使苯环上的电子云密度增加，芳环上的亲电取代反应更容易进行。此外，酚的羟基和芳香烃基相互影响的结果还可以共同发生氧化反应，生成醌类化合物。

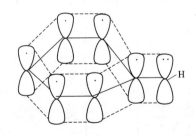

图 6-2　苯酚中 p-π 共轭示意图

　　综上所述，酚的主要化学性质可归纳如下：

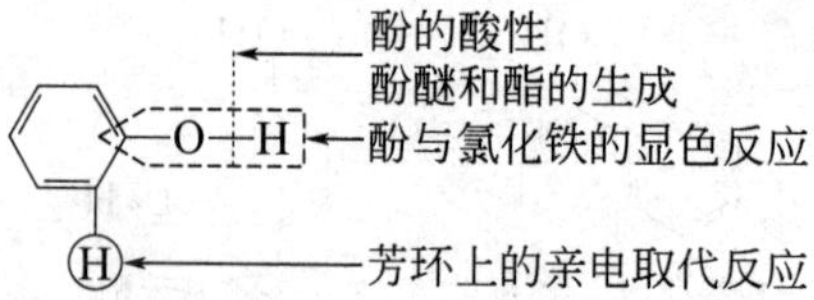

和醇一样，液态的酚也能通过氢键发生分子间的缔合：

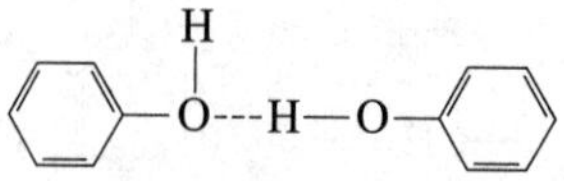

因此，酚的沸点要比相对分子质量相近的烃高得多。

三、酚的物理性质

常温下，除了少数烷基酚为液体外，大多数酚为固体。由于分子间可以形成氢键，因此酚的沸点都很高。邻位上有氟、羟基或硝基的酚，分子内可形成氢键，但分子间不能发生缔合，它们的沸点要比其间位和对位异构体低得多。

纯净的酚是无色固体，但因容易被空气中的氧氧化而带有不同程度的黄色或红色。酚在常温下微溶于水，加热则溶解度增加。随着羟基数目增多，酚在水中的溶解度也增大。酚能溶于乙醇、乙醚、苯等有机溶剂。一些常见酚的物理常数见表6-2。

表6-2　一些常见酚的物理常数

名　称	结　构　式	熔点/℃	沸点/℃	溶解度/[g·(100g 水)$^{-1}$]	pK_a	折射率(n_D^{20})
苯酚	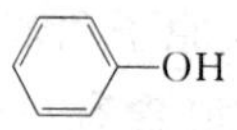 ◯—OH	<43	181.7	9.3	9.95	1.5509
邻甲苯酚	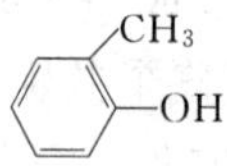 (CH₃, OH)	30.9	191	2.5	10.2	1.5361
间甲苯酚	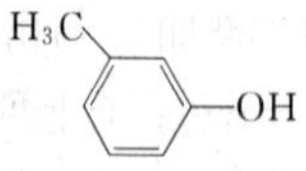 (H₃C, OH)	11.5	201	2.6	10.01	1.5438
对甲苯酚	 H₃C—◯—OH	34.8	201.9	2.3	10.17	1.5312
邻苯二酚	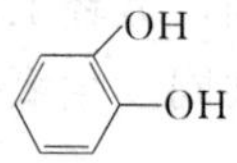 (OH, OH)	105	245	45.1	9.4	1.604
间苯二酚	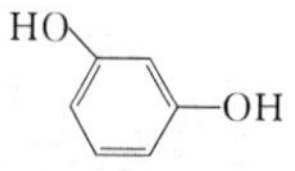 (HO, OH)	111	178	123	9.4	
对苯二酚	 HO—◯—OH	173.4	285	8	10.0	
1,2,3-苯三酚	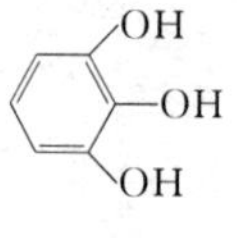 (OH, OH, OH)	133	309	62	7.0	1.561
1,2,4-苯三酚	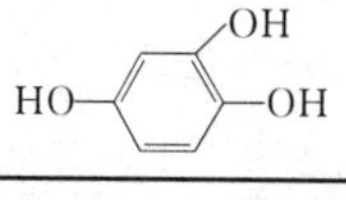 (OH, HO, OH)	140	升华	易溶		

名　称	结　构　式	熔点/℃	沸点/℃	溶解度/[g·(100g水)$^{-1}$]	pK_a	折射率(n_D^{20})
1,3,5-苯三酚	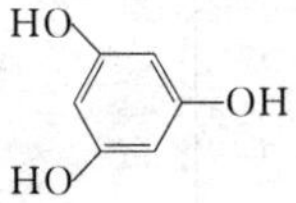	218	升华	1.13	7.0	
α-萘酚	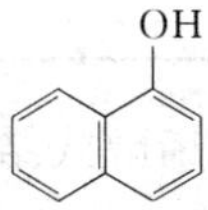	94(升华)	288	不溶	9.3	
β-萘酚	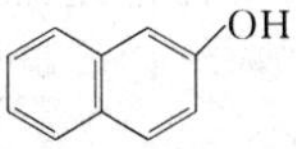	123~124	295	0.1	9.5	

四、酚的化学性质

1. 酸性

酚类化合物呈酸性，大多数酚的 pK_a 都在 10 左右，酸性强于水和醇（$pK_a=14\sim19$），能与强碱溶液作用生成盐。例如：

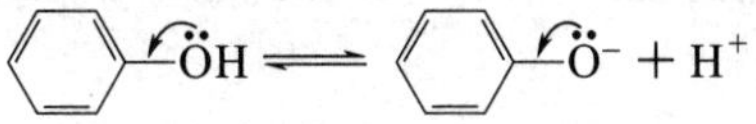

$$pK_a=9.95$$

苯酚钠

苯酚的酸性比碳酸的酸性（$pK_a=6.38$）弱，能溶于碳酸钠溶液，但不能溶于碳酸氢钠溶液，在苯酚钠的溶液中通入二氧化碳能使苯酚游离出来。利用此性质可进行苯酚的分离和提纯。

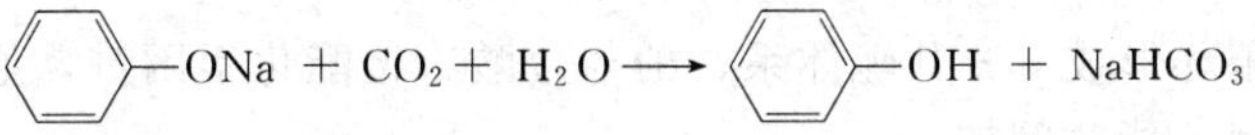

芳环上取代基的性质对酚的酸性影响很大。当芳环上连有吸电子基时，酚羟基的 O—H 键极性增强，释放质子的能力增强，酸性增强；当芳环上连有供电子基时，酚羟基的 O—H 键极性减弱，释放质子的能力减弱，因而酸性减弱。例如：

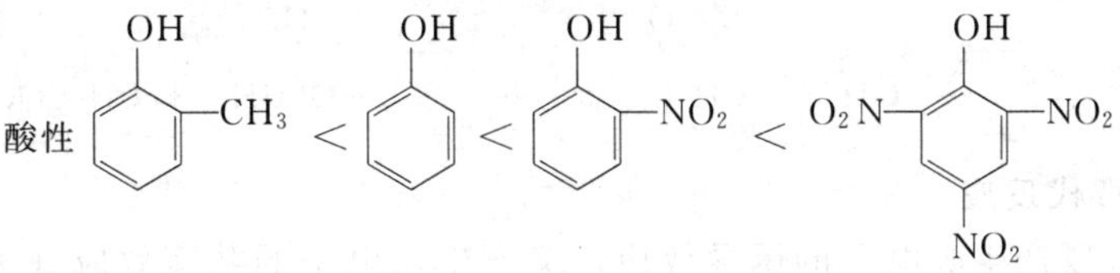

2. 与氯化铁的显色反应

酚与氯化铁溶液作用生成有色的配合物。例如：

$$6C_6H_5OH + FeCl_3 \longrightarrow [Fe(C_6H_5O)_6]^{3-} + 6H^+ + 3Cl^-$$

不同的酚与氯化铁作用产生的颜色不同（见表 6-3）。除酚以外，凡具有稳定的烯醇式结构的化合物都可发生此反应。例如：

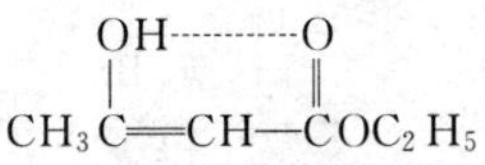

$$CH_3C=CH-COC_2H_5$$

表 6-3　酚和氯化铁产生的颜色

化　合　物	产生的颜色	化　合　物	产生的颜色
苯酚	紫	间苯二酚	紫
邻甲苯酚	蓝	对苯二酚	暗绿色结晶
间甲苯酚	蓝	1,2,3-苯三酚	淡棕红
对甲苯酚	蓝	1,3,5-苯三酚	紫色沉淀
邻苯二酚	绿	α-萘酚	紫色沉淀

由于分子内形成 π-π 共轭体系，且分子内以氢键连接成环，该烯醇式结构较为稳定，可与氯化铁作用显色。因此，可利用此反应来鉴别酚类化合物和具有稳定烯醇式结构的化合物。

3. 成醚反应

由于酚羟基与苯环形成 p-π 共轭体系，酚不能直接进行分子间的脱水反应生成醚。通常是先把酚转变成酚盐，然后酚盐与烷基化试剂（卤代烃或硫酸酯）反应来制备醚。例如：

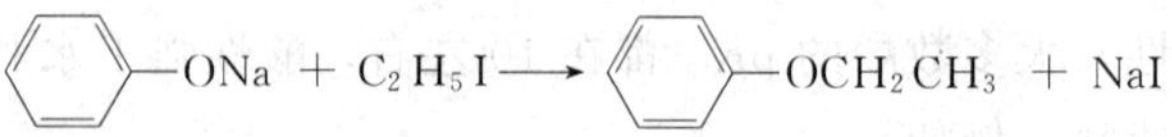

若芳香环上卤原子的邻位或对位连有一个或多个强吸电子基团时，反应比较容易进行。例如：

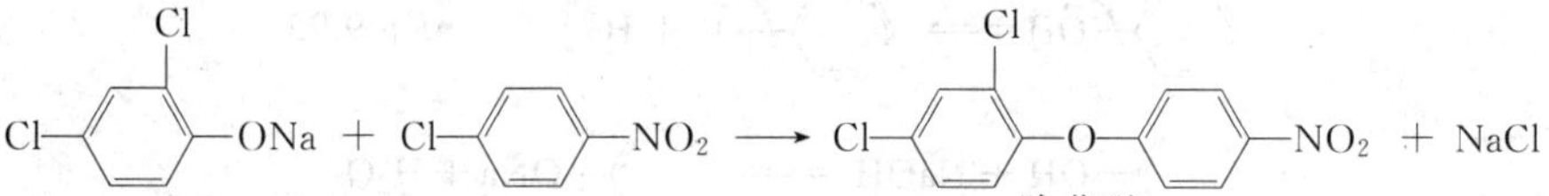

二芳基醚的生成比较困难，通常需要在铜的催化下加热才能得到。例如：

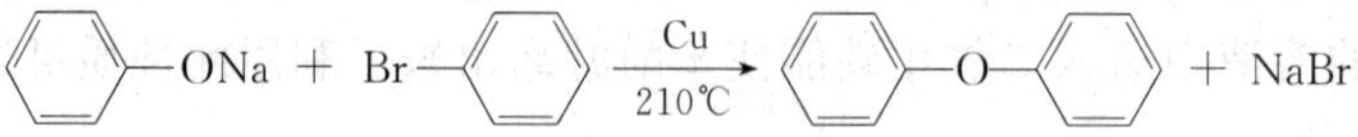

4. 酯化反应

由于酚羟基与苯环形成 p-π 共轭体系，酚与羧酸直接酯化很困难，通常酚与活性更高的酰卤或酸酐反应来制备酯。例如：

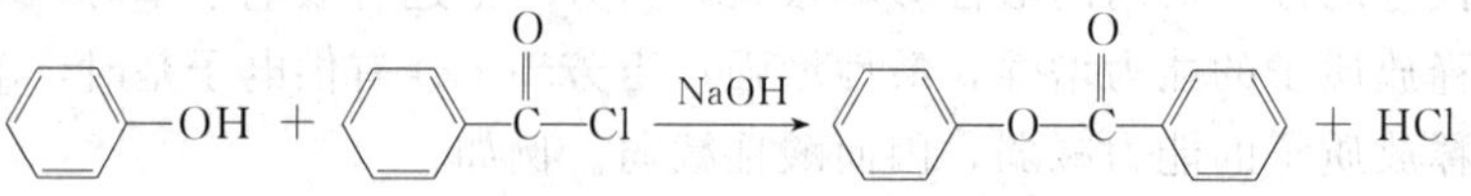

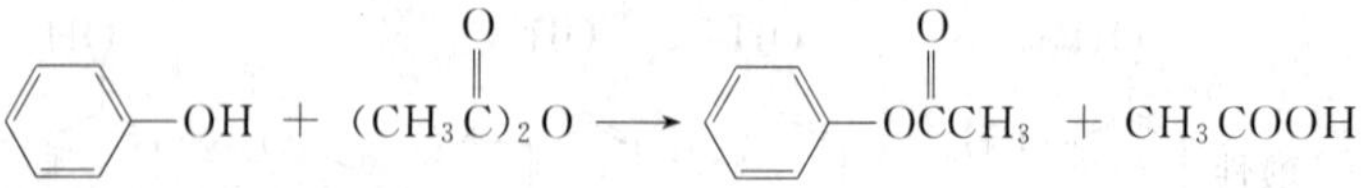

5. 芳环上的取代反应

酚羟基对苯环既产生吸电子的诱导效应，又产生供电子的共轭效应（+C），两者综合作用的结果使苯环上的电子云密度增加，使羟基的邻、对位活化，更容易发生芳环上的亲电取代反应。

（1）卤代反应　苯酚与溴水反应立即生成 2,4,6-三溴苯酚白色沉淀。

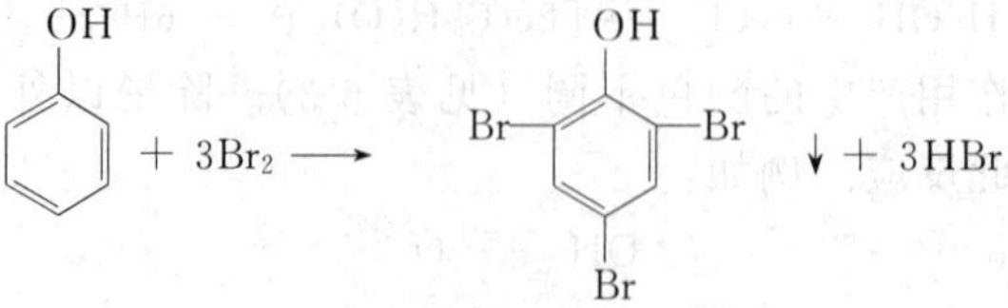

2,4,6-三溴苯酚(白色)

苯酚与溴水的反应灵敏度高，一般溶液中苯酚含量达 10mg·kg^{-1}即可检出，且反应是定量的，因此可用此反应对苯酚进行定性和定量的分析，如检验污水中酚的含量。

若溴化反应在低温和非极性溶剂（如 CCl$_4$、CS$_2$）中进行，并且控制溴的用量，可得一溴代苯酚，且以对位产物为主。

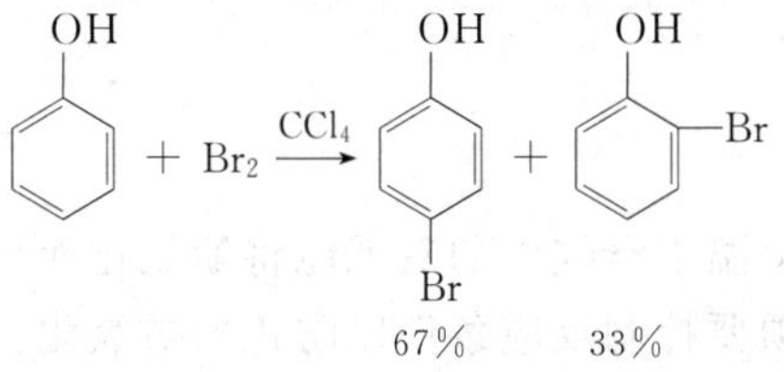

（2）硝化反应 在室温下，苯酚就可被稀硝酸硝化，生成邻硝基苯酚和对硝基苯酚。

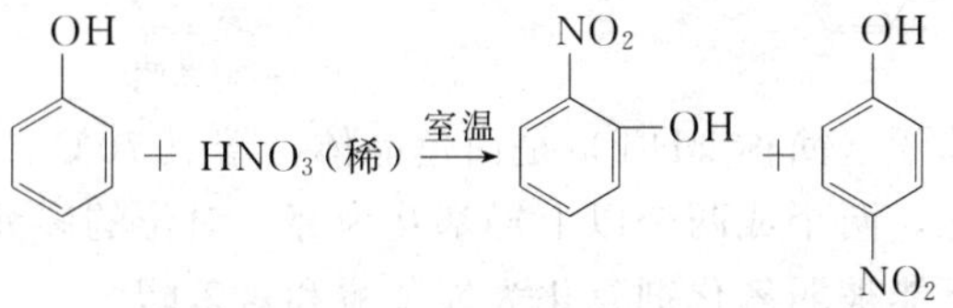

邻硝基苯酚可形成分子内氢键，故沸点较低，能进行水蒸气蒸馏；对硝基苯酚可形成分子间氢键，不能进行水蒸气蒸馏，因而二者易于分离、提纯。

如果用浓硝酸和浓硫酸与苯酚作用，则生成 2,4,6-三硝基苯酚。

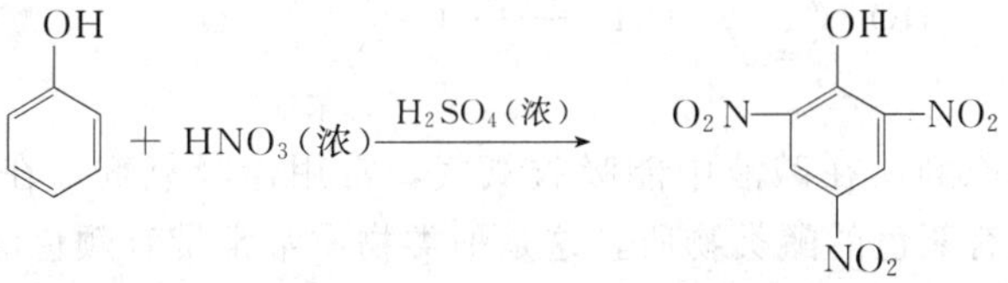

2,4,6-三硝基苯酚（苦味酸）

（3）磺化反应 苯酚同浓硫酸在室温时反应生成邻羟基苯磺酸；若反应温度升高至 100℃，则生成对羟基苯磺酸。

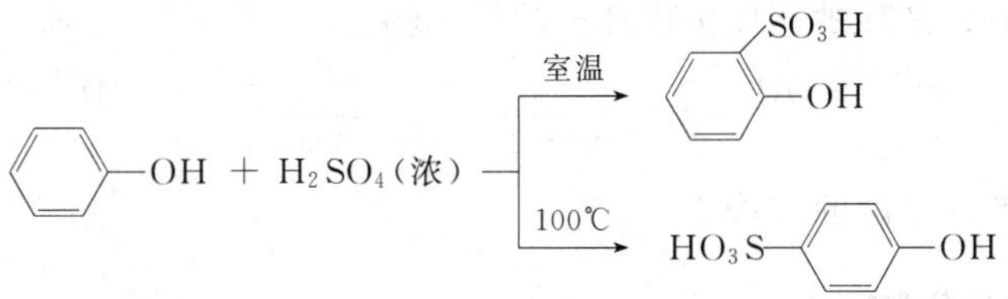

将邻羟基苯磺酸与硫酸在 100℃ 共热，可生成对羟基苯磺酸。

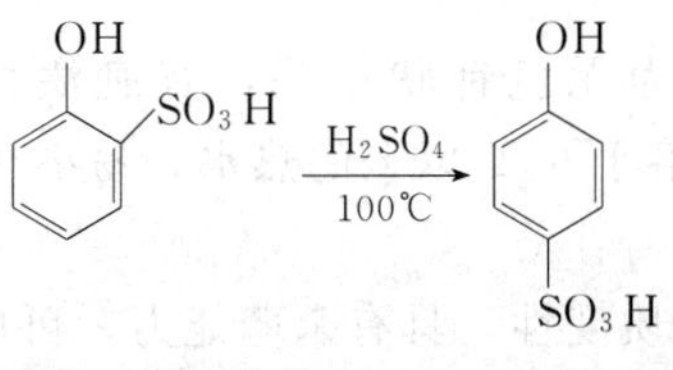

（4）傅-克反应 酚容易发生傅-克烷基化反应，一般不用 AlCl$_3$ 作催化剂，因为 AlCl$_3$ 可与酚羟基形成铝的配合物（PhOAlCl$_2$），从而使它失去催化活性，影响产率。因此，酚的傅-克反应常在较弱的催化剂 HF、BF$_3$、H$_3$PO$_4$ 等作用下进行，并且一般以对位异构体为主；当对位已有取代基时，则进入邻位。

$$\text{C}_6\text{H}_5\text{—OH} + (\text{CH}_3)_3\text{CCl} \xrightarrow{\text{HF}} \text{HO—C}_6\text{H}_4\text{—C(CH}_3)_3 + \text{HCl}$$

$$\underset{\text{CH}_3}{\overset{\text{OH}}{\bigcirc}} + 2(\text{CH}_3)_2\text{C}=\text{CH}_2 \xrightarrow{\text{H}_2\text{SO}_4} (\text{CH}_3)_3\text{C}\underset{\text{CH}_3}{\overset{\text{OH}}{\bigcirc}}\text{C(CH}_3)_3$$

6. 氧化反应

酚比醇更容易被氧化，室温下空气中的氧就能将酚氧化而呈粉红色至暗红色。所以酚在进行硝化或磺化反应时，必须要控制反应条件以防止酚被氧化。

苯酚被氧化剂氧化生成黄色的对苯醌。

$$\text{C}_6\text{H}_5\text{—OH} \xrightarrow{\text{K}_2\text{Cr}_2\text{O}_7,\text{H}_2\text{SO}_4} \text{O}=\bigcirc=\text{O}$$
对苯醌

4-甲基-2,6-二甲基苯酚（简称 BHT）是白色晶体，熔点 70℃，可用作食品防腐剂。

多元酚更容易被氧化，两个或两个以上羟基互为邻、对位的多元酚最易被氧化。如邻苯二酚和对苯二酚在室温下能被弱氧化剂氧化为邻苯醌和对苯醌。

$$\underset{}{\bigcirc}\text{(OH)}_2 \xrightarrow{\text{Ag}_2\text{O}} \bigcirc\text{(=O)}_2$$
邻苯醌

$$\text{HO—}\bigcirc\text{—OH} \xrightarrow{\text{Ag}_2\text{O}} \text{O}=\bigcirc=\text{O}$$
对苯醌

三元酚是很强的还原剂，在碱液中能吸收氧气，常用作吸氧剂，在摄影术中用作显影剂。酚易被氧化生成带有颜色的醌类物质，这是酚类物质常常带有颜色的原因。例如新鲜的莲藕、薯类和水果去皮后在空气中放置变黑，也大多是由于其中所含的酚类化合物被空气中的氧氧化所致。

7. 还原反应

酚通过催化加氢，苯环被还原生成环己醇衍生物。

$$\text{C}_6\text{H}_5\text{—OH} + 3\text{H}_2 \xrightarrow[120\sim200℃,1\sim2\text{MPa}]{\text{Ni}} \bigcirc\text{—OH}$$

这是工业上生产环己醇的方法之一。

五、重要的化合物

1. 苯酚

苯酚俗称石炭酸。纯苯酚为无色针状结晶，有刺激性气味，熔点为 43℃，沸点为 181.7℃。苯酚微溶于冷水，可溶于 60℃ 以上的热水，易溶于乙醇和乙醚等有机溶剂，在空气中放置易被氧化而变成红色。

苯酚能凝固蛋白质，使蛋白质变性，具有杀菌能力，可用作消毒剂和防腐剂。苯酚是合成塑料、药物、炸药、染料和胶黏剂等的重要化工原料。

2. 甲苯酚

甲苯酚有邻、间、对三种异构体，它们的沸点很接近，难以分离，其混合物统称为甲苯酚，又因它们都存在于煤焦油中，故总称煤酚。甲苯酚的杀菌能力比苯酚大三倍，含47%～

53%的三种甲苯酚的肥皂水溶液在医药上供体外消毒用，俗称来苏尔（Lysol），一般家庭消毒和畜舍消毒时，可稀释至3%～5%使用。甲苯酚是合成染料、炸药、农药等的工业原料，还可作木材防腐剂。

3. 苯二酚

苯二酚有邻、间、对三种异构体，它们均为无色结晶，能溶于水、乙醇、乙醚。邻苯二酚俗称儿茶酚或焦儿茶酚，其衍生物存在于植物中，例如：

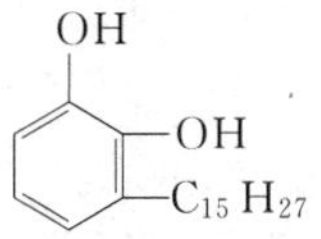

漆汁酚 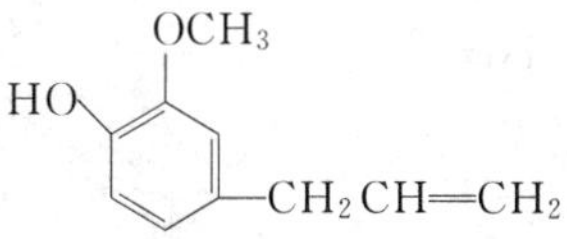　　　　　　　丁香酚 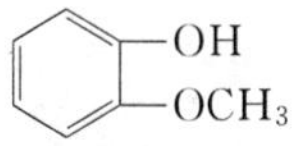　　　　　　　愈创木酚

间苯二酚常用于合成染料、树脂、胶黏剂等。邻苯二酚和对苯二酚因易被弱氧化剂（如银氨溶液）氧化为醌，所以主要用作还原剂，如为显影剂，它能将胶片上感光后的溴化银还原为银；还能作为阻聚剂，用于防止高分子单体被氧化剂氧化聚合等，如在储藏苯乙烯时，为防止苯乙烯聚合，常加入苯二酚抑制其聚合。对苯二酚在实验室里常用作抗氧剂，如苯甲醛易被氧化生成过氧苯甲酸，在苯甲醛中加入1/1000的对苯二酚可抑制其氧化。

4. 苯三酚

苯三酚有三种异构体，常见的有均苯三酚和连苯三酚。

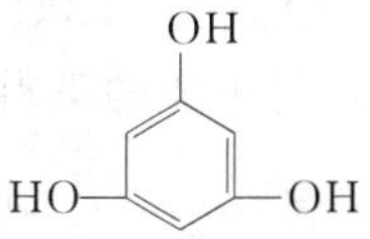

1,3,5-苯三酚（均苯三酚） 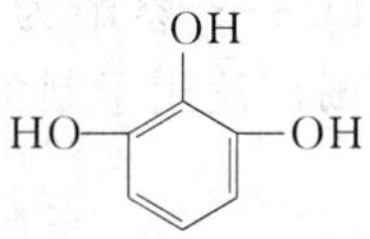　　1,2,3-苯三酚（连苯三酚） 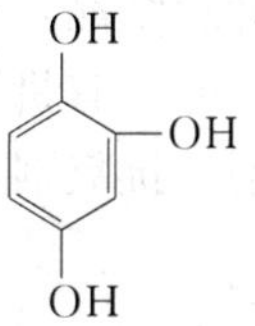　　1,2,4-苯三酚

均苯三酚俗称根皮酚，是白色至淡黄色晶体，有甜味，微溶于水，易溶于乙醇、乙醚等。用于制造染料、药物、树脂等，并用作晒图纸的显色剂。

连苯三酚俗称焦倍酚或焦性没食子酸，是白色粉末状晶体，有毒，易溶于水、乙醇和乙醚，具有很强的还原性，常被氧化为棕色化合物。因易吸收空气中的氧，连苯三酚常用于混合气体中氧气的定量分析；亦可用作摄影的显影剂。

5. 维生素 E

维生素 E 又称抗不育维生素或生育酚。自然界中 α、β、γ、δ 四种生育酚较为重要，维生素 E 为淡黄色无臭无味油状物，不溶于水而溶于油脂。α-生育酚磷酸酯二钠盐溶于水，不易被酸、碱及热破坏，在无氧时加热至200℃也稳定。维生素 E 极易被氧化（主要在羟基及氧桥处发生氧化），可用作抗氧化剂，对白光相当稳定，但易被紫外光破坏，在紫外光259nm 处有一吸收光带。α-生育酚的生理活性最高，一般所称维生素 E 即指α-生育酚。

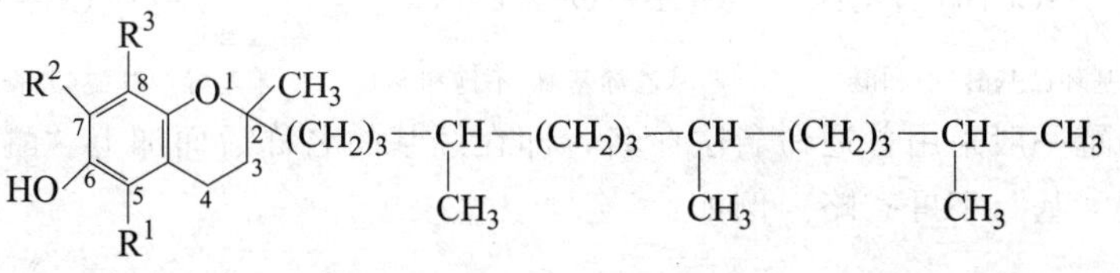

生育酚都是苯并吡喃的衍生物，具有相同的基本结构，侧链都相同，不同生育酚的区别在于苯环上 R^1、R^2 及 R^3 的三个取代基数量和位置不同。

维生素 E 广泛存在于植物的种子中，核桃、麦胚和豆类中的含量均很高。它对动物的生殖功能和肌代谢都有强烈的影响。例如缺乏维生素 E 会引起雌鼠的生殖力丧失，兔及豚鼠的肌肉剧烈萎缩，小鸡的脉管异常。临床上用于习惯性或先兆性流产、不育症、肌营养不良、肌萎缩性脊髓侧索硬化和肝昏迷等的辅助治疗。维生素 E 也是一种抗氧化剂，能防止皮肤衰老，常用于化妆品中。

6. 萘酚

萘酚有两种异构体：α-萘酚和 β-萘酚。

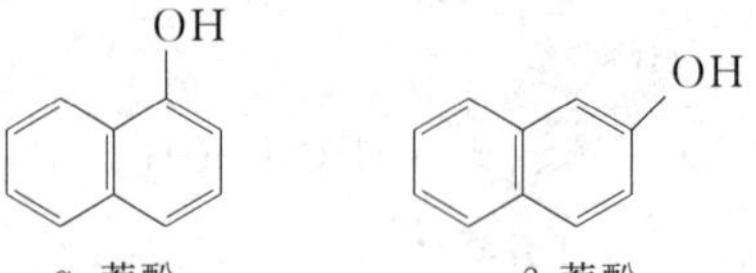

α-萘酚　　　　　　　　β-萘酚

它们都少量存在于煤焦油中，都可以由相应的萘磺酸钠经碱熔而制得。

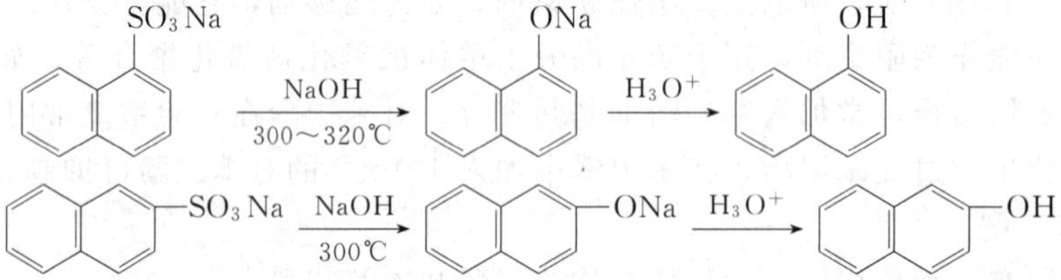

α-萘酚为针状结晶，熔点为 94℃；β-萘酚为片状结晶，熔点为 123℃。二者都难溶于水，能溶于醇、醚等有机溶剂。萘酚广泛用于制备偶氮染料，是重要的染料中间体。β-萘酚还可用作杀菌剂、抗氧剂。

第三节　醚

醇羟基或酚羟基上的氢原子被烃基取代后的衍生物称作醚。醚也可看作是两个烃基通过氧原子相连而成的化合物，通式为 R—O—R′、R—O—Ar、Ar—O—Ar′。与氧原子相连的两个烃基相同的醚叫做简单醚，不相同的叫做混合醚。醚键是环状结构的一部分时，称为环醚。例如：

$$CH_3CH_2OCH_2CH_3 \qquad CH_3OCH_2CH_3 \qquad$$

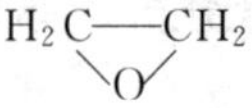

乙醚（简单醚）　　　　甲乙醚（混合醚）　　　环氧乙烷（环醚）

一、醚的分类和命名

根据分子中烃基结构的不同，醚可分为饱和醚、不饱和醚和芳香醚。例如：

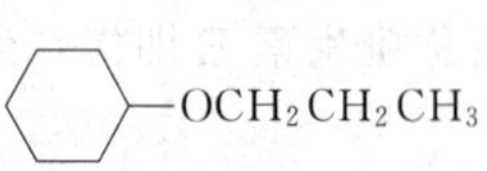

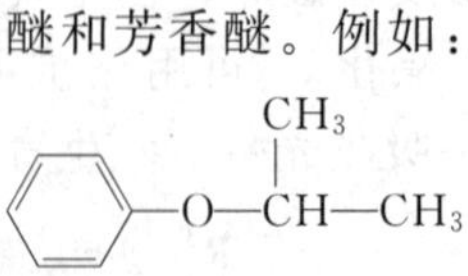

丙基环己基醚（饱和醚）　乙基乙烯基醚（不饱和醚）　苯基异丙基醚（芳香醚）

结构简单的醚一般采用普通命名法命名，即在烃基的名称后面加上"醚"字。两个烃基相同时，烃基的"基"字可省略。例如：

$$CH_3—O—CH_3 \qquad CH_2{=}CH—O—CH{=}CH_2 \qquad$$

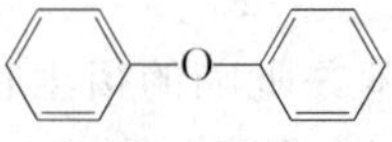

（二）甲（基）醚　　　（二）乙烯（基）醚　　　（二）苯（基）醚

两个烃基不相同时，脂肪醚将小的烃基放在前面，芳香醚则把芳基放在前面。例如：

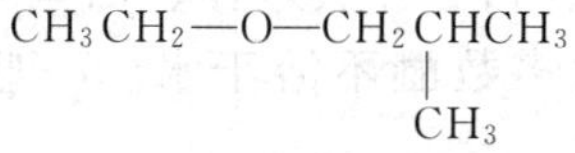

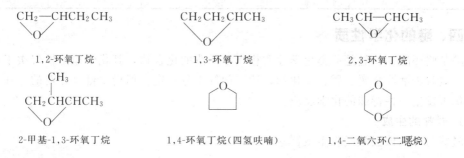

结构复杂的醚可以看作烃的含氧衍生物，采用系统命名法命名。选择较长的烃基为母体，有不饱和烃基时，选择不饱和度较大的烃基为母体，将烃氧基（RO—）看作取代基，称为"某"烃氧基"某"烃。例如：

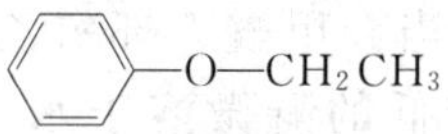

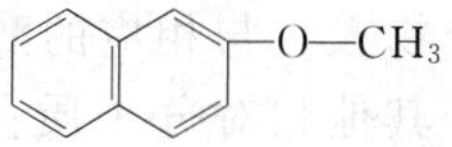

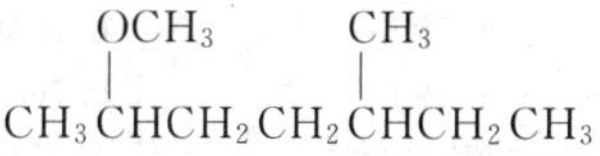

OCH₃   CH₃
CH₃CHCH₂CH₂CHCH₂CH₃   CH₃CH₂O—⟨⟩—CH₂OH   CH₃OCH₂CH₂OCH₃

5-甲基-2-甲氧基庚烷 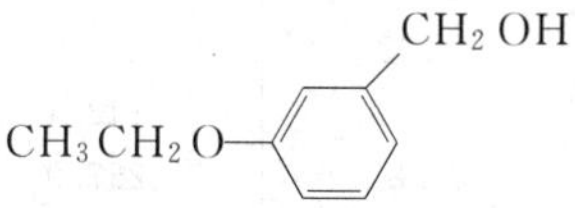   间乙氧基苯甲醇   1,2-二甲氧基乙烷

CH₃CH══CH—CH₂OCH₃   CH₃CHCH₂OCH₂CH₃   CH₃O—⟨⟩—CH₂OH
                                | |
                               OH   OCH₃

1-甲氧基-2-丁烯   1-乙氧基-2-丙醇 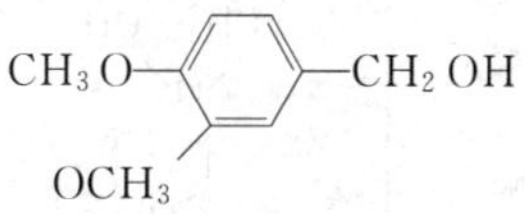   3,4-二甲氧基苯甲醇

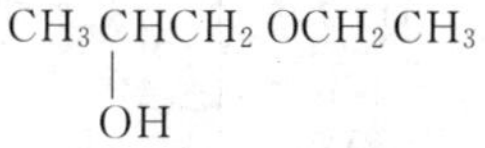

环醚一般称"环氧某烷"或按杂环化合物的命名方法命名。例如：

CH₂—CHCH₂CH₃   CH₂CH₂CHCH₃   CH₃CH—CHCH₃
   \ /   \   /   \   /
    O   O   O

1,2-环氧丁烷   1,3-环氧丁烷   2,3-环氧丁烷

       CH₃
       |
CH₂·CHCHCH₃
   \ /
    O

2-甲基-1,3-环氧丁烷   1,4-环氧丁烷(四氢呋喃)   1,4-二氧六环(二噁烷)

二、醚的结构

醚分子中的氧原子采用不等性 sp³ 杂化，其中两个 sp³ 杂化轨道分别同两个烃基碳原子结合，生成了两个 O—C σ键，余下两个 sp³ 杂化轨道被两对未共用电子对所占据。由于氧原子上有未共用电子对，是一个路易斯碱，再加上两个烷基的供电子诱导效应更增大了醚键氧原子上的电子云密度，所以醚能与强酸作用，接受质子生成稳定的𨦩盐。醚还可以通过氧原子上的未共用电子对与缺电子的试剂如 BF_3、$AlCl_3$、$RMgX$ 等形成相应的配合物。在 O—C 键中，氧原子的电负性比碳原子大得多，所以 O—C 键是一个强极性键，由于氧原子强的吸电子诱导效应，致使醚分子中的 α-C 带部分正电荷，因此在亲核试剂 HX 的作用下，醚能发生 O—C 键断裂，烃氧基被卤原子取代，生成卤代烃和醇（或酚）。氧原子的吸电子诱导效应也使 α-H 的活性增加，故醚能被空气中的氧（或氧化剂）氧化，生成过氧化物。

三、醚的物理性质

除含三个碳原子以下的醚为气体外，其余的醚在常温下为易挥发、易燃烧、有特殊气味的液体。由于分子中没有与氧原子相连的氢原子，醚分子间不能形成氢键，因此醚的沸点比相应的醇低得多，与相对分子质量相近的烷烃相当。

醚分子中两个 C—O 键之间形成一定角度，醚的偶极矩不为零，故醚为弱极性分子，而且醚中氧原子上的两对未共用电子对易与水形成氢键，所以醚在水中的溶解度

比烃类化合物大，与相应的醇相当。甲醚、环氧乙烷、1,4-二氧六环、四氢呋喃等都可与水互溶，其他相对分子质量较低的醚微溶于水，大多数醚不溶于水。一些常见醚的物理常数见表 6-4。

表 6-4　常见醚的物理常数

名称	结构式	熔点/℃	沸点/℃	折射率(n_D^{20})	相对密度(d_4^{20})
甲醚	CH_3-O-CH_3	-138.5	-23.7		
乙醚	$C_2H_5-O-C_2H_5$	-116.3	34.5	1.3526	0.7138
丙醚	$C_3H_7-O-C_3H_7$	-122	90.1	1.3809	0.7360
正丁醚	$n\text{-}C_4H_9-O-n\text{-}C_4H_9$	-95.3	142.4	1.3992	0.7689
二苯醚	$C_6H_5-O-C_6H_5$	26.8	257.9	1.5787(n_D^{25})	1.0748
苯甲醚	$C_6H_5-O-CH_3$	-37.3	153.8	1.5179	0.9961
环氧乙烷		-111.7	13.5	1.3597(n_D^7)	0.8824(10℃)
四氢呋喃		-65	65.4	1.4050	0.8892
1,4-二氧六环		11.8	101.4	1.4224	1.0337

四、醚的化学性质

除某些环醚外，醚是一类化学性质相当不活泼的化合物，其化学稳定性仅次于烷烃。常温下，醚对于活泼金属、碱、氧化剂、还原剂等十分稳定。但稳定性是相对的，在一定条件下醚仍可发生一些特殊的化学反应。

1. 鉒盐的生成

醚能与冷的浓强酸反应生成鉒盐。

$$R-\ddot{O}-R + HCl(浓) \xrightarrow{低温} \left[\begin{array}{c} H \\ | \\ R-\underset{\cdot\cdot}{O}-R \end{array} \right]^+ Cl^-$$

$$R-\ddot{O}-R + H_2SO_4(浓) \xrightarrow{低温} \left[\begin{array}{c} H \\ | \\ R-\underset{\cdot\cdot}{O}-R \end{array} \right]^+ HSO_4^-$$

醚分子中的氧具有未共用电子对，是一个弱碱，接受质子的能力很弱，因此必须和浓强酸反应才能生成盐。鉒盐可溶于冷的浓强酸中，用水稀释会分解析出原来的醚。所以不溶于水的醚能溶于强酸溶液中，利用醚的这种弱碱性，可分离提纯醚类化合物，也可鉴别醚类化合物。

醚还可以和缺电子的路易斯酸反应生成相应的配合物。例如：

$$CH_3CH_2-\ddot{O}-CH_2CH_3 + BF_3 \longrightarrow \begin{array}{c} CH_3CH_2 \\ CH_3CH_2 \end{array}\ddot{O} \longrightarrow BF_3$$

$$(CH_3CH_2)_2O + AlCl_3 \longrightarrow (CH_3CH_2)_2O\colon \longrightarrow AlCl_3$$

$$2\,CH_3CH_2-\ddot{O}-CH_2CH_3 + RMgX \longrightarrow \begin{array}{c} CH_3CH_2-\ddot{O}-CH_2CH_3 \\ | \\ R-Mg-X \\ | \\ CH_3CH_2-\underset{\cdot\cdot}{O}-CH_2CH_3 \end{array}$$

在有机反应中，常利用这一性质使反应顺利进行。例如制备格氏试剂时常用乙醚作溶剂，就是因为乙醚与格氏试剂形成的配合物能溶于乙醚，因而对反应起到促进作用。

2. 醚键的断裂

在较高温度下，浓氢碘酸或浓氢溴酸等强酸能使醚键断裂，生成卤代烃和醇（或酚）。若使用过量的氢卤酸，则生成的醇将进一步与氢卤酸反应生成卤代烃。

$$R—O—R' + HX \xrightarrow{\triangle} RX + R'OH \xrightarrow[]{HX} R'X + H_2O$$

醚和氢卤酸的反应属于亲核取代反应。该反应是氢卤酸先与醚作用生成锌盐，然后根据反应条件和醚的结构，可以按 S_N1 历程或 S_N2 历程进行反应。

当脂肪族混合醚与氢卤酸作用时，使 $R'O—$ 成为较易离去的基团（$R'—OH$），反应按 S_N2 历程进行，X^- 作为亲核试剂从空间阻碍较小的一面进攻醚键中的碳原子。由于位阻效应，一般总是较小的烷基生成卤代烷，较大的烷基生成醇。

S_N2 历程：

$$R—\ddot{O}—R' + H^+ \xrightarrow{快} \left[\underset{\underset{H}{|}}{R—O—R'} \right]^+$$

$$\left[\underset{\underset{H}{|}}{R—O—R'} \right]^+ + X^- \longrightarrow \left[\underset{\underset{H}{|}}{X\overset{\delta-}{---}R\overset{\delta+}{---}O—R'} \right] \longrightarrow R—X + R'OH$$

当 R 为叔丁基、苄基或烯丙基时，由于容易生成碳正离子，反应按 S_N1 历程进行，生成相应的卤代物。

S_N1 历程：

$$R—\ddot{O}—R' + H^+ \rightleftharpoons \left[\underset{\underset{H}{|}}{R—\ddot{O}—R'} \right]^+$$

$$\left[\underset{\underset{H}{|}}{R—\ddot{O}—R'} \right]^+ \xrightarrow{慢} R^+ + R'OH$$

例如：

$$\underset{\underset{CH_3}{|}}{CH_3CHCH_2OCH_3} \xrightarrow[\triangle]{HBr} CH_3Br + \underset{\underset{CH_3}{|}}{CH_3CHCH_2OH}$$

$$\underset{\underset{CH_3}{|}}{\overset{\overset{CH_3}{|}}{CH_3—C—O—CH_2CH_3}} \xrightarrow[\triangle]{HI} \underset{\underset{CH_3}{|}}{\overset{\overset{CH_3}{|}}{CH_3—C—I}} + CH_3CH_2OH$$

$$C_6H_5—CH_2OCH_2CH_2CH_3 \xrightarrow[\triangle]{HI} C_6H_5CH_2I + CH_3CH_2CH_2OH$$

芳香醚由于其氧原子与芳环形成 p-π 共轭体系，碳氧键不易断裂。如果另一烃基是脂肪烃基，则生成酚和卤代烷；如果两个烃基都是芳香基，则不易发生醚键的断裂。例如：

$$\text{〇}—O—CH_3 \xrightarrow[\triangle]{HBr} CH_3Br + \text{〇}—OH$$

环醚与氢卤酸作用，醚键断裂生成双官能团化合物。例如：

$$\text{(五元环醚)} \xrightarrow[\triangle]{HI} HOCH_2CH_2CH_2CH_2I$$

$$\text{(三元环醚)} \xrightarrow[10℃]{HBr} BrCH_2CH_2OH$$

3. 过氧化物的生成

醚对氧化剂较稳定，但许多 α-C 上连有氢原子的烷基醚在和空气长时间接触下，会缓慢地被氧化生成过氧化物。

$$CH_3CH_2—O—CH_2CH_3 + O_2 \longrightarrow CH_3CH_2—O—\underset{\underset{\displaystyle O—OH}{\displaystyle |}}{C}H—CH_3$$

氢过氧化乙醚

上述反应称作醚的自氧化反应。有机化合物放置在空气中，其 C—H 键自动地氧化成 C—O—O—H 基团的反应，称作自氧化反应。

醚的过氧化物不稳定，受热或受到摩擦时容易分解而发生猛烈爆炸，因此在蒸馏或使用前必须检验醚中是否含有过氧化物。常用的检验方法是用碘化钾的淀粉溶液，如果有过氧化物存在，则 I^- 被氧化成 I_2 而使溶液显蓝色。

除去醚中过氧化物的方法是向醚中加入 $FeSO_4$ 或 Na_2SO_3 的水溶液洗涤醚，使过氧化物分解。为了防止过氧化物生成，醚应用棕色瓶避光储存，并可在醚中加入微量铁屑或对苯二酚阻止过氧化物生成。

五、重要的化合物

1. 乙醚

乙醚为易挥发的无色透明液体，沸点为 34.5℃，有特殊气味，比水轻，微溶于水，能溶于许多有机溶剂，本身也是一种良好的溶剂和萃取剂。乙醚极易着火，与空气混合到一定比例能发生爆炸，使用时必须远离火源，注意安全。乙醚也是一个重要的吸入麻醉剂，在外科手术中常使用它。

2. 环氧乙烷

环氧乙烷又叫氧化乙烯，是无色有毒的气体，沸点为 13.5℃，能溶于水、醇和醚，与空气混合形成可爆炸气体。且具有消毒、杀菌的作用。

环氧乙烷是三元环醚，由于极性的 C—O 键使环的角张力和扭转张力增大，所以与一般的醚不同，其化学性质非常活泼，易和含活泼氢的试剂作用，发生 C—O 键开裂，生成双官能团化合物。

$$
\underset{\diagdown\!O\!\diagup}{H_2C—CH_2}
\begin{cases}
\xrightarrow{\;H—OH\;} & HO—CH_2CH_2—OH \\
\xrightarrow{\;H—X\;} & HO—CH_2CH_2—X \\
\xrightarrow{\;H—OR\;} & HO—CH_2CH_2—OR（乙二醇醚） \\
\xrightarrow{\;H—NH_2\;} & HO—CH_2CH_2—NH_2（乙醇胺） \\
\xrightarrow{\;RMgX\;} & HO—CH_2CH_2—R
\end{cases}
$$

乙二醇醚具有醚和醇的双重性质，是很好的溶剂，俗称溶纤剂，广泛用于纤维工业和涂料工业中。

乙醇胺能与水混溶，具有醇和胺的性质，可用作溶剂、乳化剂、酸性气体吸收剂，与某些无机盐混合可作为混凝土早强剂。

环氧乙烷还可与格氏试剂反应，产物经水解可得到比格氏试剂烃基多两个碳原子的伯醇，这个反应在有机合成上常用来增长碳链。

$$RMgX + \underset{\diagdown\!O\!\diagup}{CH_2—CH_2} \longrightarrow RCH_2CH_2OMgX \xrightarrow{H_3O^+} RCH_2CH_2OH$$

3. 冠醚

冠醚是一类大环多氧醚，可以看作是多个乙二醇缩聚而成的大环化合物，因形状似皇冠故称为冠醚，其结构特征是分子中具有"—OCH₂CH₂—"的重复单位。命名以"m-冠-n"表示，m 代表环中所有原子数，n 为环中氧原子数。例如：

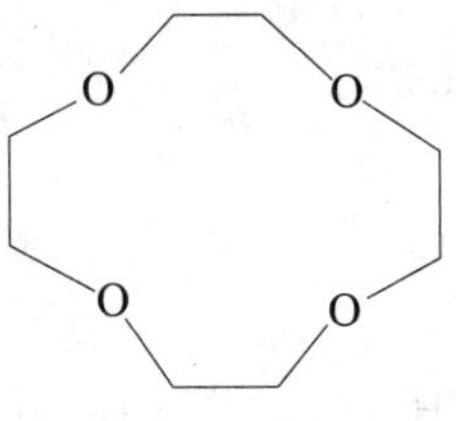

12-冠-4 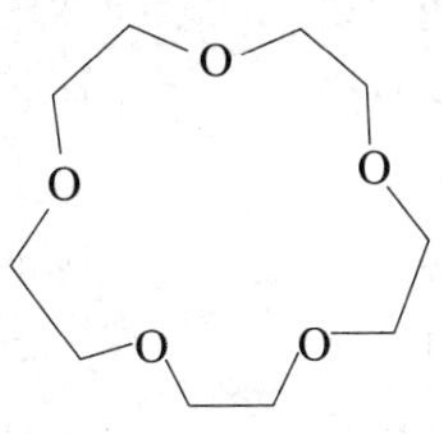   15-冠-5 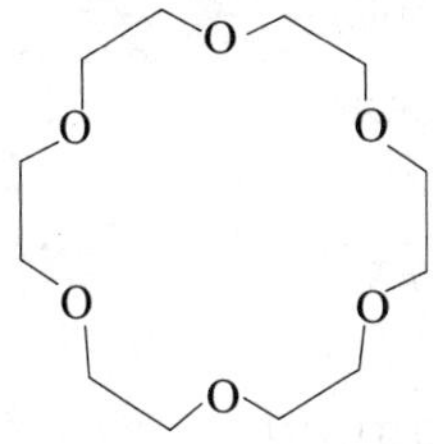   18-冠-6

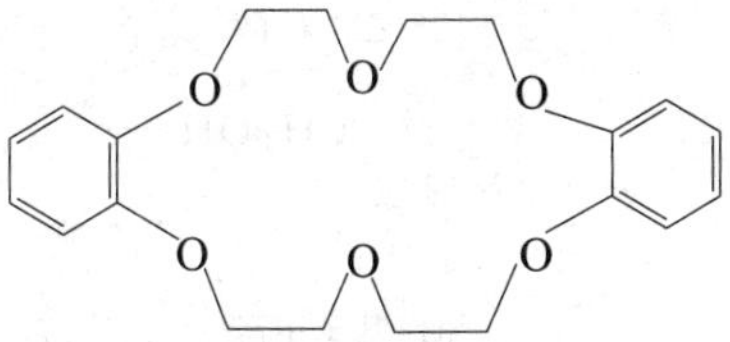

二苯并-18-冠-6 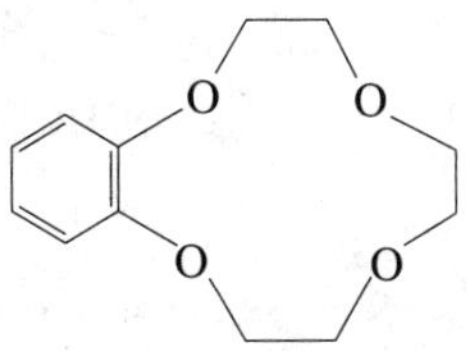   苯并-12-冠-4

冠醚于 1962 年被首次合成，它是 20 世纪 70 年代发展起来的一类新型化合物。其重要特点是大环结构中有空穴，分子中的氧原子含有未共用电子对，能和金属离子形成配合物。各种冠醚的空穴大小不同，氧原子的数目不同，氧原子间的空隙大小不同，因此只有与空穴大小相当的金属离子才能进入空穴而被配合。例如 12-冠-4 只能和较小的 Li⁺ 配合，不能与其他金属离子配合；18-冠-6 则可与 K⁺ 配合，却不能与 Li⁺、Na⁺、Ca²⁺、Zn²⁺ 等金属离子形成配合物。因此冠醚可用于金属离子的分离。

冠醚还可用作相转移催化剂。它能将某些非均相的反应体系转变在均相体系中进行，从而加速反应，有利于反应的顺利进行。例如用高锰酸钾氧化环己烯时，由于高锰酸钾不溶于环己烯，反应难以进行；若加入 18-冠-6，反应立即迅速进行，这是由于冠醚与 K⁺ 形成的配合物可溶于有机相（环己烯）中，从而促进了反应的进行。

冠醚在有机合成中起着十分重要的作用，如金属元素有机化合物的制备、反应历程的研究、外消旋氨基酸的拆分以及不对称合成等。

冠醚有一定毒性，价格较贵，使用后回收较难。

第四节　含硫化合物

一、含硫化合物的分类和命名

硫和氧同在元素周期表的第六主族，它们的外层价电子的构型相同，均为 ns^2np^4，所以硫能形成与氧原子相对应的化合物，如硫醇、硫酚、硫醚，可用通式分别表示为：

R—S—H　　　　　Ar—S—H　　　　　R—S—R′

硫醇　　　　　　　硫酚　　　　　　　硫醚

硫醇和硫酚的官能团—SH 叫做巯基，硫醚的官能团—S—叫做硫醚键，二硫化合物的官能团—S—S—叫做二硫键。

硫醇、硫酚、硫醚的命名与相应的醇、酚、醚相同，只需在相应的名称前加上"硫"字。对于结构较复杂的化合物，则将巯基作为取代基。例如：

CH$_3$CH$_2$SH

(SH on cyclopentane)

CH$_2$=CHCHCH$_2$CH$_3$ (with SH below)

(benzene)—CH$_2$—SH

乙硫醇　　　　　　　环戊硫醇　　　　　　1-戊烯-3-硫醇　　　　　苯甲硫醇

CH$_3$SCH$_3$

(benzene)—SCH$_3$

CH$_3$CHCH$_2$CH$_3$ (with SCH$_3$ below)

(benzene)—SH

甲硫醚　　　　　　　苯甲硫醚　　　　　　2-甲硫基丁烷　　　　　苯硫酚

CH$_3$—S—CH(CH$_3$)$_2$

(benzene with two SH, ortho)

CH$_2$—CH$_2$ (with SH, SH below)

CH$_2$—CH—CH$_2$ (with SH, SH, OH below)

甲基异丙基硫醚　　　邻苯二硫酚　　　　　1,2-乙二硫醇　　　　2,3-二巯基-1-丙醇

(benzene with SH and NO$_2$)

CH$_3$—CHCH$_2$—OH (with SH below)

(benzene with CH$_2$OH and SH, ortho)

间硝基苯硫酚　　　　2-巯基-1-丙醇　　　　　邻巯基苯甲醇

二、含硫化合物的结构

尽管硫和氧的外层价电子的构型相同，但硫位于第三周期，它的价电子在第三层，距离原子核较远，受原子核的吸引较小，所以硫的电负性比氧小。而且硫在第三层还有 3d 空轨道，3d 与 3s、3p 同属一个电子层，能量相近，3s、3p 轨道上的电子可以激发到 3d 轨道上，使 3d 轨道参与成键，导致电子层扩大，所以硫可以形成四价或六价的化合物。由于硫的原子半径比氧大，而电负性比氧小，价电子受核的束缚力小，使得形成共价双键的倾向比氧弱，而且 3d 轨道形成的 π 键也不稳定，相应的含硫化合物不如含氧化合物稳定。

由于硫原子对其最外层的电子吸引力小，因此它很容易给出电子，甚至在弱氧化剂的作用下它就能给出电子而被氧化，特别是在电负性大的氧原子的直接进攻下，它能同氧原子结合成硫的高价氧化物。

由于—SH 和—OH 是两类不同的官能团，所以硫醇、硫酚的性质和醇、酚的性质存在着显著的差别。例如：S—H 键和 S—C 键的可极化性比较大，其稳定性要比 O—H 键和 O—C 键小，所以在极性溶剂中，硫醇和硫酚比醇和酚容易解离出 H$^+$，即硫醇和硫酚的酸性要比相应的醇和酚的酸性强。

由于硫原子的电负性比氧原子小，所以硫醇、硫酚分子间不能形成氢键，也难与水分子形成氢键。另外，由于它们的分子的偶极矩比较小，故分子的内聚力也比相应的醇和酚小。所以，与相对分子质量相当的醇、酚相比，硫醇、硫酚的熔点、沸点和在水中的溶解度一般都要低得多。

三、含硫化合物的物理性质

硫醇是具有特殊臭味的化合物，低级硫醇有毒。乙硫醇在空气中的浓度为 10^{-11} g·L^{-1} 时就能被人所察觉。黄鼠狼散发出来的防护气体中就含有丁硫醇。在存放煤气、石油液化气或其他有毒无味气体的密闭容器中加入极少量的三级丁硫醇，若密封不严发生泄漏，就可闻到臭味起到预警作用。随着硫醇相对分子质量的增大，臭味逐渐变弱，含 9 个碳原子以上的硫醇反而具有香气。

硫醇、硫酚与相应的醇、酚相比，其沸点都低得多。例如：

	甲醇	甲硫醇	乙醇	乙硫醇	苯酚	苯硫酚
沸点/℃	64.7	6	78.5	37	181.7	168

硫醚为无色、有臭味的液体，其沸点与相对分子质量相近的硫醇相近，比相应的醚高，不溶于水。

硫醇、硫酚、硫醚都易溶于乙醇、乙醚等有机溶剂。

四、含硫化合物的化学性质

1. 硫醇、硫酚的酸性

硫醇、硫酚具有明显的酸性，它们的酸性比相应的醇、酚强。例如：

	乙硫醇	乙醇	苯硫酚	苯酚
pK_a	9.5	17	7.8	9.95

醇不能与氢氧化钠作用成盐，而硫醇则可以与氢氧化钠作用生成硫醇钠。但硫醇的酸性比碳酸弱，只能溶于碳酸钠溶液而不能溶于碳酸氢钠溶液。例如：

$$RSH + NaOH \longrightarrow RSNa + H_2O$$

$$RSNa + CO_2 + H_2O \longrightarrow RSH + NaHCO_3$$

苯酚的酸性比碳酸弱，所以苯酚能溶于碳酸钠溶液而不能溶于碳酸氢钠溶液，但苯硫酚的酸性比碳酸强，可溶于碳酸氢钠溶液生成苯硫酚钠。

$$\underset{\text{苯硫酚钠}}{}$$

硫醇、硫酚还能与砷、汞、铅、铜等重金属离子形成难溶于水的化合物。例如：

$$2RSH + (CH_3COO)_2Pb \longrightarrow (RS)_2Pb\downarrow + 2CH_3COOH$$

许多重金属盐能引起人畜中毒，其原因是这些重金属离子能与动物体内蛋白质及某些酶中的巯基结合，使蛋白质结构被破坏及酶失去活性。医疗上利用硫醇能与重金属离子形成配合物或不溶性盐的性质，把它们用作解毒剂。例如 2,3-二巯基-1-丙醇是常用的特效解毒剂，又称为巴尔（BAL），它能夺取体内与酶结合的重金属离子，形成稳定的盐从尿液中排出体外，恢复酶的活性。

$$\begin{array}{c} CH_2OH \\ | \\ CHSH \\ | \\ CH_2SH \end{array} + Hg^{2+} \longrightarrow \begin{array}{c} CH_2OH \\ | \\ CH-S \\ | \\ CH_2-S \end{array}\!\!Hg \downarrow + 2H^+$$

2. 硫醇、硫酚、硫醚的氧化

硫醇、硫酚都比相应的醇、酚易于氧化，弱氧化剂如 H_2O_2、NaIO、I_2，甚至空气中的氧就能将它们氧化为二硫化物。

$$R-SH \xrightarrow{[O]} R-S-S-R$$

此反应是定量进行的，如果采用标准碘溶液，上述反应可用于测定巯基化合物的含量。也可用该反应来除去硫醇杂质。

二硫化物在还原剂（如锌粉和乙酸）作用下又可被还原为硫醇或硫酚。

$$R-S-S-R \xrightarrow[Zn]{CH_3COOH} R-SH$$

硫醇与二硫化物之间的氧化还原反应是生物体内十分重要的转化，例如蛋白质中的胱氨酸与半胱氨酸之间就存在着这种转化。

$$2\text{HOOC}-\underset{\underset{\text{NH}_2}{|}}{\text{CH}}-\text{CH}_2-\text{SH} \underset{[\text{H}]}{\overset{[\text{O}]}{\rightleftharpoons}} \text{HOOC}-\underset{\underset{\text{NH}_2}{|}}{\text{CH}}-\text{CH}_2-\text{S}-\text{S}-\text{CH}_2-\underset{\underset{\text{NH}_2}{|}}{\text{CH}}-\text{COOH}$$

硫醇、硫酚在强氧化剂如高锰酸钾、硝酸等的作用下，可被氧化为磺酸。

$$\text{RSH} \xrightarrow[\text{H}^+]{\text{KMnO}_4} \text{RSO}_3\text{H}$$

硫醚在室温下可被浓硝酸、三氧化铬或过氧化氢氧化生成亚砜。如在较高温度下用发烟硝酸、高锰酸钾或有机过氧酸，硫醚可被氧化成砜。例如：

$$\text{CH}_3-\text{S}-\text{CH}_3 \xrightarrow{\text{H}_2\text{O}_2 \text{ 或浓 } \text{HNO}_3} \underset{\text{二甲亚砜（DMSO）}}{\text{CH}_3-\overset{\overset{\text{O}}{\|}}{\text{S}}-\text{CH}_3}$$

$$\text{CH}_3-\text{S}-\text{CH}_3 \xrightarrow{\text{发烟 HNO}_3} \underset{\text{二甲砜}}{\text{CH}_3-\overset{\overset{\text{O}}{\|}}{\underset{\underset{\text{O}}{\|}}{\text{S}}}-\text{CH}_3}$$

二甲亚砜简称 DMSO（dimethyl sulfoxide），是一种极性很强的无色液体，既能溶解有机物，又能溶解无机物。它不同于水、醇等质子性溶剂，不具有能形成氢键的氢原子，所以 DMSO 属于非质子性溶剂。二甲亚砜通过氧原子的未共用电子对使正离子溶剂化，从而溶解离子化合物，是一种良好的极性溶剂；两个甲基起着溶解非极性有机物的作用。

习　题

1. 命名下列化合物，对醇类化合物标出伯、仲、叔醇：

(1) 见结构式

(2) 环己基—CH₂OH

(3) 见结构式

(4) H₃C—⟨苯环⟩—CH(CH₃)CH₂OH

(5) 见结构式

(6) 见结构式

(7) 见结构式

(8) CH₂—CH(CH₃)—CHCH₃ （环氧）

(9) CH₃CH₂—CH(OC₂H₅)CH₂—CHCH₃（OH）

(10) 见结构式

(11) CH₃CHCH₂SH（CH₃）

(12) C₂H₅—⟨苯环⟩—SH

2. 写出下列化合物的结构式：

(1) 4-甲基-1-烯-3-己醇　　(2) 反-1,2-环戊二醇　　(3) 3-环己烯醇　　(4) 间乙基苯酚

(5) 6-甲基-2-萘酚　　(6) 对羟基苯甲醛　　(7) 1,2-环氧丁烷　　(8) 对硝基苯甲醚

(9) 邻甲氧基苯甲醇　　　(10) 2,3-二巯基-1-丙醇

3. 按要求排列下列各组化合物。

(1) 按沸点由高到低的次序排列：

① 甘油、1,2-丙二醇、1-丙醇

② 1-辛醇、1-庚醇、2-甲基-1-己醇、2,3-二甲基-1-戊醇

(2) 按与金属钠反应的活性次序由大到小排列：

水、丙醇、异丙醇、叔丁醇

(3) 按酸性由强到弱排序：

① 苯酚、邻甲苯酚、邻硝基苯酚、2,4-二硝基苯酚

② 苯酚、水、乙醇、碳酸、乙硫醇、硫酚

(4) 按与卢卡斯试剂反应的活性由大到小的顺序排列：

乙醇、叔丁醇、仲丁醇、苯甲醇

4. 下列化合物能否形成氢键？如能形成，请说明是分子内氢键还是分子间氢键。

(1) 甲醇　　　(2) 乙醚　　　(3) 甘油　　　(4) 顺-1,2-环己二醇

(5) 间苯二酚　(6) 邻硝基苯酚　(7) 苯甲醚　(8) 间氯苯酚

5. 写出下列各反应的主要产物：

(1) $CH_3CH_2\underset{\underset{OH}{|}}{\overset{\overset{CH_3}{|}}{C}}CH_3$ + HBr ⟶ ? $\xrightarrow{\text{NaOH/乙醇}}$?

(2) 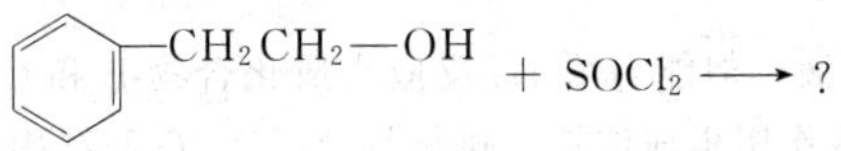 [苯环]—CH_2CH_2—OH + $SOCl_2$ ⟶ ?

(3) [环己基]—OH + HCl（浓）$\xrightarrow{\text{无水 } ZnCl_2}$?

(4) [苯环]—$\underset{\underset{OH}{|}}{CH}$—$CH_2CH_3$ $\xrightarrow[170℃]{\text{浓 } H_2SO_4}$ 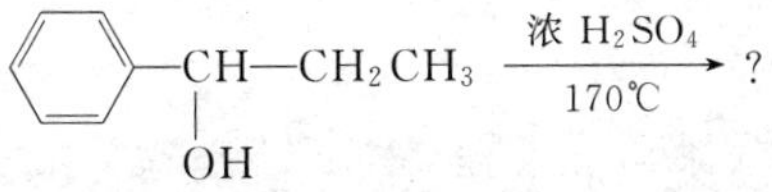 ?

(5) $CH_3\underset{\underset{OH}{|}}{CH}CH_3$ $\xrightarrow[140℃]{\text{浓 } H_2SO_4}$?

(6) 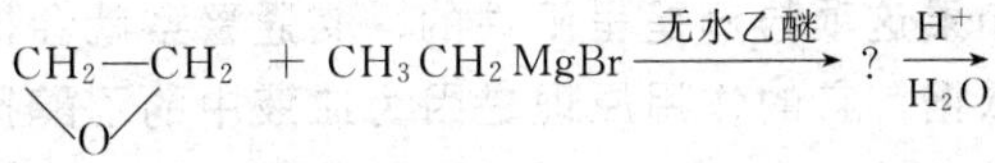 $\underset{\underset{O}{\diagdown\diagup}}{CH_2\text{—}CH_2}$ + CH_3CH_2MgBr $\xrightarrow{\text{无水乙醚}}$? $\xrightarrow[H_2O]{H^+}$?

(7) [苯环]—CH_2OH + $CH_3\overset{\overset{O}{\|}}{C}OH$ $\xrightarrow{\text{浓 } H_2SO_4}$?

(8) [苯环]—OH + Br_2 $\xrightarrow{H_2O}$?

(9) [环己基]—OH $\xrightarrow{K_2Cr_2O_7/H^+}$?

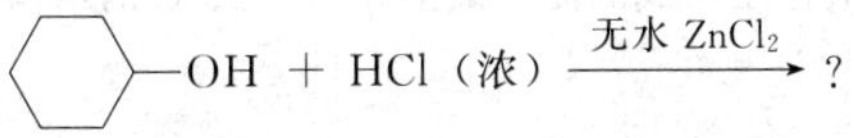

(10) [苯环]—OH + $BrCH_2$—[苯环] $\xrightarrow{\text{NaOH}}$?

(11) [苯环]—OC_2H_5 + HI ⟶ ?

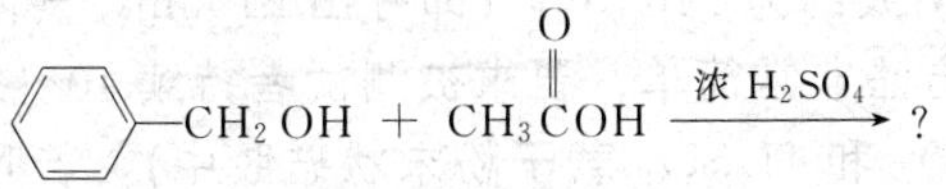

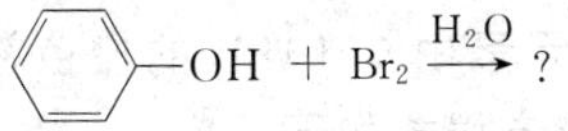

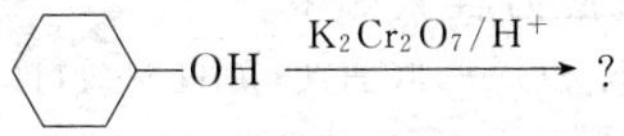

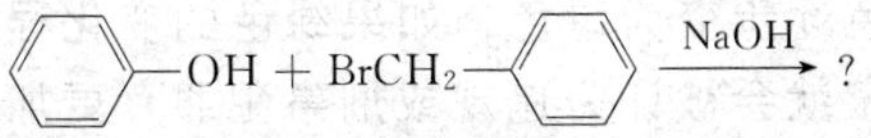

(12) [吡喃环]—CH_3 + HI（过量）⟶ ?

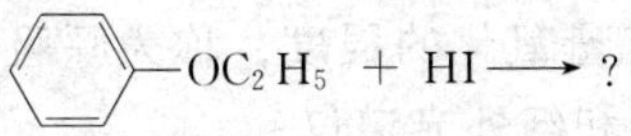

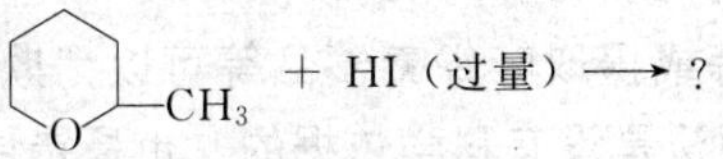

6. 用化学方法鉴别下列各组化合物：

(1) 正丁醇、2-丁醇、2-甲基-2-丁醇

(2) 甲苯、环己醇、苯酚、苯

(3) 苄醇、对甲基苯酚、甲苯

(4) 2-丁醇、甘油、苯酚

7. 完成下列转化：

(1) $CH_3CH_2CH{=\!\!=}CH_2 \longrightarrow CH_3CH_2CH_2CH_2OH$

(2) $\underset{\underset{CH_3}{|}}{CH_3CHBr} \longrightarrow \underset{\underset{CH_3}{|}}{CH_3CHCH_2CH_2OH}$

(3) $CH_2{=\!\!=}CH_2 \longrightarrow CH_3CH_2CH_2COOH$

(4) $CH_3CH_2CH_2OH \longrightarrow CH_3CH_2CH_2COOH$

(5) $CH_2{=\!\!=}CH_2 \longrightarrow HOCH_2CH_2OCH_2CH_2OCH_2CH_2OH$

(6) $CH_3CH_2CH_2OH \longrightarrow CH_3CH_2CH_2OCH_2CH_2CH_3$

(7) ⬡—OH ⟶ ⬡—OC₂H₅

8. 化合物 A 的分子式为 $C_5H_{11}Br$，A 与 NaOH 水溶液共热后生成 $C_5H_{12}O$(B)。B 具有旋光性，能和金属钠反应放出氢气，和浓 H_2SO_4 共热生成 C_5H_{10}(C)。C 经臭氧氧化并在还原剂存在下水解，生成丙酮和乙醛，试推导 A、B、C 的结构，并写出各步反应式。

9. 有分子式为 $C_5H_{12}O$ 的两种醇 A 和 B，A 与 B 氧化后都得到酸性产物。两种醇脱水后再催化氢化，可得到同一种烷烃。A 脱水后氧化得到一个酮和 CO_2；B 脱水后再氧化得到一个酸和 CO_2。试推导 A 与 B 的结构式，并写出各步反应式。

10. 化合物 A 的分子式为 C_7H_8O，A 不溶于 NaOH 水溶液，但能与浓 HI 反应生成化合物 B 和 C，B 能与 $FeCl_3$ 水溶液发生颜色反应，C 与 $AgNO_3$ 的乙醇溶液作用生成沉淀。试推导 A、B、C 的结构，并写出各步反应式。

知识拓展

乙醇还原性的应用——乙醇分析检测器

醇可以使 $Cr(\text{VI}，橙色)$ 变成 $Cr(\text{III}，绿色)$，这种颜色变化的现象用于测定被怀疑喝酒的司机呼出的气体中乙醇的含量。如果这项检测是呈阳性的，交通警察就会把它作为进一步更加精确的血液或尿液检测的依据。它的作用原理是因为血液中的乙醇扩散到肺并进入呼出的气体中，平均分布体积比例大约为 2100∶1（即呼出 2100mL 气体中含有和 1mL 血液中一样的乙醇）。这种测试方法非常简单，要求被测试者持续 10～20s 的时间向检测器的管口中吹气（管中 $K_2Cr_2O_7$ 和 H_2SO_4 载于粉末状硅胶中）。若呼出的气体中存在少许的乙醇，则乙醇被氧化为乙酸的同时，铬元素由 $Cr(\text{VI})$ 的橙色被还原为 $Cr(\text{III})$ 的绿色，这可作为检验的特征性反应，化学反应方程式如下：

$$2K_2Cr_2O_7 + 8H_2SO_4 + 3CH_3CH_2OH \longrightarrow 2Cr_2(SO_4)_3 + 2K_2SO_4 + 3CH_3COOH + 11H_2O$$

被测试者连续吹气的过程中，管中的橙色逐步变为绿色，如果绿色的变化程度达到一定标准，显示血液中乙醇超标，在许多国家就会被认为违规或刑事犯罪。更加精密地实施这个简单过程的做法是使用分光光度分析技术来定量氧化的程度，称为呼吸分析器测试。现在已发展成为袖珍型气相色谱、电化学分析器和红外光谱仪。

有人宣称如果事先通过吸烟、嚼咖啡豆、吃大蒜或摄取叶绿素制品等可以"欺骗"呼吸分析器而导致一个"伪阴性"的检测结果，这些说法是没有科学依据的，也是错误的。

为了你和他人的安全，为了社会的安宁，请每位司机朋友遵守交通规则，一定不要酒后驾车，做一个有社会公德的人。

自然界中的含硫物质——大蒜

烹饪时常添加一些葱类的香味物质，如大蒜、洋葱、韭葱、细香葱、大葱、青葱等。这些有气味的调料一般都含有同一元素——硫。奇特的是，这些气味实际上并不存在于原有植物中，而是在压榨、煎、煮的条件下才生物合成出来的。例如，一瓣大蒜和没有切过的洋葱不会发出气味，也不会使人的眼睛流泪。

就大蒜来说，压榨大蒜能释放出一种酶——蒜氨酸酶，蒜氨酸酶能将亚砜前体转化成次磺酸中间体，这个中间体二聚脱水后就形成了一种有气味的物质——蒜素。

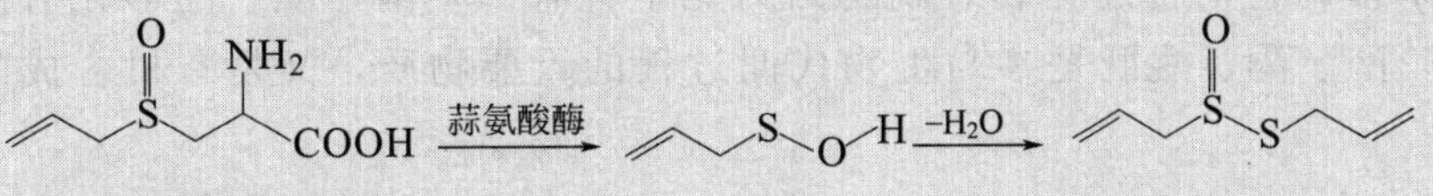

未切开蒜中的成分　　　　　　　　　次磺酸　　　　　　　蒜素(香料)

大蒜能通过这种方式产生一系列化合物，它们属于硫醚（RSR′）、亚砜（RSOR′）、二硫化合物（RSSR′）等化合物类型。有趣的是，这些化合物中有些是有医用价值的，如蒜素是非常好的抗菌剂，在现代抗生素问世之前，大蒜制剂就被用作治疗斑疹伤寒、霍乱、痢疾和肺结核等疾病。蒜类植物也可能利用这些化合物作为化学武器来抵抗微生物的入侵。

在中国，胃癌的发病率与大蒜的消耗成反比，大蒜还能降低胆固醇，阻止血小板聚集，对心血管有利。

大蒜最不好的副作用就是难闻的口气，经由血液来自肺部，而不是来自口腔中大蒜的残渣。摄入的大蒜能在尿液中保持3～4天。蒜素很容易被皮肤吸收，这个性质与二甲亚砜相似，所以有人抱怨，虽然只是用大蒜擦了脚，但嘴里也会有大蒜的气味。大蒜、洋葱、韭葱的味道来自于它们切开后挥发出的含硫化合物。

所以，人类常食用大蒜对健康是有利的。

醛、酮、醌

Chapter 07

醛、酮都是醇的氧化产物，广泛存在于自然界中，开花植物之所以能吸引昆虫、蜜蜂、蝴蝶等来帮助它们传递花粉，就是因为花中含有一些醛、酮、酯等化合物。醌是酚的氧化产物，醛、酮、醌既是参与生物代谢过程的重要物质，又是有机合成的重要原料和中间体。

醛、酮、醌分子中都含有相同的官能团羰基（ $-\overset{\text{O}}{\overset{\|}{\text{C}}}-$ ），故统称为羰基化合物。

羰基至少和一个氢原子相连的化合物叫做醛。醛分子中的 $-\overset{\text{O}}{\overset{\|}{\text{C}}}-\text{H}$ 称为醛基，简写为 —CHO，但不能写成—COH。例如：

$$(\text{H})\text{R}-\overset{\text{O}}{\overset{\|}{\text{C}}}-\text{H} \qquad \text{Ar}-\overset{\text{O}}{\overset{\|}{\text{C}}}-\text{H}$$

羰基和两个烃基相连的化合物叫做酮，酮分子中的羰基称为酮基。例如：

$$\text{R}-\overset{\text{O}}{\overset{\|}{\text{C}}}-\text{R}' \qquad \text{Ar}-\overset{\text{O}}{\overset{\|}{\text{C}}}-\text{R} \qquad \text{Ar}-\overset{\text{O}}{\overset{\|}{\text{C}}}-\text{Ar}'$$

醌是一类特殊的不饱和环状二酮。例如：

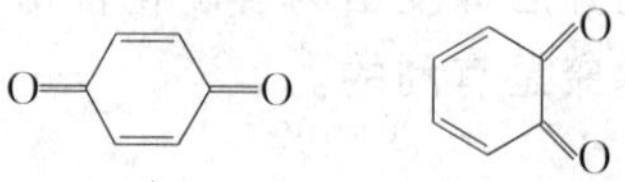

第一节　醛、酮

一、醛、酮的分类和命名

1. 醛、酮的分类

根据羰基所连烃基结构的不同，可分为脂肪族醛、酮和芳香族醛、酮。例如：

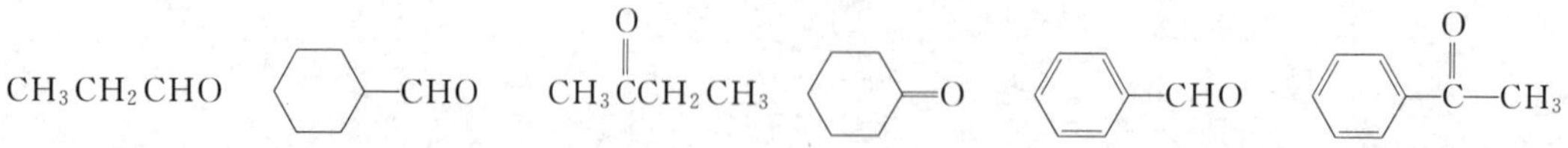

$$\text{CH}_3\text{CH}_2\text{CHO} \qquad \text{脂肪醛} \qquad \text{脂肪醛} \qquad \text{CH}_3\text{CCH}_2\text{CH}_3 \qquad \text{脂肪酮} \qquad \text{芳香醛} \qquad \text{芳香酮}$$

脂肪醛　　脂肪醛　　脂肪酮　　脂肪酮　　芳香醛　　芳香酮

根据羰基所连烃基饱和程度的不同，可分为饱和醛、酮与不饱和醛、酮。例如：

$$\text{CH}_3\text{CHO} \qquad \text{CH}_2=\text{CHCHO} \qquad \text{CH}_2=\text{CHCCH}_3$$

饱和醛　　　不饱和醛　　　不饱和酮

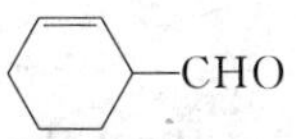

不饱和醛

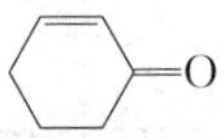

不饱和酮

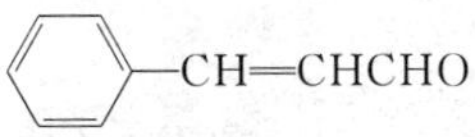

不饱和醛

根据分子中羰基数目的不同，可把醛、酮分为一元醛、酮，二元醛、酮和多元醛、酮。例如：

$$\mathrm{H\overset{O}{\overset{\|}{C}}CH_2\overset{O}{\overset{\|}{C}}H} \qquad \mathrm{CH_3\overset{O}{\overset{\|}{C}}CH_2\overset{O}{\overset{\|}{C}}CH_3}$$

二元醛　　二元酮

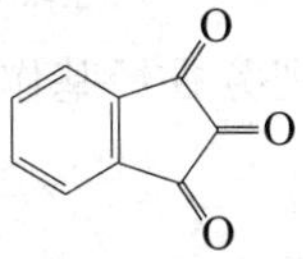

多元酮

碳原子数相同的一元饱和脂肪醛、酮互为位置异构体，具有相同的通式 $C_nH_{2n}O$。

2. 醛、酮的命名

结构简单的醛、酮可以采用普通命名法命名，即在与羰基相连的烃基名称后加上“醛”或“酮”。例如：

$$\mathrm{CH_3\overset{CH_3}{\overset{|}{C}}HCHO} \qquad \mathrm{CH_3CH_2\overset{O}{\overset{\|}{C}}CH_3} \qquad \mathrm{CH_2{=}CH\overset{O}{\overset{\|}{C}}CH_2CH_3}$$

异丁醛　　甲(基)乙(基)酮　　乙(基)乙烯(基)酮

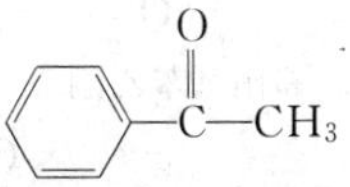

甲基苯基酮

结构复杂的醛、酮通常采用系统命名法命名。选择含有羰基的最长碳链为主链（母体），不饱和醛、酮要选择同时含有不饱和键和羰基的最长碳链为主链，从距羰基最近的一端编号，根据主链的碳原子数称为“某醛”或“某酮”。命名时除要注明取代基和不饱和键的位次和名称外，还需注明羰基的位次。由于醛基总是在分子的端头，所以醛基的编号始终为1，命名醛时可不用标明醛基的位次，但酮基的位次必须标明。醛、酮中取代基或不饱和键的位次和名称放在母体名称前，其位次除用2、3、4、…表示外，也可用希腊字母 α、β、γ、…表示。例如：

$$\mathrm{CH_3{-}\overset{CH_3}{\overset{|}{C}}H{-}CHO} \qquad \begin{array}{c}\mathrm{CHO}\\|\\\mathrm{CHO}\end{array} \qquad \mathrm{CH_3\overset{O}{\overset{\|}{C}}CH_2\overset{CH_3}{\overset{|}{C}}HCH_3} \qquad \mathrm{CH_3{-}\overset{CH_3}{\overset{|}{C}}{=}CH{-}CH_2{-}CHO}$$

2-甲基丙醛（或α-甲基丙醛）　乙二醛　4-甲基-2-戊酮　4-甲基-3-戊烯醛

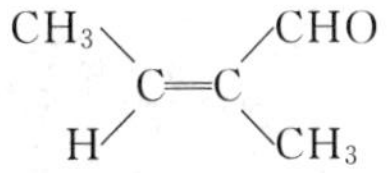

(Z)-2-甲基-2-丁烯醛

$$\mathrm{CH_3{-}CH{=}CH{-}\overset{CH_3}{\overset{|}{C}}H{-}\overset{O}{\overset{\|}{C}}{-}CH_2CH_3} \qquad \mathrm{CH_3\overset{O}{\overset{\|}{C}}\underset{CH_2CH_3}{\underset{|}{C}}HCH_2\overset{O}{\overset{\|}{C}}CH_3}$$

4-甲基-5-庚烯-3-酮　　3-乙基-2,5-己二酮

命名同时含醛基和酮基的化合物时，以醛为母体，将酮的羰基氧原子作为取代基，用“氧代”二字表示。也可以醛酮为母体，但需注明酮的羰基碳原子位次。例如：

$$\mathrm{CH_3\overset{O}{\overset{\|}{C}}CH_2CH_2CHO}$$

γ-氧代戊醛（4-氧代戊醛或4-戊酮醛）

羰基碳原子在环内的脂环酮，称为“环某酮”；羰基碳原子在环外的，则将环作为取代基。例如：

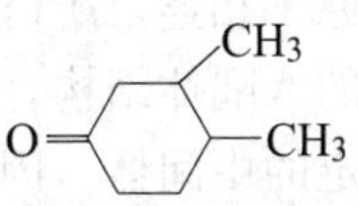

3,4-二甲基环己酮

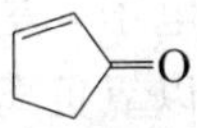

2-环戊烯酮

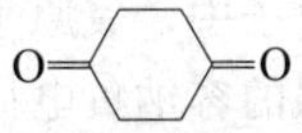

1,4-环己二酮

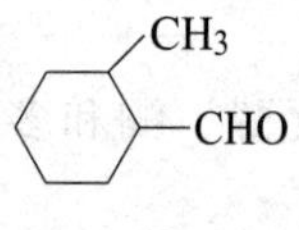

CH₃ 结构

2-甲基环己基甲醛 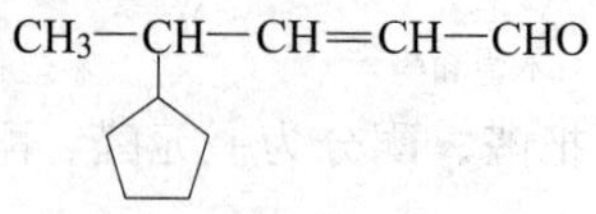　　　4-环戊基-2-戊烯醛 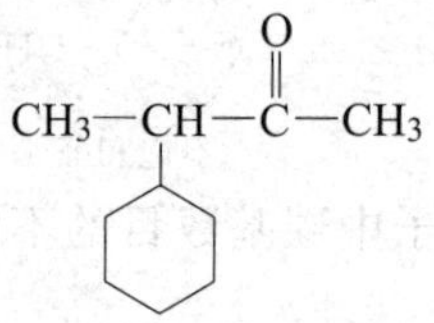　　　3-环己基-2-丁酮

命名芳香醛、酮时，把芳香烃基作为取代基，某些醛常用俗名。例如：

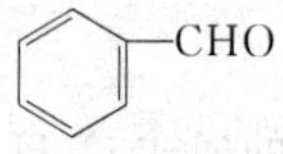

苯甲醛（苦杏仁油） 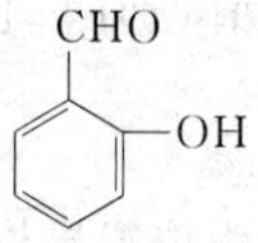　　　2-羟基苯甲醛（水杨醛） 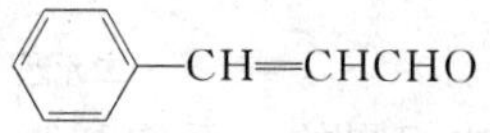　　　3-苯基丙烯醛（肉桂醛）

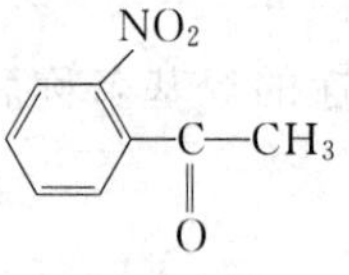

邻硝基苯乙酮 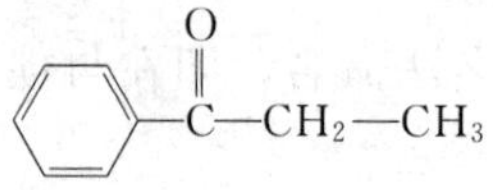　　　　　1-苯基-1-丙酮 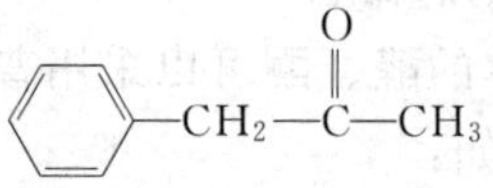　　　　　　1-苯基-2-丙酮

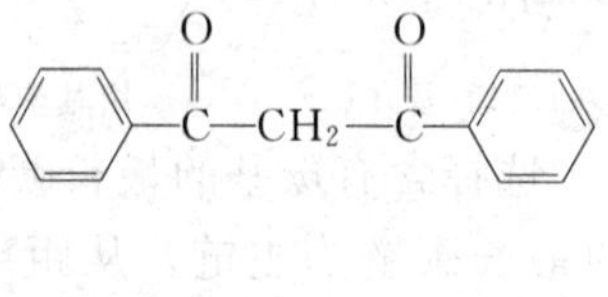

1,3-二苯基-1,3-丙二酮 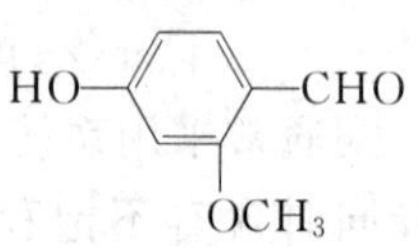　　　　4-羟基-2-甲氧基苯甲醛（香草醛）

二、醛、酮的结构

　　羰基中，碳原子和氧原子是以双键结合而形成的。羰基碳原子处于 sp^2 杂化状态，它的三个 sp^2 杂化轨道分别与氧原子和另外两个原子形成三个 σ 键，这些成键原子在同一平面上，键角接近 120°。羰基碳原子未参与杂化的 p 轨道与氧原子的一个 p 轨道从侧面重叠形成了一个 π 键。由于羰基氧原子的电负性大于碳原子，因此 π 电子云不是均匀地分布在碳原子和氧原子之间，而是偏向于氧原子，使得氧原子上的电子云密度较高，带部分负电荷，碳原子上的电子云密度较低，带部分正电荷。所以，羰基是一个极性的不饱和基团。羰基的结构如图 7-1 所示。

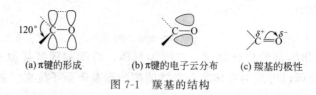

(a) π 键的形成　　　(b) π 键的电子云分布　　　(c) 羰基的极性

图 7-1　羰基的结构

　　羰基的碳氧双键中有一个 π 键，所以它和碳碳双键一样，容易发生加成反应。由于羰基的极性，碳氧双键加成反应的历程与烯烃碳碳双键加成反应的历程有显著的差异。在羰基的碳氧双键加成过程中，如果试剂的正性部分（亲电试剂）首先进攻羰基氧原子，形成碳正离子中间体；如果试剂的负性部分（亲核试剂）首先进攻羰基碳原子，则形成氧负离子中间体。由于在碳正离子中，碳原子外层只有六个电子，又与电负性较强的氧原子相连，所以它是不稳定的中间体。而在氧负离子中，氧原子外层有八个电子，是比较稳定的八隅体结构，而且氧原子的电负性大，具有较强的容纳负电荷的能力，所以氧负离子是较稳定的中间体。因此，碳氧双键进行加成时，亲核试剂总是首先进攻显正电性的羰基碳原子，以形成较稳定的氧负离子中间体。

碳氧双键的电子云分布状态不仅决定了羰基上的加成是由亲核试剂向电子云密度较低的羰基碳原子进攻而引起的亲核加成反应，而且决定了亲核试剂加成的部位。与醛、酮加成的亲核试剂通常是含碳、氮、硫、氧的一些试剂。醛、酮的加成反应大多是可逆的（除与最强的亲核试剂如 $LiAlH_4$、RMgX 加成），而烯烃的亲电加成反应一般是不可逆的。

在含有 α-H 的醛、酮中，由于羰基同 α-H 产生的超共轭效应和羰基吸电子诱导（$-I$）效应的双重作用，使醛、酮 α 位 C—H 键的极性增加，氢原子变得很活泼，在一定条件下，能被卤原子取代或形成碳负离子而发生一些反应。

此外，醛、酮处于氧化-还原反应的中间价态，它们既可被氧化，又可被还原。

综上所述，醛、酮的化学反应可归纳如下：

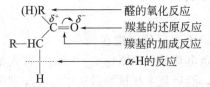

醛、酮是极性较强的分子，但醛、酮分子间不能形成氢键，这对其沸点是有影响的。由于醛、酮的羰基能与水分子形成氢键，因此低级醛、酮可溶于水。

$$\underset{(R')}{\overset{R}{C}}=O\cdots H\quad H\cdots O=\underset{(R')}{\overset{R}{C}}$$

三、醛、酮的物理性质

常温下，除甲醛是气体外，12 个碳原子以下的脂肪醛、酮为液体，高级脂肪醛、酮和芳香酮多为固体。低级醛具有强烈的刺激气味，低级酮有清爽气味；中级醛具有果香味，中级酮和芳香醛具有愉快的气味。含有 8～13 个碳原子的醛可用于配制香料。

由于醛、酮分子中的羰基具有较强的极性，故其沸点比相对分子质量相近的烷烃和醚高。但醛、酮分子间不能形成氢键，所以它们的沸点又比相对分子质量相近的醇低。例如：

	正戊烷	正丁醛	丁酮	正丁醇
相对分子质量	72	72	72	74
沸点/℃	36	76	80	118

醛、酮的羰基能与水分子形成氢键，所以 4 个碳原子以下的低级醛、酮易溶于水，如甲醛、乙醛、丙醛和丙酮可与水互溶，其他醛、酮在水中的溶解度随相对分子质量的增加而减小。高级醛、酮微溶或不溶于水，易溶于苯、醚、四氯化碳等有机溶剂。丙酮能溶解很多有机化合物，它本身就是一个很好的有机溶剂。一些常见醛、酮的物理常数见表 7-1。

表 7-1　一些醛、酮的物理常数

名　称	熔点/℃	沸点/℃	相对密度(d_4^{20})	折射率(n_D^{20})	溶解度/[g·(100g 水)$^{-1}$]
甲醛	−92	−21	0.8150	—	55
乙醛	−121	20.8	0.7838(18℃)	1.3316	溶
丙醛	−81	48.8	0.8070	1.3636	20
丁醛	−99	75.7	0.8170	1.3843	4
戊醛	−91.5	103	0.8095	1.3944	不溶
丙酮	−95.4	56.2	0.7899	1.3588	溶
丁酮	−86.3	79.6	0.8054	1.3788	35.3

名　称	熔点/℃	沸点/℃	相对密度(d_4^{20})	折射率(n_D^{20})	溶解度/[g·(100g 水)$^{-1}$]
2-戊酮	−77.8	102	0.8089	1.3895	几乎不溶
3-戊酮	−39.8	101.7	0.8107	1.3924	4.7
苯甲醛	−26	178.6	1.0415(10℃)	1.5463	0.33
环己酮	−31.2	155.6	0.9478	1.4507	微溶
苯乙酮	20.5	202.6	1.0281	1.5378	微溶
水杨醛	−7	197.9	1.1674	1.5740	不溶

四、醛、酮的化学性质

（一）亲核加成反应

当羰基进行加成反应时，由于碳氧双键在同一平面上，亲核试剂从羰基平面的两侧进攻，由于带正电荷的碳比带负电荷的氧更不稳定。因此，首先是亲核试剂带负电部分加到带部分正电荷的羰基碳原子上，然后是亲核试剂带正电部分加到羰基氧原子上。决定反应速率是亲核试剂进攻的一步。因此，按这种方式进行的加成反应叫亲核加成反应。

如果羰基碳原子上连有两个不相同的基团，亲核试剂从羰基平面的不同侧面进攻时，羰基碳原子由 sp^2 向 sp^3 转化，从而形成两个手性不同的化合物。由于两侧受进攻的概率均等，一般生成的产物是外消旋体。

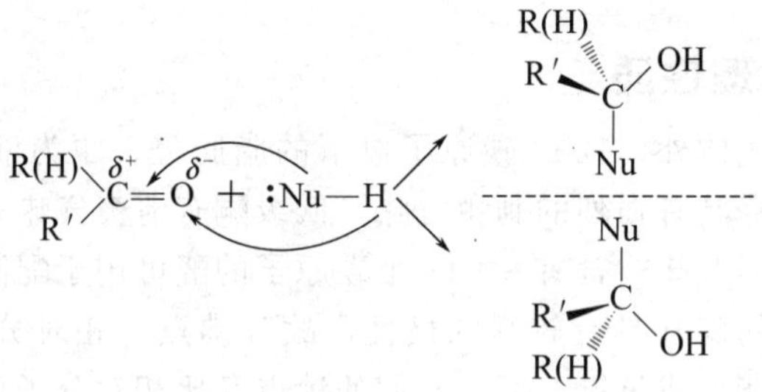

亲核试剂的种类主要有 HCN、$NaHSO_3$、ROH、格氏试剂、氨的衍生物和含有活泼氢原子的化合物等。

1. 与氢氰酸的加成反应

醛、脂肪族甲基酮及少于 8 个碳原子的脂环酮能与氢氰酸（HCN）作用，生成 α-羟基腈（或叫 α-氰醇）。反应是可逆的。

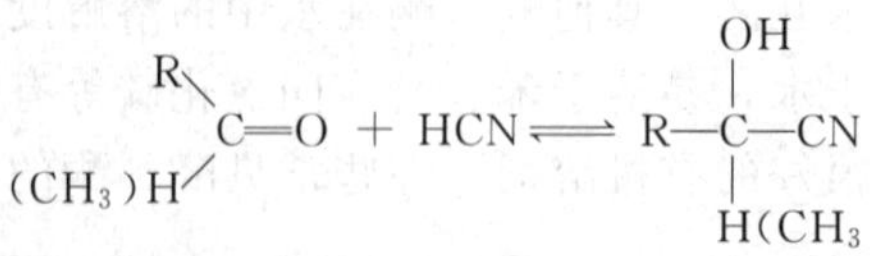

α-羟基腈可进一步水解成 α-羟基酸。

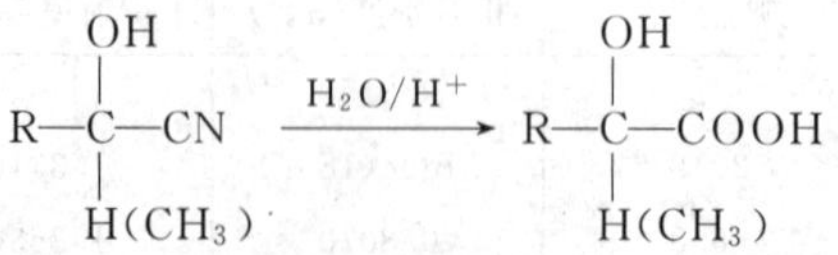

由于产物比反应物增加了一个碳原子，所以该反应是有机合成中增长碳链的方法之一。氰基能水解成羧酸，也能还原为胺，因此 α-羟基腈是一个重要的有机中间体。例如丙酮与 HCN 作用得到 2-甲基-2-羟基丙腈，在硫酸存在下与甲醇作用，即发生水解、酯化、脱水反应，生成甲基丙烯酸甲酯，甲基丙烯酸甲酯是制备有机玻璃的原料。

$$CH_3-\overset{\overset{\displaystyle O}{\|}}{C}-CH_3 \;\underset{}{\overset{HCN}{\rightleftharpoons}}\; CH_3-\overset{\overset{\displaystyle CH_3}{|}}{\underset{\underset{\displaystyle OH}{|}}{C}}-CN \;\xrightarrow[H_2SO_4]{CH_3OH}\; CH_2=\overset{\overset{\displaystyle CH_3}{|}}{C}-COOCH_3 \;\xrightarrow[\text{聚合}]{\text{催化剂}}\; \left[\!CH_2-\overset{\overset{\displaystyle CH_3}{|}}{\underset{\underset{\displaystyle CH_3O-C=O}{|}}{C}}\!\right]_n$$

2-甲基-2-羟基丙腈　　　　　甲基丙烯酸甲酯

又如，乙醛和 HCN 作用生成的 2-羟基丙腈再水解得到乳酸，乳酸在人体内有重要的生理作用。

$$CH_3-\overset{\overset{\displaystyle O}{\|}}{\underset{\underset{\displaystyle H}{|}}{C}}-O + HCN \rightleftharpoons CH_3-\overset{\overset{\displaystyle OH}{|}}{C}-CN \;\xrightarrow{H_2O/H^+}\; CH_3-\overset{\overset{\displaystyle OH}{|}}{CH}-COOH$$

2-羟基丙腈　　　　　乳酸

研究发现，丙酮与氢氰酸的加成反应进行得很慢。例如丙酮和氢氰酸反应 3～4h，仅有一半原料发生反应。但如果在反应体系中加入一滴氢氧化钠溶液，则反应可以加速，甚至可在几分钟内完成。反之，如果在反应体系中加入大量的酸，则反应很慢，甚至放置几周也不发生反应。这是因为氢氰酸是弱酸，在水溶液中存在如下解离平衡：

$$HCN \rightleftharpoons H^+ + CN^-$$

加碱有利于氢氰酸解离，提高了 CN^- 的浓度；加酸使平衡向生成氢氰酸的方向移动，降低了 CN^- 的浓度。碱催化下羰基与氢氰酸加成反应的历程可表示如下：

$$HCN + OH^- \;\overset{\text{快}}{\rightleftharpoons}\; CN^- + H_2O$$

$$R-\overset{\overset{\displaystyle O}{\|}}{C}-H(CH_3) + CN^- \;\overset{\text{慢}}{\rightleftharpoons}\; \left[R-\overset{\overset{\displaystyle O^-}{|}}{\underset{\underset{\displaystyle CN}{|}}{C}}-H(CH_3)\right]$$

氧负离子中间体

$$R-\overset{\overset{\displaystyle O^-}{|}}{\underset{\underset{\displaystyle CN}{|}}{C}}-H(CH_3) + HCN \;\overset{\text{快}}{\rightleftharpoons}\; R-\overset{\overset{\displaystyle OH}{|}}{\underset{\underset{\displaystyle CN}{|}}{C}}-H(CH_3) + CN^-$$

α-羟基腈

反应的第一步是 CN^- 进攻羰基碳原子，形成 $C-C\,\sigma$ 键，同时羰基的 π 键断裂，一对电子转移到氧原子上，从而形成氧负离子中间体，羰基碳原子也由 sp^2 杂化状态向 sp^3 杂化状态转化，这步速率较慢，是反应的定速步骤；反应的第二步是氧负离子夺取氢氰酸中的质子生成 α-羟基腈。

不同结构的醛、酮与氢氰酸反应的活性有明显差异，这种活性受电子效应和空间效应两种因素的影响。从电子效应考虑，羰基碳原子上的电子云密度降低（即正电性增加），有利于亲核试剂的进攻，所以羰基碳原子上连接的给电子基团（如烃基）越少，反应越快。从空间效应考虑，羰基碳原子上的空间位阻越小，越有利于亲核试剂的进攻，所以羰基碳原子上连接的基团越少、体积越小，反应越快。由此可见，电子效应和空间效应对醛、酮反应活性的影响是一致的，不同结构的醛、酮与氢氰酸的加成反应由易到难的顺序如下：

$$\underset{H}{\overset{H}{>}}C=O \;>\; CH_3-\overset{\overset{O}{\|}}{C}-H \;>\; R-\overset{\overset{O}{\|}}{C}-H \;>\; C_6H_5-\overset{\overset{O}{\|}}{C}-H \;>\; CH_3\overset{\overset{O}{\|}}{C}CH_3 \;>\; \text{(环己酮)} \;>\; CH_3-\overset{\overset{O}{\|}}{C}-R \;>$$

$$C_6H_5-\overset{\overset{O}{\|}}{C}-CH_3 \;>\; R-\overset{\overset{O}{\|}}{C}-R' \;>\; C_6H_5-\overset{\overset{O}{\|}}{C}-C_6H_5 \qquad (\text{R、R}'\text{为含两个及两个以上碳原子的烷基})$$

2. 与亚硫酸氢钠的加成反应

醛、脂肪族甲基酮及少于 8 个碳原子的脂环酮与饱和亚硫酸氢钠（NaHSO₃）溶液作用，生成 α-羟基磺酸钠。该反应是可逆的，必须加入过量的饱和亚硫酸氢钠溶液，以促使平衡向右移动。亚硫酸氢钠分子中带未共用电子对的硫原子作为亲核中心进攻羰基碳原子。

$$\underset{(CH_3)H}{\overset{R}{>}}C=O \;+\; HO-\overset{\overset{O}{\cdot\cdot}}{\underset{O}{S}}-O^-Na^+ \;\Longrightarrow\; \underset{H(CH_3)}{\overset{R}{|}}R-\overset{\overset{O^-Na^+}{|}}{C}-SO_3H \;\Longrightarrow\; \underset{H(CH_3)}{R-\overset{\overset{OH}{|}}{C}-SO_3^-Na^+}$$

α-羟基磺酸钠不溶于饱和亚硫酸氢钠溶液，以白色结晶析出。α-羟基磺酸钠溶于水而不溶于有机溶剂，与稀酸或稀碱共热可分解析出原来的醛或酮。所以此反应也可用于鉴别、分离、提纯某些醛、酮。

$$R-\overset{\overset{OH}{|}}{\underset{H(CH_3)}{C}}-SO_3Na \;\begin{cases} \xrightarrow{+HCl} & \underset{(CH_3)H}{\overset{R}{>}}C=O + NaCl + SO_2\uparrow + H_2O \\[2mm] \xrightarrow{+Na_2CO_3} & \underset{(CH_3)H}{\overset{R}{>}}C=O + Na_2SO_3 + NaHCO_3 \end{cases}$$

3. 与醇的加成反应

在无水氯化氢的催化下，醛与醇发生加成反应，生成半缩醛。半缩醛不稳定，容易分解成原来的醛和醇。在同样条件下，半缩醛又能继续与过量的醇作用，脱水生成稳定的缩醛。反应是可逆的，必须加入过量的醇以促使平衡向右移动。

$$\underset{H}{\overset{R}{>}}C=O + R'-OH \;\underset{\text{无水 HCl}}{\Longleftrightarrow}\; \underset{H}{\overset{R}{>}}\underset{\substack{\text{半缩醛}}}{C\overset{OH}{<}_{OR'}} \;\underset{\text{无水 HCl}}{\overset{R'OH}{\Longleftrightarrow}}\; \underset{H}{\overset{R}{>}}\underset{\substack{\text{缩醛}}}{C\overset{OR'}{<}_{OR'}}$$

醛与醇生成半缩醛、缩醛的反应是按下列历程进行的：

$$\underset{H}{\overset{R}{>}}C=O \;\overset{H^+}{\Longleftrightarrow}\; \left[\underset{H}{\overset{R}{>}}C=\overset{+}{O}H \;\longleftrightarrow\; \underset{H}{\overset{R}{>}}\overset{+}{C}-OH\right] \;\overset{R'\ddot{O}H}{\Longleftrightarrow}\; \left[\underset{H}{\overset{R}{>}}\underset{\substack{\overset{+}{:}OR'\\|\\H}}{\overset{OH}{C}}\right] \;\xrightarrow{-H^+}$$

$$\overset{I}{} \qquad\qquad \overset{II}{}$$

$$\underset{H}{\overset{R}{>}}\underset{OR'}{\overset{OH}{C}} \;\overset{H^+}{\Longleftrightarrow}\; \left[\underset{H}{\overset{R}{>}}\underset{OR'}{\overset{\overset{+}{O}H_2}{C}}\right] \;\xrightarrow{-H_2O}\; \left[\underset{H}{\overset{R}{>}}\overset{+}{C}-OR'\right] \;\overset{R'\ddot{O}H}{\Longleftrightarrow}\; \left[\underset{H}{\overset{R}{>}}\underset{\substack{\overset{+}{:}OR'\\|\\H}}{\overset{OR'}{C}}\right] \;\xrightarrow{-H^+}\; \underset{H}{\overset{R}{>}}\underset{OR'}{\overset{OR'}{C}}$$

半缩醛 $\qquad$ III $\qquad$ IV $\qquad$ V $\qquad$ 缩醛

由于醇是较弱的亲核试剂，与羰基加成的活性很低，不利于反应的进行。但在无水氯化氢催化下，羰基氧原子首先与质子结合生成质子化的醛，然后正电荷转移为碳正离子（Ⅰ），增大了羰基的极性，有利于弱亲核性的醇进攻碳正离子，再生成中间体Ⅱ，中间体Ⅱ极不稳定，脱去一个 H^+ 生成半缩醛。半缩醛在酸的作用下，又可继续与质子结合成为质子化的醇（Ⅲ），经脱水后生成反应活性很高的碳正离子（Ⅳ），这也有利于弱亲核性的醇与其作用生成中间体Ⅴ，中间体Ⅴ脱去一个 H^+ 后得到缩醛。

缩醛可看成是同碳二元醇的醚，性质与醚相似，对碱、氧化剂、还原剂等都比较稳定，但在酸性溶液中易水解为原来的醛和醇，所以生成缩醛的反应必须在无水条件下进行。

$$\underset{H}{\overset{R}{>}}C\underset{OR'}{\overset{OR'}{<}} + H_2O \xrightarrow{H^+} RCHO + 2R'OH$$

在有机合成中，常利用醛能生成缩醛的方法来保护醛基。当反应物分子中含有醛基和其他官能团时，为了使其他官能团反应而保留醛基，常先将醛基转变成缩醛加以保护，待反应完毕，再用酸水解，释放出原来的醛基。例如，由丙烯醛转化为丙醛或 2,3-二羟基丙醛，如果直接用催化氢化的方法或氧化的方法，醛基都将被破坏。若先把醛转化为缩醛，再进行催化氢化或氧化，待反应完成后用酸水解，就能够保护醛基不被破坏。

$$CH_2{=}CHCHO \xrightarrow[\mp HCl]{ROH} CH_2{=}CHCH\underset{OR}{\overset{OR}{<}}$$

$$CH_2{=}CHCH\underset{OR}{\overset{OR}{<}} \begin{cases} \xrightarrow{H_2/Ni} CH_3CH_2CH\underset{OR}{\overset{OR}{<}} \xrightarrow[H^+]{H_2O} CH_3CH_2CHO \\[3mm] \xrightarrow[OH^-]{稀、冷 KMnO_4} \underset{\underset{OH}{|}}{CH_2}{-}\underset{\underset{OH}{|}}{CH}CH\underset{OR}{\overset{OR}{<}} \xrightarrow[H^+]{H_2O} \underset{\underset{OH}{|}}{CH_2}{-}\underset{\underset{OH}{|}}{CH}CHO \end{cases}$$

酮一般不和一元醇加成，但在无水酸催化下，酮能与乙二醇等二元醇反应生成环状缩酮。

$$\underset{R'}{\overset{R}{>}}C{=}O + \underset{\underset{CH_2-OH}{|}}{\overset{CH_2-OH}{|}} \underset{\longleftarrow}{\overset{H^+}{\rightleftharpoons}} \underset{R'}{\overset{R}{>}}C\underset{O-CH_2}{\overset{O-CH_2}{<}} + H_2O$$

如果羰基和羟基共存于同一化合物中，只要二者位置适当（能形成五元环或六元环），常常自动在分子内形成环状的半缩醛或半缩酮，并能稳定存在。半缩醛和缩醛的结构在糖化学上具有重要的意义。

$$\underset{CH_2-OH}{\overset{\overset{H}{\underset{|}{C}}{=}O}{\underset{|}{\overset{|}{CHOH}}}} \rightleftharpoons \underset{CH_2}{\overset{\overset{H}{\underset{|}{C}}{-}OH}{\underset{|}{\overset{|}{CHOH}}}}$$

分子内的六元环状半缩醛

4. 与格氏试剂的加成反应

格氏试剂是较强的亲核试剂，非常容易与醛、酮进行加成反应，加成的产物不必分离便可直接水解生成相应的醇，是制备醇的最重要的方法之一。

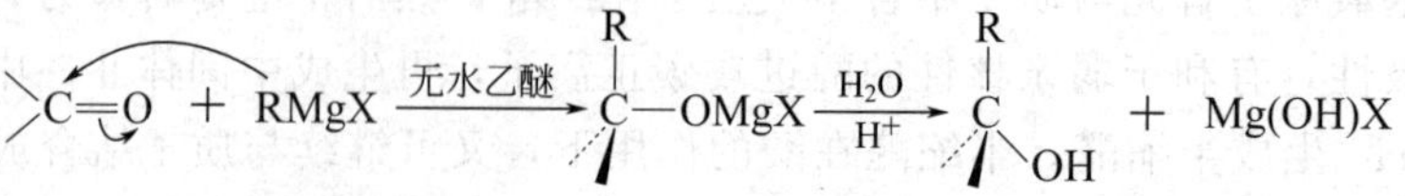

$$\text{C=O} + RMgX \xrightarrow{\text{无水乙醚}} \begin{matrix} R \\ | \\ \text{C—OMgX} \\ | \end{matrix} \xrightarrow[\text{H}^+]{\text{H}_2\text{O}} \begin{matrix} R \\ | \\ \text{C—OH} \\ | \end{matrix} + \text{Mg(OH)X}$$

甲醛与格氏试剂的加成产物水解后可以得到比格氏试剂分子中的烃基多一个碳原子的伯醇；其他醛与格氏试剂加成后，水解的最终产物是仲醇；酮与格氏试剂加成后，水解的最终产物是叔醇。

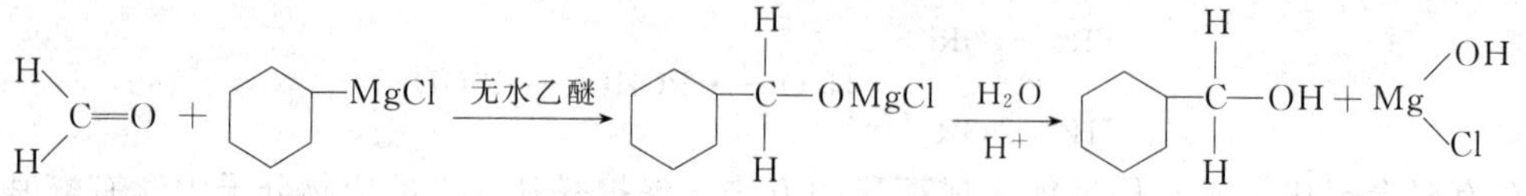

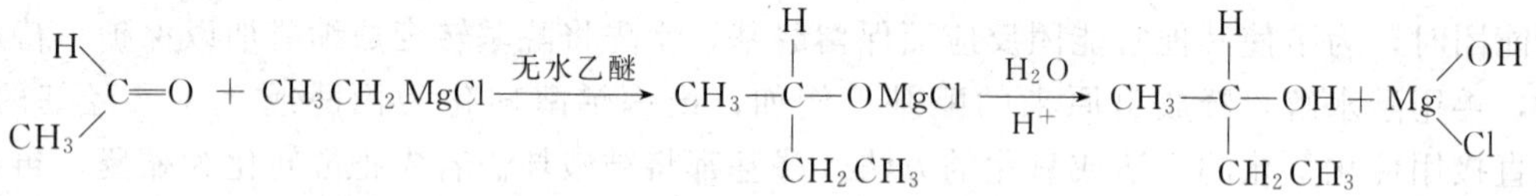

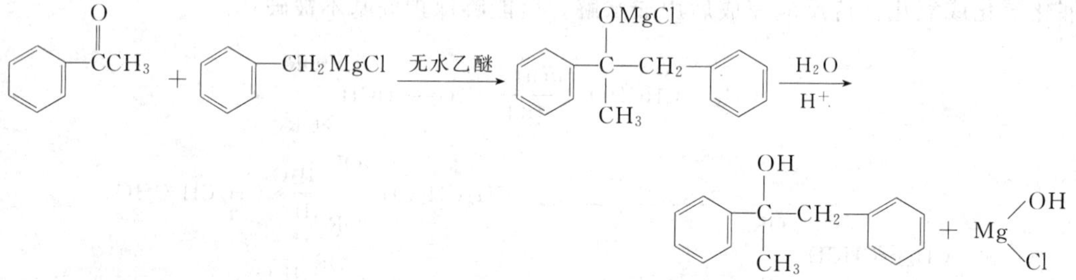

由于产物比反应物增加了碳原子，所以该反应是有机合成中增长碳链的方法之一。

5. 与水的加成反应

水也可以和醛、酮进行加成反应，但由于水是比醇更弱的亲核试剂，所以只有极少数活泼的醛、酮才能与水加成生成相应的水合物。例如：

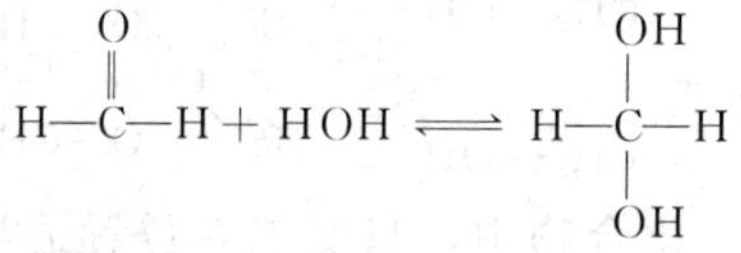

$$\begin{matrix} O \\ \| \\ H\text{—C—H} \end{matrix} + HOH \rightleftharpoons \begin{matrix} OH \\ | \\ H\text{—C—H} \\ | \\ OH \end{matrix}$$

甲醛溶液中有 99.9% 都是水合物，乙醛水合物仅占 58%，丙醛水合物含量很低，而丁醛和酮的水合物可忽略不计。

当羰基与强吸电子基团相连时，羰基的亲电性增加，可以形成稳定的水合物。例如，在三氯乙醛分子中，由于三个氯原子的吸电子诱导效应，它的羰基有较大的反应活性，容易与水加成生成水合三氯乙醛。

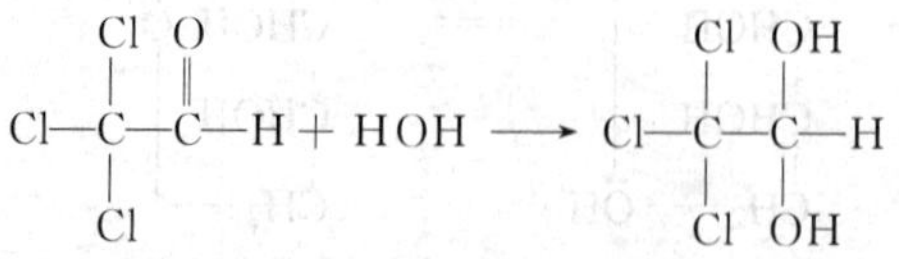

$$\begin{matrix} Cl & O \\ | & \| \\ Cl\text{—C—C—H} \\ | \\ Cl \end{matrix} + HOH \longrightarrow \begin{matrix} Cl & OH \\ | & | \\ Cl\text{—C—C—H} \\ | & | \\ Cl & OH \end{matrix}$$

水合三氯乙醛简称水合氯醛，为白色晶体，可作为催眠剂和镇静剂，是过去的"蒙汗药"。

茚三酮分子中，由于羰基的吸电子诱导效应，它也容易和水分子形成稳定的水合茚三酮。

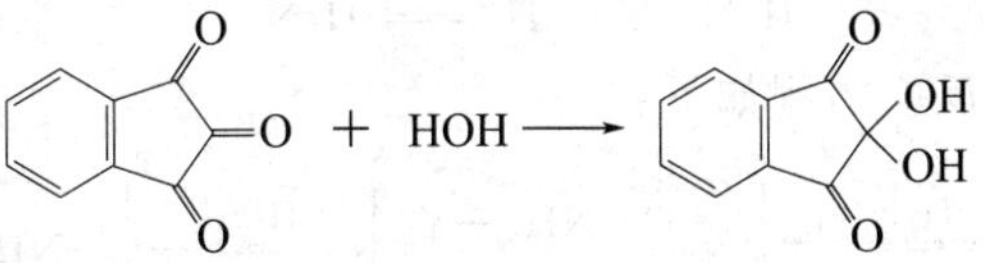

水合茚三酮常在氨基酸纸色谱和薄层色谱中用作显色剂。

6. 与氨的衍生物的加成-缩合反应

醛、酮可与氨的衍生物（$NH_2—Y$）发生亲核加成反应生成醇胺，醇胺不稳定，迅速脱去一分子水生成具有亚胺结构的稳定化合物，所以称此反应为加成-缩合反应。

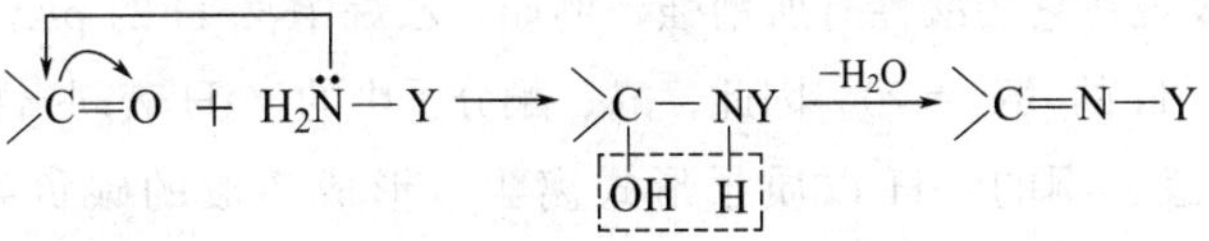

常见的氨的衍生物有：

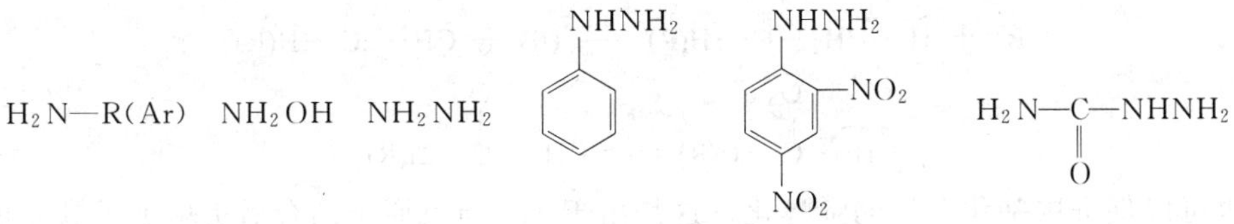

| 伯胺 | 羟胺 | 肼 | 苯肼 | 2,4-二硝基苯肼 | 氨基脲 |

由于这些氨的衍生物都能和羰基作用，所以又把它们统称为羰基试剂。其反应如下：

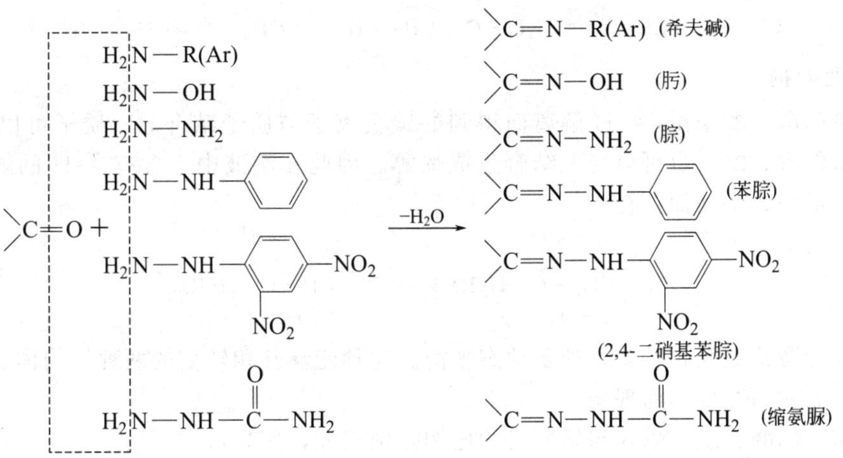

除肼外，其他羰基试剂与醛、酮的反应产物大多是晶体，有固定的熔点，收率高，易于提纯，在稀酸的作用下能水解为原来的醛、酮，这些性质可用来分离、提纯、鉴别醛或酮。其中 2,4-二硝基苯肼与醛、酮反应所得到的黄色晶体具有不同的熔点，常把它作为鉴定醛、酮的灵敏试剂。

羰基试剂的亲核性较弱，所以它们与醛、酮的加成反应一般需在醋酸催化下进行。酸的作用是使羰基氧原子与质子结合，以提高羰基的活性。

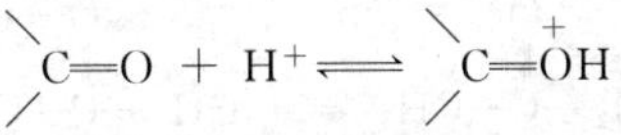

但反应的酸性不能太强，因为在强酸下，羰基试剂能与质子结合形成盐，这将丧失它们

的亲核性。

$$H_2\overset{..}{N}-Y + H^+ \rightleftharpoons H_3\overset{+}{N}-Y$$

醛、酮与羰基试剂的反应历程如下：

$$\diagdown C=O \xrightarrow{H^+} \diagdown \overset{+}{C}-O-H \underset{H_2\overset{..}{N}-Y}{\rightleftharpoons} \left[\begin{array}{c} | \\ -C-\overset{+}{N}H_2-Y \\ | \\ OH \end{array} \right] \xrightarrow{-H^+} \begin{array}{c} | \\ -C-NH-Y \\ | \\ OH \end{array} \xrightarrow{-H_2O} \diagdown C=N-Y$$

(二)α-H 的反应

醛、酮分子中，与羰基直接相连的碳原子上的氢原子称为 α-H。由于羰基的 π 电子云与 α-碳氢键之间的 σ 电子云相互交叠产生 σ-π 超共轭效应，削弱了 α-碳氢键，使 α-H 具有变为质子的趋势而显得活泼，表现在它的酸性有所增强。例如，乙烷中 α-H 的 $pK_a=40$，而乙醛中 α-H 的 $pK_a=17$，丙酮中 α-H 的 $pK_a=20$。因此，醛、酮分子中的 α-H 表现出特别的活性。

在碱的催化下，醛、酮的 α-H 以质子形式离去，形成活泼的碳负离子，碳负离子可与羰基存在 p-π 共轭效应，使负电荷得到分散，得到更稳定的烯醇负离子。

$$B\overline{:} + H-CH_2-\overset{\overset{\displaystyle O}{\|}}{C}-H(R) \longrightarrow HB + \overline{C}H_2-\overset{\overset{\displaystyle O}{\|}}{C}-H(R)$$

$$\overline{C}H_2-\overset{\overset{\displaystyle O}{\|}}{C}-H(R) \rightleftharpoons CH_2=\overset{\overset{\displaystyle O^-}{|}}{C}-H(R)$$

酸也可以促进羰基化合物的烯醇化。这是由于 H^+ 与氧原子结合后更增加了羰基的诱导效应，从而使 α-H 容易解离。

$$CH_3-\overset{\overset{\displaystyle O}{\|}}{C}-CH_3 \xrightarrow{H^+} CH_3-\overset{\overset{\displaystyle \overset{+}{O}H}{|}}{C}-CH_2-H \longrightarrow CH_3-\overset{\overset{\displaystyle OH}{|}}{C}=CH_2 + H^+$$

1. 互变异构

对于脂肪醛、酮来说，α-H 解离而得到的碳负离子与质子结合时，质子可以与 α-C 结合生成原来的醛、酮，也可以与氧结合生成烯醇。因此在溶液中，含有 α-H 的醛、酮是以下述酮式和烯醇式平衡而存在的：

$$R'-CH_2-\overset{\overset{\displaystyle O}{\|}}{C}-H(R) \rightleftharpoons R'-CH=\overset{\overset{\displaystyle OH}{|}}{C}-H(R)$$
$$\quad\quad\quad 酮式 \quad\quad\quad\quad\quad\quad 烯醇式$$

酮式和烯醇式能互相转变，处于动态平衡。这种能够互相转变的两种异构体之间存在的动态平衡现象称为互变异构现象。

不同结构的醛、酮，酮式与烯醇式的比例差别很大，例如：

$$CH_3-\overset{\overset{\displaystyle O}{\|}}{C}-H \rightleftharpoons CH_2=\overset{\overset{\displaystyle OH}{|}}{C}-H$$
$$约 100\%$$

$$CH_3-\overset{\overset{\displaystyle O}{\|}}{C}-CH_3 \rightleftharpoons CH_2=\overset{\overset{\displaystyle OH}{|}}{C}-CH_3$$
$$约 100\%$$

$$CH_3-\overset{\overset{\displaystyle O}{\|}}{C}-CH_2-\overset{\overset{\displaystyle O}{\|}}{C}-CH_3 \rightleftharpoons CH_3-\overset{\overset{\displaystyle O---H}{|}}{C}=CH-\overset{\overset{\displaystyle O}{\|}}{C}-CH_3$$
$$约 80\%$$

简单的醛、酮中烯醇式含量虽然很少，但在很多情况下，醛、酮都以烯醇式参与反应。当烯醇式与试剂作用时，平衡右移，酮式不断转变为烯醇式，直至酮式作用完为止。

2,4-戊二酮在液相时烯醇式约占 80%，这是由于受两个羰基的作用，亚甲基上的氢原子变得很活泼，并且在烯醇式中，O—H 与另一个羰基氧原子之间形成氢键而稳定化。

含有 $-\overset{\overset{\displaystyle O}{\|}}{C}-CH_2-\overset{\overset{\displaystyle O}{\|}}{C}-$ 结构的化合物称为 β-二羰基化合物，其亚甲基受到两个羰基的作用比较活泼，因而也叫活泼亚甲基化合物。除上述的 2,4-戊二酮外，常见的还有丙二酸二乙酯 [$CH_2(COOC_2H_5)_2$] 和乙酰乙酸乙酯（$CH_3COCH_2COOC_2H_5$）等，它们在碱性试剂作用下，都能生成较稳定的烯醇负离子。

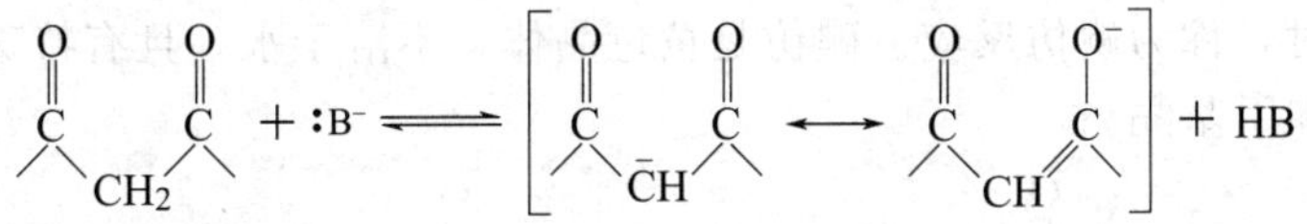

2. α-卤代及碘仿反应

醛、酮分子中的 α-H 在酸性或碱性条件下容易被卤原子取代，生成 α-卤代醛或 α-卤代酮。例如：

$$R-CH_2-CHO + Cl_2 \longrightarrow R-CHCl-CHO + HCl$$

$$R-\overset{\overset{\displaystyle O}{\|}}{C}-CH_3 + Cl_2 \longrightarrow R-\overset{\overset{\displaystyle O}{\|}}{C}-CH_2Cl + HCl$$

反应是通过烯醇式进行的。和简单烯一样，烯醇是依靠它们的 π 电子具有亲核性来反应的，但是烯醇比简单烯活泼得多，因为在反应中，羟基作为一个电子给予体参与反应。

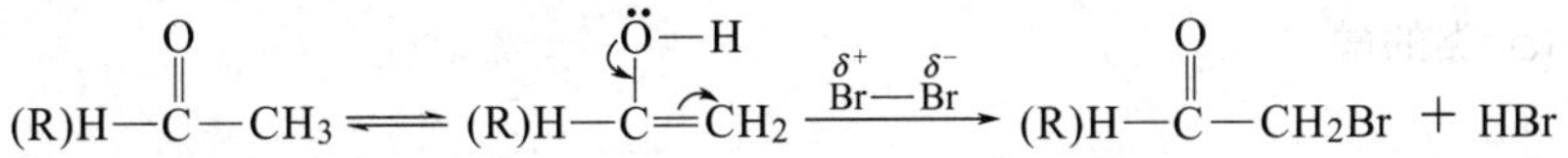

酸催化可控制反应在一卤代阶段。由于引入卤原子的吸电子效应，使羰基氧原子上的电子云密度降低，再质子化形成烯醇要比未卤代时困难。例如：

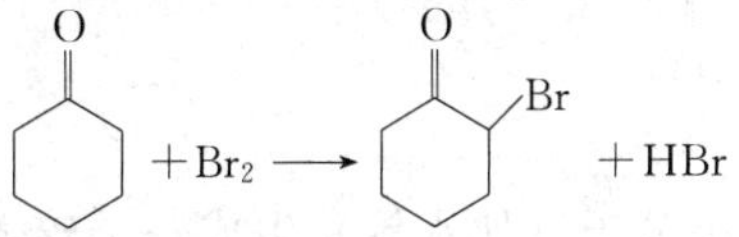

卤代反应也可被碱催化，碱催化的卤代反应很难停留在一卤代阶段。如果 α-C 为甲基，如乙醛或甲基酮（CH_3CO-），则三个氢原子都可被卤原子取代。这是由于 α-H 被卤原子取代后，卤原子的吸电子诱导效应使还没有被取代的 α-H 更活泼，更容易被取代。生成的三卤代醛、酮在碱性溶液中很易分解成三卤甲烷（卤仿）和羧酸盐。

$$(R)H-\overset{\overset{\displaystyle O}{\|}}{C}-CH_3 + 3X_2 \xrightarrow{NaOH} (R)H-\overset{\overset{\displaystyle O}{\|}}{C}-CX_3 + 3HX$$

$$(R)H-\overset{\overset{\displaystyle O}{\|}}{C}-CX_3 \xrightarrow[H_2O]{NaOH} (R)H-\overset{\overset{\displaystyle O}{\|}}{C}-O^- + CHX_3$$

因为有卤仿生成，故称为卤仿反应。

卤仿反应的历程如下：

$$(R)H-\overset{\overset{\displaystyle O}{\|}}{C}-CH_3 + OH^- \rightleftharpoons (R)H-\overset{\overset{\displaystyle O}{\|}}{C}-\bar{C}H_2 + H_2O$$

$$(R)H\overset{O}{\underset{\|}{C}}-CH_2^- + X-X \longrightarrow (R)H-\overset{O}{\underset{\|}{C}}-CH_2X + X^-$$

$$(R)H-\overset{O}{\underset{\|}{C}}-CH_2X + X_2 \xrightarrow{OH^-} (R)H-\overset{O}{\underset{\|}{C}}-CX_3$$

$$(R)H-\overset{O}{\underset{\|}{C}}-CX_3 \underset{\overset{OH^-}{}}{\rightleftharpoons} \left[(R)H-\overset{\overset{\ddot{O}^-}{|}}{\underset{\underset{OH}{|}}{C}}-CX_3\right] \longrightarrow \underbrace{(R)H-\overset{O}{\underset{\|}{C}}-OH + CX_3^-}$$

氧负离子中间体

$$(R)H-\overset{O}{\underset{\|}{C}}-O^- + CHX_3$$

当卤素是碘时，称为碘仿反应。碘仿是黄色晶体，不溶于水，且有特殊气味，常利用碘仿反应鉴别乙醛和甲基酮。

$$(R)H-\overset{O}{\underset{\|}{C}}-CH_3 \xrightarrow[NaOH]{NaIO\ 或\ I_2} (R)H-\overset{O}{\underset{\|}{C}}-ONa + CHI_3\downarrow$$

碘仿

由于碘的氢氧化钠溶液中存在具有氧化性的 NaIO，它能将 α-C 上有甲基的仲醇氧化为相应的羰基化合物。

$$(R)H-\overset{\overset{OH}{|}}{C}H-CH_3 \xrightarrow{NaIO} (R)H-\overset{O}{\underset{\|}{C}}-CH_3$$

所以利用碘仿反应，不仅可鉴别 $CH_3-\overset{\overset{}{|}}{\underset{\underset{O}{\|}}{C}}-H(R)$ 类羰基化合物，还可鉴别 $CH_3\overset{}{\underset{\underset{OH}{|}}{C}}H-H(R)$ 类的醇。

卤仿反应还可用于制备一些用其他方法不易得到的羧酸。例如：

$$(CH_3)_3C\overset{}{\underset{\underset{O}{\|}}{C}}CH_3 \xrightarrow[\triangle,70\%]{NaClO} (CH_3)_3CCOONa + CHCl_3$$

3. 羟醛缩合反应

两分子结合通常失去一个小分子（如水等）生成一个较大分子的反应，称为缩合反应。

在稀碱催化下，含 α-H 的醛发生分子间的加成反应，即一分子醛以其 α-C 与另一分子醛的羰基亲核加成，生成 β-羟基醛，这类反应称为羟醛缩合（aldol condensation）反应。例如：

$$CH_3-\overset{O}{\underset{\|}{C}}-H + HCH_2-\overset{O}{\underset{\|}{C}}-H \rightleftharpoons CH_3-\overset{\overset{OH}{|}}{C}H-CH_2-CHO$$

羟醛缩合反应的历程如下：

$$R-CH_2-\overset{O}{\underset{\|}{C}}-H + OH^- \rightleftharpoons R-\overset{-}{C}H-\overset{O}{\underset{\|}{C}}-H + H_2O$$

I

$$R-CH_2-\overset{O}{\underset{\|}{C}}-H + R-\overset{-}{C}H-\overset{O}{\underset{\|}{C}}-H \rightleftharpoons R-CH_2-\overset{\overset{O^-}{|}}{C}H-\overset{\overset{}{|}}{\underset{\underset{R}{|}}{C}}H-\overset{O}{\underset{\|}{C}}-H$$

II

$$R-CH_2-\overset{\overset{\displaystyle O^-}{|}}{CH}-\overset{\underset{\displaystyle |}{R}}{CH}-\overset{\overset{\displaystyle O}{\|}}{C}-H + H_2O \rightleftharpoons R-CH_2-\overset{\overset{\displaystyle OH}{|}}{CH}-\overset{\underset{\displaystyle |}{R}}{CH}-\overset{\overset{\displaystyle O}{\|}}{C}-H + OH^-$$

Ⅲ

反应起始于碱夺取醛的 α-H 形成碳负离子（Ⅰ），然后碳负离子作为亲核试剂进攻另一分子醛的羰基碳原子，发生亲核加成反应，形成氧负离子（Ⅱ），氧负离子从水中夺取一个氢原子生成 β-羟基醛（Ⅲ）。此反应是可逆的。

β-羟基醛不稳定，在碱或酸溶液中加热，容易发生分子内脱水而生成 α,β-不饱和醛。

$$R-CH_2-\overset{\overset{\displaystyle OH}{|}}{CH}-\overset{\underset{\displaystyle |}{R}}{CH}-\overset{\overset{\displaystyle O}{\|}}{C}-H \xrightarrow{\triangle} R-CH_2-CH=\overset{\underset{\displaystyle |}{R}}{C}-\overset{\overset{\displaystyle O}{\|}}{C}-H + H_2O$$

α,β-不饱和醛

例如：

$$CH_3-\overset{\overset{\displaystyle OH}{|}}{CH}-\overset{\underset{\displaystyle CH_3}{|}}{CH}-CHO \xrightarrow[\triangle]{OH^- \text{ 或 } H^+} CH_3CH_2-CH=\overset{\underset{\displaystyle CH_3}{|}}{C}-CHO + H_2O$$

两分子具有 α-H 的酮进行缩合时，由于电子效应和空间效应的影响，在同样的条件下，只能得到少量缩合产物。例如：

$$CH_3-\overset{\overset{\displaystyle O}{\|}}{C}-CH_3 + CH_3-\overset{\overset{\displaystyle O}{\|}}{C}-CH_3 \underset{}{\overset{\text{稀 } OH^-}{\rightleftharpoons}} CH_3-\overset{\overset{\displaystyle OH}{|}}{\underset{\underset{\displaystyle CH_3}{|}}{C}}-CH_2-\overset{\overset{\displaystyle O}{\|}}{C}-CH_3$$

1%

若采用特殊装置，将产物不断由平衡体系中移去，则可使酮大部分转化为 β-羟基酮。

如果使用两种不同的含有 α-H 的醛，则可得到四种羟醛缩合产物的混合物，不易分离，无制备意义。

不含 α-H 的醛，如甲醛、苯甲醛、2,2-二甲基丙醛等不能发生羟醛缩合反应。但它们可以和另一个含 α-H 的醛、酮发生交叉羟醛缩合反应，得到收率高的单一产物。例如：

$$\text{⟨苯环⟩}-CHO + CH_3-CHO \xrightarrow{\text{稀 NaOH}} \text{⟨苯环⟩}-CH=CH-CHO + H_2O$$

3-苯基丙烯醛（肉桂醛）

乙醛作为亲核试剂与苯甲醛中的羰基加成，再经脱水可得肉桂醛。其中乙醛自身缩合的产物较少。

$$3HCHO + CH_3CHO \xrightarrow[55\sim56℃]{Ca(OH)_2} HOCH_2-\overset{\overset{\displaystyle CH_2OH}{|}}{\underset{\underset{\displaystyle CH_2OH}{|}}{C}}-CHO$$

由于甲醛的羰基比较活泼，在进行交叉羟醛缩合时，能在乙醛的 α-碳原子上引入三个羟甲基。

羟醛缩合反应是增长碳链常用的方法之一。

在生物体内也有类似于羟醛缩合的反应，如磷酸二羟丙酮与 3-磷酸甘油醛在酶催化下进行交叉羟醛缩合反应，生成 1,6-二磷酸果糖。

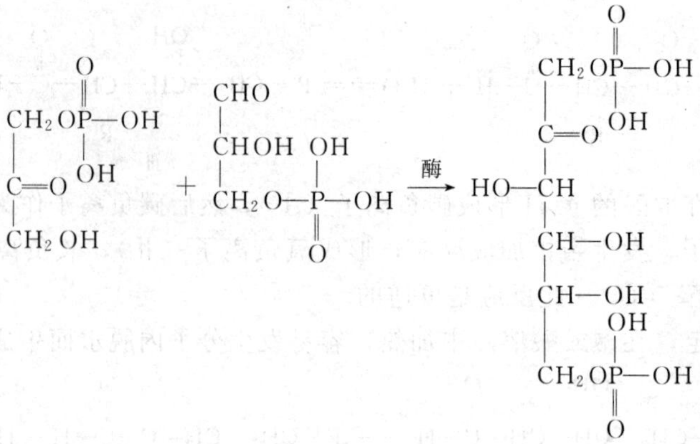

（三）氧化-还原反应

1. 氧化反应

醛羰基上连有氢原子，因此很容易被氧化，甚至能被弱氧化剂氧化成同碳数的羧酸，而酮一般不被弱氧化剂氧化。实验室常用弱氧化剂来区别醛、酮。

（1）托伦（Tollens）试剂　托伦试剂是硝酸银的氨溶液。将醛和托伦试剂共热，醛被氧化为羧酸，银离子被还原为单质银，以黑色沉淀析出。

$$RCHO + 2[Ag(NH_3)_2]^+ + 2OH^- \longrightarrow RCOO^- + NH_4^+ + 2Ag\downarrow + H_2O + 3NH_3$$

当反应试管很洁净时，单质银就附着在试管壁上形成明亮的银镜，所以这个反应又称为银镜反应。

托伦试剂既可氧化脂肪醛，又可氧化芳香醛。在同样的条件下酮不发生反应。

（2）斐林（Fehling）试剂　斐林试剂由斐林 A 和斐林 B 两种溶液组成，斐林 A 为硫酸铜溶液，斐林 B 为酒石酸钾钠和氢氧化钠的混合溶液，使用时等量混合即得到深蓝色的斐林试剂。其中酒石酸钾钠的作用是与 Cu^{2+} 形成配合物，而不致在碱性溶液中生成氢氧化铜沉淀。

醛与斐林试剂反应，醛被氧化为羧酸，Cu^{2+} 被还原为砖红色的 Cu_2O 沉淀。

$$RCHO + 2Cu^{2+} + 5OH^- \longrightarrow RCOO^- + Cu_2O\downarrow + 3H_2O$$

甲醛可使斐林试剂中的 Cu^{2+} 还原成单质铜而附着在试管壁上形成明亮的铜镜，所以这个反应也称为铜镜反应。

在同样的条件下，酮和芳香醛不与斐林试剂反应。

斐林试剂与醛作用生成氧化亚铜的反应是定量完成的，因此可以通过测定反应中生成的氧化亚铜的量来间接测定醛的含量。

（3）本尼地（Benedict）试剂　本尼地试剂是由硫酸铜、碳酸钠和柠檬酸钠组成的混合液。该试剂稳定，可以事先配制存放。

本尼地试剂的应用范围基本上与斐林试剂相同，在同样条件下，可氧化脂肪醛，不氧化酮、芳香醛及甲醛。

上述三种弱氧化剂只能氧化醛基，对羟基、酮基和碳碳重键等都没有作用，因此它们具有氧化选择性，适用于只允许醛基被氧化而保留分子中其他官能团的反应。例如：

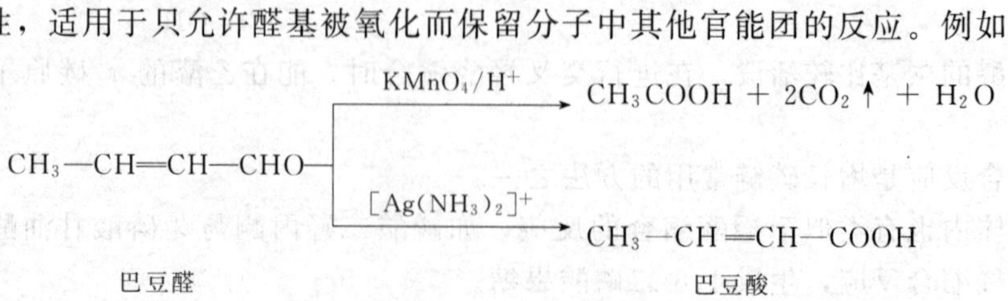

巴豆醛　　　　　　　　　　　　　　巴豆酸

酮在强氧化剂作用下，碳碳键断裂生成小分子的羧酸，无制备意义。

$$CH_3-\overset{\overset{\displaystyle O}{\|}}{C}-CH_2CH_3 \xrightarrow{\text{浓 } HNO_3} CH_3COOH + CH_3CH_2COOH + CO_2$$

环己酮具有环状的对称结构，其断裂氧化常用来制备己二酸。

$$\xrightarrow{\text{浓} HNO_3} \begin{array}{l} CH_2CH_2COOH \\ CH_2CH_2COOH \end{array}$$

己二酸是生产合成纤维尼龙-66 的原料。

2. 还原反应

醛、酮可以发生还原反应，在不同的条件下，还原的产物不同。

（1）羰基还原为羟基　用催化氢化的方法，醛、酮可分别被还原为伯醇或仲醇，常用的催化剂是镍、钯、铂。

$$R-\overset{\overset{\displaystyle O}{\|}}{C}-H + H_2 \xrightarrow{Ni} R-CH_2OH \quad (\text{伯醇})$$

$$R-\overset{\overset{\displaystyle O}{\|}}{C}-R' + H_2 \xrightarrow{Ni} R-\overset{\overset{\displaystyle OH}{|}}{C}H-R' \quad (\text{仲醇})$$

催化氢化的选择性不强，分子中同时存在的不饱和键也将被同时还原。例如：

$$CH_3CH=CH-CHO + 2H_2 \xrightarrow{Ni} CH_3CH_2CH_2CH_2OH$$

某些可提供负氢离子（H^-）的还原剂，如氢化铝锂（$LiAlH_4$）、硼氢化钠（$NaBH_4$）及异丙醇铝〔$Al[OCH(CH_3)_2]_3$〕，有较高的选择性，它们只还原羰基，不还原分子中的不饱和键。例如：

$$CH_3CH=CH-CHO \xrightarrow{NaBH_4} CH_3CH=CHCH_2OH$$

$$\underset{\text{CHO}}{\overset{\text{NO}_2}{\bigcirc}} \xrightarrow{NaBH_4} \underset{\text{CH}_2\text{OH}}{\overset{\text{NO}_2}{\bigcirc}}$$

在这些还原剂中，氢化铝锂的还原能力最强，它除了还原羰基外，还可以还原 —COOH、—COOR、—NO$_2$、—CN 等基团，而硼氢化钠和异丙醇铝只能还原醛、酮。

（2）羰基还原为亚甲基　用锌汞齐与浓盐酸可将羰基直接还原为亚甲基，这个方法称为克莱门森（Clemmenson）还原法。

$$\overset{\diagdown}{\underset{\diagup}{}}C=O \xrightarrow[\text{浓 } HCl]{Zn-Hg} \overset{\diagdown}{\underset{\diagup}{}}CH_2$$

$$R-CHO \xrightarrow[\text{浓 } HCl]{Zn-Hg} R-CH_3$$

$$R-\overset{\overset{\displaystyle O}{\|}}{C}-R' \xrightarrow[\text{浓 } HCl]{Zn-Hg} R-CH_2-R'$$

该方法是在浓盐酸介质中进行的，因此分子中若含有对酸敏感的其他基团，如醇羟基、碳碳双键等不能用这个方法还原。例如，$CH_2=CH-CH_2-CHO$ 中的羰基就不能用此法还原，因为浓盐酸将与分子中的双键发生加成反应。

用伍尔夫-凯惜纳（Wolff-Kishner N. M.）-黄鸣龙还原法也可将羰基还原为亚甲基。伍尔夫-凯惜纳的方法是将醛、酮与无水肼反应生成腙，然后将腙和浓碱在封闭管中加热，使腙分解放出氮气而生成烷烃。

$$\underset{}{\diagdown}C{=}O + NH_2NH_2(无水) \longrightarrow \underset{}{\diagdown}C{=}NNH_2 \xrightarrow[加热加压]{KOH} \underset{}{\diagdown}CH_2 + N_2\uparrow$$

这个反应广泛用于天然产物的研究中，但条件要求高，操作不便。1946 年，我国化学家黄鸣龙改进了这个方法。他采用醛、酮与肼的水溶液、氢氧化钠和一种高沸点溶剂（二聚乙二醇或三聚乙二醇）回流生成腙，再将水及过量肼蒸出，然后升温至 200℃ 回流 3～4h，使腙分解得到烷烃。经黄鸣龙改进后的方法使反应可在常压下进行，反应时间由原来的几十小时缩短为几小时，又避免了用封闭管等苛刻的反应条件，同时还可以用肼的水溶液代替了昂贵的无水肼，提高了产率，应用更加广泛。

该反应是在碱性介质中进行的，不适用于对碱敏感的分子。

伍尔夫-凯惜纳-黄鸣龙还原法可与克莱门森还原法互相补充，分别适用于对酸或对碱敏感的醛、酮化合物。

通过芳烃的酰基化反应制得芳香酮，经克莱门森还原法或黄鸣龙还原法将羰基还原为亚甲基，是在芳环上引入直链烷基的间接方法。例如：

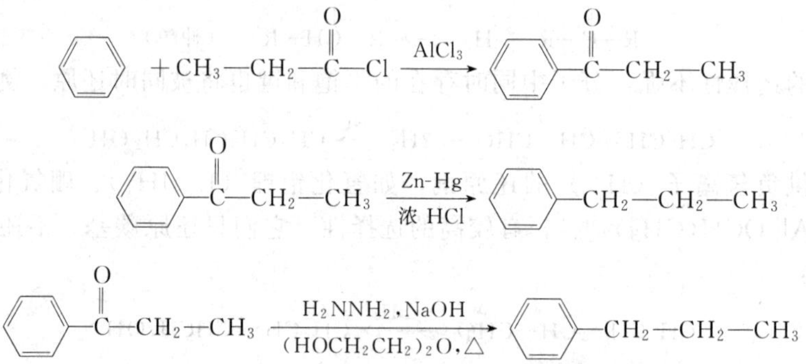

（3）歧化反应　不含 α-H 的醛，如 HCHO、R₃C—CHO、Ar—CHO 等，与浓碱共热发生自身的氧化-还原反应，一分子醛被氧化成羧酸，另一分子醛被还原为醇，这个反应叫做歧化反应，也叫做康尼扎罗（Cannizzaro）反应。例如：

$$2HCHO + NaOH \xrightarrow{\triangle} CH_3OH + HCOONa$$

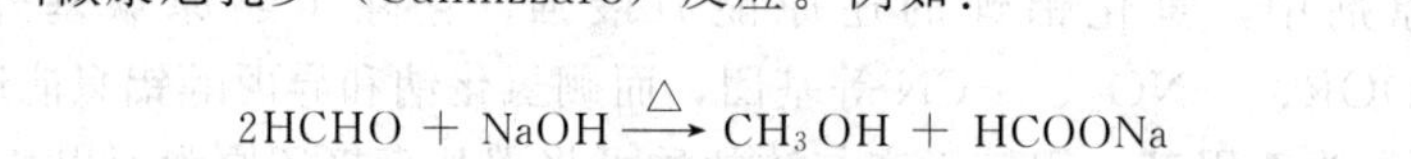

两种无 α-H 的醛进行交叉歧化反应的产物复杂，不易分离，因此无实际意义。但如果用甲醛与另一种无 α-H 的醛进行交叉歧化反应时，甲醛总是被氧化为甲酸，另一种醛被还原为醇。例如：

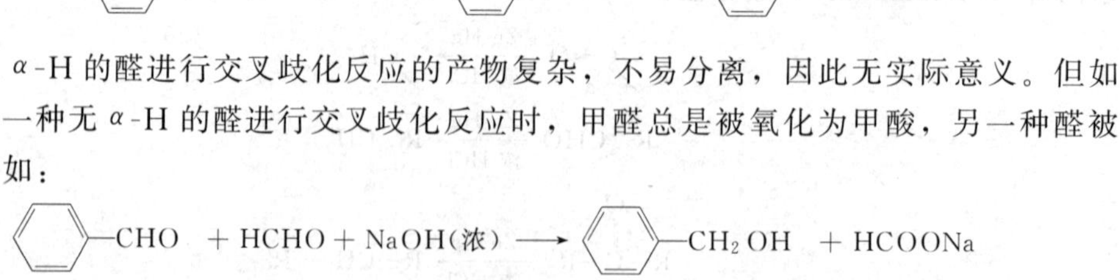

这是实验室和工业上制备季戊四醇的方法。

歧化反应的历程如下：

$$\underset{\text{O}}{\overset{\text{O}}{\text{Ar-C-H}}} + \text{OH}^- \longrightarrow \underset{\text{OH}}{\overset{\text{O}^-}{\underset{\text{I}}{\text{Ar-C-H}}}}$$

$$\underset{\overset{\text{OH}}{\underset{\text{I}}{}}}{\overset{\text{O}^-}{\text{Ar-C-H}}} + \underset{}{\overset{\text{O}}{\text{Ar-C-H}}} \longrightarrow \overset{\text{O}}{\text{Ar-C-OH}} + \underset{\text{H}}{\overset{\text{O}^-}{\text{Ar-C-H}}}$$

$$\underset{\text{H}}{\overset{\text{O}}{\text{Ar-C-OH}}} + \underset{\text{H}}{\overset{\text{O}^-}{\text{Ar-C-H}}} \longrightarrow \underset{\text{H}}{\overset{\text{O}}{\text{Ar-C-O}^-}} + \underset{\text{H}}{\overset{\text{OH}}{\text{Ar-C-H}}}$$

　　反应首先由 OH^- 对羰基进行亲核加成，生成氧负离子中间体 I，I 中原来羰基上的氢原子以负离子的形式对另一分子醛进行亲核加成而得到醇与酸。

五、重要的化合物

1. 甲醛

　　甲醛是无色有刺激性气味的气体，沸点为 -21℃，易溶于水。甲醛在水溶液中能以水合甲醛的形式存在。甲醛能凝固蛋白质，因而有杀菌和防腐的作用。含有 8% 甲醇的 40% 甲醛水溶液俗称"福尔马林"（formalin），是保存生物标本常用的防腐剂。甲醛气体对黏膜及眼、鼻、喉有强烈的刺激作用，长期低剂量接触甲醛可引起各种慢性呼吸道疾病，高浓度甲醛对神经系统、免疫系统、肝脏等都有较大伤害。

　　甲醛容易聚合，在常温下，甲醛气体可以自动聚合成环状三聚甲醛。

$$3\text{H-C-H} \rightleftharpoons \begin{array}{c} \text{O-CH}_2 \\ \text{H}_2\text{C} \quad \text{O} \\ \text{O-CH}_2 \end{array}$$

　　三聚甲醛为白色结晶粉末，熔点为 64℃，在中性或碱性溶液中性质相当稳定，类似缩醛。但在酸的作用下加热，容易解聚为甲醛。福尔马林中加入少量甲醇可以防止甲醛聚合。

　　如甲醛的浓溶液经长期放置便能出现多聚甲醛固体，多聚甲醛加热又重新分解为甲醛。多聚甲醛是气态甲醛的主要来源，可用作仓库里的熏蒸剂和消毒杀菌剂。

$$n\text{HO-CH}_2\text{-OH} \longrightarrow \text{[CH}_2\text{O]}_n + (n-1)\text{H}_2\text{O}$$

　　　水合甲醛　　　　　多聚甲醛

甲醛还可以和氨作用生成环状化合物六亚甲基四胺 $[(CH_2)_6N_4]$。

$$6\text{HCHO} + 4\text{NH}_3 \xrightarrow{-\text{H}_2\text{O}} \text{六亚甲基四胺结构}$$

六亚甲基四胺

　　六亚甲基四胺俗称乌洛托品（urotropine），是无色晶体，熔点为 263℃，易溶于水，有甜味。它可用作橡胶硫化的促进剂、纺织品的防缩剂，在医药上常用作利尿剂和尿道消毒剂。也可作为特殊燃料。

　　此外，甲醛还是合成酚醛树脂和脲醛树脂必不可少的原料。

2. 乙醛

乙醛又名醋醛，是有刺激气味的液体，沸点为20.8℃，易溶于水和乙醇等有机溶剂。

乙醛能聚合成环状三聚体或四聚体。三聚乙醛是有香味的液体，沸点为98℃，是储存乙醛的最好形态，加稀酸蒸馏时即解聚为乙醛。乙醛是有机合成的重要原料，可用来合成乙酸、乙酸乙酯、乙酸酐、三氯乙醛等。

3. 苯甲醛

苯甲醛是芳香醛的代表，俗称苦杏仁油，是具有杏仁香味的无色液体，沸点为179℃，微溶于水，易溶于乙醇、乙醚、氯仿等有机溶剂，以糖苷的形式存在于杏仁、桃仁等许多果实的种子中。苯甲醛在空气中放置能被氧化为苯甲酸。苯甲醛是制造香料及制备其他芳香族化合物的原料。

4. 丙酮

丙酮是无色易挥发的液体，沸点为56℃，具有特殊的气味，易溶于水及乙醇、乙醚、氯仿等有机溶剂，并能溶解多种有机物。丙酮是重要的有机化工原料，如可生产甲基丙烯酸甲酯——有机玻璃单体。

第二节　醌

一、醌的命名

醌是一类特殊的环状不饱和二酮，分子中具有以下的结构：

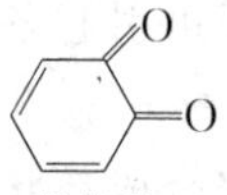

邻苯醌 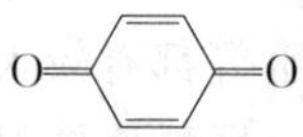　　　　　对苯醌

醌一般由芳香烃衍生物转变而来，命名时在"醌"字前加上芳基的名称，并标出羰基的位置。例如：

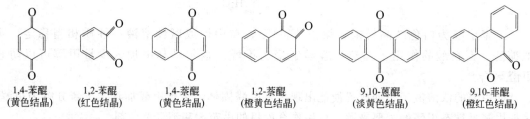

1,4-苯醌　　1,2-苯醌　　1,4-萘醌　　1,2-萘醌　　9,10-蒽醌　　9,10-菲醌
(黄色结晶)　(红色结晶)　(黄色结晶)　(橙黄色结晶)　(淡黄色结晶)　(橙红色结晶)

二、醌的结构

醌的结构中虽然存在碳碳双键和碳氧双键的π-π共轭体系。但它的共轭体系不同于芳香环中电子云完全平均化了的环状闭合共轭体系，这是因为羰基氧的强吸电子作用使大π键的电子云强烈地偏向氧原子一方，影响了共轭体系中电子云密度的平均化，导致在此共轭体系中形成了低电子云密度的碳环。相对芳香环而言，它是一个高度缺电子的环系，所以醌不属于芳香族化合物，也没有芳香性。

醌型结构可以看作是环状 α,β-不饱和二酮，因此，醌类化合物具有羰基化合物所特有的化学反应，如能与羰基试剂发生亲核加成反应；同时它具有碳碳双键所特有的化学反应，如能与卤素、卤化氢等试剂发生亲电加成反应。

醌型结构是两个羰基和两个或两个以上的碳碳双键共轭，所以具有较大的π-π共轭体系。而具有较大的共轭体系的化合物都是有颜色的，所以醌都是有颜色的物质。

三、醌的物理性质

醌为结晶固体，都具有颜色，对位醌多呈黄色，邻位醌常为红色或橙色。

对位醌具有刺激性气味，可随水蒸气汽化；邻位醌没有气味，不随水蒸气汽化。

四、醌的化学性质

1. 加成反应

（1）羰基的亲核加成　醌分子中的羰基能与羰基试剂加成。如对苯醌和羟氨作用生成单肟和二肟。

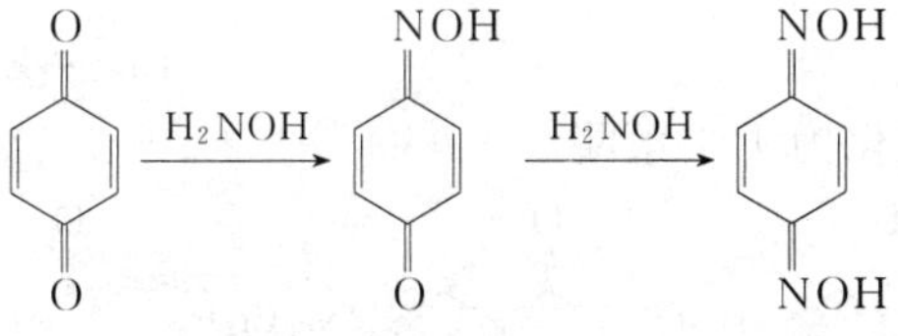

$$\xrightarrow{H_2NOH} \qquad \xrightarrow{H_2NOH}$$

对苯醌单肟　　　　　对苯醌二肟

（2）碳碳双键的亲电加成　醌分子中的碳碳双键能和卤素、卤化氢等亲电试剂加成。如对苯醌与氯气加成可得二氯或四氯化物。

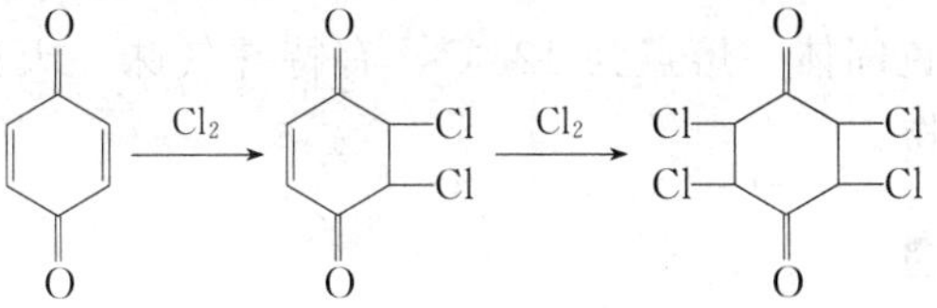

$$\xrightarrow{Cl_2} \qquad \xrightarrow{Cl_2}$$

2,3,5,6-四氯-1,4-环己二酮

（3）1,4-加成　醌相当于 α,β-不饱和二酮，由于碳碳双键与碳氧双键的共轭，所以醌可以和氢卤酸、氢氰酸、亚硫酸氢钠等许多试剂发生 1,4-加成反应。如对苯醌与氯化氢加成，生成对苯二酚的衍生物。

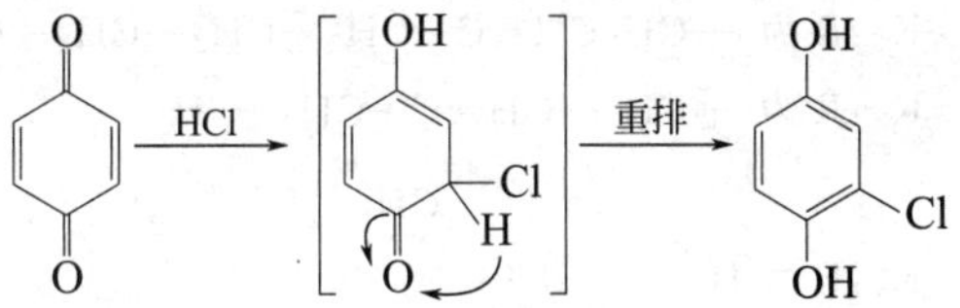

$$\xrightarrow{HCl} \qquad \xrightarrow{重排}$$

2-氯-1,4-苯二酚

$$+ HCN \longrightarrow$$

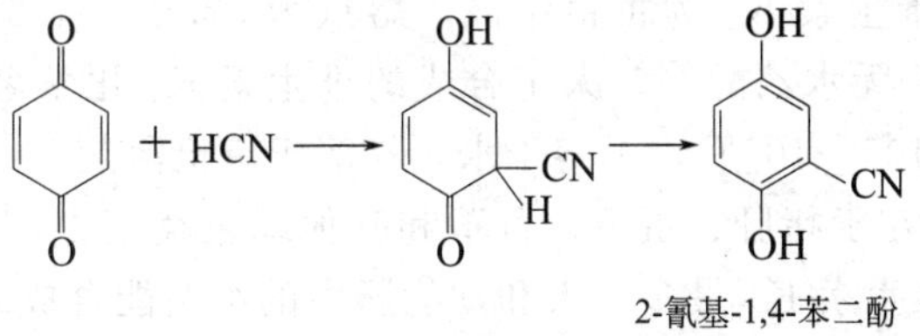

2-氰基-1,4-苯二酚

2. 还原反应

对苯醌容易被还原为对苯二酚（或称氢醌），这是对苯二酚氧化的逆反应。在电化学上，利用二者之间的氧化-还原反应可以制成醌-氢醌电极，用来测定氢离子的浓度。

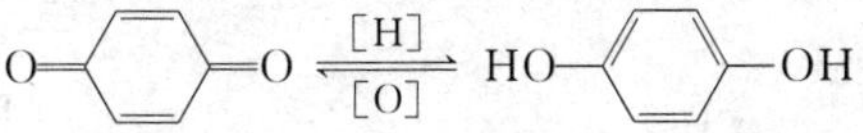

$$\underset{\text{对苯醌}}{\quad} \overset{[H]}{\underset{[O]}{\rightleftharpoons}} \underset{\text{对苯二酚（氢醌）}}{HO-\!\!\bigcirc\!\!-OH}$$

这一反应在生物化学过程中有重要的意义。生物体内进行的氧化-还原反应常是以脱氢或加氢的方式进行的，在这一过程中，某些物质在酶的控制下所进行的氢的传递工作可通过酚醌氧化-还原体系来实现。

3. 狄尔斯-阿尔德反应

醌与1,3-丁二烯可发生狄尔斯-阿尔德反应。如对苯醌与1,3-丁二烯通过双烯合成可以得到1,4-二羟基二氢萘。

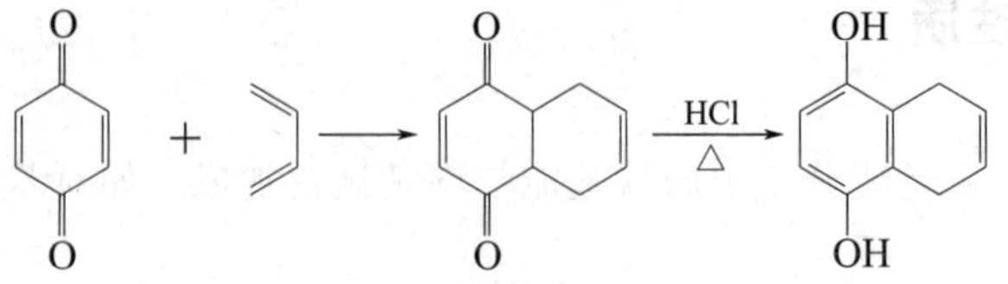

1,4-二羟基二氢萘

1,4-二羟基二氢萘可氧化为1,4-萘醌。

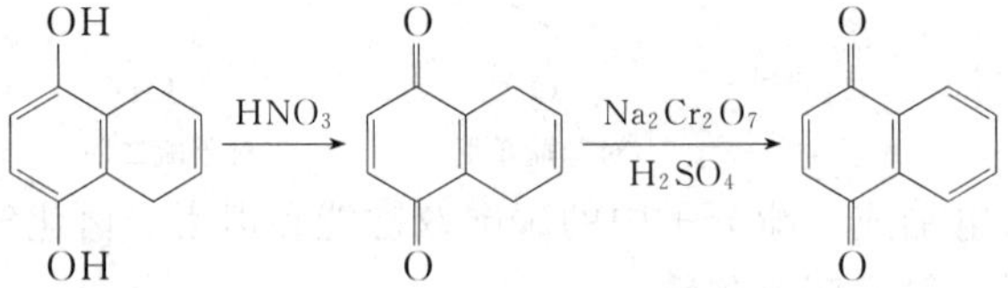

1,4-萘醌

1,4-萘醌是挥发性黄色固体，熔点为125℃，有特殊气味。天然产物如维生素 K_1 和维生素 K_3 都是萘醌的衍生物。

五、重要的化合物

1. 维生素 K

维生素 K 是一类能促进血液凝固的萘醌衍生物，现已发现的天然产物有 K_1 和 K_2，K_3 是人工合成的。其结构式如下：

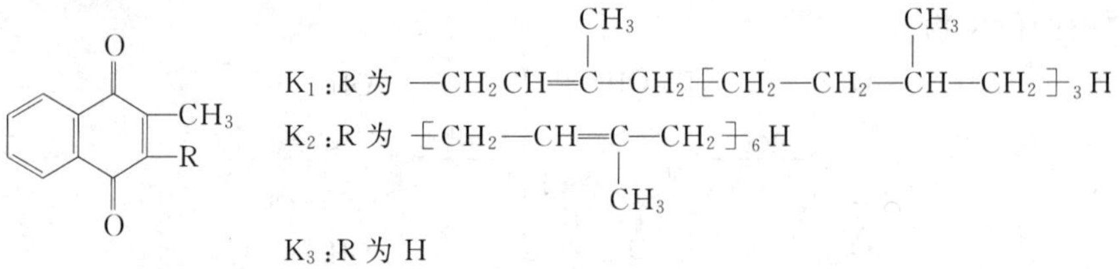

K_1：R 为 $-CH_2CH=C-CH_2+CH_2-CH_2-CH-CH_2+_3H$ （上方 CH_3）

K_2：R 为 $+CH_2-CH=C-CH_2+_6H$ （下方 CH_3）

K_3：R 为 H

维生素 K_1 为黏稠的黄色油状物，熔点为 $-20℃$，不溶于水，微溶于甲醇，易溶于石油醚、苯、醚、丙酮等。维生素 K_2 为黄色结晶，熔点为 $53.5\sim54.5℃$，不溶于水，易溶于醚、苯、丙酮、石油醚、无水乙醇等。人工合成的维生素 K_3 化学名称为 2-甲基-1,4-萘醌，为亮黄色结晶，熔点为 $105\sim107℃$，不溶于水，易溶于有机溶剂。

维生素 K_1 和 K_2 存在于猪肝、蛋黄、苜蓿和其他绿色蔬菜中，植物的绿色部分含维生素 K_1 最多，腐鱼肉含维生素 K_2 最多，人和动物肠内的细菌能合成维生素 K。

维生素 K 可用于预防手术后流血和新生儿出血，也可用于治疗阻塞性黄疸。

2. 泛醌

泛醌（辅酶 Q）是苯醌的衍生物，其结构式如下：

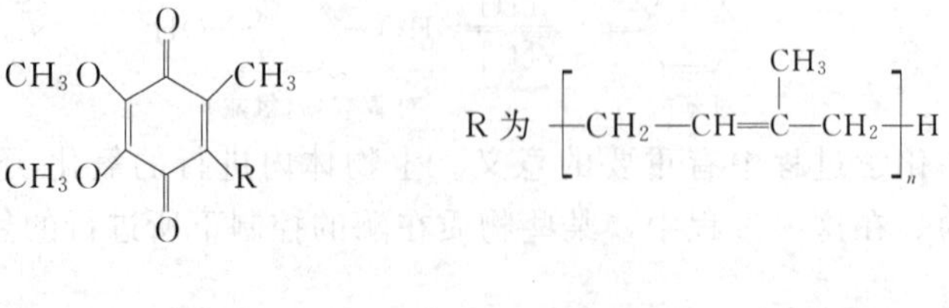

R 为 $+CH_2-CH=C-CH_2+_nH$ （上方 CH_3）

泛醌为脂溶性化合物，因动植物体内广泛存在而得名。它通过醌与氢醌间的氧化-还原过程在生物体内传递电子，所以是生物体内氧化-还原过程中极为重要的物质。

$$CH_3O \qquad\qquad + 2H^+ + 2e \longrightarrow$$

泛醌（氧化态） $\qquad\qquad\qquad\qquad\qquad$ 氢泛醌（还原态）

3. 黑色素

黑色素是存在于皮肤中的一种色素。苯丙氨酸在苯丙氨酸羟化酶的作用下，先被氧化为酪氨酸，然后在酶的作用下进一步氧化为二羟基苯丙氨酸（多巴），再经一系列变化，最后转化为黑色素。

苯丙氨酸 $\xrightarrow{\text{酶}}$ 酪氨酸 $\xrightarrow{\text{酶}}$

多巴 $\qquad\qquad\qquad\qquad\qquad\qquad\qquad$ 黑色素

（箭头所指位置可结合其他有机物质）

如果身体中缺乏酪氨酸酶，酪氨酸就不能转化为黑色素，从而导致皮肤变白（头发、皮肤、眼球中缺少色素）的现象。

4. 茜红和大黄素

茜红和大黄素都是蒽醌的衍生物。茜草中的茜红是最早被使用的天然染料之一；大黄素广泛分布于霉菌、真菌、地衣、昆虫及花的色素中，是中药大黄的主要成分之一。其结构式如下：

茜红 $\qquad\qquad\qquad\qquad\qquad\qquad\qquad$ 大黄素

习 题

1. 命名下列化合物：

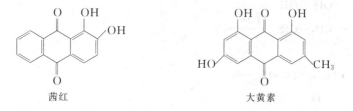

(1) $\qquad\qquad\qquad\qquad$ (2)

(3) $CH_3CH_2-\underset{\underset{\displaystyle \overset{\displaystyle O-O}{\mid\quad\mid}}{C}}{}-CH_2CH_3$
（环上为 O—CH₂—CH₂—O）

(4) $H_3C-\underset{}{\text{⟨苯环⟩}}-\overset{\displaystyle CH_3}{\underset{}{CH}}-\overset{\displaystyle O}{\underset{\|}{C}}-CH_3$

(5) $(C_6H_5)_2C{=}O$ （二苯甲酮结构，两苯环与中间 C=O）

(6) $CH_3\overset{\displaystyle CH_3}{\underset{|}{CH}}CH_2CH{=}CH-CHO$

(7) $CH_3-\overset{\displaystyle O}{\underset{\|}{C}}-CH_2-\overset{\displaystyle O}{\underset{\|}{C}}-\overset{}{CH}CH_3$ （末端 CH 上接 CH₃）

(8) 环己烷环上接 CHO 和 CH₃

(9) $CH_3-\overset{\displaystyle O}{\underset{\|}{C}}-CH_2\overset{\displaystyle CH_3}{\underset{|}{CH}}CHO$

(10) 苯环上接 H_3C、CH_3、CHO

(11) $CH_3-C(=NNH-C_6H_5)-CH_2CH_3$

(12) 环己烷-1,4-二酮，3 位有 CH₃

(13) 萘二酮结构

(14) 环己-2-烯酮

2. 写出下列化合物的结构式：

(1) 肉桂醛　　(2) 3-甲氧基苯甲醛　(3) 3-甲基环戊酮　(4) 1,4-环己二酮

(5) 乙二醛　　(6) 对溴苯乙酮　　(7) 水合茚三酮　　(8) 水合三氯乙醛

(9) 苯甲醛肟　(10) 丙酮缩氨脲　　(11) 丁酮苯腙　　(12) (R)-3-甲基-4-戊烯-2-酮

3. 写出下列反应的主要产物：

(1) 3-甲基环己酮 $\xrightarrow{HCN}$? $\xrightarrow[H^+]{H_2O}$?

(2) $CH_3-\overset{\displaystyle O}{\underset{\|}{C}}-H + CH_3CH_2MgCl \xrightarrow{乙醚}$? $\xrightarrow[H^+]{H_2O}$?

(3) $CH_3CHO + \overset{\displaystyle OH\;\;\;\;OH}{\underset{|\quad\;\;\;|}{CH_2-CH_2}} \xrightarrow{干\;HCl}$?

(4) $CH_3-\overset{\displaystyle O}{\underset{\|}{C}}-CH_3 + NH_2NH_2 \longrightarrow$?

(5) 苯-$CH_2-\overset{\displaystyle O}{\underset{\|}{C}}-CH_3 \xrightarrow[NaOH]{I_2}$?

(6) $2CH_3CH_2CHO \xrightarrow{稀\;NaOH}$? $\xrightarrow{\triangle}$?

(7) 邻甲基苯甲醛(2位有 CH₃)$-CHO + CH_3CH_2CHO \xrightarrow{稀\;NaOH}$? $\xrightarrow{\triangle}$?

(8) $CH_2{=}CHCH_2CHO \xrightarrow{[Ag(NH_3)_2]^+}$?

(9)
$$\boxed{\text{C}_6\text{H}_5}\text{—CH}=\text{CHCHO} \xrightarrow{\text{NaBH}_4} ?$$

(10)
$$\boxed{\text{C}_6\text{H}_5}\text{—CH}=\text{CHCHO} \xrightarrow{\text{H}_2}{\text{Ni}} ?$$

(11)
$$\text{CH}_3\text{—}\boxed{\text{C}_6\text{H}_4}\text{—}\underset{\text{O}}{\overset{\parallel}{\text{C}}}\text{—CH}_2\text{CH}_3 \xrightarrow{\text{Zn-Hg}}{\text{HCl}} ?$$

(12) $(CH_3)_3CCHO + HCHO \xrightarrow{\text{浓 NaOH}} ?$

4. 用简单的化学方法鉴别下列各组化合物：
    (1) 甲醛、乙醛、丙醛、丙酮
    (2) 乙醛、乙醇、乙醚
    (3) 丙醛、丙酮、丙醇、异丙醇
    (4) 戊醛、2-戊酮、3-戊酮、2-戊醇
    (5) 苯甲醇、苯甲醛、苯酚、苯乙酮

5. 将下面两组化合物按沸点高低顺序排列：
    (1) 正丁醛、正戊烷、正丁醇、2-甲基丙醛、乙醚
    (2) 苯甲醇、苯甲醛、乙苯、苯甲醚

6. 比较下列化合物中羰基对氢氰酸加成反应的活性大小：
    (1) 二苯甲酮、乙醛、一氯乙醛、三氯乙醛、苯乙酮、苯甲醛
    (2) 乙醛、三氯乙醛、丙酮、甲醛、丁酮
    (3) 苯甲醛、对甲基苯甲醛、对硝基苯甲醛、对甲氧基苯甲醛

7. 下列化合物哪些能发生碘仿反应？哪些能与 $NaHSO_3$ 加成？哪些能被斐林试剂氧化？哪些能同羟胺作用生成肟？
    (1) 乙醛　　　(2) 丙醛　　　(3) 2-甲基丁醛　　　(4) 丙酮　　　(5) 仲丁醇
    (6) 叔丁醇　　(7) 异丙醇　　(8) 2-甲基环戊酮　　(9) 3-戊酮　　　(10) 正丁醇
    (11) 丁酮　　 (12) 苯甲醇　　(13) 2,4-戊二酮　　　(14) 苯甲醛　　 (15) 苯乙酮

8. 完成下列转化：
    (1) $CH_2{=}CH_2 \longrightarrow CH_3CH_2CH_2CH_2OH$

    (2) $HC{\equiv}CH \longrightarrow CH_3CH_2\underset{\underset{\text{OH}}{|}}{\text{CH}}CH_3$

    (3) $CH_3CH{=}CHCHO \longrightarrow CH_3\underset{\underset{\text{HO}}{|}}{\text{CH}}\underset{\underset{\text{OH}}{|}}{\text{CH}}CHCHO$

    (4) $CH_3CH_2CHO \longrightarrow CH_3CH_2\underset{\underset{\text{OH}}{|}}{\text{CH}}CH_3$

    (5)
$$\boxed{\text{C}_6\text{H}_6} \longrightarrow \boxed{\text{C}_6\text{H}_5}\text{—}\underset{\underset{\text{CH}_3}{|}}{\overset{\overset{\text{OH}}{|}}{\text{C}}}\text{—CH}_3$$

    (6) $CH_3CHO \longrightarrow CH_3CH_2CH_2CHO$

    (7)
$$\boxed{\text{C}_6\text{H}_6} \longrightarrow \boxed{\text{C}_6\text{H}_5}\text{—CH}_2\text{CH}_2\text{CH}_2\text{CH}_3$$

9. 某化合物 A 的分子式为 $C_5H_{12}O$，氧化后得分子式为 $C_5H_{10}O$ 的化合物 B。B 能和 2,4-二硝基苯肼反应得黄色结晶，并能发生碘仿反应。A 和浓硫酸共热后，再经酸性高锰酸钾氧化得到丙酮和乙酸。试推导

出 A 的结构式，并写出各步化学反应式。

10. 某化合物 A 的分子为 $C_8H_{14}O$，它既可以使溴水褪色，也可以与苯肼反应生成黄色沉淀，A 经酸性高锰酸钾氧化后得到一分子丙酮及另一化合物 B。B 具有酸性，和次碘酸钠反应生产碘仿和一分子丁二酸二钠。写出 A、B 的结构式和有关的化学反应式。

11. 某化合物分子式为 $C_6H_{12}O$，能与羟胺作用生成肟，但不发生银镜反应，在铂的催化下加氢得到一种醇。此醇经过脱水、臭氧化还原水解等反应后得到两种液体，其中之一能发生银镜反应但不发生碘仿反应，另一种能发生碘仿反应但不能使斐林试剂还原。试写出该化合物的结构式和有关的化学反应式。

12. 某化合物 A 分子式为 $C_{10}H_{12}O_2$，不溶于氢氧化钠溶液，能与羟胺作用生成白色沉淀，但不与托伦试剂反应。A 经 $LiAlH_4$ 还原得到 B，分子式为 $C_{10}H_{14}O_2$。A 与 B 都能发生碘仿反应。A 与浓 HI 酸共热生成 C，C 的分子式为 $C_9H_{10}O_2$。C 能溶于氢氧化钠，经克莱门森还原生成化合物 D，D 的分子式为 $C_9H_{12}O$。A 经高锰酸钾氧化生成对甲氧基苯甲酸。试写出 A、B、C、D 的结构式和有关的化学反应式。

知识拓展

同细菌作战——抗生素的战争

1928 年晚夏，苏格兰细菌学家弗莱明去度假。当他回来的时候，人类的历史进程发生了变化。当时弗莱明在实验室桌子上留了一个含有金色葡萄球菌的培养皿，在他离开时，有一段时间天气冷，细菌停止了生长，与此同时，青霉菌的芽孢碰巧从地板上漂浮上来落入培养皿中。当弗莱明回来的时候，天气已经变暖，这两种微生物都开始复苏生长。原本打算清洗和消毒培养皿，而幸运的是他首次注意到青霉菌正在侵吞着细菌的菌落。1939 年，具有这种抗生素效应的物质得到分离，并被命名为青霉素。

弗莱明原来用的霉菌产生的是苄基青霉素，或青霉素 G（$R=C_6H_5CH_2$）。在此以后，合成了许多青霉素的类似物，组成了一大类 β-内酰胺类抗生素，它们均含有较大张力的四元内酰胺环作为结构上和功能上的特征。由于环张力在开环时被释放，因而和普通的酰胺相比，β-内酰胺具有不寻常的反应活性。

一些细菌能够耐青霉素，因为它们自身能产生一种青霉素酶，破坏抗生素中的 β-内酰胺环。青霉素类似物的合成只能部分解决耐药性问题。因此，人们最终把目光转向发展具有完全不同作用模式的抗生素。1952 年首次在菲律宾的土壤样品中发现了一种名叫链霉菌的菌株，由它产生了红霉素。红霉素是一个大环内酯，它能够干扰细菌中合成细胞壁蛋白质工厂的核糖体。尽管红霉素不受青霉素酶的影响，但是自从它作为抗生素应用以来，对它耐药的细菌也在数十年的应用中发展而形成。

1956 年，从一个细菌的发酵液中发现一个更为复杂的抗生素——万古霉素。万古霉素来源于婆罗洲丛林的土壤之中，由于纯化困难，这个物质直到 20 世纪 80 年代才被用作药物，而当时具有耐所有已知抗生素的金色葡萄球菌株已经对人类的健康构成严重的威胁。无疑，抗生素的不合理使用，也促进了耐药性菌株的迅速发展。万古霉素很快就成为治疗此类感染的"最后一招"，其效果源于全新的化学作用，它的形状和结构使它可以与细胞壁生长中高分子末端的氨基酸形成紧密的氢键网络，从而阻止它们与其他氨基酸键合。但是在十年内，又出现了耐万古霉素的金色葡萄球菌株，它在聚合物末端微小的结构改性，破坏了万古霉素与之键合的能力。

科学家与细菌世界之间的战争仍在继续，新的抗生素不断地被合成，并进行活性测试。同时，微生物也在继续不断地对它们的生化机器进行改进和发展，以挫败抗生素的进攻。20 世纪中叶开始的"抗生素纪元"是否将一直持续到 21 世纪呢？这是一个尚未得到答案的问题。

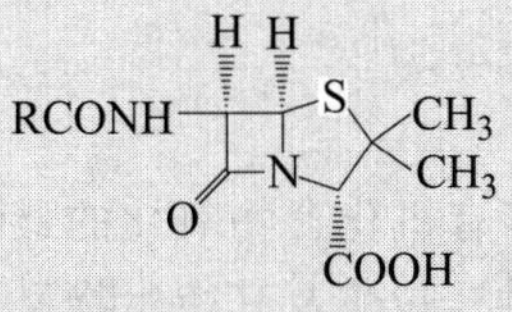

青霉素 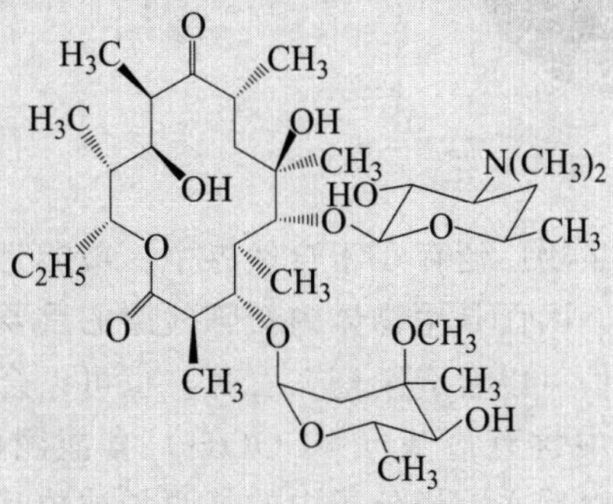   红霉素

第八章 羧酸、羧酸衍生物及取代酸

Chapter 08

羧酸及其衍生物广泛存在于自然界中。羧酸是许多有机化合物氧化的最终产物，常以盐和酯的形式存在，因而是生物体内新陈代谢的重要物质。羧酸及其衍生物又是重要的有机合成原料，通过它们可以合成医药、农药，也可以合成尼龙等织物。

羧酸是分子中含有羧基（—COOH）官能团的含氧有机化合物。除甲酸和乙二酸外，所有的羧酸都可以看作是烃分子中的氢原子被羧基取代后的化合物。羧酸分子中羧基上的羟基被其他原子或基团取代后生成的化合物称为羧酸衍生物（如酰卤、酸酐、酯和酰胺等）。羧酸分子中烃基上的氢原子被其他原子或基团取代的产物称为取代酸（如卤代酸、羟基酸、羰基酸和氨基酸等）。

第一节 羧 酸

一、羧酸的分类和命名

1. 羧酸的分类

根据羧酸分子中烃基的种类不同，可将羧酸分为脂肪羧酸（饱和脂肪及不饱和脂肪羧酸）、脂环羧酸（饱和脂环及不饱和脂环羧酸）、芳香羧酸。

根据羧酸分子中羧基的数目不同，可将羧酸分为一元羧酸、二元羧酸、多元羧酸。

2. 羧酸的命名

羧酸常用的命名方法有俗名法和系统命名法。

俗名是根据羧酸的最初来源（天然产物）而命名的。例如甲酸最初是从蒸馏蚂蚁得到的，所以叫蚁酸。在以下羧酸的例子中，括号中的名称即为该羧酸的俗名。

脂肪族一元羧酸的系统命名法与醛的命名法相似，即首先选择含有羧基的最长碳链作为主链，根据主链的碳原子数目称为"某酸"。主链碳原子的编号从羧基碳原子的一端开始，用阿拉伯数字或用希腊字母（α、β、γ、δ、…）表示取代基的位置，将取代基的位次及名称写在主链名称之前。例如：

$$CH_3CHCH_2COOH \qquad CH_3—CH_2—CH—CH—COOH$$
$$\qquad | \qquad\qquad\qquad\qquad\qquad\quad | \quad\ \ |$$
$$\quad CH_3 \qquad\qquad\qquad\qquad\qquad CH_3\ \ CH_3$$

3-甲基丁酸（或 β-甲基丁酸）　　　2,3-二甲基戊酸（或 α,β-二甲基戊酸）

不饱和脂肪羧酸的命名是选择含有不饱和键和羧基的最长碳链作为主链，根据主链碳原子的数目称为"某烯酸"或"某炔酸"，把不饱和键的位置写在"某"字之前。例如：

$$CH_2{=}CHCOOH \qquad CH_3—CH{=}CHCOOH \qquad CH_3—CH—CH{=}CH—CH—COOH$$
$$\qquad\qquad\qquad\qquad\qquad\qquad\qquad\qquad\qquad\qquad | \qquad\qquad\qquad\ \ |$$
$$\qquad\qquad\qquad\qquad\qquad\qquad\qquad\qquad\qquad CH_3 \qquad\qquad\quad CH_3$$

丙烯酸　　　　2-丁烯酸（巴豆酸）　　　　2,5-二甲基-3-己烯酸

脂肪族二元羧酸的命名是选择包含两个羧基的最长碳链作为主链，根据主链碳原子的数

目称为"某二酸"，把取代基的位置和名称写在"某二酸"之前。例如：

COOH
|
COOH
乙二酸（草酸）

            COOH
           /
H₂C
           \
            COOH
丙二酸（缩苹果酸）

CH₂—COOH
|
CH₂—COOH
丁二酸（琥珀酸）

CH₃—CH—COOH
|
CH₃CH₂—CH—COOH
2-甲基-3-乙基丁二酸

芳香羧酸和脂环羧酸的系统命名一般把环作为取代基。例如：

苯甲酸（安息香酸）　　3-苯基丙烯酸（肉桂酸）　　邻羟基苯甲酸（水杨酸）

邻苯二甲酸　　2,4-环戊二烯甲酸　　3-环己基丙酸　　1-萘乙酸或α-萘乙酸

二、羧酸的结构

在羧酸分子中，羧基碳原子是 sp² 杂化的，它的三个 sp² 杂化轨道分别与一个α-C原子和两个氧原子形成三个共平面的 σ 键，其未参与杂化的 p 轨道与羰基氧原子的 p 轨道形成 π 键。而羧基中羟基氧原子是不等性 sp² 杂化的，氧原子上的未共用电子对与羧基中的C＝O 形成 p-π 共轭体系（见图 8-1），从而使羟基氧原子上的电子向 C＝O 转移，结果导致 C＝O 和 C—O 的键长趋于平均化。X 射线衍射测定结果表明：甲酸分子中 C＝O 的键长（0.123nm）比醛、酮分子中 C＝O 的键长（0.120nm）略长，而 C—O 的键长（0.136nm）比醇分子中 C—O 的键长（0.143nm）稍短。

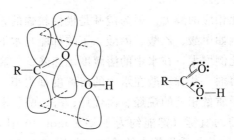

图 8-1　羧基上的 p-π 共轭示意图

由于 p-π 共轭体系产生的共轭效应使电子离域，羟基中氧原子上的电子云密度降低，氧原子便强烈吸引氧氢键的共用电子对，从而使氧氢键极性增强，有利于氧氢键的断裂，使其呈现酸性；由于羟基中氧原子上未共用电子对的偏移，使羧基碳原子上电子云密度比醛、酮中增高，不利于发生亲核加成反应，所以羧酸的羧基没有像醛、酮那样典型的亲核加成反应，但也能发生加氢反应；由于C—O单键仍是一个极性键，在一定条件下能发生异裂，能同某些亲核试剂发生取代反应，生成酰卤、酸酐、酯和酰胺；α-H原子由于受到羧基的影响，其活性升高，容易发生取代反应，生成卤代酸、羟基酸、羰基酸和氨基酸；羧基的吸电子效应，使羧基与α-C原子间的价键容易断裂，能够发生脱羧反应。由于羧酸分子是一个有机整体，所以羟基和羧基之间必然形成相互影响，产生羧酸一些特有的性质。

根据羧酸的结构分析，羧酸能发生的一些主要反应如下所示：

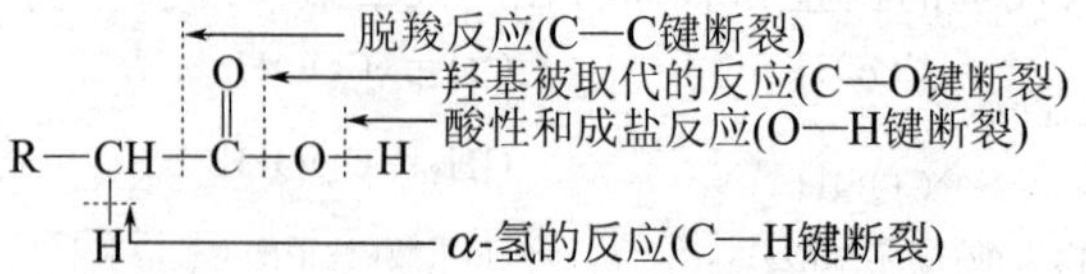

羧酸分子的极性比水和醇都强，所以羧酸分子之间或羧酸和水分子之间极易通过氢键发生缔合，甚至在气相时，羧酸的低级同系物仍以双分子缔合状态存在。因此，氢键对羧酸的沸点和在水中的溶解度都有很大的影响。

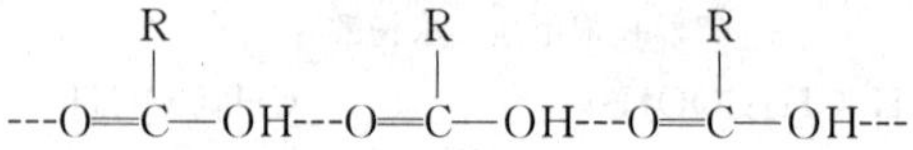

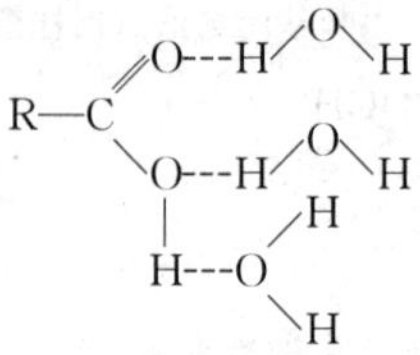

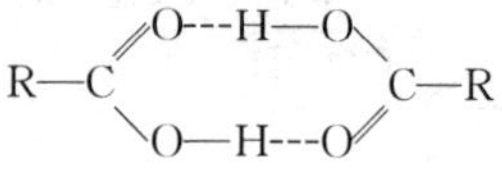

三、羧酸的物理性质

室温下，含有 10 个碳原子以下的饱和一元脂肪羧酸是液体，含有 10 个碳原子以上的脂肪羧酸是蜡状固体，饱和二元脂肪羧酸和芳香羧酸在室温下是结晶状固体。

甲酸、乙酸和丙酸有刺激性气味，丁酸至壬酸有腐败气味，固体羧酸基本上无味。甲酸和乙酸相对密度大于 1，其他羧酸的相对密度小于 1。

直链饱和一元羧酸的熔点随相对分子质量的增加而呈锯齿状变化，含偶数碳原子的羧酸比相邻两个含奇数碳原子的羧酸的熔点都高，这是由于含偶数碳原子的羧酸碳链的对称性比含奇数碳原子羧酸的碳链好，在晶格中排列较紧密，分子间作用力大，需要较高的温度才能将它们彼此分离，所以熔点较高。

羧酸在水中的溶解度比相应的醇大。因为羧基是极性较强的亲水基团，其与水分子间的缔合比醇与水的缔合强，例如甲酸、乙酸、丙酸、丁酸都能与水混溶。随着羧酸相对分子质量的增大，其疏水烃基的比例增大，在水中的溶解度迅速降低。高级脂肪羧酸不溶于水，而易溶于乙醇、乙醚等有机溶剂。芳香羧酸在水中的溶解度都很小。

羧酸的沸点比相对分子质量相近的烷烃、卤代烃、醇、醛、酮的沸点高。这是由于羧基是强极性基团，羧酸分子间的氢键（键能约为 $14kJ \cdot mol^{-1}$）比醇羟基间的氢键（键能为 $5\sim7kJ \cdot mol^{-1}$）更强。相对分子质量较小的羧酸，如甲酸、乙酸，即使在气态时也以双分子二缔合体的形式存在。

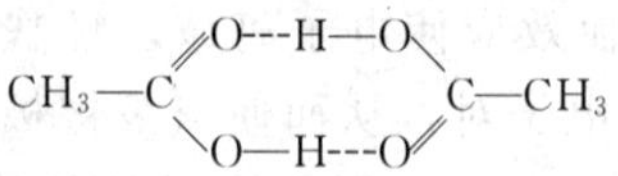

一些常见羧酸的物理常数见表 8-1。

表 8-1　常见羧酸的物理常数

名称	俗名	熔点/℃	沸点/℃	溶解度(常温)/[g·(100g 水)$^{-1}$]	pK_{a1}(25℃)
甲酸	蚁酸	8.4	100.5	∞	3.77
乙酸	醋酸	16.6	118	∞	4.76
丙酸	初油酸	−22	141	∞	4.88
丁酸	酪酸	−5.5	162.5	∞	4.82
戊酸	缬草酸	−34.5	187	3.3(16℃)	4.81
己酸	羊油酸	−4.0	205.4	1.10	4.85
庚酸	毒水芹酸	−11	223.5	0.24(15℃)	4.89

名称	俗名	熔点/℃	沸点/℃	溶解度(常温)/[g·(100g 水)$^{-1}$]	pK$_{a1}$(25℃)
辛酸	羊脂酸	16.5	237	0.068	4.89
壬酸	天竺葵酸	12.5	254	微溶	4.96
癸酸	羊蜡酸	31.5	268	不溶	—
十六碳烷酸	软脂酸	62.9	272	不溶	—
十八碳烷酸	硬脂酸	69.9	291	不溶	—
苯甲酸	安息香酸	122.4	250.0	2.7	4.21
苯乙酸	苯醋酸	78	265.5	1.66	4.31
乙二酸	草酸	189(分解)	>100(升华)	8.6	1.46
丙二酸	缩苹果酸	136(分解)	—	73.5	2.80
丁二酸	琥珀酸	185	235(分解)	5.8	4.21
戊二酸	胶酸	98	200	63.9	4.34
己二酸	肥酸	151	265	1.4(15℃)	4.43
庚二酸	蒲桃酸	106	272	2.5(14℃)	4.47
辛二酸	软木酸	144	279	0.14	4.52
壬二酸	杜鹃花酸	106.5	286	0.2	4.54
癸二酸	皮脂酸	134.5	294	0.1	4.55
顺-丁烯二酸	马来酸	130	135(分解)	78.8	1.94
反-丁烯二酸	延胡索酸	302	200(升华)	0.7(17℃)	3.02
邻苯二甲酸	酞酸	191	>191(分解)	0.7	2.95
间苯二甲酸		348	>348(分解)	0.01	3.62
对苯二甲酸		425	>300(分解)	0.01	3.55

四、羧酸的化学性质

(一) 酸性和成盐反应

1. 酸性

羧酸具有酸性，在水溶液中能解离出 H$^+$，其水溶液显酸性。

$$\underset{R-C-OH}{\overset{O}{\|}} \rightleftharpoons \underset{R-C-O^-}{\overset{O}{\|}} + H^+$$

因为羧酸在水溶液中只是部分解离，多属于弱酸。通常用解离平衡常数 K_a 或 pK_a 来表示羧酸酸性的强弱，K_a 值越大或 pK_a 值越小，其酸性越强。羧酸的酸性比碳酸（pK_a = 6.38）强，但比其他无机酸弱。大多数羧酸的 pK_a 值在 2.5～5.0 之间，常见羧酸的 pK_a 值见表 8-1。

羧酸的酸性与羧酸解离产生的羧酸根负离子的结构有关。羧酸根负离子中的碳原子为 sp^2 杂化，碳原子的 p 轨道可与两个氧原子的 p 轨道侧面重叠形成一个具有三中心四电子的共轭体系，使羧酸根负离子的负电荷分散在两个电负性较强的氧原子上，降低了体系的能量，使羧酸根负离子趋于稳定。

$$R-C\overset{O}{\underset{O^-}{\diagdown}} \rightleftharpoons R-C\overset{O^-}{\underset{O}{\diagdown}}$$

由于存在 p-π 共轭效应，羧酸根负离子比较稳定，所以羧酸的酸性比同样含有羟基的醇和酚的酸性强。

羧酸能与碱反应生成盐和水，也能和活泼金属作用放出氢气。

$$RCOOH + NaOH \longrightarrow RCOONa + H_2O$$

$$RCOOH + Na \longrightarrow RCOONa + \frac{1}{2}H_2 \uparrow$$

羧酸的酸性比碳酸强，所以羧酸可与碳酸钠或碳酸氢钠反应生成羧酸盐，同时放出 CO_2，用此反应可鉴定羧酸。

$$RCOOH + NaHCO_3 \longrightarrow RCOONa + H_2O + CO_2 \uparrow$$

羧酸的碱金属盐或铵盐遇强酸（如 HCl）可析出原来的羧酸，这一反应经常用于羧酸的分离、提纯、鉴别。

$$RCOONa + HCl \longrightarrow RCOOH + NaCl$$

不溶于水的羧酸可以转变为可溶性的盐，然后制成溶液使用。利用这一性质，生产中使用的植物生长调节剂 α-萘乙酸、2,4-二氯苯氧乙酸(2,4-D) 均可先与氢氧化钠反应生成可溶性的盐，然后再配制成所需的浓度使用。

二元羧酸在水溶液中能分步解离，但第二步比第一步要难，所以二元酸能分别生成酸式盐或中性盐。

$$\begin{array}{ccccc} COOH & & COOH & & COONa \\ | & \xrightarrow{NaOH} & | & \xrightarrow{NaOH} & | \\ COOH & & COONa & & COONa \\ \text{草酸} & & \text{草酸氢钠} & & \text{草酸钠} \end{array}$$

2. 取代基对酸性的影响

羧酸烃基上所连基团的诱导效应是影响羧酸酸性的主要因素。当烃基上连有吸电子基团（如卤原子）时，由于吸电子诱导效应（$-I$）使羧基中羟基氧原子上的电子云密度降低，O—H 键的极性增强，因而较易解离出 H^+，其酸性增强；另外，由于吸电子诱导效应使羧酸根负离子的电荷更加分散，使其稳定性增加，从而使羧酸的酸性增强。总之，基团的吸电子能力越强，数目越多，距离羧基越近，产生的吸电子效应就越大，羧酸的酸性就越强。

$$\begin{array}{c} H \quad O \\ | \quad \parallel \\ R - C - C - \ddot{O} - H \\ | \\ X \end{array}$$

① 吸电子基团的吸电子能力越强，酸性越强。例如：

酸性 $CH_3COOH < I-CH_2COOH < Br-CH_2COOH < Cl-CH_2COOH < F-CH_2COOH$

pK_a 4.76   3.12   2.90   2.86   2.59

② 吸电子基团的数目越多，酸性越强。

酸性 $CH_3COOH < ClCH_2COOH < Cl_2CHCOOH < Cl_3CCOOH$

pK_a 4.76   2.86   1.26   0.64

③ 吸电子基团距离羧基越近，酸性越强。

酸性 $CH_3CH_2CH_2COOH < \underset{Cl}{CH_2CH_2CH_2COOH} < \underset{Cl}{CH_3CHCH_2COOH} < \underset{Cl}{CH_3CH_2CHCOOH}$

pK_a 4.82   4.52   4.06   2.86

④ 当烃基上连有供电子基团时，由于供电子诱导效应（$+I$）使羧基中羟基氧原子上的电子云密度升高，O—H 键的极性减弱，因而较难解离出 H^+，其酸性减弱。基团的供电子能力越强，羧酸的酸性就越弱。供电子基团的数目增加，酸性减弱。

酸性 $HCOOH > CH_3COOH > CH_3CH_2COOH > (CH_3)_3CCOOH$

pK_a 3.75   4.76   4.85   5.05

⑤ 二元羧酸中，由于羧基是吸电子基团，两个羧基相互影响使一级解离常数比一元饱

和羧酸大，这种影响随着两个羧基距离的增大而减弱。二元羧酸中，草酸的酸性最强。

⑥ 不饱和脂肪羧酸和芳香羧酸的酸性，除受到基团的诱导效应影响外，还受到共轭效应的影响。一般来说，不饱和脂肪羧酸的酸性略强于相应的饱和脂肪羧酸。当芳香环上有吸电子基团时，酸性增强；有供电子基团时，酸性减弱。

$$\text{酸性}\quad \underset{\text{NH}_2}{\text{C}_6\text{H}_4\text{COOH}} < \underset{\text{CH}_3}{\text{C}_6\text{H}_4\text{COOH}} < \text{C}_6\text{H}_5\text{COOH} < \underset{\text{Cl}}{\text{C}_6\text{H}_4\text{COOH}} < \underset{\text{NO}_2}{\text{C}_6\text{H}_4\text{COOH}}$$

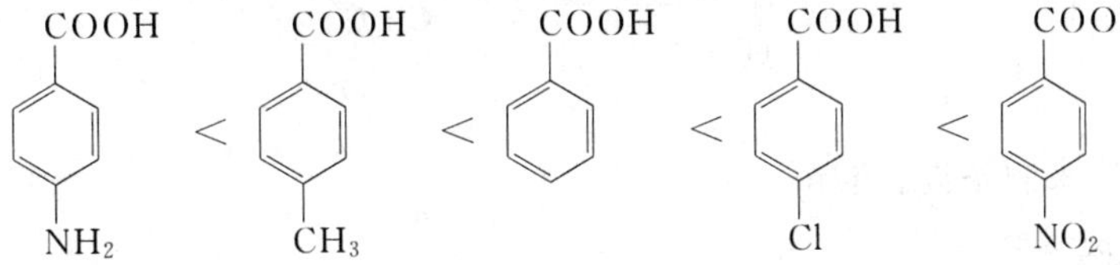

| pK_a | 4.89 | 4.37 | 4.21 | 3.99 | 3.44 |

（二）羧酸衍生物的生成

在一定条件下，羧基中的羟基被其他原子或基团取代生成羧酸衍生物。若羟基分别被卤基（—X）、酰氧基（—OCOR）、烷氧基（—OR）、氨基（—NH$_2$）取代，则分别生成酰卤、酸酐、酯、酰胺等羧酸衍生物。

1. 酰卤的生成

羧酸与 PX$_3$、PX$_5$ 或亚硫酰氯（SOCl$_2$）等卤化剂反应，羟基被卤原子取代生成酰卤。例如：

$$3R{-}\overset{O}{\underset{}{C}}{-}OH + PCl_3 \xrightarrow{\triangle} 3R{-}\overset{O}{\underset{}{C}}{-}Cl + H_3PO_3$$

$$R{-}\overset{O}{\underset{}{C}}{-}OH + PCl_5 \xrightarrow{\triangle} R{-}\overset{O}{\underset{}{C}}{-}Cl + POCl_3 + HCl\uparrow$$

$$R{-}\overset{O}{\underset{}{C}}{-}OH + SOCl_2 \longrightarrow R{-}\overset{O}{\underset{}{C}}{-}Cl + SO_2\uparrow + HCl\uparrow$$

SOCl$_2$ 是较理想的氯化剂，因为副产物都是气体，所以容易与酰氯分离和提纯。

2. 酸酐的生成

一元羧酸在脱水剂（五氧化二磷或乙酸酐）作用下，两分子羧酸受热脱去一分子水生成酸酐。

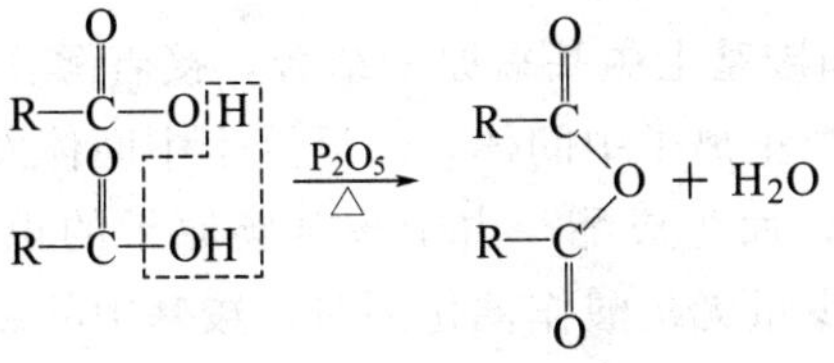

由于乙酸酐价格便宜，且易吸水生成乙酸，容易除去，所以常用乙酸酐作脱水剂制取较高级的羧酸酐。

二元羧酸发生分子内脱水生成内酐。例如：

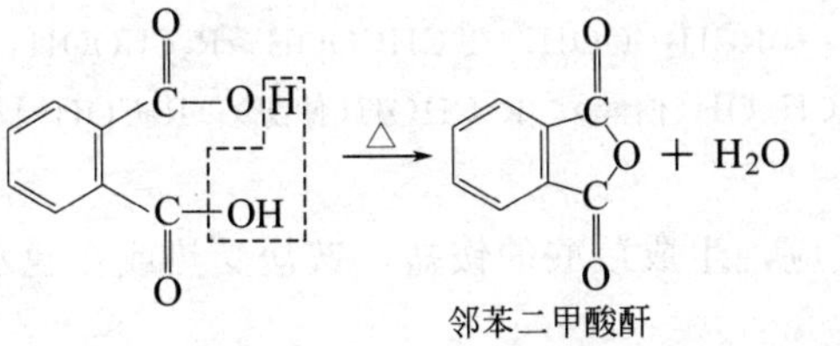

邻苯二甲酸酐

酸酐还可用酰卤和无水羧酸盐共热来制备。例如：

$$CH_3CH_2\overset{O}{\underset{}{C}}\boxed{Cl} \quad \overset{\triangle}{\longrightarrow} \quad CH_3CH_2\overset{O}{\underset{}{C}}-O \quad +NaCl$$
$$CH_3-C-O\boxed{Na} \qquad\qquad CH_3\overset{}{\underset{O}{C}}$$

通常用此法来制备混合酸酐。

3. 酯的生成

在无机酸的催化下羧酸和醇共热，失去一分子水形成酯，叫做酯化反应。

$$R-\overset{O}{\underset{}{C}}-OH + HO-R' \underset{}{\overset{H^+}{\rightleftharpoons}} R-\overset{O}{\underset{}{C}}-OR' + H_2O$$

酯化反应是可逆的，且反应速率极慢，要加快反应速率和提高产率，必须增大反应物的用量或及时除去生成的水，促使平衡向生成酯的方向移动。

若用同位素 ^{18}O 标记醇的酯化反应，反应结果是 ^{18}O 在酯分子中而不是在水分子中，说明酯化反应生成的水，是醇羟基中的氢原子与羧基中的羟基结合而成的，即羧酸发生了酰氧键的断裂。

$$CH_3-\overset{O}{\underset{}{C}}-OH + H^{18}O-C_2H_5 \rightleftharpoons CH_3-\overset{O}{\underset{}{C}}-^{18}OC_2H_5 + H_2O$$

研究发现，酸催化下的酯化反应的机理属于加成-消除历程。

$$R-\overset{O}{\underset{}{C}}-OH \overset{H^+}{\rightleftharpoons} R-\overset{\overset{+}{O}H}{\underset{}{C}}-OH (= R-\overset{OH}{\underset{+}{C}}-OH) \overset{R'OH}{\longrightarrow} R-\overset{OH}{\underset{\overset{}{HOR'}}{C}}-OH \rightleftharpoons$$

$$R-\overset{OH}{\underset{\overset{}{OR'}}{\underset{+}{C}}}-\overset{+}{OH_2} \rightleftharpoons R-\overset{OH}{\underset{}{C}}-OR' \overset{-H^+}{\rightleftharpoons} R-\overset{O}{\underset{}{C}}-OR'$$

酯化反应中，H^+ 首先和羧基上羰基氧原子结合，接着醇作为亲核试剂进攻具有部分正电性的羧基碳原子，生成一个正离子中间体，然后这个中间体发生分子内质子转移，并很快失去一个水分子和一个质子，而生成酯。由于羧基碳原子的正电性较小，很难接受醇的进攻，所以反应很慢。当加入少量无机酸作催化剂时，羧基中的羰基氧原子接受质子，使羧基碳原子的正电性增强，从而有利于醇分子的进攻，加快酯的生成。

醇和羧酸的结构对酯化反应的速率有较大影响。α-C 上连有较多烃基或所连基团大的羧酸和醇，由于空间位阻的影响使酯化反应速率减慢。不同结构的羧酸和醇进行酯化反应的活性顺序为：

$$RCH_2COOH > R_2CHCOOH > R_3CCOOH$$
$$RCH_2OH(伯醇) > R_2CHOH(仲醇) > R_3COH(叔醇)$$

4. 酰胺的生成

羧酸与氨或碳酸铵反应，生成羧酸的铵盐，铵盐受热或在脱水剂的作用下加热，分子内失去一分子水形成酰胺。

$$R\overset{\overset{\displaystyle O}{\|}}{C}-OH + NH_3 \longrightarrow R\overset{\overset{\displaystyle O}{\|}}{C}-ONH_4$$

$$2R\overset{\overset{\displaystyle O}{\|}}{C}-OH + (NH_4)_2CO_3 \longrightarrow 2R\overset{\overset{\displaystyle O}{\|}}{C}-ONH_4 + CO_2\uparrow + H_2O$$

$$R\overset{\overset{\displaystyle O}{\|}}{C}-ONH_4 \xrightarrow[\triangle]{P_2O_5} R\overset{\overset{\displaystyle O}{\|}}{C}-NH_2 + H_2O$$

二元羧酸与氨共热脱水，可生成酰亚胺。例如：

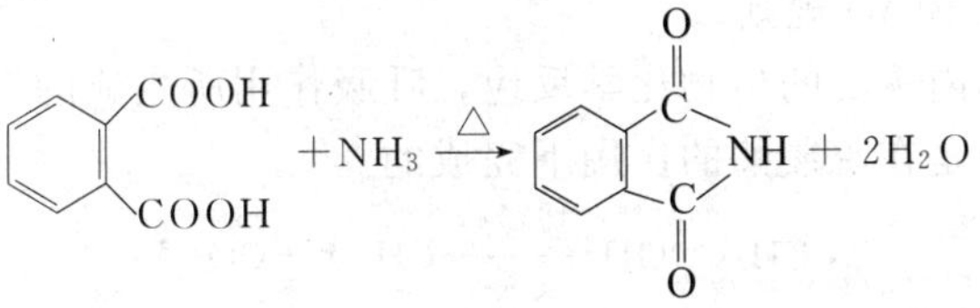

邻苯二甲酸　　　　　　　邻苯二甲酰亚胺

（三）脱羧反应

羧酸中的羧基通常比较稳定，但在特殊条件下也可发生脱去羧基，放出二氧化碳的反应，称为脱羧反应。不同的羧酸脱羧生成的产物不同。

一元羧酸的钠盐与强碱共热，生成比原来羧酸少一个碳原子的烃。例如，无水醋酸钠和碱石灰（NaOH 与 CaO 的混合物）混合加热，发生脱羧反应生成甲烷，这是实验室制备甲烷的方法。

$$CH_3-\overset{\overset{\displaystyle O}{\|}}{C}-ONa + NaOH \xrightarrow[\triangle]{CaO} CH_4\uparrow + Na_2CO_3$$

α-C 原子上连有强吸电子基团的羧酸容易脱羧。

$$CCl_3-COOH \xrightarrow{\triangle} CHCl_3 + CO_2\uparrow$$

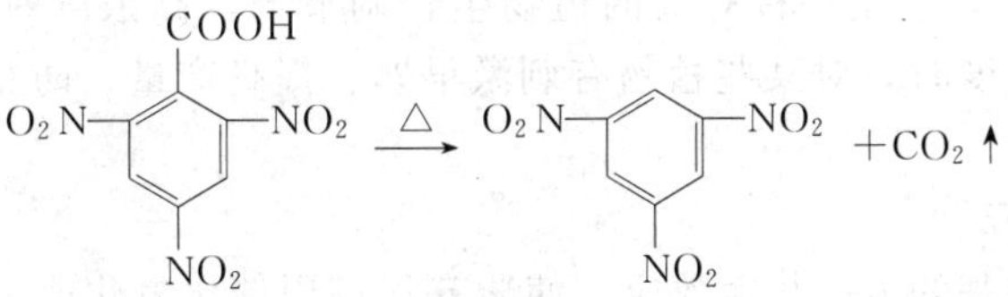

有些低级二元羧酸，由于羧基是吸电子基团，在两个羧基的相互影响下，受热也容易发生脱羧反应。例如，乙二酸、丙二酸加热，脱去二氧化碳，生成比原来羧酸少一个碳原子的一元羧酸。

$$HOOC-COOH \xrightarrow{\triangle} HCOOH + CO_2\uparrow$$

$$HOOC-CH_2-COOH \xrightarrow{\triangle} CH_3COOH + CO_2\uparrow$$

丁二酸及戊二酸加热至熔点以上不发生脱羧反应，而是分子内脱水生成稳定的内酐。

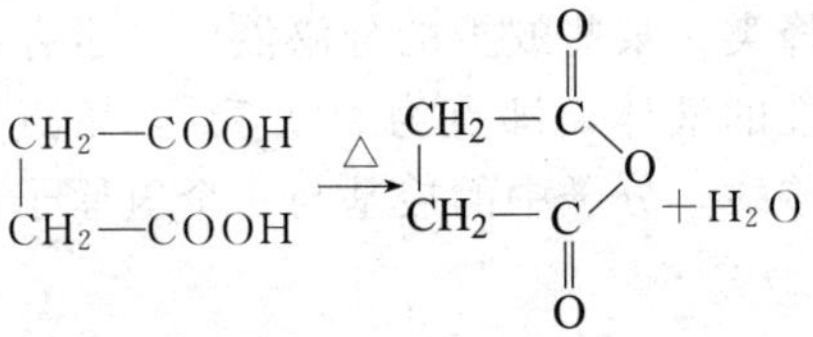

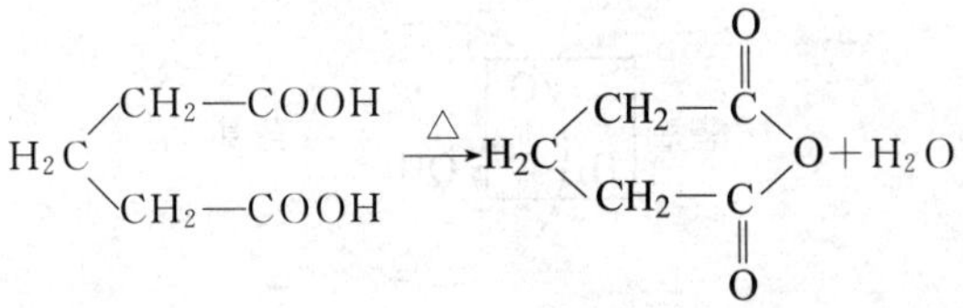

己二酸及庚二酸在氢氧化钡存在下加热，既脱羧又失水，生成环酮。

$$CH_2-CH_2-COOH \mid CH_2-CH_2-COOH \xrightarrow[\triangle]{Ba(OH)_2} \bigcirc\!\!=\!\!O + H_2O + CO_2 \uparrow$$

$$H_2C \Big\langle {CH_2-CH_2-COOH \atop CH_2-CH_2-COOH} \xrightarrow[\triangle]{Ba(OH)_2} \bigcirc\!\!=\!\!O + H_2O + CO_2 \uparrow$$

Blanc 对上述反应研究后发现，当反应有可能形成环状化合物时，一般容易形成五元环或六元环，这一规律为 Blanc 规则。

脱羧反应是生物体内重要的生物化学反应，呼吸作用所生成的二氧化碳就是羧酸脱羧的结果。生物体内的脱羧是在脱羧酶的作用下完成的。

$$CH_3COOH \xrightarrow{脱羧酶} CH_4 \uparrow + CO_2 \uparrow$$

（四）α-H 的卤代反应

羧基通过吸电子诱导效应和 σ-π 超共轭供电子效应使 α-H 活化。因为羧基的致活作用比羰基小得多，所以羧酸的 α-H 被卤原子取代的反应比醛、酮难。羧酸在日光或红磷等的催化下，α-H 能被氯或溴取代，生成 α-卤代羧酸，此反应称为 Hell-Volhard-zelinsky 反应。例如：

$$CH_3COOH \xrightarrow[P]{Cl_2} ClCH_2COOH \xrightarrow[P]{Cl_2} Cl_2CHCOOH \xrightarrow[P]{Cl_2} Cl_3CCOOH$$

$$\qquad\qquad\qquad 一氯乙酸 \qquad\qquad 二氯乙酸 \qquad\qquad 三氯乙酸$$

若控制反应条件，可使反应停留在一元取代阶段。

卤代羧酸是合成农药和药物的重要原料，有些卤代羧酸如 α,α-二氯丙酸或 α,α-二氯丁酸还是有效的除草剂。氯乙酸与 2,4-二氯苯酚钠在碱性条件下反应，可制得 2,4-二氯苯氧乙酸（简称 2,4-D），它是一种有效的植物生长调节剂，高浓度时可防治禾谷类作物田中的双子叶杂草；低浓度时，对某些植物有刺激早熟、提高产量、防止落花落果、产生无籽果实等多种作用。

（五）还原反应

由于羧基中羰基的 p-π 共轭效应，使羧基很难用催化氢化或一般的还原剂还原，只有强还原剂如 LiAlH$_4$ 能将其直接还原成伯醇。LiAlH$_4$ 是选择性的还原剂，只还原羧基，不还原碳碳双键。例如：

$$CH_3-CH=CH-CH_2-COOH \xrightarrow{LiAlH_4} CH_3-CH=CH-CH_2-CH_2OH$$

五、重要的化合物

1. 甲酸

甲酸俗称蚁酸，存在于蜂类、某些蚁类的分泌液中，也存在于松叶及某些果实中。甲酸是无色有强烈腐蚀性和刺激性的液体，沸点为 100.5℃，熔点为 8.4℃，可与水、乙醇等混溶。甲酸的结构不同于其他羧酸，分子中的羧基与一个氢原子直接相连，因此它同时具有羧基和醛基的结构。

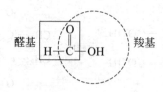

甲酸除具有羧酸的特性外，还具有醛的某些性质。如能发生银镜反应；可被高锰酸钾氧化；与浓硫酸在 60～80℃ 条件下共热，可以分解为水和一氧化碳，实验室中用此法制备纯净的一氧化碳。

$$HCOOH+2[Ag(NH_3)_2]^+ +2OH^- \longrightarrow 2Ag\downarrow +CO_2\uparrow +4NH_3\uparrow +2H_2O$$

$$\underset{\begin{subarray}{c}\\\end{subarray}}{H-\overset{\displaystyle O}{\overset{\|}{C}}-OH} \xrightarrow{KMnO_4} HO-\overset{\displaystyle O}{\overset{\|}{C}}-OH \longrightarrow CO_2\uparrow +H_2O$$

$$H-\overset{\displaystyle O}{\overset{\|}{C}}-OH \xrightarrow[\triangle]{H_2SO_4} CO\uparrow +H_2O$$

在工业上，甲酸可用于染料和橡胶工业，也可以作为消毒剂和防腐剂。

2. 乙酸

乙酸俗称为醋酸，普通食醋中含醋酸 4%～8%。纯乙酸为无色、有刺激性气味、有腐蚀性的液体，沸点为 118℃，熔点为 16.6℃。当室温低于 16.6℃ 时，乙酸易凝结成冰状固体，纯乙酸（含量在 98% 以上）叫做冰乙（醋）酸。

乙酸广泛存在于自然界中，常以盐或酯的形式存在于植物的果实和汁液内，并以乙酰辅酶 A 的形式参加糖和脂肪的代谢。

糖通过醋酸菌发酵可产生醋酸，这种发酵法目前仍应用于食醋和醋酸的生产。现代工业用乙炔、乙烯为原料，用化学合成法大规模生产乙酸。乙酸是染料、香料、医药、塑料工业中不可缺少的原料。乙酸最重要的应用是制备乙酸酐。

3. 过氧乙酸

过氧乙酸又称过醋酸，结构式为 CH_3COOOH，为无色透明液体，有辛辣味，易挥发，有强刺激性和腐蚀性。能溶于水、醇、醚和硫酸，在中性稀的水溶液中稳定。

过氧乙酸是一种杀菌剂，具有使用浓度低、消毒时间短、无残留毒性、在 $-20～-40℃$ 下也能杀菌等优点。主要用于香蕉、柑橘、樱桃以及其他果实和蔬菜等采收后的处理和农产品的容器消毒，可防治真菌和细菌性腐烂。也可用作鸡蛋消毒、室内消毒，在 2003 年抗击"非典"斗争中发挥了巨大的作用。工业上用它作各种纤维的漂白剂、高分子聚合物的引发剂及制备环氧化合物的试剂。

4. 乙二酸

乙二酸俗称草酸，草酸的名字源于"oxalis"，希腊语为"酸"，也是包括番茄、菠菜和大黄等草本植物的标志，它们都含有一定量的草酸。草酸以盐的形式存在于许多草本植物和藻类中，在室温下为无色晶体，熔点为 189℃（分解），易溶于水而不溶于乙醚等有机溶剂。

乙二酸是二元羧酸中酸性最强的一个，它的钾、钠、铵盐易溶于水，但钙盐溶解度极小，这一性质可用于 Ca^{2+} 的分析和测定。乙二酸还可以和许多金属离子形成配合物，且形成的配合物溶于水，因此能除去衣物上的蓝墨水痕迹，可用作洗衣店里的漂洗剂还可用于除去汽车水箱中的水垢和铁锈。

$$Fe^{3+}+3H_2C_2O_4 \longrightarrow [Fe(C_2O_4)_3]^{3-}+6H^+$$

乙二酸受热可发生脱羧反应，在浓硫酸存在下加热可同时发生脱羧、脱水反应。乙二酸可以还原高锰酸钾，由于这一反应是定量进行的，乙二酸又极易精制提纯，所以被用作标定高锰酸钾的基准物质。

$$5HOOC-COOH+2KMnO_4+3H_2SO_4 \longrightarrow K_2SO_4+2MnSO_4+10CO_2\uparrow +8H_2O$$

乙二酸还用作媒染剂和麦草编织物的漂白剂。

大黄叶中含有很大量的草酸，毒性相当大，因而只有大黄的茎可以食用。菠菜中草酸的含量较少，但如果食用太多，依然存在草酸过量的危险。草酸过量的症状包括从肠胃不舒服到呼吸困难、肌肉无力、肾衰（草酸结合钙离子形成不溶的肾结石）、循环性虚脱、昏迷和死亡。

5. 丁烯二酸

丁烯二酸有顺-丁烯二酸（马来酸或失水苹果酸）和反-丁烯二酸（延胡索酸或富马酸）两种异构体。其结构式如下：

$$
\begin{array}{cc}
\underset{HOOC}{\overset{H}{\diagdown}}C=C\underset{COOH}{\overset{H}{\diagup}} & \underset{HOOC}{\overset{H}{\diagdown}}C=C\underset{H}{\overset{COOH}{\diagup}} \\
\text{顺-丁烯二酸} & \text{反-丁烯二酸}
\end{array}
$$

二者的物理性质和生理作用差异很大。顺-丁烯二酸不存在于自然界中，熔点为130℃，密度为$1.590g \cdot L^{-1}$，易溶于水，在生物体内不能转化为糖，有一定的毒性。反-丁烯二酸是糖代谢的重要中间产物，广泛分布于植物界，也分布于温血动物的肌肉中，熔点为302℃，难溶于水。反-丁烯二酸是国际上允许使用的食品添加剂，其二甲酯（富马酸二甲酯）杀菌谱广，可广泛用于食品、饲料的防腐。

顺-丁烯二酸和反-丁烯二酸中两个羧基的相互位置不同，它们的化学性质也不尽相同。主要表现在：

① 顺-丁烯二酸中两个羧基在双键的同侧，空间距离比较近，相互间的影响比较大；反-丁烯二酸中两个羧基在双键的两侧，空间距离比较远，相互间的影响比较小。所以，顺-丁烯二酸的一级解离常数（$pK_{a_1}=1.94$）较反-丁烯二酸的一级解离常数（$pK_{a_1}=3.02$）小。

② 顺-丁烯二酸受热容易失水形成酸酐，反-丁烯二酸则不能形成分子内的酸酐。当反-丁烯二酸受到强热（>300℃）后，首先转化为顺-丁烯二酸，然后生成顺-丁烯二酸酐。

$$
\underset{HOOC}{\overset{H}{\diagdown}}C=C\underset{H}{\overset{COOH}{\diagup}} \xrightarrow{300℃} \underset{HOOC}{\overset{H}{\diagdown}}C=C\underset{COOH}{\overset{H}{\diagup}} \xrightarrow[\triangle]{-H_2O} \begin{array}{c} O \\ \parallel \\ CH-C \\ \parallel \qquad \diagdown \\ CH-C \qquad O \\ \parallel \\ O \end{array}
$$

顺-丁烯二酸酐是重要的化工原料，其肼类衍生物如马来酰肼（抑芽丹，MH）是一种重要的植物生长抑制剂。

6. 苯甲酸

苯甲酸俗名安息香酸，它与苄醇形成酯，存在于安息香胶及其他一些树脂内。苯甲酸是白色晶体，熔点为122.4℃，难溶于冷水，易溶于沸水、乙醇、氯仿、乙醚中。苯甲酸毒性较低，具有抑菌防霉的作用，其钠盐常用作食品和某些药物的防腐剂。苯甲酸的某些衍生物是农业上常用的除草剂及植物生长调节剂，如2,3,5-三碘苯甲酸在始花期叶部施药，可使大豆和苹果增产，并能防止豆类倒伏。

7. α-萘乙酸

α-萘乙酸简称NAA，是白色晶体，熔点为133℃，难溶于水，易溶于乙醇、丙醇和丙酮。NAA是一种常用的植物生长调节剂，低浓度时可以刺激植物生长，防止落花落果，并可广泛用于大田作物的浸种处理；高浓度时则抑制植物生长，可用于杀除莠草和防止马铃薯储存期间的发芽。NAA一般以钠盐或钾盐的形式使用。

8. 丙烯酸

丙烯酸的熔点为13.5℃，可发生氧化和聚合反应，放久后本身自动聚合成固体物质。丙烯酸是非常重要的化工原料，用丙烯酸树脂生产的高级漆色泽鲜艳、经久耐用，可用作汽车、电冰箱、洗衣机、医疗器械等的涂饰，也可作建筑内外及门窗的涂料。另外，丙烯酸系列产品还有保鲜作用，可使水果、鸡蛋的保鲜期大大延长而对人体无害。丙烯酸可由丙烯腈在酸性条件下水解得到。

9. 丁二酸

丁二酸广泛存在于一些未成熟的果实内，如葡萄、苹果、樱桃等，最初由蒸馏琥珀得到，故俗称琥珀酸。丁二酸是无色晶体，熔点为185℃，易溶于水，微溶于乙醇、乙醚、丙酮等有机溶剂。丁二酸是生物代谢过程中的一种重要中间体，在有机合成中是制备醇酸树脂的原料，在医药上有抗痉挛及利尿的作用。

第二节　羧酸衍生物

羧酸分子中羧基上的羟基被其他原子或基团取代后的产物叫羧酸衍生物，主要有酰卤、酸酐、酯和酰胺，它们都是含有酰基的化合物。羧酸衍生物的反应活性很高，可以转变成多种其他化合物，是十分重要的有机合成中间体。本节主要讨论酰卤、酸酐、酯的结构与性质，酰胺将在第九章中讨论。

一、羧酸衍生物的命名

酰卤根据酰基和卤原子来命名，称为"某酰卤"。例如：

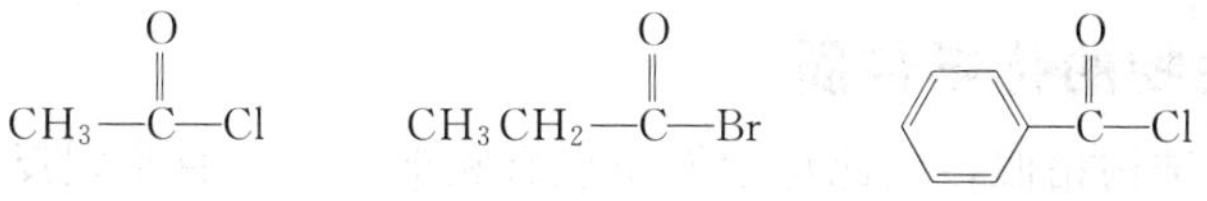

乙酰氯　　　　　　　丙酰溴　　　　　　　苯甲酰氯

酸酐根据相应的羧酸命名。两个相同羧酸形成的酸酐为简单酸酐，称为"某酸酐"，简称"某酐"；两个不同羧酸形成的酸酐为混合酸酐，称为"某酸某酸酐"，简称"某某酐"；二元羧酸分子内失去一分子水形成的酸酐为内酐，称为"某二酸酐"。例如：

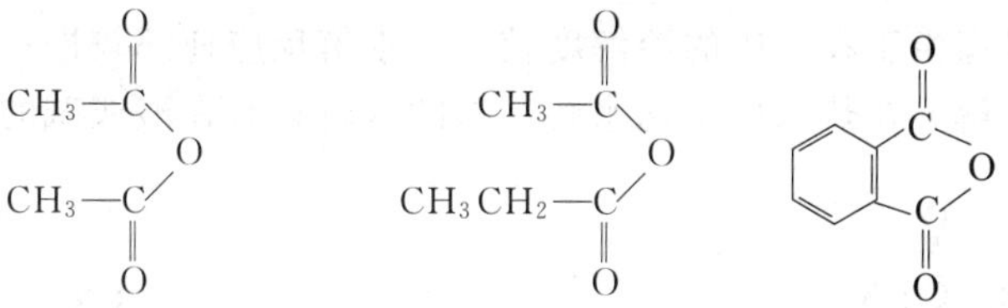

乙（酸）酐　　　　　乙（酸）丙（酸）酐　　　　邻苯二甲酸酐

酯根据形成它的羧酸和醇来命名，称为"某酸某酯"。例如：

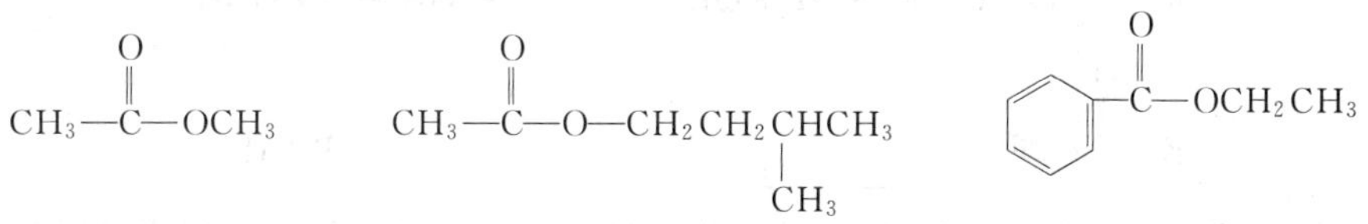

乙酸甲酯　　　　　　　乙酸异戊酯　　　　　　　苯甲酸乙酯

二、　羧酸衍生物的物理性质

低级的酰氯和酸酐都是无色且对黏膜有刺激性的液体，高级的酰氯和酸酐为白色固体，内酐也是固体。酰氯和酸酐的沸点比相对分子质量相近的羧酸低，这是因为它们的分子间不能通过氢键缔合的缘故。

室温下，大多数酯都是液体，低级的酯具有花果香味。如乙酸异戊酯有香蕉香味（俗称香蕉水）；正戊酸异戊酯有苹果香味；甲酸苯乙酯有野玫瑰香味；丁酸甲酯有菠萝香味等。许多花和水果的香味都与酯有关，因此酯多用于香料工业。

羧酸衍生物一般都难溶于水而易溶于乙醚、氯仿、丙酮、苯等有机溶剂。

一些常见羧酸衍生物的物理常数见表 8-2。

表 8-2　一些常见羧酸衍生物的物理常数

名称	熔点/℃	沸点/℃	相对密度(d_4^{20})
乙酰氯	-112	50.9	1.104
苯甲酰氯	-1	197	1.212
乙酸酐	-73	140.0	1.081
丙酸酐	-45	169	1.012
丁二酸酐	119.6	261	1.104
顺丁烯二酸酐	53	202	0.934
邻苯二甲酸酐	132	284.5(升华)	1.527
甲酸乙酯	-80	54	0.923
乙酸甲酯	-98	57	0.924
乙酸乙酯	-83.6	77.2	0.901
乙酸异戊酯	-78	142	0.876
苯甲酸乙酯	-34	213	1.051
苯甲酸苄酯	21	324	1.114

三、羧酸衍生物的化学性质

羧酸衍生物由于结构相似，因此化学性质也有相似之处，只是在反应活性上有较大的差异。羧酸衍生物化学反应的活性次序为：

酰卤＞酸酐＞酯＞酰胺

1. 水解反应

酰卤、酸酐、酯都可水解生成相应的羧酸。它们的水解难易程度不同。低级的酰卤遇水剧烈反应，高级的酰卤由于在水中的溶解度较小，水解反应速率较慢；多数酸酐由于不溶于水，在冷水中缓慢水解，在热水中迅速水解；酯的水解只有在酸或碱的催化下才能发生。

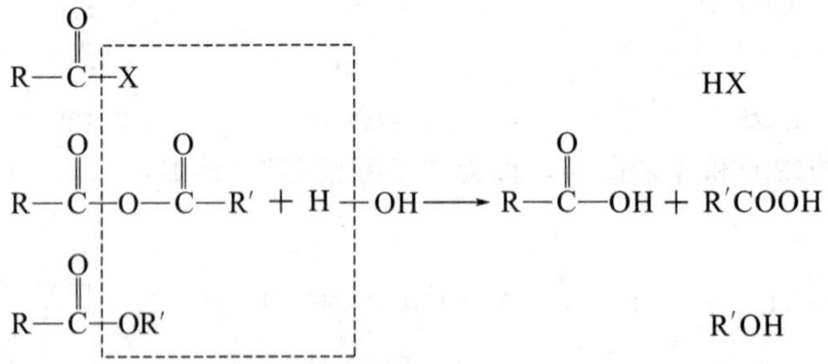

酯的水解在理论上和生产上都有重要意义。酸催化下的水解是酯化反应的逆反应，水解不能进行完全；碱催化下的水解生成的羧酸可与碱生成盐而从平衡体系中除去，所以水解反应可以进行到底。酯的碱性水解反应也称为皂化。

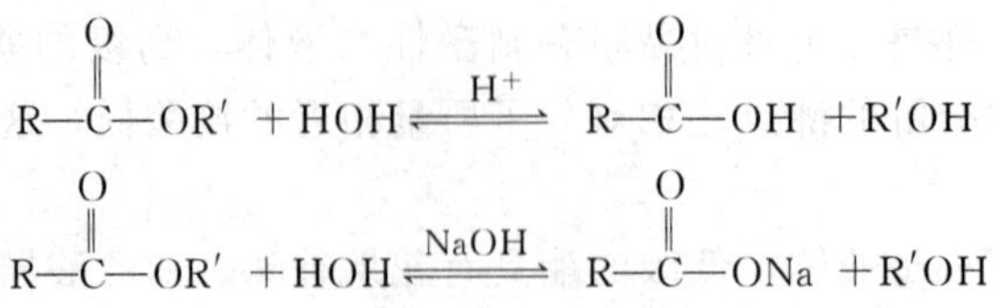

2. 醇解反应

酰卤、酸酐、酯都能发生醇解反应，产物主要是酯。它们进行醇解的反应速率顺序与水解反应相同。酯的醇解反应也叫酯交换反应，即醇分子中的烷氧基取代了酯分子中的烷氧基。酯交换反应不但需要酸催化，而且反应是可逆的。

$$
\begin{array}{l}
R-\overset{\overset{\displaystyle O}{\|}}{C}-X \\[2mm]
R-\overset{\overset{\displaystyle O}{\|}}{C}-O-\overset{\overset{\displaystyle O}{\|}}{C}-R' \ + \ H-OR'' \ \longrightarrow \ R-\overset{\overset{\displaystyle O}{\|}}{C}-OR'' + R'COOH \\[2mm]
R-\overset{\overset{\displaystyle O}{\|}}{C}-OR'
\end{array}
\qquad
\begin{array}{l}
HX \\[4mm]
\\[4mm]
R'OH
\end{array}
$$

酯交换反应常用来制取高级醇的酯，因为结构复杂的高级醇一般难与羧酸直接酯化，往往是先制得低级醇的酯，再利用酯交换反应，即可得到所需要高级醇的酯。

生物体内也有类似的酯交换反应，此反应是在相邻的神经细胞之间传导神经刺激的重要过程。

$$
CH_3-\overset{\overset{\displaystyle O}{\|}}{C}-SCoA \ + HOCH_2CH_2N^+(CH_3)_3\ OH^- \ \longrightarrow \ CH_3-\overset{\overset{\displaystyle O}{\|}}{C}-OCH_2CH_2N^+(CH_3)_3\ OH^- +HSCoA
$$

乙酰辅酶 A　　　　　　　　　胆碱　　　　　　　　　　　　　　　乙酰胆碱　　　　　　　　辅酶 A

3. 氨解反应

酰卤、酸酐、酯可以发生氨解反应，产物是酰胺。由于氨本身是碱，所以氨解反应比水解反应更易进行。酰卤和酸酐与氨的反应都很剧烈，需要在冷却或稀释的条件下缓慢混合进行反应。

$$
\begin{array}{l}
R-\overset{\overset{\displaystyle O}{\|}}{C}-X \\[2mm]
R-\overset{\overset{\displaystyle O}{\|}}{C}-O-\overset{\overset{\displaystyle O}{\|}}{C}-R' \ + \ H-NH_2 \ \longrightarrow \ R-\overset{\overset{\displaystyle O}{\|}}{C}-NH_2 + R'COONH_4 \\[2mm]
R-\overset{\overset{\displaystyle O}{\|}}{C}-OR'
\end{array}
\qquad
\begin{array}{l}
NH_4X \\[4mm]
\\[4mm]
R'OH
\end{array}
$$

羧酸衍生物的水解、醇解、氨解反应中，H_2O、ROH 和 NH_3 分子中的氢原子被酰基取代，在分子中引入酰基的反应叫酰基化反应。乙酰氯和乙酸酐是常用的乙酰化试剂。

羧酸衍生物的水解、醇解、氨解反应都属于亲核取代反应历程，可用下列通式表示：

$$
R-\overset{\overset{\displaystyle O}{\|}}{C}-A + HNu \ \rightleftharpoons \ \left[R-\overset{\overset{\displaystyle O-H}{|}}{\underset{\underset{\displaystyle Nu}{|}}{C}}-A \right] \ \rightleftharpoons \ R-\overset{\overset{\displaystyle O}{\|}}{C}-Nu + HA
$$

$$
(A=X、O-\overset{\overset{\displaystyle O}{\|}}{C}-R'、OR';HNu=H_2O、ROH、NH_3)
$$

反应的实质是加成-消除历程。第一步由亲核试剂 Nu 进攻酰基碳原子，形成加成中间产物，第二步脱去一个小分子 HA，恢复碳氧双键，最后酰基取代了活泼氢原子和 Nu 结合得到取代产物。所以这些反应又称为 HNu 的酰基化反应。

酰基碳原子的正电性越强，水、醇、氨等亲核试剂向酰基碳原子的进攻越容易，反应越快。在羧酸衍生物中，基团 A 有一对未共用电子，这个电子对可与酰基中的 C=O 形成 p-π共轭体系。基团 A 的给电子能力顺序为：

$$-\ddot{C}l < -\overset{\overset{\displaystyle O}{\|}}{\ddot{O}-C-R} < -\ddot{O}R < -\ddot{N}H_2$$

因此酰基碳原子的正电性强度顺序为：酰氯＞酸酐＞酯＞酰胺。另一方面，反应的难易程度也与离去基团 A 的碱性有关，A 的碱性愈弱愈容易离去。离去基团 A 的碱性强弱顺序为 $NH_2^- > RO^- > RCO_2^- > X^-$，即离去的难易顺序为 $NH_2^- < RO^- < RCO_2^- < X^-$。

羧酸衍生物的酰—A 键断裂的活性（也称酰基化能力）次序为：酰卤＞酸酐＞酯＞酰胺。

4. 酯的还原反应

酯容易被还原成醇，常用的还原剂是金属钠和乙醇，$LiAlH_4$ 是更有效的还原剂。

$$R-\overset{\overset{\displaystyle O}{\|}}{C}-OR' \xrightarrow[\triangle]{Na+C_2H_5OH} RCH_2OH + R'OH$$

由于羧酸较难还原，经常把羧酸转变成酯后再还原。

5. 克莱森酯缩合反应

酯分子中的 α-H 由于受到酯基的影响而变得较活泼，用醇钠等强碱处理时，两分子的酯脱去一分子醇生成 β-酮酸酯，这个反应称为克莱森（Claisen）酯缩合反应。

$$H_3C-\overset{\overset{\displaystyle O}{\|}}{C}-[OC_2H_5 + H]-CH_2-\overset{\overset{\displaystyle O}{\|}}{C}-OC_2H_5 \underset{}{\overset{C_2H_5ONa}{\rightleftharpoons}} CH_3-\overset{\overset{\displaystyle O}{\|}}{C}-CH_2-\overset{\overset{\displaystyle O}{\|}}{C}-OC_2H_5 + C_2H_5OH$$

乙酰乙酸乙酯

酯缩合反应的历程类似于羟醛缩合反应。第一步强碱夺取 α-H 形成碳负离子，第二步碳负离子进攻另一酯分子的羰基碳原子发生亲核加成反应，再失去一个烷氧基负离子生成 β-酮酸酯。

$$CH_3-\overset{\overset{\displaystyle O}{\|}}{C}-OC_2H_5 \overset{C_2H_5ONa}{\rightleftharpoons} \overset{-}{C}H_2-\overset{\overset{\displaystyle O}{\|}}{C}-OC_2H_5$$

$$CH_3-\overset{\overset{\displaystyle O}{\|}}{C}-OC_2H_5 + \overset{-}{C}H_2-\overset{\overset{\displaystyle O}{\|}}{C}-OC_2H_5 \rightleftharpoons CH_3-\overset{O^-}{\underset{OC_2H_5}{\overset{|}{C}}}-CH_2-\overset{\overset{\displaystyle O}{\|}}{C}-OC_2H_5 \rightleftharpoons$$

$$CH_3-\overset{\overset{\displaystyle O}{\|}}{C}-CH_2-\overset{\overset{\displaystyle O}{\|}}{C}-OC_2H_5 + C_2H_5O^-$$

生物体中的长链脂肪酸以及一些其他化合物的生成就是由乙酰辅酶 A 通过一系列复杂的生化过程形成的。从化学角度来说，是通过类似于酯交换、酯缩合等反应逐渐将碳链加长的。

四、重要的化合物

1. 丙二酸二乙酯

丙二酸二乙酯 $[CH_2(COOC_2H_5)_2]$ 为无色液体，有芳香气味，沸点为 199.3℃，不溶于水，易溶于乙醇、乙醚等有机溶剂。丙二酸二乙酯是以氯乙酸为原料，经过氰解、酯化后得到的二元羧酸酯。

$$\underset{\underset{Cl}{|}}{CH_2COOH} \xrightarrow[NaOH]{NaCN} \underset{\underset{CN}{|}}{CH_2COOH} \longrightarrow \underset{\underset{COOH}{|}}{CH_2COOH} \xrightarrow[H^+]{C_2H_5OH} H_2C\underset{COOC_2H_5}{\overset{COOC_2H_5}{<}}$$

丙二酸二乙酯由于分子中含有一个活泼亚甲基，因此在理论和合成上都有重要意义。丙二酸二乙酯在醇钠等强碱催化下，能产生一个碳负离子，它可以和卤代烃发生亲核取代反应，产物经水解和脱羧后生成羧酸。用这种方法可合成 RCH_2COOH 和 $RR'CHCOOH$ 型的羧酸；如用适当的二卤代烷作为烃化试剂，也可以合成脂环族羧酸。例如：

$$H_2C\underset{COOC_2H_5}{\overset{COOC_2H_5}{<}} + R-X \xrightarrow[C_2H_5OH]{C_2H_5ONa} RHC\underset{COOC_2H_5}{\overset{COOC_2H_5}{<}} \xrightarrow[\triangle]{NaOH \quad H^+} RCH_2COOH$$

$$CH_2(COOC_2H_5)_2 + \underset{\underset{CH_2-CH_2-Br}{|}}{CH_2-Br} \xrightarrow[C_2H_5OH]{C_2H_5ONa} \underset{\underset{CH_2-CH_2}{|}}{CH_2-C(COOC_2H_5)_2} \xrightarrow[\triangle]{NaOH \quad H^+} \underset{\underset{CH_2-CH_2}{|}}{CH_2-CH-COOH}$$

丙二酸二乙酯可以在胺或吡啶（Py）等催化下与醛、酮发生缩合反应，生成各种 α,β-不饱和羧酸。例如：

$$CH_2(COOC_2H_5)_2 + RCHO \xrightarrow{Py} RCH=C(COOC_2H_5)_2 \xrightarrow[\triangle]{NaOH \quad H^+} RCH=CH-COOH$$

2. 除虫菊酯

除虫菊酯是存在于除虫菊中的具有杀虫效力的成分之一，其结构式为：

自从发现除虫菊酯的杀虫效力以后，许多国家先后合成了一系列其类似物，统称为拟除虫菊酯。由于这类化合物杀虫效力高、残留少、对环境污染小，所以是一类很有前途的农药。

3. 青霉素

青霉素是抗生素的一种，是微生物在生长过程中产生的，能杀死多种微生物或有选择性地抑制其他微生物的生长。

青霉素是一个酰胺，同时具有与四氢噻唑稠合的内酰胺环系。青霉素是由青霉菌培养液中分离出的几种 R 基不同而骨架相同的物质，作为抗生素药物使用的是青霉素 G。青霉素 G 很容易被胃酸分解，所以口服效果很差。

青霉素G：$R=C_6H_5CH_2-$

第三节 取 代 酸

羧酸分子中烃基上的氢原子被其他原子或基团取代的产物称为取代酸，常见的有卤代酸、羟基酸、羰基酸和氨基酸等。它们都具有两种以上不同官能团，又叫复合官能团化合物。

这里重点讨论羟基酸和羰基酸的性质，氨基酸将在第十三章中学习。

一、羟基酸

（一）羟基酸的分类和命名

羧酸分子中烃基上的氢原子被羟基取代的产物叫做羟基酸，羟基酸分子中同时含有羟基和羧基两个官能团。羟基酸可分为醇酸和酚酸，醇酸中羟基和羧基均连在脂肪链上，酚酸中羟基和羧基连在芳环上。醇酸可根据羟基与羧基的相对位置称为 α-、β-、γ-、δ-羟基酸，羟基连在碳链末端时，称为 ω-羟基酸。酚酸命名以芳香酸为母体，羟基作为取代基。

在生物科学中，羟基酸的命名一般以俗名（括号中的名称）为主，辅以系统命名。

$$CH_3-CH-COOH$$
$$\quad\quad\ |$$
$$\quad\quad OH$$
2-羟基丙酸（乳酸）

$$HO-CH-COOH$$
$$\quad\ |$$
$$\quad CH_2-COOH$$
2-羟基丁二酸（苹果酸）

$$HO-CH-COOH$$
$$\quad\ |$$
$$HO-CH-COOH$$
2,3-二羟基丁二酸（酒石酸）

$$CH_2-COOH$$
$$\ |$$
$$HO-C-COOH$$
$$\ |$$
$$CH_2-COOH$$
3-羟基-3-羧基戊二酸（柠檬酸）

邻羟基苯甲酸（水杨酸）

3,4,5-三羟基苯甲酸（没食子酸）

（二）羟基酸的性质

羟基酸多为结晶固体或黏稠液体。由于分子中含有的羟基和羧基都能与水形成氢键，羟基酸一般能溶于水，水溶性大于相应的羧酸，疏水支链或碳环的存在使其水溶性降低。羟基酸分子之间也能形成氢键，所以羟基酸的熔点一般高于相应的羧酸。许多羟基酸具有手性碳原子，也具有光学活性。

羟基酸除具有羧酸和醇（酚）的典型化学性质外，还具有两种官能团相互作用而表现出的其他性质。

1. 酸性

醇酸分子中由于羟基具有吸电子诱导效应并能形成氢键，所以醇酸的酸性较母体羧酸强，水溶性也较大。羟基离羧基越近，其酸性越强。例如：

	CH_3COOH	CH_2COOH $\ \ \ \|$ $\ \ \ OH$	CH_3CH_2COOH	CH_2CH_2COOH $\ \ \|$ $\ \ OH$	$CH_3CHCOOH$ $\quad\ \|$ $\quad\ OH$
pK_a	4.76	3.83	4.88	4.51	3.87

酚酸的酸性与羟基在苯环上的位置有关。当羟基在羧基的对位时，羟基与苯环形成 p-π 共轭效应和羟基的吸电子诱导效应，但共轭效应相对强于诱导效应，总的效应使羧基的电子云密度增大，不利于羧基中氢离子的解离，因此对位取代的酚酸酸性弱于母体羧酸；当羟基在羧基的间位时，羟基不能与羧基形成共轭体系，对羧基只表现出吸电子诱导效应，因此间位取代的酚酸酸性强于母体羧酸；当羟基在羧基的邻位时，羟基和羧基负离子形成分子内氢键，增强了羧基负离子的稳定性，有利于羧酸的解离，使酸性明显增强。羟基在苯环上不同位置的酚酸酸性顺序为：邻位＞间位＞对位。

2. 醇酸的脱水反应

醇酸受热能发生脱水反应，羟基的位置不同，得到的产物也不同。α-醇酸受热一般发生分子间的交叉脱水反应，生成交酯。

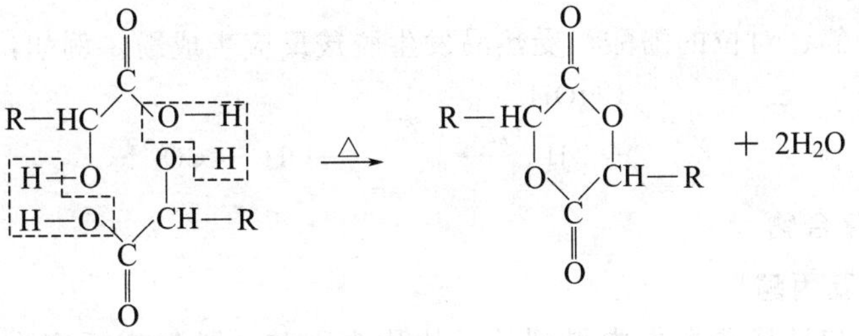

α-醇酸　　　　　　　　　　　　　　交酯

β-醇酸受热易发生分子内脱水，生成 α,β-不饱和羧酸。例如：

$$CH_3-CH-CH_2-COOH \xrightarrow{\triangle} CH_3-CH=CH-COOH + H_2O$$
$$\qquad\quad |$$
$$\qquad\quad OH$$

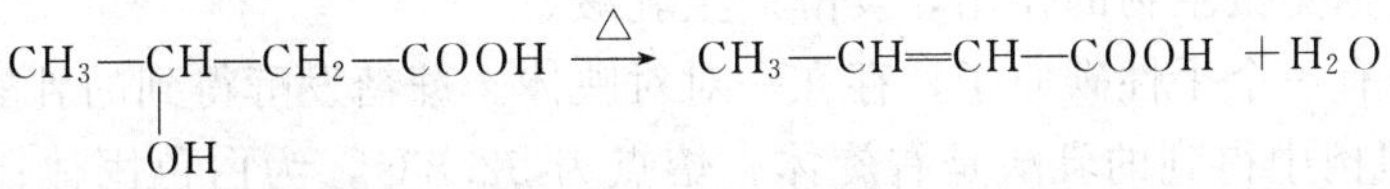

生物体内，某些 β-醇酸在酶的作用下发生分子内脱水，生成不饱和羧酸。例如：

$$HO-CH-COOH \underset{}{\overset{酶}{\rightleftharpoons}} H-CH-COOH$$
$$\quad\ \ |\qquad\qquad\qquad\qquad \|$$
$$\quad\ \ CH_2-COOH \qquad\quad HOOC-C-H$$

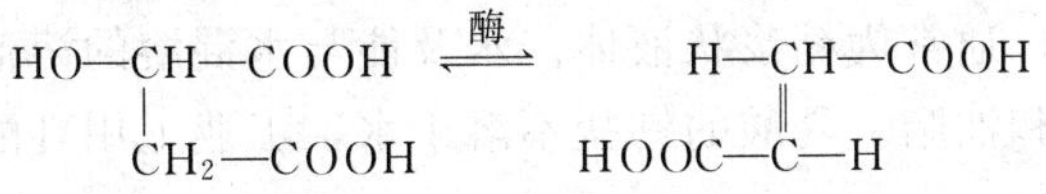

2-羟基丁二酸(苹果酸)　　　反-丁烯二酸(延胡索酸)

γ-醇酸和 δ-醇酸受热易发生分子内的酯化反应，生成环状内酯。例如：

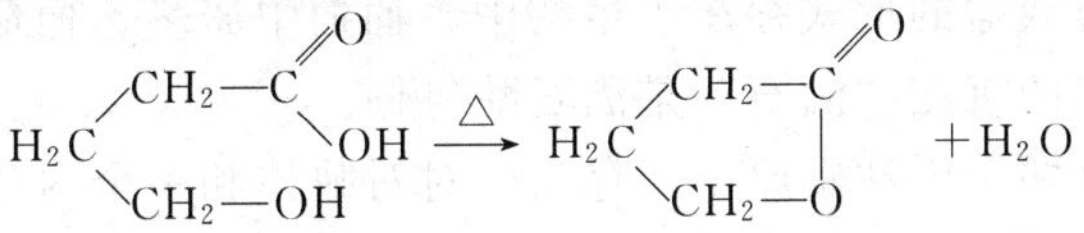

γ-羟基丁酸　　　　　　　　　　γ-丁内酯

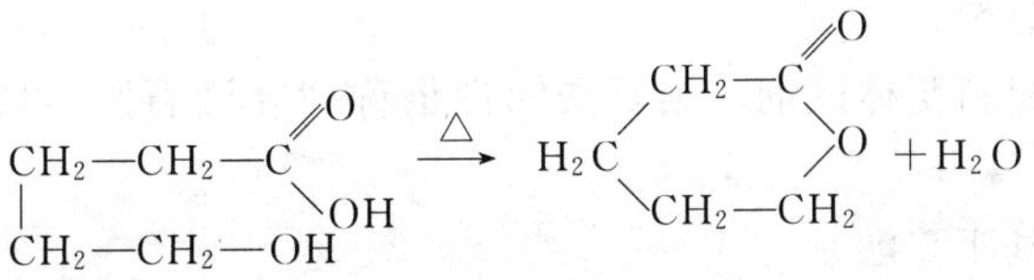

δ-羟基戊酸　　　　　　　　　　δ-戊内酯

3. α-醇酸的分解反应

α-醇酸在稀硫酸的作用下，容易发生分解反应，生成醛和甲酸。例如：

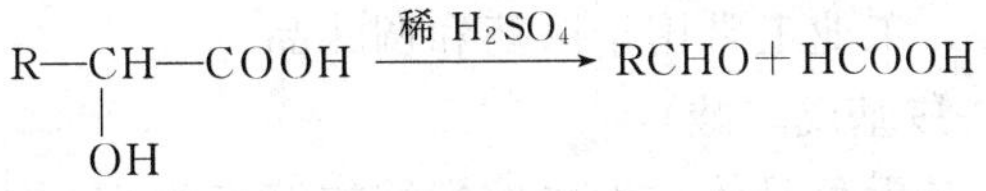

$$R-CH-COOH \xrightarrow{稀\ H_2SO_4} RCHO + HCOOH$$
$$\quad\ \ |$$
$$\quad\ \ OH$$

4. α-醇酸的氧化反应

α-醇酸中的羟基由于受羧基的影响，比醇中的羟基更容易被氧化。如乳酸在弱氧化剂条件下就能被氧化生成丙酮酸。

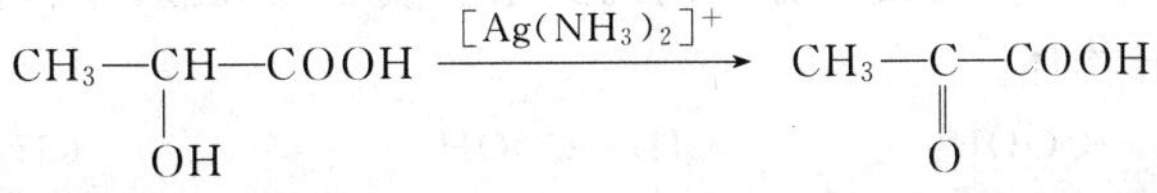

$$CH_3-CH-COOH \xrightarrow{[Ag(NH_3)_2]^+} CH_3-C-COOH$$
$$\qquad\quad |\qquad\qquad\qquad\qquad\qquad\quad \|$$
$$\qquad\quad OH \qquad\qquad\qquad\qquad\qquad\quad O$$

乳酸　　　　　　　　　　　　丙酮酸

生物体内的多种醇酸在酶的催化下，也能发生类似的氧化反应。例如：

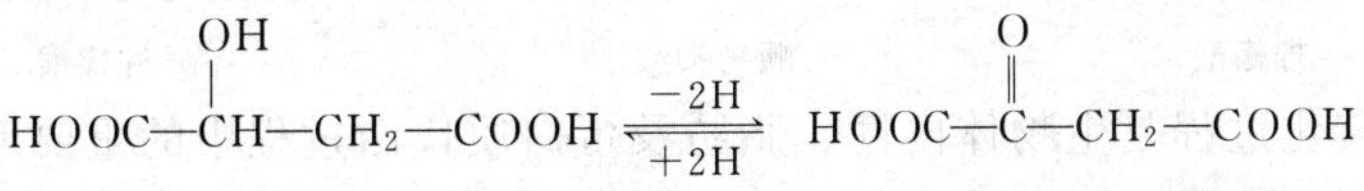

$$\qquad\qquad\ OH \qquad\qquad\qquad\qquad\qquad\qquad O$$
$$\qquad\qquad\ | \qquad\qquad\qquad\qquad\qquad\qquad \|$$
$$HOOC-CH-CH_2-COOH \underset{+2H}{\overset{-2H}{\rightleftharpoons}} HOOC-C-CH_2-COOH$$

苹果酸　　　　　　　　　　　　草酰乙酸

5. 酚酸的脱羧反应

羟基在羧基的邻、对位的酚酸，受热易发生脱羧反应生成酚。例如：

$$\text{（邻羟基苯甲酸）COOH,OH} \xrightarrow{\triangle} \text{（苯酚）OH} + CO_2\uparrow$$

（三）重要的化合物

1. 乳酸（α-羟基丙酸）

α-羟基丙酸最初是从酸牛奶中得到的，故称为乳酸。乳酸广泛存在于自然界中，许多水果中都含有乳酸。存在于人的血液和肌肉中的乳酸，是葡萄糖经缺氧代谢得到的氧化产物。牛奶中的乳糖受微生物的作用，发酵产生乳酸。

乳酸分子中有一个手性碳原子，存在一对对映体。蔗糖发酵得到的乳酸是左旋体，熔点为52.8℃；从肌肉中得到的乳酸是右旋体，熔点为52.8℃，为白色固体；酸牛奶中的乳酸是外消旋体，熔点为16.8℃，为无色液体。

乳酸的吸湿性很强，通常为糖浆状液体。水及能与水混溶的溶剂都能与乳酸混溶。乳酸易溶于苯，不溶于氯仿和油脂。乳酸的钙盐不溶于水，工业上用乳酸作除钙剂。乳酸还用于食品工业和医药中。

2. 酒石酸（2,3-二羟基丁二酸）

酒石酸常以游离态或盐的形式存在于植物中，葡萄中居多。葡萄发酵制酒过程中，由于乙醇浓度的增高而析出的沉淀"酒石"是酒石酸氢钾。

酒石酸分子中含有两个手性碳原子，存在一对对映体和一个内消旋体等三个异构体，天然产生的酒石酸为右旋体。酒石酸是无色透明结晶或粉末，熔点为170℃，无臭，味酸，易溶于水，难溶于有机溶剂。

酒石酸钾钠用于配制斐林试剂，酒石酸锑钾俗称"吐酒石"，可用作催吐剂和治疗血吸虫病的药物。

3. 苹果酸（2-羟基丁二酸）

苹果酸因最初从苹果中得到而得名。它多存在于未成熟的果实中，也存在于一些植物的叶子中，是糖代谢的中间产物。苹果酸也是植物中最重要的有机酸之一。

苹果酸分子中含有一个手性碳原子，存在两种旋光异构体，天然苹果酸是左旋体，为无色晶体，易溶于水和乙醇，工业上常用于医药和调味品。

4. 柠檬酸（3-羟基-3-羧基戊二酸）

柠檬酸又称枸橼酸，是无色晶体，无水柠檬酸的熔点为153℃，易溶于水和乙醇。柠檬酸广泛存在于各种果实中，以柠檬和柑橘类的果实中含量较多，如未成熟的柠檬中含量可达6%。烟草中也含有大量的柠檬酸，是提取柠檬酸的重要原料。

将柠檬酸加热到150℃，可发生分子内的脱水生成顺乌头酸，顺乌头酸加水又可生成柠檬酸和异柠檬酸两种异构体。

$$\begin{array}{ccc}
CH_2{-}COOH & CH_2{-}COOH & CH_2{-}COOH \\
| & | & | \\
HO{-}C{-}COOH & \underset{+H_2O}{\overset{-H_2O}{\rightleftharpoons}} \quad C{-}COOH & \underset{-H_2O}{\overset{+H_2O}{\rightleftharpoons}} \quad CH{-}COOH \\
| & \parallel & | \\
CH_2{-}COOH & CH{-}COOH & HO{-}CH{-}COOH \\
\text{柠檬酸} & \text{顺乌头酸} & \text{异柠檬酸}
\end{array}$$

上述的相互转化过程是生物体内糖、脂肪及蛋白质代谢过程中的重要反应。柠檬酸是生物体内重要的代谢环节，是三羧酸循环的起始物质，它在顺乌头酸酶的催化作用下转化为顺乌头酸，并进一步转化为异柠檬酸。

柠檬酸具有强酸性，在食品工业中用作糖果及清凉饮料的调味品。在医药上也有多种用处，如钠盐用作抗凝剂，镁盐用作缓泻剂，柠檬酸铁铵用作补血剂。

5. 水杨酸（邻羟基苯甲酸）

水杨酸又名柳酸，以柳树皮中含量最丰富。纯品是无色针状晶体，易升华，熔点为159℃，易溶于沸水、乙醇、乙醚、氯仿中。水杨酸遇氯化铁溶液显紫色。

水杨酸的酒精溶液可以治疗由霉菌引起的皮肤病，其钠盐可用作食品的防腐剂。水杨酸甲酯是冬青油的主要成分，有特殊的香味，工业中用于配制牙膏、糖果等的香精，同时可用作扭伤时的外敷药。

水杨酸及其衍生物有杀菌防腐、解热镇痛和抗风湿的作用，乙酰水杨酸就是常用的解热镇痛药，俗名为阿司匹林。

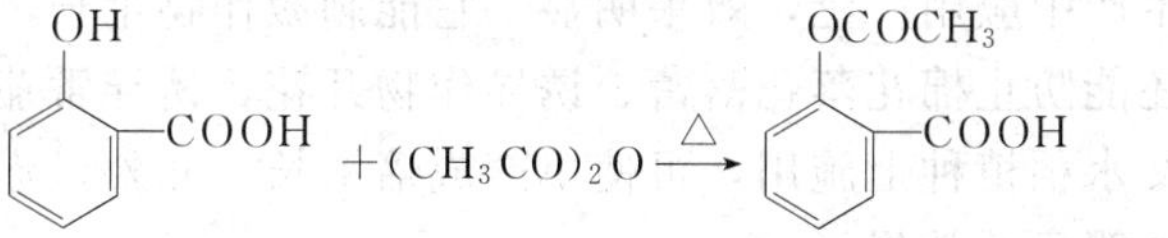

水杨酸　　　　　　　乙酰水杨酸（阿司匹林）

6. 五倍子酸和单宁

五倍子酸又称没食子酸，系统名称为 3,4,5-三羟基苯甲酸。它是植物中分布最广的一种酚酸，常以游离态或结合成单宁存在于五倍子、茶叶和其他植物的皮或叶片中。五倍子酸为无色晶体，熔点为253℃，难溶于冷水，能溶于热水、乙醇和乙醚中。

没食子酸在空气中能迅速被氧化而呈暗褐色，其水溶液与氯化铁反应生成蓝黑色沉淀。工业上将没食子酸作为抗氧化剂和制造蓝墨水的原料。

单宁又称鞣质或鞣酸，是在植物界广泛分布的一种天然产物。单宁具有鞣革的作用，在工业上用于鞣制皮革和媒染剂。来源不同的单宁，结构也不同。中国单宁是一种典型的鞣质，它在五倍子中的含量可高达 58%～77%，其结构是由没食子酸与不同数目的葡萄糖以苷键和酯键连接的缩聚混合物。

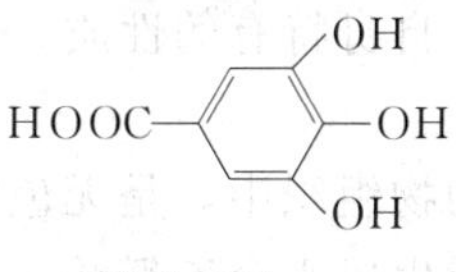

没食子酸 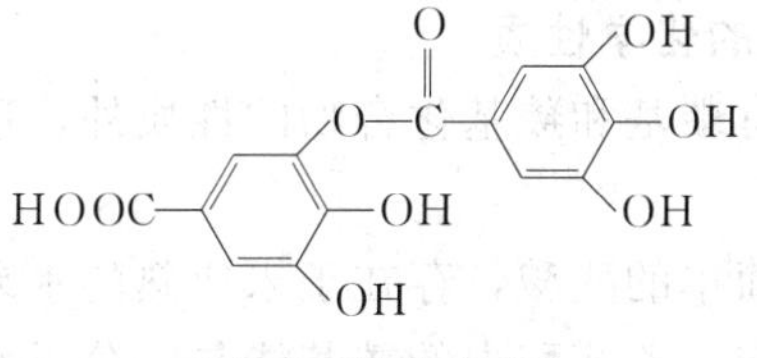　　　　　　　　没食子酰没食子酸

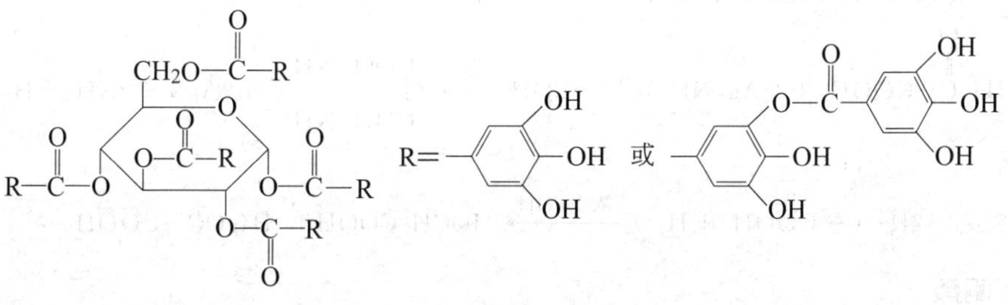

中国单宁

单宁都是无定形粉末，有涩味，能和铁盐生成黑色或绿色沉淀，有还原性。单宁能沉淀生物碱和蛋白质，因此在医药中可用作止血药、收敛剂和生物碱中毒的解毒剂。

7. 赤霉酸

赤霉酸（简称 GA）是赤霉素中的有效成分。赤霉素是一类植物激素，具有多种生理功能。赤霉素首先从水稻恶苗菌的分泌物中得到，以后又陆续在高等植物中发现。现已经证明赤霉素是一类结构相似的化合物的总称。由于其有效成分赤霉酸有多种光学异构体，按照其被发现的先后顺序分别称为 GA_1、GA_2、GA_3、GA_4、…。在苹果栽培中所使用的普若马林的主要成分为 GA_3、GA_4。

赤霉酸为白色粉末，熔点为 233～235℃（分解）。易溶于乙醇、甲醇、异丙醇和丙酮，可溶于乙酸乙酯和石油醚，难溶于水。赤霉酸分子中具有羧基、醇羟基、碳碳双键，因此具有相应官能团的性质。赤霉酸分子中还具有三元内酯环，在酸、碱催化下易水解失去生理活性，即使在中性溶液中也会缓慢水解而失效，因此应低温储藏，使用时不能和石灰硫磺合剂等碱性农药混用。

赤霉酸在农业生产中应用广泛，效果明显。它能刺激作物生长，打破休眠，促进种子和块茎发芽。赤霉酸还能防止棉花落花落蕾、诱导作物开花，诱导番茄、葡萄等单性结实，产生无籽果实。在杂交水稻植种上施用，可使单产成倍增长。此外，赤霉酸的应用在家禽、家畜的饲养上也收到了明显的效果。

二、羰基酸

（一）羰基酸的分类和命名

羰基酸是分子中同时含有羰基和羧基的化合物。根据羰基的结构不同，羰基酸可分为醛酸和酮酸；按照羰基和羧基的相对位置不同，酮酸又可分为 α-酮酸和 β-酮酸。

羰基酸在系统命名时，选择包括羰基和羧基的最长链为主链，称为"某酮（醛）酸"。若是酮酸，需用阿拉伯数字或希腊字母标记羰基的位置（习惯上多用希腊字母）。也可用酰基命名，称为"某酰某酸"。例如：

$$
\underset{\text{乙醛酸（甲酰甲酸）}}{H-\overset{\overset{\displaystyle O}{\|}}{C}-COOH} \qquad \underset{\text{丙酮酸（乙酰甲酸）}}{CH_3-\overset{\overset{\displaystyle O}{\|}}{C}-COOH} \qquad \underset{\beta\text{-丁酮酸（乙酰乙酸）}}{CH_3-\overset{\overset{\displaystyle O}{\|}}{C}-CH_2-COOH}
$$

（二）羰基酸的化学性质

羰基酸除具有羰基和羧基化合物的性质外，还具有自身特有的性质。

1. 乙醛酸

乙醛酸是最简单的醛酸，存在于未成熟的水果和动物组织中，是无色糖浆状液体。由于羧基的吸电子效应，乙醛酸中的羰基能与一分子水结合生成水合乙醛酸。乙醛酸有醛和羧酸的性质，并能进行歧化反应。例如：

$$
H-\overset{\overset{\displaystyle O}{\|}}{C}-COOH +2[Ag(NH_3)_2]^+ +2OH^- \xrightarrow{\triangle} \begin{array}{c} COO^-NH_4^+ \\ | \\ COO^-NH_4^+ \end{array} +2Ag\downarrow +2NH_3 +H_2O
$$

$$
2H-\overset{\overset{\displaystyle O}{\|}}{C}-COOH +H_2O \xrightarrow[\triangle]{\text{浓 NaOH}} HOCH_2COOH + HOOC-COOH
$$

2. α-酮酸

丙酮酸是最简单的 α-酮酸，由于羰基与羧基直接相连，使羰基与羧基碳原子间的电子云密度降低，此碳碳键容易断裂。α-酮酸与稀硫酸共热，发生脱羧反应生成醛和二氧化碳。例如：

$$CH_3-\overset{\overset{\displaystyle O}{\|}}{C}-COOH \xrightarrow[\triangle]{\text{稀 } H_2SO_4} CH_3CHO + CO_2 \uparrow$$

生物体内，丙酮酸在缺氧条件下和酶的作用下发生脱羧反应生成乙醛，然后还原为乙醇。水果开始腐烂或饲料开始发酵时，常有酒味，就是由此引起的。

$$CH_3-\overset{\overset{\displaystyle O}{\|}}{C}-COOH \xrightarrow{\text{酶}} CO_2 \uparrow + CH_3CHO \underset{\text{酶}}{\overset{2H}{\longrightarrow}} CH_3CH_2OH$$

酮和羧酸不易被氧化，而丙酮酸在脱羧的同时可被弱氧化剂如亚铁盐与过氧化氢氧化，生成二氧化碳和乙酸。

$$CH_3\overset{\overset{\displaystyle O}{\|}}{C}COOH \xrightarrow{Fe^{2+}/H_2O_2} CH_3COOH + CO_2 \uparrow$$

3. β-酮酸

β-酮酸比 α-酮酸更易进行脱羧分解，在室温下放置就能慢慢脱羧生成酮。例如：

$$CH_3-\overset{\overset{\displaystyle O}{\|}}{C}-CH_2COOH \longrightarrow CH_3-\overset{\overset{\displaystyle O}{\|}}{C}-CH_3 + CO_2 \uparrow$$

β-丁酮酸存在于糖尿病患者的血液和尿液中，因为 β-丁酮酸发生脱羧反应，所以可从患者的尿液中检测出丙酮。

(三) 乙酰乙酸乙酯的性质

乙酰乙酸乙酯又叫 β-丁酮酸乙酯，简称"三乙"，是稳定的化合物，在室温下为无色液体，有愉快香味，微溶于水，易溶于乙醚、乙醇等有机溶剂。乙酰乙酸乙酯具有独特的化学性质，能发生许多反应，在有机合成中是十分重要的物质，可由克莱森酯缩合反应制得。

1. 乙酰乙酸乙酯的互变异构现象

乙酰乙酸乙酯除具有酮和酯的典型反应外，还能发生一些特殊的反应。例如，能使溴水褪色，说明分子中含有不饱和键；能和氢氰酸、亚硫酸氢钠、苯肼、2,4-二硝基苯肼等发生加成或加成-缩合反应，这是羰基的特殊反应；能与金属钠反应放出氢气，并能和氯化铁发生颜色反应，这说明分子中有烯醇式结构存在。进一步研究表明，乙酰乙酸乙酯在室温下能形成酮式和烯醇式的互变平衡体系。

$$CH_3-\overset{\overset{\displaystyle O}{\|}}{C}-CH_2-\overset{\overset{\displaystyle O}{\|}}{C}-OC_2H_5 \rightleftharpoons CH_3-\overset{\overset{\displaystyle OH}{|}}{C}=CH-\overset{\overset{\displaystyle O}{\|}}{C}-OC_2H_5$$

酮式(92.5%)   烯醇式(7.5%)

乙酰乙酸乙酯的酮式与烯醇式的互变平衡体系可通过下述实验得到证明：

$$CH_3-\overset{\overset{\displaystyle O}{\|}}{C}-CH_2-\overset{\overset{\displaystyle O}{\|}}{C}-OC_2H_5 \rightleftharpoons CH_3-\overset{\overset{\displaystyle OH}{|}}{C}=CH-\overset{\overset{\displaystyle O}{\|}}{C}-OC_2H_5 \xrightarrow{FeCl_3}$$

$$\text{出现紫红色} \xrightarrow{Br_2} CH_3-\underset{\underset{\displaystyle Br}{|}}{\overset{\overset{\displaystyle OH}{|}}{C}}-\underset{\underset{\displaystyle Br}{|}}{CH}-\overset{\overset{\displaystyle O}{\|}}{C}-OC_2H_5 \quad (\text{紫红色消失})$$

在体系中滴加几滴 $FeCl_3$ 溶液，溶液出现紫红色，这是由于烯醇式结构与 $FeCl_3$ 发生了颜色反应。继续向此溶液中加入几滴溴水后，由于溴与烯醇式结构中的双键发生加成反应，烯醇式被破坏，紫红色消失。但经过一段时间后，紫红色又慢慢出现，说明酮式向烯醇式转化，又达到一个新的酮式-烯醇式平衡，增加的烯醇式与氯化铁又发生颜色反应。

在上述互变平衡体系中，若不断加入溴水，酮式可以全部转变为烯醇式与溴水反应；若不断加入羰基试剂，则烯醇式可以全部转变为酮式与羰基试剂反应。乙酰乙酸乙酯的酮式与烯醇式不是孤立存在的，而是两种物质的平衡混合物。在室温下，酮式与烯醇式迅速互变，一般不能将二者分离。

一般的烯醇式不稳定，而乙酰乙酸乙酯的烯醇式能较稳定存在。其原因有三：一是由于酮式中亚甲基上的氢原子同时受羰基和酯基的作用很活泼，很容易转移到羰基氧上形成烯醇式；二是烯醇式中的双键的 π 键与酯基中的 π 键形成 π-π 共轭体系，使电子离域，降低了体系的能量；三是烯醇式通过分子内氢键的缔合形成了一个较稳定的六元环结构。

$$\overset{\cdot\cdot OH}{CH_3-C}=CH-\overset{O}{C}-OC_2H_5$$

$$CH_3-\overset{O\,H}{C}-CH-\overset{O}{C}-OC_2H_5 \rightleftharpoons CH_3-\overset{O-H\cdots}{C}=CH-\overset{O}{C}-OC_2H_5$$

实际上，除了乙酰乙酸乙酯外，具有下列结构的有机化合物都可能产生互变异构现象：

$$R-\overset{O}{C}-CH_2-A$$

$$(A=\overset{O}{-C}-R'、\ -\overset{O}{C}-OR'、\ -\overset{O}{C}-H、\ -C\equiv N、-NO_2)$$

$$R-\overset{O}{C}-NH-A$$

在生物体内物质的代谢过程中，酮式-烯醇式互变异构现象非常普遍。例如，酮式草酰乙酸在酶的作用下可以转化为烯醇式草酰乙酸：

$$HOOC-CH_2-\overset{O}{C}-COOH \underset{}{\overset{酶}{\rightleftharpoons}} HOOC-CH=\overset{OH}{C}-COOH$$

酮式草酰乙酸　　　　　　烯醇式草酰乙酸

2. 乙酰乙酸乙酯的酮式分解和酸式分解

乙酰乙酸乙酯分子中由于受两个官能团的影响，亚甲基碳原子与相邻两个碳原子的碳碳键容易断裂，发生酮式分解和酸式分解。

$$CH_3-\overset{O}{C}\!\cdot\!\vdots\!\cdot CH_2-\overset{O}{C}\!\cdot\!\vdots\!\cdot OC_2H_5$$

酸式分解　　　　酮式分解

乙酰乙酸乙酯在稀碱条件下发生水解反应，酸化后生成乙酰乙酸，乙酰乙酸很不稳定，受热即发生脱羧反应生成丙酮，这个过程称为酮式分解。

$$CH_3-\overset{O}{C}-CH_2\!\cdot\!\vdots\!\cdot\!\overset{O}{C}-OC_2H_5 \xrightarrow[\text{②}H^+]{\text{①稀}OH^-} CH_3-\overset{O}{C}-CH_2\!\cdot\!\vdots\!\cdot COOH \xrightarrow{\triangle} CH_3-\overset{O}{C}-CH_3+CO_2\uparrow$$

乙酰乙酸乙酯在浓碱条件下加热，α-碳原子和 β-碳原子之间的共价键发生断裂生成羧酸盐，酸化后得到两分子羧酸，这个过程称为酸式分解。

$$CH_3-\overset{\overset{\displaystyle O}{\|}}{C}-\!\!-\!\!CH_2-\overset{\overset{\displaystyle O}{\|}}{C}-OC_2H_5 \xrightarrow[\triangle]{\text{浓}OH^-} 2CH_3\overset{\overset{\displaystyle O}{\|}}{C}-O^- \xrightarrow{H^+} 2CH_3\overset{\overset{\displaystyle O}{\|}}{C}-OH$$

所有的 β-酮酸酯都可以发生以上两种分解反应。

3. 乙酰乙酸乙酯在合成上的应用

乙酰乙酸乙酯分子中的 α-亚甲基上的氢原子较活泼，具有弱酸性，在醇钠作用下可以失去 α-H 形成碳负离子，该碳负离子与卤代烃反应，然后发生酮式或酸式分解，可以制备甲基酮或一元羧酸。

$$CH_3-\overset{\overset{\displaystyle O}{\|}}{C}-CH_2-\overset{\overset{\displaystyle O}{\|}}{C}-OC_2H_5 \xrightarrow{NaOC_2H_5} \left[CH_3-\overset{\overset{\displaystyle O}{\|}}{C}-\overset{-}{C}H-\overset{\overset{\displaystyle O}{\|}}{C}-OC_2H_5\right]$$

$$\left[CH_3-\overset{\overset{\displaystyle O}{\|}}{C}-\overset{-}{C}H-\overset{\overset{\displaystyle O}{\|}}{C}-OC_2H_5\right] \xrightarrow{R-X} CH_3-\overset{\overset{\displaystyle O}{\|}}{C}-\underset{\underset{\displaystyle R}{|}}{C}H-\overset{\overset{\displaystyle O}{\|}}{C}-OC_2H_5$$

$$CH_3-\overset{\overset{\displaystyle O}{\|}}{C}-\underset{\underset{\displaystyle R}{|}}{C}H-\overset{\overset{\displaystyle O}{\|}}{C}-OC_2H_5 \begin{cases} \xrightarrow{\text{酮式分解}} CH_3-\overset{\overset{\displaystyle O}{\|}}{C}-CH_2-R + CO_2\uparrow + C_2H_5OH \\ \xrightarrow{\text{酸式分解}} CH_3-\overset{\overset{\displaystyle O}{\|}}{C}-OH + R-CH_2-\overset{\overset{\displaystyle O}{\|}}{C}-OH + C_2H_5OH \end{cases}$$

乙酰乙酸乙酯与 α-卤代酮反应，可以制备 1,4-二酮或 γ-羰基酸；与卤代酸酯反应，可以制备羰基酸或二元羧酸；与酰卤反应可以制备 1,3-二酮。这是有机合成上制备酮和酸的最重要的方法之一。

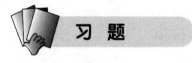

习　题

1. 命名下列化合物或写出结构式：

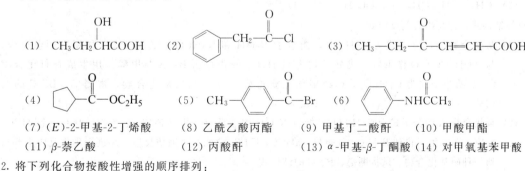

(1)　$CH_3CH_2\underset{\underset{\displaystyle OH}{|}}{C}HCOOH$　　(2)　苯环$-CH_2-\overset{\overset{\displaystyle O}{\|}}{C}-Cl$　　(3)　$CH_3-CH_2-\overset{\overset{\displaystyle O}{\|}}{C}-CH=CH-COOH$

(4)　环戊基$-\overset{\overset{\displaystyle O}{\|}}{C}-OC_2H_5$　　(5)　CH_3-苯环$-\overset{\overset{\displaystyle O}{\|}}{C}-Br$　　(6)　苯环$-NH\overset{\overset{\displaystyle O}{\|}}{C}CH_3$

(7) (E)-2-甲基-2-丁烯酸　　(8) 乙酰乙酸丙酯　　(9) 甲基丁二酸酐　　(10) 甲酸甲酯

(11) β-萘乙酸　　　　　　(12) 丙酸酐　　　　　　(13) α-甲基-β-丁酮酸 (14) 对甲氧基苯甲酸

2. 将下列化合物按酸性增强的顺序排列：

(1)正丁烷、丙醛、乙酸、正丙醇、丙酸

(2)苯酚、乙酸、丙二酸、乙二酸

3. 完成下列反应式：

(1) $CH_3CH_2\underset{\underset{\displaystyle OH}{|}}{C}HCOOH \xrightarrow{K_2Cr_2O_7/H^+} ? \xrightarrow[\triangle]{\text{稀 }H_2SO_4} ? \xrightarrow{\text{斐林试剂}} ?$

(2) $CH_2{=}CH_2 \xrightarrow{HBr} ? \xrightarrow{NaCN} ? \xrightarrow[\triangle]{H_3O^+} ? \xrightarrow{PCl_3} ? \xrightarrow{C_2H_5OH} ?$

(3) $CH_3{-}\overset{\overset{O}{\|}}{C}{-}Cl + $ （苯环）$CH_2OH \longrightarrow ?$

(4) （邻硝基苯甲酸，NO_2 和 $COOH$）$+SOCl_2 \longrightarrow ?$

(5) $2CH_3\underset{\underset{OH}{|}}{CH}COOH \longrightarrow ?$

(6) $CH_3\underset{\underset{OH}{|}}{CH}COOH \xrightarrow{稀\ H_2SO_4} ?$

(7) （邻羟基苯乙酸，CH_2COOH 和 OH）$\xrightarrow{\triangle} ?$

4. 完成下列合成(无机试剂任选)：

(1) 由丙烯合成 2-丁烯酸

(2) 由苯合成对硝基苯甲酰氯

(3) 由乙炔合成丙烯酸乙酯

(4) 由乙烯合成丙酮酸和丁二酸二乙酯

(5) 由苯合成苯乙酸

5. 用简便的化学方法鉴别下列各组化合物：

(1) 甲酸、乙酸、乙醛、苯酚、乙醇

(2) 邻羟基苯甲酸、邻羟基苯甲酸甲酯、邻甲氧基苯甲酸

6. 下列化合物中,哪些能产生互变异构? 写出其异构体的结构式：

(1) $CH_3\overset{\overset{O}{\|}}{C}{-}CH_2\overset{\overset{O}{\|}}{C}{-}CH_3$　　　(2) $CH_3\overset{\overset{OH}{|}}{C}{=}CH\overset{\overset{O}{\|}}{C}{-}OC_2H_5$

(3) $CH_3\overset{\overset{OH}{|}}{C}H{-}CH_2\overset{\overset{O}{\|}}{C}{-}OC_2H_5$　　　(4) （环戊烷-1,3-二酮）

7. 推导结构式，并写出有关反式式。

(1) 某化合物 A，分子式为 $C_7H_6O_3$，能溶于 NaOH 和 $NaHCO_3$，A 与 $FeCl_3$ 作用有颜色反应，与 $(CH_3CO)_2O$ 作用后生成分子式为 $C_9H_8O_4$ 的化合物 B。A 与甲醇作用生成香料化合物 C，C 的分子式为 $C_8H_8O_3$，C 经硝化主要得到一种一元硝基化合物，推测 A、B、C 的结构式。

(2) 某化合物 A 的分子式为 $C_9H_{10}O_3$，能与 NaOH 溶液反应，并与 $FeCl_3$ 呈紫色，但不与 $NaHCO_3$ 反应。A 水解后得到 B 和 C，B 能与 $NaHCO_3$ 反应，C 能发生碘仿反应。A 进行硝化反应主要得到一种硝基化合物。试推断 A、B、C 的结构式。

(3) 分子式为 $C_3H_6O_2$ 的化合物，有三个异构体 A、B、C，其中 A 可和 $NaHCO_3$ 反应放出 CO_2，而 B 和 C 不可。B 和 C 可在 NaOH 的水溶液中水解，B 的水解产物的馏出液可发生碘仿反应。推测 A、B、C 的结构式。

(4) 分子式为 $C_4H_6O_3$ 的化合物，有两个异构体 A 和 B，无旋光性，与 $NaHCO_3$ 反应放出 CO_2。A 与羰基试剂作用，并能发生银镜反应。B 既能使 $FeCl_3$ 显色，又能与 Br_2 反应。B 经催化加氢生成一对对映体。试写出 A 和 B 的结构式。

阿司匹林

阿司匹林（aspirin）是最古老和最著名的药物，具有解热镇痛的作用，能使发烧的病人体温恢复正常。早在公元前约1550年，古埃及的文献上就记载过用白柳的叶子（最古老的阿司匹林配方）来抑制伤痛；公元前400多年，希腊人用这种植物叶子的汁来镇痛和退热；在哥伦布之前的美洲、亚洲和欧洲，人们也知道这种柳树的药用功效。

1829年，法国人第一次从柳树皮中提取出一种可以治病的活性物质——水杨酸。它在治疗发热、风湿和其他一些炎症方面十分有效，但由于酸性较强，对胃肠道刺激性较大，使胃部产生灼热感。1859年，德国化学家霍夫曼（Hoffmann）将水杨酸与醋酸酐一起反应，合成出了酸性较弱的乙酰水杨酸，后经临床试验证实了其在镇痛和治疗风湿病方面的效果。1899年，德国拜尔公司正式以阿司匹林的药名给乙酰水杨酸注册。

$$\underset{\text{水杨酸}}{\text{COOH, OH}} + \underset{\text{醋酸酐}}{(CH_3CO)_2O} \xrightarrow{\Delta} \underset{\text{乙酰水杨酸}}{\text{COOH, O-C-CH}_3} + \underset{\text{醋酸}}{CH_3COOH}$$

经过一个多世纪的临床应用，阿司匹林作为一种有效的解热镇痛药，广泛用于治疗伤风、感冒、头痛、神经痛、关节痛和风湿痛等疾病。近年来，药物化学家发现它还是预防和治疗心脑血管疾病的良药，有防止血凝塞形成的能力或防止胆固醇在主动脉中积聚的作用，科学家建议每天吃一粒阿司匹林可以防止心脏病，更可以减少中风的危险。阿司匹林的许多潜在的应用正在研究中，像在治疗与妊娠有关的并发症、艾滋病人中的病毒炎症、痴呆症和癌症等。

自1899年阿司匹林上市以来，全世界人类服用了超过1000亿片药片，仅美国每年的生产能力就达到10000t。阿司匹林在它诞生一个世纪之后的今天，仍然是一种生命力不减的药物，它为人类健康做出了重要的贡献。

含氮和含磷有机化合物

Chapter 09

分子中含有 C—N 键的化合物称为含氮有机化合物。含氮有机化合物的种类较多，例如硝基化合物、胺、酰胺、腈、异腈、异氰酸酯、重氮化合物、偶氮化合物、氨基酸、蛋白质和含氮的杂环化合物等都属于含氮有机化合物。

含磷有机化合物广泛存在于生物体内，其中有的是维持生命和生物体遗传不可缺少的物质。有机磷化合物在工业上的应用相当广泛，例如磷酸三甲苯酯可作为增塑剂，亚磷酸三苯酯可作为聚氯乙烯稳定剂等。在农业上，许多含磷有机化合物用作杀虫剂、杀菌剂和植物生长调节剂等，至今仍是一类极为重要的农药。掌握胺的性质和合成方法是研究这些复杂天然产物的基础。

第一节　胺

胺类化合物可以看作是氨分子中的氢原子被烃基取代的衍生物，广泛存在于自然界中。胺类化合物和生命活动有密切的关系，许多激素、抗生素、生物碱及所有的蛋白质、核酸都是胺的复杂衍生物。

一、胺的分类和命名

1. 胺的分类

根据氮原子上所连烃基数目的不同，可把胺分为伯胺（一级胺）、仲胺（二级胺）、叔胺（三级胺）、季铵盐（四级铵盐）和季铵碱（四级铵碱）。例如：

$$NH_3 \qquad RNH_2 \qquad RR'NH \qquad RR'NR'' \qquad R_4N^+X^- \qquad R_4N^+OH^-$$

氨　　　伯胺　　　仲胺　　　叔胺　　　季铵盐　　　季铵碱

式中，R、R'和 R''可以是相同的烃基，也可以是不同的烃基。

伯、仲、叔胺的分类方法与伯、仲、叔卤代烃和伯、仲、叔醇的分类方法是不同的。例如：

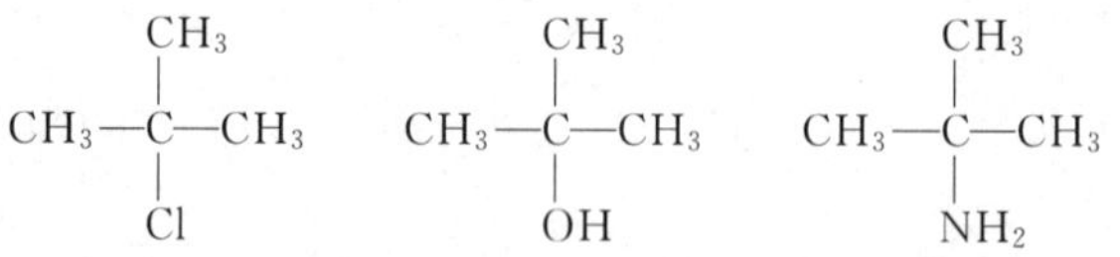

$$
\begin{array}{ccc}
CH_3 & CH_3 & CH_3 \\
| & | & | \\
CH_3-C-CH_3 & CH_3-C-CH_3 & CH_3-C-CH_3 \\
| & | & | \\
Cl & OH & NH_2
\end{array}
$$

叔卤代烃　　　　　叔醇　　　　　　伯胺

根据分子中烃基结构的不同，可把胺分为脂肪胺和芳香胺。例如：

脂肪胺　　$CH_3CH_2NH_2$　　　（环己基）$-NH_2$　　　$CH_2=CH-CHNH_2$ 上接 CH_3

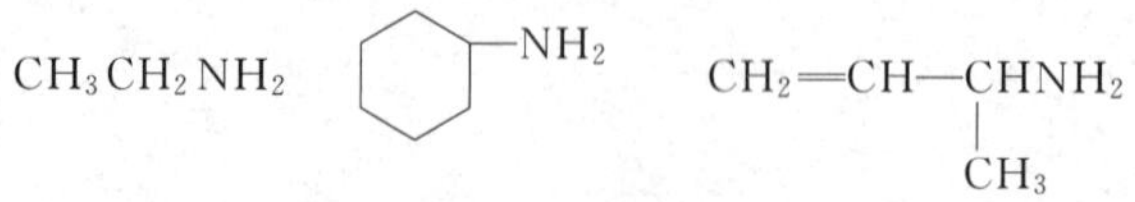

芳香胺

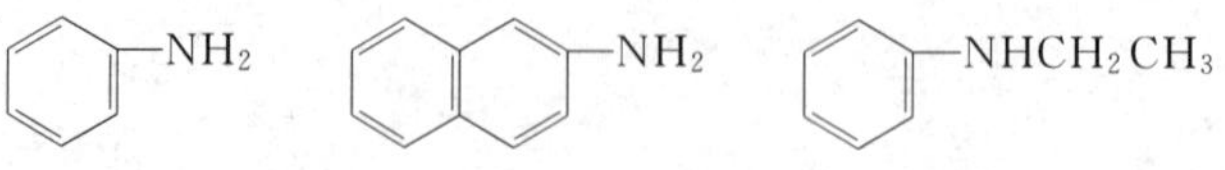

根据分子中氨基数目的不同，可把胺分为一元胺、二元胺和多元胺。例如：

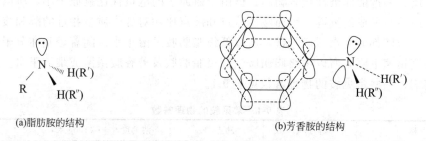

一元胺　　　　　　　二元胺　　　　　　　　　多元胺

2. 胺的命名

结构简单的胺可以根据烃基的名称命名，即在烃基的名称后加上"胺"字。若氮原子上所连的烃基相同，用"二"或"三"表明烃基的数目；若氮原子上所连的烃基不同，则按基团的顺序规则由小到大写出其名称，"基"字一般可省略。例如：

$$CH_3NH_2 \quad CH_3NHCH_3 \quad (CH_3)_2NCH_2CH_3$$

甲胺　　　　　二甲胺　　　　二甲基乙基胺

对于二元胺等多元胺，可称某二胺等。例如：

$$H_2NCH_2CH_2NH_2 \quad H_2NCH_2CH_2CH_2NH_2 \quad H_2NCH_2CH_2CH_2CH_2NH_2 \quad H_2NCH_2CH_2CH_2CH_2CH_2NH_2$$

1,2-乙二胺　　　　　1,4-丁二胺（腐胺）　　　　1,5-戊二胺（尸胺）　　　　　　　　1,6-己二胺

芳香胺的命名与脂肪胺相似，当芳环上连有其他取代基时，则需说明取代基与氨基的相对位次，且应遵循多官能团化合物命名规则（见第三章），当氮原子上同时连有芳基和脂肪烃基时，命名时必须在芳胺名称的前面加字母"N"，以表示脂肪烃基是直接连在氨基的氮原子上。例如：

苯胺　　　　　　　对甲基苯胺　　　　　　　N-甲基苯胺　　　　　　N-甲基-N-乙基对氯苯胺

复杂的胺则以烃为母体，氨基作为取代基来命名。例如：

$$CH_3CHCH_2CHCH_3 \qquad CH_3CH_2CH-CH-N(CH_3)_2$$

2-甲基-4-氨基戊烷　　　　　3-甲基-2-(N,N-二甲氨基)戊烷

季铵盐或季铵碱可以看作铵的衍生物来命名。例如：

$$[(CH_3)_4N^+]Cl^- \qquad [(CH_3)_3N^+CH_2CH_3]OH^-$$

氯化四甲铵　　　　　　氢氧化三甲基乙基铵

二、胺的结构

胺类化合物的官能团是氨基，氨基中的氮原子为不等性 sp^3 杂化，其中一个杂化轨道上有一对未共用电子对，其余三个杂化轨道上各有一个电子，氮原子可以和其他三个原子分别形成三个 σ 键。胺分子的构型是三角锥形，与氨的构型相似（见图 9-1）。

(a)脂肪胺的结构　　　　　　　　　　　(b)芳香胺的结构

图 9-1　脂肪胺和芳香胺的结构

当氮原子上连有三个不同的原子或基团，并把孤对电子看作一个基团时，胺便成了一个

手性分子。例如，甲基乙基胺的对映异构体结构如下：

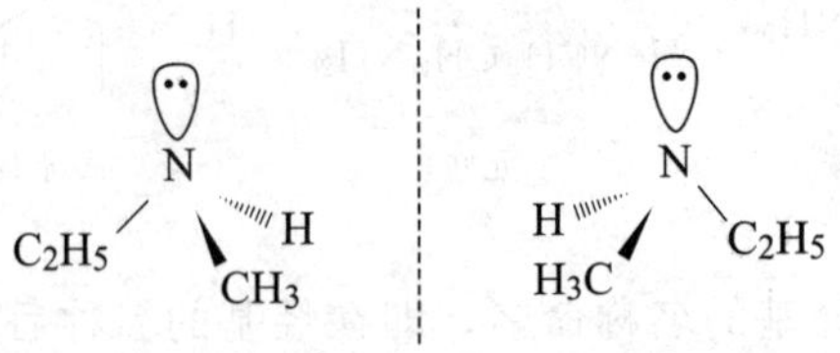

但简单胺的对映异构体相互转化的能量很低（约 $25kJ \cdot mol^{-1}$），在室温时就以每秒 $10^3 \sim 10^5$ 次的速率相互发生构型翻转，所以在室温时无法分离得到具有光学活性的对映体。

在季铵化合物中，由于氮原子的四个 sp^3 杂化轨道全部用来成键，此时上述翻转不可能进行。当氮原子上连接的四个基团不同，则季铵化合物存在着对映体，并且可以拆分。例如：

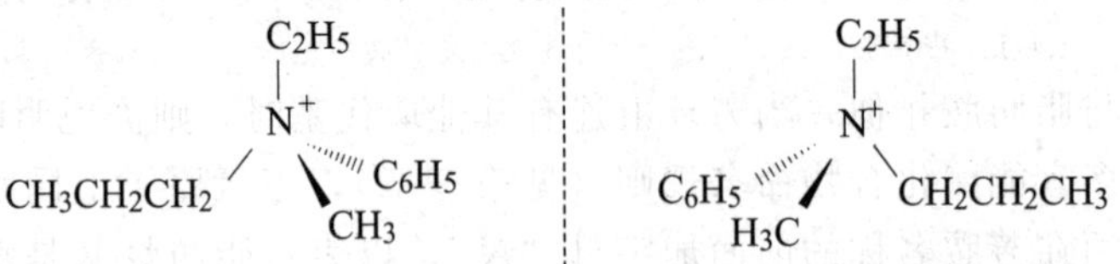

与氨相似，氨基中的氮原子上含有一对未共用电子，有与其他原子共享这对电子的倾向，所以胺具有碱性和亲核性。在芳香胺中，由于未共用电子对与苯环的 π 键发生部分重叠，使氮原子的 sp^3 轨道的未成键电子对的 p 轨道性质增加，氮原子由 sp^3 杂化趋向于 sp^2 杂化。因此，这对未共用电子对与芳环的 π 电子可以形成 p-π 共轭体系，使芳香胺的碱性和亲核性都有明显的减弱。另外，芳香胺中的这种 p-π 共轭体系使芳环的电子云密度增大，氨基使苯环活化，因此芳香胺在芳环上容易发生亲电取代反应。

尽管氮原子的电负性大于碳原子，但它与氧原子的电负性相比要小得多，因此，在脂肪胺中，氨基对烃基的影响要比醇中羟基对烃基的影响小得多，所以脂肪胺不能像醇一样直接发生消除反应。但当氮原子上有正电荷时，它增大了氨基的吸电性，使 β-H 变得很活泼，能发生消除反应。

三、胺的物理性质

常温下，低级脂肪胺和中级脂肪胺为无色气体或液体，高级脂肪胺为固体，芳香胺为高沸点的液体或固体。低级脂肪胺具有氨的气味或鱼腥味，高级脂肪胺没有气味，芳香胺有特殊气味，并有较大的毒性。

由于胺是极性化合物，除叔胺外，其他胺分子间可通过氢键缔合，因此胺的熔点和沸点比相对分子质量相近的非极性化合物高。但由于氮原子的电负性比氧原子小，所以胺形成的氢键弱于醇或羧酸形成的氢键，因而胺的熔点和沸点比相对分子质量相近的醇和羧酸低。

伯、仲、叔胺都能与水形成氢键，所以低级脂肪胺可溶于水。随着烃基在分子中的比例增大，溶解度迅速下降，所以中级脂肪胺、高级脂肪胺及芳香胺微溶或难溶于水。胺大都可溶于有机溶剂。一些常见胺的物理常数见表 9-1。

表 9-1 常见胺的物理常数

名　称	熔点/℃	沸点/℃	溶解度/[g・(100g 水) $^{-1}$]	pK_b
甲胺	−93.5	−6.3	易溶	3.38
二甲胺	−93	7.4	易溶	3.27
三甲胺	−117	3	易溶	4.22

名　称	熔点/℃	沸点/℃	溶解度/[g·(100g 水)$^{-1}$]	pK_b
乙胺	−87	17	易溶	3.29
二乙胺	−48	56	易溶	3.06
三乙胺	−115	89	易溶	3.25
正丙胺	−83	49	易溶	3.29
正丁胺	−49	78	易溶	3.23
苯胺	−6	184	3.7	9.40
N-甲基苯胺	−57	196	微溶	9.30
N,N-二甲基苯胺	2.5	194	微溶	8.93
邻甲基苯胺	−15	200	1.7	9.55
间甲基苯胺	−30	203	微溶	9.27
邻硝基苯胺	71	284	微溶	13.70
对硝基苯胺	148	332	微溶	11.54
二苯胺	53	302	不溶	13.10

四、胺的化学性质

1. 碱性

氨基的未共用电子对能接受质子，因此胺显碱性，胺可以和大多数酸反应生成盐。例如：

$$RNH_2 + H_2O \longrightarrow RN^+H_3 + OH^-$$

$$RNH_2 + HCl \longrightarrow RN^+H_3 + Cl^-$$

① 在脂肪胺中，由于烷基的给电子诱导（$+I$）效应，使氨基上的电子云密度增加，接受质子的能力增强，所以脂肪胺的碱性大于氨。在非水溶液或气态时的碱性顺序为：

$$(CH_3)_3N > (CH_3)_2NH > CH_3NH_2 > NH_3$$

但在水溶液中碱性顺序则不同，这是因为水的溶剂化作用，伯胺的共轭酸比叔胺的共轭酸的水合作用强，所以其共轭酸较稳定，酸性小，即伯胺的碱性比叔胺强。而仲胺的共轭酸的酸性介于上述两者之间，综合烃基的给电子效应，仲胺的碱性最强。因此，三种胺在水中碱性由强至弱顺序为：

$$(CH_3)_2NH > CH_3NH_2 > (CH_3)_3N > NH_3$$

② 在芳香胺中，由于氨基的未共用电子对与芳环的大 π 键形成 p-π 共轭体系，使氨基上的电子云密度降低，接受质子的能力减弱，所以芳香胺的碱性比氨弱。例如：

碱性　$NH_3 > Ph{-}NH_2 > Ph_2{-}NH > Ph_3{-}N$

pK_b　　4.75　　9.40　　　13.1　　　15

③ 取代苯胺的碱性强弱取决于取代基的性质，取代基为供电子基团时，使碱性增强；取代基为吸电子基团时，使碱性减弱。例如：

碱性　　（邻羟基苯胺）> （对甲基苯胺）> （苯胺）> （对氯苯胺）> （对硝基苯胺）> （2,4-二硝基苯胺）

pK_b　　8.50　　8.90　　9.40　　10.02　　11.54　　13.82

胺的碱性强弱除与烃基的诱导效应和共轭效应有关外，还受到水的溶剂化效应、空间位阻效应等因素的影响。胺分子中，氮原子上连接的氢原子愈多，溶剂化程度愈大，铵正离子就愈稳定，胺的碱性也愈强；氮原子上取代的烃基愈多，空间位阻愈大，质子愈不易与氮原子接近，胺的碱性也就愈弱。

综合以上各种效应的作用结果，胺类化合物在溶液中的碱性由强至弱次序一般为：

脂环仲胺＞脂肪仲胺＞脂肪伯胺＞脂肪叔胺＞氨＞芳香伯胺＞芳香仲胺＞芳香叔胺

例如：

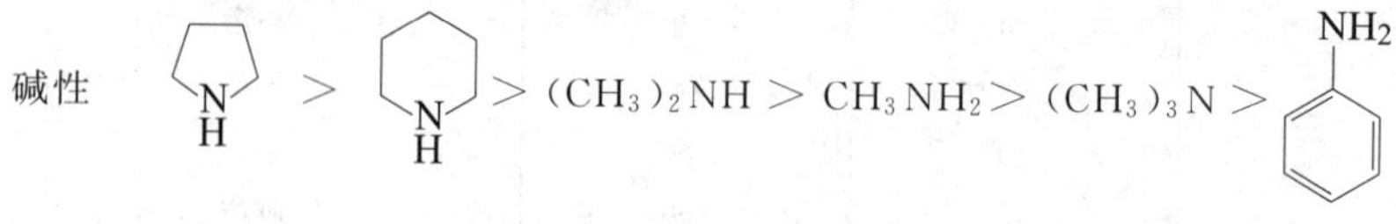

	四氢吡咯	六氢吡啶	二甲胺	甲胺	三甲胺	苯胺
pK_b	2.73	2.86	3.27	3.38	4.22	9.40

由于胺是弱碱，与酸生成的铵盐遇强碱会释放出原来的胺。

$$RN^+H_3Cl^- + NaOH \longrightarrow RNH_2 + NaCl + H_2O$$

利用这一性质可进行胺的分离、提纯。如将不溶于水的胺溶于稀酸形成盐，经分离后，再用强碱将胺由铵盐中释放出来。

2. 烷基化反应

卤代烃可以与氨作用生成胺，胺作为亲核试剂又可以继续与卤代烃发生亲核取代反应，结果得到仲胺、叔胺，直至生成季铵盐。

$$NH_3 + RX \longrightarrow RNH_2 + HX$$

$$RNH_2 + RX \longrightarrow R_2NH + HX$$

$$R_2NH + RX \longrightarrow R_3N + HX$$

$$R_3N + RX \longrightarrow R_4N^+X^-$$

季铵盐是强酸强碱盐，不能与碱作用生成季铵碱。若将它的水溶液与氧化银作用，因生成卤化银沉淀，则可转变为季铵碱。

$$2R_4N^+X^- + Ag_2O + H_2O \longrightarrow 2R_4N^+OH^- + 2AgX\downarrow$$

胺与卤代芳香烃在一般条件下不发生反应。

季铵碱的碱性与苛性碱相当，其性质也与苛性碱相似，具有很强的吸湿性，易溶于水，受热易分解。

3. 酰基化反应

伯胺和仲胺作为亲核试剂，可以与酰卤、酸酐和酯反应，生成酰胺。

$$RNH_2 + R'-\overset{\overset{\displaystyle O}{\|}}{C}-Y \longrightarrow RNH-\overset{\overset{\displaystyle O}{\|}}{C}-R' + HY$$

$$R_2NH + R'-\overset{\overset{\displaystyle O}{\|}}{C}-Y \longrightarrow R_2N-\overset{\overset{\displaystyle O}{\|}}{C}-R' + HY$$

(Y=—X、—OOCR、—OR)

叔胺的氮原子上没有氢原子，不能进行酰基化反应。

除甲酰胺外，其他酰胺在常温下大多是具有一定熔点的固体，它们在酸或碱的水溶液中加热易水解生成原来的胺。因此利用酰基化反应，不但可以分离、提纯胺，还可以通过测定酰胺的熔点来鉴定胺。

酰胺在酸或碱的作用下可水解除去酰基，因此在有机合成中常利用酰基化反应来保护氨基。例如，要对苯胺进行硝化时，为防止苯胺的氧化，可先对苯胺进行酰基化，把氨基“保护”起来再硝化，待苯环上导入硝基后，再水解除去酰基，可得到硝基苯胺。

乙酰苯胺　　对硝基乙酰苯胺　　对硝基苯胺

乙酰苯胺　　邻硝基乙酰苯胺　　邻硝基苯胺

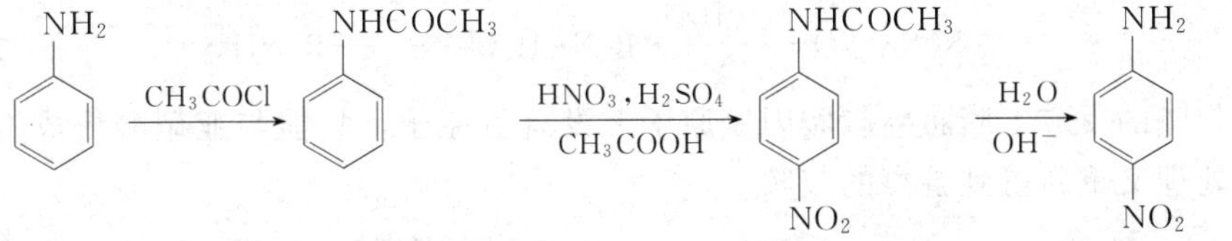

4. 磺酰化反应

与酰基化反应相似，脂肪族或芳香族的伯胺和仲胺在碱性溶液中能与苯磺酰氯或对甲苯磺酰氯反应生成磺酰胺。叔胺的氮原子上无氢原子，不能发生磺酰化反应。磺酰化反应又称兴斯堡（Hinsberg）反应。

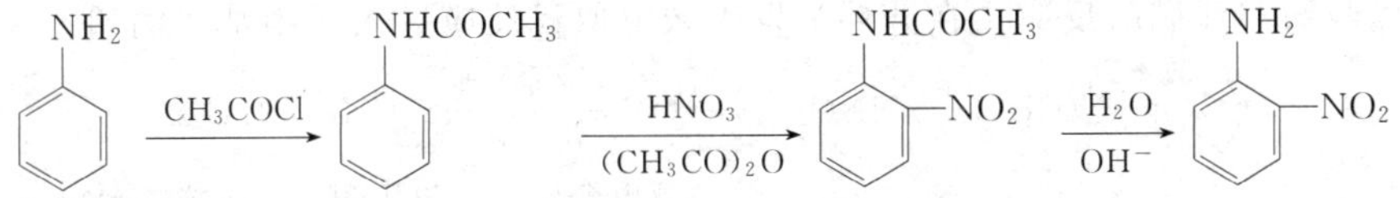

$$RNH_2 + ArSO_2Cl \longrightarrow ArSO_2NHR \xrightarrow{NaOH} [ArSO_2N^- R]Na^+ \text{（水溶性盐）}$$

$$R_2NH + ArSO_2Cl \longrightarrow ArSO_2NR_2 \text{（不溶于强碱）}$$

$$R_3N + ArSO_2Cl \longrightarrow \text{不反应（在氢氧化钠溶液中分层）}$$

伯胺生成的磺酰胺中，氮原子上还有一个氢原子，由于受到磺酰基强吸电子诱导效应的影响而显酸性，可溶于氢氧化钠溶液生成盐。

仲胺生成的磺酰胺中，氮原子上没有氢原子，不能溶于氢氧化钠溶液而呈固体析出。

叔胺不发生磺酰化反应，也不溶于氢氧化钠溶液而出现分层现象。

因此，利用兴斯堡反应可以鉴别或分离伯、仲、叔胺。例如：将三种胺的混合物与对甲苯磺酰氯的碱性溶液反应后再进行蒸馏，因叔胺不反应，先被蒸出；将剩余液体过滤，固体为仲胺的磺酰胺，加酸水解后可得到仲胺；滤液酸化后，水解得到伯胺。

5. 与亚硝酸反应

不同的胺与亚硝酸反应，产物各不相同。由于亚硝酸不稳定，在反应中实际使用的是亚硝酸钠与盐酸的混合物。

$$NaNO_2 + HCl \longrightarrow HNO_2 + NaCl$$

（1）伯胺的反应　脂肪族伯胺与亚硝酸反应，生成不稳定的脂肪族重氮盐，低温下会自动分解，产生氮气和碳正离子，生成的碳正离子可发生各种不同的反应，生成醇、烯烃、卤代烃等混合物，在合成上没有价值。但放出的氮气是定量的，可用于氨基的定量分析。

$$RNH_2 + NaNO_2 + HCl \longrightarrow \text{醇、烯、卤代烃等混合物} + N_2\uparrow$$

芳香族伯胺与亚硝酸在低温下反应，生成重氮盐。芳香族重氮盐在低温（5℃以下）和强酸水溶液中是稳定的，温度升高则分解成酚和氮气。

$$ArNH_2 \xrightarrow[0\sim5℃]{NaNO_2, HCl} [ArN{\equiv}N]^+Cl^- \xrightarrow[\triangle]{H_2O} ArOH + N_2\uparrow$$

（2）仲胺的反应　仲胺与亚硝酸反应生成 *N*-亚硝基胺。*N*-亚硝基胺为不溶于水的黄色油状液体或固体。

$$R_2NH + HNO_2 \longrightarrow R_2N{-}NO + H_2O$$

$$Ar_2NH + HNO_2 \longrightarrow Ar_2N{-}NO + H_2O$$

N-亚硝基胺与稀酸共热，可分解为原来的胺，用来鉴别或分离提纯仲胺。

$$R_2N\text{—}NO \xrightarrow[\triangle]{H^+/H_2O} R_2N^+H_2Cl^- \xrightarrow{OH^-} R_2NH$$

（3）叔胺的反应　脂肪族叔胺因氮原子上没有氢原子，只能与亚硝酸形成不稳定的盐，此盐加碱处理又重新得到游离的叔胺。

$$R_3N + HNO_2 \longrightarrow R_3N \cdot HNO_2 \xrightarrow{OH^-} R_3N$$

芳香族叔胺与亚硝酸反应，在芳环上发生亲电取代反应导入亚硝基。例如：

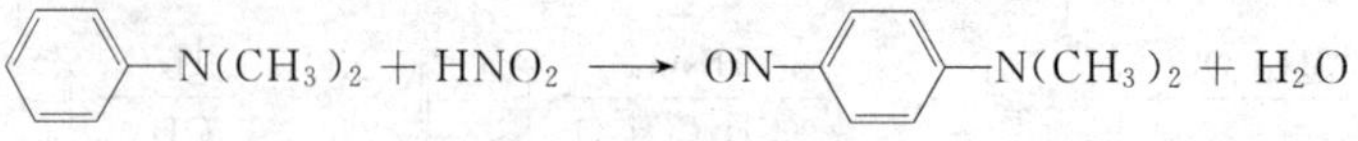

对亚硝基-N,N-二甲基苯胺（95%，绿色晶体）

亚硝化的芳香族叔胺通常带有颜色，在不同介质中，其结构不同，颜色也不相同。

根据脂肪族和芳香族伯、仲、叔胺与亚硝酸反应的不同结果，可以鉴别伯、仲、叔胺。

N-亚硝基胺类是强致癌物质，食物中若有亚硝酸盐，它能与胃酸作用，产生亚硝酸，后者与体内一些具有仲胺结构的化合物作用，生成亚硝基胺，可能引发多种器官或组织的肿瘤而引起癌变。例如，在制作罐头和腌制食品时，如用亚硝酸钠作防腐剂和保色剂，就有可能对人体产生危害。

6. 芳香胺的亲电取代反应

芳香胺中，氨基的未共用电子对与芳环的 π 电子形成 p-π 共轭体系，使芳环的电子云密度增大，因此芳香胺特别容易在芳环上发生亲电取代反应。

（1）卤代　苯胺非常容易进行卤代反应。例如，在苯胺的水溶液中滴加溴水，立即生成 2,4,6-三溴苯胺白色沉淀。

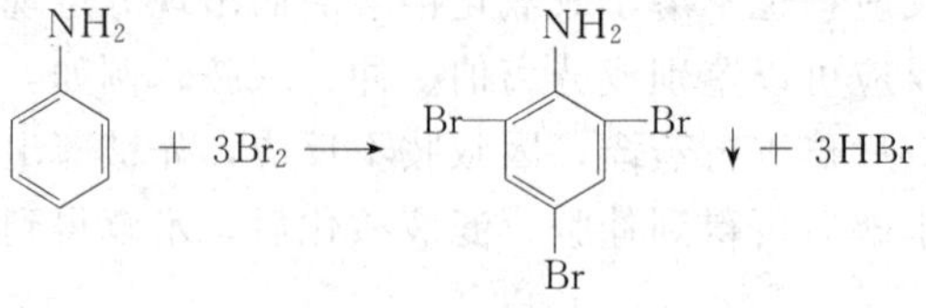

（白色）

反应是定量进行的，可用于芳胺的鉴定和定量分析。如先进行酰基化以降低氨基的致活作用，再进行卤代反应可得到一卤代产物。例如：

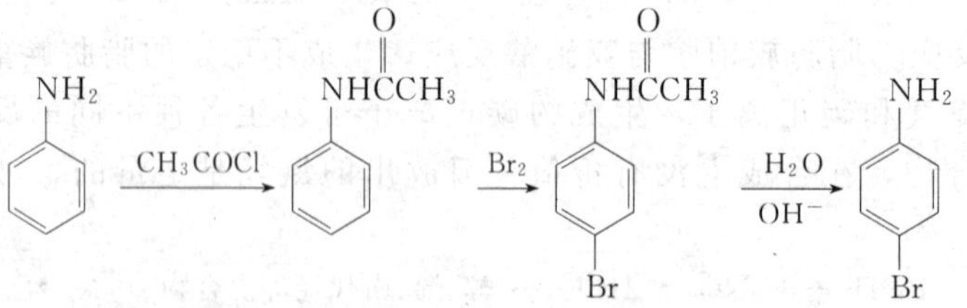

（2）磺化　苯胺用浓硫酸反应时，首先生成苯胺硫酸氢盐，在加热条件下失水生成对氨基苯磺酸。

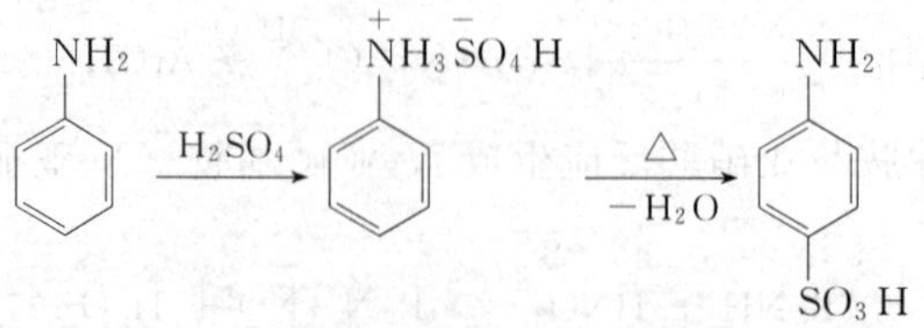

对氨基苯磺酸为白色结晶，熔点为 288℃，是重要的染料中间体和常用的农药（敌锈酸）。对氨基苯磺酸的酰胺（磺胺）是最简单的磺胺药物，它的合成过程如下：

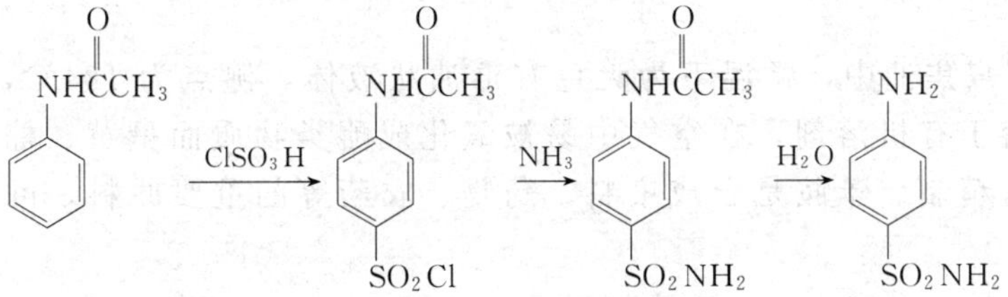

$$\underset{\text{（苯乙酰苯胺）}}{}$$

The reaction scheme at top showing:

苯环-NHCCH₃(O) →(ClSO₃H)→ 苯环 with NHCCH₃(O) and SO₂Cl →(NH₃)→ with NHCCH₃(O) and SO₂NH₂ →(H₂O)→ with NH₂ and SO₂NH₂

7. 霍夫曼消除反应（烃基参与的反应）

季铵碱受热很容易分解，产物和烃基的结构有关。如果烃基没有 β-H 原子，加热分解成叔胺和醇。例如：

$$[(CH_3)_3N^+CH_3]OH^- \xrightarrow{\triangle} (CH_3)_3N + CH_3OH$$

如果烃基含有 β-H 原子，加热分解成烯烃、叔胺和水。例如：

$$[(CH_3)_3N^+CH_2CH_3]OH^- \xrightarrow{\triangle} CH_2=CH_2 + (CH_3)_3N + H_2O$$

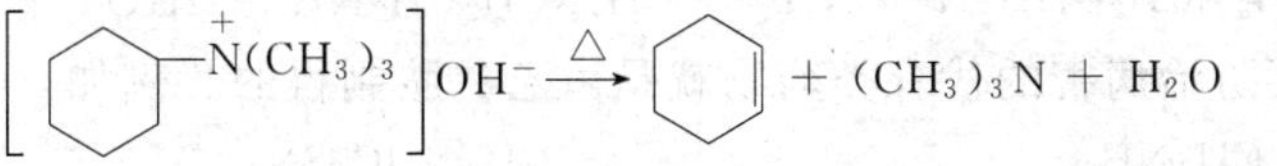

如果有多个烃基含有 β-H 原子，不同烃基消除 β-H 原子生成烯烃的由易到难顺序为：

$$CH_3CH_2 — > RCH_2CH_2 — > R_2CHCH_2 —$$

结果得到的主要产物是双键碳原子上连有较少烷基的烯烃，这个规则称为霍夫曼消除规则，与札依采夫规则正好相反。例如：

$$\underset{\text{96\%（霍夫曼烯烃）}}{CH_3CH_2CH_2CH_2CH=CH_2} + \underset{\text{4\%（札依采夫烯烃）}}{CH_3CH_2CH_2CH=CHCH_3} + (CH_3)_3N + H_2O$$

霍夫曼消除反应是通过 E_2 机理进行的，β-H 的酸性越强，越容易受 OH^- 进攻而发生消除。如果 β-C 上连接的烷基增多，不但降低了 β-H 的酸性，而且增大了空间位阻。所以，有多种 β-H 可以消除时，OH^- 优先进攻酸性大而位阻小的 β-H，因此产物只能是取代基最少的烯烃，即霍夫曼烯烃。

霍夫曼消除规则只适用于烷基，β 位有不饱和基团或芳环时不服从霍夫曼消除规则，而是优先形成具有共轭体系的烯烃。例如：

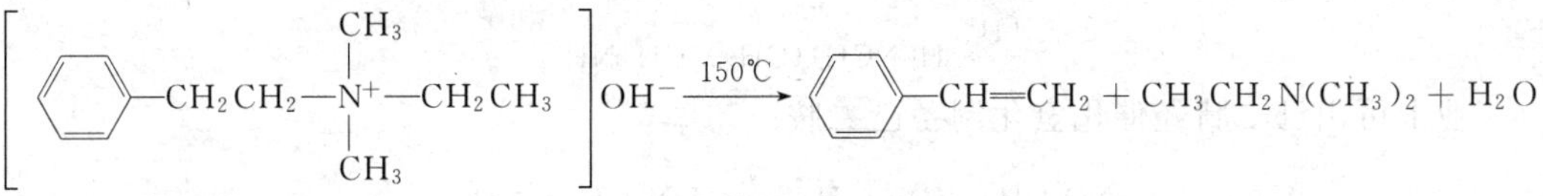

$$\xrightarrow{150℃} 苯环-CH=CH_2 + CH_3CH_2N(CH_3)_2 + H_2O$$

五、重要的化合物

1. 二甲胺

二甲胺常温下是气体，易溶于水，是重要的化学工业原料。二甲胺是制备杀菌剂福美类农药（二硫代氨基甲酸类衍生物）的原料。

$$(CH_3)_2NH + CS_2 + NaOH \longrightarrow \underset{\text{福美钠}}{(CH_3)_2NCSSNa} + H_2O$$

$$2(CH_3)_2NCSSNa + H_2O_2 + H_2SO_4 \longrightarrow \underset{\text{福美双}}{\begin{array}{c}(CH_3)_2NCSS \\ | \\ (CH_3)_2NCSS\end{array}} + Na_2SO_4 + 2H_2O$$

2. 苯胺

苯胺存在于煤焦油中，常温下为无色有毒油状液体，沸点为 184℃，有特殊气味，微溶于水，易溶于有机溶剂，在空气中易被氧化成醌类物质而呈黄、棕以至黑色，可通过蒸馏或成盐精制。苯胺是合成染料、药物、农药等的重要原料，可从硝基苯还原得到。

$$\langle\!\!\!\bigcirc\!\!\!\rangle-NO_2 + 6[H] \longrightarrow \langle\!\!\!\bigcirc\!\!\!\rangle-NH_2 + 2H_2O$$

3. 乙二胺

乙二胺为无色黏稠状液体，沸点为 117℃，有类似氨的气味，易溶于水和乙醇，不溶于乙醚和苯。乙二胺是合成药物、农药、乳化剂、离子交换树脂、胶黏剂等的重要原料，可由二氯乙烷或乙醇胺与氨反应制得。

$$ClCH_2CH_2Cl + 2NH_3 \longrightarrow H_2NCH_2CH_2NH_2 + 2HCl$$
$$H_2NCH_2CH_2OH + NH_3 \longrightarrow H_2NCH_2CH_2NH_2 + H_2O$$

用于果树、蔬菜防治病害的代森类药物就是由乙二胺制得的。例如：

$$\begin{matrix} CH_2NH_2 \\ | \\ CH_2NH_2 \end{matrix} + 2CS_2 + 2NaOH \longrightarrow \begin{matrix} CH_2NHCSSNa \\ | \\ CH_2NHCSSNa \end{matrix} + 2H_2O$$

代森钠

$$\begin{matrix} CH_2NHCSSNa \\ | \\ CH_2NHCSSNa \end{matrix} + ZnSO_4 \longrightarrow \begin{matrix} CH_2NHCSS \\ | \\ CH_2NHCSS \end{matrix}\!\!\!Zn + Na_2SO_4$$

代森锌

乙二胺与氯乙酸作用，生成乙二胺四乙酸（EDTA），EDTA 在分析化学中常用于金属离子的配位滴定。其结构式如下：

$$\begin{matrix} HOOCCH_2 \\ HOOCCH_2 \end{matrix}\!\!\!NCH_2CH_2N\!\!\!\begin{matrix} CH_2COOH \\ CH_2COOH \end{matrix}$$

4. 己二胺

己二胺 $[H_2NCH_2CH_2CH_2CH_2CH_2CH_2NH_2]$ 为片状结晶，熔点为 42℃，沸点为 204℃，易溶于水、乙醇和苯。己二胺是合成尼龙-66 的原料，可由 1,3-丁二烯制备。

$$CH_2=CHCH=CH_2 \xrightarrow{Cl_2} ClCH_2CH=CHCH_2Cl \xrightarrow{NaCN} NCCH_2CH=CHCH_2CN$$
$$\xrightarrow{[H]} H_2NCH_2(CH_2)_4CH_2NH_2$$

工业上可由己二腈经催化氢化制备己二胺。

$$NC(CH_2)_4CN + 4H_2 \xrightarrow{Ni} H_2N(CH_2)_6NH_2$$

5. 胆胺和胆碱

胆胺是一种羟胺，胆碱是一种季铵碱。

$$HOCH_2CH_2NH_2 \qquad [HOCH_2CH_2N^+(CH_3)_3]OH^-$$

胆胺(2-氨基乙醇或 2-羟基乙胺)　　　胆碱(氢氧化三甲基羟乙基铵)

它们常以结合状态存在于动植物体内，是磷脂类化合物的组成成分。胆胺是无色黏稠状液体，是脑磷脂的组成成分。胆碱是无色晶体，吸湿性强，是卵磷脂的组成成分。胆碱在动物生长过程中具有调节肝内脂肪代谢和运输的作用。

胆碱与乙酸在胆碱酶作用下形成的酯叫做乙酰胆碱，它是生物体内神经传导的重要物质，在体内由胆碱酯酶催化其合成与分解。如果胆碱酯酶失去活性，乙酰胆碱的正常分解与合成将受到破坏，会引起神经系统错乱，甚至死亡。许多有机磷农药有强烈抑制胆碱酯酶的作用，破坏神经的传导功能，致使昆虫死亡。

$$[CH_3COOCH_2CH_2N^+(CH_3)_3]OH^-$$

乙酰胆碱

  氯化氯代胆碱的商品名为矮壮素（CCC），是白色柱状晶体，熔点为 $240 \sim 241℃$，易溶于水，难溶于有机溶剂，是一种人工合成的植物生长调节剂。具有抑制植物细胞伸长的作用，使植株变矮、茎秆变粗、节间缩短、叶片变阔等，可用来防止小麦等农作物倒伏，减少棉花蕾铃脱落等。

$$[ClCH_2CH_2N^+(CH_3)_3]Cl^-$$

氯化氯代胆碱(氯化三甲基氯乙基铵)

6. 多巴和多巴胺

多巴胺是由多巴在多巴脱羧酶的作用下生成的。

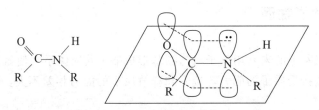

多巴(3,4-二羟基苯丙氨酸)   多巴胺

  多巴胺是很重要的中枢神经传导物质，缺少多巴胺易患所谓的帕金森症。多巴胺也是肾上腺素及去甲肾上腺素的前体。

肾上腺素   去甲肾上腺素

  肾上腺素和去甲肾上腺素既属于神经递质，也属于内源性的生物胺，对神经活动起着重要的介导作用。肾上腺素主要用于治疗事故性心脏停搏和过敏性休克；去甲肾上腺素主要用于治疗休克时的低血压。

第二节 酰 胺

一、酰胺的结构和命名

  在酰胺分子中，氨基氮原子上的未共用电子对与羰基形成 p-π 共轭体系，因此羰基与氨基间的 C—N 单键具有部分双键的性质，在常温下不能自由旋转，酰基的 C、N、O 以及与 C、N 直接相连的其他原子都处于同一平面上（见图 9-2）。

图 9-2 酰胺的分子结构

  酰胺的这种平面结构不仅影响着它的性质，对蛋白质的构象也有重要意义。

  酰胺通常根据酰基来命名，称为"某酰胺"，连接在氮原子上的烃基用"N-某基"表示。

例如：

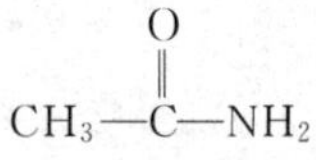
乙酰胺

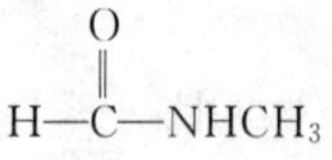
N-甲基甲酰胺

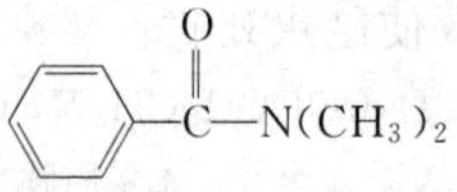
N,*N*-二甲基苯甲酰胺

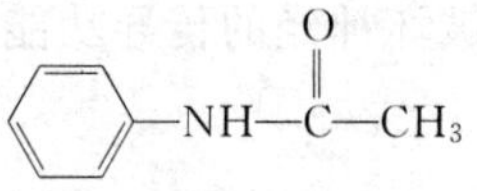
N-乙酰基苯胺

氨基上连接有两个酰基时，称为“某酰亚胺”。例如：

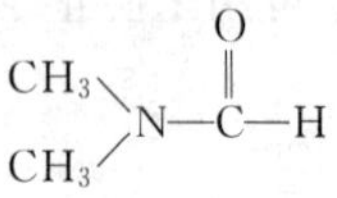
N,*N*-二甲基甲酰胺(DMF)

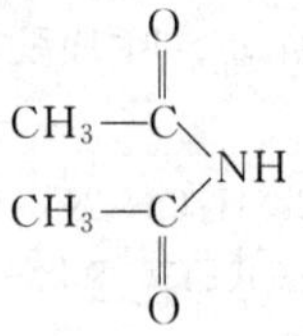
二乙酰亚胺

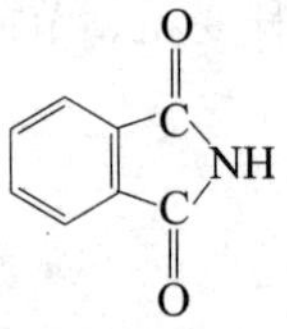
邻苯二甲酰亚胺

二、酰胺的物理性质

酰胺分子之间可通过氢键缔合。

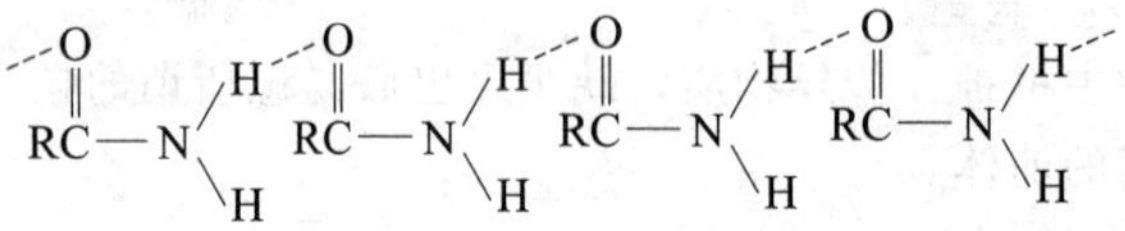

由于氢键缔合作用的存在，酰胺的熔点和沸点比较高。除甲酰胺外，酰胺大多数是白色结晶固体。氨基上有烃基取代时，分子间的缔合程度减小，熔点和沸点降低。由于酰胺可与水形成氢键，所以低级酰胺易溶于水，随着相对分子质量的增大，在水中的溶解度逐渐减小。常见酰胺的物理常数见表 9-2。液态的酰胺是有机物和无机物的良好溶剂，最常用的是 *N*,*N*-二甲基甲酰胺（DMF），它是一种性能优良的溶剂。

表 9-2　常见酰胺的物理常数

名　称	熔点/℃	沸点/℃	相对密度(d_4^{20})
甲酰胺	2.5	195	1.139
乙酰胺	81	222	1.159
丙酰胺	79	213	1.042
丁酰胺	116	216	1.032
苯甲酰胺	130	290	1.341
乙酰苯胺	114	304	1.211

三、酰胺的化学性质

1. 酸碱性

酰胺分子中，氨基上的未共用电子对与羰基形成 p-π 共轭体系，使氮原子上的电子云密度降低，减弱了氨基接受质子的能力，接受和释放质子的能力相差不大，所以酰胺是近乎中性的化合物。

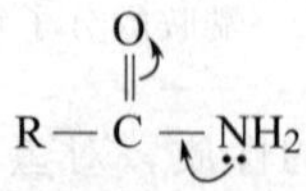

在酰亚胺分子中，由于两个酰基的吸电子诱导效应，使亚氨基上氢原子的酸性明显增强，能与强碱生成盐。例如：

$$\text{（邻苯二甲酰亚胺结构）} \text{NH} + \text{KOH} \longrightarrow \text{（邻苯二甲酰亚胺钾盐结构）} \text{N}^-\text{K}^+ + \text{H}_2\text{O}$$

因此，当氨分子中的氢被酰基取代后，其酸碱性变化如下：

$$\xrightarrow{\text{酸性加强，碱性减弱}}$$
$$\text{NH}_3 \longrightarrow \text{NH}_2\text{COR} \longrightarrow \text{NH(COR)}_2$$

2. 水解反应

酰胺是羧酸的衍生物，能发生与酰卤、酸酐和酯相似的反应。由于受到共轭效应和离去基团等因素的影响，酰胺的反应活性低于羧酸的其他衍生物。酰胺的水解反应必须在强酸或强碱催化下，需长时间回流才能进行。

$$\underset{O}{R-\overset{O}{C}-NH_2} + H_2O + H^+ \longrightarrow R-\overset{O}{C}-OH + NH_4^+$$

$$R-\overset{O}{C}-NH_2 + OH^- \longrightarrow R-\overset{O}{C}-O^- + NH_3\uparrow$$

3. 与亚硝酸反应

与伯胺相同，未取代的酰胺（即有伯氨基的酰胺，也称为伯酰胺）与亚硝酸反应，生成羧酸并放出氮气。

$$RCONH_2 + HNO_2 \longrightarrow RCOOH + N_2\uparrow + H_2O$$

4. 霍夫曼降解反应

酰胺与次卤酸盐的碱性溶液作用，脱去羰基，生成比原酰胺少一个碳原子的伯胺，这是制备伯胺的方法之一。该反应称为酰胺的霍夫曼（Hoffmann）降解（重排）反应。

$$RCONH_2 + Br_2 + 4NaOH \longrightarrow RNH_2 + Na_2CO_3 + 2H_2O + 2NaBr$$

5. 脱水反应

酰胺与强脱水剂混合共热，分子内脱水生成腈。例如：

$$CH_3CH_2CH_2-\overset{O}{C}-NH_2 \xrightarrow{P_2O_5} CH_3CH_2CH_2CN + H_2O$$

酰胺与铵盐和腈的关系如下：

$$RCOOH \underset{HCl}{\overset{NH_3}{\rightleftharpoons}} RCOONH_4 \underset{+H_2O}{\overset{-H_2O}{\rightleftharpoons}} RCONH_2 \underset{+H_2O}{\overset{-H_2O}{\rightleftharpoons}} RCN$$

四、碳酸的衍生物

在结构上，可将碳酸看成是羟基甲酸，也可看成是共有一个羰基的二元酸。碳酸中的羟基被其他原子或基团取代的化合物，称为碳酸的衍生物，碳酸衍生物的性质与羧酸衍生物极为相似。例如，光气（COCl₂）就相当于碳酸的酰氯，极易水解：

$$COCl_2 + H_2O \longrightarrow CO_2 + 2HCl$$

光气经醇解则生成氯甲酸酯或碳酸酯。

$$\underset{\text{光气}}{Cl-\overset{O}{C}-Cl} + ROH \longrightarrow \underset{\text{氯甲酸酯}}{Cl-\overset{O}{C}-OR} \xrightarrow{ROH} \underset{\text{碳酸酯}}{RO-\overset{O}{C}-OR}$$

光气是一种活泼试剂，用作有机合成的原料，因毒性很强，现代化学工业正在寻找替代品。

1. 氨基甲酸酯

氨基甲酸酯从结构上可看作是碳酸分子中的两个羟基被氨基和烃氧基取代后的化合物。

$$HO-\overset{\overset{\displaystyle O}{\|}}{C}-OH \qquad H_2N-\overset{\overset{\displaystyle O}{\|}}{C}-OR \qquad RNH-\overset{\overset{\displaystyle O}{\|}}{C}-OR$$

碳酸　　　　　　　　　氨基甲酸酯　　　　　　　　N-烃基氨基甲酸酯

氨基甲酸酯是一类高效低毒的新型农药，可用作杀虫剂、杀菌剂和除草剂，总称为有机氮农药。例如：

西维因　　　　　　　　　　　速灭威　　　　　　　　　　　灭草灵
（N-甲基氨基甲酸-1-萘酯）　（N-甲基氨基甲酸间甲苯酯）　（N-甲基氨基甲酸-2,4-二氯苯酯）

2. 尿素

光气经氨解即得尿素（碳酸二酰胺）。

$$Cl-\overset{\overset{\displaystyle O}{\|}}{C}-Cl + 2NH_3 \longrightarrow NH_2-\overset{\overset{\displaystyle O}{\|}}{C}-NH_2 + 2HCl$$

尿素也称脲，因最早（1773 年）从尿中获得，故称尿素。它是哺乳动物体内蛋白质代谢的最终产物，成人每日排泄的尿中约含 30g 尿素。尿素是白色结晶，熔点为 132.7℃，易溶于水和乙醇。它除可用作肥料外，也是有机合成的重要原料，用于合成医药、农药、塑料等。

工业上用二氧化碳和氨气在高温高压下合成尿素。

$$CO_2 + 2NH_3 \xrightarrow[\text{高压}]{180\sim200℃} NH_2-\overset{\overset{\displaystyle O}{\|}}{C}-NH_2 + H_2O$$

尿素的主要化学性质如下。

（1）碱性　尿素是碳酸的二酰胺，由于含两个氨基而显碱性，但因共轭效应的影响碱性很弱，不能用石蕊试纸检验。尿素能与硝酸、草酸生成不溶性的盐。

$$NH_2-\overset{\overset{\displaystyle O}{\|}}{C}-NH_2 + HNO_3 \longrightarrow NH_2-\overset{\overset{\displaystyle O}{\|}}{C}-NH_2 \cdot HNO_3 \downarrow$$

$$2NH_2-\overset{\overset{\displaystyle O}{\|}}{C}-NH_2 + HOOC-COOH \longrightarrow 2CO(NH_2)_2 \cdot (COOH)_2 \downarrow$$

常利用这一性质由尿液中分离尿素。

（2）水解反应　与酰胺相同，尿素可在酸或碱的溶液中水解。此外，尿素还可在尿素酶的作用下水解。

$$NH_2-\overset{\overset{\displaystyle O}{\|}}{C}-NH_2 + H_2O \begin{cases} \xrightarrow{H^+} NH_4^+ + CO_2\uparrow \\ \xrightarrow{OH^-} NH_3\uparrow + CO_3^{2-} \\ \xrightarrow{\text{尿素酶}} NH_3\uparrow + CO_2\uparrow \end{cases}$$

植物及许多微生物中都含有尿素酶。

（3）与亚硝酸反应　与其他伯酰胺一样，尿素也能与亚硝酸作用放出氮气。

$$NH_2-\overset{\overset{O}{\|}}{C}-NH_2 + 2HNO_2 \longrightarrow CO_2\uparrow + 3H_2O + 2N_2\uparrow$$

该反应是定量完成的，通过测定氮气的量，可求得尿素的含量。

（4）二缩脲反应　将尿素缓慢加热至熔点以上时，两分子尿素间失去一分子氨，缩合生成二缩脲。

$$NH_2-\overset{\overset{O}{\|}}{C}-NH_2 + NH_2-\overset{\overset{O}{\|}}{C}-NH_2 \xrightarrow{150\sim160℃} \underset{\text{二缩脲}}{NH_2-\overset{\overset{O}{\|}}{C}-NH-\overset{\overset{O}{\|}}{C}-NH_2} + NH_3\uparrow$$

二缩脲为无色针状结晶，熔点为160℃，难溶于水。在碱性溶液中能与稀的硫酸铜溶液产生紫红色，叫做二缩脲反应。凡分子中含有两个或两个以上酰胺键（—CONH—）的化合物，如多肽、蛋白质等，都能发生二缩脲反应。

（5）酰基化反应　尿素同酰氯、酸酐、酯等作用生成酰脲。例如，丙二酸二乙酯与尿素作用生成丙二酰脲：

$$H_2C\overset{\diagup COOC_2H_5}{\diagdown COOC_2H_5} + \overset{H_2N}{\underset{H_2N}{\diagup}}C=O \longrightarrow \underset{\text{丙二酰脲}}{H_2C\overset{\diagup CO-NH}{\diagdown CO-NH}C=O} + 2C_2H_5OH$$

丙二酰脲具有酸性，又叫巴比妥酸，它的衍生物在医药上用作镇静安眠药。

$$\underset{\text{巴比妥}}{\overset{C_2H_5}{\underset{C_2H_5}{\diagup}}C\overset{\diagup CO-NH}{\diagdown CO-NH}C=O} \qquad \underset{\text{苯巴比妥}}{\overset{C_2H_5}{\underset{C_6H_5}{\diagup}}C\overset{\diagup CO-NH}{\diagdown CO-NH}C=O}$$

3. 胍

胍可看作尿素分子中的氧原子被亚氨基（—NH—）取代的化合物。其结构式如下：

$$H_2N-\overset{\overset{NH}{\|}}{C}-NH_2$$

胍是很强的碱，其碱性与苛性碱相似，能吸收空气中的二氧化碳和水分。胍水解生成尿素和氨。

$$H_2N-\overset{\overset{NH}{\|}}{C}-NH_2 + H_2O \longrightarrow H_2N-\overset{\overset{O}{\|}}{C}-NH_2 + NH_3\uparrow$$

一些天然物质如链霉素、精氨酸的分子中都含有胍基。胍的许多衍生物可用作药物，如磺胺胍、吗啉双胍等。

$$\underset{\text{磺胺胍（SG）}}{H_2N-\phenyl-SO_2NH-\overset{\overset{NH}{\|}}{C}-NH_2} \qquad \underset{\text{吗啉双胍（ABOB）}}{O\diagup\diagdown N-\overset{\overset{NH}{\|}}{C}-NH-\overset{\overset{NH}{\|}}{C}-NH_2}$$

SG 是常用的肠道消炎药；ABOB 是治疗病毒性感冒的有效药物。

五、苯磺酰胺

苯磺酰卤与 NH_3、RNH_2 或 R_2NH 作用可生成苯磺酰胺。例如：

$$\phenyl-SO_2Cl + NH_3 \longrightarrow \phenyl-SO_2NH_2 + HCl$$

对氨基苯磺酰胺简称磺胺，是 20 世纪 30 年代发展起来的一类抗菌药物，也是人类用于预防及治疗细菌感染的第一类化学合成药物，在青霉素问世之前是使用最广泛的抗生素。由于它的副作用较大，现在主要供外用，或作其他磺胺类药物的原料。

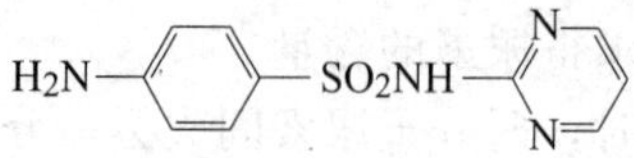

磺胺嘧啶(SD) 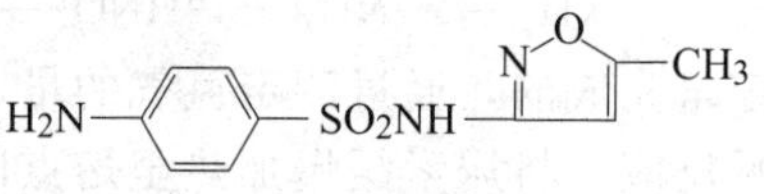　　　　　　　　　磺胺甲基异噁唑(SMZ, 新诺明)

磺胺类药物具有抗菌谱广、性质稳定、口服吸收良好等优点，是一类治疗细菌性感染的重要药物。

所有磺胺类药物都具有对氨基苯磺酰胺的基本骨架，它们的抗菌作用是由于对氨基苯磺酰胺干扰了细菌生长所必需的叶酸的合成。因为细菌需要对氨基苯甲酸合成叶酸，而对氨基苯磺酰胺在分子的大小、形状以及某些性质上与对氨基苯甲酸十分相似，细菌无法识别，当被细菌吸收后，叶酸的合成受阻，使细菌因缺乏叶酸而停止生长。

第三节　硝基化合物

硝基化合物是指分子中含有硝基（—NO_2）的化合物，可以看作是烃分子中的氢原子被硝基取代后得到的化合物。一元硝基化合物的通式常用 R—NO_2 或 Ar—NO_2 表示。

一、硝基化合物的分类、结构和命名

硝基化合物根据烃基的种类可分为脂肪族、芳香族和脂环族硝基化合物；根据与硝基相连接的碳原子的不同，可分为伯、仲、叔硝基化合物；根据硝基的数目可分为一元和多元硝基化合物。

硝基是个强吸电子基团，因此硝基化合物都有较高的偶极矩，如硝基甲烷的 $\mu = 4.3D$。键长的测定结果表明，硝基中的氮原子和两个氧原子之间的距离相同。根据杂化轨道理论，硝基中的氮原子是 sp^2 杂化的，它以三个 sp^2 杂化轨道与两个氧原子和一个碳原子形成三个共平面的 σ 键，未参与杂化的一对 p 电子所处的 p 轨道与每个氧原子的一个 p 轨道形成一个共轭 π 键体系。

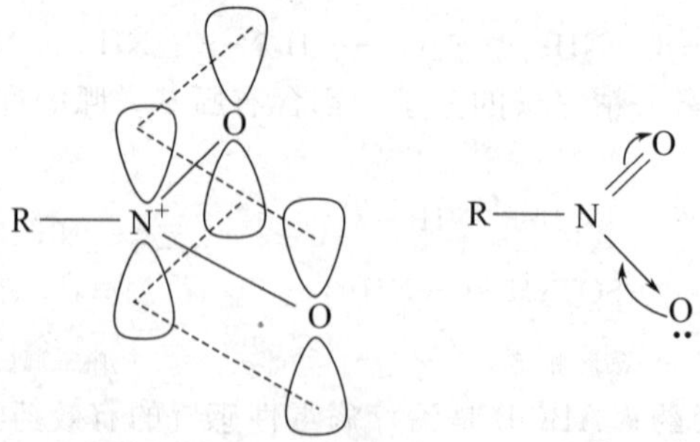

硝基化合物的命名与卤代烃相似，通常硝基作为取代基。例如：

硝基甲烷　　　　2-硝基丙烷　　　　对硝基苯甲酸　　　　硝基环己烷

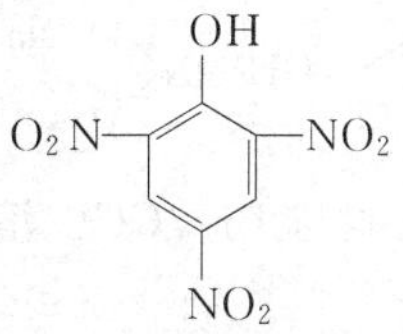

2,4,6-三硝基苯酚(苦味酸)

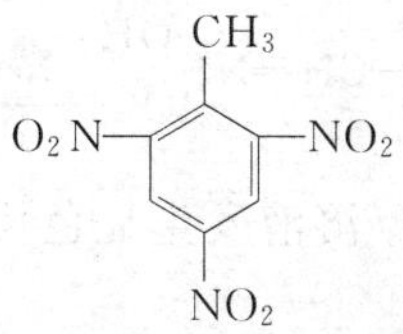

2,4,6-三硝基甲苯(TNT)

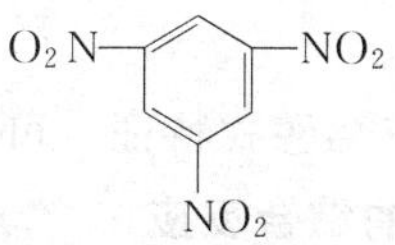

1,3,5-三硝基苯(TNB)

二、硝基化合物的物理性质

由于硝基化合物具有较高的极性，分子间吸引力大。因此，其沸点比相应的卤代烃高。芳香族硝基化合物中，除了一硝基化合物为高沸点的液体外，一般为结晶固体，无色或黄色。多硝基化合物具有爆炸性，如 TNT、苦味酸等。有的多硝基化合物有香味，可作香料，如 2,6-二甲基-4-叔丁基-3,5-二硝基苯乙酮（麝香酮），其结构式如下：

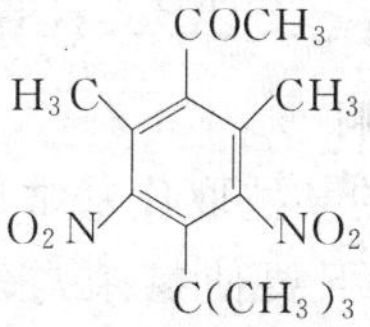

麝香酮

液态的硝基化合物是许多有机物的优良溶剂，但硝基化合物有毒，它的蒸气能透过皮肤被机体吸收而使人中毒，应尽量避免使用硝基化合物作溶剂。

三、硝基化合物的化学性质

1. 还原反应

硝基容易被还原，尤其是直接连在芳环上的硝基，还原产物随还原条件及介质的不同而有所不同。硝基苯在酸性条件下，可用铁等金属还原为芳香族伯胺。

酸性介质

中性介质

碱性介质

氢化偶氮苯

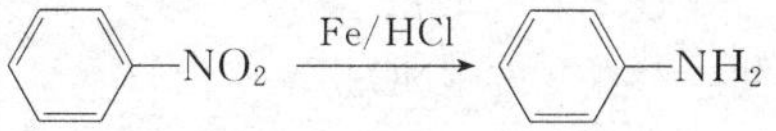

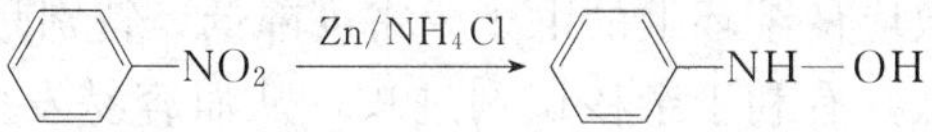

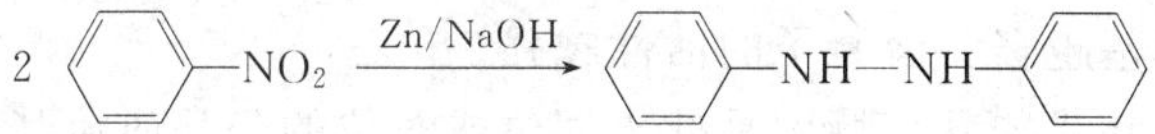

用催化氢化的方法也可还原硝基化合物。

$$R-NO_2 + 3H_2 \xrightarrow{Ni} R-NH_2 + 2H_2O$$

2. 酸性

脂肪族硝基化合物中，硝基的 α-C 上有氢原子时具有酸性，这是由于 σ-π 超共轭效应而产生的互变异构现象。

硝基式　　　　酸式

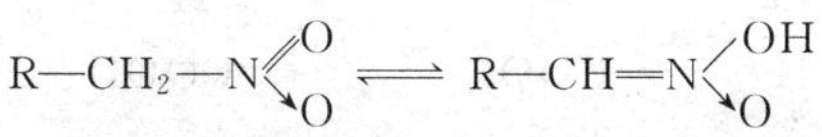

	CH_3NO_2	$CH_3CH_2NO_2$	$CH_3CH_2CH_2NO_2$
pK_a	10.2	8.5	7.8

平衡体系中，酸式含量较低，平衡主要偏向硝基式一方。加碱可使平衡向右移动，硝基式全部转变为酸式的盐而溶解。例如：

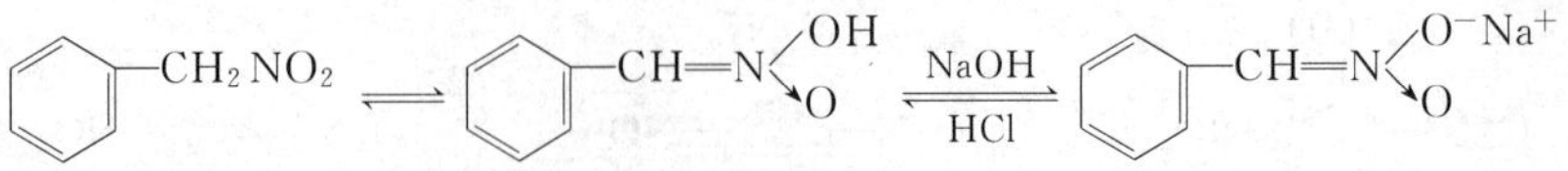

$$C_6H_5-CH_2NO_2 \rightleftharpoons C_6H_5-CH=N\overset{OH}{\underset{O}{}} \xrightleftharpoons[HCl]{NaOH} C_6H_5-CH=N\overset{O^-Na^+}{\underset{O}{}}$$

酸式中有烯醇式特征，可与 $FeCl_3$ 溶液发生显色反应，也能与 Br_2/CCl_4 溶液加成。

3. α-H 的缩合反应

与羟醛缩合及克莱森酯缩合等反应类似，硝基化合物中活泼的 α-H 可与羰基化合物作用，这在有机合成中很有用处。例如：

$$C_6H_5CHO + CH_3NO_2 \xrightarrow{OH^-} C_6H_5\overset{OH}{\underset{}{CH}}-CH_2NO_2 \xrightarrow[\triangle]{-H_2O} C_6H_5CH=CHNO_2$$

$$C_6H_5CH_2NO_2 + CH_3COCH_3 \xrightarrow{OH^-} C_6H_5-\overset{}{\underset{NO_2}{CH}}-\overset{}{\underset{OH}{C}}(CH_3)_2$$

$$C_6H_5COOC_2H_5 + CH_3NO_2 \xrightarrow{C_2H_5O^-} C_6H_5COCH_2NO_2 + C_2H_5OH$$

4. 硝基对苯环邻、对位基团的影响

硝基苯中，硝基的邻位或对位上的某些取代基常显示出特殊的活性。

氯苯是稳定的化合物，通常条件下要使氯苯与氢氧化钠作用转变为苯酚很困难。但在氯原子的邻位或对位上有硝基时，卤原子的亲核取代反应活性增大，容易被羟基取代。例如：

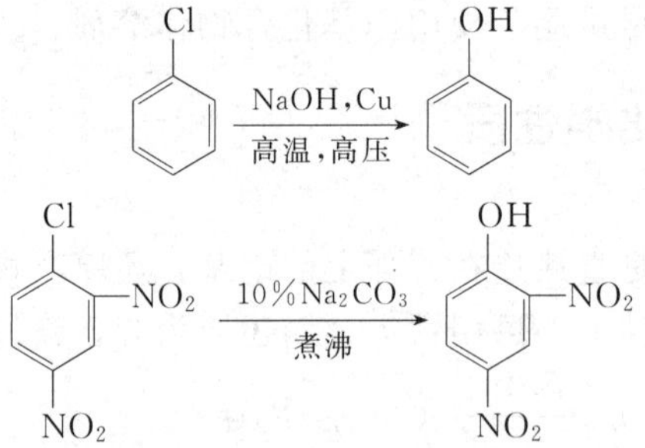

（氯苯）$\xrightarrow[\text{高温，高压}]{NaOH,Cu}$（苯酚）

（2,4-二硝基氯苯）$\xrightarrow[\text{煮沸}]{10\%Na_2CO_3}$（2,4-二硝基苯酚）

这是由于硝基的吸电子诱导效应使苯环上的电子云密度降低，特别是使硝基的邻位或对位碳原子上的电子云密度大大降低，有利于亲核试剂进攻，从而容易发生双分子亲核取代，使氯原子容易被取代。硝基越多，卤原子的活性越强。

硝基影响苯环上的羟基或羧基，特别是处于邻位或对位的羟基或羧基上的氢原子质子化倾向增强，即酸性增强。例如：

酸性　（苯酚）< （间硝基苯酚）< （邻硝基苯酚）< （对硝基苯酚）

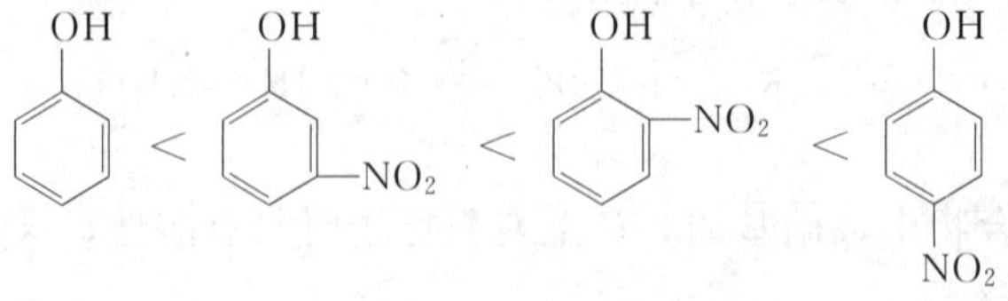

| pKa | 10.00 | 8.30 | 7.21 | 7.16 |

酸性　（苯甲酸）< （间硝基苯甲酸）< （对硝基苯甲酸）< （邻硝基苯甲酸）

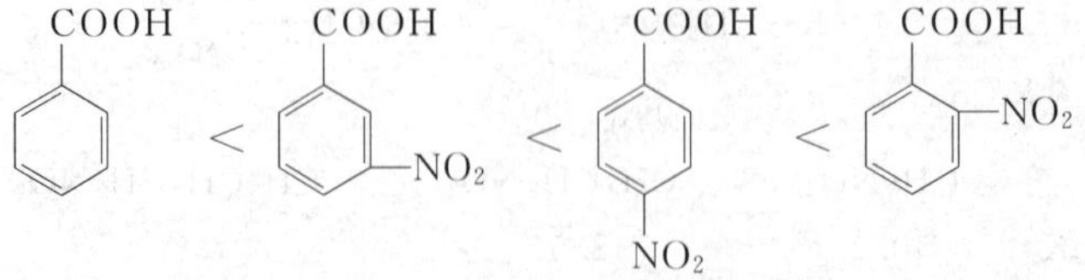

| pKa | 4.17 | 3.49 | 3.40 | 2.21 |

硝基的存在，使苯环上的羧基容易脱羧。例如：

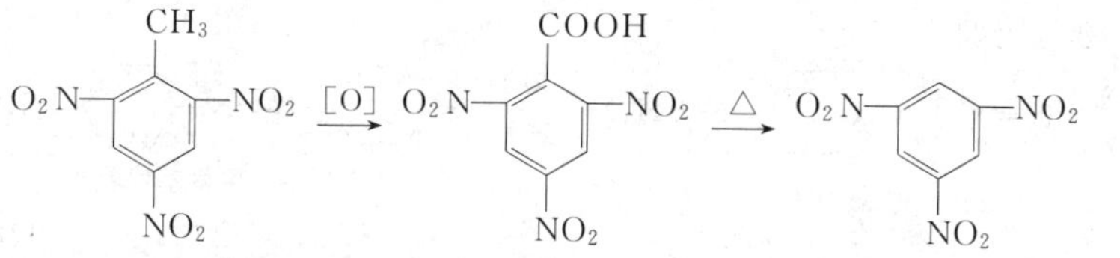

这是由烈性炸药 TNT 制造更强烈炸药 TNB 的反应。

第四节　重氮化合物和偶氮化合物

重氮化合物和偶氮化合物不存在于自然界中，都是人工合成的产物，其中芳香族的化合物较为重要，如芳香族重氮化合物在有机合成和分析上广泛应用，而芳香族偶氮化合物大多是从重氮化合物偶合得到的，它们是重要的精细化工产品，如染料、药物、色素、指示剂、分析试剂等。目前，偶氮染料占合成染料的 60％ 以上。

重氮化合物和偶氮化合物分子中都含有一—N_2—基团，该基团只有一端与烃基相连时叫做重氮化合物，两端都与烃基相连时叫做偶氮化合物。例如：

$$PhN^+ \equiv NCl^- \qquad\qquad CH_2N_2 \qquad\qquad PhN = NPh \qquad\qquad \left(Ph = \text{⬡}\right)$$

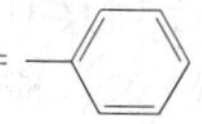

氯化重氮苯(重氮化合物)　　　重氮甲烷　　　偶氮苯(偶氮化合物)

一、重氮化合物

重氮盐是离子型化合物，具有盐的性质，易溶于水，不溶于一般有机溶剂。重氮盐只在低温的溶液中才能稳定存在，干燥的重氮盐对热和震动都很敏感，易发生爆炸。制备时一般不从溶液中分离出来，直接进行下一步反应。重氮盐的化学性质很活泼，能发生多种反应。

1. 取代反应

重氮盐分子中的重氮基带有正电荷，是很强的吸电子基团，它使 C—N 键的极性增大容易断裂，能被—OH、—X、—CN、—H 等多种基团取代并放出氮气。

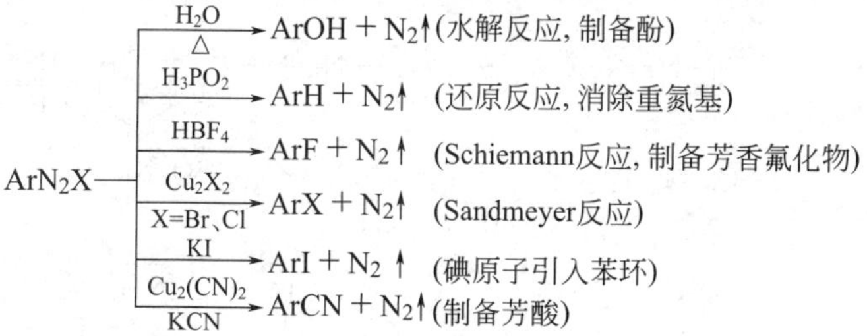

通过重氮化反应，可以制备一些不能用直接方法制备的化合物。例如：

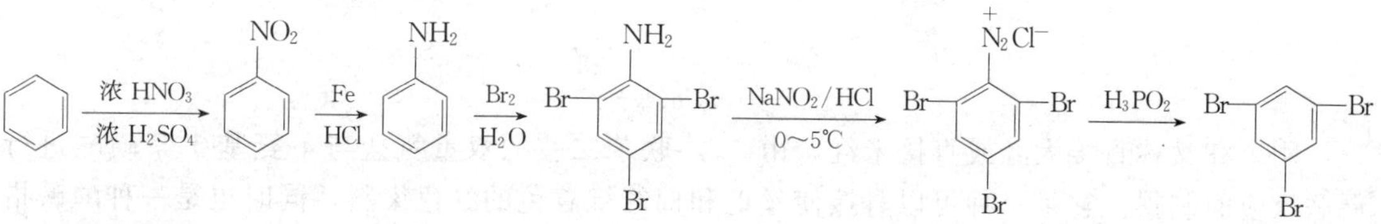

2. 偶联反应

重氮盐与芳香叔胺类或酚类化合物在弱碱性、中性或弱酸性溶液中，由偶氮基（—N≡N—）将两个分子偶联起来，生成偶氮化合物的反应称为偶联（偶合）反应。反应生成偶氮化合物。例如：

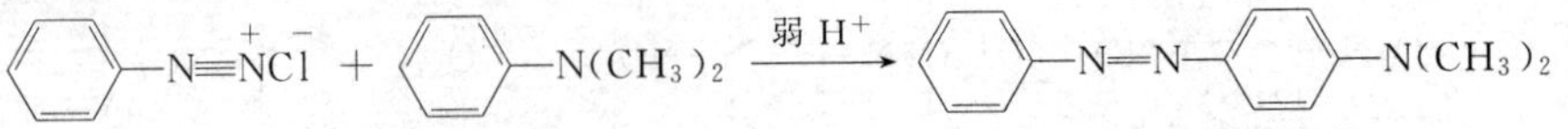

4-二甲氨基偶氮苯

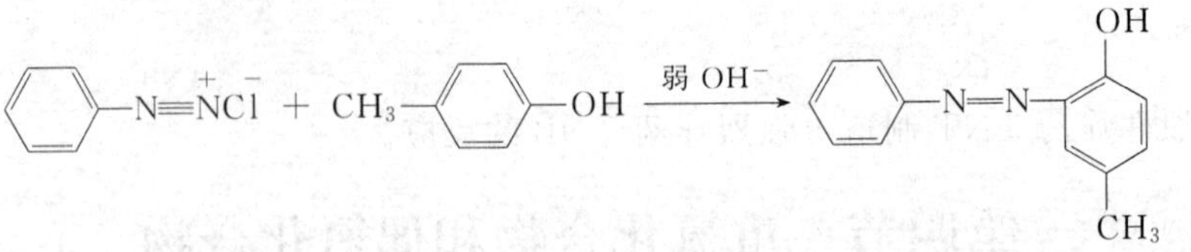

5-甲基-2-羟基偶氮苯

芳香胺的重氮盐中，重氮基正离子与芳环是共轭体系，氮原子上的正电荷因离域而分散，故重氮正离子是弱亲电试剂，只能与芳香胺或酚这类活性较高的芳环发生亲电取代反应。由于电子效应和空间效应的影响，通常在氨基或羟基的对位取代，若对位被其他基团占据，则在邻位取代。

二、偶氮化合物

偶氮化合物具有各种鲜艳的颜色，多数偶氮化合物可用作染料，称为偶氮染料，它们是染料中品种最多、应用最广的一类合成染料。

有的偶氮化合物在不同的 pH 介质中因结构的变化而呈现不同的颜色，可用作酸碱指示剂。下面列举几种偶氮指示剂和偶氮染料的例子。

1. 甲基橙

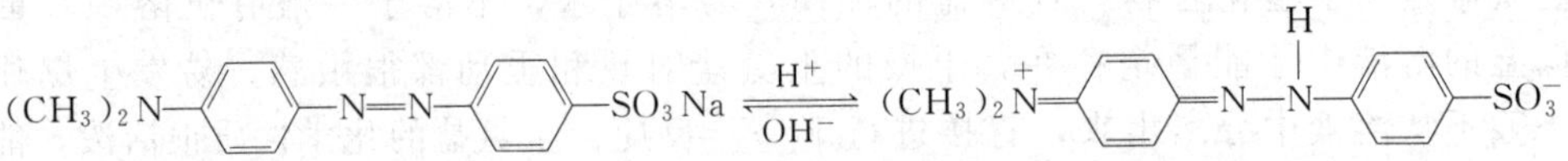

（pH＞4.4，黄色）　　　　　　　　　（pH＜3.1，红色）

甲基橙由对氨基苯磺酸的重氮盐与 N,N-二甲基苯胺进行偶联反应而制得。它是一种酸碱指示剂，在中性或碱性介质中呈黄色，在酸性介质中呈红色，变色范围为 pH 3.1～4.4。

2. 刚果红

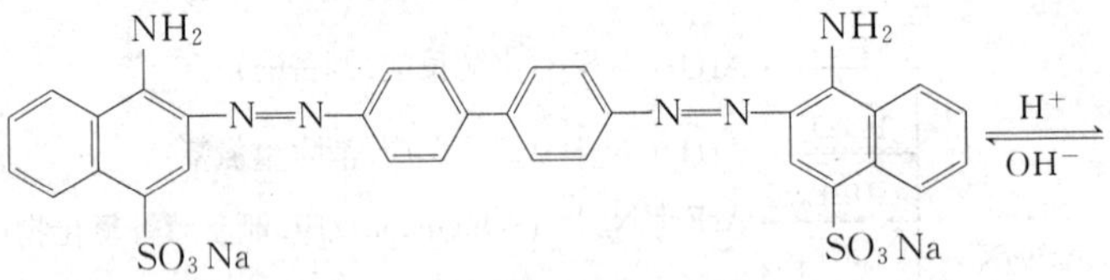

（pH＞5.0，红色）

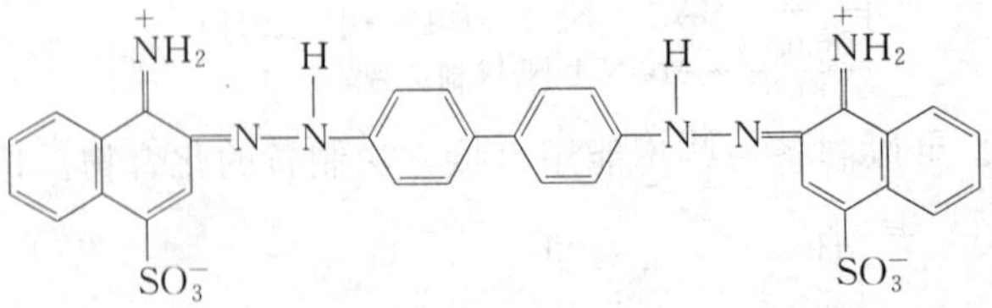

（pH＜3.0，蓝色）

刚果红又称直接大红或直接米红，由 4,4'-联苯二胺的双重氮盐与 4-氨基-1-萘磺酸进行偶联反应而制得。它是一种可以直接使丝毛和棉纤维着色的红色染料，同时也是一种酸碱指示剂，变色范围为 pH 3.0～5.0。

3. 对位红

对位红是一种红色染料，由对硝基苯胺的重氮盐与 β-萘酚进行偶联反应而制得。其结构式如下：

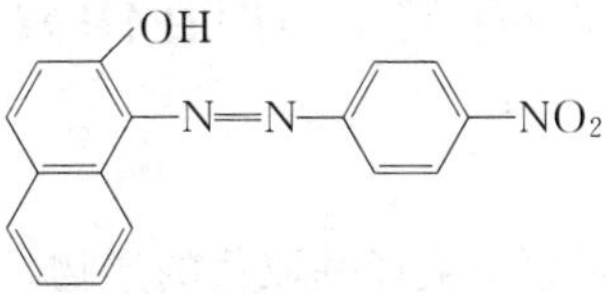

三、有机化合物的颜色与结构的关系

自然光由不同波长的光组成，人眼能看到的是波长在 $400\sim800nm$ 之间的光，叫做可见光。在可见光区域内，不同波长的光显示不同的颜色。

有机化合物能否吸收可见光，与它的结构有密切的关系。

1. 分子中只有 σ 键的化合物

由于 σ 电子结合得较牢固，其跃迁所需的能量较高，因此吸收光的波长在远紫外区。由于不能吸收可见光，所以不显颜色，如饱和烃。

2. 分子中含有 π 键的化合物

由于 π 电子跃迁所需的能量较低，因此吸收光的波长在紫外或可见光区。能使有机化合物在紫外及可见光区（$200\sim800nm$）内有吸收的基团，称为生色团（生色基）。例如：

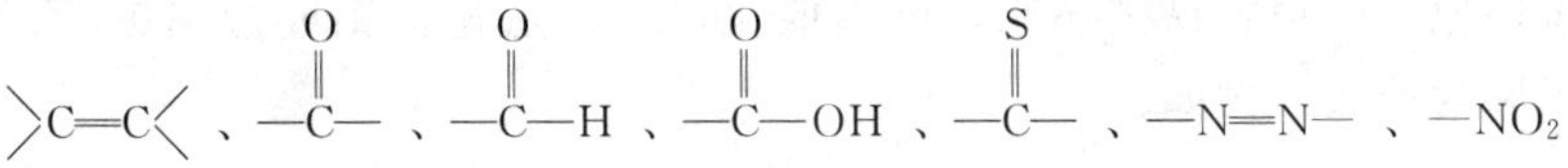

分子中仅有一个生色基的物质，其吸收光的波长在 $200\sim400nm$ 之间，仍然是无色的。生色基的特点是都含有重键或共轭链，有机物共轭体系中引入生色基颜色加深。

生色基引入共轭体系时，参与共轭作用，使共轭体系中 π 电子的流动性增加，其结果使分子激发能降低，化合物吸收向长波方向移动，导致颜色加深。例如，苯是无色的，而硝基苯是淡黄色的。

3. 分子中有两个或多个生色基处于共轭

由于共轭体系中电子跃迁所需的能量比单独的生色基中的低，因此其吸收光的波长较长。共轭体系越长，其吸收峰对应的波长越长，当吸收的波长移至可见光区内，该物质便有了颜色。例如下列化合物，当 $n=1$ 时为无色，当 $n=2$ 时为淡黄色，当 $n=4$ 时为棕黄色。随着共轭体系的增长，颜色逐渐加深。

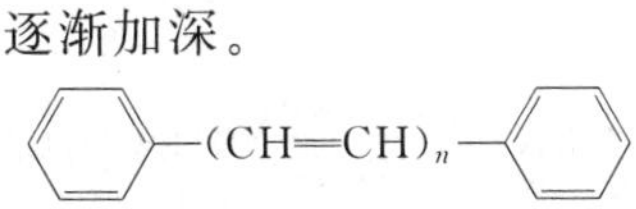

某些基团，如—OH、—OR、—NH_2、—NR_2、—SR、—Cl、—Br 等，它们本身的吸收波长在远紫外区，不能吸收可见光，但将它们连接到共轭体系或生色基上时，可使分子吸收光的波长移向长波方向，使化合物的颜色加深，这些基团叫做助色团（助色基）。

从结构可以看出，助色基的特点是都含有未共用电子对。助色基引入共轭体系，这些基团上的未共用电子对参与共轭体系，提高了整个分子中 π 电子的流动性，从而降低了分子的激发能，使物质吸收光的波长移向长波方向。例如：

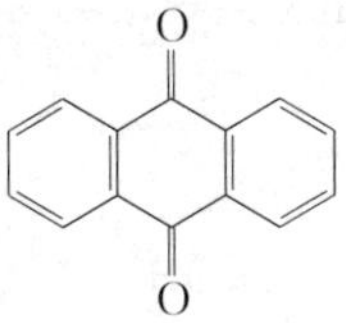

蒽醌(淡黄色) 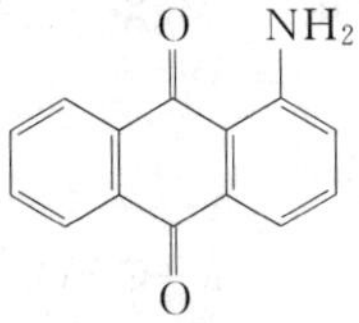　　　　　　　　1-氨基蒽醌(红色)

第五节　腈类、异腈和异氰酸酯

一、腈类

腈可以看作是氢氰酸分子中的氢原子被烃基取代的产物，其通式为 $R—C≡N$ 及 $Ar—C≡N$。根据所含碳原子的数目称为某腈或氰基少一个碳原子的某烷。例如：

$$CH_3—CN \qquad CH_2=CH—CN \qquad NC—(CH_2)_4—CN \qquad C_6H_5—CN$$

乙腈（氰基甲烷）　　　丙烯腈　　　己二腈（1,4-二氰基丁烷）　　　苯甲腈

1. 腈类的物理性质

氰基是强吸电子基团，其吸电子能力仅次于硝基。腈类化合物有高度的极性，其分子间吸引力较大，所以它们的沸点比相对质量相近的烃、醚、醛、酮、胺均高，而与醇相近，较羧酸低。腈与水可形成氢键，所以在水中溶解度较大，低级腈均溶于水，并能溶解盐类等离子化合物，常用作溶剂及萃取剂。低级腈是无色液体，高级腈是固体。纯净的腈无毒，但往往混有异腈而有毒。

2. 腈类的化学性质

氰基与羰基的结构相似，因此它们也有某些相似的化学性质。

（1）加氢还原　腈很容易被还原，可用催化加氢、氢化锂铝或金属钠/乙醇等。腈催化氢化或化学还原为伯胺。例如：

$$CH_3CH_2CH_2CN + 2H_2 \xrightarrow{Ni} CH_3CH_2CH_2CH_2NH_2$$

$$CH_3CH_2CH_2CN \xrightarrow{Na/C_2H_5OH} CH_3CH_2CH_2CH_2NH_2$$

（2）水解和醇解　在酸或碱的催化下，腈容易水解生成羧酸，腈的名称是根据水解生成的羧酸命名的。例如：

$$CH_3CN + 2H_2O + H^+ \xrightarrow{\triangle} CH_3COOH + NH_4^+$$

乙腈　　　　　　　　　　　乙酸

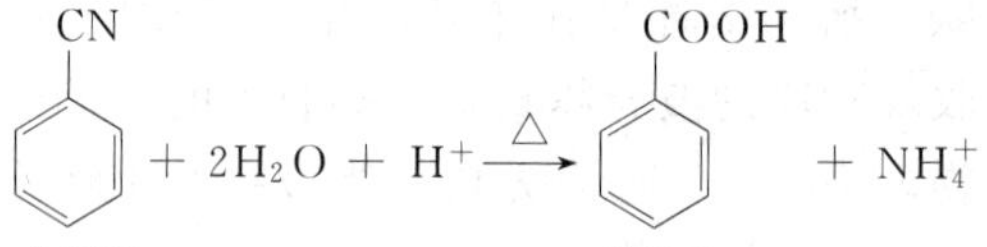

$$CH_3CH_2CH_2CN \xrightarrow[\triangle]{H_2O, NaOH} CH_3CH_2CH_2COONa$$

工业上已用己二腈水解制备己二酸，己二腈是合成尼龙-66 的原料。

如果在腈的水解液中加入醇，则可得到酯。

$$R—CN + R'OH + H_2O + H^+ \longrightarrow RCOOR' + NH_4^+$$

（3）与格氏试剂反应　腈类与格氏试剂反应可生成酮类化合物，再进一步反应则最终产物为叔醇。

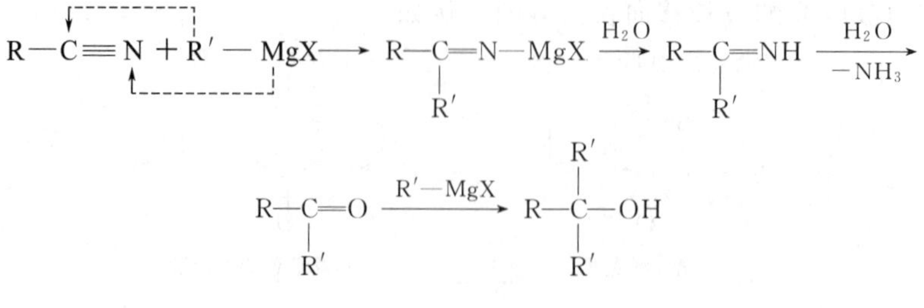

（4）α-H 的活性　由于氰基的强吸电子诱导效应，使 α-H 的活性增加，可发生自身缩合反应，也可与芳醛发生缩合反应。例如：

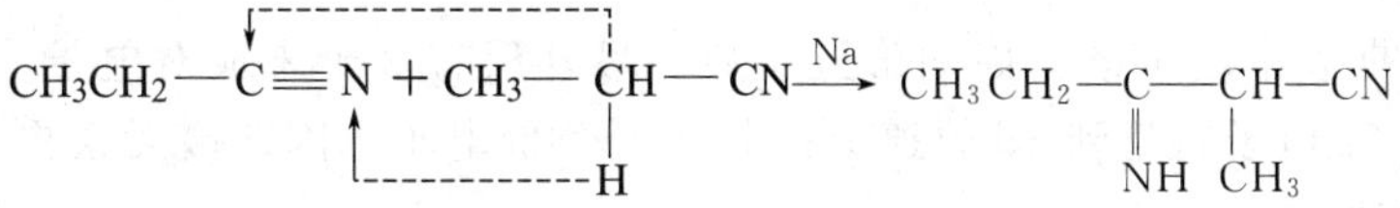

$$CH_3CH_2-C\equiv N + CH_3-\underset{\underset{H}{|}}{CH}-CN \xrightarrow{Na} CH_3CH_2-\underset{\underset{NH}{||}}{C}-\underset{\underset{CH_3}{|}}{CH}-CN$$

$$C_6H_5CHO + C_6H_5CH_2CN \xrightarrow[C_2H_5OH]{C_2H_5ONa} \xrightarrow[-H_2O]{\triangle} C_6H_5CH=\underset{\underset{C_6H_5}{|}}{C}-CN$$

二、异腈

异腈的通式为 RNC 及 ArNC，官能团为异氰基（—NC）。异腈是腈的同分异构体。

异腈的命名根据烃基不同称为异氰基某烃，如 C_2H_5NC 称为异氰基乙烷。

异腈是由伯胺与氯仿及氢氧化钾共热得到的。

$$RNH_2 + CHCl_3 + 3KOH \xrightarrow{\triangle} RNC + 3KCl + 3H_2O$$

这是伯胺的特征反应，生成的异腈有恶臭味，所以这也是伯胺的鉴定方法之一。

异氰基的碳原子有孤对电子，有强烈的给电子作用，对碱较稳定，酸性条件下更容易水解。

$$RNC + 2H_2O \xrightarrow{H^+} RNH_2 + HCOOH$$

异腈加氢生成仲胺。

$$RNC + 2H_2 \xrightarrow{Ni} RNHCH_3$$

异腈加热则异构化生成腈。

$$RNC \xrightarrow{\triangle} RCN$$

异腈容易氧化生成异氰酸酯。

$$RNC + HgO \longrightarrow R-N=C=O + Hg$$

三、异氰酸酯

异氰酸酯的通式为 R—N=C=O 及 Ar—N=C=O。例如：

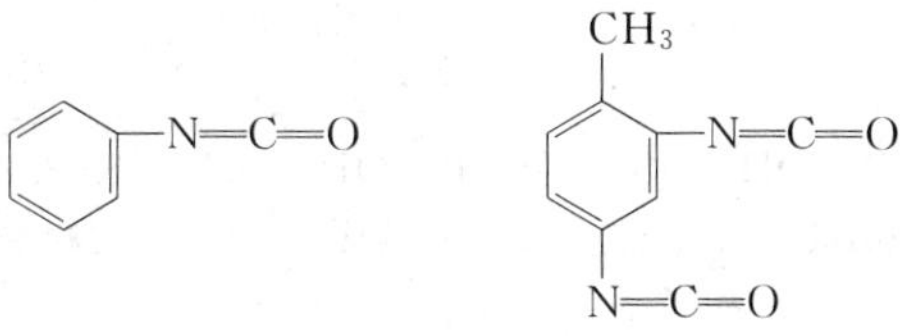

异氰酸苯酯　　　　　2,4-二异氰酸甲苯酯

异氰酸苯酯和 2,4-二异氰酸甲苯酯是制造医药、农药和高分子材料的原料。

第六节　含磷有机化合物

常见的含磷有机化合物有：膦、膦酸、磷酸酯等。含磷有机化合物通常是指含 C—P 键的化合物。

含磷有机化合物的种类很多，其中许多是生物体内的重要组成成分，有些化合物如核酸、磷脂等是维持生命活动和生物体遗传不可缺少的物质。

农业上，许多含磷有机化合物用作杀虫剂、杀菌剂和植物生长调节剂等，是一类极为重要的农药。在有机合成中，许多含磷有机化合物是非常重要的试剂。

一、含磷有机化合物的结构

磷元素在周期表中位于第三周期第五主族，最外层有 3 个未成对电子。磷原子在成键时，外层的两个 3s 电子跃迁到 3d 轨道上，共有 5 个价电子。因此磷元素更容易利用 3d 轨道参与杂化而成键。

亚磷酸、亚磷酸酯、亚磷酸酰胺等属于三配位磷化物，以通式 PX_3 表示。结构测定发现这类化合物的结构是变形四面体。这种变形四面体不同于纯 p^3 键形成的正三角锥体（键角为 90°），也不同于 sp^3 杂化形成的四面体（键角为 109°28′），三配位磷化物 PX_3 中键角是 100°±1°，这说明三配位磷化物 PX_3 中磷原子主要以 p^3 成键，但 s 电子也参与成键，又具有 sp^3 杂化的性质。

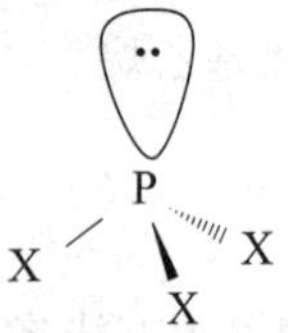

$$PH_3 \qquad (CH_3)_2PH \qquad (RO)_3P$$

磷化氢　　　　二甲基膦　　　亚磷酸三烷基酯

磷酸、膦酸、硫代磷酸和硫代膦酸及其衍生物都属于四配位磷化物，以 $R_3P{=}X$ 表示，磷原子采取 sp^3 杂化轨道以 4 个 σ 键与其他基团相连，呈四面体结构。其中 $P{=}X$（$X{=}O$、S）键除了 σ 键外，同时存在 dπ-pπ 共轭作用。

五配位磷化物中磷原子以 sp^3d 杂化轨道与其他基团相连形成 5 个 σ 键。绝大多数五配位磷化物以三角双锥构型存在，少量以四方锥体构型存在。

二、含磷有机化合物的主要类型

1. 膦类

膦是指分子中含有 C—P 键的有机化合物。氮、磷是同一主族元素，相应于氨的磷化合物称为磷化氢或膦。根据磷原子上所连烃基的数目不同，膦可分为伯膦、仲膦、叔膦和季䣲盐。例如：

$$PH_3 \qquad RPH_2 \qquad R_2PH \qquad R_3P \qquad R_4P^+X^-$$

磷化氢（膦）　伯膦　　　仲膦　　　叔膦　　　季䣲盐

2. 亚膦酸类

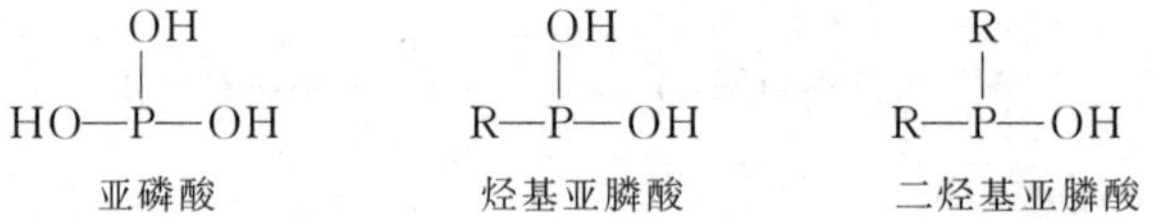

亚磷酸　　　　烃基亚膦酸　　　二烃基亚膦酸

3. 膦酸类

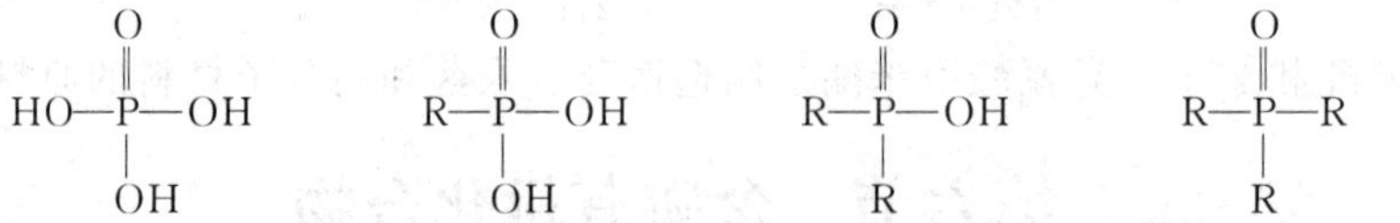

磷酸　　　烃基膦酸　　　二烃基次膦酸　　　三烃基氧化膦

4. 磷酸酯类

磷酸一烃基酯　　　磷酸二烃基酯　　　磷酸三烃基酯

5. 硫代磷酸及其酯类

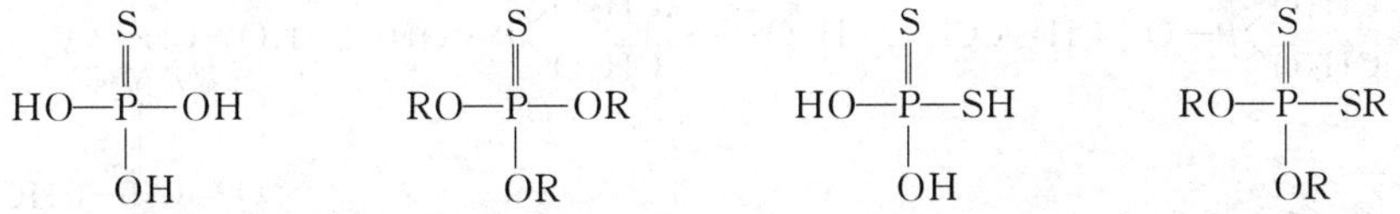

硫代磷酸　　　　　硫代磷酸酯　　　　　二硫代磷酸　　　　　二硫代磷酸酯

三、含磷有机农药简介

20 世纪 30 年代就发现了有机磷化合物的生理效应和杀虫性能。有机磷（膦）酸酯类农药通常用商品名称，它们的系统命名是以磷（膦）酸酯或硫代磷酸酯为母体，氧原子或硫原子上的烃基用"O-某基"或"S-某基"表示。

1. 乙烯利

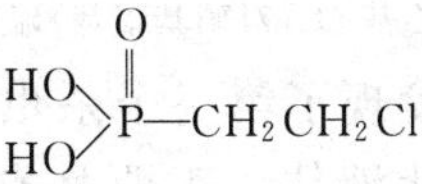

2-氯乙基膦酸（乙烯利）

乙烯利属膦酸类植物生长调节剂。纯品为无色针状结晶，熔点为 75℃，易溶于水及乙醇。商品乙烯利通常是带有棕色的液体。乙烯利可用于催熟水果，在 pH＞4 时会缓慢水解，释放出乙烯。

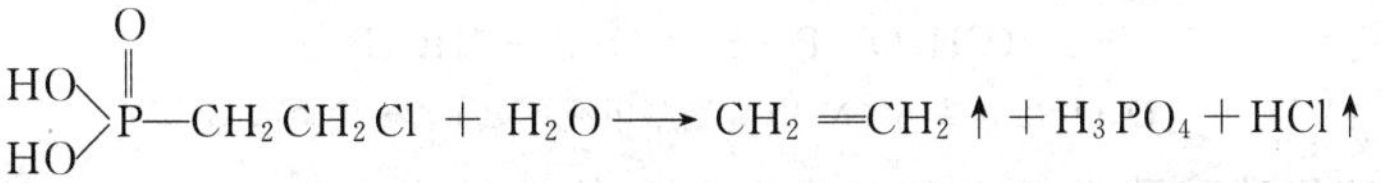

乙烯利易被植物吸收。由于一般植物细胞 pH 在 4 以上，所以在植物体内，乙烯利逐渐分解放出乙烯，促进果实成熟。乙烯利还有促进种子发芽、调节植物生长的作用。

2. 敌百虫

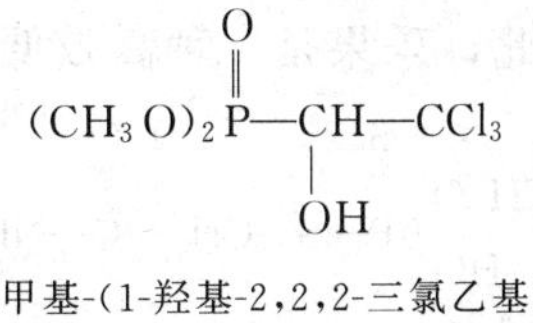

O,O-二甲基-(1-羟基-2,2,2-三氯乙基)膦酸酯

敌百虫属膦酸酯类杀虫剂，为无色晶体，易溶于水和多数有机溶剂。敌百虫是一个高效低毒的有机磷杀虫剂，对昆虫有胃毒和触杀作用，常用于防治鳞翅目、双翅目、鞘翅目等害虫。敌百虫对哺乳动物的毒性较小，也可用于防治家畜体内外的寄生虫，或用作灭蝇剂。

3. 敌敌畏

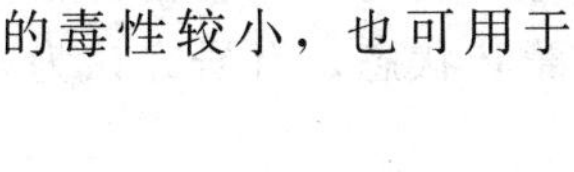

O,O-二甲基-O-(2,2-二氯乙烯基)磷酸酯

敌敌畏属磷酸酯类杀虫剂，为无色液体，易挥发，微溶于水。敌敌畏有胃毒、触杀和熏蒸作用，杀虫范围广，作用快，主要用于防治刺吸口器害虫和潜叶害虫。敌敌畏的杀虫效果较敌百虫好，但对人、畜的毒性较大，不适宜于家庭卫生和兽医杀虫。

敌敌畏容易水解，水解后产生磷酸二甲酯和二氯乙醛而失去其毒性。

$$(CH_3O)_2\!\!\overset{\displaystyle O}{\underset{\displaystyle }{P}}\!\!-O-CH=\!CCl_2 + H_2O \longrightarrow (CH_3O)_2\!\!\overset{\displaystyle O}{\underset{\displaystyle }{P}}\!\!-OH + HO-CH=\!CCl_2$$

二氯乙烯醇

$$O=CH-CHCl_2$$
二氯乙醛

在植物体内，这种水解作用也能迅速发生，因此敌敌畏在植物体内不能长期滞留。应用在农业上就有药效不能持久的缺点，但另一方面也有不至于造成有害残毒的优点，在作物采收近期还可使用。

4. 对硫磷（1605）

$$(C_2H_5O)_2\!\!\overset{\displaystyle S}{\underset{\displaystyle }{P}}\!\!-O-\!\!\left\langle\!\!\!\bigcirc\!\!\!\right\rangle\!\!-NO_2$$

O,O-二乙基-O-(对硝基苯基)硫代磷酸酯

1944 年，德国化学家希拉台尔发现了第一个杀虫剂对硫磷，又称为 1605。对硫磷属硫代磷酸酯类杀虫剂，为浅黄色油状液体，工业品有类似大蒜的臭味，难溶于水，易溶于有机溶剂。对硫磷是一种剧毒农药，有优良的杀虫性能，但对人、畜和鱼类的毒性也很大。

5. 乐果

$$(CH_3O)_2\!\!\overset{\displaystyle S}{\underset{\displaystyle }{P}}\!\!-S-CH_2\overset{\displaystyle O}{\underset{\displaystyle }{C}}\!\!-NHCH_3$$

O,O-二甲基-S-(N-甲基氨基甲酰甲基)二硫代磷酸酯

乐果属于二硫代磷酸酯类杀虫剂，为白色晶体，熔点为 $51\sim52℃$，溶于水和多种有机溶剂。乐果有内吸性，能被植物的根、茎、叶吸收并传导到整个植株，昆虫即使食用非施药部位也可能中毒。乐果对昆虫毒性很高，而对温血动物毒性很低。

乐果在植物体内能被氧化成毒性更强烈的氧化乐果，而在人体内或牛胃内则可降解为毒性较小的去甲基乐果或乐果酸，因此，乐果是一种高效低毒的有机磷杀虫剂。

$$CH_3O\!\!\overset{\displaystyle O}{\underset{\displaystyle CH_3O}{\diagup\!\!\!\!P}}\!\!-S-CH_2\overset{\displaystyle O}{\underset{\displaystyle }{C}}\!\!-NHCH_3 \qquad CH_3O\!\!\overset{\displaystyle O}{\underset{\displaystyle HO}{\diagup\!\!\!\!P}}\!\!-S-CH_2\overset{\displaystyle O}{\underset{\displaystyle }{C}}\!\!-NHCH_3 \qquad CH_3O\!\!\overset{\displaystyle O}{\underset{\displaystyle CH_3O}{\diagup\!\!\!\!P}}\!\!-S-CH_2-COOH$$

氧化乐果 　　　　　　　　去甲基乐果 　　　　　　　　乐果酸

农药上所谓的"高效低毒"只是相对而言，所有的有机磷农药对人、畜都有或大或小的毒性，如果使用不当，即使是"低毒"农药对人、畜都会产生毒害，不可大意。实际上有机磷农药对人、畜的毒性机理还处在蒙昧状态，有研究认为，它们能与人、畜体内的胆碱酯酶相结合，引起神经麻痹和代谢失常。

习 题

1. 命名下列化合物：

(1) $CH_3CH_2NH_2$ 　　　(2) $CH_3CH(NH_2)CH_3$ 　　　(3) $[(CH_3)_3NC_6H_5]^+OH^-$

(4) $(CH_3CH_2)_2N\!\!-\!\!NO$ 　　　(5) $(CH_3)_2NC_2H_5$ 　　　(6) $H_2NCOOC_2H_5$

(7) $CH_3CON(CH_3)_2$ 　　　(8) $\left\langle\!\!\!\bigcirc\!\!\!\right\rangle\!\!-N(CH_3)_2$ 　　　(9) $CH_3CH_2\overset{\displaystyle O}{\underset{\displaystyle }{C}}\!\!-NH_2$

（10）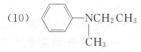

2. 写出下列化合物的结构式：

    （1）二乙胺　　（2）乙二胺　　（3）邻苯二甲酰亚胺　　（4）N-乙基苯胺　　（5）尿素　　（6）氯化三甲胺

3. 将下列各组化合物按碱性强弱顺序排列：

    （1）对甲氧基苯胺、苯胺、对硝基苯胺　　　　　　（2）丙胺、甲乙胺、苯甲酰胺

4. 鉴别下列各组化合物：

    （1）异丙胺、二乙胺、三甲胺　　　　　　　　　（2）苯胺、环己胺、N-甲基苯胺

5. 完成下列反应式：

    （1）$CH_2{=}CHCH_2Br + NaCN \longrightarrow ? \xrightarrow[H_2O]{H^+} ?$

    （2）$(CH_3)_3N + CH_3CH_2I \longrightarrow ? \xrightarrow[\triangle]{AgOH} ?$

    （3）$CH_3CH_2NH_2 + CH_3COCl \longrightarrow ?$

    （4）$[(CH_3)_3N^+CH_2CH_3]OH^- \xrightarrow{\triangle} ?$

    （5）$CH_3\underset{\underset{NH_2}{|}}{CH}{-}CONH_2 + HNO_2 \xrightarrow{\triangle} ?$

    （6）$CH_3CH_2NHCH_2CH_3 + (CH_3CO)_2O \longrightarrow ?$

6. 由指定原料合成下列化合物（无机试剂可任取）：

    （1）由苯合成对硝基苯胺

    （2）由甲苯合成对氨基苯甲酸

    （3）由甲苯合成对硝基苯甲酰胺

7. 某化合物 A 分子式为 $C_7H_7NO_2$，无碱性，还原后得到 B，其化学名称为对甲苯胺。低温下 B 与亚硝酸钠的盐酸溶液作用得到 C，分子式为 $C_7H_7N_2Cl$。C 在弱碱性条件下与苯酚作用得到分子式为 $C_{13}H_{12}ON_2$ 的化合物 D。试推测 A、B、C 和 D 的结构式。

8. 分子式为 $C_7H_7NO_2$ 的化合物 A、B、C、D，它们都含有苯环，为 1,4-衍生物。A 能溶于酸和碱；B 能溶于酸而不溶于碱；C 能溶于碱而不溶于酸；D 不溶于酸也不溶于碱。推测 A、B、C 和 D 的可能结构式。

9. 分子式为 $C_6H_{13}N$ 的化合物 A，能溶于盐酸溶液，并可与 HNO_2 反应放出 N_2，生成物为 B（$C_6H_{12}O$）。B 与浓 H_2SO_4 共热得产物 C，C 的分子式为 C_6H_{10}。C 能被 $KMnO_4$ 溶液氧化，生成化合物D（$C_6H_{10}O_3$）。D 和 NaIO 作用生成碘仿和戊二酸。试推出 A、B、C、D 的结构式，并用反应式表示推断过程。

10. 某化合物 A 分子式为 $C_7H_{17}N$，能溶于稀盐酸溶液，与 HNO_2 反应放出 N_2 并生成化合物 B，B 的分子式为 $C_7H_{16}O$。B 能发生碘仿反应，但不与苯肼反应；B 与浓 H_2SO_4 共热得产物 C。C 与酸性 $KMnO_4$ 反应生成乙酸和另一具有旋光活性的羧酸 D。（1）试推出 A、B、C、D 的结构式，并写出有关反应式；（2）用"＊"标出化合物 D 的手性碳原子，写出构型式并标出其构型。

 知识拓展

N-亚硝基二烷基胺——可能致癌的有机物

    N-亚硝基二烷基胺对各种动物都有致癌性，也被怀疑会引发人类的癌症。它的致癌模式是形成不稳定的单烷基-N-亚硝胺，这个化合物可以进攻 DNA 中的一个碱基造成基因损伤而导致癌细胞产生。在各种腌肉如烟熏鱼和香肠中都能检测到亚硝胺（N-亚硝基二甲胺）。

腌制法保存肉的加工已有几个世纪的历史了，最初这种加工是用氯化钠，其作用是直接或间接防止细菌生长。20世纪初发现用硝酸钠来腌制会产生一种符合需要的负效应，即产生能增进食欲的石竹色和腌肉的特殊风味。产生这种效应的原因是亚硝酸钠，因为在加工时，由于细菌的作用把硝酸钠变成了亚硝酸钠。当今亚硝酸钠已用来腌制食品，它能抑制引起肉毒素的细菌生长、延缓储藏时腐败变味、保存添加的香味和特有的熏味。它产生的一氧化氮与肌红蛋白中的铁形成红色的配合物。食品中亚硝酸盐的含量是严格限定的（$<2\times10^{-4}$），因为它本身有毒，并能把胃中存在的天然胺转化为亚硝胺。人类从腌肉中吸收的硝酸盐（亚硝酸盐）平均少于10%，其余则来自天然的蔬菜，如菠菜、甜菜、萝卜、芹菜和甘蓝菜。

糖精——商业上最早使用的合成有机物之一

糖精是在研究含硫原子和氮原子化合物的氧化过程中合成的有机物。糖精的甜味于1879年被美国的化学家发现。那时化学家习惯亲口尝试自己制备的新化合物的味道，当然这是一种极其危险的行为。即使在实验室中碰到的被认为是"安全"的化合物，都不能再奉行这种行为。

糖精的化学名称是邻磺酰苯甲酰亚胺钠，属于合成的非营养甜味剂，甜度为蔗糖的300～500倍，加热慢慢分解，甜味消失产生苦味。早已证明糖精是一种能挽救无数糖尿病患者的"救生员"，并且对那些需要控制摄入热量的人们具有重要价值。糖精可能的致癌性问题在20世纪60年代和70年代被提出来。多年来，含有糖精的商品都需贴上警告标签，让人们知情。然而，更深入的研究表明纯的糖精是安全的，偶尔观察到的用糖精处理过的细胞组织中的基因缺陷是杂质引起的。糖精在世界各国虽被禁用，但后来又延期禁用，其实际应用逐渐减少，有被取代的趋势，现在糖精约占非营养性甜味剂市场的45%。2001年美国国会又宣布撤销了一项针对糖精的禁令。

糖精（邻磺酰苯甲酰亚胺钠）的合成过程如下：

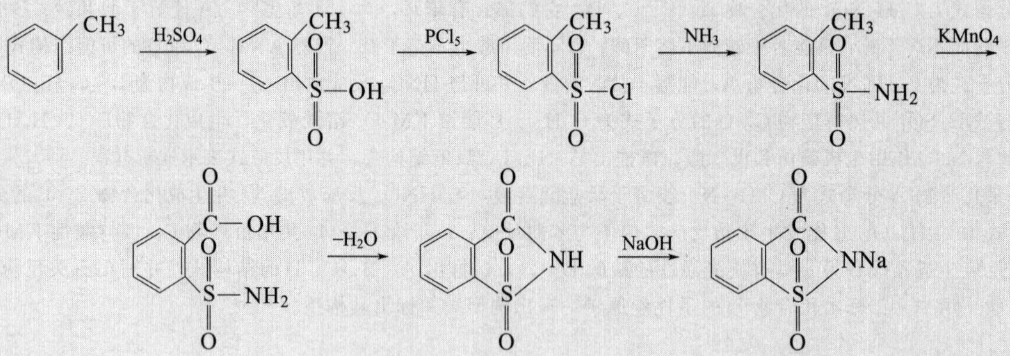

杂环化合物和生物碱

Chapter 10

第十章

杂环化合物和生物碱广泛存在于自然界中，在动植物体内起着重要的生理作用。本章介绍杂环化合物的分类、命名、结构特点、性质及重要的杂环化合物，以及生物碱的一般性质、提取方法和重要的生物碱。

第一节 杂环化合物

环状有机化合物中，构成环的原子除碳原子外还含有其他原子，则这种环状化合物叫做杂环化合物。组成杂环的原子，除碳原子以外的都叫做杂原子。常见的杂原子有 O、S、N 等。杂环上可以有一个或多个杂原子。杂环化合物有芳香性杂环和非芳香性杂环，后者如环醚（如环氧乙烷）、内酯（如 δ-戊内酯）、内酸酐（如丁二酸酐）和内酰胺（如己内酰胺）等都含有杂原子，但它们容易开环，性质上又与醚、酯、酐、酰胺相似，所以不把它们放在杂环化合物中讨论。

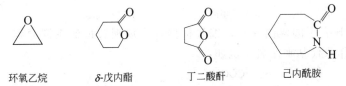

| 环氧乙烷 | δ-戊内酯 | 丁二酸酐 | 己内酰胺 |

在本章中将涉及的主要是具有 $4n+2$ 个 π 电子闭合共轭体系的芳香性的杂环化合物，这类化合物的环由于构成一个闭合的共轭体系而相当稳定。

杂环化合物种类繁多，在自然界中分布很广，功用很多。具有生物活性的天然杂环化合物对生物体的生长、发育、遗传和衰亡过程都起着关键性的作用。例如，在动植物体内起着重要生理作用的血红素、叶绿素、核酸的碱基、中草药的有效成分——生物碱等都是含氮杂环化合物。一部分维生素、抗生素、植物色素、许多人工合成的药物及合成染料也含有杂环。有些杂环化合物还是良好的溶剂。

杂环化合物的应用范围极其广泛，涉及医药、农药、染料、生物膜材料、高分子材料、超导材料、分子器件、储能材料等，尤其在生物界，杂环化合物几乎随处可见。

一、杂环化合物的分类和命名

杂环化合物的种类繁多，为了研究方便，根据杂环母体中所含环的数目，将杂环化合物分为单杂环和稠杂环两大类。最常见的单杂环有五元环和六元环；稠杂环有芳环并杂环和杂环并杂环两种。可根据单杂环中杂原子的数目不同分为含一个杂原子的单杂环、含两个杂原子的单杂环等。

杂环化合物的命名在我国有两种方法：一种是译音命名法，另一种是系统命名法。

1. 译音命名法

译音命名法是根据 IUPAC 推荐的通用名，按外文名称的译音来命名，并用带"口"旁的同音汉字来表示环状化合物。例如：

呋喃	咪唑	吡啶	嘌呤	吲哚
(furan)	(imidazole)	(pyridine)	(purine)	(indole)

① 杂环上有取代基时，以杂环为母体，将环编号以注明取代基的位次，编号一般从杂原子开始。含有两个或两个以上相同杂原子的单杂环编号时，把连有氢原子的杂原子编为 1，并使其余杂原子的位次尽可能小；如果环上有多个不同杂原子时，按氧、硫、氮的顺序编号。例如：

2,5-二甲基呋喃	4-甲基咪唑	4,5-二甲基噻唑

② 当杂环上只有一个杂原子时，也可用希腊字母编号，靠近杂原子的第一个位置是 α 位，其次为 β 位、γ 位等。例如：

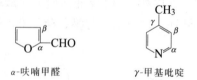

α-呋喃甲醛	γ-甲基吡啶

③ 当杂环上连有不同取代基时，编号根据顺序规则及最低系列原则。结构复杂的杂环化合物将杂环当作取代基来命名。例如：

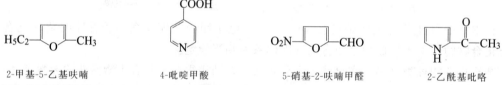

2-甲基-5-乙基呋喃	4-吡啶甲酸	5-硝基-2-呋喃甲醛	2-乙酰基吡咯

④ 稠杂环的编号一般和稠环芳烃相同，但有少数稠杂环有特殊的编号顺序。例如：

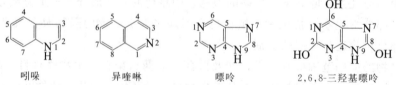

吲哚	异喹啉	嘌呤	2,6,8-三羟基嘌呤

2. 系统命名法

系统命名法是根据相应的碳环为母体而命名，把杂环化合物看作相应碳环中的碳原子被杂原子取代后的产物。命名时，化学介词为"杂"字，称为"某杂某"。例如，五元杂环相应的碳环为 ⬠，定名为"茂"，则 ⬠O 称为氧杂茂；茂中的"戊"表示五元环，草头表示具有芳香性。系统命名法能反映出化合物的结构特点。

上述两种命名方法虽然并用，但译音法在文献中更为普遍。常见的杂环化合物的分类、结构和名称见表 10-1。

表 10-1　常见的杂环化合物的分类、结构和名称

分类		碳环母核	重要的杂环化合物				

单杂环　五元杂环　茂

呋喃 (furan) 氧杂茂　　噻吩 (thiophene) 硫杂茂　　吡咯 (pyrrole) 氮杂茂　　吡唑 (pyrazole) 1,2-二氮杂茂　　咪唑 (imidazole) 1,3-二氮杂茂　　噻唑 (thiazole) 1,3-硫氮杂茂

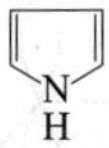

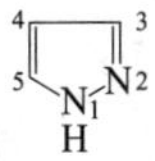

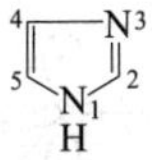

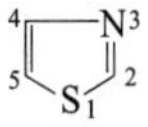

单杂环　六元杂环　芑　苯

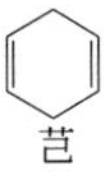

吡喃 (pyran) 氧杂芑　　吡啶 (pyridine) 氮杂苯　　哒嗪 (pyridazine) 1,2-二氮杂苯　　嘧啶 (pyrimidine) 1,3-二氮杂苯　　吡嗪 (pyrazine) 1,4-二氮杂苯

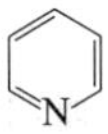

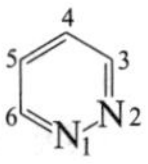

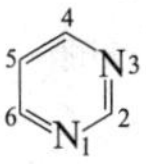

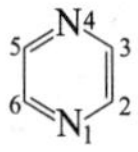

稠杂环　茚

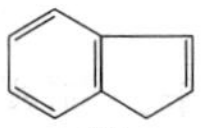

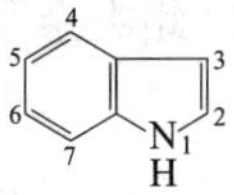

吲哚 (indole) 氮杂茚　　嘌呤 (purine) 1,3,7,9-四氮杂茚

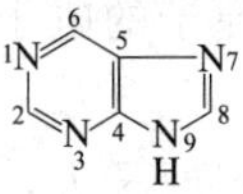

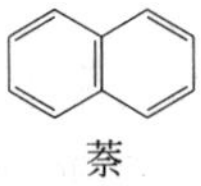

稠杂环　萘

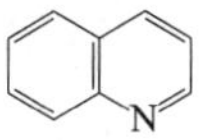

喹啉 (quinoline) 氮杂萘　　异喹啉 (isoquinoline) 异氮杂萘　　蝶啶 (pteridine) 1,3,5,8-四氮杂萘

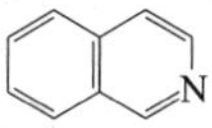

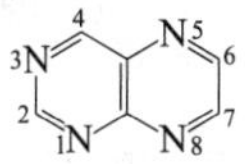

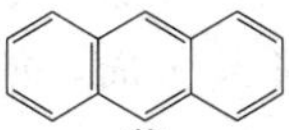

稠杂环　蒽

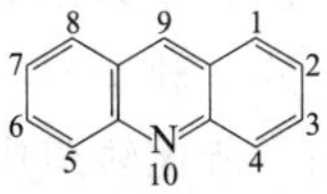

吖啶 (acridine) 氮杂蒽

二、杂环化合物的结构

1. 呋喃、噻吩、吡咯的结构

五元杂环化合物中最重要的是呋喃、噻吩、吡咯及它们的衍生物。

呋喃　　　　噻吩　　　　吡咯

从这三种杂环的经典结构式来看，它们都具有共轭二烯的结构，也分别具有醚、硫醚、胺的化学性质。然而它们除了有发生加成反应倾向外，其典型化学性质却类似苯，能发生亲电取代反应，如易发生硝化、磺化、卤代等反应，具有一定的芳香性。

近代物理方法证明：组成呋喃、噻吩、吡咯环的 5 个原子共处在一个平面上，成环的 4 个碳原子和 1 个杂原子都是 sp² 杂化。环上每个碳原子的 p 轨道中有 1 个电子，杂原子的 p 轨道中有 2 个 p 电子。5 个原子彼此间以 sp² 杂化轨道"头碰头"重叠形成 σ 键。4 个碳原子和 1 个杂原子未杂化的 p 轨道都垂直于环的平面，p 轨道彼此平行，"肩并肩"重叠形成

一个由 5 个原子所属的 6 个 π 电子组成的闭合共轭体系，如图 10-1 所示。由于 π 电子数符合休克尔（Hückel）规则（$4n+2$），因此呋喃、噻吩、吡咯表现出与苯相似的芳香性。

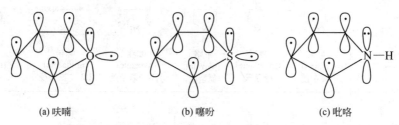

(a) 呋喃　　　　　　　(b) 噻吩　　　　　　　(c) 吡咯

图 10-1　呋喃、噻吩、吡咯的结构

在呋喃、噻吩、吡咯分子中，由于杂原子的未共用电子对参与了共轭体系（6 个 π 电子分布在由 5 个原子组成的分子轨道中），使环上碳原子的电子云密度增加，因此环中碳原子的电子云密度相对地大于苯环中碳原子的电子云密度，所以此类杂环称为富电子芳杂环或多 π 电子芳杂环。

杂原子氧、硫、氮的电负性比碳原子大，使环上电子云密度分布不像苯环那样均匀，所以呋喃、噻吩、吡咯分子中各原子间的键长并不完全相等，因此芳香性比苯差。由于杂原子的电负性由强至弱顺序是氧＞氮＞硫，所以芳香性由强至弱顺序如下：

苯＞噻吩＞吡咯＞呋喃

2. 吡啶的结构

六元杂环化合物中最重要的是吡啶。吡啶的分子结构从形式上看与苯十分相似，可以看作是苯分子中的一个 CH 基团被氮原子取代后的产物。根据杂化轨道理论，吡啶分子中 5 个碳原子和 1 个氮原子都是经过 sp^2 杂化而成键的，像苯分子一样，分子中所有原子都处在同一平面上。与吡咯不同的是，氮原子的三个未成对电子，其中两个处于 sp^2 轨道中，与相邻碳原子形成 σ 键，另一个处在 p 轨道中，与 5 个碳原子的 p 轨道平行，侧面重叠形成一个闭合的共轭体系。氮原子尚有一对未共用电子对，处在 sp^2 杂化轨道中与环共平面，如图 10-2 所示。吡啶符合休克尔规则，所以吡啶具有芳香性。

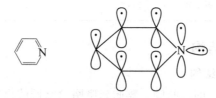

图 10-2　吡啶的结构

在吡啶分子中，由于氮原子的电负性比碳原子大，表现出吸电子诱导效应，使吡啶环上碳原子的电子云密度相对降低，因此环中碳原子的电子云密度相对地小于苯环中碳原子的电子云密度，所以此类杂环称为缺电子芳杂环或缺 π 电子芳杂环。

富电子芳杂环与缺电子芳杂环在化学性质上有较明显的差异。

三、杂环化合物的物理性质

呋喃、噻吩、吡咯和吡啶都是无色液体，但它们的气味不同，呋喃有氯仿的气味，噻吩有苯的气味，吡咯有苯胺的气味，吡啶有特殊的臭味。呋喃、噻吩、吡咯都难溶于水，易溶于乙醇、乙醚等有机溶剂。吡啶却能与水、乙醇和乙醚等混溶，并能溶解很多有机化合物和无机盐，因此，在有机合成中常用它作溶剂。

四、杂环化合物的化学性质

呋喃、噻吩、吡咯都是富电子芳杂环，环上电子云密度分布不像苯那样均匀，因此，它们的芳香性不如苯，有时表现出共轭二烯烃的性质。由于杂原子的电负性不同，它们表现的芳香性程度也不相同。吡啶是缺电子芳杂环，其芳香性也不如苯典型。

（一）亲电取代反应

富电子芳杂环和缺电子芳杂环均能发生亲电取代反应。但是，富电子芳杂环的亲电取代反应主要发生在电子云密度更为集中的 α 位上，而且比苯容易；缺电子芳杂环如吡啶的亲电取代反应主要发生在电子云密度相对较高的 β 位上，而且比苯困难。吡啶不易发生亲电取代反应，而易发生亲核取代反应，主要发生在 α 位，其反应与硝基苯类似。

1. 卤代反应

呋喃、噻吩、吡咯比苯活泼，一般不需催化剂就可直接卤代。

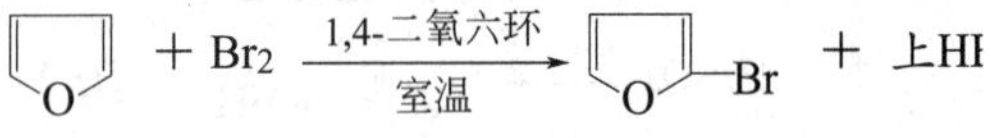

α-溴代呋喃

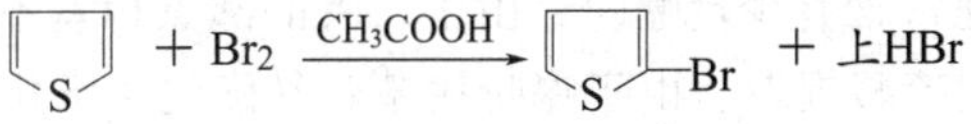

α-溴代噻吩

吡咯极易卤代，例如吡咯与碘-碘化钾溶液作用，生成的不是一元取代产物，而是四碘吡咯。

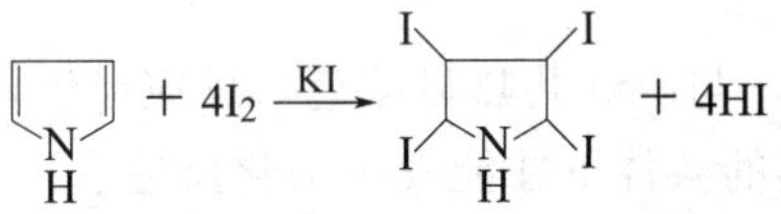

2,3,4,5-四碘吡咯

吡啶的卤代反应比苯难，不但需要催化剂，而且要在较高温度下进行。

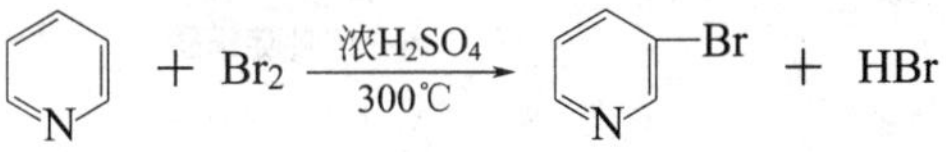

β-溴代吡啶

2. 硝化反应

在强酸作用下，呋喃与吡咯很容易开环形成聚合物，因此不能像苯那样用一般的方法进行硝化。五元杂环的硝化，一般用比较温和的非质子硝化剂——乙酰基硝酸酯（CH_3COONO_2）和在低温下进行，硝基主要进入 α 位。

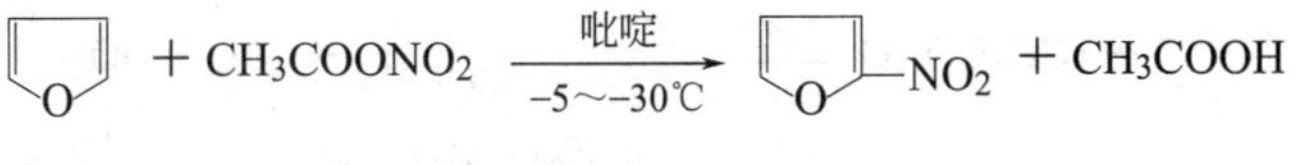

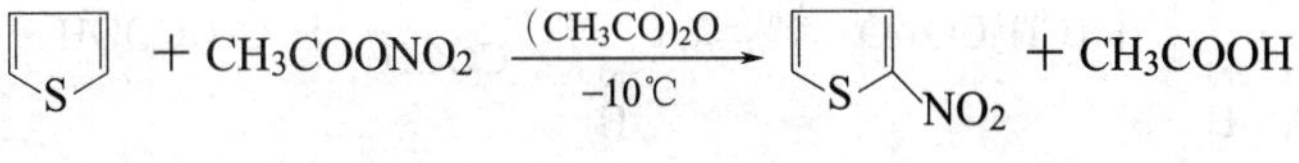

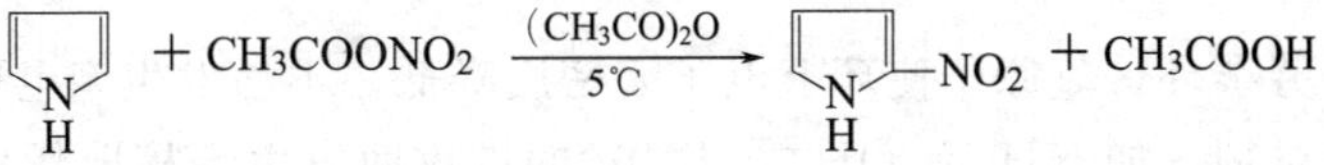

吡啶的硝化反应需在浓酸和高温下才能进行，硝基主要进入 β 位。

$$\text{吡啶} + HNO_3(浓) \xrightarrow[300℃]{浓 H_2SO_4} \text{3-硝基吡啶} + H_2O$$

3. 磺化反应

呋喃、吡咯对酸很敏感，强酸能使它们开环聚合，因此常用温和的非质子磺化试剂，如用吡啶与三氧化硫的加合物作为磺化剂进行反应。

$$\text{呋喃} + \text{吡啶}^+\!-\!SO_3^- \xrightarrow[\text{室温三天}]{1,2-\text{二氯乙烷}} \underset{\alpha\text{-呋喃磺酸}}{\text{呋喃}-SO_3H} + \text{吡啶}$$

$$\text{吡咯} + \text{吡啶}^+\!-\!SO_3^- \xrightarrow[100℃]{1,2-\text{二氯乙烷}} \underset{\alpha\text{-吡咯磺酸}}{\text{吡咯}-SO_3H} + \text{吡啶}$$

噻吩对酸比较稳定，室温下可与浓硫酸发生磺化反应。

$$\text{噻吩} + H_2SO_4 \xrightarrow{25℃} \underset{\alpha\text{-噻吩磺酸}}{\text{噻吩}-SO_3H} + H_2O$$

从煤焦油中得到的苯通常含有少量噻吩，由于二者的沸点相差不大，不易用分馏的方法进行分离，可在室温下反复用硫酸提取。由于噻吩比苯容易磺化，磺化的噻吩溶于浓硫酸中，可以与苯分离，然后水解，将磺酸基去掉，可得到噻吩。常用此法除去苯中含有的少量噻吩。

$$\text{噻吩} + H_2SO_4 \xrightarrow{25℃} \text{噻吩}-SO_3H \xrightarrow{H_2O} \text{噻吩} + H_2SO_4$$

噻吩在浓 H_2SO_4 存在下，与靛红共热显蓝色，反应灵敏，是鉴别噻吩的定性方法。

吡啶在硫酸汞催化和加热的条件下才能发生磺化反应。

$$\text{吡啶} + H_2SO_4 \xrightarrow[>200℃]{HgSO_4} \underset{\beta\text{-吡啶磺酸}}{\text{吡啶}-SO_3H} + H_2O$$

4. 傅-克酰基化反应

呋喃、噻吩的傅-克酰基化反应常采用较温和的催化剂如 $SnCl_4$、BF_3 等；对活性较大的吡咯可不用催化剂，直接用酸酐酰化；吡啶一般不进行傅-克酰基化反应。

$$\text{呋喃} + (CH_3CO)_2O \xrightarrow{BF_3} \underset{\alpha\text{-乙酰基呋喃}}{\text{呋喃}-COCH_3} + CH_3COOH$$

$$\text{噻吩} + (CH_3CO)_2O \xrightarrow{SnCl_4} \underset{\alpha\text{-乙酰基噻吩}}{\text{噻吩}-COCH_3} + CH_3COOH$$

$$\text{吡咯} + (CH_3CO)_2O \xrightarrow{200℃} \underset{\alpha\text{-乙酰基吡咯}}{\text{吡咯}-COCH_3} + CH_3COOH$$

吡啶是缺电子芳杂环，氮原子使环上电子云密度降低，不易发生亲电取代反应。在一定条件下有利于亲核试剂（如 NH_2^-、OH^-、R^-）的进攻而发生亲核取代反应，取代基主要进入电子云密度较低的 α 位。例如：

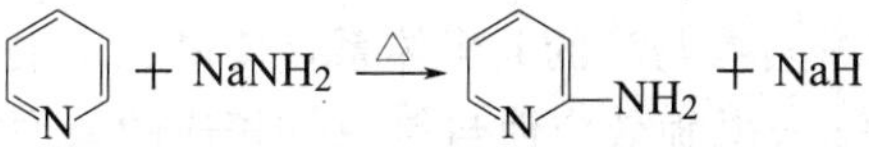

$$\text{(吡啶)} + NaNH_2 \xrightarrow{\triangle} \text{(2-氨基吡啶)} + NaH$$

（二）加成反应

呋喃、噻吩、吡咯均可进行催化加氢反应，产物是失去芳香性的饱和杂环化合物。呋喃、吡咯可用一般催化剂还原；噻吩中的硫能使催化剂中毒，不能用催化氢化的方法还原，需使用特殊催化剂；吡啶比苯易还原，如金属钠和乙醇就可使其氢化。

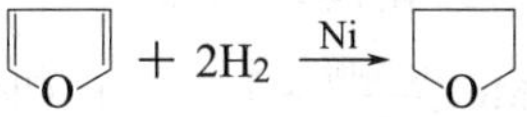

$$\text{(呋喃)} + 2H_2 \xrightarrow{Ni} \text{(四氢呋喃)}$$

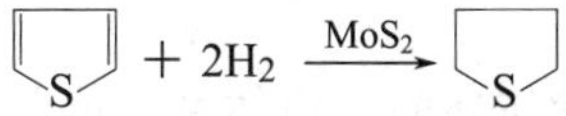

四氢呋喃

$$\text{(噻吩)} + 2H_2 \xrightarrow{MoS_2} \text{(四氢噻吩)}$$

四氢噻吩

$$\text{(吡咯)} + 2H_2 \xrightarrow{Pd} \text{(四氢吡咯)}$$

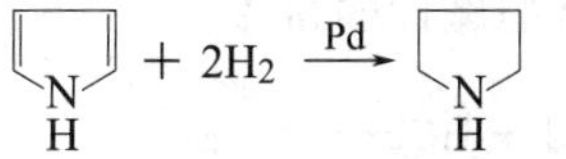

四氢吡咯(吡咯烷)

$$\text{(吡啶)} + 3H_2 \xrightarrow{Na/C_2H_5OH} \text{(六氢吡啶)}$$

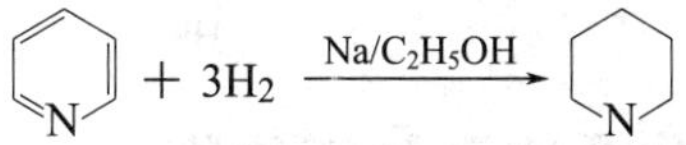

六氢吡啶

喹啉催化加氢，氢原子加在杂环上，说明杂环比苯环易被还原。

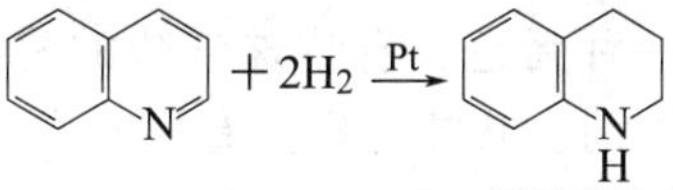

$$\text{(喹啉)} + 2H_2 \xrightarrow{Pt} \text{(四氢喹啉)}$$

四氢喹啉

四氢呋喃在有机合成上是重要的溶剂；四氢噻吩可氧化成砜或亚砜，四亚甲基砜是重要的溶剂；四氢吡咯具有二级胺的性质。

呋喃的芳香性最弱，显示出共轭双烯的性质，与顺丁烯二酸酐能发生双烯合成反应（狄尔斯-阿尔德反应），产率较高。

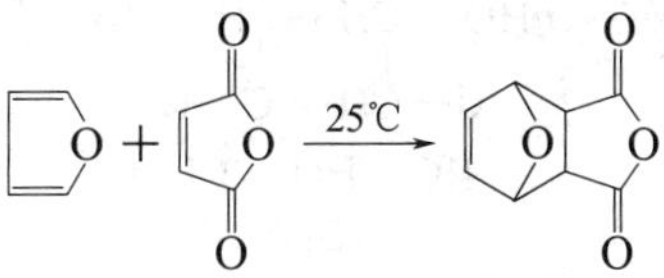

$$\text{(呋喃)} + \text{(顺丁烯二酸酐)} \xrightarrow{25℃} \text{(加成产物)}$$

（三）氧化反应

呋喃和吡咯对氧化剂很敏感，在空气中就能被氧化，环被破坏；噻吩相对要稳定些；吡啶对氧化剂相当稳定，比苯还难氧化。例如，吡啶的烃基衍生物在强氧化剂作用下只发生侧链氧化，生成吡啶甲酸，而不是苯甲酸。

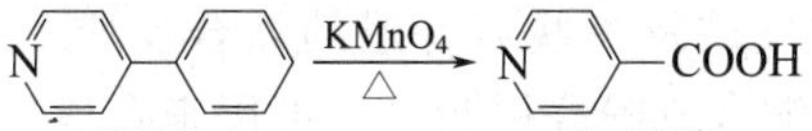

$$\text{(γ-苯基吡啶)} \xrightarrow[\triangle]{KMnO_4} \text{(γ-吡啶甲酸)}$$

γ-苯基吡啶 → γ-吡啶甲酸

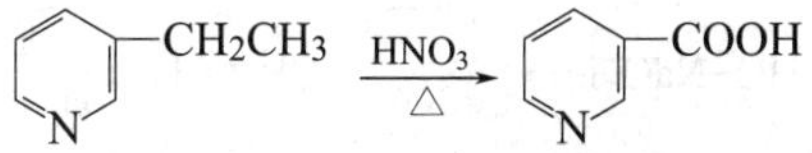

$$\text{(β-乙基吡啶)} \xrightarrow[\triangle]{HNO_3} \text{(β-吡啶甲酸)}$$

β-乙基吡啶 → β-吡啶甲酸

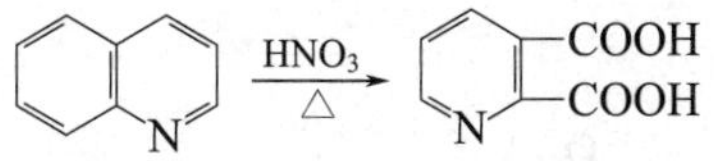

$$\text{(喹啉)} \xrightarrow[\triangle]{HNO_3} \text{(α,β-吡啶二甲酸)}$$

喹啉 → α,β-吡啶二甲酸

（四）吡咯和吡啶的酸碱性

含氮化合物的碱性强弱主要取决于氮原子上未共用电子对与 H^+ 的结合能力。在吡咯分子中，由于氮原子上的未共用电子对参与环的共轭体系，使氮原子上电子云密度降低，吸引 H^+ 的能力减弱。另外，由于这种 p-π 共轭效应使与氮原子相连的氢原子有解离成 H^+ 的可能，所以吡咯不但不显碱性，反而呈弱酸性，可与碱金属、氢氧化钾或氢氧化钠作用生成盐。

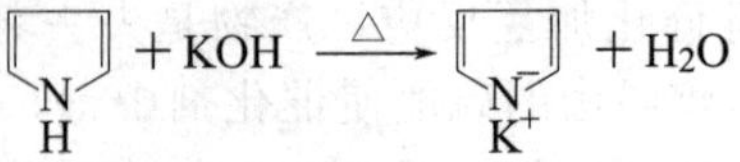

吡咯也能与格氏试剂反应，生成吡咯卤化镁。例如：

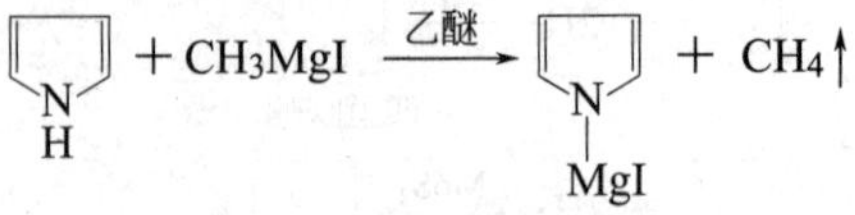

吡啶氮原子上的未共用电子对不参与环的共轭体系，能与 H^+ 结合成盐，所以吡啶显弱碱性，比苯胺碱性强，但比脂肪胺及氨的碱性弱得多。

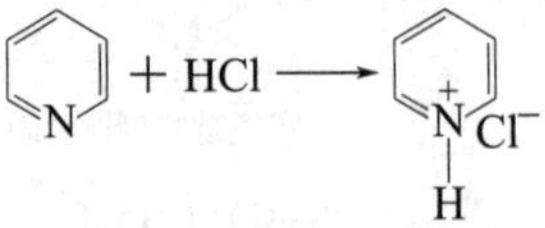

五、与生物有关的杂环化合物及其衍生物

1. 呋喃及其衍生物

呋喃存在于松木焦油中，是一种无色、有特殊气味的易挥发液体，沸点为 32℃，不溶于水，易溶于乙醇、乙醚等有机溶剂。呋喃可作为有机合成原料。检验呋喃是否存在可用盐酸浸湿的松木片，呋喃存在时显绿色，这叫呋喃的松木片反应。

$α$-呋喃甲醛是呋喃的重要衍生物，它最早是由米糠与稀酸共热制得的，故又称糠醛。糠醛的原料来源丰富，通常利用含有多聚戊糖的农副产品废料如米糠、玉米芯、花生壳、棉籽壳、甘蔗渣等同稀硫酸或稀盐酸加热脱水制得。

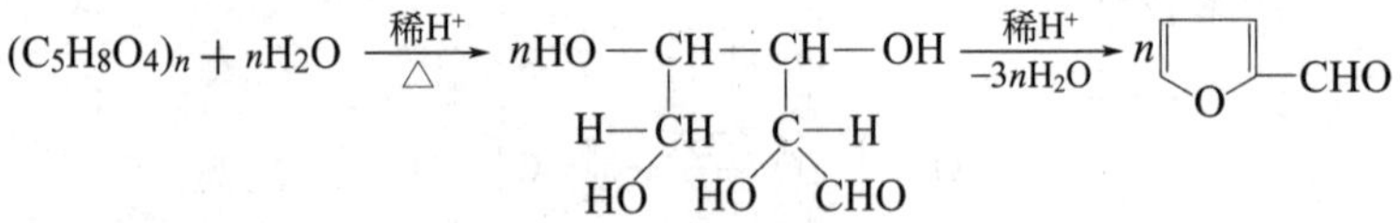

多聚戊糖　　　　　　戊醛糖　　　　　　糠醛

纯净的糠醛是无色有特殊气味的液体，暴露于空气中被氧化聚合为黄色、棕色以至黑褐色，熔点为 -38.7℃，沸点为 161.7℃，易溶于乙醇、乙醚等有机溶剂。糠醛与苯胺醋酸盐溶液作用呈鲜红色，该反应可用于检验糠醛的存在，同时也是鉴别戊糖常用的方法。

糠醛是一个优良的溶剂，也是有机合成的原料。糠醛是不含 $α$-H 的醛，其化学性质与苯甲醛相似，能发生康尼扎罗反应及一些芳香醛的缩合反应，生成许多有用的化合物。因此，糠醛可以代替甲醛与苯酚缩合成酚醛树脂，也可用来合成医药、农药等。

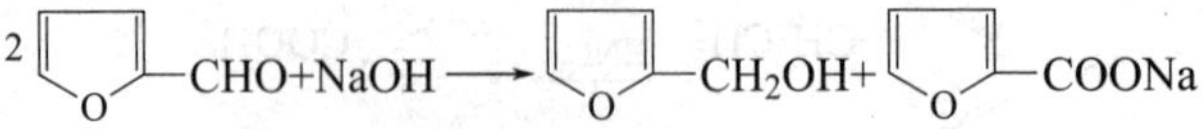

5-硝基糠醛是医药工业的原料，醛基与氨基化合物缩合可以制备呋喃西林、呋喃唑酮等杀菌和抗菌药物。

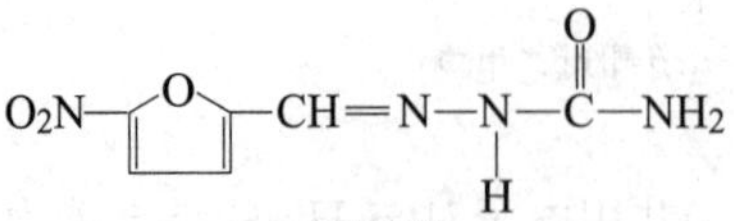

呋喃西林 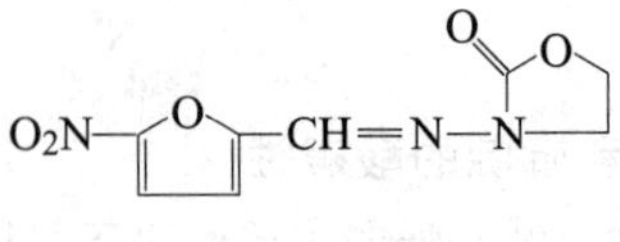　　　　　　　　　　　　　呋喃唑酮

2. 吡咯及其衍生物

吡咯存在于煤焦油和骨焦油中，是无色液体，沸点为 131℃，难溶于水，易溶于乙醇、乙醚、苯等有机溶剂。在空气中易被氧化逐渐变成褐色，并产生树脂状聚合物。吡咯蒸气遇到浓盐酸浸过的松木片显红色，这叫做吡咯的松木片反应，可用来检验吡咯的存在。

吡咯的衍生物广泛存在于自然界中，最重要的是卟啉化合物，如叶绿素、血红素、维生素 B_{12} 等。这类化合物有一个共同的结构，都具有卟啉环（也叫卟吩环）。卟啉环是由 4 个吡咯环和 4 个次甲基（—CH ═）交替相连而形成的环状共轭体系，同样具有芳香性。

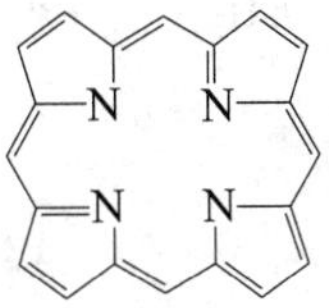

卟啉

叶绿素、血红素、维生素 B_{12} 都是含卟啉环的化合物，称为卟啉化合物。卟啉环呈平面型，在 4 个吡咯环中间的空隙里能以共价键及配位键与不同的金属结合。在叶绿素中结合的是 Mg^{2+}，在血红素中结合的是 Fe^{2+}，在维生素 B_{12} 中结合的是 Co^{2+}。同时，在 4 个吡咯环的 β 位上各连有不同的取代基。

叶绿素与蛋白质结合存在于植物的绿色叶子和茎中，是植物进行光合作用所必需的催化剂。植物进行光合作用时，叶绿素吸收太阳能并转化为化学能，同时合成糖类化合物。叶绿素是由叶绿素 a 和叶绿素 b 组成的混合物。叶绿素 a 为蓝黑色晶体，叶绿素 b 为黄绿色粉末，二者比例约为 3：1，它们的区别在于环上的 R 基团不同：R 是—CH_3 为叶绿素 a；R 是—CHO 为叶绿素 b。

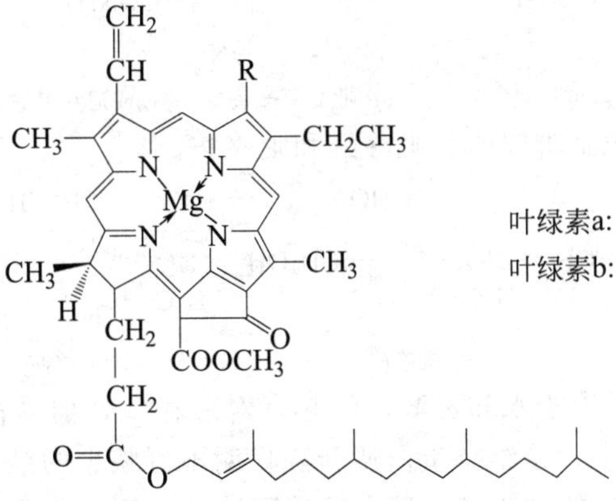

叶绿素a: R=—CH_3

叶绿素b: R=—CHO

叶绿素

血红素存在于哺乳动物的红细胞中，它与蛋白质结合成血红蛋白。血红蛋白的功能是输送氧气，供组织进行新陈代谢。一氧化碳使人中毒是因为它与血红蛋白中的铁形成牢固的配合物，从而阻止了血红蛋白与氧的结合。用盐酸水解血红蛋白，则得到氯化血红素。

维生素 B_{12} 也是含有卟啉环结构的天然产物之一，又名钴铵素。维生素 B_{12} 的结构式可以分为两大部分：第一部分是以钴原子为中心的卟啉化合物；另一部分是由苯并咪唑和核糖磷酸酯结合而成的。维生素 B_{12} 有很强的生血作用，是造血过程中的生物催化剂，因此，只要几微克就能对恶性贫血患者产生良好的疗效。

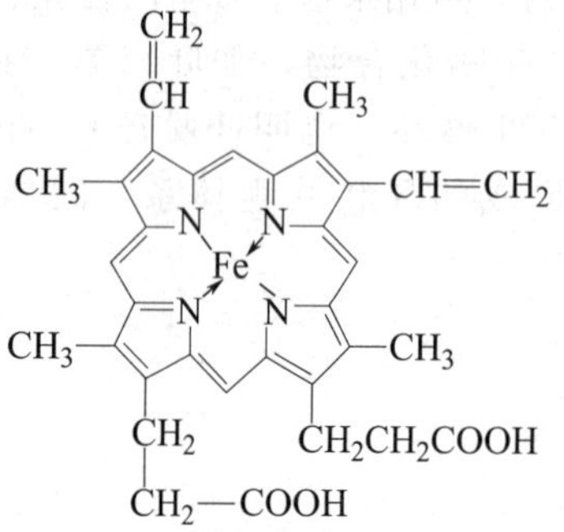

血红素

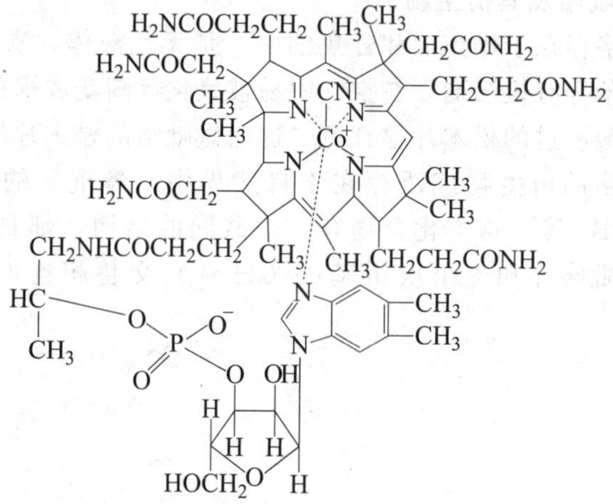

维生素B₁₂

3. 吡啶及其衍生物

吡啶存在于煤焦油中，是具有特殊臭味的无色液体，沸点为 115℃，可与水、乙醇、乙醚等有机溶剂以任意比例混溶，本身也是良好的溶剂，能溶解多种有机物和无机盐。

吡啶的衍生物广泛存在于自然界中，并且大都具有强烈的生理活性，其中维生素 PP、维生素 B₆、雷米封等是吡啶的重要衍生物，很多生物碱分子中含有吡啶环。

维生素 PP 是 B 族维生素之一，它参与生物氧化还原过程，能促进新陈代谢，降低血液中胆固醇含量，存在于肉类、肝、肾、乳汁、花生、米糠和酵母中。人体缺乏维生素 PP 能引起糙皮病，有口舌糜烂、皮肤红疹等症状。维生素 PP 包括 β-吡啶甲酸（俗称烟酸）和 β-吡啶甲酰胺（俗称烟酰胺），二者的生理作用相同，都是白色晶体，对酸、碱、热比较稳定。

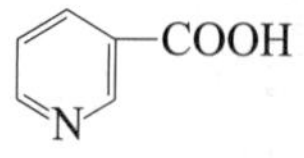

β-吡啶甲酸（烟酸或尼克酸）   β-吡啶甲酰胺（烟酰胺或尼克酰胺）

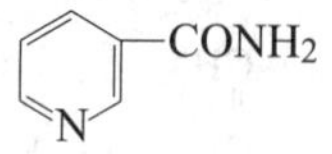

维生素 B₆ 又名吡哆素，包括吡哆醇、吡哆醛和吡哆胺。

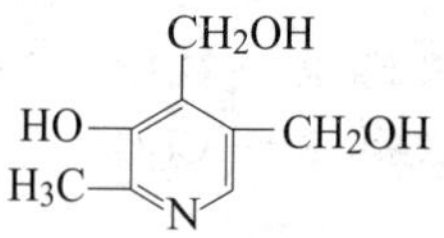

吡哆醇 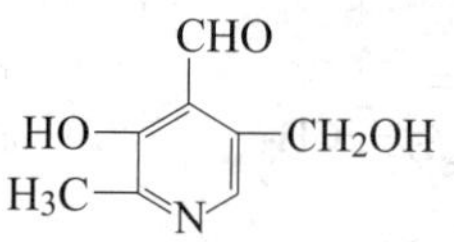   吡哆醛 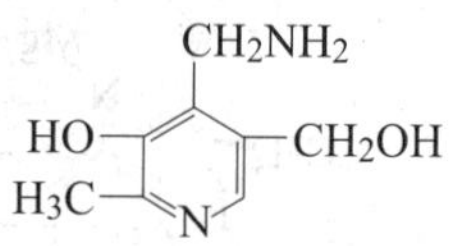   吡哆胺

维生素 B₆ 为白色晶体，易溶于水和乙醇，耐热，对酸稳定，但易被光破坏。广泛存在于鱼、肉、蔬菜、谷物及蛋类中，是维持蛋白质新陈代谢不可缺少的维生素。

γ-吡啶甲酸又称异烟酸，它的酰肼是一种良好的医治结核病的药物，又叫雷米封。

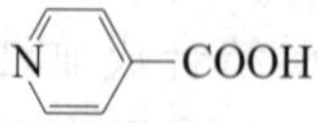

γ-吡啶甲酸（异烟酸）   γ-吡啶甲酰肼（异烟酰肼或雷米封）

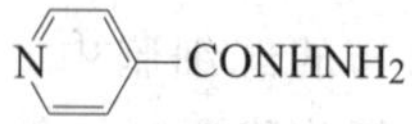

4. 吲哚及其衍生物

吲哚是吡咯环和苯环稠合而成的杂环化合物，也叫苯并吡咯，少量存在于煤焦油中，素馨花和柑橘花中也含有吲哚。蛋白质腐败时产生吲哚和 β-甲基吲哚，残留于粪便中，是粪便臭气的成分。但纯吲哚在浓度极稀时有令人愉快的香气，在香料工业中用来制造茉莉花型香精，可作化妆品的香料。吲哚为白色晶体，熔点为 52.5℃，沸点为 254℃，溶于热水、乙醇、乙醚。吲哚和吡咯相似，有弱酸性，松木片反应呈红色。

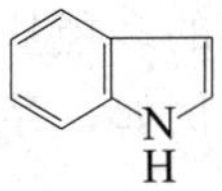

吲哚   β-甲基吲哚   β-吲哚乙酸

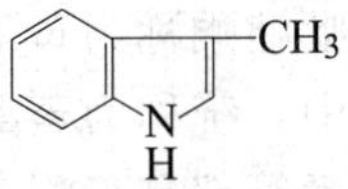

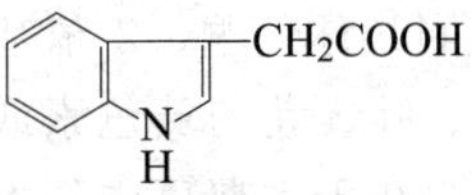

β-吲哚乙酸(IAA)是最早发现的植物内源性激素之一，它能刺激植物细胞生长和分生组织的活动，抑制侧芽和分支的发育，促进切条基部新根的生长。β-吲哚乙酸存在于酵母和高等植物生长点以及人畜的尿液内，为无色晶体，熔点为164℃，微溶于水，易溶于醇、醚等有机溶剂，在中性或酸性溶液中不稳定，但其钾、钠、铵盐水溶液较稳定，故一般使用其钠盐。农业上用于植物插条生根和促进果实成熟。

5. 苯并吡喃及其衍生物

苯并吡喃是苯和吡喃环稠合而成的杂环化合物。许多天然色素都是它的衍生物，如花色素和黄酮色素等。各种花色素都含有 2-苯基苯并吡喃的基本骨架。

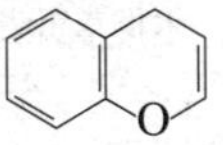

苯并吡喃 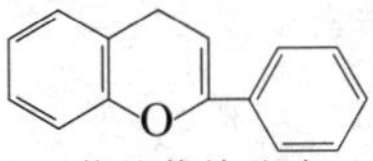   2-苯基苯并吡喃

花色素是苯并吡喃的重要衍生物之一，它在植物体内常与糖结合成苷存在于花或果实中，这种苷叫做花色苷。它们导致植物的花、果实呈现出各种颜色。将花色苷用盐酸水解得到糖和花色素的锌盐，这种锌盐有以下三种，均为有色物质。

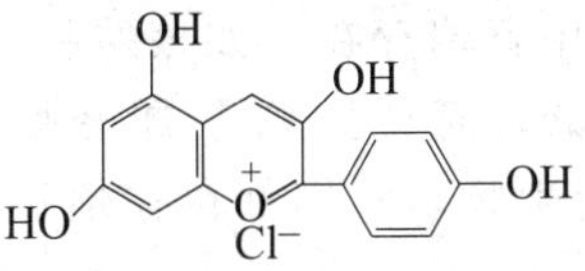

氯化天竺葵素 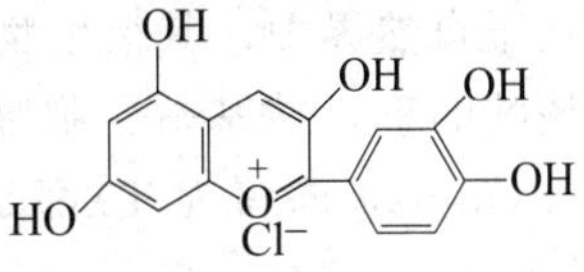   氯化青芙蓉素

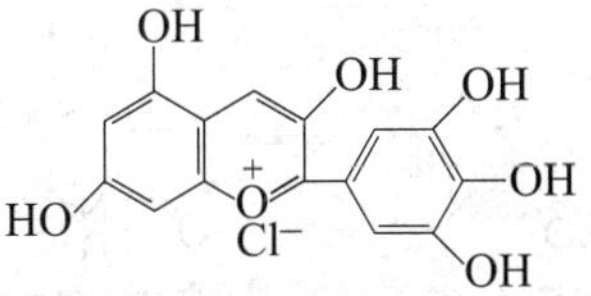

氯化飞燕草素

各种花色苷在不同 pH 的溶液中显示不同的颜色。同一种花色苷在不同植物中也显示出不同颜色。例如，在玉蜀黍的穗中的青芙蓉素苷显紫色，而在玫瑰花中的青芙蓉素苷显红色。这是由于它们在不同 pH 的介质中结构发生变化的缘故。青芙蓉素二葡萄糖苷在不同 pH 时结构和颜色的变化如下：

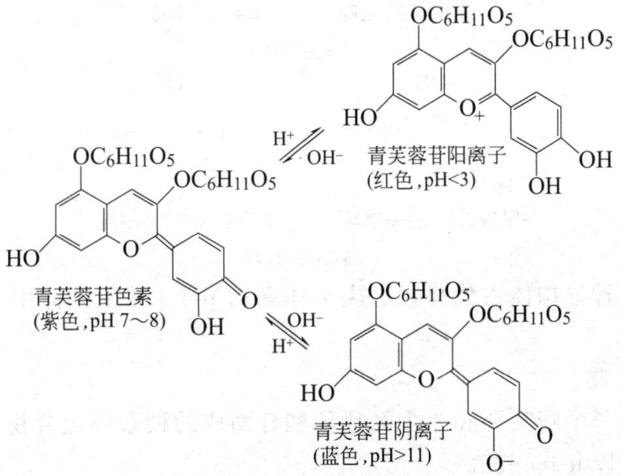

青芙蓉苷阳离子
(红色,pH<3)

青芙蓉苷色素
(紫色,pH 7~8)

青芙蓉苷阴离子
(蓝色,pH>11)

苯并 γ-吡喃酮又称色酮，2-苯基苯并 γ-吡喃酮称为黄酮，黄酮的多羟基衍生物广泛存在于植物的根、茎、叶、花的黄色素或棕色素中，统称为黄酮色素。例如，存在于茶树等植物中的槲皮素以及存在于木樨草中的木樨草黄素等都是黄酮色素。

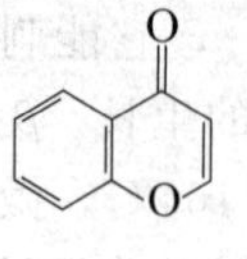

色酮

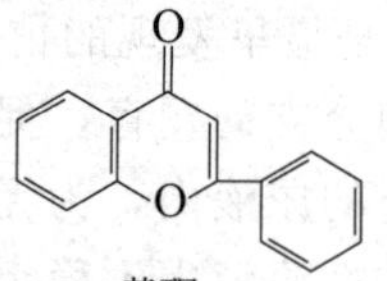

黄酮

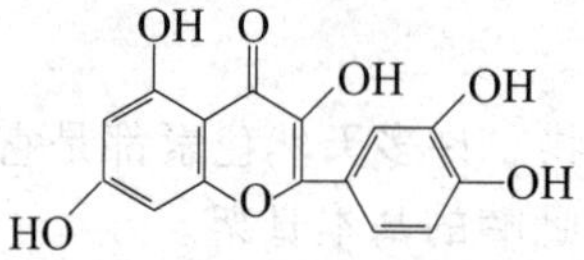

槲皮素

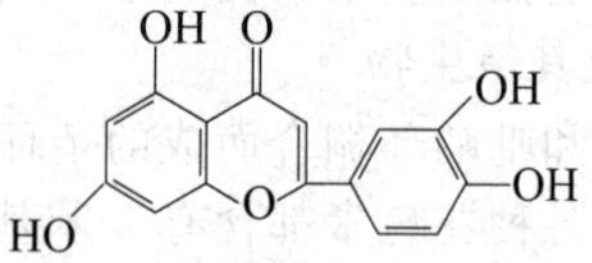

木樨草黄素

6. 嘧啶及其衍生物

嘧啶是含两个氮原子的六元杂环。它是无色晶体，熔点为 20～22℃，沸点为 123～124℃，易溶于水和醇，具有弱碱性，可与强酸成盐，其碱性比吡啶弱。这是由于嘧啶分子中氮原子相当于一个硝基的吸电子效应，能使另一个氮原子上的电子云密度降低，结合质子的能力减弱，所以碱性降低。

嘧啶很少存在于自然界中，其衍生物在自然界中普遍存在，如核酸和维生素 B_1 中都含有嘧啶环。组成核酸的重要碱基——胞嘧啶（Cytsine，简写为 C）、尿嘧啶（Uracil，简写为 U）、胸腺嘧啶（Thymine，简写为 T）都是嘧啶的衍生物，它们都存在烯醇式和酮式的互变异构体。

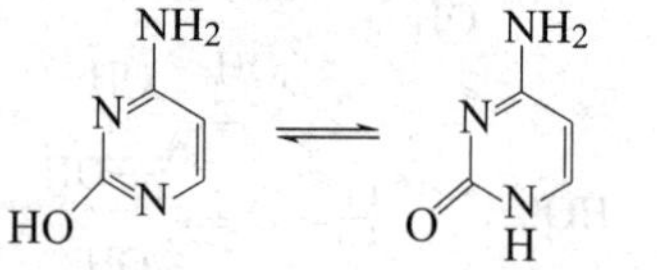

4-氨基-2-羟基嘧啶　　4-氨基-2-氧嘧啶

胞嘧啶(C)

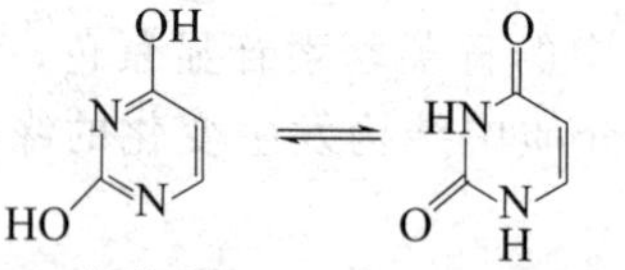

2,4-二羟基嘧啶　　2,4-二氧嘧啶

尿嘧啶(U)

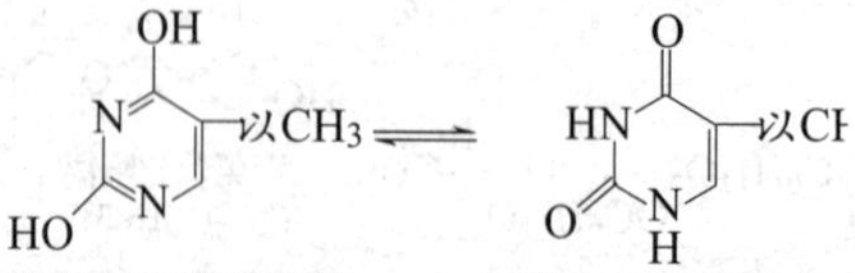

5-甲基-2,4-二羟基嘧啶　　5-甲基-2,4-二氧嘧啶

胸腺嘧啶(T)

在生物体中哪一种异构体占优势，取决于体系的 pH。在生物体中，嘧啶碱主要以酮式异构体存在。

7. 嘌呤及其衍生物

嘌呤可以看作是一个嘧啶环和一个咪唑环稠合而成的稠杂环化合物。嘌呤也有互变异构体，但在生物体内多以Ⅱ式存在。

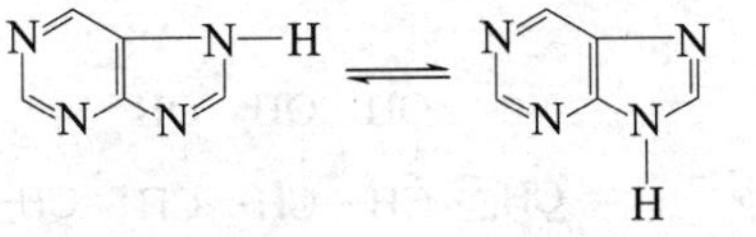

(Ⅰ)7-氢嘌呤   (Ⅱ)9-氢嘌呤

嘌呤为无色晶体,熔点为 216℃,易溶于水,能与酸或碱生成盐,但其水溶液呈中性。

嘌呤本身在自然界中尚未发现,但它的氨基及羟基衍生物广泛存在于动植物体中。存在于生物体内组成核酸的嘌呤碱基有腺嘌呤(Adenine,简写为 A)和鸟嘌呤(Guanine,简写为 G),它们是嘌呤的重要衍生物。它们都存在互变异构体,在生物体内,主要以右边异构体的形式存在。

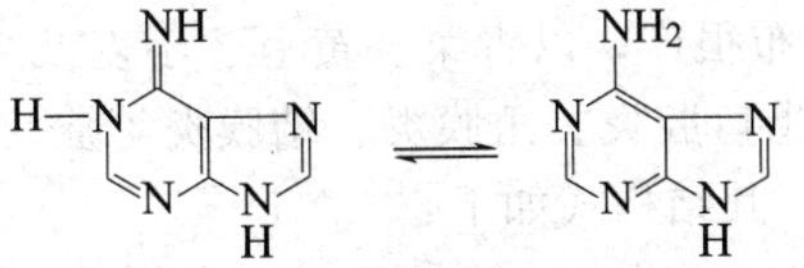

6-氨基嘌呤
腺嘌呤(A)

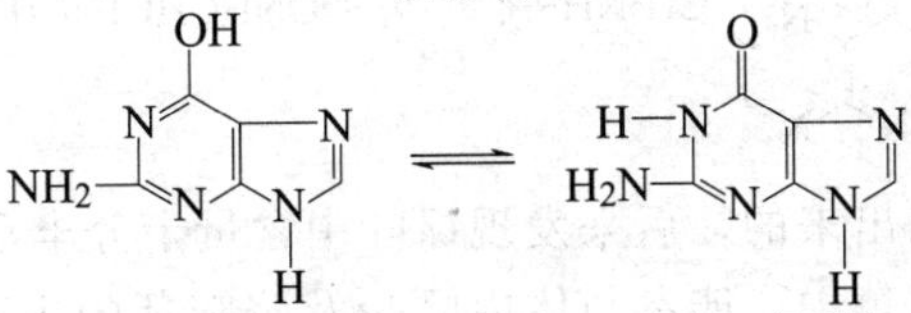

2-氨基-6-羟基嘌呤   2-氨基-6-氧嘌呤
鸟嘌呤(G)

细胞分裂素是分子内含有嘌呤环的一类植物激素。细胞分裂素能促进植物细胞分裂,能扩大和诱导细胞分化以及促进种子发芽。它们在植物组织和细胞培养中起着重要作用,常分布于植物的幼嫩组织中。

细胞分裂素最初是从处理核酸 DNA 中分离得到的,能促进细胞分裂的物质 6-(2-呋喃甲基)氨基嘌呤,又叫激动素。以后又从乳熟期的玉米中分离出玉米素,再后来又不断从植物中分离出各种能促进细胞分裂的物质,现在已人工合成出很多类似物,如 6-苄基氨基嘌呤。人们常用细胞分裂素来促进植物发芽、生长和防衰保绿,以及延长蔬菜的储藏时间和防止果树生理性落果等。

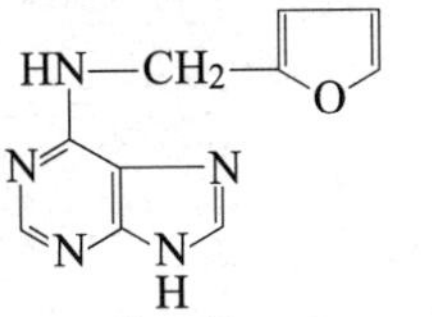

激动素 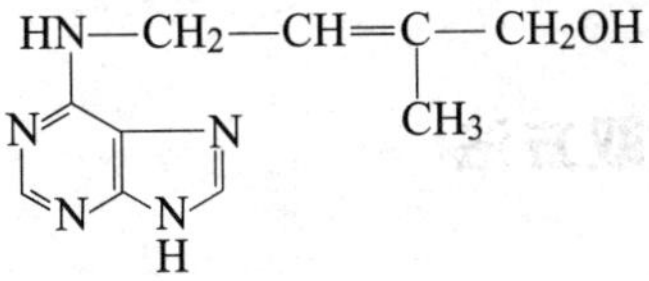   玉米素 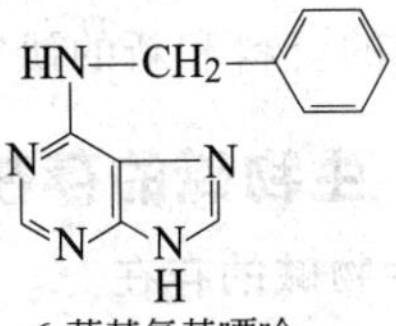   6-苄基氨基嘌呤

尿酸存在于鸟类及爬虫类动物的排泄物中,含量很多,人尿中也含少量的尿酸,它是无色结晶,熔点为 216℃,易溶于水,其酸性很弱,是三元酸。

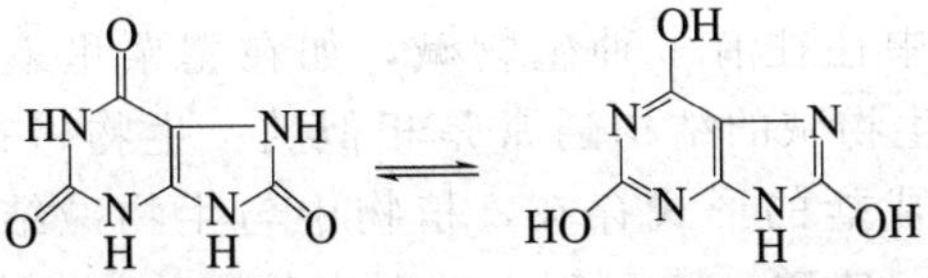

2,6,8-三氧嘌呤   2,6,8-三羟基嘌呤
尿酸

8. 喋呤及其衍生物

喋呤是由嘧啶环和吡嗪环稠合而成的,维生素 B_2 和叶酸属于喋呤的衍生物。维生素 B_2

又名核黄素，其结构式如下：

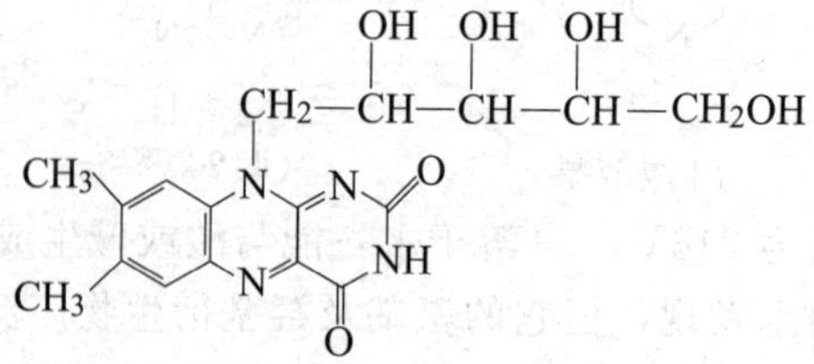

维生素 B_2 是生物体内氧化-还原过程中传递氢的物质。这是因为在环上的第 1 位和第 10 位氮原子与活泼的双键相连，能接受氢而被还原成无色产物，还原产物又很容易再脱氢，因此具有可逆的氧化-还原特性。

维生素 B_2 在自然界中分布很广，以青菜、黄豆、小麦及牛乳、蛋黄、酵母等中含量较多。体内缺乏维生素 B_2，易患口腔炎、角膜炎、结膜炎等症。

叶酸是 B 族维生素之一，其结构式如下：

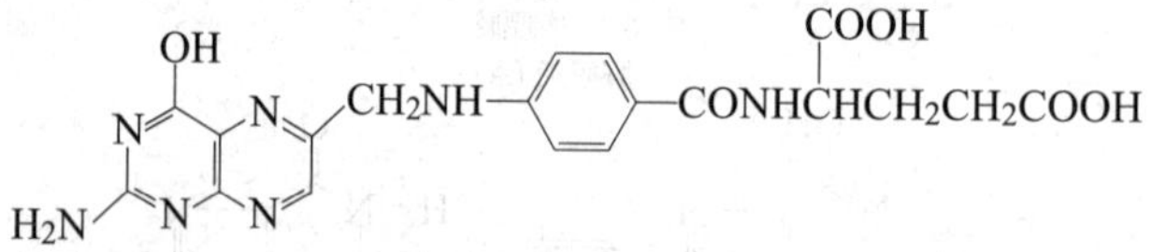

叶酸最初是由肝脏分离出来的，后来发现绿叶中含量十分丰富，因此命名为叶酸。叶酸广泛存在于蔬菜、肾、酵母等中，能参与体内嘌呤及嘧啶环的生物合成。体内缺乏叶酸时，血红细胞的发育与成熟受到影响，造成恶性贫血症。

第二节 生 物 碱

生物碱是一类存在于植物体内，对人和动物有强烈生理效能的含氮碱性有机化合物。多数生物碱都是从植物体内取得的，由动物体内取得的数目很少，目前生物碱专指植物中含氮的碱性物质。植物中如含有生物碱，往往含有多种结构相近的一系列生物碱。

生物碱的发现始于 19 世纪初，最早发现的是吗啡（1803 年），随后不断报道了各种生物碱的发现，如奎宁（1820 年）、颠茄碱（1831 年）、古柯碱（1860 年）、麻黄碱（1885 年）。19 世纪兴起了对生物碱的研究和结构测定，它对杂环化学、立体化学和合成新药物提供了大量的资料和新的研究方法。

一、生物碱的存在及提取方法

1. 生物碱的存在

到目前为止，人们已经从植物体中分离出的生物碱有数千种。

生物碱广泛存在于植物界中，一般双子叶植物中含生物碱较多，如在罂粟科、毛茛科、豆科等植物中含量较丰富，但并非双子叶植物中都含有生物碱。有些单子叶植物中也含有生物碱。一种植物中往往有多种生物碱，如在罂粟里就含有约 20 种不同的生物碱。同一科的植物所含的生物碱的结构通常是相似的。生物碱在植物体内绝大多数是和某些有机酸或无机酸结合成盐的形式存在，植物中与生物碱结合的酸常有草酸、乙酸、苹果酸、柠檬酸、琥珀酸、硫酸、磷酸等，也有少数生物碱以游离碱、糖苷、酰胺或酯的形式存在。

生物碱对植物本身的作用目前尚不清楚，但对人和动物具有强烈的生理作用。很多生物碱是很有价值的药物，如当归、贝母、甘草、麻黄、黄连等许多中草药的有效成分都是生物碱。我国使用中草药医治疾病的历史已有数千年之久，积累了非常丰富的经验。我国中草药的研究越来越受到重视，生物碱的研究取得了显著的成果。这对于开发我国的自然资源和提高人民的健康水平起着十分重要的作用。

2. 生物碱的提取方法

由于生物碱的结构中都含有氮原子，而氮原子上有一对未共用电子，对质子有一定吸引力，所以呈碱性，能与酸结合成盐。生物碱的盐遇强碱仍可变为生物碱。

游离生物碱本身难溶于水，易溶于有机溶剂，而生物碱的盐易溶于水而难溶于有机溶剂，所以可以利用这些性质从植物体中提取、精制生物碱。从植物中提取生物碱的方法一般有两种：稀酸提取法和有机溶剂提取法。

（1）稀酸提取法 通常将含生物碱的植物切碎，用稀酸（0.5%～1%硫酸或盐酸）浸泡或加热回流，所得生物碱盐的水溶液通过阳离子交换树脂柱，生物碱的阳离子与离子交换树脂的阴离子结合留在交换树脂上，然后用氢氧化钠溶液洗脱出生物碱，再用有机溶剂提取，浓缩提取液即得到生物碱结晶。

（2）有机溶剂提取法 将含有生物碱的植物干燥切碎或磨成细粉，与碱液（稀氨水、Na_2CO_3 等）搅拌研磨，使生物碱游离析出，再用有机溶剂（如氯仿、苯等）浸泡，使生物碱溶于有机溶剂，将提取液进行浓缩蒸馏，回收有机溶剂，冷却后得生物碱结晶。有时也可把有机溶剂提取液再用稀酸处理，使生物碱成为盐而溶于水，浓缩盐的水溶液后，再加入碱液使生物碱游离析出，然后再用有机溶剂提取，浓缩即可得生物碱结晶。

因同一种植物中含有多种生物碱，所以上述方法提取的往往是多种生物碱的混合物，需进一步分离和精制，以获得较纯的成分。

二、生物碱的一般性质

生物碱的种类很多，并且结构差异很大，因此它们的生理作用也不相同。由于它们都是含氮的有机化合物，所以有很多相似的性质。

大多数生物碱是无色晶体，只有少数是液体，味苦、难溶于水，易溶于有机溶剂。生物碱分子中含有手性碳原子，具有旋光性，其左旋体和右旋体的生理活性差别很大。自然界中存在的一般是左旋体。

生物碱在中性或酸性溶液中能与许多试剂生成沉淀或发生颜色反应，这些试剂叫做生物碱试剂，用于检验、分离生物碱。生物碱试剂可分为两类：沉淀试剂和显色试剂。

（1）沉淀试剂 它们大多是复盐、杂多酸和某些有机酸，如碘-碘化钾、碘化汞钾、磷钼酸、硅钨酸、氯化汞、苦味酸和鞣酸等。不同生物碱能与不同的沉淀试剂作用生成不同颜色的沉淀，如某些生物碱与碘-碘化钾溶液反应生成棕红色沉淀；与磷钼酸试剂反应生成黄褐色或蓝色沉淀；与硅钨酸试剂或鞣酸反应生成白色沉淀；与苦味酸试剂或碘化汞钾试剂反应生成黄色沉淀等。

（2）显色试剂 它们大多是氧化剂或脱水剂，如高锰酸钾、重铬酸钾、浓硝酸、浓硫酸、钒酸铵或甲醛的浓硫酸溶液等。显色试剂能与不同的生物碱反应产生不同的颜色，如重铬酸钾的浓硫酸溶液使吗啡显绿色；浓硫酸使秋水仙碱显黄色；钒酸铵的浓硫酸溶液使莨菪碱显红色，使吗啡显棕色，而使奎宁显淡橙色。

这些显色剂在色谱分析中常作为生物碱的鉴定试剂。

生物碱的结构是多种多样的，过去测定复杂生物碱的结构是一项艰巨的工作，有些结构的测定需要很长时间，如吗啡是 1803 年发现的，1805 年得到纯化，它的结构及合成工作直到 1952 年才全部完成。近代由于仪器分析的大发展，大大缩短了研究的时间，如紫外光谱（用于指示生物碱中共轭体系和芳香环的存在）、红外光谱（用于说明生物碱分子中存在的官能团）、核磁共振（指示生物碱分子中各官能团周围的结构状态）、质谱（用于测定相对分子质量）等，许多复杂的结构测定在短时间内即可完成。特别是 X 射线衍射法对于测定分子的绝对构型起着决定作用。

三、重要的生物碱

目前已知的生物碱有数千种，按照它们分子结构的不同，一般将生物碱分为若干类，如有机胺类、吡咯类、吡啶类、颠茄类、喹啉类、吲哚类、嘌呤类、萜类和甾体类等。这里仅选几个有代表性的生物碱作简单介绍。

1. 烟碱

烟碱又称尼古丁，是烟草中所含 12 种生物碱中最多的一种。它由一个吡啶环与一个四氢吡咯环组成，属于吡啶类生物碱，常以苹果酸盐及柠檬酸盐的形式存在于烟草中。其结构式如下：

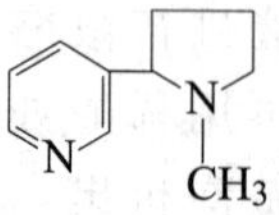

纯的烟碱是无色油状液体，沸点为 246℃，有苦辣味，易溶于水和乙醇。自然界中的烟碱是左旋体，它在空气中易氧化变色。烟碱的毒性很大，少量烟碱对中枢神经有兴奋作用，能增高血压；大量烟碱能抑制中枢神经系统，使心脏麻痹，以致死亡。烟草生物碱是有效的农业杀虫剂，能杀灭蚜虫、蓟马、木虱等。烟碱常以卷烟的下脚料和废弃品为原料提取得到。

我国烟草中烟碱的含量为 1%～4%。

2. 麻黄碱

麻黄碱又名麻黄素，存在于麻黄中。麻黄碱是少数几个不含杂环的生物碱，是一种仲胺。麻黄碱分子中含有两个手性碳原子（C^*），所以应有四个旋光异构体：左旋麻黄碱、右旋麻黄碱、左旋伪麻黄碱和右旋伪麻黄碱。但在麻黄中只有左旋麻黄碱和左旋伪麻黄碱存在，其中左旋麻黄碱的生理作用较强。麻黄碱的结构式如下：

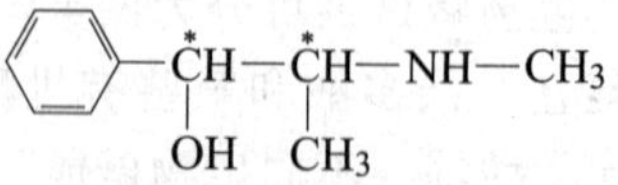

左旋麻黄碱为无色晶体，熔点为 40℃，沸点为 255℃，易溶于水，可溶于乙醇、乙醚、氯仿等有机溶剂。它是一个仲胺，碱性较强。

麻黄是我国特产，使用已有数千年。明代李时珍的《本草纲目》中记载，麻黄主治伤寒、头痛、止咳、除寒气等。它具有兴奋交感神经、收缩血管、增高血压和扩张支气管等功能。因此，现在临床上用作止咳、平喘和防止血压下降的药物。在麻黄的茎枝内生物碱的含量达 1.5%，于 1885 年分离得到麻黄碱。

3. 茶碱、可可碱和咖啡碱

茶碱、可可碱和咖啡碱存在于茶叶、可可豆及咖啡中，属于嘌呤类生物碱，是黄嘌呤的甲基衍生物。其结构式如下：

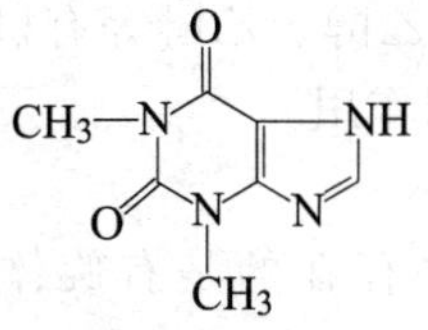

茶碱　　　　　　　　　可可碱　　　　　　　　咖啡碱
（1,3-二甲基黄嘌呤）　　（3,7-二甲基黄嘌呤）　　（1,3,7-三甲基黄嘌呤）

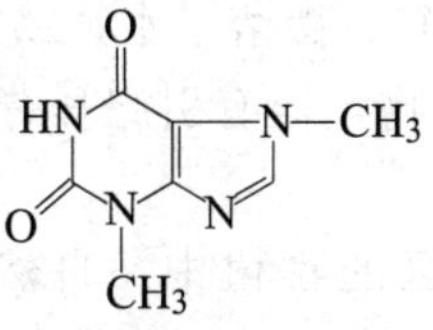

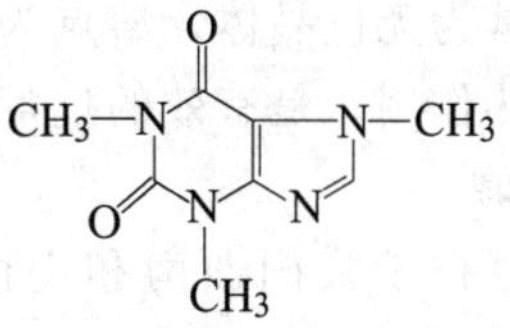

茶碱是白色晶体，熔点为 270～272℃，易溶于热水，难溶于冷水，显弱碱性。它有较强的利尿作用和松弛平滑肌的作用。

可可碱是白色晶体，熔点为 357℃，微溶于水及乙醇，有很弱的碱性。它能抑制胃小管再吸收和具有利尿作用。

咖啡碱又叫咖啡因，是白色针状晶体，熔点为 235℃，味苦，易溶于热水，显弱碱性。它的利尿作用不如茶碱和可可碱，但它有兴奋中枢神经和止痛作用。因此，咖啡及茶叶一直被人们当作饮料。

4. 吗啡

吗啡是发现最早的生物碱之一，罂粟科植物鸦片中含有 20 多种生物碱，其中含量最高的是吗啡。吗啡是 1803 年被发现的第一个生物碱，直至 1952 年才确定了它的结构式，并由合成所证实。其结构式如下：

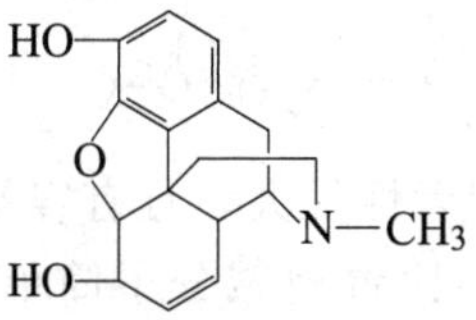

吗啡为白色晶体，熔点为 254℃，味苦，微溶于水。吗啡环是不稳定的，在空气中能缓慢氧化。它对中枢神经有麻醉作用和较强的镇痛作用，在医药上应用广泛，可作为镇痛药和安眠药。由于它的成瘾性，使用时须小心谨慎，必须严格控制使用。

5. 秋水仙碱

秋水仙碱存在于秋水仙植物的球茎和种子中，是一种不含杂环的生物碱。它是环庚三烯酮的衍生物，分子中含有两个稠合的七碳环，氮在侧链上呈酰胺结构，其结构式如下：

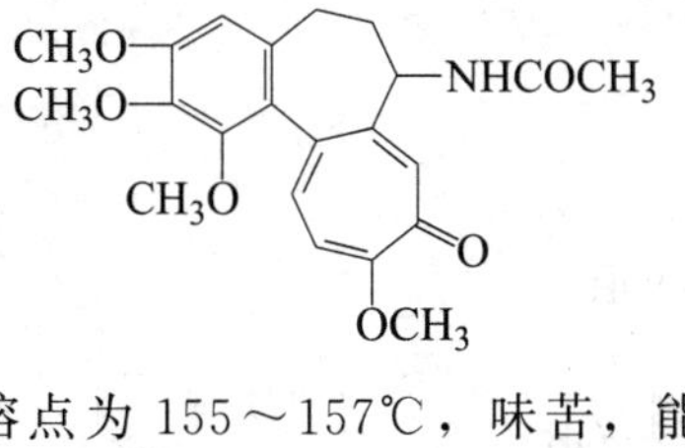

秋水仙碱是浅黄色结晶，熔点为 155～157℃，味苦，能溶于水，易溶于乙醇和氯仿，具有旋光性。它的分子中，氮原子以酰胺的形式存在，所以它的水溶液呈中性。秋水仙碱对细胞分裂有较强的抑制作用，能抑制癌细胞的增长，在临床上用于治疗乳腺癌和皮肤癌等。在植物组织培养上，它是人工诱发染色体加倍的有效化学药剂。

6. 金鸡纳碱

金鸡纳碱又叫奎宁，是喹啉的衍生物，存在于金鸡纳树皮中。其结构式如下：

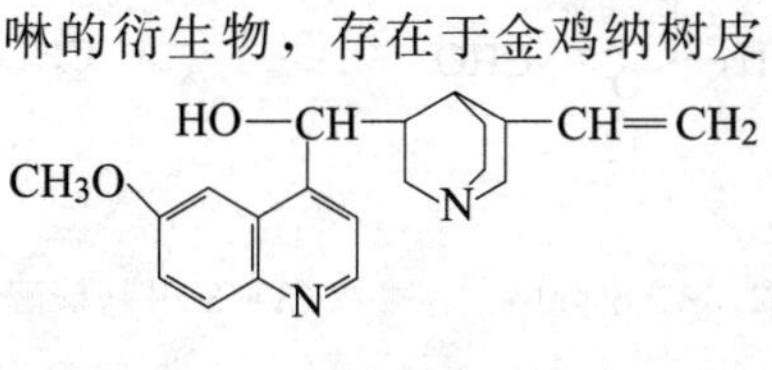

金鸡纳碱为无色晶体，熔点为 177℃，微溶于水，易溶于乙醇、乙醚等有机溶剂。金鸡纳碱具有退热作用，是有效的抗疟疾药物，但有引起耳聋的副作用。

7. 喜树碱

喜树碱存在于我国西南和中南地区的喜树中，自然界中存在的是右旋体。其结构式如下：

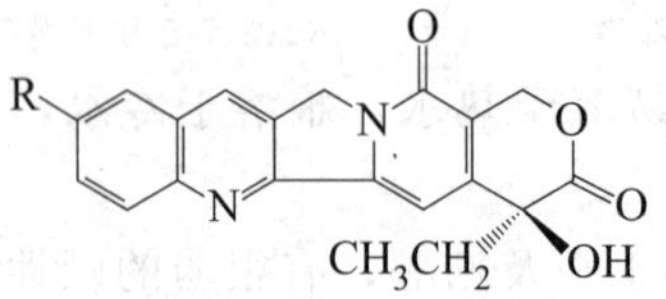

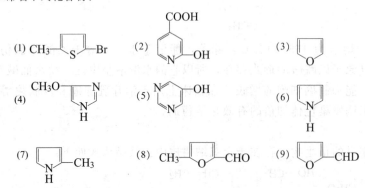

喜树碱：R=—H
羟基喜树碱：R=—OH
甲氧基喜树碱：R=—OCH₃

喜树碱是淡黄色针状晶体，在紫外光照射下显蓝色荧光，熔点为 264～267℃，不溶于水，溶于氯仿、甲醇和乙醇。

喜树碱对胃癌、肠癌等疗效较好，对白血病也有一定疗效，已供临床应用。但其毒性大，使用时要慎重。我国及其他国家均完成了喜树碱的合成工作。

8. 古柯碱

古柯碱又叫可卡因，是南美洲产的古柯叶中的主要成分。其结构式如下：

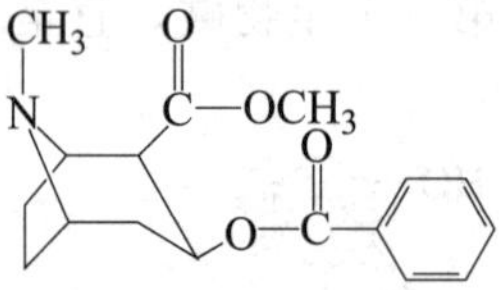

古柯碱具有局部麻醉的效能。但毒性很大，且有容易产生药瘾等缺点，于是人们进行了替代品的研究，药学家合成出很多种比古柯碱分子简单而更有效的麻醉药，如普鲁卡因和 β-优卡因，它们都是良好的局部麻醉药。

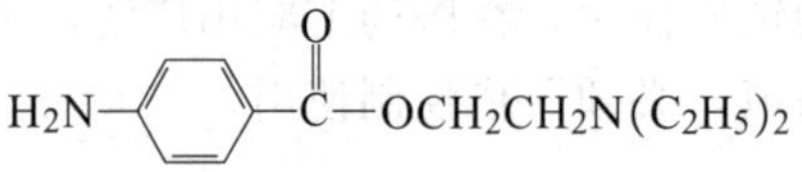

普鲁卡因 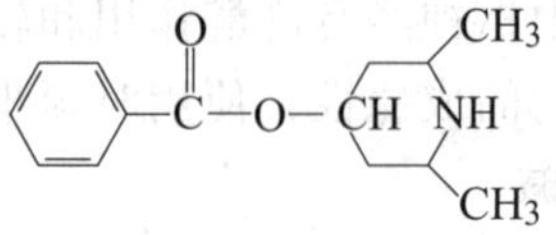   β-优卡因

 习 题

1. 命名下列化合物：

(1) (2) (3)

(4) (5) (6)

(7) (8) (9)

2. 写出下列化合物的结构式：

（1）2,3-二甲基呋喃　　（2）2,5-二溴吡咯　　（3）3-甲基糠醛　　（4）5-甲基噻唑

（5）4-甲基咪唑　　　　（6）2-甲基-4-吡啶甲酸　　（7）4-甲基-2-氯噻吩　　（8）吡啶

3．完成下列反应式：

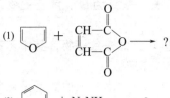

（1）

（2）

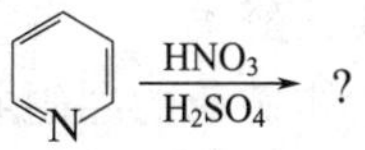

（3）

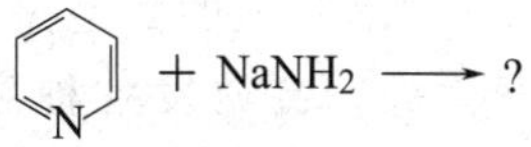

（4）

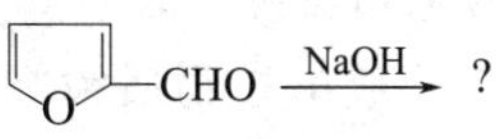

（5）

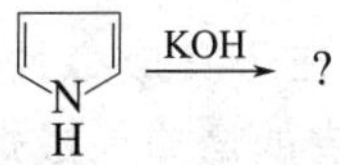

（6）

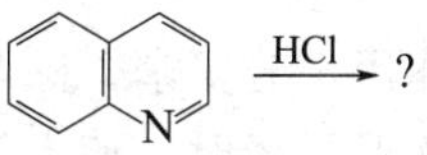

（7）

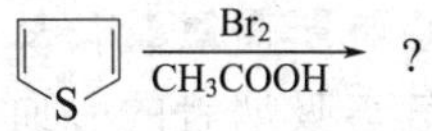

（8）

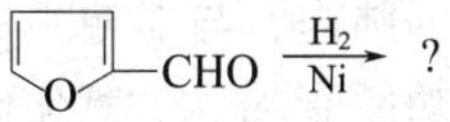

（9）

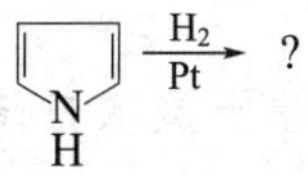

（10）

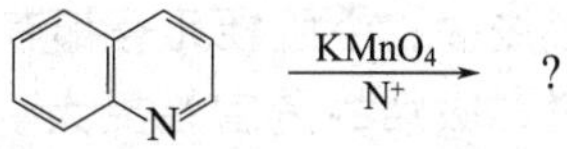

4．用化学方法区别下列化合物：

　　（1）呋喃四氢呋喃　　　　　　（2）呋喃、噻吩、吡咯、吡啶　　　　　（3）噻吩和苯

5．将下列化合物按碱性强弱排序：

　　（1）吡啶、吡咯、六氢吡啶、苯胺　　　（2）甲胺、苯胺、四氢吡咯、氨

6．完成下列转化：

　　（1）γ-甲基吡啶——→γ-苯甲酰基吡啶

　　（2）糠醛 ——→ 结构式：—CH—C—O—C₂H₅

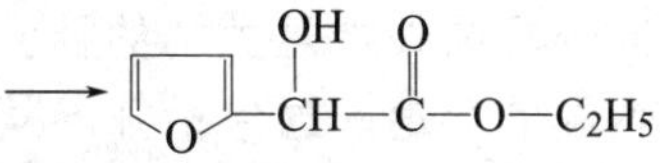

7．回答下列问题：

　　（1）如何从茶叶中提取咖啡因？

　　（2）组成核酸的嘧啶碱和嘌呤碱有哪些？

8．推断结构式：

　　（1）某甲基喹啉经高锰酸钾氧化后可得三元酸，这种羧酸在脱水剂作用下发生分子内脱水能生成两种酸酐，试推测该甲基喹啉的结构式。

　　（2）某化合物 A 的分子式为 $C_5H_4O_2$，经氧化后生成羧酸 B（$C_5H_4O_3$），把 B 的钠盐与碱石灰作用，转变为 C（C_4H_4O），C 不与钠反应，也不具有醛和酮的性质，试推测化合物 A、B、C 的结构式。

9．查阅文献，写一份关于烟草的化学成分及吸烟的危害的综述性报告。

 知识拓展

烟草的化学成分——吸烟的危害

　　烟草是一种化学成分极为复杂的植物，包括糖类、蛋白质、氨基酸、有机酸、烟草生物碱等。烟草生物碱是烟草有别于其他植物的主要标志，主要以烟碱（尼古丁）的形式存在，烟碱是特征性物质。

　　烟草制品在燃吸过程中，靠近火堆中心的温度可达 $800\sim900℃$，会发生复杂的化学反应，使烟草的各种化学成分发生变化，产生的烟气据说有四万种物质，目前已经鉴定出来的达 4200 多种，如氮气、氧气、一氧化碳、二氧化碳、一氧化氮、二氧化氮、烃、醇、酚、醛、酮、羧酸、苯、萘及 70 多种金属和放射性元素。被认为最有危害的物质有：焦油、烟碱、一氧化碳、醛类。

烟气中的焦油是威胁人体健康的罪魁祸首。焦油中的多环芳烃是致癌物，其中苯并[a]芘是代表物，它能改变细胞的遗传结构，使正常细胞变成癌细胞。

烟草中的放射性物质也是吸烟者肺癌发病率增加的因素之一。烟叶上的茸毛是浓集放射性物质的主要器官，放射性物质被吸入肺内，附着在支气管处，会诱发各种癌症。最有害的放射性元素是 ^{210}Po。

尼古丁在人体内的作用十分复杂，医学界认为尼古丁最大的危害在于其成瘾性。当吸烟者血液中的尼古丁浓度下降时，使人渴望再吸一支，加强了吸烟者的愿望而成烟瘾。

一氧化碳进入人体的肺内，与血液中的血红蛋白结合，减少心脏所需氧量，从而加快心跳，甚至引起心脏功能衰竭。一氧化碳与尼古丁协同作用，危害吸烟者的心血管系统，对冠心病、心绞痛、心肌梗死等都有直接影响。

对青少年来说，吸烟的危害性更大。吸烟可使青少年的记忆力和嗅觉灵敏性降低、视野缺损，还可导致呼吸道、消化系统的疾病和各种癌症。

经调查，我国 13 亿人口中有 3 亿多人吸烟（占世界烟民的 1/4）。15 岁以上的人总的吸烟率已达 33.88%，其中男性占 61%。男教师、男医务人员吸烟率高达 50%。教师是教育者，应是青少年的楷模；医务人员是人类健康的保护者，也应大力宣传吸烟有害健康。

自从 20 世纪 60 年代国际范围内的烟草会议及各国有关烟草科学研究部门、专家提出吸烟与健康问题以来，控制吸烟及减少吸烟已是当今国内外严重关切的社会问题。许多国家的政府也已通过立法措施控制有害物质在卷烟中的含量。这包括开展从烟草中脱除有害物质的研究、生产过滤嘴卷烟，但这并不能根除致病危险。

卷烟生产正面临划时代变革过程。开发安全卷烟应是今后充分考虑的可行途径，能研制出既能防病又能治病的保健卷烟，则将是对人类健康最可贵的贡献。

油脂和类脂化合物

Chapter 11

第十一章

油脂和类脂化合物总称为脂类化合物，是指不溶于水而溶于弱极性或非极性有机溶剂的一类有机化合物。它存在于一切动植物体中，在生物体内既是动植物体的组成物质和储藏物质，又是维持动植体生命活动不可缺少的物质。油脂是油和脂肪的总称，通常是指动物油和植物油，常温下为液态的习惯称为油，如菜油、花生油、茶油等，常温下是固态或半固态的称为脂肪，如牛油、猪油等。它们大都不溶于水而易溶于乙醚、氯仿、苯、丙酮、四氯化碳等非极性或弱极性的有机溶剂中。类脂化合物通常包括一些看起来毫不相干的物质，如磷脂、蜡和甾体化合物等。虽然它们在化学组成和结构上有较大差别，但由于某些物理性质与油脂类似，因此把它们称为类脂化合物。

第一节　油　脂

一、油脂的存在和用途

油脂是油和脂（肪）的总称，广泛存在于自然界中，高等动物的内脏、皮下组织、骨髓中及植物的根、茎、叶、花、果实和种子之中都有油脂的存在。植物油脂大部分存在于果实和种子中，根、茎、叶中含量较少。油料作物的种子里油脂含量较高，有的可高达70%左右。部分油料作物种子的含油量见表11-1。

表 11-1　几种主要油料作物种子的含油量

作 物 名 称	含油量/%	作 物 名 称	含油量/%
大豆	12～25	棉籽	50～61
花生	40～61	油茶	30～35
油菜	33～47	油桐	40～69
芝麻	50～61	椰子	65～70

油脂在生物体中有重要的生理功能。油脂提供的能源是生物体维持生命活动所需能量的主要来源。在动物体内，1g油脂完全氧化可产生38.9kJ的热量，同样条件下比糖类（17.6kJ）和蛋白质（16.7kJ）氧化放出的热量总和还要多。油脂也是有机体吸收脂溶性物质的良好溶剂，油脂可以为高等动物提供正常生长发育所需要的脂肪酸，特别是自身不能合成的必需脂肪酸（如亚油酸、亚麻酸）。油脂有助于脂溶性维生素（如维生素A、D、E、K）的吸收和运输。油脂在机体内还可构成柔软组织，有保护内脏避免遭受外部撞击和内部摩擦及防止体内的热量过分散失等功能。植物种子中储存的油脂能为其发芽提供养料。

油脂也是重要的化工原料，可用于制造肥皂、涂料、润滑油、油墨、医药及化妆品等。

二、油脂的结构和组成

由动植物体中取得的油脂是多种物质的混合物，主要成分是三个高级脂肪酸与甘油所形成的高级脂肪酸甘油酯。1854 年法国化学家贝特洛（Berthelot）证明油脂的结构可以用如下通式来表示：

$$
\begin{array}{l}
CH_2-O-\overset{\displaystyle O}{\overset{\|}{C}}-R^1 \\
CH-O-\overset{\displaystyle O}{\overset{\|}{C}}-R^2 \\
CH_2-O-\overset{\displaystyle O}{\overset{\|}{C}}-R^3
\end{array}
$$

组成油脂的三个脂肪酸可以相同，也可以不同。如果 R^1、R^2、R^3 相同，则称为单纯甘油酯。例如：

$$
\begin{array}{l}
CH_2-O-\overset{\displaystyle O}{\overset{\|}{C}}-(CH_2)_{16}CH_3 \\
CH-O-\overset{\displaystyle O}{\overset{\|}{C}}-(CH_2)_{16}CH_3 \\
CH_2-O-\overset{\displaystyle O}{\overset{\|}{C}}-(CH_2)_{16}CH_3
\end{array}
$$

三硬脂酸甘油酯

如果 R^1、R^2、R^3 不相同，则称为混合甘油酯。例如：

$$
\begin{array}{ll}
\alpha & CH_2-O-\overset{\displaystyle O}{\overset{\|}{C}}-(CH_2)_{16}CH_3 \\
\beta & CH-O-\overset{\displaystyle O}{\overset{\|}{C}}-(CH_2)_{14}CH_3 \\
\alpha' & CH_2-O-\overset{\displaystyle O}{\overset{\|}{C}}-(CH_2)_7CH=CH(CH_2)_7CH_3
\end{array}
$$

α-硬脂酸-β-软脂酸-α'-油酸甘油酯

一般来说，油中含不饱和脂肪酸的甘油酯较多，而脂中含饱和脂肪酸的甘油酯较多。天然油脂中绝大多数是混合甘油酯。此外，还含有少量的游离脂肪酸、高级醇、高级烃、维生素、色素等。

组成油脂的高级脂肪酸目前已经发现 50 多种，其中绝大多数都是含偶数碳原子的直链羧酸，仅在个别油脂中发现带有支链、脂环或羟基的脂肪酸。这些高级脂肪酸有饱和的，也有不饱和的。组成油脂的脂肪酸常使用俗名。油脂中常见的高级脂肪酸见表 11-2。

表 11-2　油脂中常见的高级脂肪酸

类别	俗名	系统命名	结构式	熔点/℃
饱和脂肪酸	羊蜡酸	癸酸	$CH_3(CH_2)_8COOH$	31.4
	月桂酸	十二酸	$CH_3(CH_2)_{10}COOH$	43.6
	肉豆蔻酸	十四酸	$CH_3(CH_2)_{12}COOH$	58.0
	软脂酸	十六酸	$CH_3(CH_2)_{14}COOH$	62.9
	硬脂酸	十八酸	$CH_3(CH_2)_{16}COOH$	69.9
	花生酸	二十酸	$CH_3(CH_2)_{18}COOH$	75.2

类别	俗名	系统命名	结构式	熔点/℃
不饱和脂肪酸	油酸	顺-Δ⁹-十八碳烯酸	$CH_3(CH_2)_7CH=CH(CH_2)_7COOH$	13
	亚油酸	顺,顺-Δ⁹,¹²-十八碳二烯酸	$CH_3(CH_2)_4CH=CHCH_2CH=CH(CH_2)_7COOH$	−5
	亚麻酸	顺,顺,顺-Δ⁹,¹²,¹⁵-十八碳三烯酸	$CH_3(CH_2CH=CH)_3(CH_2)_7COOH$	−11
	桐油酸	顺,反,反-Δ⁹,¹¹,¹³-十八碳三烯酸	$CH_3(CH_2)_3(CH=CH)_3(CH_2)_7COOH$	49
	蓖麻油酸	12-羟基-顺-Δ⁹-十八碳烯酸	$CH_3(CH_2)_5CH(OH)CH_2CH=CH(CH_2)_7COOH$	50
	花生四烯酸	顺,顺,顺,顺-Δ⁵,⁸,¹¹,¹⁴-二十碳四烯酸	$CH_3(CH_2)_4(CH=CHCH_2)_4(CH_2)_2COOH$	−49.5
	芥酸	顺-Δ¹³-二十二碳烯酸	$CH_3(CH_2)_7CH=CH(CH_2)_{11}COOH$	33.5

　　组成油脂的饱和脂肪酸中，分布最广的是软脂酸，几乎所有的油脂中都有它的存在，其次是月桂酸、肉豆蔻酸和硬脂酸。月桂酸在椰子油中含量可高达 50%；硬脂酸在动物脂肪中的含量较高。低于 12 个碳原子的饱和脂肪酸较少见，丁酸、己酸等低级脂肪酸在油脂中是很少见的。高于 18 个碳原子的脂肪酸含量少，但分布广泛。

　　组成油脂的不饱和脂肪酸中，最常见的是烯酸，以含 16 个和 18 个碳原子的烯酸分布最广，如油酸、亚油酸、亚麻酸等。不饱和脂肪酸的分子中都含有一个或多个碳碳双键，且由羧基开始，第一个双键的位置都在 C9 和 C10 之间，碳碳双键的构型绝大多数是 Z 构型（顺式）。例如：

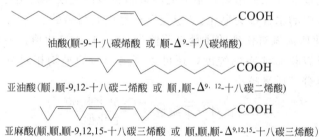

油酸(顺-9-十八碳烯酸 或 顺-Δ⁹-十八碳烯酸)

亚油酸(顺,顺-9,12-十八碳二烯酸 或 顺,顺-Δ⁹,¹²-十八碳二烯酸)

亚麻酸(顺,顺,顺-9,12,15-十八碳三烯酸 或 顺,顺,顺-Δ⁹,¹²,¹⁵-十八碳三烯酸)

　　在用数字编号时，常采用在希腊字母 Δ 的右上角标上数字来标明碳碳双键的位次。

三、油脂的性质

（一）物理性质

　　纯净的油脂是无色、无味的。但天然油脂常因含有脂溶性色素和其他杂质而带有颜色和不同气味。油脂比水轻，植物油脂的相对密度一般在 0.9~0.95 之间，而动物油脂常在 0.86 左右。油脂不溶于水，易溶于乙醚、氯仿、丙酮、苯和四氯化碳等有机溶剂。油脂是混合物，没有固定的熔点和沸点，但有一定的熔点范围，如猪油为 36~46℃，牛油为 42~49℃，花生油则为 28~32℃。

　　不饱和脂肪酸含量高的油脂在室温下呈液态，这与分子构型有关。天然油脂中的不饱和脂肪酸分子的碳碳双键大多为顺式构型，致使其碳链不能像饱和酸一样呈锯齿形的"直"链，而是弯曲成一定角度，这样分子不能紧密接触，分子间的吸引力较小，所以不饱和脂肪酸含量高的油脂的"熔点"就低。因此，从组成油脂的脂肪酸来看，不饱和脂肪酸含量较高的油脂，其熔点往往较低，室温下常为液体；而含饱和脂肪酸较多的油脂在室温下往往呈固态或半固态。

（二）化学性质

油脂属于酯类，因此可以发生水解、醇解等反应；而且油脂结构中具有不同程度的不饱和性，所以油脂可以发生加成、氧化、聚合等反应。

1. 水解反应

油脂在酸、碱、酶作用下水解成甘油和高级脂肪酸，在酸性条件下的水解反应是可逆的。

$$\begin{array}{l} CH_2-O-\overset{O}{\overset{||}{C}}-R^1 \\ | \\ CH-O-\overset{O}{\overset{||}{C}}-R^2 \\ | \\ CH_2-O-\overset{O}{\overset{||}{C}}-R^3 \end{array} + 3H_2O \underset{}{\overset{H^+}{\rightleftharpoons}} \begin{array}{l} CH_2-OH \\ | \\ CH-OH \\ | \\ CH_2-OH \end{array} + \begin{array}{l} R^1-COOH \\ R^2-COOH \\ R^3-COOH \end{array}$$

在碱性条件下，油脂可以彻底水解，生成高级脂肪酸盐和甘油，反应是不可逆的。

$$\begin{array}{l} CH_2-O-\overset{O}{\overset{||}{C}}-R^1 \\ | \\ CH-O-\overset{O}{\overset{||}{C}}-R^2 \\ | \\ CH_2-O-\overset{O}{\overset{||}{C}}-R^3 \end{array} + 3NaOH \longrightarrow \begin{array}{l} CH_2-OH \\ | \\ CH-OH \\ | \\ CH_2-OH \end{array} + \begin{array}{l} R^1COONa \\ R^2COONa \\ R^3COONa \end{array}$$

油脂用氢氧化钠或氢氧化钾水解，生成的高级脂肪酸钠盐或钾盐是肥皂的主要成分，因此将油脂在碱性溶液中的水解称为皂化。"皂化"就是由此得名的。

1g 油脂完全皂化所需氢氧化钾的质量（单位为 mg）称为皂化值。各种油脂都有一定的皂化值。由皂化值可以检验油脂的纯度，还可以算出油脂的平均相对分子质量。皂化值越大，油脂的平均相对分子质量越小。

$$平均相对分子质量 = \frac{3 \times 56 \times 1000}{皂化值}$$

式中　3——皂化 1mol 油脂需要 3mol KOH；

56——KOH 的摩尔质量，$g \cdot mol^{-1}$。

皂化值是检验油脂质量的重要数据。皂化值偏高或偏低，是由于油脂中含有一定量的不能被皂化的杂质。

2. 加成反应

含不饱和脂肪酸的油脂，分子中的碳碳双键与氢及卤素能发生加成反应。如在催化剂（Ni、Pt、Pd）作用下，含不饱和脂肪酸的油脂能加氢转化为含饱和脂肪酸的油脂。

$$\begin{array}{l} CH_2-O-\overset{O}{\overset{||}{C}}-(CH_2)_7-CH=CH-(CH_2)_7CH_3 \\ | \\ CH-O-\overset{O}{\overset{||}{C}}-(CH_2)_7-CH=CH-(CH_2)_7CH_3 \\ | \\ CH_2-O-\overset{O}{\overset{||}{C}}-(CH_2)_7-CH=CH-(CH_2)_7CH_3 \end{array} \xrightarrow[Pt]{3H_2} \begin{array}{l} CH_2-O-\overset{O}{\overset{||}{C}}-(CH_2)_{16}CH_3 \\ | \\ CH-O-\overset{O}{\overset{||}{C}}-(CH_2)_{16}CH_3 \\ | \\ CH_2-O-\overset{O}{\overset{||}{C}}-(CH_2)_{16}CH_3 \end{array}$$

加氢的结果是使液态的油转化为半固态的脂肪，这个过程叫油脂的氢化或硬化。利用这个原理，可将液体的植物油转化为固体脂肪。油脂硬化以后便于储存和运输。

含不饱和脂肪酸的油脂可与碘发生加成反应。每 100g 油脂所能吸收的碘的质量（单位为 g）称为碘值。碘值大小可表示油脂的不饱和程度。碘值越大，油脂的不饱和程度就越高。由于碘的加成速率较慢，常采用氯化碘（ICl）或溴化碘（IBr）代替碘，以提高加成速率。反应完毕，根据卤化碘的量换算成碘，即得碘值。

3. 酸败作用

油脂在空气中久置，便会产生难闻的气味，其酸度也明显增大，这种现象称为油脂的酸败作用。油脂酸败的化学过程比较复杂，酸败的原因主要有两方面：一是由于空气中的氧将油脂中的不饱和键氧化为过氧化物，再经分解与氧化，生成相对分子质量较低的有刺激性臭味的醛和羧酸等复杂混合物。光和热可加速这一反应的进行。二是由于微生物的作用。微生物氧化分解是指油脂在微生物作用下水解，产生的脂肪酸发生 β-氧化作用，生成 β-酮酸，β-酮酸进一步分解则产生酮或羧酸。在温度高、湿度大、通风不良的环境中，油脂的酸败会加速。

油脂中游离脂肪酸的含量常用酸值来表示，中和 1g 油脂中游离脂肪酸所需氢氧化钾的质量（单位为 mg）叫做酸值。酸值是衡量油脂品质的主要参数之一。一般酸值大于 6 的油脂不宜食用。

食用酸败变质的油脂对人体健康十分不利，为了防止油脂酸败，应将油脂保存在密闭容器中，并置于干燥、阴凉、避光处。也可加入适量抗氧化剂，如维生素 E、芝麻酚等。

4. 干化作用

某些油脂在空气中放置，能逐渐形成一层干燥而有韧性的膜，这种现象叫做油脂的干化，具有这种性质的油脂叫干性油。

干化作用是个很复杂的过程，至今其化学本质尚未完全清楚，一般认为是氧引起的聚合形成了韧性的薄膜。油脂中如果含有共轭多烯烃结构的不饱和脂肪酸，干化作用更显著，如桐油分子中的桐油酸含有三个共轭双键，这样的油脂干性就好。

油脂的干化作用与油脂分子中所含的双键有关，碘值的大小直接反映出分子中所含双键数目的多少，通常按碘值大小不同，将油脂分成三种：干性油（碘值在 130 以上，如桐油）；半干性油（碘值在 100～130 之间，如棉籽油）；非干性油（碘值在 100 以下，如花生油、猪油）。

第二节 类脂化合物

一、磷脂

磷脂是指含磷酸的类脂化合物，广泛存在于动物的脑、卵、肝及植物种子和微生物体中，具有重要的生理功能。磷脂的种类很多，其中最重要的是卵磷脂、脑磷脂和神经磷脂。

1. 卵磷脂和脑磷脂

卵磷脂和脑磷脂的母体结构都是磷酸酯，即甘油分子中的三个羟基有两个与高级脂肪酸形成酯，另一个与磷酸形成酯。

卵磷脂是磷酸酯中磷酸通过酯键与胆碱结合而成的，脑磷脂是磷酸酯中磷酸通过酯键与胆胺结合而成的，是由于蛋黄中卵磷脂含量较高，动物脑组织中脑磷脂含量最多而得名的。

按磷酸与甘油羟基的结合位置，卵磷脂可分为 α-型和 β-型。当磷酸与甘油中的伯羟基相结合时，称为 α-卵磷脂；若与甘油中的仲羟基相结合时，称为 β-卵磷脂。卵磷脂分子内含有手性碳原子，应有两种旋光异构体存在。自然界中存在的卵磷脂是 L-α-卵磷脂。

$$\begin{array}{c}
\text{CH}_2\text{—O—}\overset{\overset{\displaystyle O}{\|}}{\text{C}}\text{—R}^1 \\
\text{R}^2\text{—}\overset{\overset{\displaystyle O}{\|}}{\text{C}}\text{—O—CH} \\
\text{CH}_2\text{—O—}\overset{}{\underset{\underset{\displaystyle OH}{|}}{\text{P}}}\text{—OCH}_2\text{CH}_2\overset{+}{\text{N}}(\text{CH}_3)_3\;\text{OH}^-
\end{array}$$

L-α-卵磷脂

$$\begin{array}{c}
\text{CH}_2\text{—O—}\overset{\overset{\displaystyle O}{\|}}{\text{C}}\text{—R}^1 \\
\text{R}^2\text{—}\overset{\overset{\displaystyle O}{\|}}{\text{C}}\text{—O—CH} \\
\text{CH}_2\text{—O—}\overset{}{\underset{\underset{\displaystyle O^-}{|}}{\text{P}}}\text{—OCH}_2\text{CH}_2\overset{+}{\text{N}}(\text{CH}_3)_3
\end{array}$$

L-α-卵磷脂内盐

脑磷脂的结构与卵磷脂类似，脑磷脂也有 α-异构体和 β-异构体，自然界存在的是 L-α-脑磷脂。

卵磷脂和脑磷脂分子中，磷酸部分还有一个可解离的氢原子，而胆碱为碱性基团，因此可以形成内盐。磷脂分子中同时具有疏水基（脂肪烃基）和亲水基（偶极离子），使得磷脂类化合物在细胞膜中起着重要的生理作用。

卵磷脂和脑磷脂在酸、碱或酶催化下可以发生水解反应，生成甘油、高级脂肪酸、磷酸、胆碱或胆胺。

卵磷脂和脑磷脂都是吸水性很强的白色蜡状固体，在空气中易被氧化，颜色逐渐变成褐色。卵磷脂能溶于乙醚和乙醇，但不能溶于丙酮；脑磷脂能溶于乙醚，但不溶于乙醇和丙酮。

$$\begin{array}{c}
\text{CH}_2\text{—O—}\overset{\overset{\displaystyle O}{\|}}{\text{C}}\text{—R}^1 \\
\text{R}^2\text{—}\overset{\overset{\displaystyle O}{\|}}{\text{C}}\text{—O—CH} \\
\text{CH}_2\text{—O—}\overset{}{\underset{\underset{\displaystyle O^-}{|}}{\text{P}}}\text{—OCH}_2\text{CH}_2\overset{+}{\text{NH}}_3
\end{array}$$

L-α-脑磷脂

2. 神经磷脂

神经磷脂简称鞘磷脂，存在于脑、神经组织和细胞膜中，它是（神经）鞘胺醇的衍生物。

$$\begin{array}{c}
\text{C}_{13}\text{H}_{27}\diagdown\;\diagup\text{H} \\
\text{C} \\
\| \\
\text{C} \\
\text{H}\diagup\;\diagdown\text{CHOH} \\
\text{CHNH}_2 \\
\text{CH}_2\text{OH}
\end{array}$$

$$\begin{array}{c}
\text{C}_{13}\text{H}_{27}\diagdown\;\diagup\text{H} \\
\text{C} \\
\| \\
\text{C} \\
\text{H}\diagup\;\diagdown\text{CHOH}\quad\overset{\displaystyle O}{} \\
\text{CHNH—}\overset{\overset{\displaystyle O}{\|}}{\text{C}}\text{—(CH}_2)_{22}\text{CH}_3 \\
\text{CH}_2\text{—O—}\overset{}{\underset{\underset{\displaystyle O^-}{|}}{\text{P}}}\text{—OCH}_2\text{CH}_2\overset{+}{\text{N}}(\text{CH}_3)_3
\end{array}$$

鞘氨醇   鞘磷脂

磷脂可溶于水及某些有机溶剂，但不溶于丙酮，利用此性质可把它与其他脂分开。

二、蜡

蜡一般是指一类油腻的、不溶于水，具有可塑性和易熔化的物质，在一些动物的毛发上、鸟的羽毛上、昆虫的外壳上以及植物的叶和果实上等均有存在；石油和页岩油中也含有石蜡。蜡广泛存在于动植物体中，在化学结构上也属于酯类。其主要成分是高级脂肪酸和高级饱和一元醇形成的酯。天然蜡还含有少量游离的高级脂肪酸、高级醇和烷烃等。组成蜡的高级脂肪酸主要是含 $14\sim26$ 个偶数碳原子的脂肪酸，常见的是软脂酸和二十六酸；高级醇主要是含 $16\sim36$ 个偶数碳原子的醇，常见的是十六醇、二十六醇和三十醇。

蜡在常温下是固体，比油脂硬而脆，难溶于水，易溶于乙醚、苯、氯仿等有机溶剂。其化学性质稳定，在空气中不易变质，不易皂化，不易被微生物侵蚀。在动物体内不能消化吸收，因而没有营养价值。

根据蜡的不同来源，常分为植物蜡、动物蜡和矿物蜡。几种重要的蜡见表 11-3。

表 11-3　几种重要的蜡

分类	名　称	主要成分的结构简式	熔点/℃	物态	来源
植物蜡*	巴西棕榈蜡	$C_{25}H_{51}COOC_{30}H_{61}$	$81.3\sim84$	黄绿色,脆硬	巴西棕榈叶
动物蜡	蜂蜡	$C_{15}H_{31}COOC_{30}H_{61}$	$62\sim65$	黄褐色	蜜蜂分泌物
	鲸蜡	$C_{15}H_{31}COOC_{16}H_{33}$	$42\sim45$		鲸鱼头部
	白蜡	$C_{15}H_{31}COOC_{26}H_{53}$	$80\sim83$	黄白色	白蜡虫

在工业上，蜡一般用作上光剂、鞋油、蜡纸、防水剂、绝缘材料、药膏的基质等。

三、甾体化合物

甾体化合物亦称为类固醇，是广泛存在于动植物体内的一类重要的天然类脂化合物。在动植物生命活动中起着重要的调节作用。

（一）甾体化合物的结构

甾体化合物从化学结构上看，分子中都含有一个环戊烷并多氢菲的基本骨架，该结构是甾体化合物的母核，四个环常用 A、B、C、D 分别表示，环上的碳原子按如下顺序编号：

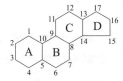

环戊烷并多氢菲(甾环)

甾体化合物除都具有环戊烷并多氢菲母核外，几乎所有此类化合物在 C10 和 C13 处都有一个甲基，叫角甲基，在 C17 上还有一些不同的取代基。

甾体化合物都含有四个环、6 个手性碳原子，理论上应该有 64 个旋光异构体，但自然界存在的只有 2 种异构体。天然甾体化合物中，四个环间的稠合方式只有 2 种。B 与 C 是反式稠合的，C 与 D 也是反式稠合的，A 和 B 可以是顺式或反式稠合。若 A、B 环反式稠合，则称作异系；顺式稠合，则称作正系。

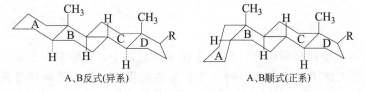

A、B反式(异系)　　　　　　　A、B顺式(正系)

如果用平面结构式表示，以 A、B 环之间的角甲基作为取代基构象的参考标准，把它安排在环平面的前面，并用楔形线与环相连。凡是与这个甲基在环平面同一边的，是 β 型，凡是与这个甲基在环平面不同一边的，是 α 型。

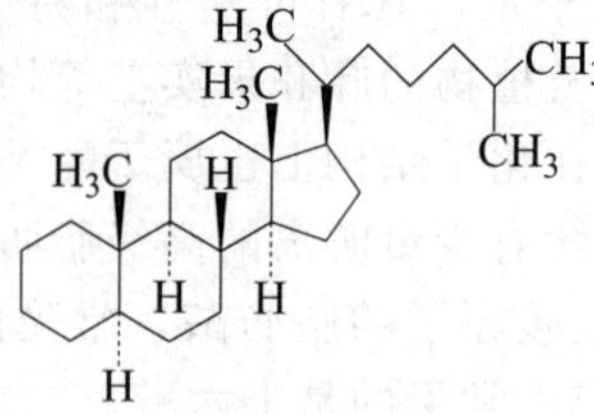

胆甾烷(异系)

(二) 重要的甾体化合物

1. 胆甾醇

胆甾醇是最早发现的一个甾体化合物，存在于动物的血液、脂肪、脑髓以及神经组织中。人体内发现的胆结石，几乎全都由胆甾醇构成，故俗称胆固醇。

胆甾醇是不饱和仲醇，为无色或略带黄色的固体，微溶于水，易溶于乙醚、氯仿等有机溶剂，能与氢和碘加成。它在氯仿溶液中与乙酸酐和硫酸作用生成蓝绿色，颜色深浅与胆甾醇的浓度成正比，因此可用比色法来测定胆甾醇的含量。所有其他不饱和甾醇都有此反应。胆甾醇在人体中的功能还不完全清楚，但血液中的胆固醇增加，会引起动脉硬化和胆结石。

胆甾醇在酶催化下氧化成 7-脱氢胆甾醇，它的 B 环中有共轭双键。7-脱氢胆甾醇存在于皮肤组织中，当受到紫外线照射时，B 环打开，转化为维生素 D_3。维生素 D_3 可以促进 Ca^{2+} 的吸收，从而维持骨骼的正常生长。

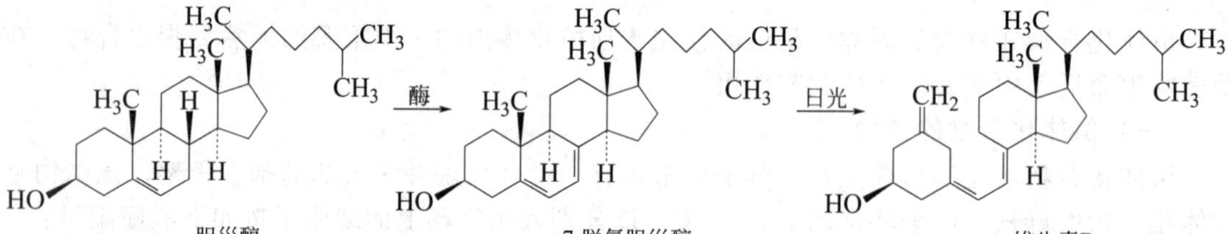

胆甾醇　　　　　　　　7-脱氢胆甾醇　　　　　　　　维生素D_3

2. 麦角甾醇

麦角甾醇存在于酵母及麦角中，是一种重要的植物甾醇。与 7-脱氢胆甾醇相比，在 C17 的侧链上多了一个甲基和一个双键。在紫外线照射下，麦甾醇通过一系列中间产物，最后生成维生素 D_2。

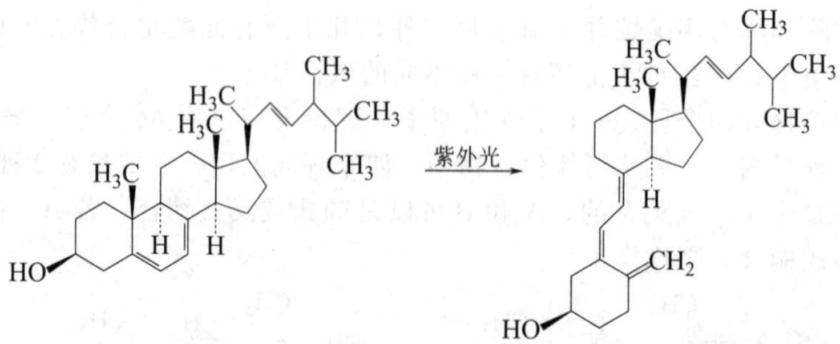

麦角甾醇　　　　　　　　　　　维生素D_2

维生素 D 也叫抗佝偻病维生素，广泛存在于动物体中，尤以鱼的肝脏、蛋黄、牛奶中含量较为丰富。当人体缺少维生素 D 时，儿童易患佝偻病，成人易患软骨症。维生素 D 有几种同功物，维生素 D_2 是其中的一种，它的生理作用最强。

3. 甾体激素

激素是动物体内分泌腺分泌的物质，它直接进入血液或淋巴液中，调节机体的生理功能。其中具有甾体结构的激素称为甾体激素。甾体激素的种类很多，其中最重要的有肾上腺皮质激素、性激素和昆虫蜕皮激素。

（1）性激素　性激素是人和动物性腺（睾丸或卵巢）的分泌物，分为雄性激素和雌性激素两种。量虽不多，但对生育和第二性征的发育起决定性的作用。重要的性激素有睾酮、雌二醇、孕甾酮（也称黄体酮），其结构如下：

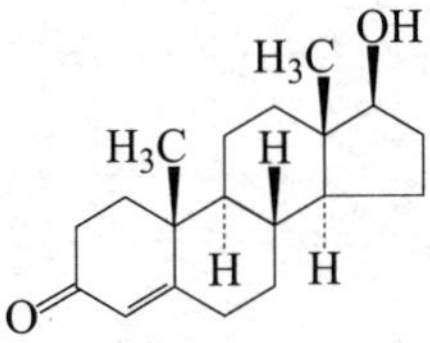

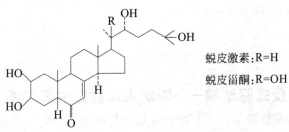

睾酮 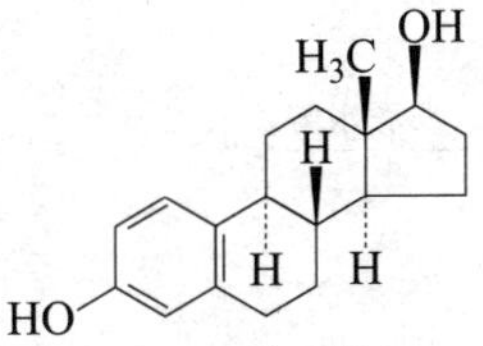　　　　雌二醇 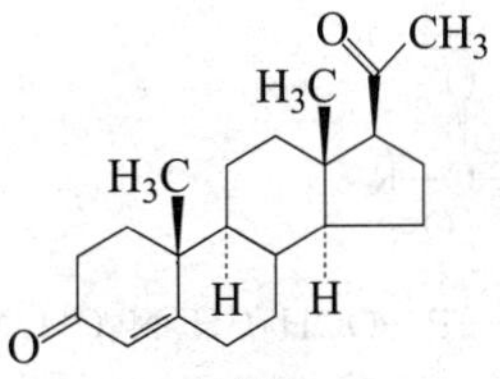　　　　孕甾酮

（2）昆虫蜕皮激素　昆虫蜕皮激素是由昆虫的前胸腺分泌出来的一种激素，其作用是诱导昆虫蜕皮。昆虫的幼虫要经过多次蜕皮后变态成蛹，进而成蛾，这些蜕变和变态是由蜕皮激素和保幼激素协同控制的，在昆虫生理上十分重要。蜕皮激素还可用于防治害虫。一是通过施用蜕皮激素使昆虫体内激素失去平衡导致昆虫不能正常发育而死亡；二是蜕皮激素使害虫不能正常发育，以达到控制害虫生长的目的。

现在已从昆虫和甲壳动物中分离出若干种昆虫蜕皮激素，人工也合成了许多与昆虫蜕皮激素有类似结构和功能的化合物。例如：

蜕皮激素：R=H

蜕皮甾酮：R=OH

 习 题

1. 写出下列化合物的结构：

（1）软脂酸　　　　　　　　　　　（2）硬脂酸

（3）油酸　　　　　　　　　　　　（4）顺、顺、顺、顺-$\Delta^{5,8,11,14}$-二十碳四烯酸

2. 完成下列反应式：

（1）

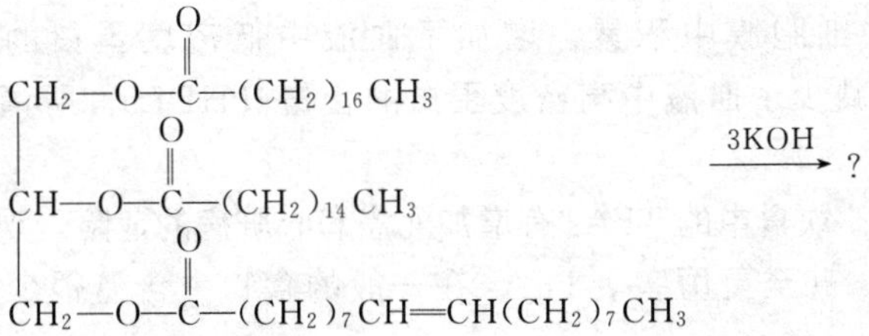

$$
\begin{array}{l}
CH_2-O-C-(CH_2)_{16}CH_3 \\
\quad\quad\quad\| \\
\quad\quad\quad O \\
CH-O-C-(CH_2)_{14}CH_3 \\
\quad\quad\quad\| \\
\quad\quad\quad O \\
CH_2-O-C-(CH_2)_7CH=CH(CH_2)_7CH_3
\end{array}
\xrightarrow{3KOH} ?
$$

(2)

$$CH_2\!-\!O\!-\!\overset{\overset{\displaystyle O}{\|}}{C}\!-\!(CH_2)_{16}CH_3$$

$$CH\!-\!O\!-\!\overset{\overset{\displaystyle O}{\|}}{C}\!-\!(CH_2)_{14}CH_3 \qquad \xrightarrow[\text{Ni}]{H_2} \ ?$$

$$CH_2\!-\!O\!-\!\overset{\overset{\displaystyle O}{\|}}{C}\!-\!(CH_2)_7CH\!=\!CH(CH_2)_7CH_3$$

(3)

$$CH_2\!-\!O\!-\!\overset{\overset{\displaystyle O}{\|}}{C}\!-\!R^1$$

$$CH\!-\!O\!-\!\overset{\overset{\displaystyle O}{\|}}{C}\!-\!R^2 \qquad \xrightarrow{\text{彻底水解}} \ ?$$

$$CH_2\!-\!O\!-\!\overset{\overset{\displaystyle O^-}{\|}}{\underset{\displaystyle O}{P}}\!-\!OCH_2CH_2\overset{+}{N}(CH_3)_3$$

3. 用化学方法鉴别下列化合物:

(1) 三硬脂酸甘油酯和三油酸甘油酯　　　　　(2) 蜡和石蜡

4. 下列每组两个词的含义有何不同?

(1) 油脂和类脂　　　　(2) 磷脂酸和磷酸酯

5. 将 2g 油脂完全皂化,需消耗 15mL 0.5mol·mL^{-1}KOH,试计算该油脂的皂化值。

6. 某合成磷脂无旋光性,彻底水解得硬脂酸、磷酸、甘油、胆胺,写出此磷脂的结构式。

7. 某化合物 A 的分子式为 $C_{53}H_{100}O_6$,有旋光性,能被水解生成甘油和一分子脂肪酸 B 及两分子脂肪酸 C。B 能使溴的四氯化碳溶液褪色,经氧化剂氧化可得壬酸和 1,9-壬二酸;C 不发生上述反应。试推测 A、B、C 的结构式,并写出有关反应式。

 知识拓展

反式脂肪酸——影响人体健康的脂肪酸

在天然的不饱和脂肪酸中,90％以上的双键具有顺式结构,因此植物油与饱和脂肪酸相比,具有较低的熔融温度。在催化氢化的条件下,植物油能够形成固体人造奶油。然而此过程不能使所有的双键氢化,相当份额的顺式双键仅被催化剂异构化为反式结构,并存在于最终的固态产物中。例如,合成的硬质块状人造奶油含有大约 35％的饱和脂肪酸 (SFAs) 和 12％的反式脂肪酸 (TFAs)。而天然奶油的组成含有 50％以上的 SFAs,仅含有 3％~4％的 TFAs。软质人造奶油受催化氢化条件的影响少于硬质人造奶油,它含有约 15％的 SFAs 和 5％的 TFAs。饮食中的 TFAs 对人类的健康有什么影响呢? 长期以来,人们一直怀疑 TFAs 能否像顺式同系物一样在人体内进行代谢。20 世纪 60 年代和 70 年代,研究结果显示食物中的 TFAs 大大地影响脂类的代谢,从而证实了这个怀疑。最使人警觉的发现是 TFAs 在细胞膜中积累,增加了血液中低密度蛋白的含量 (LDLs,所谓不好的胆固醇),同时减少了血液中高密度蛋白的含量 (HDLs,所谓好的胆固醇)。

20 世纪 90 年代的研究结果显示,饮食中的 TFAs 有增加乳癌和心脏病的危险。现在人们相信 TFAs 对健康的影响比 SFAs 甚至更厉害。TFAs 在一般的食物中含量很少,但它们在油炸快餐（如炸薯条）和许多商业的烤制型食品（蛋糕、甜饼、饼干、糕点）中含量较多，可能占有 1/3～1/2 的脂肪含量。对于大多数健康人来说，美国心脏协会推荐的限制脂肪酸的消耗量不超过全部热量吸入量的 30％，这是一个合理的建议，同样应劝告大家，过量食用 TFAs 具有潜在的危险。

　　反式脂肪酸会导致人类过敏或其他反应，目前中国对于反式脂肪酸的含量没有相应标准，也没有对反式脂肪酸检测的方法。中国应加强对反式脂肪酸的研究，尽快制定出食品中反式脂肪酸含量的标准，尽快研制出反式脂肪酸的检测方法。

糖类

Chapter 12

糖类（saccharides）也称碳水化合物，是自然界存在最广泛的一类有机物。它们是动植物体的重要成分，又是人和动物的主要食物来源。糖类是绿色植物光合作用的主要产物，在植物中的含量可达干重的 80%，植物种子中的淀粉，根茎、叶中的纤维素，甘蔗和甜菜根部所含的蔗糖，水果中的葡萄糖和果糖都是糖类。动物的肝脏和肌肉内的糖原、血液中的血糖、软骨和结缔组织中的黏多糖也是糖类。

糖类物质是生物界三大基础物质之一，是自然界中最丰富的有机物质。这类物质主要由碳、氢、氧三种元素组成。由于一些糖分子中氢和氧的原子数之比往往是 2∶1，刚好与水分子中氢、氧原子数之比相同，过去误认为此类物质是碳水化合物。但实际上有些糖如脱氧核糖（$C_9H_{10}O_4$），分子中氢、氧原子数之比并不是 2∶1；另一些非糖物质如甲醛（CH_2O）、乙酸（$C_2H_4O_2$）等，它们分子中氢、氧原子数之比都是 2∶1，因此，称糖为碳水化合物并不恰当。从分子结构的特点来看，糖是一类多羟基醛或多羟基酮，以及能够水解生成多羟基醛或多羟基酮的有机化合物。糖类按其结构特征可分为三类。

（1）单糖（monosaccharide） 不能水解的多羟基醛或多羟基酮。单糖是最简单的碳水化合物，如葡萄糖、半乳糖、甘露糖、果糖、山梨糖等。

（2）寡糖（oligosaccharide） 也称为低聚糖，是能水解产生 2～10 个单糖分子的化合物。根据水解后生成的单糖数目，又可分为二糖、三糖、四糖等。其中最重要的是二糖，如蔗糖、麦芽糖、纤维二糖、乳糖等。

（3）多糖（polysaccharide） 水解产生 10 个以上单糖分子的化合物，如淀粉、纤维素、糖原等。

前两类糖都具有结晶形态，习惯上称糖（sugar），溶于水，具有甜味；第三类糖绝大多数不溶于水，个别悬浮于水中成为胶体溶液，它们都是无甜味的物质。

糖类广泛存在于自然界，它是生物的主要能量来源，是植物细胞壁的"建筑材料"，也是重要的工业原料。糖类在生理过程中也起着重要作用，如细胞间的通讯、识别和相互作用，细胞的运动和黏附以及肿瘤的发生和转移等，都通过糖类来起作用。糖类在生命过程中与蛋白质和核酸同样重要。

第一节 单 糖

一、单糖的分类和命名

按照分子中的羰基位置不同，可将单糖分为醛糖和酮糖两类；按照分子中所含碳原子的数目不同，又可将单糖分为丙糖、丁糖、戊糖和己糖等。这两种分类方法常结合使用。例如：

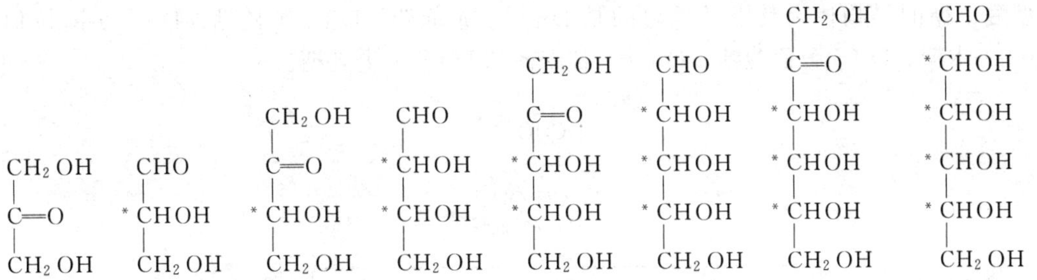

$$
\begin{array}{cccccccc}
 & & & & & & CH_2OH & CHO \\
 & & & & CH_2OH & CHO & C{=}O & {}^*CHOH \\
 & & CH_2OH & CHO & C{=}O & {}^*CHOH & {}^*CHOH & {}^*CHOH \\
CH_2OH & CHO & C{=}O & {}^*CHOH & {}^*CHOH & {}^*CHOH & {}^*CHOH & {}^*CHOH \\
C{=}O & {}^*CHOH & {}^*CHOH & {}^*CHOH & {}^*CHOH & {}^*CHOH & {}^*CHOH & {}^*CHOH \\
CH_2OH & CH_2OH & CH_2OH & CH_2OH & CH_2OH & CH_2OH & CH_2OH & CH_2OH \\
\text{丙酮糖} & \text{丙醛糖} & \text{丁酮糖} & \text{丁醛糖} & \text{戊酮糖} & \text{戊醛糖} & \text{己酮糖} & \text{己醛糖}
\end{array}
$$

在糖类的命名中，以俗名最为常用。自然界中的单糖以戊醛糖、己醛糖和己酮糖分布最为普遍。例如，戊醛糖中的核糖和阿拉伯糖，己醛糖中的葡萄糖和半乳糖，己酮糖中的果糖和山梨糖，都是自然界存在的重要单糖。

二、单糖的结构

（一）单糖的构型

最简单的单糖是丙醛糖和丙酮糖。除丙酮糖外，所有的单糖分子中都含有一个或多个手性碳原子，因此都有旋光异构体。例如，己醛糖分子中有四个手性碳原子，有 $2^4=16$ 个旋光异构体，葡萄糖是其中的一种；己酮糖分子中有三个手性碳原子，有 $2^3=8$ 个旋光异构体，果糖是其中的一种。

单糖构型通常采用 D、L 构型标记法标记，即以甘油醛为标准，通过逐步增长碳链的方法来确定。凡由 D-（＋)-甘油醛出发，经与 HCN 加成、水解、内酯化、再还原，可得两种 D-构型的丁醛糖，其构型为 D-构型。由 L-（－)-甘油醛经过逐步增长碳链的反应转变成的醛糖，其构型为 L-构型。例如：

在 D-（＋)-甘油醛与 HCN 的加成过程中，CN^- 可以从羰基所在平面的两侧进攻羰基碳原子，从而派生出两个构型相反的新手性碳原子。由于原来甘油醛中手性碳原子的构型在整个转化过程中保持不变，因此生成的两种丁醛糖仍为 D-构型，分别称为 D-（－)-赤藓糖和 D-（－)-苏阿糖。

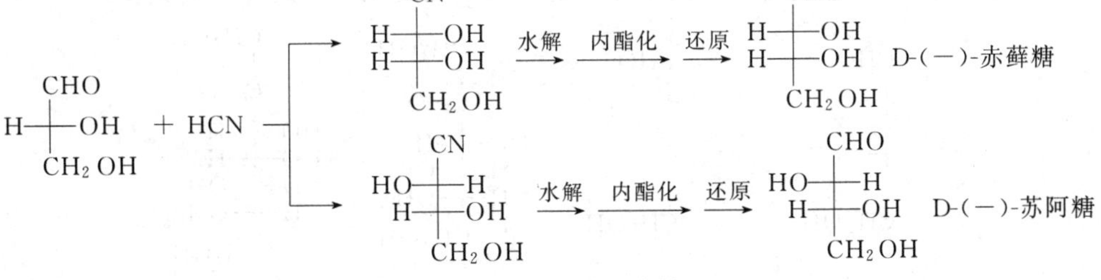

$$
\begin{array}{c}
CHO \\
H{-}{\overset{|}{C}}{-}OH \\
CH_2OH
\end{array}
+ HCN
\longrightarrow
\begin{cases}
\begin{array}{l}
CN \\
H{-}OH \\
H{-}OH \\
CH_2OH
\end{array}
\xrightarrow{\text{水解}} \xrightarrow{\text{内酯化}} \xrightarrow{\text{还原}}
\begin{array}{l}
CHO \\
H{-}OH \\
H{-}OH \\
CH_2OH
\end{array}
\quad \text{D-（－)-赤藓糖}\\[2em]
\begin{array}{l}
CN \\
HO{-}H \\
H{-}OH \\
CH_2OH
\end{array}
\xrightarrow{\text{水解}} \xrightarrow{\text{内酯化}} \xrightarrow{\text{还原}}
\begin{array}{l}
CHO \\
HO{-}H \\
H{-}OH \\
CH_2OH
\end{array}
\quad \text{D-（－)-苏阿糖}
\end{cases}
$$

同样，可以导出四种 D-型戊醛糖、八种 D-型己醛糖。

为简便起见，糖常用下列几种写法表示：（Ⅰ）为葡萄糖的费歇尔投影式；（Ⅱ）将手性碳上的氢省略；（Ⅲ）将手性碳上的氢与羟基均省略。

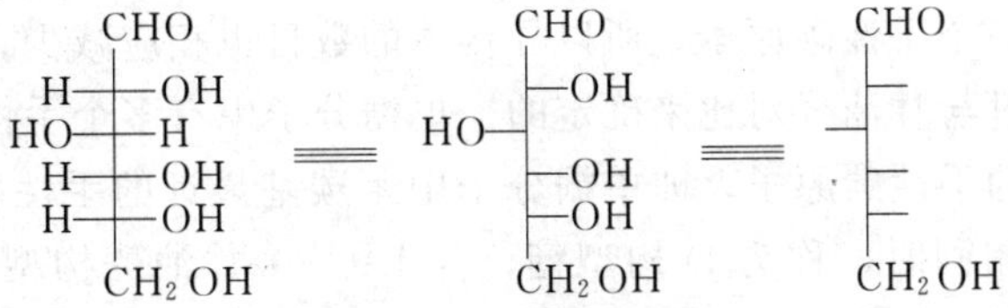

$$
\begin{array}{ccc}
\begin{array}{l}
CHO \\
H{-}OH \\
HO{-}H \\
H{-}OH \\
H{-}OH \\
CH_2OH
\end{array}
&
\begin{array}{l}
CHO \\
{-}OH \\
HO{-} \\
{-}OH \\
{-}OH \\
CH_2OH
\end{array}
&
\begin{array}{l}
CHO \\
{|} \\
{|} \\
{|} \\
{|} \\
CH_2OH
\end{array} \\
\text{（Ⅰ）} & \text{（Ⅱ）} & \text{（Ⅲ）}
\end{array}
$$

自然界存在的单糖绝大部分是 D-构型。图 12-1 列出了由 D-（＋)-甘油醛导出的各种 D-

构型醛单糖的异构体，其中最重要的是 D-(—)-赤藓糖、D-(—)-核糖、D-(—)-阿拉伯糖、D-(＋)-木糖、D-(＋)-葡萄糖、D-(＋)-甘露糖和 D-(＋)-半乳糖。

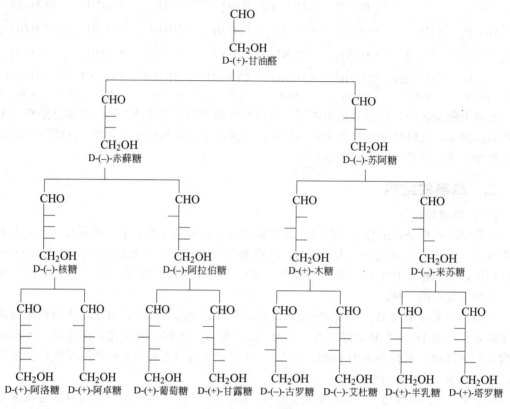

图 12-1　D-构型醛单糖的异构体

从 L-甘油醛出发，也可导出 L-构型的醛糖，它们与 D-构型的醛糖互为对映体。例如，D-(＋)-葡萄糖与 L-(—)-葡萄糖是对映体，它们的旋光度相同，旋光方向相反。

D-(＋)-葡萄糖　　　L-(—)-葡萄糖　　　D-果糖　　　D-甘露庚酮糖

在自然界中还存在一些 D-型酮糖。例如，存在于甘蔗、蜂蜜中的 D-果糖为六碳酮糖；存在于鳄梨树果实中的 D-甘露庚酮糖是七碳酮糖。它们的结构一般在 C2 位上具有酮羰基，比相同碳数的醛糖少一个手性碳原子，所以异构体的数目也相应减少。

单糖的构型是通过与甘油醛对比来确定的。单糖分子中有多个手性碳原子，可决定其构型的仅是距羰基最远的手性碳原子，即单糖分子中距羰基最远的手性碳原子与 D-(＋)-甘油醛的手性碳原子构型相同时，称为 D-构型糖；与 L-(—)-甘油醛构型相同时，称为 L-构型糖。例如，下面各糖括出的碳原子的构型与 D-(＋)-甘油醛的手性碳原子的构型相同，因此都是 D-构型糖。

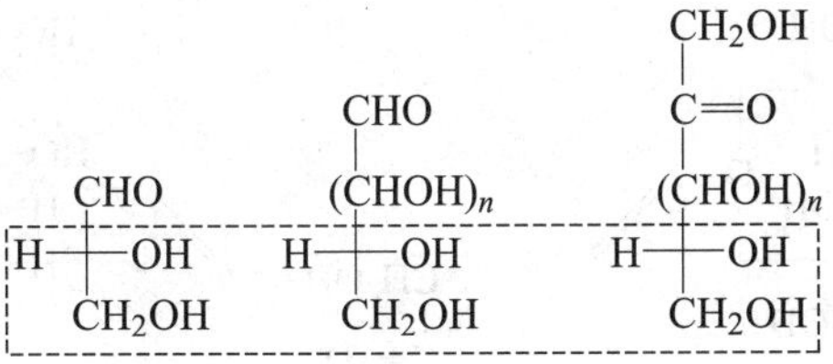

D-甘油醛　　　D-醛糖　　　D-酮糖

（二）单糖的环状结构

1. 单糖的变旋现象和氧环式结构

在研究单糖的实验中发现，D-葡萄糖有两种结晶存在，一种是从乙醇溶液中析出的结晶，熔点为 146℃，比旋光度为＋112°；另一种是从吡啶中析出的结晶，熔点为 150℃，比旋光度为＋18.7°。将其中任何一种结晶溶于水后，其比旋光度都会逐渐变成＋52.7°，并保持恒定。像这种比旋光度发生变化（增加或减小）的现象称为变旋现象。此外，从葡萄糖的链状结构看，葡萄糖具有醛基，能与 HCN 和羰基试剂等发生类似醛的反应，但在通常条件下却不与亚硫酸氢钠发生加成反应；在干燥的 HCl 存在下，葡萄糖只能与一分子醇发生反应生成稳定的缩醛。这些事实无法从开链式结构得到圆满的解释。

根据醛与醇能发生加成反应生成半缩醛的性质，设想 D-葡萄糖分子中因同时含有醛基和羟基，是否能发生分子内的加成反应，生成环状半缩醛？后来研究表明，事实正是如此。D-（＋）-葡萄糖主要是 C5 上的羟基与醛基作用，生成六元环的半缩醛（称氧环式）。

对比开链式和氧环式结构可以看出，氧环式比开链式多一个手性碳原子，所以有两种异构体存在。两个环状结构的葡萄糖是一对非对映异构体，它们的区别仅在于 C1 的构型不同。C1 上新形成的羟基（也称半缩醛羟基）与决定单糖构型的羟基处于同侧的，称为 α-构型；反之，称为 β-构型。

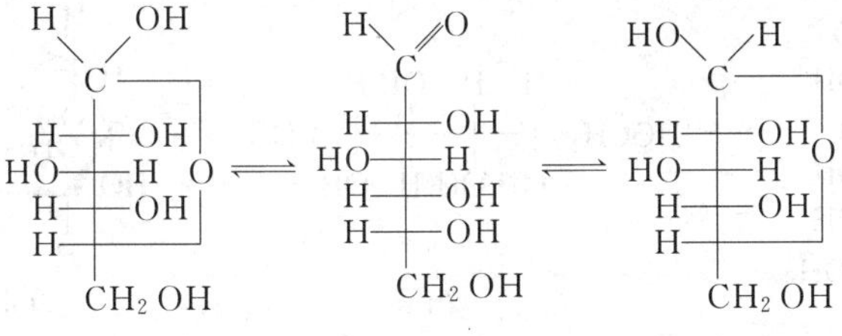

α-D-（＋）-葡萄糖　　　D-（＋）-葡萄糖　　　β-D-（＋）-葡萄糖

37％　　　　　　0.01％　　　　　　63％

$[\alpha]_D^{20} = +112°$　　　平衡值 $[\alpha]_D^{20} = +52.7°$　　　$[\alpha]_D^{20} = +18.7°$

由此可见，产生变旋现象是由于 D-葡萄糖的 α-构型或 β-构型溶于水后，通过开链式相互转变，最后 α-构型、β-构型和开链式三种形式达到动态平衡。平衡时的比旋光度为＋52.7°。由于平衡混合物中开链式含量仅占 0.01％，因此不能与饱和 NaHSO$_3$ 发生加成反应。葡萄糖主要以环状半缩醛形式存在，所以只能与一分子甲醇反应生成缩醛。其他单糖如核糖、脱氧核糖、果糖、甘露糖和半乳糖等也都以环状结构存在，都具有变旋现象。

D-果糖在自然界的化合态中为五元环结构，而在结晶中则为六元环结构，因此，果糖在水溶液中能以五种形式存在。

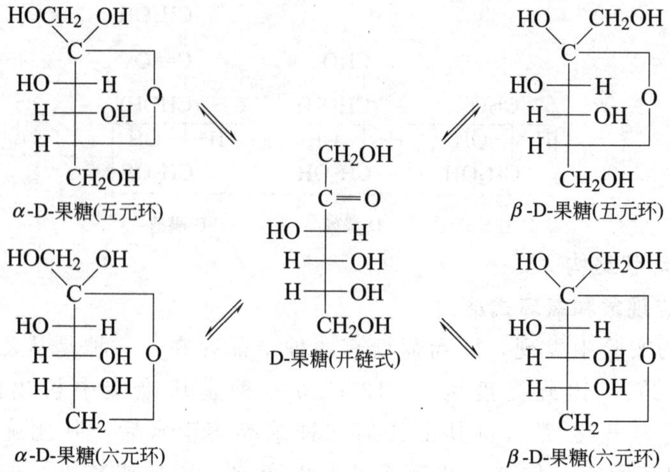

α-D-果糖(五元环) β-D-果糖(五元环)

CH₂OH
C=O
HO——H
H——OH
H——OH
CH₂OH
D-果糖(开链式)

α-D-果糖(六元环) β-D-果糖(六元环)

单糖主要以五元环、六元环存在。五元环糖与杂环化合物中的呋喃相当，具有这种结构的糖称为呋喃糖；六元环糖与杂环化合物中的吡喃相当，具有这种结构的糖称为吡喃糖。所以 α-D-(－)-果糖（五元环）应称为 α-D-(－)-呋喃果糖。

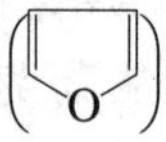

2. 哈武斯（Haworth）透视式

前面给出的氧环式的环状结构投影式不能反映各个基团的相对空间关系。为了更接近其真实结构，并形象地表达单糖的氧环结构，一般采用 Haworth 透视式来表示单糖的半缩醛环状结构。现以 D-葡萄糖为例说明由开链式书写哈武斯透视式的步骤：首先将碳链右倒至水平放置（Ⅰ），然后将羟甲基一端从左面向后弯曲成类似六边形（Ⅱ），为了有利于形成环状半缩醛，将 C5 按箭头所示绕 C4—C5 键轴旋转 120°成（Ⅲ）。此时，C5 上的羟基与羰基加成生成半缩醛环状结构。若新形成的半缩醛羟基与 C5 上的羟甲基处在环的异侧（Ⅳ），即为 α-D-吡喃葡萄糖；反之，若新形成的半缩醛羟基与 C5 上的羟甲基处在环的同侧（Ⅴ），则为 β-D-吡喃葡萄糖。

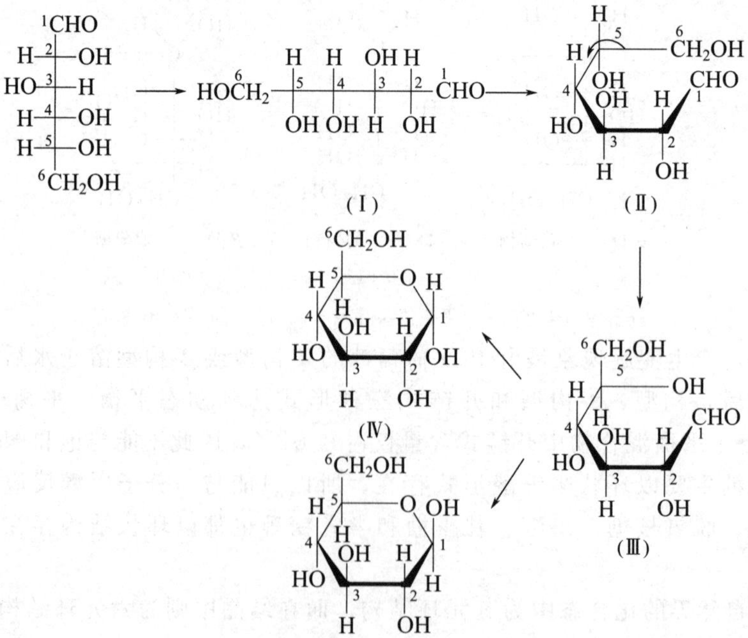

（Ⅰ） （Ⅱ）

（Ⅳ） （Ⅲ）

（Ⅴ）

D-（一）-果糖的四种哈武斯透视式如下：

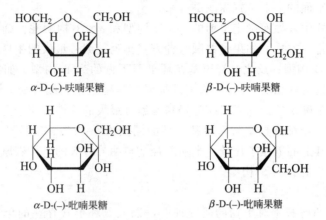

α-D-(–)-呋喃果糖　　　　　　　　β-D-(–)-呋喃果糖

α-D-(–)-吡喃果糖　　　　　　　　β-D-(–)-吡喃果糖

其他几种常见单糖的哈武斯透视式如下：

α-D-呋喃核糖　　　　　　　　α-D-吡喃半乳糖

α-D-吡喃阿拉伯糖　　　　　　　　α-D-吡喃甘露糖

为了书写方便，可将单糖的环平面在纸面上旋转或翻转。现以 α-D-（＋）-吡喃葡萄糖为例加以说明。

纸面上旋转180°

上下翻转

左右翻转

在单糖的哈武斯透视式中，通常环上碳原子的位次排列方式为顺时针排列。从上式中可以看出，纸面上旋转不会改变碳原子的位次排列方式，环上各碳原子上的基团处于环平面的上下位置不变；如果是翻转，无论是上下翻转还是左右翻转，都会改变环上碳原子位次的排列方式，由原来顺时针排列方式转变为逆时针排列方式，此时为了保持构型，环上各碳原子所连接的基团在环平面的上下位置需颠倒过来。

在哈武斯透视式中，如何确定单糖的 D、L-构型和 α、β-构型呢？确定 D、L-构型要看环上碳原子的位次排列方式。如果是按顺时针方式排列，编号最大的手性碳原子上的羟甲基在环平面上方的为 D-构型；反之，羟甲基在环平面下方的为 L-构型。如果是按逆时针方式排列，则与上述判别恰好相反。α、β-构型是根据半缩醛羟基与编号最大的手性碳原子上的羟甲基的相对位置来确定的，如果半缩醛羟基与编号最大的手性碳原子上的羟甲基在环的异侧为 α-构型；反之，半缩醛羟基与羟甲基在环的同侧为 β-构型。编号最大的手性碳原子上无羟甲基时，则与其上的氢原子比较，半缩醛羟基与编号最大的手性碳原子上的氢原子在环的异侧为 α-构型；反之，为 β-构型。

3. 单糖的构象

近代 X 射线分析等技术对单糖的研究证明，以五元环形式存在的单糖，如果糖、核糖等，分子中成环碳原子和氧原子基本共处于一个平面内；而以六元环形式存在的单糖，如葡萄糖、半乳糖和阿拉伯糖等，分子中成环的碳原子和氧原子不在同一个平面。因此上述吡喃糖的哈武斯透视式不能真实地反映环状半缩醛的立体结构。吡喃糖中的六元环与环己烷相似，椅式构象占绝对优势。在椅式构象中，又以环上碳原子所连较大基团连接在平伏键上比连接在直立键上更稳定。下面是几种单糖的椅式构象：

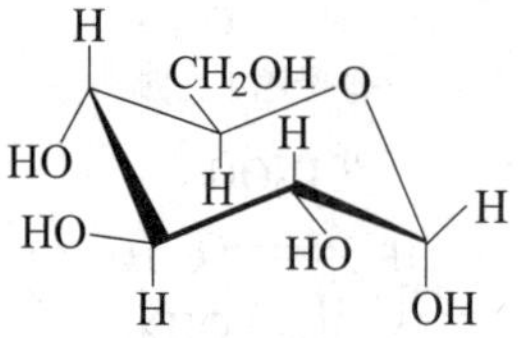

α-D-葡萄糖 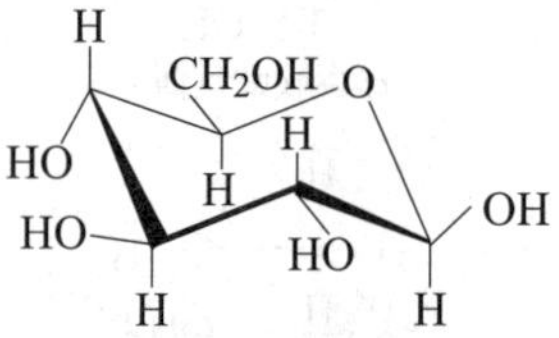　　　　　　　β-D-葡萄糖

由上述构象式可以看出，在 β-D-葡萄糖中，环上所有与碳原子连接的羟基和羟甲基都处于平伏键上；而在 α-D-葡萄糖中，半缩醛羟基处于直立键上，其余羟基和羟甲基处于平伏键上。因此 β-D-葡萄糖比 α-D-葡萄糖稳定。所以在 D-葡萄糖的变旋平衡混合物中，β-构型异构体所占的比例（63%）大于 α-构型异构体（37%）。

三、单糖的物理性质

单糖都是无色晶体，因分子中含有多个羟基，所以易溶于水，并能形成过饱和溶液——糖浆。单糖可溶于乙醇和吡啶，难溶于乙醚、丙酮、苯等有机溶剂。除丙酮糖外，所有单糖都具有旋光性，且存在变旋现象。

单糖都有甜味，但相对甜度不同，一般以蔗糖的甜度为 100，葡萄糖的甜度为 74，果糖的甜度为 173。果糖是已知单糖和二糖中甜度最大的糖。一些常见糖的相对甜度和物理常数分别列于表 12-1 和表 12-2 中。

表 12-1　常见糖的相对甜度

名　　称	相 对 甜 度	名　　称	相 对 甜 度
葡萄糖	74.3	蔗糖	100
果糖	173.3	麦芽糖	32.5
半乳糖	32.1	乳糖	16
木糖	40	转化糖[①]	127.4

① 由蔗糖水解生成的 D-葡萄糖和 D-果糖的混合物称为转化糖。

表 12-2　常见糖的物理常数

名　　　称	比旋光度（$[\alpha]_D^{20}$）			糖脎熔点/℃
	α-构型	β-构型	平衡混合物	
D-阿拉伯糖	−54	−175	−105	160
D-来苏糖	+5.5	−36	−14	163
D-核糖	—	—	−21.5	160
D-木糖	+92	−20	+19	163
D-葡萄糖	+112	+18.7	+52.7	210
D-甘露糖	+34	−17	+14.6	210
D-半乳糖	+144	+52	+80	186
D-古罗糖	—	—	−20	168
D-果糖	−21	−133	−92.3	210
麦芽糖	168	+118	+136	206
乳糖	+90	+35	+55	200
纤维二糖	+72	+16	+35	208
蔗糖	+66.5			—
转化糖	−19.8			—

四、单糖的化学性质

单糖是多羟基醛或多羟基酮，因此单糖既具有醇和醛（酮）的特征性质，又具有因分子中各基团的相互影响而产生的一些特殊性质。此外，单糖在水溶液中是以开链式和氧环式平衡混合物的形式存在的，因此单糖的反应有时以环状结构进行，有时则以开链结构进行。

1. 差向异构化

D-葡萄糖分子中 C2 上的 α-H 同时受羰基和羟基的影响很活泼，用稀碱处理可以互变为烯二醇中间体。烯二醇很不稳定，在其转变到醛酮结构时，C1 羟基上的氢原子转回 C2 时有两种可能：若按（a）途径加到 C2 上，则仍然得到 D-葡萄糖；若按（b）途径加到 C2 上，则得到 D-甘露糖；同样，若按（c）途径 C2 羟基上的氢原子转移到 C1 上，则得到 D-果糖。

用稀碱处理 D-甘露糖或 D-果糖，也得到上述互变平衡混合物。生物体代谢过程中，在异构酶的作用下，常会发生葡萄糖与果糖的互相转化。

在含有多个手性碳原子的旋光异构体中，若只有一个手性碳原子的构型不同，其他碳原子的构型都完全相同，这样的旋光异构体称为差向异构体。例如，D-葡萄糖和 D-甘露糖，它们仅第二个碳原子的构型相反，叫做 2-差向异构体。差向异构体间的相互转化称为差向异构化。

2. 氧化反应

单糖可被多种氧化剂氧化，所用氧化剂的种类及介质的酸碱性不同，氧化产物也不同。

（1）碱性介质中的氧化反应　醛糖有醛基，能被弱氧化剂氧化；酮糖虽然没有醛基，但酮糖（如果糖）在弱碱性介质中能发生差向异构化转变为醛糖，因此也能被弱碱性氧化剂氧化。常见的弱氧化剂有托伦试剂、斐林试剂和本尼地试剂等。糖与托伦试剂反应产生银镜；与斐林试剂和本尼地试剂反应产生氧化亚铜的砖红色沉淀。通常将能被这些弱氧化剂氧化的糖称为还原性糖，而这些反应常用作糖的定性鉴别和定量测定，例如与本尼地试剂的反应常用来测定果蔬、血液和尿中还原性糖的含量。

（2）酸性介质中的氧化反应

① 溴水氧化　醛糖能被溴水氧化生成糖酸。酮糖不被溴水氧化，可由此区别醛糖与酮糖。

② 硝酸氧化　醛糖在硝酸作用下生成糖二酸。例如，D-赤藓糖被氧化为内消旋酒石酸；D-葡萄糖被氧化为 D-葡萄糖二酸。根据氧化产物的结构和性质，可以帮助确定醛糖的结构。

酮糖与强氧化剂作用，碳链断裂，生成小分子的羧酸混合物。

（3）生物体内的氧化反应　在生物体内的代谢过程中，有些醛糖在酶作用下发生羟甲基的氧化反应，生成糖醛酸。例如，葡萄糖和半乳糖被氧化时，分别生成葡萄糖醛酸和半乳糖醛酸。

对于动物体来说，葡萄糖醛酸是很重要的，因为许多有毒物质是以葡萄糖醛酸苷的形式从尿中排泄出体外的，故有保肝和解毒作用。另外，糖醛酸是果胶质、半纤维素和黏多糖的重要组成成分，在土壤微生物的作用下，生成的多糖醛酸类物质是天然土壤结构的改良剂。

3. 还原反应

与醛和酮的羰基相似，糖分子中的羰基也可被还原成羟基。实验室中常用的还原剂有硼氢化钠等；工业上则采用催化加氢，催化剂为镍、铂等。例如，D-葡萄糖还原为山梨醇；D-甘露糖还原生成甘露醇；果糖在还原过程中由于 C2 转化为手性碳原子，故得到山梨醇和甘露醇的混合物。

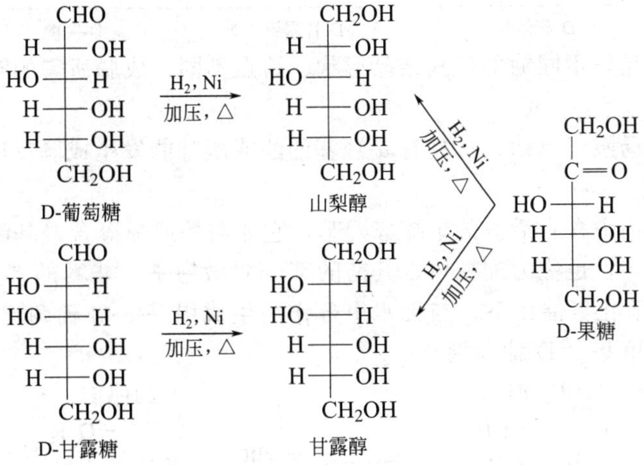

D-葡萄糖 / 山梨醇 / D-果糖 / D-甘露糖 / 甘露醇

山梨醇和甘露醇广泛存在于植物体内。李子、桃子、苹果、梨等果实中含有大量的山梨醇；柿子、胡萝卜、洋葱等植物中含有甘露醇。山梨醇可用作细菌的培养基及合成维生素 C 的原料。

4. 成脎反应

单糖具有羰基，与苯肼作用首先生成糖苯腙。当苯肼过量时，则继续反应生成难溶于水的黄色结晶，称为糖脎。一般认为成脎反应分三步完成：首先单糖和一分子苯肼生成糖苯腙；然后糖苯腙的 α-羟基被过量的苯肼氧化为羰基；最后与第三分子苯肼作用生成糖脎。

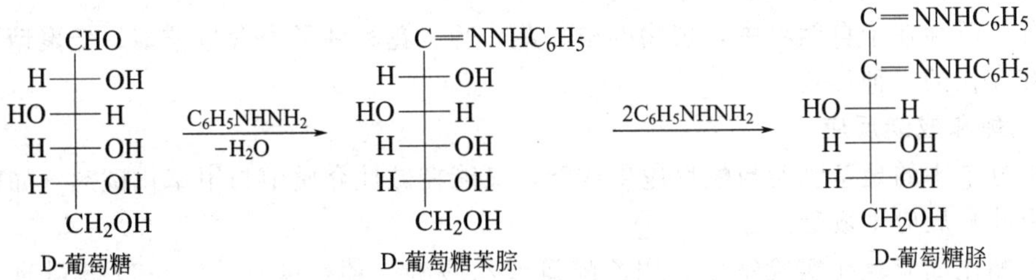

D-葡萄糖 / D-葡萄糖苯腙 / D-葡萄糖脎

糖脎分子可以通过氢键形成螯环化合物，阻止了 C3 上的羟基被继续氧化而终止反应。

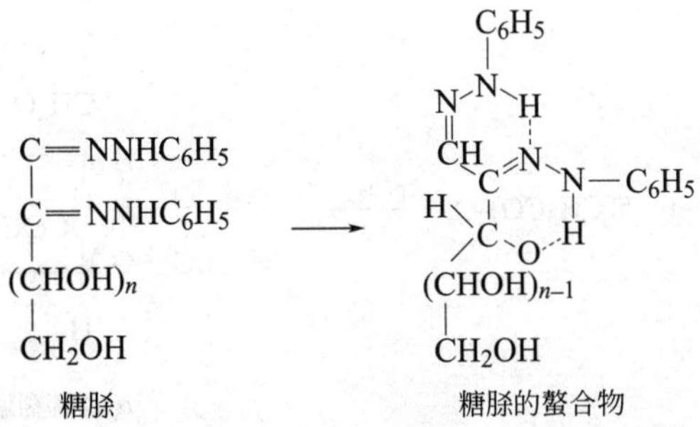

糖脎 / 糖脎的螯合物

由上述可知，糖脎的生成只发生在C1和C2上，因此，除C1、C2外，其他手性碳原子构型相同的己糖或戊糖，都能形成相同的糖脎。例如D-葡萄糖、D-甘露糖和D-果糖与过量的苯肼反应生成相同的糖脎。

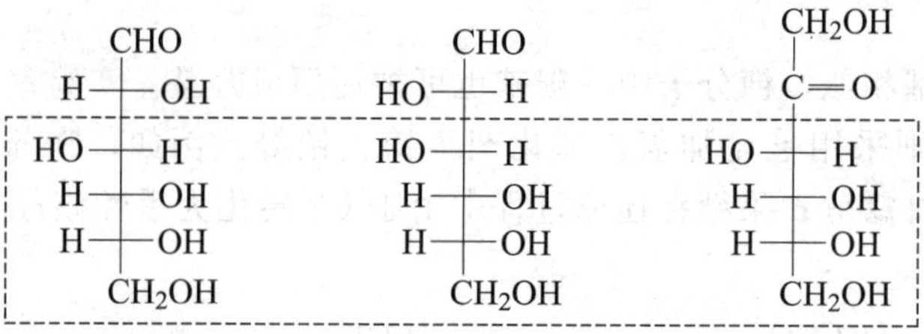

D-葡萄糖　　　　　　D-甘露糖　　　　　　D-果糖

糖脎为黄色结晶，不同糖的脎其结晶形状、熔点不同，成脎所需的时间也不相同，因此可用于糖的鉴定。

成脎反应并非局限于单糖，凡具有α-羟基的醛或酮都能发生成脎反应。

5. 糖苷的生成

单糖的环式结构中含有活泼的半缩醛羟基，它能与醇或酚等含羟基的化合物脱水形成缩醛型物质，称为糖苷，也称为配糖体，其糖的部分叫做糖基，非糖的部分叫做配基。例如，α-D-葡萄糖在干燥氯化氢催化下，与无水甲醇作用生成甲基-α-D-葡萄糖苷；而β-D-葡萄糖在同样条件下形成甲基-β-D-葡萄糖苷。

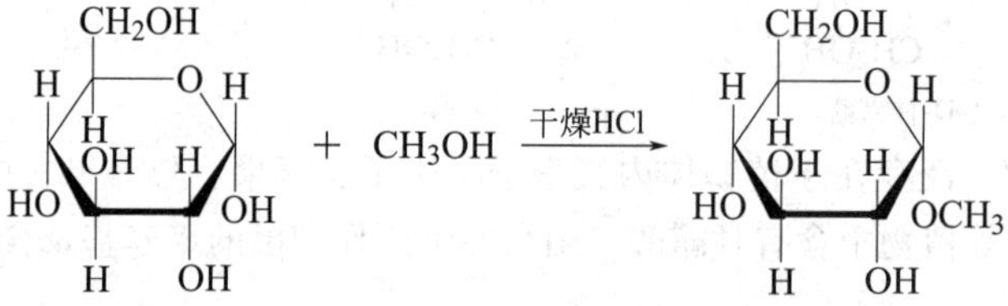

α-D-葡萄糖　　　　　　　　　　甲基-α-D-葡萄糖苷

α-D-葡萄糖和β-D-葡萄糖通过开链式可以相互转变，形成糖苷后，分子中已无半缩醛羟基，不能再转变成开链式，故不能再相互转变。糖苷是一种缩醛（或缩酮），所以比较稳定，不易被氧化，不与苯肼、托伦试剂、斐林试剂等作用，也无变旋现象。糖苷对碱稳定，但在稀酸或酶作用下，可水解成原来的糖和甲醇。

糖苷广泛存在于自然界中，植物的根、茎、叶、花和种子中含量较多。低聚糖和多糖也都是糖苷存在的一种形式。

6. 成酯和成醚反应

单糖分子中的羟基既能与酸反应生成酯，又能在碱性介质中与甲基化试剂（如碘甲烷或硫酸二甲酯）反应生成醚。

（1）酯化反应　在实验室中，用乙酰氯或乙酸酐与葡萄糖反应，可以得到葡萄糖五乙酸酯。

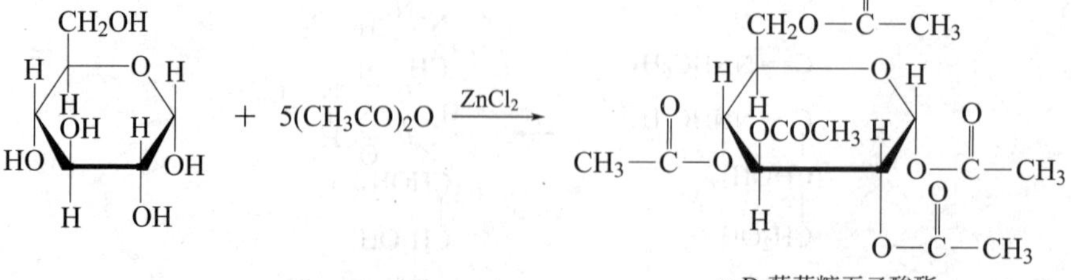

α-D-葡萄糖五乙酸酯

在生物体内，α-D-葡萄糖在酶的催化下与磷酸发生酯化反应，生成 1-磷酸-α-D-葡萄糖和 1,6-二磷酸-α-D-葡萄糖。

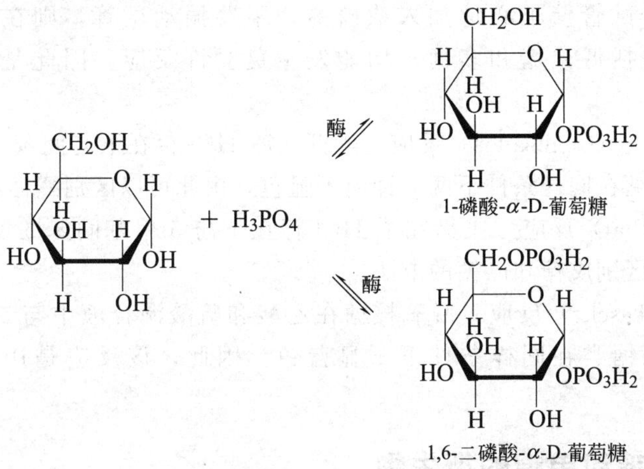

单糖的磷酸酯是生物体糖代谢过程中的重要中间产物。作物施磷肥就是为了有充足的磷去完成体内磷酸酯的合成。若作物缺磷，磷酸酯的合成便出现障碍，作物的光合作用和呼吸作用也不能顺利进行。

（2）成醚反应　由于单糖分子在碱性介质中直接甲基化会发生副反应，所以一般先将单糖分子中的半缩醛羟基通过成苷保护起来，然后再进行成醚反应。

产物分子中的五个甲氧基以 C1 上的为最活泼，在稀酸中可发生水解，生成 2,3,4,6-四甲氧基-D-葡萄糖。

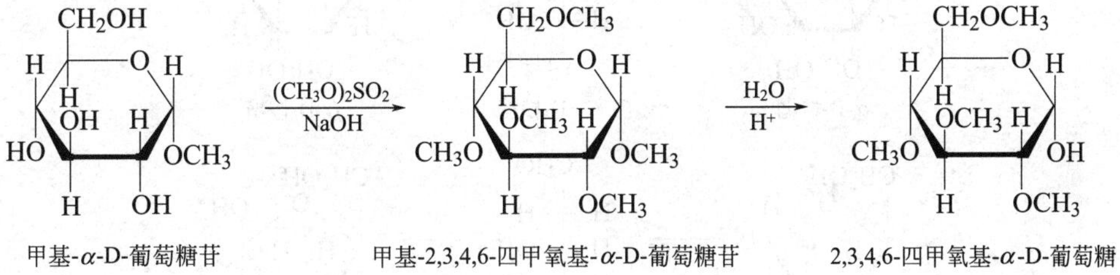

7. 显色反应

在浓酸（浓硫酸或浓盐酸）作用下，单糖发生分子内脱水形成糠醛或糠醛的衍生物。例如，戊糖脱水生成糠醛；己糖脱水生成 5-羟甲基糠醛。

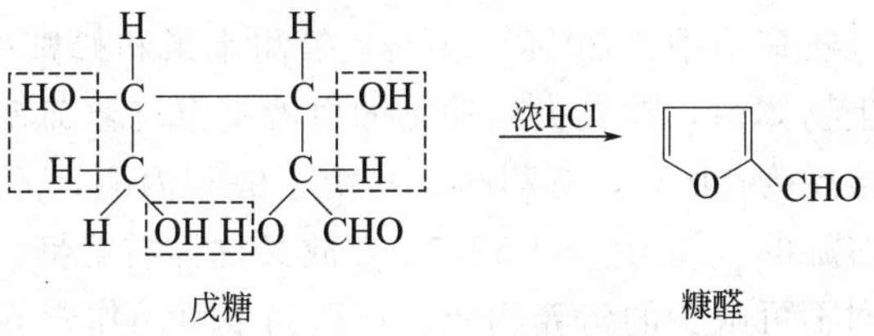

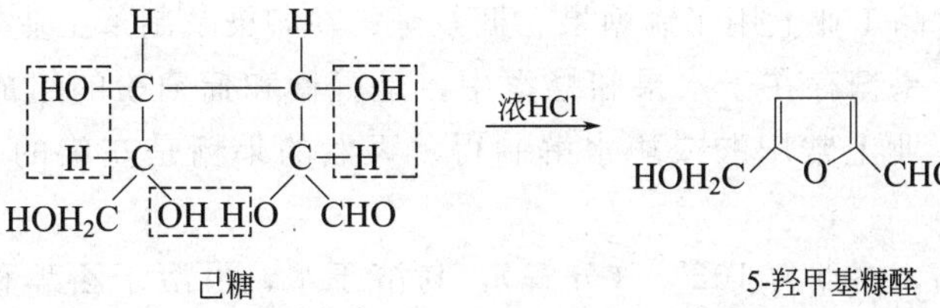

糠醛及其衍生物可与酚类、蒽酮、芳胺等缩合生成不同的有色物质。尽管这些有色物质

的结构尚未清楚，但由于反应灵敏，实验现象清楚，故常用于糖类化合物的鉴别。

(1) 莫立许（Molisch）反应　又称 α-萘酚反应。在糖的水溶液中加入 α-萘酚的乙醇溶液，然后沿着试管壁小心地加入浓硫酸，不要振动试管，则在两层液面间形成紫色环。所有糖（包括低聚糖和多糖）均能发生莫立许反应，因此是鉴别糖最常用的方法之一。

(2) 西列凡诺夫（Селиванов）反应　酮糖在浓 HCl 存在下与间苯二酚反应，很快生成红色的物质；而醛糖在同样条件下两分钟内不显色，由此可以区别醛糖和酮糖。

(3) 皮阿耳（Bial）反应　戊糖在浓 HCl 存在下与 5-甲基间苯酚反应，生成绿色的物质。该反应是用来区别戊糖和己糖的方法。

(4) 狄斯克（Discke）反应　脱氧核糖在乙酸和硫酸混合液中与二苯胺共热，可生成蓝色的物质。其他糖类在同样条件下不显蓝色。因此，该反应是用于鉴别脱氧戊糖的方法。

五、重要单糖和单糖的衍生物

1. 几种重要的单糖

(1) D-核糖和 D-2-脱氧核糖　它们都是生物细胞内极为重要的戊醛糖，常与磷酸和某些杂环化合物结合而存在于核蛋白中，是核糖核酸（RNA）和脱氧核糖核酸（DNA）的重要组成部分。它们的开链式和哈武斯透视式互变平衡体系如下所示：

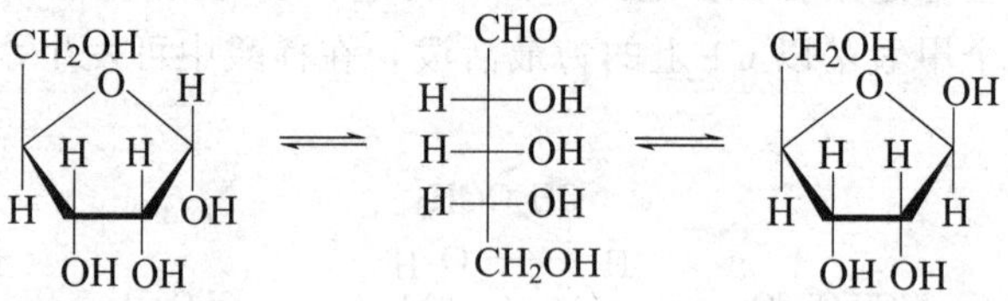

α-D-核糖　　D-核糖　　β-D-核糖

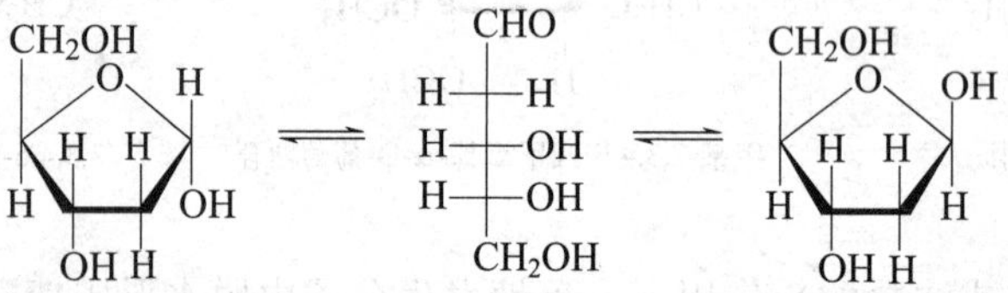

α-D-2-脱氧核糖　　D-2-脱氧核糖　　β-D-2-脱氧核糖

(2) D-葡萄糖　D-葡萄糖是自然界分布最广的己醛糖，它是植物光合作用的产物之一。它以游离状态存在于葡萄（熟葡萄中含 20%～30%）等甜水果和蜂蜜中，葡萄糖常以二糖、多糖或糖苷等形式存在于生物体内，如人类和动物的血液中也有葡萄糖。

葡萄糖为无色结晶，熔点为 146℃，有甜味，易溶于醇和丙酮，不溶于乙醚和烃类等有机物。自然界的葡萄糖是右旋的（$[\alpha]_D^{20}=+52.7°$），故又称为右旋糖。

葡萄糖是人体新陈代谢不可缺少的营养物质。在医药上可用作营养剂，具有强心、利尿和解毒等作用；在食品工业上用于制糖果、糖浆等；在印染及制革工业上用作还原剂。

(3) D-果糖　D-果糖存在于水果和蜂蜜中，是蔗糖和葡萄粉的组成成分。它是自然界存在的最甜的糖，工业上常用酸或酶水解制得。天然的果糖是左旋的（$[\alpha]_D^{20}=-92.3°$），故又称为左旋糖。

果糖是无色结晶，熔点为 102℃（分解），易溶于水，可溶于乙醇和乙醚，并能与氢氧化钙形成难溶于水的配合物 [$C_6H_{12}O_6 \cdot Ca(OH)_2 \cdot H_2O$]。

（4）D-半乳糖　它是低聚糖如乳糖、棉籽糖的组成成分，也是组成脑髓的重要物质之一，并以多糖的形式存在于许多植物的种子或树胶中。半乳糖的衍生物也广泛分布于自然界中，如半乳糖醛酸是植物黏液的主要组成成分。

D-半乳糖是无色结晶，熔点为 167℃，能溶于水和乙醇，它是右旋糖（$[\alpha]_D^{20} = +80°$），主要用于有机合成及医药工业。

2. 天然糖苷

糖苷广泛存在于自然界中，主要存在于植物的根、茎、叶、花和种子中。很多中医药的有效成分是糖苷类化合物。例如，松针内的水杨苷，香子兰植物中的香兰素-β-D-葡萄糖苷，苦杏仁中的苦杏仁苷（扁桃苷）等。

（1）水杨苷　它是由 β-D-葡萄糖和水杨醇形成的苷。

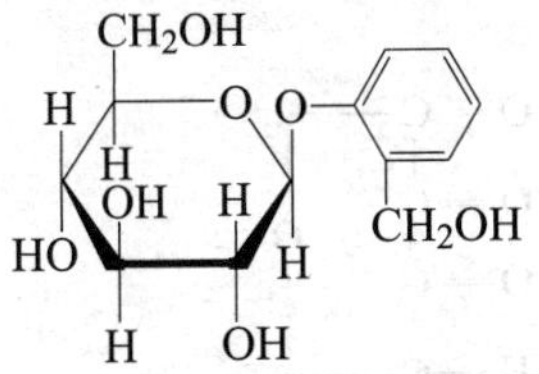

水杨苷 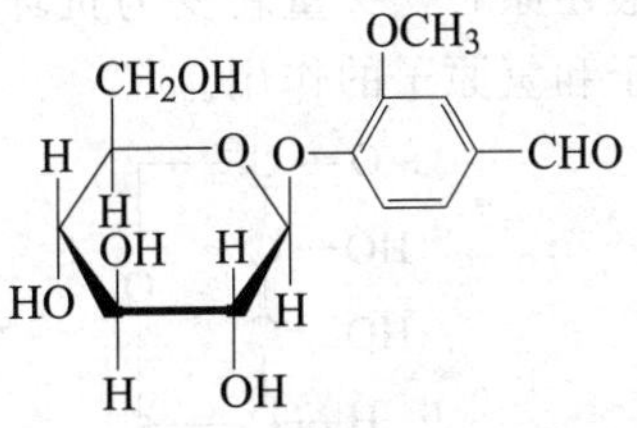　　　　　　　香兰素-β-D-葡萄糖苷

（2）香兰素-β-D-葡萄糖苷　它是由香兰素（4-羟基-3-甲氧基苯甲醛）和 β-D-葡萄糖形成的糖苷。香兰素可作为食品的香料和增香剂。

（3）苦杏仁苷　它是由两分子 β-D-葡萄糖以 1,6-糖苷键结合形成龙胆二糖，再与苦杏仁腈形成糖苷。因水解后能产生 HCN，故有毒。

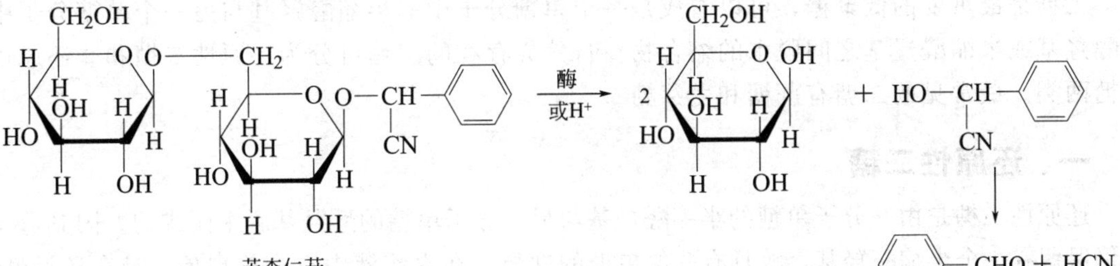

苦杏仁苷

糖苷是无色无臭的晶体，味苦，能溶于水和乙醇，难溶于乙醚。糖苷有旋光性，天然的糖苷一般为左旋体。在酶或稀酸作用下，可水解成原来的糖和醇（或醇的衍生物）。

3. 维生素 C

维生素 C 广泛存在于新鲜瓜果和蔬菜中，以柑橘、柠檬、番茄中含量较多。人体缺乏维生素 C 会导致坏血病，故它又称为抗坏血酸。维生素 C 不属于糖类，但它是由葡萄糖制备的，在结构上可看成是不饱和糖酸的内酯，所以常将维生素 C 当作单糖的衍生物。其合成过程如下：

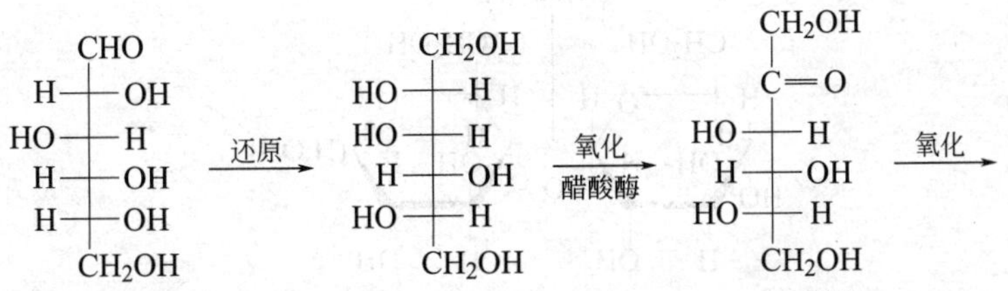

D-葡萄糖　　　　　　L-山梨醇　　　　　　L-山梨糖

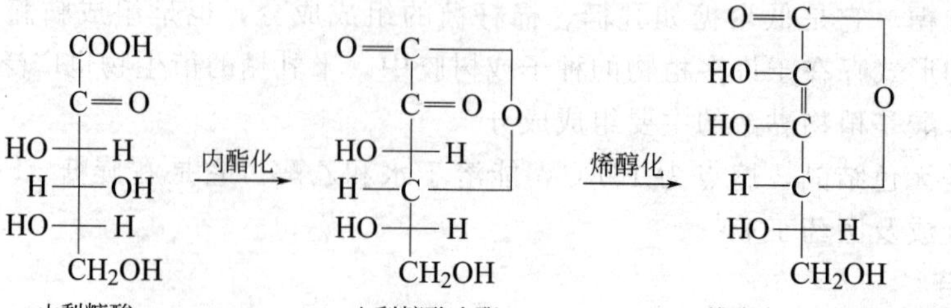

山梨糖酸 　　→内酯化→　　 山梨糖酸内酯 　　→烯醇化→　　 维生素C(L-抗坏血酸)

维生素 C 为无色结晶，溶于水，为 L-构型，比旋光度 $[\alpha]_D^{20}=+21°$。由于分子中烯醇式羟基上的氢较易解离，所以呈酸性。维生素 C 极易被氧化为去氢抗坏血酸，所以它又是一种较强的还原剂，可用作食品的抗氧化剂。

去氢抗坏血酸还原时，又重新变为抗坏血酸，所以维生素 C 在动物体内的生物氧化过程中具有传递电子和氢原子的作用。

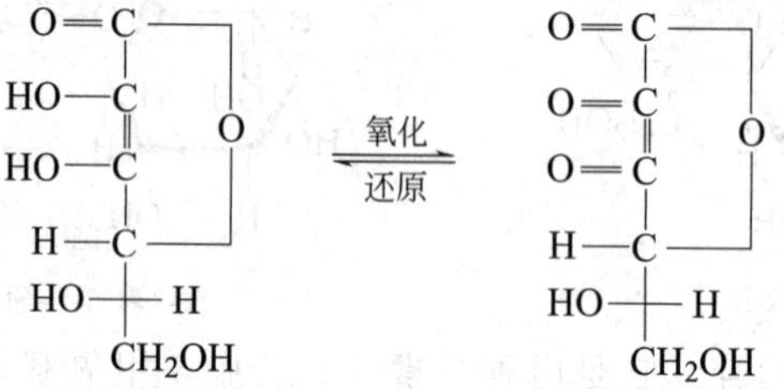

L-抗坏血酸 　　⇌氧化/还原⇌　　 L-去氢抗坏血酸

第二节　二　糖

二糖是最重要的低聚糖，可以看成是一个单糖分子中的半缩醛羟基与另一个单糖分子中的醇羟基或半缩醛羟基之间脱水的缩合物。自然界存在的二糖可分为还原性二糖和非还原性二糖两类。最常见的二糖有蔗糖和麦芽糖。

一、还原性二糖

还原性二糖是由一分子单糖的半缩醛羟基与另一分子单糖的醇羟基脱水而成的。因其分子中仍保留有一个半缩醛羟基，故具有一般单糖的性质：在水溶液中有变旋现象；具有还原性；在稀碱作用下一般可发生差向异构化；一般可与过量苯肼反应生成糖脎。还原性二糖都是白色结晶，溶于水，有甜味，具有旋光活性。重要的还原性二糖有麦芽糖、纤维二糖和乳糖。

1. 麦芽糖

淀粉经麦芽酶或唾液作用，可部分水解成麦芽糖。它是白色晶体，熔点 $160\sim165℃$，其甜味不如蔗糖。

麦芽糖是由一分子 α-D-葡萄糖的半缩醛羟基与另一分子 D-葡萄糖 C4 上的醇羟基脱水后，通过 α-1,4-糖苷键连接而成的。其结构如下：

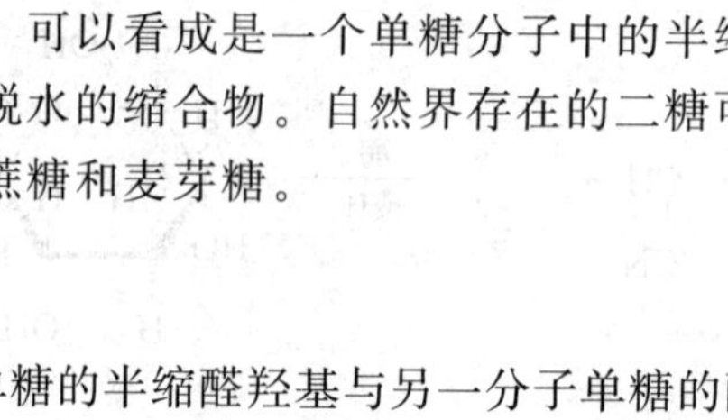

D-麦芽糖

麦芽糖属于 α-糖苷，能被麦芽糖酶水解，也能被酸水解。它是组成淀粉的基本单元，在淀粉酶或唾液酶的作用下，淀粉水解得到麦芽糖，所以麦芽糖是生物体内淀粉水解的中间产物。麦芽糖继续水解产生 D-葡萄糖。

2. 纤维二糖

纤维二糖是一种白色晶体，熔点 225℃，可溶于水，具有旋光性（右旋）。

纤维二糖是由一分子 β-D-葡萄糖的半缩醛羟基与另一分子 D-葡萄糖 C4 上的醇羟基脱水后，通过 β-1,4-糖苷键连接而成。其结构如下：

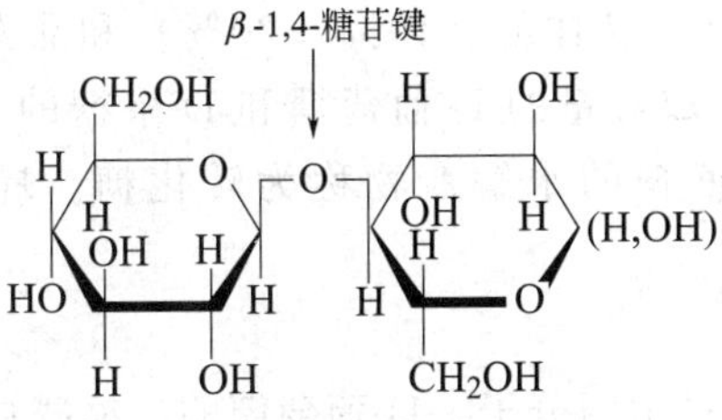

D-纤维二糖

纤维二糖属于 β-糖苷，能被苦杏仁酶或纤维二糖酶水解，也可被酸水解成 D-葡萄糖。纤维二糖是纤维素的基本单位，自然界中游离的纤维二糖并不存在，可由纤维素部分水解得到。

3. 乳糖

乳糖是由一分子 β-D-半乳糖的半缩醛羟基与另一分子 D-葡萄糖 C4 上的醇羟基脱水后，通过 β-1,4-糖苷键连接而成。因而乳糖属于 β-糖苷，它能被酸、苦杏仁酶和乳糖酶水解。其结构如下：

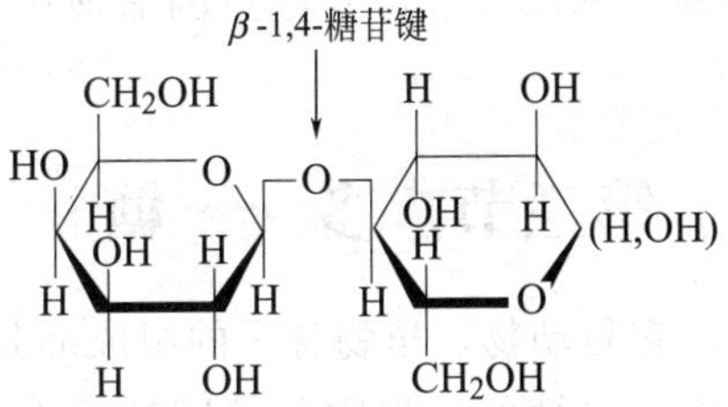

D-乳糖

乳糖存在于人和哺乳动物的乳汁中，人乳中含乳糖 5%～8%，牛、羊乳中含乳糖 4%～5%。乳糖是牛乳制干酪时所得的副产品，它是一种溶解性较小的、没有吸湿性的二糖，主要用于食品工业和医药工业。

二、非还原性二糖

非还原性二糖是由两分子单糖的半缩醛羟基脱水形成的。因分子中不具有半缩醛羟基，故无还原性，无变旋现象，不能成脎，但它们都能被酸或酶水解生成两分子单糖。非还原性二糖都是易溶于水的白色结晶，具有旋光活性。

1. 蔗糖

蔗糖是自然界分布最广的二糖，在甘蔗和甜菜中含量较多，故又称为甜菜糖。它是白色晶体，熔点 180℃，易溶于水。

蔗糖是由一分子 α-D-葡萄糖和一分子 β-D-果糖两者的半缩醛羟基脱水后，通过 α-1-β-2-糖苷键连接而成的二糖。它既是 α-糖苷，也是 β-糖苷。其结构如下：

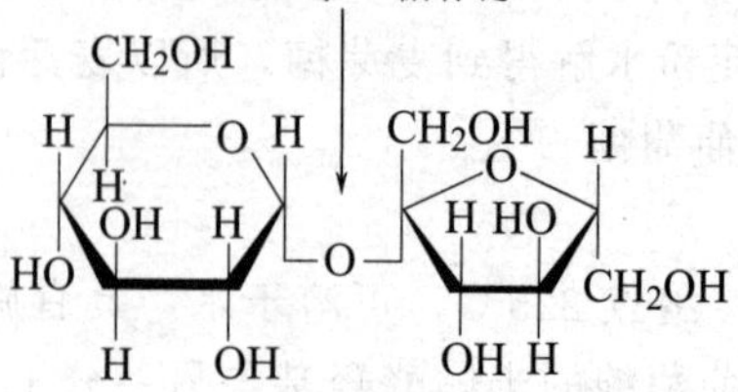

蔗糖

蔗糖是自然界分布最广的、甜度仅次于果糖的重要的非还原性二糖。它存在于植物的根、茎、叶、种子及果实中，以甘蔗（19%～20%）和甜菜（12%～19%）中含量最多。蔗糖是右旋糖，水解后生成等量的 D-葡萄糖和 D-果糖的左旋混合物。由于水解使旋光方向发生改变，故一般把蔗糖的水解产物称为转化糖。蜂蜜的主要成分就是转化糖（$[\alpha]_D^{20} = -19.8°$）。

2. 海藻糖

海藻糖又称为酵母糖，它是由两分子 α-D-葡萄糖的半缩醛羟基脱水后，通过 α-1,1-糖苷键连接而成的，比旋光度 $[\alpha]_D^{20} = +178°$。其结构如下：

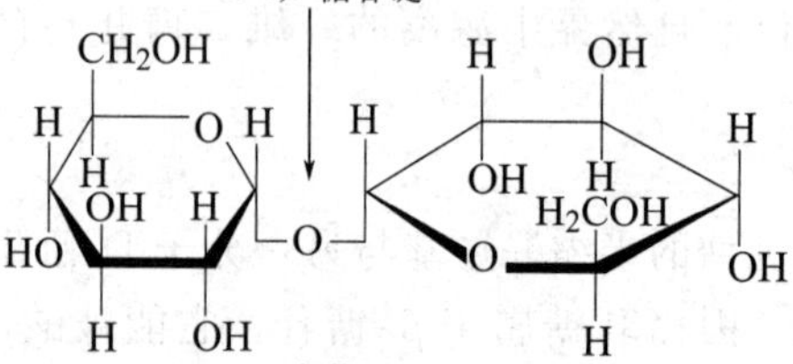

海藻糖

海藻糖存在于海藻类、细菌、真菌、酵母及昆虫的血液中，是各种昆虫血液中的主要血糖。

第三节 多 糖

多糖在自然界中广泛存在，它是动物、植物骨干的组成部分或养料。

多糖是由几百到几千个单糖或单糖的衍生物分子通过 α-糖苷键或 β-糖苷键连接起来的高分子化合物。多糖广泛存在于自然界中，按其水解产物可分为两类：一类称为均多糖，如淀粉、纤维素、糖原等，其水解产物只有一种单糖；另一类称为杂多糖，其水解产物为一种以上的单糖或单糖衍生物，如半纤维素、果胶质、黏多糖等。淀粉和糖原分别是植物和动物的储藏养分，纤维素和果胶质等则是构成植物体的支撑组织。

多糖与单糖、二糖在性质上有较大的差异。多糖一般没有甜味，大多数多糖难溶于水。多糖没有变旋现象，没有还原性，也不能成脎。

一、均多糖

（一）淀粉

淀粉广泛存在于植物界，是植物光合作用的产物，是植物储存的营养物质之一，也是人类粮食的主要成分。淀粉主要存在于植物的种子、块根和块茎中。它是无色、无味的颗粒，没有还原性，不溶于一般有机溶剂，其分子式为 $(C_6H_{10}O_5)_n$。例如，稻米含 62%～80%，小麦含 57%～75%，玉米含 65%～72%，甘薯含 25%～35%，马铃薯含 12%～20%。

1. 淀粉的结构

淀粉为白色无定形粉末，由直链淀粉和支链淀粉两部分组成，二者在淀粉中的比例随植物品种不同而异，一般直链淀粉占 10%～30%，支链淀粉占 70%～90%。

直链淀粉是由 200～980 个 α-D-葡萄糖以 α-1,4-糖苷键连接而成的链状化合物，但其结构并非直线型的。由于分子内的氢键作用，使其链卷曲盘旋成螺旋状，每圈螺旋一般含有六个葡萄糖单位（见图 12-2）。

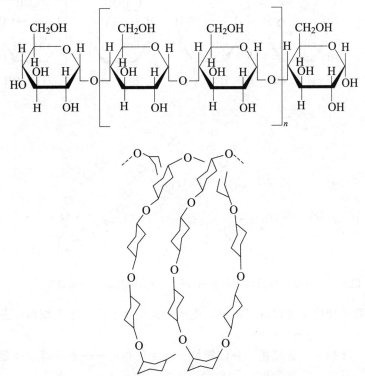

图 12-2　直链淀粉的螺旋结构示意图

支链淀粉含有 1000 个以上 α-D-葡萄糖单位，其结构特点与直链淀粉不同。葡萄糖分子之间除了以 α-1,4-糖苷键连接成直链外，还有 α-1,6-糖苷键相连而引出的支链。每隔 20～25 个葡萄糖单位有一个分支，纵横关联，构成树枝状结构（见图 12-3）。

2. 淀粉的理化性质

在淀粉分子中，尽管末端葡萄糖单元保留有半缩羟基，但相对于整个分子而言，它们所占的比例极少，所以淀粉不具有变旋现象，无旋光性，无还原性，也不能成脎。直链淀粉和支链淀粉在结构上的不同，导致它们在性质上也有一定的差异。

直链淀粉是一种线型聚合物，其结构呈卷绕着的螺旋型。直链淀粉能溶于热水，在淀粉酶作用下可水解得到麦芽糖。它遇碘呈深蓝色，常用于检验淀粉的存在。而淀粉与碘的作用，一般认为是碘分子钻入淀粉的螺旋结构中，并借助范德华力与淀粉形成一种蓝色的包结物。当加热时，分子运动加剧，致使氢键断裂，包结物解体，蓝色消失；冷却后又恢复包结物结构，深蓝色重新出现。

支链淀粉与直链淀粉相比，具有高度的分支。支链淀粉不溶于水，在热水中溶胀成糊状。它在淀粉酶催化水解时，只有外围的支链可以水解为麦芽糖。由于分子中直链与支链间以 α-1,6-糖苷键相连，所以在它的部分水解产物中还有异麦芽糖。支链淀粉遇碘呈现紫色。

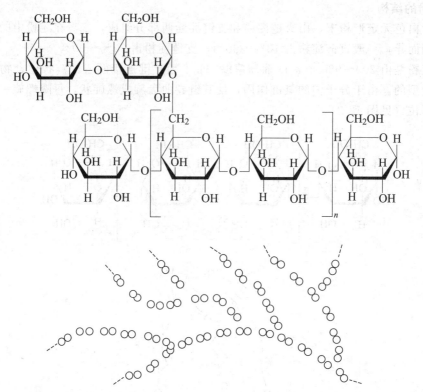

图 12-3　支链淀粉的结构示意图（每一小圆圈代表一个葡萄糖单位）

淀粉在酸或酶的催化下可以逐步水解，生成与碘呈现不同颜色的糊精、麦芽糖，最后水解为 D-葡萄糖。

水解产物：　淀粉─→蓝糊精─→红糊精─→无色糊精─→麦芽糖─→葡萄糖

与碘显色：　蓝色　　　蓝紫色　　　红色　　　碘色　　　碘色　　　碘色

糊精能溶于冷水，其水溶液有黏性，可作为胶黏剂，如纸张、布匹等的上胶剂。无色糊精具有还原性。

（二）糖原

糖原主要存在于动物的肝脏和肌肉中，也称为动物淀粉。它是由 D-葡萄糖通过 α-1,4-糖苷键和 α-1,6-糖苷键连接而成的多糖，其结构类似于支链淀粉，但比支链淀粉的分支更多、更短，平均每隔 3～4 个葡萄糖单位就有一个分支。

糖原为白色粉末，能溶于水而糊化，不溶于乙醇及其他有机溶剂，遇碘显红色。糖原也可以被酸或酶水解，产物是葡萄糖。所以，糖原在动物体内具有调节血液中葡萄糖含量的功能。当血液中葡萄糖含量较高时，它就结合成糖原储存在肝脏中；当血液中葡萄糖含量较低时，糖原则分解为葡萄糖，以维持血液中血糖的正常含量。

（三）纤维素

纤维素是自然界分布最广的多糖，它是植物的支撑组织和细胞壁的主要组成成分。自然界中，棉花的纤维素含量高达 90% 以上，木材中约含 50%，稻草、麦秆和玉米秆中含 30%～40%。

1. 纤维素的分子结构

纤维素分子是由成千上万个 β-D-葡萄糖以 β-1,4-糖苷键连接而成的线型分子。纤维素的分子结构如下：

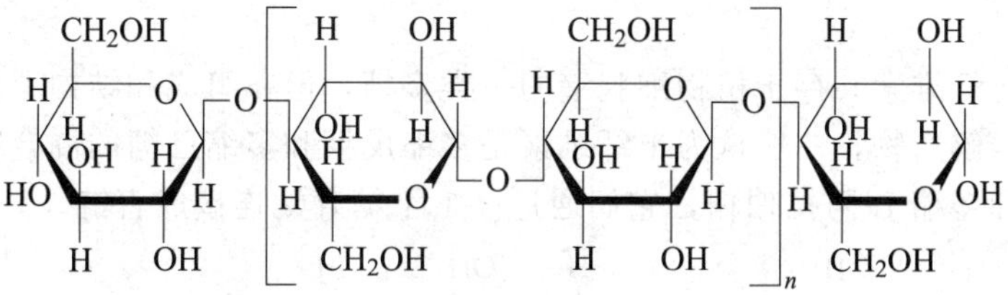

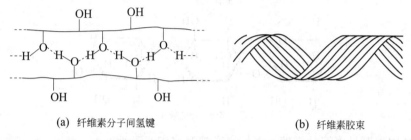

纤维素

与直链淀粉不同，纤维素分子不卷曲成螺旋状，而是纤维素链间借助于分子间氢键形成纤维素胶束（见图 12-4）。这些胶束再扭曲缠绕形成像绳索一样的结构，使纤维素具有良好的机械强度和化学稳定性。

(a) 纤维素分子间氢键　　　　　　　　　(b) 纤维素胶束

图 12-4　纤维素链间的分子间氢键及形成的纤维素胶束

2. 纤维素的理化性质

纤维素是白色纤维状固体，无还原性，分子式为 $(C_6H_{10}O_5)_n$（其中的 n 与淀粉分子式中的 n 不同），不溶于水和有机溶剂，但能吸水膨胀。这是由于在水中，水分子能进入胶束内的纤维素分子之间，并通过氢键将纤维素分子接连而不分散，仅是膨胀（见图 12-5）。

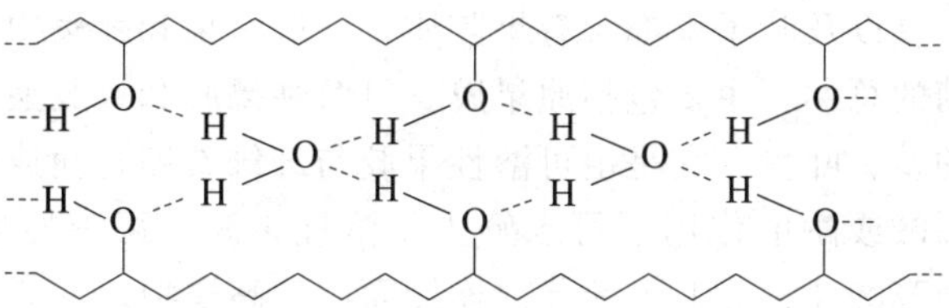

图 12-5　吸水纤维素的分子间氢键

纤维素虽然与淀粉一样由葡萄糖构成，但不能作为人的营养物质，原因是人体内的酶（如唾液酶）以及淀粉酶只能水解 α-1,4-糖苷键而不水解 β-1,4-糖苷键。但食草动物（如牛、马、羊等）的消化道中存在着可以水解 β-1,4-糖苷键的酶或微生物，所以它们可以消化纤维素而取得营养。土壤中也存在能分解纤维素的微生物，能将一些枯枝败叶分解为腐殖质，从而增强土壤肥力。纤维素也能被酸水解，但比淀粉困难，一般要求在浓酸或稀酸加压下进行。水解过程中可得纤维二糖，最终水解产物是 D-葡萄糖。

纤维素能溶于氯化锌的盐酸溶液、氢氧化铜的氨溶液、氢氧化钠溶液和二硫化碳中，形成黏稠状溶液，再利用其溶解性，可以制造人造丝和人造棉等。此外，纤维素可用来制造各种纺织品、纸张、玻璃纸、无烟火药、火棉胶、赛璐珞等，也可作为人类食品的添加剂。

二、杂多糖

杂多糖是由不同的单糖或单糖的衍生物以糖苷键相连的高聚物，它们在动植物的形态构成和生理功能中起着重要的作用。杂多糖有很多种，下面仅介绍几种比较重要的杂多糖。

1. 半纤维素

半纤维素是与纤维素共存于植物细胞壁的一类多糖，但在组成和结构上与纤维素是完全不同的。根据其水解产物，一般认为半纤维素是多缩戊糖和多缩己糖的混合物。多缩戊糖中主要是多缩木糖和多缩 L-阿拉伯糖，它们通过 β-1,4-糖苷键连接成直链。其结构如下：

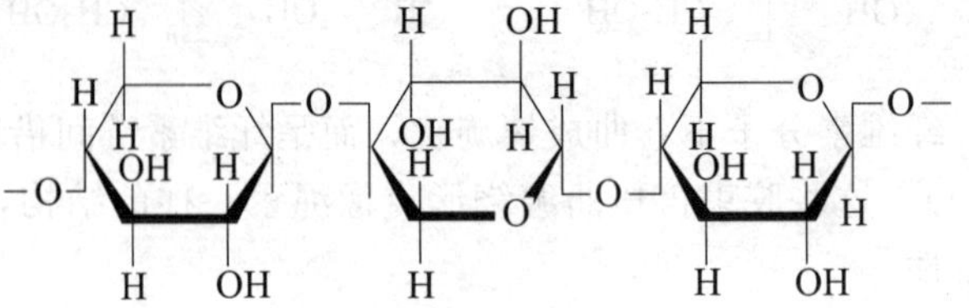

多缩木糖

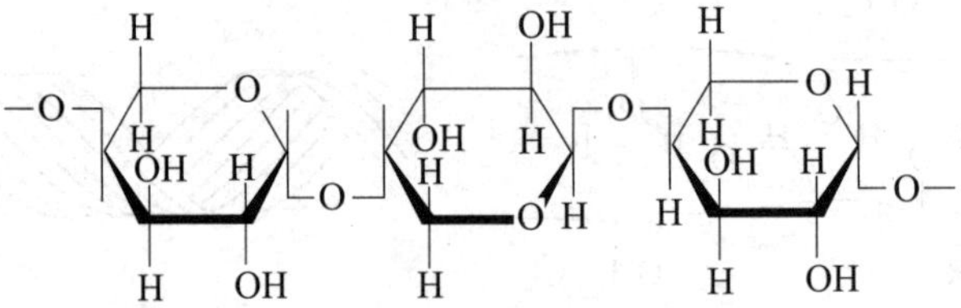

多缩阿拉伯糖

多缩己糖中主要是多缩甘露糖、多缩半乳糖和多缩半乳糖醛酸，它们也是通过 β-1,4-糖苷键连接成的链状分子。

半纤维素不溶于水，但能溶于稀碱，在酸作用下能发生水解。工业上常利用含多缩戊糖的玉米芯、花生壳、谷糠等在酸作用下，经高温加压水解，再脱水制得重要的工业原料糠醛。

2. 果胶质

果胶质是植物细胞壁的组成成分，它充塞在植物细胞壁之间，使细胞相互黏结起来。植物的果实、种子、根、茎以及叶子里都含有果胶质，一般水果和蔬菜中含量较高。

果胶质是一类多糖的总称，主要包括原果胶、可溶性果胶和果胶酸。原果胶主要存在于未成熟的水果及植物的茎、叶里。它是由可溶性果胶与纤维素缩合而成的高聚物。原果胶坚硬而不溶于水，但在稀酸或酶的作用下可水解为可溶性果胶。可溶性果胶是 α-D-半乳糖醛酸甲酯及少量的半乳糖醛酸通过 α-1,4-糖苷键连接而成的高聚物。它能溶于水，水果成熟后由硬变软，其原因之一就是原果胶转变成了可溶性果胶。可溶性果胶在稀酸或果胶酶的作用下，水解生成果胶酸和甲醇。果胶酸分子中含有羧基，能与 Ca^{2+} 或 Mg^{2+} 生成不溶性的果酸盐，该反应可用于测定果胶酸的含量。

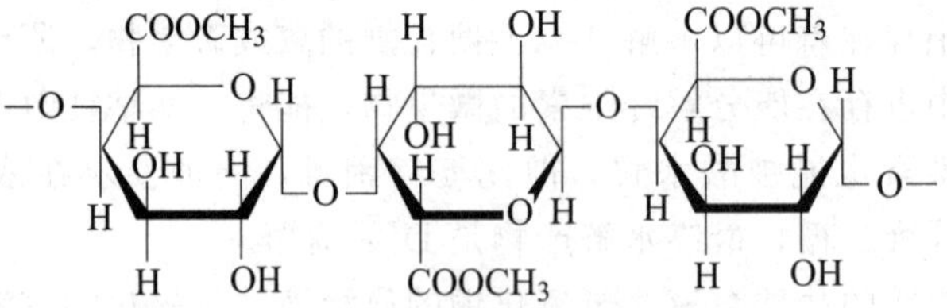

可溶性果胶

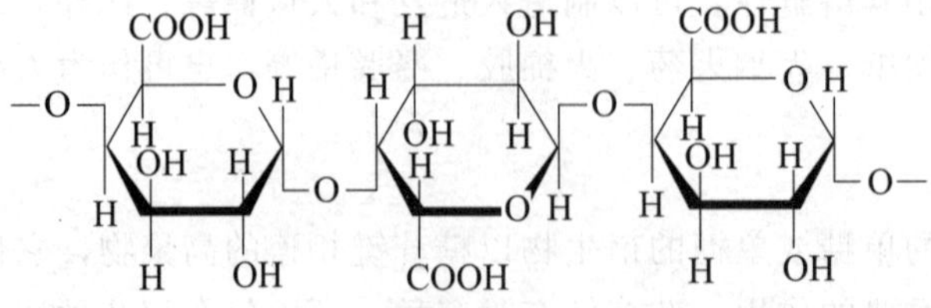

果胶酸

植物成熟、衰老或受伤时，能产生使果胶质逐步水解的酶，将原果胶水解为可溶性果胶，进而变成小分子糖，使植物某些部位的细胞脱落，产生离层，从而造成植物落花、落果、落叶等现象。

3. 琼脂

琼脂又称琼胶，俗称洋菜，是从海藻类植物如石花菜中提取出来的一种多糖胶质。一般认为琼脂分子中有九个 β-D-半乳糖单元以 β-1,3-糖苷键相连，末端半缩醛羟基又与一分子 β-L-半乳糖 C4 上的醇羟基脱水，以 β-1,4-糖苷键相连，L-半乳糖 C6 上的羟基则为硫酸酯的钙盐。其结构式如下：

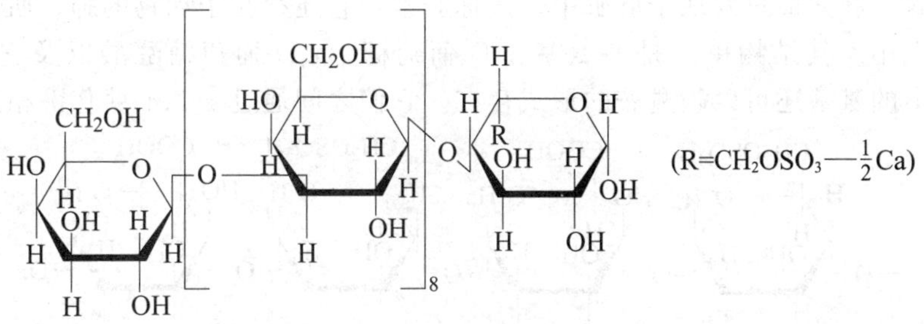

$(R=CH_2OSO_3 — \frac{1}{2}Ca)$

琼脂

琼脂在食品工业的应用中具有一种极其有用的独特性质。琼脂具有凝固性、稳定性、能与一些物质形成配合物等物理化学性质，可用作增稠剂、凝固剂、悬浮剂、乳化剂、保鲜剂和稳定剂，广泛用于制造粒粒橙及各种饮料、果冻、冰淇淋、糕点、软糖、罐头、肉制品、八宝粥、银耳燕窝、羹类食品、凉拌食品等。琼脂在化学工业及医学科研中可用作培养基、药膏基及其他用途。

4. 黏多糖

黏多糖是一类含氮的杂多糖。它常与蛋白质结合而存在于动物的软骨、肌腱等结缔组织中，也是各种腺体分泌的黏液的组成成分。黏多糖能保护器官避免受损伤，在组织生长或再生以及动物受精等过程中起着重要的作用。组成黏多糖的基本结构单位有葡萄糖醛酸、2-乙酰氨基葡萄糖和 2-乙酰氨基半乳糖等。其代表性物质有透明质酸、硫酸软骨质和肝素。

(1) 透明质酸　透明质酸是由 β-D-葡萄糖醛酸和 2-乙酰氨基-β-D-葡萄糖相互交错连接而成的链状分子。其中 β-D-葡萄糖醛酸和 2-乙酰氨基-β-D-葡萄糖先以 β-1,3-糖苷键连接成二糖单位，多个这样的二糖单位间又以 β-1,4-糖苷键相连接。透明质酸主要存在于动物结缔组织的胶状基质中，它充满细胞和组织间隙，如眼球玻璃体、角膜、恶性肿瘤以及某些细菌的荚膜中都有透明质酸存在。透明质酸与水能形成黏度较大的胶体，有润滑及保护组织和器官的作用，以及黏合细胞的作用。

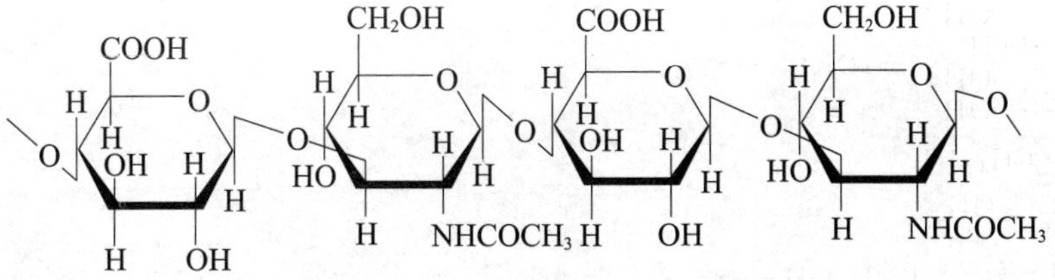

透明质酸

(2) 硫酸软骨质　硫酸软骨质是由 β-D-葡萄糖醛酸与 2-乙酰氨基-β-D-半乳酸-6-硫酸酯

先以 β-1,3-糖苷键连接成二糖单位，多个这样的二糖单位间又以 β-1,4-糖苷键相连接。它与蛋白质结合形成软骨黏蛋白。

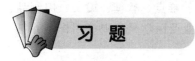

硫酸软骨质

（3）肝素　肝素最早发现于肝脏中，故称肝素。它还存在于动物的肺、肌肉、血管壁和肠黏膜等组织中。其结构单位是 2-氨基-α-D-葡萄糖、α-D-葡萄糖醛酸以及它们的硫酸酯，氨基葡萄糖中的氨基还可以磺酰胺的形式存在。它们之间通过 α-1,4-糖苷键相连而成。

肝素

肝素是一种天然的抗凝血物质，在临床上，肝素用作血液外循环时的抗凝剂，防止形成血栓。肝素还能使细胞膜的脂蛋白酶释放进血浆中，因而外源肝素可用来降低血脂。

习　题

1. 回答下列问题：
　（1）D-己酮糖有几个旋光异构体？分别写出它们的 Fischer 投影式。
　（2）单糖分子中决定 D、L 构型的手性碳原子是哪一个？
　（3）单糖产生变旋现象的原因是什么？
　（4）纤维素水解会得到哪种二糖？最终水解产物是什么？
　（5）在直链淀粉和支链淀粉中，单糖之间的连接方式有何异同？二者水解时各得到哪些二糖？
2. 画出下列化合物的哈武斯透视式。
　（1）α-D-核糖　（2）β-D-2-脱氧核糖　（3）β-D-呋喃果糖　（4）甲基-β-D-葡萄糖苷
3. 完成下列反应式：
　（1）
$$\begin{array}{l} \text{CHO} \\ \text{H} - \text{OH} \\ \text{H} - \text{OH} \\ \text{H} - \text{OH} \\ \text{CH}_2\text{OH} \end{array} + \text{Br}_2(\text{水}) \longrightarrow ?$$

　（2）
$$\begin{array}{l} \text{CHO} \\ \text{H} - \text{OH} \\ \text{HO} - \text{H} \\ \text{H} - \text{OH} \\ \text{H} - \text{OH} \\ \text{CH}_2\text{OH} \end{array} + \text{HNO}_3 \longrightarrow ?$$

　（3）
$$\begin{array}{l} \text{CH}_2\text{OH} \\ \text{C} = \text{O} \\ \text{H} - \text{OH} \\ \text{CH}_2\text{OH} \end{array} + \text{NH}_2\text{OH} \longrightarrow ?$$

4. 下列哪组物质能形成相同的糖脎?
    (1) 葡萄糖、甘露糖、半乳糖
    (2) 果糖、核糖、甘露糖
    (3) 葡萄糖、果糖、甘露糖
5. 用化学方法区别下列各组化合物:
    (1) 葡萄糖、甲基葡萄糖糖苷、麦芽糖　　(2) 葡萄糖、果糖、蔗糖、淀粉
    (3) 麦芽糖、淀粉、纤维素　　　　　　　(4) 葡萄糖、果糖、核糖、脱氧核糖
    (5) 丙酮、丙醛、甘露糖、果糖
6. 两个具有旋光性的 D-丁醛糖 A 和 B,与苯肼作用生成相同的糖脎。用稀硝酸氧化,A 的氧化产物有旋光活性,B 生成内消旋酒石酸。试推测 A 和 B 的结构式。
7. 某 D-构型己糖 A 能使溴水褪色,经稀硝酸氧化得旋光二酸 B。与 A 具有相同糖脎的另一己糖 C 也能使溴水褪色,但经稀硝酸氧化则得到不旋光的二酸 D。将 A 降解为戊醛糖 E 后再经硝酸氧化,得到不旋光的二酸 F。试推测 A、B、C、D、E 和 F 的结构式。

 知识拓展

人类的理想——让血库里的血全是 O 型

    人们很早以前就有这样的期盼,如果血库里的血全是 O 型该多好,在病人遇上危急情况时,无需验血就可直接输入这种万能的救命血了。这种期盼是有可能实现的。

    人的血型共分 O、A、B、AB 四种,这四种血型是由红细胞表面的糖分子链结构决定的。四种血型的糖分子链结构如下:

    (1) O 型血　葡萄糖-半乳糖-N-乙酰半乳糖胺-半乳糖-岩藻糖。

    (2) B 型血　葡萄糖-半乳糖-N-乙酰半乳糖胺-半乳糖-岩藻糖-半乳糖。

    (3) A 型血　葡萄糖-半乳糖-N-乙酰半乳糖胺-半乳糖-N-乙酰半乳糖胺。

    (4) AB 型血　A 型、B 型两种结构兼而有之。

    由此可以看出,其他血型与 O 型血的区别就在于多出了些"枝杈",如果剪掉这些"枝杈",所有的血就都成 O 型血了。

    中国军事医学科学院的科学家从海南咖啡豆里提取到一种酶 (2-半乳糖苷酶),它可以把 B 型血的"枝杈"剪掉转变成 O 型血。但是,咖啡豆中的 2-半乳糖苷酶却少得可怜,从 50 磅的咖啡豆中提取的酶,只能完成 200mL B 型血向 O 型血的转化。因此,科学家又想出新主意,他们把从咖啡豆中提取的酶的基因,转移到另一种叫毕赤的酵母里,这种酶就会大量繁殖,复制出无数个把 B 型血"裁"成 O 型血的"剪子",这样就可以把大量的 B 型血变成 O 型血了。

    我国科学家再接再厉,正在寻找把 A 型血和 AB 型血"剪"成 O 型血的途径。据科学家介绍,处理 A 型血的方法和处理 B 型血的方法差不多,也是在植物或动物中提取一种基因,"剪"去 A 型血多余的"枝杈",就可把 A 型血转变成 O 型血。科学家提醒人们注意,目前,这种血型的改变只能在人体外进行,在人体内还无法进行血型的改变。

第十三章 氨基酸、蛋白质和核酸

Chapter 13

蛋白质和核酸是极其重要的天然高分子化合物。蛋白质存在于一切细胞中，是构成人体和动植物体的基本物质，例如肌肉、毛发、皮肤、指甲、血清、血红蛋白、神经、激素、酶等都是由不同的蛋白质组成的，而且它是生物体各种生命活动的主要承担者，如供给机体营养、输送氧气、防御疾病、控制代谢过程、传递遗传信息、负责机械运动等。核酸是生物体遗传信息的主要携带者，是生物遗传的物质基础，它在生物的个体生长、发育、繁殖和遗传变异等生命过程中起着重要的作用。

实验发现，蛋白质在酸、碱或蛋白酶的催化下发生水解反应，最终均生成 α-氨基酸，所以 α-氨基酸是组成蛋白质的基本单位。因此，要了解蛋白质的结构和性质，必须从讨论 α-氨基酸开始。

第一节 氨 基 酸

氨基酸是羧酸分子中烃基上的氢原子被氨基（—NH_2）取代后的衍生物。根据氨基酸分子中氨基和羧基的相对位置不同，分为 α-氨基酸、β-氨基酸、γ-氨基酸等。

$$
\begin{array}{ccc}
\overset{\displaystyle NH_2}{|} & \overset{\displaystyle NH_2}{|} & \overset{\displaystyle NH_2}{|} \\
CH_3-CH-COOH & CH_2-CH_2-COOH & CH_2-CH_2-CH_2-COOH \\
\alpha\text{-氨基丙酸} & \beta\text{-氨基丙酸} & \gamma\text{-氨基丁酸}
\end{array}
$$

氨基酸的种类很多，目前发现的天然氨基酸约有 300 种，大多数以游离状态存在于植物体内，不参与蛋白质的组成。组成蛋白质的氨基酸已知的大约有 30 种，其中常见的有 20 余种，而且绝大多数都是 α-氨基酸，人们把这些氨基酸称为蛋白氨基酸。其他不参与蛋白质组成的氨基酸称为非蛋白氨基酸。

在蛋白氨基酸中，除脯氨酸外，都是 α-氨基酸。这些 α-氨基酸中除甘氨酸外，都含有手性碳原子，有旋光性。其构型一般都是 L-构型（某些微生物代谢中产生极少量 D-氨基酸），L-α-氨基酸的通式如下：

$$
\begin{array}{cc}
\text{COOH} & \text{CHO} \\
H_2N-\!\!\!\!-H & HO-\!\!\!\!-H \\
R & CH_2OH \\
\text{L-}\alpha\text{-氨基酸} & \text{L-甘油醛}
\end{array}
$$

一、α-氨基酸的分类和命名

根据 α-氨基酸通式中 R 基团的碳架结构不同，α-氨基酸可分为脂肪族、芳香族和杂环族氨基酸；根据 R 基团的极性不同，α-氨基酸又可分为非极性氨基酸和极性氨基酸；根据 α-氨基（—NH_2）和羧基（—COOH）的数目不同，α-氨基酸还可分为中性氨基酸（氨基和羧基数目相等）、酸性氨基酸（羧基数目大于氨基数目）、碱性氨基酸（氨基数目大于羧基数目）。

α-氨基酸的命名多用俗名，即根据来源或性质进行命名。例如，两个碳原子的氨基酸因具有甜味被称为甘氨酸，而丝氨酸因为是蚕丝的组成部分而得名，胱氨酸是因为它最先得自尿结石。

此外，为了表达蛋白质和多肽结构，氨基酸也常用英文名称的前三个字母组成的简写符号或用中文代号表示，如甘氨酸的英文名称为 glycine，可用"Gly"或"G"或"甘"字来表示，在研究蛋白质中氨基酸的排列顺序时，几乎一律用字母符号。

α-氨基酸的系统命名是把氨基作为取代基，以羧酸为母体来命名。例如：

$$\underset{\text{2-氨基丙酸}}{CH_3-\overset{\overset{\displaystyle NH_2}{|}}{CH}-COOH} \qquad \underset{\text{2-氨基-3-羟基丁酸}}{CH_3-\overset{\overset{\displaystyle OH}{|}}{CH}-\overset{\overset{\displaystyle NH_2}{|}}{CH}-COOH}$$

组成蛋白质的 α-氨基酸的分类、名称、缩写及结构式见表 13-1。

表 13-1　组成蛋白质的 α-氨基酸

分类	氨基酸名称	缩写符号	中文代号	系统命名	结构式
中性氨基酸	甘氨酸	Gly	甘	氨基乙酸	$H-\overset{\underset{NH_2}{\mid}}{CH}-COOH$
	丙氨酸	Ala	丙	2-氨基丙酸	$H_3C-\overset{\underset{NH_2}{\mid}}{CH}-COOH$
	丝氨酸	Ser	丝	2-氨基-3-羟基丙酸	$HO-CH_2-\overset{\underset{NH_2}{\mid}}{CH}-COOH$
	胱氨酸	Cys-Cys	胱	双-3-硫代-2-氨基丙酸	$S-CH_2CH(NH_2)COOH$ $S-CH_2CH(NH_2)COOH$
	半胱氨酸	Cys	半	2-氨基-3-巯基丙酸	$HS-CH_2-\overset{\underset{NH_2}{\mid}}{CH}-COOH$
	缬氨酸[①]	Val	缬	3-甲基-2-氨基丁酸	$(CH_3)_2CH-\overset{\underset{NH_2}{\mid}}{CH}-COOH$
	酥氨酸[①]	Thr	酥	2-氨基-3-羟基丁酸	$HO-\overset{\underset{CH_3}{\mid}}{CH}-\overset{\underset{NH_2}{\mid}}{CH}-COOH$
	蛋氨酸[①]（甲硫氨酸）	Met	蛋	2-氨基-4-甲硫基丁酸	$H_3C-S-CH_2-CH_2-\overset{\underset{NH_2}{\mid}}{CH}-COOH$
	亮氨酸[①]	Leu	亮	4-甲基-2-氨基戊酸	$(CH_3)_2CHCH_2\overset{\underset{NH_2}{\mid}}{CH}COOH$
	异亮氨酸[①]	Ile	异亮	3-甲基-2-氨基戊酸	$CH_3CH_2-\overset{\underset{CH_3}{\mid}}{CH}-\overset{\underset{NH_2}{\mid}}{CH}-COOH$
	苯丙氨酸[①]	Phe	苯丙	3-苯基-2-氨基丙酸	$\text{⟨苯基⟩}-CH_2\overset{\underset{NH_2}{\mid}}{CH}COOH$
	酪氨酸	Tyr	酪	2-氨基-3-(对羟苯基)丙酸	$HO-\text{⟨苯基⟩}-CH_2\overset{\underset{NH_2}{\mid}}{CH}COOH$
	脯氨酸	Pro	脯	氢化吡咯-2-甲酸	$\text{⟨吡咯烷⟩}-COOH$

分类	氨基酸名称	缩写符号	中文代号	系统命名	结 构 式
中性氨基酸	羟脯氨酸	Hyp	羟脯	4-羟基氢化吡咯-2-甲酸	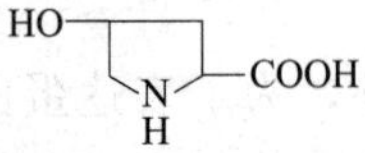 HO—[环]—COOH (N-H)
	色氨酸①	Try	色	2-氨基-3-(β-吲哚)丙酸	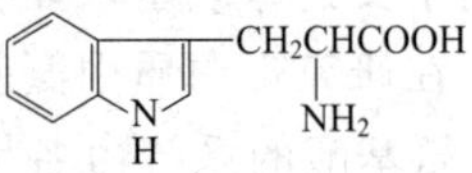 CH$_2$CHCOOH，NH$_2$
	天冬酰胺	Asn	天酰	2-氨基-3-(氨基甲酰基)丙酸	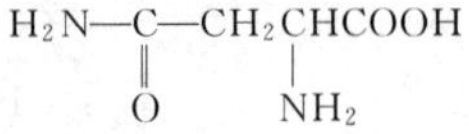 H$_2$N—C—CH$_2$CHCOOH，O，NH$_2$
	谷氨酰胺	Gln	谷酰	2-氨基-4-(氨基甲酰基)丁酸	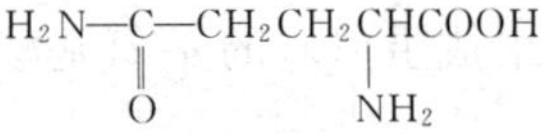 H$_2$N—C—CH$_2$CH$_2$CHCOOH，O，NH$_2$
酸性氨基酸	天冬氨酸	Asp	天冬	2-氨基丁二酸	 HOOCCH$_2$CHCOOH，NH$_2$
	谷氨酸	Glu	谷	2-氨基戊二酸	 HOOCCH$_2$CH$_2$CHCOOH，NH$_2$
碱性氨基酸	精氨酸	Arg	精	2-氨基-5-胍基戊酸	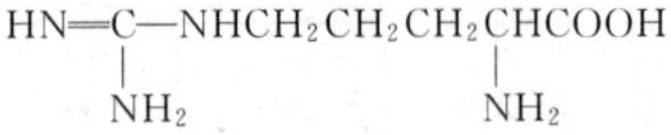 HN=C—NHCH$_2$CH$_2$CH$_2$CHCOOH，NH$_2$，NH$_2$
	赖氨酸①	Lys	赖	2,6-二氨基己酸	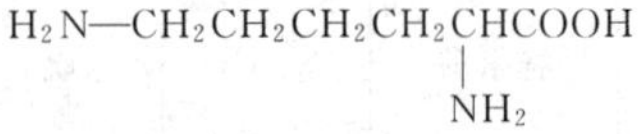 H$_2$N—CH$_2$CH$_2$CH$_2$CH$_2$CHCOOH，NH$_2$
	组氨酸	His	组	2-氨基-3-(5′-咪唑)丙酸	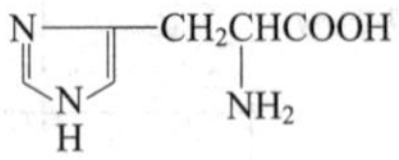 CH$_2$CHCOOH，NH$_2$

① 为必需氨基酸。

二、α-氨基酸的结构

α-氨基酸是含有羧基和氨基双官能团的一类化合物，所以它的主要性质由这两个官能团来决定。因此，像羧酸一样，α-氨基酸呈酸性，能与碱反应生成盐（O—H 键断裂）；能与醇反应生成酯（C—O 键断裂）；在一定条件下能发生脱羧反应，生成胺（O—H 键和 C—C 键同时断裂）等。此外，由于它的氨基氮原子上具有未共用电子对，所以它像胺一样也呈碱性，并能与酸反应生成盐（氮原子上未共用电子对的反应）；与甲醛反应失去水，生成 N,N-二羟甲基氨基酸（N—H 键断裂）；与 2,4-二硝基氟苯反应，生成 N-取代的氨基酸（N—H 键断裂）；与亚硝酸反应生成羟基酸（N—H 键和 C—N 键同时断裂）。同时，氨基是氮的高级还原态，在氧化剂作用下，α-氨基酸能发生氧化脱氨反应，最终生成 α-酮酸（N—H 键和 C—N 键同时断裂）等。

由于羧基和氨基的相互影响，α-氨基酸具有不同于羧酸和胺的独特性质。例如，在分子内部可以发生反应，生成内盐；分子间能发生酰胺化反应失去水，生成肽；能与茚三酮试剂发生显色反应；与金属离子形成配合物。另外，α-氨基酸的酸性或碱性都比相应的羧酸或伯胺弱得多。

三、α-氨基酸的物理性质

α-氨基酸都是无色晶体，熔点比相应的羧酸或胺高得多，一般在 $200 \sim 300\text{℃}$（许多氨基酸在接近熔点时易分解）。绝大多数 α-氨基酸易溶于水，难溶于非极性有机溶剂。除甘氨酸外，其他 α-氨基酸都有旋光性。常见氨基酸的物理常数列于表 13-2 中。

表 13-2　常见氨基酸的物理常数及等电点

氨 基 酸	熔（分解）点/℃	溶解度/[g·(100g 水)$^{-1}$]	比旋光度([α]$_D^{25}$)	等电点
甘氨酸	262	25	—	5.97
丙氨酸	297	16.7	+1.8	6.02
缬氨酸	298	8.9	+5.6	5.97
亮氨酸	293	2.4	−10.8	5.98
异亮氨酸	280	4.1	+11.3	6.02
丝氨酸	228	33	−6.8	5.68
酥氨酸	229	20	−28.3	6.53
天冬氨酸	270	0.54	+5.0	2.97
天冬酰胺	234	3.5	−5.4	5.41
谷氨酸	213	0.86	+12.0	3.22
谷氨酰胺	185	3.7	+6.1	5.65
精氨酸	244	3.5	+12.5	10.76
赖氨酸	225	易溶	+14.6	9.74
组氨酸	287	4.2	−39.7	7.59
半胱氨酸	240	溶	−16.5	5.02
甲硫氨酸	283	3.4	−8.2	5.75
苯丙氨酸	283	3.0	−35.1	5.48
酪氨酸	342	0.04	−10.6	5.66
色氨酸	289	1.1	−31.5	5.89
脯氨酸	222	162	−85.0	6.30
羟脯氨酸	274	易溶	−75.2	5.83

四、α-氨基酸的化学性质

（一）两性性质和等电点

氨基酸分子中含有碱性的氨基和酸性的羧基，因而它与强酸和强碱均能生成盐，表现出两性性质。

$$\underset{\underset{NH_2}{|}}{RCHCOOH} + NaOH \longrightarrow \underset{\underset{NH_2}{|}}{RCHCOO^-Na^+} + H_2O$$

$$\underset{\underset{NH_2}{|}}{RCHCOOH} + HCl \longrightarrow \underset{\underset{N^+H_3Cl^-}{|}}{RCHCOOH} + H_2O$$

同一氨基酸分子内的羧基与氨基，也能相互作用生成盐，这种在同一分子内生成的盐，称为内盐。

$$\underset{\underset{NH_2}{|}}{RCHCOOH} \rightleftharpoons \underset{\underset{^+NH_3}{|}}{RCHCOO^-}$$

内盐（两性离子）

氨基酸内盐分子既带有正电荷又带有负电荷，是一个带有双重电荷的离子，故称为两性离子或偶极离子。固态氨基酸就是以两性离子的形式存在的，静电引力大，所以氨基酸具有较高的熔点，可溶于水而难溶于有机溶剂。

氨基酸分子实质上是两性离子,在酸性溶液中它的羧基负离子可接受质子,发生碱式解离带正电荷;而在碱性溶液中铵根正离子给出质子,发生酸式解离带负电荷。两性离子加酸和加碱时引起的变化,可用下式表示:

$$R-\underset{\underset{NH_2}{|}}{CH}-COOH$$

$$R-\underset{\underset{NH_3^+}{|}}{CH}-COOH \underset{H^+}{\overset{OH^-}{\rightleftharpoons}} R-\underset{\underset{NH_3^+}{|}}{CH}-COO^- \underset{H^+}{\overset{OH^-}{\rightleftharpoons}} R-\underset{\underset{NH_2}{|}}{CH}-COO^-$$

阳离子	两性离子(偶极离子)	阴离子
pH<pI	pH=pI	pH>pI

因此,在不同 pH 的溶液中,氨基酸能以正离子、负离子及两性离子三种不同形式存在。如果把氨基酸溶液置于电场中,它的正离子会向阴极移动,负离子则会向阳极移动。当调节溶液的 pH,使氨基酸以两性离子的形式存在时,它在电场中既不向阴极移动,也不向阳极移动,此时溶液的 pH 称为该氨基酸的等电点(isoelectric point),通常用符号 pI 表示。当调节溶液的 pH 小于某氨基酸的等电点时,该氨基酸主要以正离子形式存在,在电场中移向阴极;当调节溶液的 pH 大于某氨基酸的等电点时,该氨基酸主要以负离子形式存在,在电场中移向阳极。

需要注意的是,在等电点时,氨基酸的 pH 并不等于 7。对于中性氨基酸,由于羧基的解离度略大于氨基,因此需要加入适当的酸抑制羧基的解离,促使氨基解离,使氨基酸主要以两性离子的形式存在。所以中性氨基酸的等电点都小于 7,一般在 5.0~6.5 之间。酸性氨基酸的羧基多于氨基,必须加入较多的酸才能达到其等电点,因此酸性氨基酸的等电点一般在 2.8~3.2 之间。要使碱性氨基酸达到其等电点,必须加入适量碱,因此碱性氨基酸的等电点都大于 7,一般在 7.6~10.8 之间。常见氨基酸的等电点见表 13-2。

在等电点时,氨基酸本身处于电中性状态,此时,溶解度最小,容易以沉淀析出。因此可以通过调节溶液的 pH 达到等电点来分离氨基酸混合物;也可以利用在同一 pH 的溶液中,各种氨基酸所带净电荷不同,它们在电场中移动的状况不同和对离子交换剂的吸附作用不同的特点,通过电泳法或离子交换色谱法从混合物中分离各种氨基酸。

(二)氨基酸中氨基的反应

1. 与亚硝酸反应

大多数氨基酸中含有伯氨基,可以与亚硝酸反应,生成 α-羟基酸,并放出氮气。

$$\underset{\underset{NH_2}{|}}{R-CH}-COOH + HNO_2 \longrightarrow \underset{\underset{OH}{|}}{R-CH}-COOH + H_2O + N_2\uparrow$$

反应定量完成,放出的氮气一半来自氨基酸的氨基,另一半来自亚硝酸。因此,通过测定所生成氮气的量,可以计算氨基酸的含量,这种方法称为范斯莱克(Van Slyke)氨基测定法,可用于氨基酸(脯氨酸除外)定量和蛋白质水解程度的测定。

2. 与甲醛反应

氨基酸分子中的氨基能作为亲核试剂进攻甲醛的羰基,生成 N,N-二羟甲基氨基酸。

$$\underset{\underset{NH_2}{|}}{R-CH}-COOH + 2HCHO \longrightarrow \underset{\underset{R-CH-COOH}{|}}{HOH_2C-N-CH_2OH}$$

在 N,N-二羟甲基氨基酸中,由于羟基的吸电子诱导效应,降低了氨基氮原子的电子云密度,削弱了氮原子结合质子的能力,使氨基的碱性减弱或消失,这样就可以用标准碱溶液来滴定氨基酸的羧基以测定氨基酸的含量。这种方法称为氨基酸的甲醛滴定法。

在生物体内,氨基酸分子中的氨基在某些酶的催化下,可与其他醛、酮反应生成弱碱性的希夫碱(Schiff base),它是植物体内合成生物碱及生物体内酶促转氨基反应的中间产物。

$$R'CHO + H_2N-\underset{\underset{R}{|}}{C}H-COOH \longrightarrow R'CH=N-\underset{\underset{R}{|}}{C}H-COOH$$

希夫碱

3. 与 2,4-二硝基氟苯(DNFB)反应

氨基酸能与 2,4-二硝基氟苯反应生成 N-(2,4-二硝基苯基)氨基酸,简称 N-DNP-氨基酸。

$$O_2N-\text{〈〉}-F + H_2N-CHCOOH \xrightarrow{弱碱} O_2N-\text{〈〉}-NH-CHCOOH + HF$$

N-DNP-氨基酸(黄色)

黄色的 N-DNP-氨基酸可用于氨基酸的比色分析。英国科学家桑格尔(Sanger)首先用这个反应来标记多肽或蛋白质的 N 端氨基酸,再将肽链水解,经色谱分离检测,就可识别多肽或蛋白质的 N 端氨基酸。

4. 氧化脱氨反应

氨基酸分子的氨基可以被双氧水或高锰酸钾等氧化剂氧化,生成 α-亚氨基酸,然后进一步水解,脱去氨基生成 α-酮酸。

$$R-\underset{\underset{NH_2}{|}}{C}H-COOH \xrightarrow{[O]} R-\underset{\overset{\|}{NH}}{C}-COOH \xrightarrow[-NH_3]{H_2O} R-\underset{\overset{\|}{O}}{C}-COOH$$

生物体内在酶催化下,氨基酸也可发生氧化脱氨反应,这是生物体内蛋白质分解代谢的重要反应之一。

(三)氨基酸中羧基的反应

1. 与醇反应

氨基酸在无水乙醇中通入干燥氯化氢,加热回流生成氨基酸酯。

$$R-\underset{\underset{NH_2}{|}}{C}H-\overset{\overset{O}{\|}}{C}-OH + C_2H_5OH \xrightarrow{干\ HCl} R-\underset{\underset{NH_2}{|}}{C}H-\overset{\overset{O}{\|}}{C}-OC_2H_5 + H_2O$$

α-氨基酸酯在醇溶液中又可与氨反应,生成氨基酸酰胺。

$$R-\underset{\underset{NH_2}{|}}{C}H-\overset{\overset{O}{\|}}{C}-OC_2H_5 + NH_3 \longrightarrow R-\underset{\underset{NH_2}{|}}{C}H-\overset{\overset{O}{\|}}{C}-NH_2 + C_2H_5OH$$

这是生物体内以天冬酰胺和谷氨酰胺形式储存氮素的一种主要方式。

2. 脱羧反应

将 α-氨基酸缓缓加热或在高沸点溶剂中回流,可以发生脱羧反应生成胺。例如,赖氨酸加热脱羧生成 1,5-戊二胺(尸胺):

$$CH_2CH_2CH_2CH_2CH-COOH \xrightarrow{\triangle} CH_2CH_2CH_2CH_2CH_2 + CO_2\uparrow$$

（与NH_2基团标注在CH下方及产物下方）

生物体内的脱羧酶也能催化 α-氨基酸的脱羧反应，这是蛋白质腐败发臭的主要原因。

（四）氨基酸中氨基和羧基共同参与的反应

1. 与水合茚三酮的反应

α-氨基酸与水合茚三酮的弱酸性溶液共热，一般认为先发生氧化脱氨、脱羧，生成氨和还原型茚三酮，产物再与水合茚三酮进一步反应，生成蓝紫色物质。这个反应非常灵敏，可用于氨基酸的定性、定量测定及色谱法中的显色。

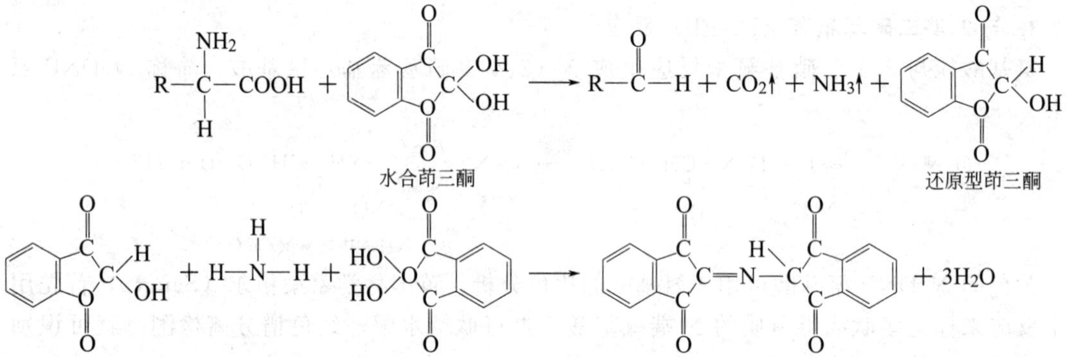

水合茚三酮

还原型茚三酮

缩合产物是蓝紫色染料，它可经下列互变现象，再与氨形成烯醇式的铵盐，后者在溶液中解离出阴离子，能使反应液的颜色变深。

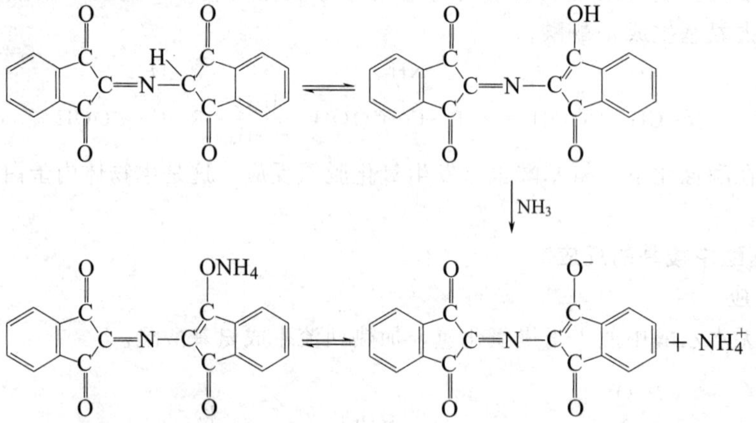

凡是有游离氨基的 α-氨基酸都和水合茚三酮试剂发生显色反应，β-氨基酸和 γ-氨基酸无此反应。蛋白质或其水解产物（胨、多肽等）也有此反应，脯氨酸和羟脯氨酸与水合茚三酮反应时，生成黄色化合物。

2. 脱羧失氨作用

氨基酸在酶的作用下，同时脱去羧基和氨基得到醇。例如：

$$(CH_3)_2CHCH_2CHCOOH + H_2O \xrightarrow{\text{酶}} (CH_3)_2CHCH_2CH_2OH + CO_2\uparrow + NH_3\uparrow$$

（NH_2基团标注在CHCOOH下方）

工业上发酵制取乙醇时，杂醇就是这样产生的。

3. 与金属离子形成配合物

氨基酸分子中的羧基可以与金属离子成盐，同时氨基氮原子上的未共用电子对可与某些金属形成配位键，生成稳定的结晶型化合物，有时可以用来沉淀和鉴别某些氨基酸。例如，氨基酸与铜离子能形成深蓝色结晶：

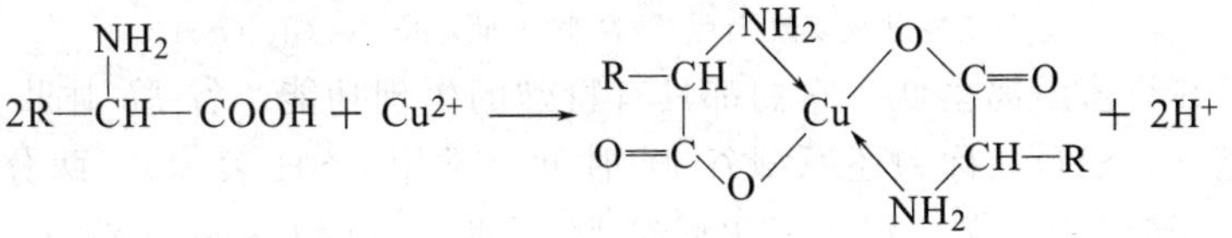

$$2R-CH-COOH + Cu^{2+} \longrightarrow \quad + 2H^+$$

氨基酸与植物生长所必需的微量元素如锌、锰、铜、铁及稀土金属配制的氨基酸多元液体微肥，是当今世界微肥的发展方向之一。

（五）成肽反应

α-氨基酸受热时发生分子间脱水生成环状的交酰胺。

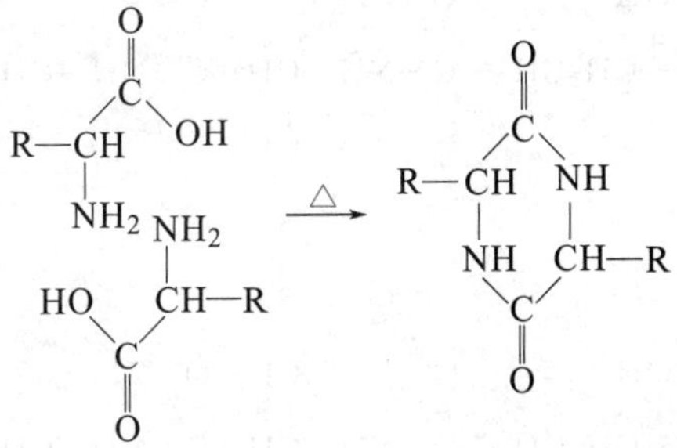

交酰胺中的酰胺键（—CONH）称为肽键，这种酰胺型化合物称为肽（peptide）。由于反应产物是由两分子氨基酸缩合成环的，故称为环二肽。

如果一个氨基酸的羧基，与另一个氨基酸的氨基之间发生脱水反应，生成直链酰胺型化合物，这个化合物称为二肽；由三分子氨基酸经成肽反应连接起来的产物称为三肽，依此类推。有时将少数几个氨基酸形成的肽称为小肽，而将多个（如几十、几百甚至上千个）氨基酸结合起来的化合物统称为多肽。

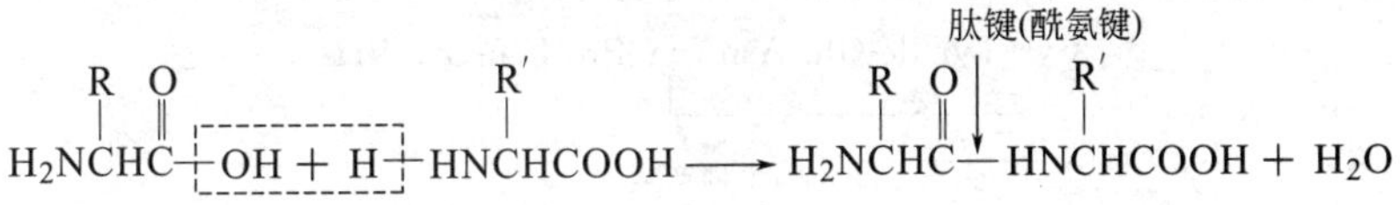

肽键(酰氨键)

$$H_2NCHC-[OH + H]-HNCHCOOH \longrightarrow H_2NCHC-HNCHCOOH + H_2O$$

肽链中每个氨基酸都失去了原有结构的完整性，因此肽链中的氨基酸通常称为氨基酸残基。肽链一端含有游离 α-氨基的氨基酸残基称为 N 端；含有游离羧基的氨基酸残基称为 C 端。一般把 N 端写在左边，C 端写在右边。例如：

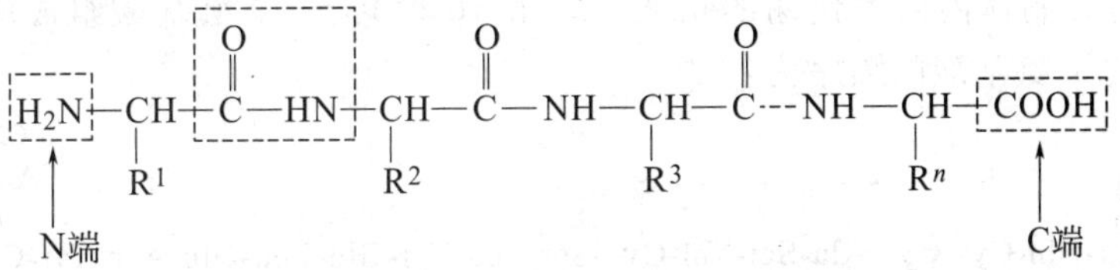

$$H_2N-CH-C-HN-CH-C-NH-CH-C\cdots NH-CH-COOH$$

N端 ... C端

肽的命名是以 C 端氨基酸残基相对应的氨基酸为母体，肽链中其他氨基酸名称中的"酸"字改为"酰"字，称为"某氨酰"，并从 N 端氨基酸残基开始从左向右依次写在母体名称之前，各氨基酸名称之间通常用"-"连接。为书写简便起见，也常用简写表示，即按从 N 端到 C 端的顺序，将组成肽链的各种氨基酸的英文或中文简称写到一起，简称之间通常用"-"连接，并在 C 端氨基酸简称后加"肽"字。例如：

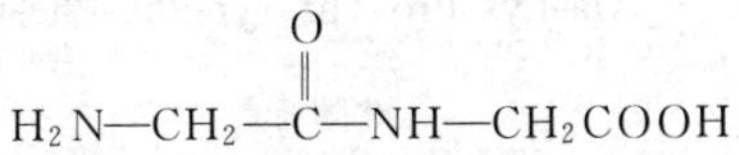

$$H_2N-CH_2-C-NH-CH_2COOH$$

甘氨酰-甘氨酸

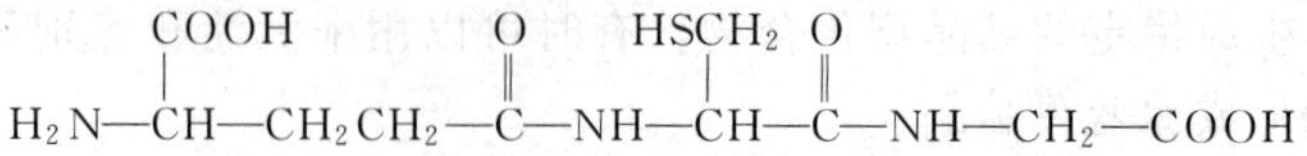

$$\underset{\text{H}_2\text{N}-\overset{\displaystyle\text{COOH}}{\overset{|}{\text{CH}}}-\text{CH}_2-\text{CH}_2-\overset{\displaystyle\text{O}}{\overset{\|}{\text{C}}}-\text{NH}-\overset{\displaystyle\text{HSCH}_2}{\overset{|}{\text{CH}}}-\overset{\displaystyle\text{O}}{\overset{\|}{\text{C}}}-\text{NH}-\text{CH}_2-\text{COOH}}{}$$

γ-谷氨酰-半胱氨酰-甘氨酸(谷-胱-甘肽，Glu-Cys-Gly，GSH)

生物体内存在许多游离多肽，它们都具有特殊的生理功能。谷-胱-甘肽分子中含有一个易被氧化的巯基（—SH），称为还原型谷-胱-甘肽（常用 GSH 表示）。两分子 GSH 间可通过—SH 氧化成二硫键而连接，形成氧化型谷-胱-甘肽（常用 GS-SG 表示）。

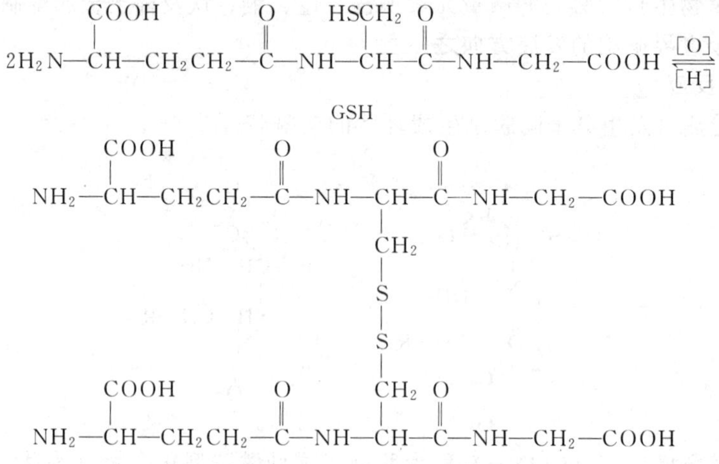

$$2\,\text{H}_2\text{N}-\overset{\text{COOH}}{\overset{|}{\text{CH}}}-\text{CH}_2-\text{CH}_2-\overset{\text{O}}{\overset{\|}{\text{C}}}-\text{NH}-\overset{\text{HSCH}_2}{\overset{|}{\text{CH}}}-\overset{\text{O}}{\overset{\|}{\text{C}}}-\text{NH}-\text{CH}_2-\text{COOH} \quad \xrightleftharpoons[\text{[H]}]{\text{[O]}}$$

GSH

GS-SG

在一定条件下，GS-SG 亦可还原为 GSH。因此，谷-胱-甘肽在生物体内的氧化-还原反应中起着重要的作用。

生物体中的许多激素也是多肽，它们都有特殊的生理功能。例如，存在于垂体后叶腺中的催产素和增血压素都是由 8 个氨基酸组成的肽类激素，催产素能促进子宫肌肉收缩，增血压素能增高血压。它们的肽链氨基酸的排列顺序分别为：

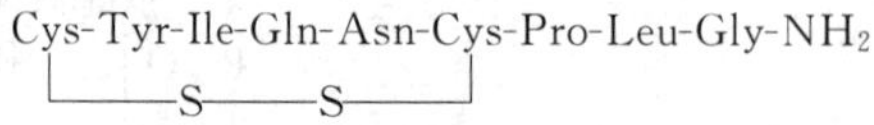

牛催产素

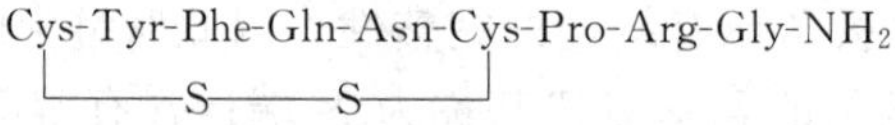

增压素

胰岛素具有控制体内糖类代谢的功能，它由 16 种共 51 个氨基酸组成的两条肽链所构成。牛胰岛素的 α-氨基酸的顺序为：

牛胰岛素

牛胰岛素是由 A 链（21 肽）和 B 链（30 肽）通过两个—S—S—键连接起来的，A 链中还有一个二硫键。人胰岛素与牛胰岛素极相似，仅是 B 链的 C 端氨基酸不同，人胰岛素的为酥氨酸（Thr），而牛胰岛素的为丙氨酸（Ala）。

第二节 蛋 白 质

一、蛋白质的组成和分类

1. 蛋白质的组成

蛋白质是由多种 α-氨基酸组成的一类天然高分子化合物，相对分子质量一般可由一万左右到几百万，有的相对分子质量甚至可达几千万。但蛋白质的元素组成比较简单，主要含有碳、氢、氧、氮、硫，有些蛋白质中还含有磷、碘、铁、铜、锰、镁、锌等。一般蛋白质的元素组成见表 13-3。

表 13-3　蛋白质中各种元素的平均含量

元　素	C	H	O	N	S	P	Fe
平均含量(按干物质计)/%	50～55	6.5～7.3	20.0～23.5	15.0～17.0	0.3～2.5	0.0～0.8	0.0～0.4

各种蛋白质的含氮量很接近，平均为 16%，即每克氮相当于 6.25g 蛋白质。通常把 6.25 称为蛋白质系数。物体中的氮元素绝大部分都是以蛋白质形式存在，因此，常用定氮法先测出农副产品样品的含氮量，然后由蛋白质系数换算出样品中蛋白质的近似含量，称为粗蛋白含量：

$$w_{粗蛋白} = w_{氮} \times 6.25$$

2. 蛋白质的分类

蛋白质种类繁多，结构复杂，根据其形状可分为球状蛋白质（如卵清蛋白）和纤维蛋白质（如角蛋白）；根据生活功能不同分为活性蛋白（如酶、激素、输送蛋白）和非活性蛋白（如清蛋白、酪蛋白、角蛋白）；根据来源可分为植物蛋白、动物蛋白和微生物蛋白；根据化学组成又可分简单蛋白质和结合蛋白质。

（1）简单蛋白质　仅由氨基酸组成的蛋白质称为简单蛋白质。简单蛋白质根据溶解性差异可分为七类（见表 13-4）。

表 13-4　简单蛋白质的分类

分类	溶解性	举　例	存　在
清蛋白	溶于水和稀中性盐溶液,不溶于饱和硫酸铵溶液	血清蛋白、乳清蛋白、麦清蛋白、卵清蛋白、豆清蛋白	动植物体中
球蛋白	不溶于水,但溶于稀中性盐溶液,不溶于 50%饱和度硫酸铵溶液	血清球蛋白、大豆球蛋白	动植物体中
精蛋白	溶于水及稀酸,不溶于稀氨水	鱼精蛋白	动物体中
组蛋白	溶于水及稀酸,不溶于稀氨水	小牛胸腺组蛋白	动物体中
谷蛋白	不溶于水、中性盐及乙醇溶液,溶于稀酸及稀碱	麦谷蛋白、米谷蛋白	谷物种子
醇溶蛋白	不溶于水及无水乙醇,但溶于 70%～80%乙醇	麦胶蛋白、玉米醇溶蛋白	谷物种子
硬蛋白	不溶于水、盐溶液、稀酸、稀碱	角蛋白、胶原蛋白、弹性蛋白	动物的毛发、角、爪等组织

（2）结合蛋白质　由简单蛋白质与非蛋白质成分（称为辅基）结合而成的复杂蛋白质，称为结合蛋白质。结合蛋白质又可根据辅基不同进行分类（见表13-5）。

表 13-5　结合蛋白质的分类

分　类	辅　基	举　例	存　在
糖蛋白	糖类	卵清蛋白、γ-球蛋白、血清黏蛋白	动物细胞
核蛋白	核酸	脱氧核糖核酸蛋白、核糖体、烟草花叶病毒	构成细胞质、细胞核
脂蛋白	脂肪及类脂	低密度脂蛋白、高密度脂蛋白	动植物细胞
金属蛋白	金属离子	固氮酶、铁氧还蛋白、SOD	动植物细胞
色蛋白	色素	血红蛋白、肌红蛋白、叶绿素蛋白、细胞色素	动植物细胞及体液
磷蛋白	磷酸	酪蛋白、卵黄蛋白、胃蛋白酶	动植物细胞及体液

二、蛋白质的结构

蛋白质分子是由 α-氨基酸经首尾相连形成的多肽链，肽链在三维空间具有特定的复杂而精细的结构。这种结构不仅决定蛋白质的理化性质，而且是生物学功能的基础。蛋白质的结构通常分为一级结构、二级结构、三级结构和四级结构四种层次，蛋白质的二级、三级、四级结构又统称为蛋白质的空间结构或高级结构。

1. 蛋白质的一级结构

蛋白质的一级结构是指许多 α-氨基酸按照一定的组成、一定的排列顺序通过肽键连接而成的多肽链。多肽与蛋白质的界限，普遍认为相对分子质量小于一万的为多肽，大于一万的为蛋白质。多肽链是构成蛋白质分子最基本的结构单元，它不仅决定着蛋白质的高级结构，而且对它的生理功能起着决定性作用，有时改变一个氨基酸或化学键就有可能改变整个分子的性能，从而引起生理功能的巨大变化，甚至可能影响生物个体的生存。例如，牛胰岛素即使三个二硫键部分还原为巯基，也将导致其失活。再如，镰刀状细胞贫血病是由于血红蛋白中多肽链上 N 端的第 6 个氨基酸残基的谷氨酸被缬氨酸所代替而引起的。

2. 蛋白质的二级结构

通过现代物理化学方法研究发现，蛋白质的多肽链并不是伸直展开的，而是借助分子内氢键折叠、盘曲成一定的空间构象。这种空间构象称为蛋白质的二级结构。它只关系到蛋白质分子主链原子局部的排布，而不涉及侧链的构象及其他肽段的关系。蛋白质的二级结构有两种主要形式：一种是 α-螺旋构象，另一种是 β-折叠片构象。

（1）α-螺旋构象　α-螺旋是蛋白质中最常见的二级结构，具有如下特征：蛋白质分子的多肽长链围绕中心轴像螺旋样盘曲，大约 18 个氨基酸单位盘绕五圈，即平均 3.6 个氨基酸残基构成一个螺旋圈，每圈之间距离为 0.54nm。每个氨基酸残基的 N—H 与前面相隔三个氨基酸残基的 C=O 形成氢键，这些氢键的方向大致与螺旋轴平行。氢键是维持 α-螺旋稳定结构的作用力。这种构象首先在 α-型硬蛋白中发现，因而命名为 α-螺旋（见图 13-1）。天然蛋白质的 α-螺旋绝大多数是右手螺旋。α-螺旋构象是蛋白质主链的一种典型结构，它不仅在纤维状蛋白质中存在，而且也存在于其他各种类型的晶态蛋白质分子中。

（2）β-折叠片构象　β-折叠片构象是蛋白质的另一种常见的二级结构，它的特征是由两

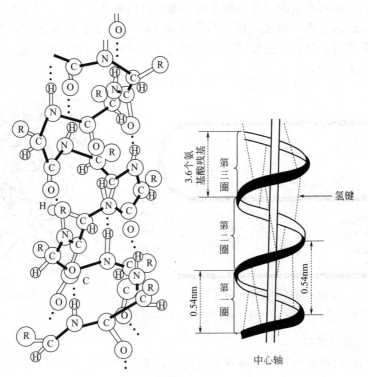

图 13-1　蛋白质的右手 α-螺旋

条或多条几乎完全伸展的肽链按相互平行或反平行排列而成，相邻多肽主链上的 N—H 和 C=O 之间，借助氢键彼此连成片层结构，折叠片主要存在于 β-硬蛋白中，所以称为 β-折叠片。β-折叠片中所有肽键都参与链间氢键的交联，氢键与多肽链的伸展方向接近垂直，氨基酸残基的侧链基团在折叠片平面上的上和下交替伸展，且与片层相互垂直。从能量上考虑，反平行 β-折叠片中的构象比较稳定。例如，丝心蛋白（存在于蚕丝等中）的二级结构就是典型的 β-折叠片（见图 13-2）

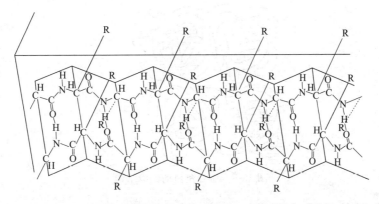

图 13-2　蛋白质的反平行 β-折叠片

3. 蛋白质的三级结构

蛋白质的三级结构是由具有二级结构的多肽链通过相隔较远的氨基酸残基以氢键、范德华力、疏水相互作用、盐键和二硫键等各种副键（或称次级键）（见图 13-3）等分子内的相互作用形成盘旋折叠的最稳定的空间构象。因此，肽链氨基酸的顺序（一级结构）决定蛋白质的三级结构。不同蛋白质的三级结构不同。如果蛋白质分子仅由一条多肽链组成，三级结构就是它的最高结构层次。例如，肌红蛋白是由153个氨基酸残基组成，形成具有α-螺旋二级结构的一条肽链，然后通过肽链内的作用力（副键）盘旋和折叠形成一个不对称的近似球状的结构（见图13-4）。

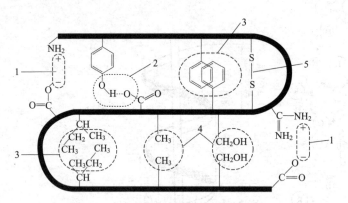

图 13-3　维持蛋白质三级结构的各种作用力
1—盐键；2—氢键；3—疏水相互作用；4—范德华力；5—二硫键

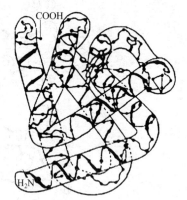

图 13-4　肌红蛋白的三级结构

4. 蛋白质的四级结构

蛋白质的四级结构是指在亚基和亚基之间通过疏水作用等副键结合成为有序排列的特定的空间结构。其中具备四级结构的蛋白质分子中的每个独立三级结构的多肽链单位称为亚基。亚基单独存在并无生物活性，只有聚合成四级结构时才有完整的生物活性，而且还必须在空间结构上满足镶嵌互补。在四级结构中，亚基可以相同，也可以不同。例如，血红蛋白由两条α-链和两条β-链四个亚基组成，其中每个α亚基（实质上是一条多肽链）由141个氨基酸残基组成，而每个β亚基由146个氨基酸残基组成，它们各自都有一定的排列顺序。虽然这四条链的一级结构相差较大，但三级结构均类似于肌红蛋白，各自折叠卷曲，然后再通过副键结合在一起，形成四级结构（见图13-5）。

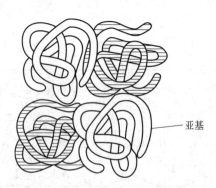

亚基

图 13-5　血红蛋白的四级结构

三、蛋白质的性质

1. 两性性质和等电点

构成蛋白质分子的链，不论是链端还是链中间，均存在一定数量的游离氨基和羧基，因此蛋白质具有类似氨基酸的两性性质和等电点。蛋白质溶液在某一 pH 时，其分子所带的正、负电荷相等，即成为净电荷为零的两性离子，此时溶液的 pH 称为该蛋白质的等电点

（pI）。蛋白质在不同 pH 的溶液中，以不同的形式存在，其平衡体系如下：

$$Pr \begin{array}{c} COOH \\ NH_2 \end{array}$$

$$Pr \begin{array}{c} COOH \\ NH_3^+ \end{array} \underset{H^+}{\overset{OH^-}{\rightleftharpoons}} Pr \begin{array}{c} COO^- \\ NH_3^+ \end{array} \underset{H^+}{\overset{OH^-}{\rightleftharpoons}} Pr \begin{array}{c} COO^- \\ NH_2 \end{array}$$

阳离子 　　　　　　　两性离子 　　　　　　阴离子

pH<pI 　　　　　　　pH=pI 　　　　　　pH>pI

式中，$H_2N-Pr-COOH$ 表示蛋白质分子，羧基代表分子中所有的酸性基团，氨基代表所有的碱性基团，Pr 代表其他部分。由于不同蛋白质分子的肽链中，各有不同数目和不同解离程度的酸性基团和碱性基团，因此其等电点也不同。某些蛋白质的等电点见表 13-6。

表 13-6　几种蛋白质的等电点

蛋白质	pI	蛋白质	pI	蛋白质	pI
胃蛋白酶	2.5	麻仁球蛋白	5.5	马肌红蛋白	7.0
乳酪蛋白	4.6	玉米醇溶蛋白	6.2	麦麸蛋白	7.1
鸡卵清蛋白	4.9	麦胶蛋白	6.5	核糖核酸酶	9.4
胰岛素	5.3	血红蛋白	6.7	细胞色素 C	10.8

在等电点时，由于蛋白质颗粒上所带正、负电荷相等，失去了胶体的稳定条件，因此，溶解度最小，最易沉淀，同时黏度、渗透压和导电性也最低。利用这种性质，可以分离和纯化蛋白质；也可通过调节蛋白质溶液的 pH，使其颗粒带上某种净电荷，利用电泳法分离或纯化蛋白质。

由于动物组织液的 pH 一般在 7.0～7.4 之间，但大多数蛋白质的等电点小于此 pH，偏弱酸性，故以负离子形式存在。蛋白质的两性离子与负离子可以构成一组缓冲对。两性离子能抵抗外来的碱，负离子能抵抗外来的酸，这样就能对生物体内代谢所产生的酸、碱性物质起缓冲作用，使生物组织液维持在一定的 pH 范围。生物体内还有无机物构成的缓冲体系，但蛋白质的缓冲体系处于较重要的地位。

2. 胶体性质

蛋白质是高分子化合物，分子颗粒的大小在胶体颗粒直径范围（1～100nm）内，所以蛋白质具有胶体性质，例如具有丁铎尔（Tyndall）现象、布朗（Brown）运动、不能透过半透膜以及较强的吸附作用等。蛋白质能够形成稳定亲水胶体溶液的主要原因如下：

（1）形成保护性水化膜　蛋白质分子表面有许多诸如羧基、氨基、亚氨基、羟基、羰基、巯基等极性的亲水基团，能与水分子形成氢键而发生水化作用。每 1g 蛋白质结合0.3～0.5g 的水。因此，在水溶液中，每一蛋白质颗粒的表面都包围着较厚的水化膜，使蛋白质粒子不易聚集而沉淀。

（2）粒子带有同性电荷　蛋白质在非等电点 pH 的溶液中，粒子表面会带有同性电荷，相互产生排斥作用，使蛋白质粒子不易聚沉。

利用蛋白质不能通过半透膜的性质，纯化蛋白质时可选择适当的半透膜材料（如火棉胶、羊皮纸袋等），用渗析法从蛋白质溶液中除去无机盐和小分子杂质。

3. 沉淀作用

蛋白质溶液的稳定性是有条件的、相对的。如果改变这种相对稳定的条件，如除去蛋白质外层的水化膜或者电荷，蛋白质分子就会凝集而沉淀。蛋白质的沉淀分为可逆沉淀和不可逆沉淀。

（1）可逆沉淀　可逆沉淀是指蛋白质分子的内部结构仅发生了微小改变或基本保持不变，仍然保持原有的生物活性。只要消除了沉淀的因素，已沉淀的蛋白质又会重新溶解。

在蛋白质溶液中，加入足量的硫酸铵、硫酸钠、硫酸镁及氯化钠等碱金属或碱土金属的中性盐类，从而使蛋白质发生沉淀的现象，称为蛋白质的盐析。这是由于盐类在水中解离形成离子，其水化能力比蛋白质强，破坏了蛋白质胶粒表面的水化膜，同时盐类离子所带的电荷也会中和或削弱蛋白质粒子表面所带的电荷，从而使蛋白质胶体溶液的稳定性降低，进而相互凝聚而产生沉淀。盐析一般不会破坏蛋白质的结构，当加入大量的水或透析时，蛋白质又重新溶解，因此，蛋白质的盐析是可逆沉淀。生物制剂（如酶、血清蛋白）的生产就是利用这一性质。

不同的蛋白质盐析时，所需盐的最低浓度不同，因此可用控制盐浓度的方法分离溶液中不同的蛋白质，称为分段盐析。例如，鸡蛋清可用不同浓度的硫酸铵溶液分段沉淀析出球蛋白和卵蛋白。

（2）不可逆沉淀　蛋白质在沉淀时，其空间结构发生了较大的变化或被破坏，失去了原有的生物活性，即使消除了沉淀因素也不能重新溶解，称为不可逆沉淀。不可逆沉淀的主要方法有以下几种。

① 与水溶性有机溶剂作用　向蛋白质中加入适量的水溶性有机溶剂如乙醇、丙酮等，由于它们对水的亲和力大于蛋白质，使蛋白质粒子脱去水化膜而沉淀。这种作用在短时间和低温时，沉淀是可逆的；但若时间较长和温度较高时，有机溶剂可渗入蛋白质的内部，破坏其空间结构的副键，则为不可逆沉淀。

② 与重金属盐作用　蛋白质在 pH 大于其等电点的溶液中，蛋白质阴离子能与 Cu^{2+}、Hg^{2+}、Pb^{2+}、Ag^+ 等重金属阳离子结合产生不可逆沉淀。例如：

$$2Pr\!\!\underset{COO^-}{\overset{NH_2}{<}} + Pb^{2+} \longrightarrow \left[Pr\!\!\underset{COO^-}{\overset{NH_2}{<}} \right]_2 Pb^{2+} \downarrow$$

③ 与生物碱试剂作用　蛋白质溶液的 pH 小于其等电点时，蛋白质阳离子能与苦味酸、三氯乙酸、鞣酸、磷钨酸、磷钼酸等生物碱沉淀剂结合生成难溶物，使蛋白质产生不可逆沉淀。例如：

$$Pr\!\!\underset{COOH}{\overset{\overset{+}{N}H_3}{<}} + Cl_3C\!-\!\overset{\overset{O}{\|}}{C}\!-\!O^- \longrightarrow \left[Pr\!\!\underset{COOH}{\overset{\overset{+}{N}H_3}{<}} \right]^+ O^-\!\!-\!\overset{\overset{O}{\|}}{C}\!-\!CCl_3 \downarrow$$

医学上常用此类试剂检验尿中的蛋白质。

④ 与苯酚或甲醛作用　苯酚或甲醛也能使蛋白质生成难溶于水的物质而沉淀，这种沉淀作用也是不可逆的。因此，可以用苯酚作灭菌剂，用甲醛溶液浸制生物标本，就是由于它们能使蛋白质凝固。

⑤ 与酸性或碱性染料作用　酸性染料的阴离子或碱性染料的阳离子都能和蛋白质结合生成不溶性盐沉淀，所以可以用适当的染料对生物体细胞或组织进行染色。

4. 变性作用

由于物理或化学因素的影响，蛋白质分子的内部结构发生了变化，导致理化性质改变，生理活性丧失，称作蛋白质的变性。变性后的蛋白质称为变性蛋白质。

引起蛋白质变性的因素很多，物理因素有干燥、加热、高压、剧烈振荡、超声波、紫外线或 X 射线照射等；化学因素有强酸、强碱、重金属盐、生物碱试剂和有机溶剂等。

引起蛋白质变性的原因，一方面是因为分子中的副键被破坏，原有的空间结构发生扭转，疏水基外露；另一方面是由于蛋白质分子中的某些活泼基团如—NH$_2$、—COOH、—OH等与化学试剂发生了反应。

蛋白质的变性分为可逆变性和不可逆变性。若仅改变了蛋白质的三级结构，可能只引起可逆变性；若破坏了二级结构，则会引起不可逆变性。但是，蛋白质的变性不会引起它的一级结构改变。所以变性后的蛋白质，其组成成分和相对分子质量并没有改变。

蛋白质的变性一般产生不可逆沉淀，但蛋白质的沉淀不一定变性（如蛋白质的盐析）；反之，变性也不一定沉淀，例如有时蛋白质受强酸或强碱的作用变性后，常由于带同性电荷而不会产生沉淀现象。然而不可逆沉淀一定会使蛋白质变性。

变性后的蛋白质，很难保持原有的生物活性，例如，变性的酶失去了催化能力；变性的血红蛋白失去运输氧的功能；变性的激素蛋白失去原有的生理调节功能。这是变性作用最主要的特征。变性作用还引起蛋白质分子的物理和化学性质改变，如变性后的蛋白质不易结晶、溶解度降低、黏度增加、渗透压和扩散速率降低、易被蛋白酶水解、侧链上的某些基团易发生化学反应。

蛋白质的变性作用对工农业生产、科学研究都具有十分广泛的意义。例如，通常采用加热、紫外线照射、酒精、杀菌剂等杀菌消毒，其结果就是使细菌体内的蛋白质变性。菌种、生物制剂的失效，种子失去发芽能力等均与蛋白质的变性有关。

5. 水解反应

蛋白质在酸、碱或酶的作用下可以发生水解反应，生成 α-氨基酸的混合物。水解的实质是肽键的断裂。但酸、碱催化的蛋白质水解会造成某些氨基酸的分解。例如，酸性水解会引起色氨酸等分解，碱性水解会引起半胱氨酸等分解。若在酶催化下水解，可以使水解逐步进行，得到一系列相对分子质量逐渐减小的中间产物，最终生成 α-氨基酸。

$$蛋白质 \longrightarrow 蛋白胨 \longrightarrow 蛋白腺 \longrightarrow 多肽 \longrightarrow 二肽 \longrightarrow α\text{-}氨基酸$$

蛋白质的水解反应，对研究蛋白质以及蛋白质在生物体内的代谢都具有十分重要的意义。

6. 颜色反应

蛋白质分子中含有不同的氨基酸，可以与不同试剂反应生成特有的颜色物质，这些反应常用来鉴别蛋白质。

（1）茚三酮反应　凡含有 α-氨基酰基的化合物都能与水合茚三酮作用，生成蓝紫色物质。蛋白质和多肽在 pH 为 5～7 时与水合茚三酮加热煮沸，都能发生反应。这是检验 α-氨基酸、多肽、蛋白质最通用的反应之一。

（2）缩二脲反应　在蛋白质溶液中加入氢氧化钠溶液，再逐滴加入 0.5% 硫酸铜溶液，溶液显紫色或紫红色。这是由于蛋白质分子中含有肽键结构引起的，肽键越多颜色越红。这个显色反应可用于蛋白质的定性和定量鉴定，也可以测定蛋白质水解的程度。

（3）黄蛋白反应　蛋白质与浓硝酸共热后呈黄色，再加强碱，则颜色转深呈现橙色，称为黄蛋白反应。颜色的产生是由于蛋白质分子中含有的苯环发生硝化反应，生成黄色的硝基化合物。一般蛋白质大多含有酪氨酸和苯丙氨酸，所以这个反应也很普遍。如果皮肤沾染了浓硝酸，就会因黄蛋白反应而变为黄色。

（4）米隆（Millon）反应　米隆试剂是硝酸、亚硝酸、硝酸汞、亚硝酸汞的混合液。蛋白质遇米隆试剂，能生成白色的蛋白质汞盐沉淀，加热后转变成砖红色，称为米隆反应。沉淀的产生是由于蛋白质分子中含有酚基侧链（即含有酪氨酸）的缘故。一般蛋白质中大多含有酪氨酸，所以米隆反应可作为鉴定蛋白质的通用反应。

（5）胱氨酸反应 若组成蛋白质的氨基酸中有半胱氨酸或蛋氨酸等含硫氨基酸，与碱和醋酸铅共煮，便会生成黑色的硫化铅沉淀。这个反应可用于检验含硫氨基酸、多肽或蛋白质的存在。

第三节 核　　酸

核酸是一类重要的生物高分子化合物，因最初由细胞核中提取出来，且具有酸性，故称为核酸。任何有机体包括病毒、细菌、植物和动物，都无例外地含有核酸。核酸占细胞干重的 5％～15％。天然核酸常与蛋白质结合成核蛋白，核蛋白是生物体内细胞核的主要成分，在生物体的新陈代谢、生长、遗传和变异等生命活动过程中起重要作用。

我国于 1981 年全合成出了酵母丙氨酸（t-RNA），标志着我国在核酸研究上已达到世界先进水平。

一、核酸的分类和组成

（一）核酸的分类

核酸按其组成不同分为核糖核酸（RNA）和脱氧核糖核酸（DNA）两类。RNA 主要存在于细胞质中，控制生物体内蛋白质的合成；DNA 主要存在于细胞核的染色体中，线粒体和叶绿体中也有少量存在，它决定生物体的繁殖、遗传及变异。除了病毒之外，动植物体内所有的细胞都同时含有这两种核酸。

（二）核酸的组成

核酸仅由 C、H、O、N、P 五种元素组成，其中 P 的含量比较恒定，平均含量为9.5％，每克磷相当于 10.5g 的核酸。因此，可以通过测定核酸的含磷量来估计核酸的含量。

$$核酸含量＝测得的含磷量÷9.5％＝测得的含磷量×10.5$$

核酸在酸、碱或酶的作用下，可以逐步水解。核酸完全水解后得到磷酸、戊糖、含氮碱三类化合物。

$$核酸 \xrightarrow{水解} 核苷酸 \xrightarrow{水解} \begin{cases} 磷酸 \\ 核苷 \begin{cases} 戊糖 \\ 含氮碱 \end{cases} \end{cases}$$

核酸中的戊糖分为 D-核糖（D-ribose）和 D-2-脱氧核糖（D-2-deoxyribose）两类。核酸的分类通常是根据戊糖种类不同进行的。核酸中的碱基可分为嘌呤碱及嘧啶碱两类，两种核酸在碱基组成上也有差异。两种核酸均含有磷酸（见表 13-7）。

表 13-7　RNA 与 DNA 在化学组成上的异同

组　　分		核酸类别	
		RNA	DNA
磷酸		H_3PO_4	H_3PO_4
戊糖		D-核糖	D-2-脱氧核糖
含氮碱	嘌呤碱	腺嘌呤（A）　鸟嘌呤（G）	腺嘌呤（A）　鸟嘌呤（G）
	嘧啶碱	胞嘧啶（C）　尿嘧啶（U）	胞嘧啶（C）　胸腺嘧啶（T）

1. 核糖和脱氧核糖

核酸分子中的两种戊糖组分 D-核糖和 D-2-脱氧核糖，均以氧环形式存在。其中含有D-核糖的核酸称为核糖核酸（RNA）；含有 D-2-脱氧核糖的核酸叫做脱氧核糖核酸（DNA）。

2. 含氮碱

核酸中所含的杂环碱常称为碱基，是嘧啶和嘌呤两类杂环的一些衍生物。核酸中最常见的碱基如下：

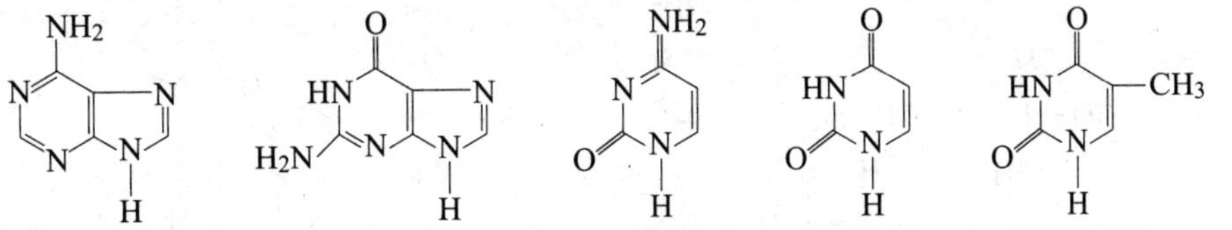

腺嘌呤(A)　　鸟嘌呤(G)　　胞嘧啶(C)　　尿嘧啶(U)　　胸腺嘧啶(T)

上述碱基中的尿嘧啶和胸腺嘧啶，并不同时存在于同一种核酸分子中。

3. 核苷

核苷是由 D-核糖或 D-2-脱氧核糖 C1 上的 β-羟基与嘧啶碱的 1 位氮原子上或嘌呤碱 9 位氮原子上的氢原子脱水而成的氮糖苷。

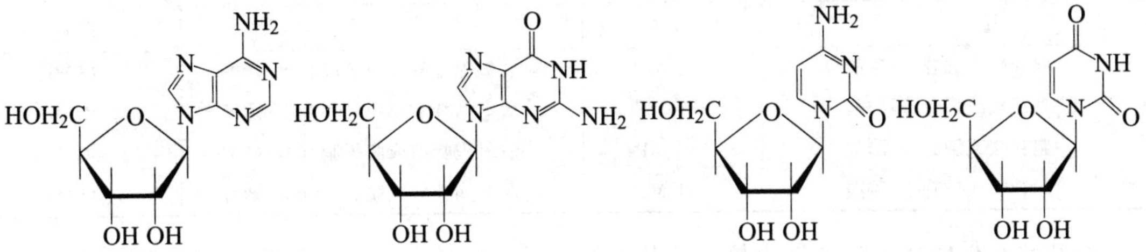

腺嘌呤核苷(A)　　鸟嘌呤核苷(G)　　胞嘧啶核苷(C)　　尿嘧啶核苷(U)

RNA中的四种核苷

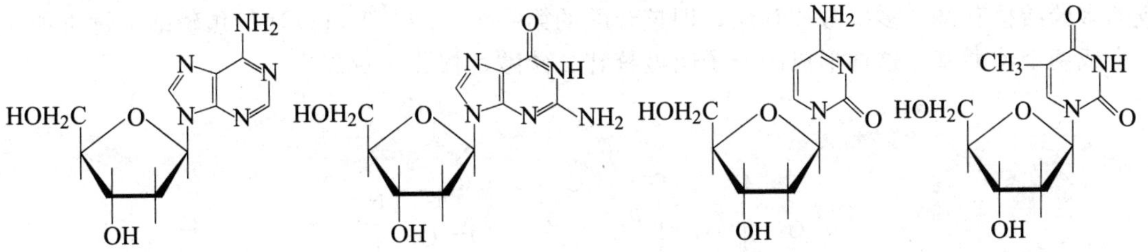

腺嘌呤脱氧核苷(dA)　　鸟嘌呤脱氧核苷(dG)　　胞嘧啶脱氧核苷(dC)　　胸腺嘧啶脱氧核苷(dT)

DNA中的四种核苷

核苷是根据所含糖与含氮碱的名称来命名的。为了区别碱基和糖中原子的位置，戊糖中碳原子编号用带撇（′）的数码表示。核苷的名称与缩写见表 13-8。

表 13-8　核苷的名称及缩写

RNA 中的核糖核苷		DNA 中的脱氧核糖核苷	
名　称	缩　写	名　称	缩　写
腺嘌呤核苷	A(腺苷)	腺嘌呤脱氧核苷	dA(脱氧腺苷)
鸟嘌呤核苷	G(鸟苷)	鸟嘌呤脱氧核苷	dG(脱氧鸟苷)
胞嘧啶核苷	C(胞苷)	胞嘧啶脱氧核苷	dC(脱氧胞苷)
尿嘧啶核苷	U(尿苷)	胸腺嘧啶脱氧核苷	dT(脱氧胸苷)

4. 核苷酸

核苷中戊糖 C5′ 或 C3′ 上的羟基与磷酸脱水酯化形成核苷的磷酸酯。核糖核苷的磷酸酯称为核糖核苷酸，简称核苷酸，是组成 RNA 的基本单位；脱氧核糖核苷的磷酸酯称为脱氧核糖核苷酸，简称脱氧核苷酸，是组成 DNA 的基本单位。

单核苷酸的命名有两种方法：①作为酸来命名，即 5'-某核苷酸或 3'-某核苷酸；②作为核苷的磷酸酯，可命名为某苷-5'-磷酸或某苷-3'-磷酸。

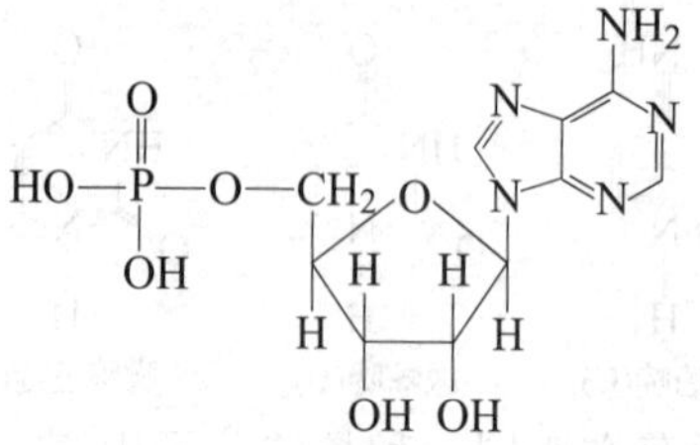

5'-腺苷酸或腺苷-5'-磷酸 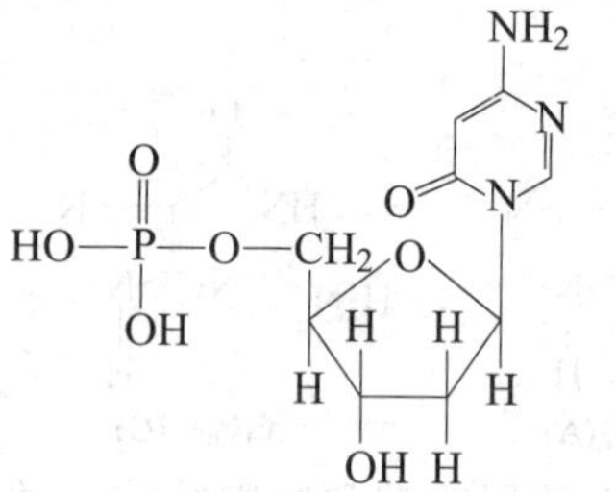   5'-脱氧胞苷酸或脱氧胞苷-5'-磷酸

RNA 和 DNA 中的 5'-单核苷酸的名称及其缩写见表 13-9。

表 13-9   RNA 和 DNA 中的 5'-单核苷酸的名称及缩写

RNA		DNA	
名 称	缩写	名 称	缩写
5'-腺苷酸或腺苷-5'-磷酸	5'-AMP	5'-脱氧腺苷酸或脱氧腺苷-5'-磷酸	5'-dAMP
5'-鸟苷酸或鸟苷-5'-磷酸	5'-GMP	5'-脱氧鸟苷酸或脱氧鸟苷-5'-磷酸	5'-dGMP
5'-胞苷酸或胞苷-5'-磷酸	5'-CMP	5'-脱氧胞苷酸或脱氧胞苷-5'-磷酸	5'-dCMP
5'-尿苷酸或尿苷-5'-磷酸	5'-UMP	5'-脱氧胸苷酸或脱氧胸苷-5'-磷酸	5'-dTMP

核苷酸在生物体内除了作为核酸的基本组成单位以外，还有些核苷酸游离在细胞内，并且具有重要的生理功能。例如，生物体内常含有游离的 5'-核苷磷酸，而且还存在 C5' 上形成的多磷酸核苷酸。多磷酸核苷酸，即核苷酸的第一个磷酸基上可以通过焦磷酸酯键再加入一个或两个磷酸基，这样形成的分子叫做核苷二磷酸及核苷三磷酸。

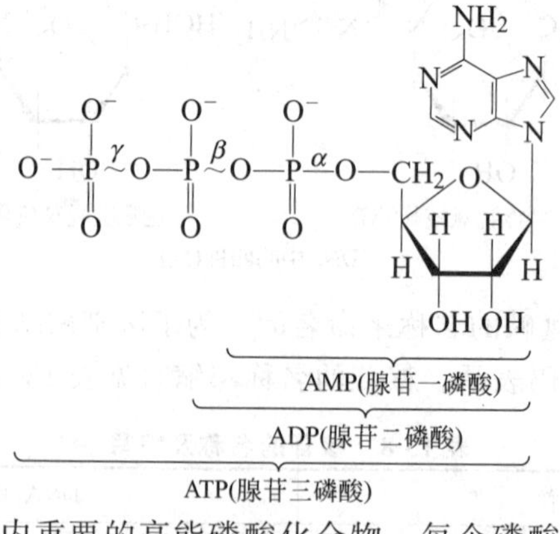

AMP(腺苷一磷酸)

ADP(腺苷二磷酸)

ATP(腺苷三磷酸)

ADP 和 ATP 是生物体内重要的高能磷酸化合物，每个磷酸与磷酸之间的酸酐键水解断裂时产生的能量为 $30.5kJ \cdot mol^{-1}$，而普通磷酸酯键水解时只能放出 $8.4kJ \cdot mol^{-1}$，因此这个酸酐键称为"高能磷酸酐键"，常用"～"表示。ATP 和 ADP 可视为生物的储能仓库，当细胞中的糖氧化时，将释放出的能量储存在 ATP 的高能磷酸酐键中；ATP 水解时，又释放出能量，为细胞进行生物化学变化提供能量。因此，它们在生物体的能量代谢中具有非常重要的意义。

二、核酸的结构

1. 核酸的一级结构

核酸的一级结构是指组成核酸的各种单核苷酸按照一定的比例和顺序，通过磷酸二酯键连接而成的核苷酸长链。无论是 RNA 还是 DNA，都是由一个单核苷酸中戊糖的 C5′上的磷酸与另一个单核苷酸中戊糖的 C3′上的羟基之间，通过 3′,5′-磷酸二酯键连接而成的长链化合物。核酸中 RNA 主要由 AMP、GMP、CMP 和 UMP 四种单核苷酸结合而成；DNA 主要由 dAMP、dGMP、dCMP 和 dTMP 四种单核苷酸结合而成。RNA 和 DNA 的一级结构片段见图 13-6。

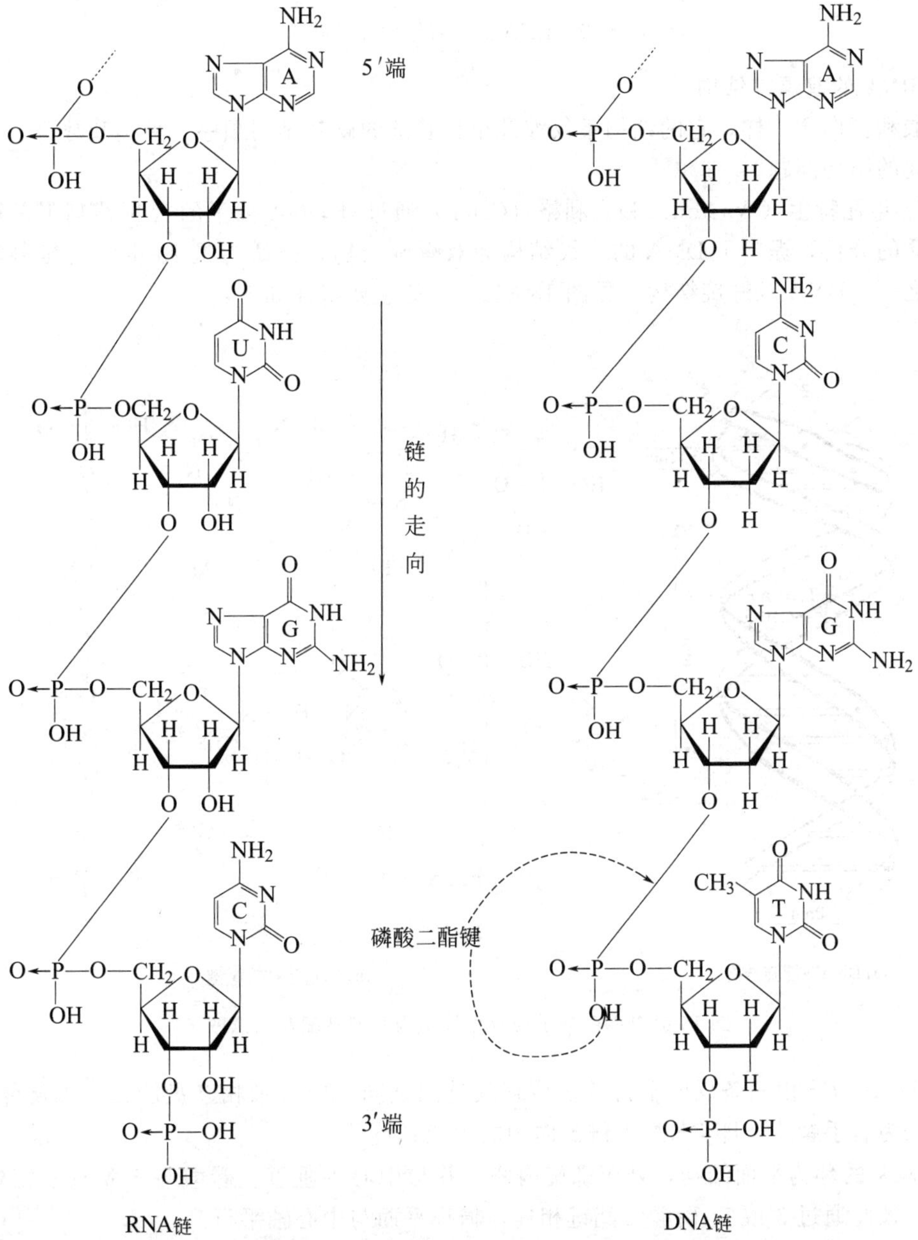

图 13-6　RNA 与 DNA 的一级结构片段

为书写方便，多核苷酸的主链习惯用简式表示。用垂直线表示戊糖，C1′位与碱基（A、G、C、T、U）相连，垂直线中下部的斜画线表示连接在戊糖 C3′和 C5′位之间的磷酸酯键，P 表示磷酸酯基。例如，DNA 的一级结构片段简式见图 13-7。

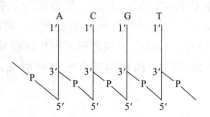

图 13-7　DNA 的一级结构片段简式

2. DNA 的双螺旋结构

核酸和蛋白质一样，它的结构不仅涉及单核苷酸的碱基排列顺序、种类和数目，也存在三维空间的结构问题。

1953 年瓦特生（Waston）和克利格（Crick）通过对 DNA 分子的 X 射线衍射的研究和碱基性质的分析，提出了 DNA 的二级结构为双螺旋结构，被认为是 20 世纪自然科学的重大突破之一。DNA 双螺旋结构［见图 13-8(a)］的主要特征如下：

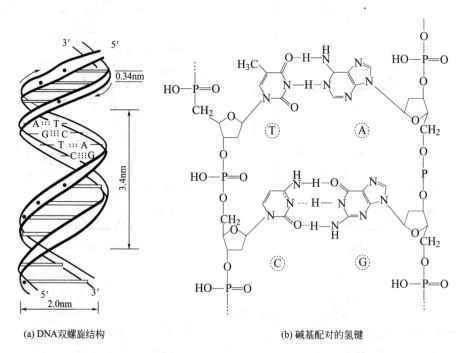

(a) DNA双螺旋结构　　　　　　　　　　(b) 碱基配对的氢键

图 13-8　DNA 分子的双螺旋结构及碱基配对示意图

① DNA 分子由两条反向平行的多核苷酸链围绕同一中心轴相互盘旋成双螺旋体结构。两条链均为右手螺旋，即 DNA 主链走向为右手双螺旋体。

② 碱基的环为平面结构，处于螺旋内侧，并与中心轴垂直。磷酸与 2-脱氧核糖处于螺旋外侧，彼此通过 3′ 或 5′-磷酸二酯键相连，糖环平面与中心轴平行。

③ 螺旋直径为 2.0nm，每旋转一周的高度（螺距）为 3.4nm，两个相邻碱基对之间的距离（碱基堆积距离）为 0.34nm，因此，螺旋每旋一圈包含 10 个单核苷酸。

④ 两条核苷酸链之间的碱基以特定的方式配对并形成氢键连接在一起。配对的碱基处于同一平面上，与上下的碱基平面堆积在一起，成对碱基之间的纵向作用力叫做碱基堆积力，它也是使两条核苷酸链结合并维持双螺旋空间结构的重要作用力。

⑤ 在 DNA 双螺旋结构中，只有 A 与 T 之间或 G 与 C 之间按 1 : 1 配对，这一规律叫碱基配对或碱基互补规则。这样配对一方面是由于螺旋圈的直径恰好能容纳一个嘌呤碱和一个嘧啶碱配对。如两个嘌呤碱互相配对，则体积太大无法容纳；如两个嘧啶碱互相配对，则由于两链之间距离太远，不能形成氢键。另一方面则是因为若以 A-T、G-C 配对可形成五个氢键，而以 A-C、G-T 配对只能形成四个氢键。氢键的数目越多，越有利于双螺旋结构的稳定性〔见图 13-8(b)〕。

由于碱基配对的互补性，所以一条螺旋的单核苷酸的次序（即碱基次序）决定了另一条链的单核苷酸的碱基次序。这决定了 DNA 复制的特殊规律及在遗传学中具有重要意义。

RNA 的空间结构与 DNA 不同，RNA 一般由一条回折的多核苷酸链构成，具有间隔着的双股螺旋与单股螺旋结构部分，它靠嘌呤碱与嘧啶碱之间的氢键保持相对稳定的结构，碱基互补规则是 A-U、C-G。

三、核酸的性质

1. 物理性质

纯净的核酸是白色固体，DNA 呈纤维状，RNA 呈粉末状。微溶于水，在水中形成有一定黏度的溶液。核酸易溶解于碱金属盐溶液中，不溶于一般的有机溶剂，因此常用乙醇从溶液中沉淀核酸。DNA 在 50% 的乙醇溶液中易沉淀，RNA 在 75% 乙醇溶液中易沉淀。

2. 化学性质

（1）两性性质 在核酸分子中含有碱基和磷酸残基，因而核酸具有两性性质。但因磷酸酰基比碱基更易解离，所以核酸溶液都呈酸性，更易与碱性试剂反应。鉴定核酸在细胞中的存在时，常用碱性染料染色法。

（2）核酸的水解 核酸是核苷通过磷酸二酯键连接而成的高分子化合物，在酸、碱或酶的作用下都能水解。在酸性条件下，由于糖苷键对酸不稳定，核酸水解生成碱基、戊糖、磷酸及单核苷酸的混合物；在碱性条件下，可得单核苷酸或核苷（DNA 较 RNA 稳定）；酶催化的水解反应比较温和，可有选择性地断裂某些键。

（3）核酸的变性 核酸受物理、化学等因素作用，其空间结构被破坏，导致部分或全部生物活性丧失的现象，叫核酸的变性。凡能引起蛋白质变性的因素均能使核酸变性。变性后的核酸，其溶液的黏度降低，易于沉淀。大多数情况下，核酸的变性是不可逆的，因此，在提取分离核酸时应防止其变性。

（4）颜色反应 核酸的颜色反应主要是由核酸中的磷酸及戊糖所致。将核酸在强酸中加热，能使核酸完全水解而释放出磷酸。磷酸与钼酸铵及还原剂（如 $SnCl_2$、维生素 C 等）反应可产生磷钼蓝。此反应用于核酸的比色分析。

RNA 与盐酸共热，水解生成的戊糖转变成糠醛，在氯化铁催化下，与苔黑酚（即 5-甲基-1,3-苯二酚）反应生成绿色物质，产物在 670nm 处有最大吸收；DNA 在酸性溶液中水解得到脱氧核糖并转变为 ω-羟基-γ-酮戊酸，与二苯胺共热生成蓝色化合物，在 595nm 处有最大吸收。因此，可用分光光度法定量测定 RNA 和 DNA。

四、核酸的生物功能

核酸是支配人体整个生命活动的本源物质，被现代科学称为"生命之源"、"生命之本"。DNA 主要存在于细胞核中，它们是遗传信息的携带者，DNA 的结构决定了生物合成蛋白质的特定结构，并保证把这种特性遗传给下一代；RNA 主要存在于细胞质中，它们是以

DNA 为模板而形成的，并直接参加蛋白质的生物合成过程。因此 DNA 是 RNA 的模板，而 RNA 又是蛋白质的模板。存在于 DNA 分子中的遗传信息就这样由 DNA 传递给 RNA，再传递给蛋白质。通过 DNA 的复制，遗传信息一代代传下去。所以，有了一定结构的 DNA，便产生一定结构的蛋白质，由一定结构的蛋白质，带来一定的形象（外貌）和生理特性（性格特征）等。

从病毒至人类，生物的各种性状都是以密码形式记录在 DNA 上的，通过它把遗传信息传给下一代。DNA 与蛋白质结合组成了染色体。在了解 DNA 对生物的控制机理的基础上，人们可以设法通过改造 DNA 的结构而达到改变生物性状的目的，甚至创造新的物种。例如，在农业中修饰某些小麦及大米品种的遗传结构，以产生更富含蛋白质的突变植物；在医学方面，有些由 DNA 的结构缺陷引起的先天遗传病，就有可能找出治疗的方法，甚至可以通过改变 DNA 的方法，而改造人类的遗传特性，使下一代的人更健康、更聪明。

 **习 题**

1. 写出下列物质的结构式，并用 R、S 法标记氨基酸的构型：
   (1) L-谷氨酸　(2) L-赖氨酸　(3) L-半胱氨酸　(4) 丙-甘肽　(5) 丙-甘-半胱-苯丙肽
   (6) γ-谷氨酰-半胱氨酰-甘氨酸　(7) 腺嘌呤　(8) 鸟嘌呤脱氧核苷　(9) 3′-胞苷酸

2. 完成下列反应式：
   (1) $\underset{\underset{NH_2}{|}}{RCH}-COOH + HNO_2 \longrightarrow ?$

   (2) $\underset{\underset{NH_2}{|}}{RCH}-COOH + C_2H_5OH \xrightarrow{\text{无水 HCl}} ?$

   (3) $NH_2-CH_2(CH_2)_3\underset{\underset{NH_2}{|}}{CH}COOH \xrightarrow{\triangle} ?$

   (4) $CH_3\underset{\underset{NH_2}{|}}{CH}CH_2COOH \xrightarrow{\triangle} ?$

   (5) $\underset{\underset{NH_2}{|}}{CH_2}CH_2CH_2COOH \xrightarrow{\triangle} ?$

   (6) $NH_2\underset{\underset{CH_3}{|}}{CH}-COOH + NH_2\underset{\underset{CH_3}{|}}{CH}-COOH \xrightarrow{-H_2O} ?$

3. 写出丙氨酸与下列试剂作用的反应式：
   (1) NaOH　(2) HCHO　(3) $(CH_3CH_2CO)_2O$　(4) HCl　(5) HNO_2　(6) CH_3OH

4. 用化学方法区别下列各组化合物：
   (1) 丙氨酸、酪氨酸、甘-丙-半胱三肽　　　　(2) 蛋白质、亮氨酸、淀粉
   (3) 亮氨酸、酪氨酸、谷-胱-甘肽、蛋白质　　(4) 蛋白质、丝氨酸、酥氨酸

5. 完成下列转化：
   (1) 丙醛 ⟶ α-氨基丁酸　　　　　　　　　(2) 丙二酸、甲苯 ⟶ 苯丙氨酸
   (3) 丁酰胺 ⟶ 2-甲基-2-氨基丙酸丙酯　　　(4) 乙烯 ⟶ 天冬氨酸
   (5) 正戊醇 ⟶ α-氨基戊酸　　　　　　　　(6) 丙酸 ⟶ α-氨基丙酰乙胺

6. 化合物 A 的分子式为 $C_5H_{11}O_2N$，具有旋光性，用稀碱处理发生水解后生成 B 和 C。B 也有旋光性，既

溶于酸又溶于碱，并能与亚硝酸作用放出氮气；C 无旋光性，但能发生碘仿反应。试推断 A 的结构。

7. 某化合物 A 的分子式为 $C_7H_{13}O_4N_3$，1mol A 与甲醛反应后的产物能消耗 1mol 氢氧化钠，A 与亚硝酸反应放出 1mol 氮气，并生成 B（$C_7H_{12}O_5N_2$）；B 与氢氧化钠溶液煮沸后得到乳酸和甘氨酸。试推测 A、B 的结构式，并写出各步的反应式。

 知识拓展

未来的体检手段——基因芯片

基因芯片的真正名字是脱氧核糖核酸（DNA）阵。在不大的芯片上，存储着巨大数量的信息，而传递信息的使者就是 DNA。基因芯片由若干基因探针构成，每种基因探针包含着由若干核苷酸对构成的 DNA 片段。

基因芯片的工作原理与探针相同。在指甲盖大小的芯片上，排列着许多已知碱基顺序的 DNA 片段，根据碱基互补规则，芯片上单链的 DNA 片段能捕捉样品中相应的 DNA，从而确定对方的身份，通过这种方式可准确识别异常蛋白等。

基因芯片的制作是一项复杂的技术，要在小小的玻璃芯片上加工数十万个孔槽，然后在每个孔上精确地放上不同的、特定的 DNA 片段而不使它们发生任何混淆则是十分困难的。更重要的是，要制作基因芯片，首先必须分离出数十万种不同的 DNA 片段，并了解它们各自的功能特点。

中国科学家已分别研制出白血病病毒毒检芯片、染色体易位检测基因芯片、白血病相关癌基因表达检测基因芯片和白血病相关癌基因突变检测基因芯片。在此基础上，综合设计出白血病预警基因芯片。这一基因芯片从设计、制作到检测等都拥有自己的特色，并自成体系。

通过基因芯片的检查，可以发现血液中是否存在白血病病毒、细胞是否存在染色体易位、细胞中有没有癌基因表达、细胞中是否存在突变的基因，以用来诊断某患者是否患有白血病，可能或将有多大可能发生白血病，并能指导医生用药。

基因芯片将用于许多创新性的研究，从癌症的病因到使艾滋病病毒产生耐药性的基因变异。它将代替传统的体格检查和疾病诊断办法，尽早预知疾病。通过用几个基因芯片探查一个人的基因，就可了解他全部的遗传缺陷，预测他未来若干年的健康会受到哪些威胁，以便采用相应的对策加以预防，当然也可以采用基因疗法加以治疗。

参 考 文 献

[1] 邢其毅，裴伟伟等．基础有机化学：上、下册．第3版．北京：高等教育出版社，2010.

[2] 李贵森，李宗澧等．有机化学．第2版．北京：中国农业出版社，2008.

[3] 高坤，李瀛．有机化学：上、下册．北京：科学出版社，2008.

[4] 杨红．有机化学．第3版．北京：中国农业出版社，2012.

[5] 钱旭红．有机化学．第2版．北京：化学工业出版社，2012.

[6] 李艳梅，赵圣印等．有机化学．北京：科学出版社，2011.

[7] 陆涛．有机化学．第7版．北京：人民卫生出版社，2011.

[8] 李景宁．有机化学．第5版．北京：高等教育出版社，2011.

[9] 姚映钦．有机化学．第3版．武汉：武汉理工大学出版社，2011.

[10] 胡宏纹．有机化学：上、下册．第4版．北京：高等教育出版社，2013.

[11] 汪巩．有机化合物的命名．北京：高等教育出版社，1986.

[12] 章烨．有机化学习题精解与考研指导．第2版．上海：上海交通大学出版社，2012.

[13] ［美］福尔哈特，［美］肖尔．有机化学结构与功能．原著第4版．戴立信等译．北京：化学工业出版社，2006.